智能科学与技术丛书

Artificial Intelligence

Foundations of Computational Agents, Second Edition

人工智能

计算 Agent 基础

（原书第 2 版）

［加］ 大卫·L. 普尔（David L. Poole）
阿兰·K. 麦克沃斯（Alan K. Mackworth）◎ 著

黄智濒 白鹏 ◎ 译

机械工业出版社
China Machine Press

图书在版编目（CIP）数据

人工智能：计算 Agent 基础：原书第 2 版 /（加）大卫·L. 普尔（David L. Poole），（加）阿兰·K. 麦克沃斯（Alan K. Mackworth）著；黄智濒，白鹏译 . -- 北京：机械工业出版社，2021.6

（智能科学与技术丛书）

书名原文：Artificial Intelligence: Foundations of Computational Agents, Second Edition

ISBN 978-7-111-68435-0

I. ①人… Ⅱ. ①大… ②阿… ③黄… ④白… Ⅲ. ①人工智能 Ⅳ. ① TP18

中国版本图书馆 CIP 数据核字（2021）第 103353 号

本书版权登记号：图字 01-2019-0743

本书是人工智能领域的经典书籍，新版做了全面修订，增加了关于机器学习的内容，并更新了代码示例和练习。本书主要讨论智能体（agent）的基本概念和体系结构，从计算的角度介绍相关的规划、学习、推理、协商、交互机制等理论，基于自主送货机器人、诊断助手、智能辅导系统和交易智能体四个原型应用，在一个连贯的框架下研究智能体的设计、构建和实现，并从十个维度考虑设计空间的复杂性。

本书适合作为高等院校计算机科学等相关专业的人工智能入门教材，也适合该领域的技术人员参考。

出版发行：机械工业出版社（北京市西城区百万庄大街 22 号　邮政编码：100037）

责任编辑：曲　熠　　　　　　　　　　　　　　责任校对：殷　虹

印　　刷：北京文昌阁彩色印刷有限责任公司　　版　　次：2021 年 6 月第 1 版第 1 次印刷

开　　本：185mm×260mm　1/16　　　　　　　印　　张：32.25

书　　号：ISBN 978-7-111-68435-0　　　　　　定　　价：149.00 元

客服电话：（010）88361066　88379833　68326294　　投稿热线：（010）88379604

华章网站：www.hzbook.com　　　　　　　　　　　读者信箱：hzjsj@hzbook.com

版权所有·侵权必究

封底无防伪标均为盗版

本书法律顾问：北京大成律师事务所　韩光 / 邹晓东

当前获得广泛应用并取得巨大成功的人工智能技术还停留在智能增强的阶段，即停留在对海量信息的分类识别技术上。依托算法进步、计算能力、数据积累在语音识别、图像识别方面所形成的强大能力，人工智能在金融、客服、安防等领域发挥了巨大的作用，但距离人们所设想的能够自主动态感知环境、自主学习、自主决策还有很长的路要走，这在很大程度上限制了当前人工智能技术在需要创意和思想的设计领域、决策领域的应用。

现在 IT 界的智能体（agent）概念是由麻省理工学院的著名计算机科学家和人工智能学科创始人之一 Minsky 提出的，他在 *Society of Mind* 一书中将社会与社会行为概念引入计算系统。著名人工智能学者、美国斯坦福大学的 Hayes-Roth 认为："智能体能够持续执行三项功能：感知环境中的动态条件；执行动作并影响环境条件；进行推理以解释感知信息、求解问题、产生推断和决定动作。"目前，全球范围内的智能体研究浪潮正在兴起，生物学、计算机科学、人工智能、控制科学、社会学等多个学科交叉和渗透发展，使得智能体系统越来越受到众多学者的广泛关注，已成为当前人工智能领域的研究热点。

以 DeepMind 为代表的众多高科技公司以及国内外科研院所正在针对复杂的多智能体环境展开前沿研究，AI 不仅在象棋、围棋等方面表现卓越，而且在多玩家电子游戏和策略游戏方面也表现不俗，甚至超过了人类。事实上，当前航空航天领域提出的许多已经成为研究热点的新概念飞行器，诸如智能可变形飞行器、蜂群无人机、忠诚僚机、无人战斗机等，其内涵和对智能技术的需求都已经超出了目前获得广泛应用的人工智能技术，并且都隐含了本书所提出的智能体概念。这些前沿技术的落地需要智能体技术的研究取得突破性进展，不过，目前关于多智能体系统的研究仍然比较基础，要实现上述的通用人工智能，多智能体系统是必须突破的研究方向。

本书介绍智能体的基本概念和体系结构，从计算的角度介绍智能体相关的规划、学习、推理、协商、交互机制等理论，并且以智能家居为背景，通过自主送货机器人、诊断助手、辅导系统和交易智能体四个原型应用，在一个连贯的框架下研究计算智能体的设计、构建与实现，并从十个维度考虑人工智能设计空间的复杂性。

当前的研究前沿已超出书中所介绍的内容，而且人工智能的各个领域都有众多活跃的研究方向，在规划、学习、感知、自然语言理解、机器人以及其他人工智能子领域的进展让人应接不暇。而本书专注于智能体的单一设计空间的概念，展示了在一个简单、统一的框架中可以看到许多令人困惑的算法、原理和基础技术。这使读者更容易理解这些想法，并建立坚实的基础去面对各类人工智能的活跃领域。本书既适合本科生和研究生学习，也适合科研人员阅读。两位作者学识渊博，相信读者能从中受益。

虽然译者一直在从事深度学习和机器学习应用方面的实践和科研工作，特别是新概念航空航天飞行器气动总体设计和流场结构智能分析处理方面的应用工作，但在翻译的过程中，依然感受到本书涉及的内容多，翻译难度大。译者力求准确反映原著表达的思想和概念，但受限于水平，翻译中难免有瑕疵，恳请读者批评指正，译者不胜感激。

最后，感谢家人和朋友的支持和帮助。同时，要感谢在本书翻译过程中做出贡献的人，特别是北京邮电大学丁哲伦、徐立、董丹阳、法天昊、常霄、王言麟、傅广涛、靳梦凡、张瑞涛、黄淮和张涵等。还要感谢机械工业出版社的各位编辑，以及北京邮电大学计算机学院和中国航天空气动力技术研究院的大力支持。

智能通信软件与多媒体北京市重点实验室
北京邮电大学计算智能与可视化实验室
黄智濒　白鹏

| 前 言

Artificial Intelligence：Foundations of Computational Agents，Second Edition

本书是一本关于人工智能（AI）科学的书。人工智能研究计算智能体（computational agent）的设计。本书在结构上是一本教科书，但也适合对该领域感兴趣的广大读者。

我们写这本书，是因为我们对人工智能作为一门综合科学的出现感到兴奋。就像任何一门科学的发展一样，人工智能也涉及连贯的、正式的理论和狂热的实验。在这里，我们平衡理论和实验，展示如何将它们紧密联系在一起，并将人工智能的科学与工程应用结合在一起。我们相信"没有什么比好的理论更实用"这句格言。"凡事要尽量简单，但不能过于简单"这句话抓住了我们这种做法的精神内核。我们必须将科学建立在坚实的基础上，因此我们讨论了这些基础知识，但只是简单勾勒了建立有用的智能系统所需的复杂性，并举出了一些例子。虽然由此产生的系统将是复杂的，但基础和构件应该是简单的。

第 2 版对全书进行了广泛修订。我们根据在课堂上使用过本书的教师的反馈，对教材进行了重新编排。我们通过更新来反映当前的技术水平，将对学生来说比较困难的部分变得更加简单明了，增加了更直观的解释，并使伪代码算法与 Python 和 Prolog 算法的新的开源实现相配套。我们抵制住了只是不断添加更多资料的诱惑。现在，AI 研究的扩展速度如此之快，潜在的新文字资料的量是巨大的。然而，研究不仅教会了我们什么东西有效，还教会了我们什么东西不那么好用，这让我们拥有高度的选择性。我们把更多关于机器学习技术的内容纳入其中，这些技术已经被证明是成功的。然而，研究也有趋势和热点。我们删除了那些已经被证明不那么有前途的技术，但将其与那些单纯远离热点的技术区分开来。如果所针对的问题仍然存在，而且这些技术有可能成为未来研究和发展的基础，我们仍会将所谓冷门的内容列入其中。我们进一步提出了智能体的单一设计空间的概念，展示了在一个简单、统一的框架中可以看到许多令人困惑的技术。这使我们能够强调计算智能体的基础原理，使学生更容易理解这些想法。

本书可作为计算机科学、计算机工程、哲学、认知科学或心理学等相关专业的高年级本科生或研究生的人工智能入门教材。本书对技术型人才更有吸引力，部分内容具有一定的挑战性，重点是通过实践来学习设计、构建和实现系统。任何对科学有好奇心的读者都会从学习本书中受益。具备计算系统方面的经验有益于学习本书，但构建系统的基础知识（包括逻辑、概率论、微积分和控制论等）并不是必需的，因为我们会根据需要介绍这些概念。

认真的学生将在多个层面上获得宝贵的技能，从智能体的规范和设计方面的专业知识，到为几个具有挑战性的应用领域实施、测试和改进实际软件系统的技能。从智能体这门新科学中获得的快感也是魅力之一。面对处理无处不在的、智能的、嵌入式智能体的世界，市场对相关技术人才的需求量很大。

本书的重点是在环境中行动的智能体。我们从简单的、静态环境中的简单智能体开始，逐渐增加智能体的能力，以应对更具挑战性的问题。我们探讨了十个维度的复杂性，从而逐步地、模块化地介绍使智能体的构建具有挑战性的因素。我们试图优化本书的结构，让读者能够分别理解其中的每一个维度，还将反复使用四种不同的任务（自主送货机器人、诊断助手、辅导系统和交易智能体）来说明这些想法，使之具体化。

我们希望学生所设想的智能体是一个分层设计的智能体，它在只能部分观察到的随机环境中智能地行动：能在线推理个体和个体之间的关系，具有复杂的偏好，在行动时学习，考虑到其他智能体，并在考虑到自身计算能力的限制下适当地行动。当然，我们不能从这样的智能体开始——构建这样的智能体仍然是一个有待研究的问题。因此，我们介绍最简单的智能体，然后展示如何以模块化的方式将这些复杂的功能一一添加进去。

我们在设计上做了很多选择，使本书有别于同类书，包括我们之前写的书。

- 我们试图搭建一个连贯的框架来理解人工智能。书中不会阐述不连贯的主题，不会把不相干的主题放在一起。例如，我们没有介绍人工智能的不连贯的逻辑和概率论观点，而是介绍了一个多维度的设计空间，在这个空间里，学生可以理解大局，且概率论和逻辑推理并存。

- 与其介绍一些复杂的技术，不如清楚地解释可以构建这些技术的基础。这意味着本书所涉及的内容与科学前沿的内容可能存在较大的差距，但这也意味着学生在理解当前和未来的研究内容时会有更好的基础。

- 一个比较困难的问题是如何将设计空间线性化。我们之前的书［Poole et al.，1998］很早就提出了一种关系语言，并用这种语言建立了学习基础。这种方法使得学生很难了解与关系不相关的工作，例如，以状态为基础展开的强化学习。在本书中，我们选择后讲关系方法。这种方法能更好地反映过去几十年来的研究，如基于特征表示的推理和学习所取得的进展。这种方法还可以让学生理解概率论和逻辑推理是相辅相成的。然而，本书的结构也支持教师先介绍各种关系。

我们提供了这些算法的开源 Python 实现（http://www.aipython.org），这些算法的设计目的是突出主要思想，不做额外的修饰来干扰主要思想。本书使用了 AIspace.org（http://www.aispace.org）中的例子，这是一个我们参与设计的教学小程序集。为了进一步积累构建智能系统的经验，学生还应该尝试使用一种高级符号操纵语言，如 Haskell、Lisp 或 Prolog 等。我们还提供了 AILog 的实现，这是一种与 Prolog 相关的干净的逻辑编程语言，旨在演示本书中的许多问题。这些工具是为了帮助读者理解或使用本书中的思想，但并不是必不可少的。

我们对智能体的能力和表示语言进行开发，比起传统的分析和分类人工智能的各种应用的方法，我们的方法既简单又强大。但也因此，一些应用（如计算视觉或计算语言学的细节）在本书中没有涉及。

我们不会提出关于人工智能的百科全书式的观点，并非所有已研究过的主要思想在此都有介绍。我们选择了一些基本思想，在此基础上选择了其他更复杂的技术，并试图详细解释这些基本思想，进而勾勒出如何扩展这些思想。

图 1 显示了书中涉及的主题，实线表示前提条件。通常情况下，前提结构并不包括所有的子专题。考虑到书这种媒介的特点，我们不得不将主题线性化。然而，本书的设计是为了使主题可以按照满足前提结构的任何顺序进行教学。

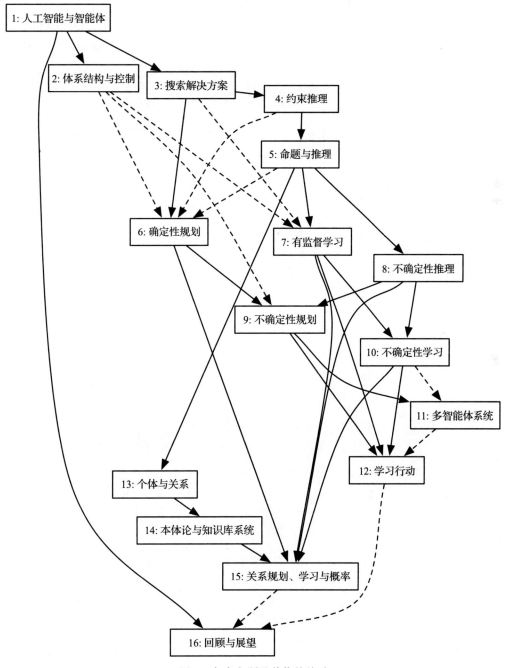

图 1　各章主题及其依赖关系

　　每章末尾给出的参考文献并不全面。我们给出了书中直接使用过的文献，以及有益的综述性文献，既引用了经典文献，也引用了较新的综述报告。希望不小心被遗漏的研究者不会感到被轻视，如果有人认为某项观点有误，我们也很乐意得到反馈。请记住，本书不是人工智能研究的综述。

　　我们邀请大家一起参与一场智力冒险：建构智能体的科学大厦。

David Poole
Alan Mackworth

感谢 Randy Goebel 对本书提出的宝贵意见。我们还要感谢如下人员对第 1 版和第 2 版早期的草稿提出的有益意见：Guy van den Broeck，David Buchman，Giuseppe Carenini，Cristina Conati，Mark Crowley，Matthew Dirks，Bahare Fatemi，Pooyan Fazli，Robert Holte，Holger Hoos，Manfred Jaeger，Mehran Kazemi，Mohammad Reza Khojasteh，Jacek Kisyński，Richard Korf，Bob Kowalski，Kevin Leyton Brown，Josje Lodder，Marian Mackworth，Gabriel Murray，Sriraam Natarajan，Alex Poole，Alessandro Provetti，Mark Schmidt，Marco Valtorta，以及其他匿名评阅者。感谢使用本书的学生在前几稿中指出了很多错误。感谢 Jen Fernquist 的网站设计。David 要感谢 Thomas Lukasiewicz 和 Leverhulme 信托基金赞助他在牛津的休假，第 2 版的大部分内容都是在牛津写的。感谢 James Falen 允许我们引用他关于约束的诗句。

第 9 章开头的引文经 Simon & Schuster，Inc. 授权，转载自 Twyla Tharp 和 Mark Reiter 合著的 *THE CREATIVE HABIT：Learn it and Use It*。版权归 W. A. T. Ltd. 所有。

感谢我们的编辑 Lauren Cowles 和剑桥大学出版社的工作人员的支持、鼓励和帮助。书中可能出现的所有错误都是我们的责任。

目 录

Artificial Intelligence：Foundations of Computational Agents，Second Edition

第三部分　不确定性推理、学习与行动

⊖　参考文献为网络资源，请访问华章网站 www.hzbook.com 下载。——编辑注

第一部分

Artificial Intelligence：Foundations of Computational Agents，Second Edition

世界中的智能体：
什么是智能体？
如何创建智能体？

Artificial Intelligence：Foundations of Computational Agents，Second Edition

人工智能与智能体

AI 的历史是幻想、可能性、论证和希望的历史。自从荷马记述"机械三脚架为众神提供晚餐"的故事开始，就幻想机械助手成为我们文化的一部分。但是，直到最近半个世纪，AI 社区才能够构建实验机器，以测试关于思想和智能行为机制的假设，从而证明以前仅作为理论可能性存在的机制。

——Bruce Buchanan[2005]

这本书是关于人工智能的，这是一个基于数百年思想的领域，被认为是已有 60 多年历史的学科。正如 Buchanan 在上面的引文中指出的那样，我们现在拥有一些工具来测试关于思想本身性质的假设，以及解决实际任务。深层的科学和工程问题已经解决，但还有更多的问题需要解决。当前已经部署了许多实际应用，并且还有潜在的无限数量的未来应用存在。在本书中，我们介绍基于智能计算的智能体的基本原理。这些原理可以帮助你了解 AI 的当前和未来工作，并有助于自学该学科。

1.1　什么是人工智能

人工智能（AI）是研究具有智能行为的基于计算的智能体的推理和分析的领域。让我们看看此定义的每个部分。

智能体（agent）是在环境中执行动作的事物，它完成某些工作。智能体包括蠕虫、狗、恒温器、飞机、机器人、人类、公司和国家。

我们对智能体的行为感兴趣，也就是说，我们关注它如何**行动**。我们通过智能体的动作来对其进行判断。

智能体在以下情况下会智能地行动：

- 考虑到动作的短期和长期后果，什么是适合其情况和目标的。
- 灵活适应不断变化的环境和不断变化的目标。
- 从经验中学习。
- 鉴于其感知和计算方面的限制，可以做出适当的选择。

计算智能体（computation agent）是可以根据计算来解释其动作决策的智能体。也就是说，可以将决策分解为可以在物理设备中实现的原始操作。该计算可以采用多种形式。在人类中，这种计算是在"湿件"⊖中进行的；在计算机中，它是通过"硬件"执行的。虽然有些智能体可以说是不需要计算的，例如侵蚀出景观的风雨，但"是否所有智能体都是计算型的"仍是一个悬而未决的开放问题。

⊖　湿件，计算机专用语，指软件、硬件以外的"件"，即人脑。——译者注

所有智能体都是有限制的。没有智能体是无所不知或全能的。智能体只能在非常专业的领域中观察关于世界的一切，这里的"世界"是非常受限的。智能体具有有限的记忆力。现实世界中的智能体没有无限的行动时间。

人工智能的中心**科学目标**是了解使自然或人工系统中的智能行为成为可能的原理。这是通过：

- 对自然和人工智能体的**分析**。
- 制定和测试关于构造智能体的假设。
- 设计、构建和试验计算系统，这些系统执行通常被认为需要智能的任务。

作为科学的一部分，研究人员建立了**经验系统**来检验假设或探索可能的设计空间。这些与为应用域构建的**应用程序**完全不同。

该定义不仅仅针对智能的**思考**。我们只对智能思考感兴趣，因为它会导致更智能的**行为**。思考的作用是影响行动。

AI 的主要**工程目标**是**设计**和**合成**有用的智能人工产品。实际上，我们希望构建能够智能行动的智能体，这样的智能体在许多应用中都很有用。

1.1.1　人工智能和自然智能

人工智能是该领域的既定名称，但"人工智能"这个词却让人产生了很多困惑，因为人工智能可能被理解为与真正的智能相反。

对于任何现象，都可以分出真假，其中假即非真。你还可以区分自然与人工，即自然界中发生的自然手段和人为制造的人工手段。

例 1.1　海啸是指海洋中的大浪。自然海啸时有发生，这是由地震或山体滑坡引起的。你可以想象一场人为的海啸，比如说，在海洋中一颗炸弹爆炸了，但这仍然是真正的海啸。人们还可以想象假的海啸：要么是人工的，用电脑绘图；要么是自然的，例如海市蜃楼，看起来像海啸，但其实不是海啸。

可以说，智能是有区别的：不能有假的智能。如果一个智能体的行为是智能的，那么它就是智能的。只有外在的行为才是智能的定义，有智能的行为才是智能。因此，人工智能如果实现了，也就是人工创造的真正的智能。

这种由外在行为来定义智能的想法，是图灵[1950]设计的智能测试的动机，也就是所谓的**图灵测试**（Turing test）。图灵测试由一个模仿游戏组成，在这个游戏中，审问者可以通过文本界面向目击者提出任何问题。如果审问者不能将目击者与人类区分开来，那么这个目击者一定是有智能的。图 1.1 显示了图灵建议的一段可能的对话。一个不具有真正智能的智能体不可能在任意的题目中伪造出智能。

审问者：在你的十四行诗的第一行中有一句话，"我要把你比作夏日"，"春日"不也是一样好，或者说更好吗？
目击者：它不符合韵律。
审问者："冬日"怎么样，那应该不错。
目击者：是的，但没有人愿意被人比作"冬日"。
审问者：你会说 Pickwick 先生让你想起了圣诞节吗？
目击者：在某种程度上会。
审问者：然而，圣诞节是冬日，但我想 Pickwick 先生不会介意这样的比较。
目击者：我不认为你是认真的。冬日是指一个典型的冬日，而不是像圣诞节这样的特殊节日。

图 1.1　用于图灵测试的可能的对话节选

关于图灵测试的用处一直有很多争论。遗憾的是，虽然它可能提供了如何识别智能的测试，但并不能提供实现智能的方法。

继 Winograd 模式之后，最近 Levesque[2014]提出了一种新的问题形式。Winograd模式如下例所示，由 Winograd[1972]提出。

- 市议员拒绝了示威者的许可，因为他们害怕暴力。谁怕暴力？
- 市议员拒绝了示威者的许可，因为他们主张暴力。谁主张暴力？

这两个句子只有一个词"害怕/主张"（feared/advocated）不同，但答案却截然相反。回答这样的问题，不是靠诡计或说谎，而是取决于对这个世界的了解，而计算机目前并不了解这个世界的一些情况。

Winograd 模式的特点是：人类很容易消除歧义；没有简单的语法或统计学测试可以消除歧义。例如，如果"示威者害怕暴力"的可能性比"议员害怕暴力"（或与使用"主张"的情况类似）的可能性小得多，或者多得多，上述句子就不符合条件。

例 1.2　下面的例子来源于 Davis[2015]。

- Steve 在任何事情上都以 Fred 为榜样。他[钦佩/影响]他，他对他的影响很大。谁[钦佩/影响]谁？
- 桌子不能从门口穿过，因为它太[宽/窄]。哪个太[宽/窄]？
- Grace 很乐意用她的毛衣换我的外套。她认为它穿在她身上看起来[很好看/不好看]。什么穿在 Grace 身上看起来[很好看/不好看]？
- Bill 认为叫人注意到自己是对 Bert 的不礼貌。谁叫别人注意到他自己？

每一个答案都有自己的理由，即为什么偏向于一个答案而不是另一个。一台能可靠地回答这些问题的计算机需要知道所有这些理由，并要求具备进行**常识推理**的能力。

显而易见的自然界中的聪明智能体就是人。有些人可能会说蠕虫、昆虫或细菌是聪明的，但更多的人会说狗、鲸鱼或猴子是聪明的（见练习 1.1）。可能比人类更有智慧的一类智能体是有组织的**群体类**。蚂蚁群是有组织的一个典型例子。每一只蚂蚁可能不是很聪明，但一个蚂蚁群落可以比任何一只蚂蚁都更聪明。蚁群可以非常有效地发现食物并加以利用，同时也能适应不断变化的环境。公司可以比个人更聪明。公司在开发、制造和销售产品时，所需要的技能总和远远超过任何个人所能掌握的。现代的计算机（从低级硬件到高级软件）比任何人类都要复杂，但它们每天都是由人类组织制造的。人类**社会**被看成一个智能体，可以说是已知的最聪明的智能体。

思考一下人类的智慧从何而来是很有启发意义的。有三个主要的来源：

- 生物学。人类已经进化成适应性强的动物，可以在各种生境中生存。
- 文化。文化不仅提供了语言，还提供了有用的工具、有用的理念，以及家长和老师传递给孩子的智慧。
- 终身学习。人类一生都在学习，积累知识和技能。

这些来源以复杂的方式相互作用。生物进化提供了不同的成长阶段，使人在不同的生命阶段有不同的学习方式。生物学和文化是一起进化的；人类在出生时可能是无助的，大概是因为我们有照顾婴儿的文化的缘故。文化与学习有着强烈的互动关系。人的终身学习的一个重要部分就是父母和老师教给人的东西。语言作为文化的一部分，呈现了世界的区别，对学习也有帮助。

在构建一个智能系统时，设计者必须决定哪些智能源需要编程，哪些可以学习。我们不太可能构建出一个一开始就能学会一切的智能体。同样，大多数有趣和有用的智能体都是通过学习来改善自己的行为。

1.2 人工智能简史

在整个人类历史上，人们都在利用技术来塑造自己。古代中国、埃及和希腊都有这方面的证据，见证了这种活动的普遍性。每一种新技术都被用来建立智能体或思维模型。发条机、水力学、电话交换系统、全息图、模拟计算机和数字计算机都被认为是智能的技术隐喻，也被认为是心智建模的机制。

大约 400 年前，人们开始写关于思维和推理的本质。Hobbes(1588—1679)被 Haugeland[1985]誉为"人工智能的鼻祖"，他主张思维是符号化的推理，就像大声说话或用纸笔算出答案一样，是一种符号化推理。Descartes(1596—1650)、Pascal(1623—1662)、Spinoza(1632—1677)、Leibniz(1646—1716)等人进一步发展了符号推理的思想，他们是思维哲学的先驱。

随着计算机的发展，符号运算的思想变得更加具体。Babbage(1792—1871)设计了第一台通用计算机——**分析机**，但直到 1991 年才在伦敦科学博物馆建成。在 20 世纪初，人们在理解计算方面做了很多工作。人们提出了几种计算的模型，包括 Alan Turing (1912—1954)提出的图灵机(Turing machine)——一种在无限长的磁带上写出符号的理论机器，以及 Church(1903—1995)提出的 λ 演算——一种重写公式的数学形式化。可以证明，这些截然不同的形式是等价的，因为其中任意一种可计算的函数都可以由其他的函数来计算。这就引出了 **Church-Turing 理论**：

> 任何有效可计算的函数都可以在图灵机上执行(因此也可以在 λ 演算或其他任何等效形式化中执行)。

这里的**有效可计算**是指遵循明确定义的操作；在图灵时代的"计算机"是遵循明确定义的步骤的人，而我们今天所知道的计算机当时并不存在。这个理论认为，所有的计算都可以在图灵机或其他等价计算机上进行。Church-Turing 理论无法证明，但它是一个经得起时间考验的假设。没有人造出了一台机器来进行图灵机无法进行的计算。没有证据表明人可以计算出不能由图灵机计算的函数。智能体的行为是它的能力、历史、目标或偏好的函数。这就提供了一个论点，即计算不仅仅是智能的隐喻，推理就是计算，计算可以由计算机来完成。

真正的计算机已建立起来，计算机的一些最早期的应用就是 AI 程序。例如，Samuel[1959]在 1952 年建立了一个跳棋程序，并在 20 世纪 50 年代末实现了一个学习下跳棋的程序。1961 年，他的程序击败了康涅狄格州跳棋冠军。Wang[1960]实现了一个程序，证明了《数学原理》[Whitehead and Russell，1910，1912，1913]中的每一个逻辑定理(近 400 个)。Newell 和 Simon[1956]建立了一个程序——逻辑推理师(Logic Theorist)，可以发现命题逻辑中的证明。

除了在高级符号推理方面的工作外，还有很多关于低级学习的工作，其灵感来自**神经元**的工作方式。McCulloch 和 Pitts[1943]展示了一个简单的阈值化"形式神经元"如何成为图灵完备机器的基础。Minsky[1952]首次对这些神经网络的学习进行了描述。Rosenblatt[1958]的**感知机**是早期的重要成果之一。在 Minsky 和 Papert[1988]1968 年的著作之后，关于神经网络的工作在若干年内走向衰落，该书认为所学到的表示不足以实现智能动作。

早期的程序集中于学习和搜索，将其作为该领域的基础。很早的时候，人们就发现主要任务之一是如何表示智能动作所需的知识。在学习之前，智能体必须有一个合适的目标语言来表示所学知识。从简单的特征表示到神经网络再到 McCarthy 和 Hayes[1969]的复杂逻辑表示，以及介于两者之间的许多表示方法，如 Minsky[1975]的框架表示。

在 20 世纪 60～70 年代，自然语言理解系统在有限的领域中被开发出来。例如，Daniel Bobrow[1967]的 STUDENT 程序可以解决用自然语言表达的高中代数任务。Winograd[1972]的 SHRDLU 系统可以使用有限的自然语言，在模拟的积木世界中讨论和执行任务。CHAT-80[Warren and Pereira，1982]可以用自然语言回答向它提出的地理问题。图 1.2 显示了 CHAT-80 基于国家、河流等事实数据库回答的一些问题。所有这些系统都只能在非常有限的领域中使用有限的词汇和句子结构进行推理。有趣的是，IBM 的 Watson 在电视游戏节目《Jeopardy!》中击败了世界冠军，它使用了与 CHAT-80 类似的技术[Lally et al.，2012]；见 13.6 节。

```
阿富汗和中国接壤吗？
布基纳法索的首都是哪里？
伦敦是哪个国家的首都？
非洲最大的国家是哪个国家？
最小的美洲国家有多大？
与非洲国家和与亚洲国家接壤的海洋叫什么？
与波罗的海接壤的国家的首都是哪里？
多瑙河流经多少个国家？
赤道以南、不在大洋洲的国家的总面积是多少？
各大洲国家的平均面积是多少？
各大洲有不止一个国家吗？
有河流流入黑海的国家有哪些？
各大洲中没有两个以上人口超过 100 万的城市的国家有哪些？
与地中海接壤的哪个国家与人口超过印度人口的国家接壤？
人口超过 1000 万且与大西洋接壤的国家有哪些？
```

图 1.2　CHAT-80 可以回答的一些问题

在 20 世纪 70 年代和 80 年代，有大量关于**专家系统**的工作，其目的是采集某个领域的专家的知识，以便计算机能够执行专家任务。例如，从 1965 年到 1983 年在有机化学领域发展起来的 DENDRAL[Buchananan and Feigenbaum，1978]，提出了新的有机化合物的合理结构。1972 年至 1980 年发展起来的 MYCIN[Buchananan and Shortliffe，1984]可以诊断血液中的传染病，提出了抗菌治疗，并说明了其道理。20 世纪 70～80 年代也是人工智能推理在 Prolog 等语言中普及的时期[Colmerauer and Roussel，1996；Kowalski，1988]。

20 世纪 90 年代至 21 世纪初，人工智能的各个子学科都有了很大的发展，如感知、概率论和决策理论推理、规划、嵌入系统、机器学习等许多领域。该领域的基础也取得了很大的进展，这些构成了本书的框架。

1.2.1　与其他学科的关系

人工智能是一门非常年轻的学科。其他学科（如哲学、神经生物学、进化生物学、心理学、经济学、政治学、社会学、人类学、控制工程、统计学等），对智能的研究时间要长得多。

人工智能的科学可以被描述为"合成心理学""实验哲学"或"计算认识论"——**认识论**是对知识的研究。人工智能可以被看作研究知识和智能本质的一种方式，但它拥有比以前更强大的实验工具。人工智能不像哲学、心理学、经济学和社会学等传统上只能观察智能系统的外部行为，而是用智能行为的可执行模型进行实验。最重要的是，这样的模型是开放的，可以被检验、重新设计，并以完整而严谨的方式进行实验。现代计算机提供了一种方法来构建哲学家只能理论化的模型。AI 研究者可以对这些模型进行实验，而不是仅仅讨论其抽象的属性。人工智能理论可以在实现中得到经验性的支持。此外，当简单的智能体表现出复杂的行为时，我们往往会感到惊讶。如果没有实现智能体，我们就不会知道这一点。

在过去几百年来飞行器的发展和过去几十年来思维机器的发展之间做一个类比很有启发意义。理解飞行器有几种方法。一种是将已知的飞行动物解剖，并假设它们的共同结构特征是任何飞行器的必要基本特征。用这种方法对鸟类、蝙蝠和昆虫的研究表明，飞行涉及由羽毛或膜覆盖的某种结构组成的翅膀的拍打。此外，这个假设可以通过将羽毛绑在手臂上，然后拍打并跳到空中，就像伊卡洛斯那样来检验。另一种方法是试图理解飞行的原理，而不把自己限制在飞行的自然现象上。这通常涉及构建体现了假设原理的神器，即使它们除了飞行之外，在任何方面都不像飞行动物那样，也要构建出体现假设原理的神器。第二种方法既提供了有用的工具（飞机），又提供了更好地理解飞行的基本原理，即**空气动力学原理**。

人工智能采取类似于空气动力学的方法。人工智能的研究者有兴趣通过建造智能的机器来测试关于智能本质的一般假设，这些机器不一定要模仿人类或组织。这也为"计算机真的会思考吗"这个问题提供了一种方法，即通过考虑类似的问题——"飞机真的会飞吗"。

人工智能与计算机科学学科紧密相连，因为计算的研究是人工智能的核心。理解算法、数据结构和组合复杂性是构建智能机器的关键。同样令人惊讶的是，计算机科学的很多内容都是从人工智能开始的，从分时共享到计算机代数系统，都是人工智能的衍生品。

最后，人工智能可以被看成属于**认知科学**的范畴。认知科学将研究认知和推理的各个学科联系在一起，从心理学到语言学到人类学到神经科学。人工智能在认知科学中的独特之处在于，它提供了构建智能的工具，而不仅仅是研究智能体的外在行为或剖析智能系统的内在工作原理。

1.3　环境中的智能体

AI 讲的是实用推理：为了做事而推理。感知、推理和行为的耦合组成了一个**智能体**。智能体在一个**环境**中行动，环境中很可能包括其他智能体。一个智能体和它的环境一起被称为一个**世界**。

例如，智能体可以是一个计算引擎与物理传感器和执行器(称为**机器人**)的耦合，其中，环境是一个物理环境。它可以是提供建议的计算机(**专家系统**)与提供感知信息并执行任务的人的耦合。智能体可以是一个在纯计算环境中行动的程序，也可以是一个**软件智能体**。

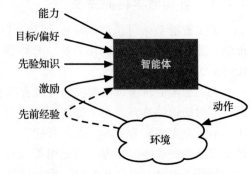

图 1.3   一个与环境交互的智能体

图 1.3 显示了一个智能体的输入和输出的黑箱视图。在任何时候，智能体所做的事情取决于：

- 关于智能体和环境的**先验知识**。
- 与环境相互作用的**历史**，包括：
  - 从当前环境中接收到的**激励**，可以包括对环境的**观察**，以及环境对智能体施加的动作。
  - 过去的动作和激励的先前**经验**，或其他数据，它可以从这些数据中学习。
- 争取实现的**目标**或对世界的各个状态的**偏好**。
- **能力**，即智能体能够执行的基本动作。

在黑箱内部，智能体有一些内部**信念状态**，可以编码关于环境、所学到的知识、要做的事情以及打算做的事情的信念。智能体会根据激励来更新这种内部状态。它利用信念状态和激励来决定自己的动作。这本书的大部分内容是关于这个黑箱里面的东西。

这是一个包罗万象的关于智能体的观点，从简单的恒温器，到由人类调解感知和动作的诊断建议系统，再到移动机器人团队甚至社会本身，智能体的复杂程度各不相同。

有目的的智能体有偏好或目标。与其他状态相比，它们更喜欢世界上的某些状态，它们的行动是为了实现最喜欢的状态。非目的性智能体被归类到一起，称为**自然界**。智能体是否具有目的性是一个建模假设，这个假设可能是合适的，也可能是不合适的。例如，对于某些应用来说，将狗建模为目的性的可能是合适的，而对于其他应用来说，将狗建模为非目的性的可能就足够了。

如果一个智能体没有偏好，那么根据定义，它并不关心自己最终会处于什么样的世界状态，所以对它来说，做什么并不重要。设计智能体的原因是要给它灌输偏好——让它偏好某些世界状态，并努力实现这些状态。智能体不一定要明确地知道它的偏好。例如，恒温器是一个智能体，它可以感知这个世界，并打开或关闭加热器。在恒温器中嵌入了一些偏好，比如让房间保持在一个舒适的温度，尽管恒温器可以说不知道这些是它的偏好。智能体的偏好往往是智能体的设计者的偏好，但有时智能体可以在运行时获得目标和偏好。

1.4   设计智能体

人工智能体是为特定任务而设计的。研究人员还没有达到设计出一种能够在自然环境中完成生存和繁殖任务的智能体的阶段。

1.4.1   设计时间计算、离线计算和在线计算

在决定一个智能体要做什么的时候，必须区分三个方面的计算：进入智能体设计中的

计算；智能体在观察世界并需要行动之前能做的计算；智能体在行动过程中所做的计算。

- **设计时间计算**是指为设计智能体而进行的计算。它是由智能体的设计者实现的，而不是智能体本身。
- **离线计算**是指智能体在必须行动之前所做的计算。它可以包括编译和学习。在离线情况下，智能体可以取背景知识和数据，并将其编译成可使用的形式，称为**知识库**。**背景知识**既可以在设计时给出，也可以在离线时给出。
- **在线计算**是指智能体在观察环境和在环境中行动之间进行的计算。在网上获得的一段信息被称为**观察**。智能体通常必须利用其知识库、信念和观察到的信息来决定下一步该做什么。

必须区分设计者头脑中的知识和智能体头脑中的知识。考虑一下极端的情况。

- 一个极端是高度专业化的智能体，它在设计环境中运作得很好，但在这个小环境之外却束手无策。设计者可能在打造这个智能体的过程中做了大量的工作，但这个智能体可能不需要做太多的工作就能很好地运行。温控器就是一个例子。可能很难设计一个恒温器，让它在准确的温度下开启和关闭，但恒温器本身不需要做太多的计算。另一个例子是一个汽车喷漆机器人，在汽车工厂里，它总是在同一个零件上喷漆。可能有很多设计时间或离线计算来让它完美地工作，但喷漆机器人只需要很少的在线计算就能完成零件的喷漆；它感知到特定位置上有一个零件，就会执行预定义的动作。这些非常专业的智能体并不能很好地适应不同的环境或变化的目标。如果有不同的零件出现，喷漆机器人不会注意到，即使注意到了，它也不知道该怎么处理。它将不得不重新设计或重新编程，以便在不同的零件上涂色，或者变身为打磨机或洗狗机。
- 另一个极端是一种非常灵活的智能体，它可以在任意环境中生存，并在运行时接受新的任务。简单的生物智能体（如昆虫）可以适应复杂变化的环境，但不能执行任意的任务。设计一个能够适应复杂环境和不断变化的目标的智能体是一个重大挑战。智能体将比设计者更了解情况的特殊性。即使在生物学领域，也没有发现很多这样的智能体。人类可能是唯一现存的例子，但即使是人类也需要时间来适应新环境。

即使灵活的智能体是我们的终极梦想，研究人员也要通过更世俗的目标来实现这一目标。他们并没有构建一个可以适应任何环境、解决任何任务的通用智能体，而是为特定的环境构建特定的智能体。设计者可以利用特定的结构，而智能体不需要对其他可能性进行推理。

在构建智能体方面，主要采取了两大策略：

- 第一种策略是简化环境，针对这些简单的环境建立复杂的推理系统。例如，工厂机器人在工厂的工程化环境中可以完成复杂的任务，但在自然环境中可能就没有希望了。通过简化环境，可以降低很多任务的复杂性。这对于构建实用系统也很重要，因为很多环境可以通过工程化的方式使智能体更简单。
- 第二种策略是在自然环境中构建简单的智能体。这是看到**昆虫**如何在复杂的环境中生存下来，即使它们的推理能力非常有限，也能在复杂的环境中生存下来而得到的启发。然后，研究人员就会让智能体在任务变得更加复杂的时候，让它们拥有更多的推理能力。

简化环境的优点之一是，它可能使我们能够证明智能体的属性或针对特定情况对智能体进行优化。证明属性或优化通常需要一个智能体及其环境的模型。智能体可能会做少量或大量的推理，但智能体的观察者或设计者可能会对智能体和环境进行推理。比如说，设计者可证明智能体是否能够实现一个目标，是否能够避免陷入对智能体不利的情境（**安全**），是否会卡在某个地方（**活性**），或者最终是否会在每一件应该做的事情上都能顺利完成（**公平性**）。当然，证明只是和模型一样好。

构建复杂环境下的智能体的优势在于，这些都是人类生活的环境类型，也是我们希望智能体所处的环境。

即使是自然环境也可以被抽象成更简单的环境。例如，对于在公共道路上行驶的自主汽车来说，环境可以在概念上简化，让所有的东西要么是一条路，要么是一辆车，要么是要避开的东西。虽然自主汽车拥有精密的传感器，但它们的可用动作有限，即转向、加速和刹车。

幸运的是，我们正在沿着这两条路线，并在这两个极端之间进行研究。在第一种情况下，研究人员从简单的环境开始，并将环境变得更加复杂。而在第二种情况下，研究者会增加智能体可以进行的行为的复杂性。

1.4.2   任务

人工智能表示与传统语言的计算机程序不同的一种方式是，人工智能表示通常会指定需要计算的内容，而不是如何计算。我们可能会指定智能体应该找到一个病人最可能得的疾病，或者指定机器人应该去拿咖啡，但不会给出如何做这些事情的详细指令。很多人工智能的推理都是通过搜索可能性的空间来确定如何完成一个任务。

通常情况下，只会非正式地下达任务，比如“包裹到了就及时送达”，或者“房子的电力系统出了什么问题就修什么”。

用计算机解决任务的一般框架如图 1.4 所示。

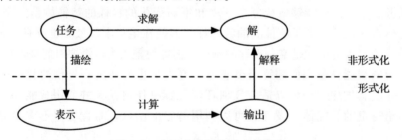

图 1.4   表示在求解任务中的角色

为了解决一个任务，系统的设计者必须：
- 决定用什么来构成解决方案。
- 以计算机能够推理的方式表示任务。
- 使用计算机以计算出一个输出，即向用户提供答案或在环境中进行的动作。
- 解释作为任务的解决方案的输出。

知识是关于一个领域的信息，可以用来解决该领域的任务。要解决若干任务需要很多知识，而这些知识必须在计算机中表示出来。作为设计解决任务的程序的一部分，我们必须定义知识的表示方式。在智能体中使用一种**表示语言**来表示知识。某个知识的**表示**就是用来编码知识的特定数据结构，以便对知识进行推理。**知识库**是一个智能体所存储的所有知识的表示方式。

一种好的表示语言是众多竞争目标的折中之作。一种表示应该：

- 足够丰富，以表达解决任务所需的知识。
- 尽可能接近任务的自然规范。它应该是紧凑、自然、可维护的。它应该很容易看到表示和被表示的域之间的关系，以便于判断所表示的知识是否正确。任务中的一个小变化应该导致任务的表示方式发生微小的变化。
- 能够进行有效的计算，或者说是**易处理的**，这意味着智能体能够足够快地采取行动。为了确保这一点，表示利用任务的特征来获取计算收益，并在准确性和计算时间之间进行权衡。
- 能够从人、数据和过去的经验中获得。

研究者已经设计了许多不同的表示语言。其中很多都是从一些目标开始，然后扩展到其他目标。例如，有的表示语言是为学习而设计的，也许是受神经元的启发，然后扩展到更丰富的任务解决和推理能力。有的表示语言在设计时就考虑到了表达性，然后再加上推理和学习。有的语言设计者则注重易处理性，增强丰富性、自然性和可获取能力。

1.4.3　定义解决方案

给定一项任务的非正式描述，在考虑计算机之前，智能体设计者就应该确定用什么来构成解决方案。这个问题不仅在人工智能中出现，在任何软件设计中都会出现。软件工程的大部分内容涉及细化任务的规范。

任务一般都没有很好的说明。不仅通常会有很多未明确的地方，而且未明确的部分也不能随意填写。例如，如果用户要求交易智能体查找可能存在不卫生问题的度假村的所有信息，他们不希望交易智能体返回所有度假村的所有信息，即使所要求的信息都在结果中。但是，如果交易智能体对度假村的情况并不完全了解，返回所有的资料可能是其唯一能保证所要求的所有资料都在的办法。同样，人们也不希望送货机器人在被要求把所有的垃圾都送到垃圾桶时，把所有的其他东西也都送到垃圾桶，尽管这可能是保证所有的垃圾都被带走的唯一方法。人工智能领域的很多工作都是由**常识推理**所驱动的，我们希望计算机能够对未陈述的假设得出常识性的结论。

给定一个定义好的任务，下一个问题是，如果返回的答案不正确或不完整，这是否重要？例如，假定要求返回所有的实例，如果缺少一些实例，是否重要？如果有一些额外的实例，是否重要？通常情况下，我们想要的不仅仅是尽可能多的解决方案，而是根据一些标准来选择最好的解决方案。常见的解决方案有四类。

最优解决方案。任务的最优解决方案是指根据一定的解决方案质量的衡量标准，它是最优的解决方案。例如，一个机器人可能需要尽可能多地倒出垃圾，它能倒出的垃圾越多越好。在一个更复杂的例子中，你可能希望送货机器人尽可能多地把垃圾送到垃圾桶里，尽量减少所走过的距离，并明确规定了所需的努力和所带出的垃圾比例之间的权衡。同时，犯错和扔掉不属于垃圾的物品也是有代价的。漏掉一些垃圾可能比浪费太多时间要好。决策理论中使用了一种一般的衡量愿望的方法，称为**效用**（见 9.1 节）。

满意的解决方案。通常情况下，智能体不需要最好的解决方案，只需要某些解决方案。满意的解决方案是指根据某种描述，确定哪些解决方案是足够好的。例如，我们可能会告诉机器人必须把所有的垃圾都倒掉，或者告诉它必须把三件垃圾都倒掉。

近似最优解决方案。衡量成功与否的一个优点是，它允许近似。近似最优解决方案是指其质量衡量标准接近理论上可以得到的最佳解决方案。通常情况下，智能体不需要任务的最优解决方案，它们只需要足够接近即可。例如，机器人可能不需要走过最优距离来倒垃圾，只需要在最优距离的10%以内。有些近似算法可以保证解在一定的最优范围内，但对于有些算法来说则没有保证。

对于某些任务，在计算上，得到近似最优解决方案比得到最优解决方案要容易得多。但是，对于其他任务，要找到一个近似最优解决方案，并且保证在一定的最优范围内，和找到一个最优解决方案一样困难。

可能的解决方案。可能的解决方案是指即使它可能不是实际的任务解决方案，但很有可能是一个解决方案。这是一种以精确的方式提供近似解的方法。例如，在送货机器人可能会丢弃垃圾或在尝试捡垃圾时未能捡起垃圾的情况下，你可能需要机器人有80%的把握，确定它已经捡起了三件垃圾。通常情况下，你要区分**假正例错误率**（计算机给出的答案中不正确的比例）和**假负例错误率**（计算机没有给出的答案中确实正确的比例）。有些应用程序对其中一种类型的错误的容忍度要比另一种类型的错误高得多。

这些类别并不互斥。一种被称为近似正确（PAC）的学习形式考虑学习一种近似正确的概念（见7.8.2节）。

1.4.4　表示

当你对解决方案的性质有了一定的要求后，必须表示这个任务，这样计算机才能解决这个任务。

计算机和人脑是**物理符号系统**的例子。**符号**是一种可以被操纵的有意义的模式。符号的例子是书面的文字、句子、手势、纸上的标记或位的序列。**符号系统**可以创建、复制、修改和破坏符号。从本质上说，符号是被符号系统作为一个单位操纵的模式之一。之所以使用物理这个词，是因为物理符号系统中的符号是现实世界中的物理对象，尽管它们可能在计算机和大脑的内部，但它们是现实世界的一部分。它们也可能需要在物理上影响动作或运动控制。

人工智能很大程度上依赖于 Newell 和 Simon[1976]的**物理符号系统假设**：

> 物理符号系统具有一般智能动作的必要和充分手段。

这是一个强有力的假设。它意味着，任何智能体都必然是一个物理符号系统。这也意味着，物理符号系统是智能动作所需要的一切，不需要任何魔法或有待发现的量子现象。这并不意味着物理符号系统不需要实体来感知世界和行动。对于那些没有被赋予意义但却很有用的隐藏变量，其是否可以被视为符号还存在一些争论。物理符号系统假设是一种经验性的假设，和其他科学假设一样，要根据它与证据的吻合度，以及是否有其他的替代性假设来判断。事实上，它也有可能是假的。

可以将智能体视为通过操纵符号来产生动作。其中许多符号是用来指代世界上的事物。有些符号可能是有用的概念，可能有外部意义，也可能没有外部意义。甚至，有些符号可能指的是智能体的内部状态。

智能体可以使用物理符号系统来建立世界模型。世界**模型**是智能体对世界中的真实事物或世界如何变化的信念的表示。世界并不是一定要在最详细的层面上建模才有用。

所有的模型都是**抽象的**；它们只代表了世界的一部分，而遗漏了许多细节。智能体可以有一个非常简单的世界模型，也可以有一个非常详细的世界模型。**抽象的层次**提供了抽象的偏序，低级的抽象比高级的抽象包含更多的细节。智能体可以有多个甚至是相互矛盾的世界模型。判断模型的好坏，不是看模型是否正确，而是看模型是否有用。

例 1.3　一个送货机器人可以从房间、走廊、门和障碍物等方面对环境进行高层次的抽象建模，忽略距离、大小、所需的转向角度、车轮的滑移、包裹的重量、障碍物的细节以及几乎所有其他的东西。机器人可以通过考虑到这些抽象中的一些细节，在更低的抽象层次上对环境进行建模。一些细节可能与机器人的成功实现无关，但有些细节可能对机器人的成功实现至关重要。例如，在某些情况下，机器人的大小和转向角度可能对机器人不会在某个特定的弯道上被卡住至关重要。在某些情况下，如果机器人保持在走廊中心附近，可能不需要对其宽度或转向角度进行建模。

选择一个适当的抽象层次是有难度的，原因如下：
- 高层次描述更容易被人类详细描述和理解。
- 低层次描述可以更准确、更有预见性。高层次描述通常会抽象出对实际解决任务可能很重要的细节。
- 层次越低，就越难推理。这是因为在较低层次上的解决方案涉及更多的步骤，有更多可能的行动方案可供选择。
- 智能体可能不知道低层次描述所需要的信息。例如，送货机器人可能不知道在它必须决定要做什么的时候会遇到什么障碍物，也不知道地板有多滑。

在多层次的抽象环境中建模通常是个好主意。这个问题将在 2.3 节进一步讨论。

可以从多个抽象层次来描述生物系统以及计算机。在动物的较低层次上依次是神经元层次、生物化学层次（传递什么化学物质和什么电势）、化学层次（进行什么化学反应）、物理学层次（就原子上的力和量子现象而言）。在神经元层次以上需要什么样的层次才能说明智能，这仍然是一个未解之谜。这些层次的描述在科学本身的层次结构中得到了呼应，科学家被分为物理学家、化学家、生物学家、心理学家、人类学家等。虽然没有哪一个层次的描述比其他层次更重要，但我们猜想，你不一定要模仿人类的每一个层次来构建人工智能体，而是可以模仿更高的层次，并在现代计算机的基础上构建。这个猜想是人工智能研究的一部分。

以下是生物实体和计算实体似乎共有的两个层次：
- **知识层次**是抽象的层次，它考虑的是智能体知道什么、相信什么、目标是什么。知识层次考虑的是智能体知道什么，但不考虑它是如何推理的。例如，快递智能体的行为可以用它是否知道包裹已经到达，以及它是否知道某个特定的人在哪里等来描述。人类智能体和机器人智能体都可以在知识层次进行描述。在这个层次上没有指定解决方案将如何计算，甚至没有指定在众多可能的策略中智能体将使用哪种策略。
- **符号层次**是对智能体所做的推理的描述层次。为了实现知识层次，智能体操纵符号来产生答案。许多认知科学实验都是为了确定推理过程中的符号操作。知识层次是指智能体对外部世界的信念和目标是什么，而符号层次则是指智能体内部对外部世界进行推理的过程。

1.5 智能体设计空间

在环境中行动的智能体的复杂性，体现在从恒温器到竞争环境中多目标行动编队的各类智能体中。在这里，我们描述了智能体设计中十个维度的复杂性。这些维度可以单独考虑，但必须结合起来才能构建一个智能体。这些维度定义了人工智能的**设计空间**；通过改变每个维度上的值，可以得到这个空间中的不同点。

这些维度给出了智能体的设计空间的粗略划分。要构建一个智能体，还有很多其他的设计选择也是必须要做的。

1.5.1 模块性

第一个维度是模块性这一层次。**模块性**(modularity)是指一个系统在多大程度上可以分解成可以单独理解的相互作用的模块。模块性对于降低复杂性很重要。它体现在大脑的结构上，作为计算机科学的基础，是任何大型组织的重要方面。

模块性通常用分层分解的方式来表示。在模块性维度上，智能体的结构有以下几种：

- 扁平化——没有组织结构。
- 模块化——系统被分解成可以独立理解的交互模块。
- 层次化——系统是模块化的，而模块本身又被分解成更简单的模块，每个模块都是层次化的系统或简单的组件。

在扁平化或模块化结构中，智能体通常在单一的抽象层次上进行推理。在层次化结构中，智能体在多个抽象层次上进行推理。层次化结构中的低级结构涉及在较低的抽象层次上进行推理。

例 1.4 从家里到国外的度假地旅行时，智能体(比如你自己)必须从家里到机场，飞到目的地附近的机场，然后从机场到目的地。它还必须进行一系列特定的腿部或车轮运动，才能实际移动。在扁平化表示中，智能体选择一个抽象层次，并在该层次上推理。模块化表示将把任务划分为若干个子任务，这些子任务可以分别解决(例如，预订机票、到达出发机场、到达目的地机场、到达度假地点)。在层次化表示中，智能体将以分层的方式解决这些子任务，直到将任务简化为简单的任务，如发送一个 HTTP 请求或采取特定步骤。

分层分解对于降低构建一个在复杂环境中行动的智能体的复杂性非常重要。大型组织采用分层的组织结构，这样高层决策者就不会被细节压得喘不过气来，也不必对组织的所有活动进行微观管理。计算机科学中的程序抽象和面向对象程序设计，就是利用模块化和抽象化的特点使系统得以简化。有很多证据表明，生物系统也是分层的。

为了探索其他维度，我们最初忽略层次化结构，假设是扁平化表示的。忽略分层分解对于小的或中等规模的任务通常是没有问题的，就像对于简单的动物、小组织或小到中等规模的计算机程序一样。当任务或系统变得复杂时，就需要进行一定的分层组织。

如何建立分层组织的智能体，将在 2.3 节中讨论。

1.5.2 规划视野

规划视野维度是指智能体的计划时间有多长。比如说，把狗看成一个智能体。当你叫狗过来时，它应该转身开始跑来，以便在未来获得奖励。它的行为并不只是为了立即获得奖励。可以说，狗不会为了未来很远的目标（例如，几个月后）而任意行动，而人则会这样做（例如，现在努力工作，争取明年放假）。

智能体在决定要做什么的时候所"展望的未来"有多远，就叫作**规划视野**。为了完整起见，我们把智能体不及时推理的非规划的情况也包括在内。智能体在规划时考虑的时间点被称为**阶段**。

在**规划视野维度**中，智能体属于以下几种情况之一：

- 非规划的智能体是指在决定做什么事或时间上不考虑未来的智能体。
- **有限视野**规划器是一个寻找固定的有限数量的阶段的智能体。例如，医生要治疗一个病人，可能有两个阶段的规划：检查阶段和治疗阶段。在退化的情况下，如果一个智能体只考虑到一个时间阶段，就会被说成是**贪心**或**短视的**。
- 一个**不确定的视野**规划器是指智能体可以将目光投向前方一些有限的但不是预定的阶段。例如，一个必须到达某个地点的智能体可能不知道要走多少步才能到达，但在规划时，它并不考虑到达地点后要做什么。
- **无限视野**规划器是一个永远计划下去的智能体。这通常被称为一个**过程**。例如，一个靠双腿行走的机器人的稳定模块应该永远持续下去；在实现了稳定后，它也不能停止，因为机器人必须保持不倒下。

1.5.3 表示

表示维度涉及如何描述世界。世界可能的不同方式被称为**状态**。世界的状态指定了智能体的内部状态（它的信念状态）和环境状态。在最简单的层面上，智能体可以明确地以单独确定的状态来推理。

例 1.5 加热器的温控器可能有两种信念状态：off 和 heating。而环境可能有三种状态：cold、comfortable 和 hot。因此，有六种状态对应于不同的信念状态和环境状态的组合。这些状态可能不能完全描述这个世界，但足以描述恒温器应该做什么。如果环境是 cold，温控器应该移动到或保持在 heating 状态；如果环境是 hot，温控器应该移动到或保持在 off 状态；如果环境是 comfortable，温控器应保持在当前状态。温控器智能体在 heating 状态下保持加热器的开启，在 off 状态下保持加热器的关闭。

与其枚举状态，用状态的特征或状态的真假命题来推理往往更容易。状态可以用特征来描述，其中，特征在每个状态中都有一个值（见 4.1 节）。

例 1.6 一个要看管房子的智能体可能要推理灯泡是否坏了。它可能具有每个开关的位置、每个开关的状态（是否正常工作、是否短路、是否坏了）、每个灯是否工作等特征。对于特征"position_s$_2$"，当开关 s$_2$ 处于打开状态时，其值为 up，当开关处于关闭状态时，其值为 down。房子的照明状态可以用这些特征中的每个特征的值来描述。这些特征相互依赖，但不是以任意复杂的方式；例如，灯是否亮可能只取决于它是否完好、开关是否打开以及是否有电。

命题是一个布尔特征，这意味着它的值是真或假。三十个命题可以编码为 $2^{30}=1\,073\,741\,824$ 个状态。用这三十个命题来说明和推理可能比用十几亿个状态来说明和推理要容易得多。此外，对状态采用一个紧凑的表示可以更明确地表明意义，因为这意味着智能体已经抓住了域中的一些规律性。

例1.7　考虑一个智能体必须识别字母表的字母。假设智能体观察到一个二进制图像，即一个30×30的像素网格，其中900个网格点中的每一个都是黑色或白色。动作是确定{a, …, z}中的哪个字母被画在图像中。图像有2^{900}个不同的可能状态，因此从图像状态到字符{a, …, z}有$26^{2^{900}}$个不同的函数。我们甚至不能用状态空间来表示这样的函数。相反，手写识别系统定义了图像的特征，如线段，并根据这些特征定义了从图像到字符的函数。现代的实现可以学习到有用的特征。

在描述一个复杂的世界时，其特征可以取决于**关系**和**个体**。我们所说的个体也可以被称为**事物**、**对象**或**实体**。关系上的个体就是一个**性质**。每个可能的个体之间的关系都有一个特征。

例1.8　在例1.6中看管房屋的智能体可以将灯和开关作为个体，并有关系position和connected_to。它可以使用关系position(s_2, up)来代替特征position_s_2＝up。这个关系使智能体能够对所有的开关进行推理，或者对智能体来说，当智能体遇到一个开关时，可以对开关有一般的知识。

例1.9　如果一个智能体正在为学生注册课程，那么可能会有一个特征，它可以为每个学生的每门课程给出成绩，对于所有参加该课程的学生而言，会形成一个学生-课程对。对于每一个学生-课程对，都会有一个特征passed，这取决于该对的特征grade。从单个学生、课程和分数以及关系passed和grade来推理可能更容易。一旦通过定义passed如何依赖于grade，智能体可以对每个学生和课程应用该定义。此外，这可以在智能体知道任何一个个体之前完成，因此在知道任何特征之前就可以完成。

两参数的关系passed（基于1000个学生和100门课程）可以表示1000×100＝100 000个命题，所以有$2^{100\,000}$个状态。

通过对关系和个体进行推理，智能体可以对整类个体进行推理，而不需要列举特征或命题，更不用说状态了。智能体可能必须对无限的个体集进行推理，例如所有数字的集合或所有句子的集合。为了对无限制或无限多的个体进行推理，智能体不能从状态或特征的角度进行推理，而是必须在关系层面进行推理。

在**表示维度**上，智能体推理基于以下几种：

- 状态。
- 特征。
- 个体和关系（通常称为**关系表征**）。

有些框架将从状态角度出发，有些从特征角度出发，有些从个人和关系角度出发。

第3章介绍状态推理。第4章介绍以特征为基础的推理。我们从第13章开始考虑关系推理。

1.5.4　计算限制

有时，智能体可以迅速决定自己的最佳行动，并做到迅速采取行动。但经常会有计算资源的限制，使智能体无法执行最佳行动。也就是说，智能体可能无法在它的内存限制范围内迅速找到最佳的动作来执行。例如，当智能体必须现在就执行时，花10分钟来推导出10分钟前的最佳行动可能没有什么用处。相反，通常情况下，智能体必须在得到一个解决方案所需的时间与解决方案的好坏之间进行权衡；快速找到一个合理的解决方案可能比以后找到一个更好的解决方案要好，因为在计算过程中，世界已经发生了变化。

计算限制维度决定了一个智能体是否有：

- **完美推理**，即智能体在不考虑其有限的计算资源的情况下对最佳行动进行推理。
- **有限推理**，即智能体决定在其计算能力有限的情况下能找到的最佳行动。

计算资源的限制包括计算时间、内存，以及由于计算机不能准确表示实数所造成的数值精度。

任意时间算法是一种解的质量随着时间的推移而提高的算法。特别是，它是一种可以在任何时候产生当前最佳解的算法，但如果给它更多的时间，它可以产生更好的解。我们可以通过让智能体存储到目前为止找到的最佳解，并在要求解的时候返回最佳解，来确保解的质量不会下降。尽管解决方案的质量可能会随着时间的推移而提高，但等待采取行动是有代价的；智能体在找到最佳解决方案之前采取行动可能会更好。

例 1.10　图 1.5 显示了一个任意时间算法的计算时间如何影响解的质量。智能体必须执行一个动作，但可以做一些计算来决定要做什么。绝对解的质量（在时刻 0 时执行动作）如图中顶部的虚线所示，随着智能体花费时间推理，其质量在提高。然而，花时间行动是有惩罚的。在此图中，底部虚线所示的惩罚与智能体采取行动前所花的时间成正比。这两个值相加就可以得到折扣质量，即计算的时间相关值，这就是图中间的实线。在图 1.5 的例子中，智能体应该计算大约 2.5 个时间单位，然后采取行动，这时折扣质量达到最大值。如果计算持续时间超过 4.3 个时间单位，所得到的折扣解的质量比算法输出的初始猜测值要差。典型的情况是，解的质量在跳跃中提高；当前的最佳解发生变

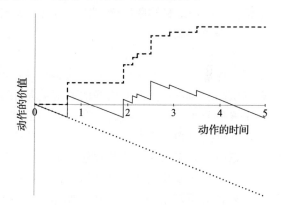

图 1.5　对于一个任意时间算法来说，解的质量是时间的函数。智能体从时刻 0 开始，必须选择一个动作。随着时间的推移，智能体可以确定更好的动作。如果在时刻 0 时执行了最佳操作，那么到目前为止找到的最佳操作对智能体的价值由虚线表示。等待行动对智能体的价值减少，由虚线给出。这两者之间的差额，即对智能体的净价值，用实线表示

化时，解的质量会出现跳跃。与等待相关的惩罚很少是一条直线，它通常是期限的函数，而期限可能是智能体不知道的。

为了考虑到有限推理，智能体必须决定它是应该行动还是花更长时间去推理。这很有挑战性，因为智能体通常不知道如果它只多花一点时间推理，会有多大的好处。此外，花在思考是否应该推理上的时间可能会减损它对该领域的实际推理。

1.5.5　学习

在某些情况下，智能体的设计者可能对智能体及其环境建立了一个很好的模型。但往往设计者并没有那么好的模型，因此，智能体应该利用过去的经验和其他来源的数据来帮助自己决定该怎么做。

学习维度决定了是否：

- **知识是给定的。**
- **知识是学到的**（从数据或过去的经验中学习到的）。

学习通常意味着找到适合数据的最佳模型。有时这就像调整一组固定的参数一样简单，但也可能意味着从一类表示法中选择最佳表示法。学习本身就是一个巨大的领域，但并不是孤立于人工智能的其他部分。除了拟合数据之外，还有很多问题，包括：如何结合背景知识，收集什么样的数据，如何表示数据和由此产生的表示，什么样的学习偏差是合适的，以及如何利用学习到的知识来影响智能体的行为。

学习在第 7、10、12、15 章中介绍。

1.5.6　不确定性

智能体可以假设不存在不确定性，也可以考虑到域中的不确定性。不确定性分为两个维度：一个是感知的不确定性，另一个是行动效果的不确定性。

1. 感知不确定性

在某些情况下，智能体可以直接观察到世界的状态。例如，在一些棋盘游戏中或在工厂的地板上，智能体可确切地知道世界的状态。在许多其他情况下，可能只有一些嘈杂的状态感知，它能做的最好的事情就是根据所感知到的东西，在可能的状态集上获得一个概率分布。例如，给定一个病人的症状，医生可能实际上并不知道病人得的是哪种病，他可能只知道病人可能得的疾病的概率分布。

感知不确定性维度涉及智能体是否能从激励中判断出状态：

- **完全可观察到的**，意味着智能体从激励中知道世界的状态。
- **部分可观察到的**，是指智能体不能直接观察到世界的状态。当许多可能的状态都可能导致相同的激励，或者激励具有误导性时，就会出现这种情况。

假设世界是完全可观察到的，这是一种常见的简化假设，以保持推理的易懂性。

2. 效果不确定性

世界的**动态**模型是指世界因行动而发生变化的模型，或者说即使没有行动，世界也会发生变化。在某些情况下，智能体知道其行动的效果。也就是说，给定一个状态和一个行动，智能体可以准确地预测在该状态下执行该行动所产生的状态。例如，一个与计算机的文件系统交互的软件智能体可能能够预测在给定文件系统的状态下删除一个文件的效果。然而，在很多情况下，很难预测一个动作的效果，而智能体能做的最好的事情就是在效果上获得一个概率分布。例如，一位教师不知道解释一个概念的效果，即使学生的状态是已知的。在另一个极端，如果教师对其行动的效果一无所知，就没有理由选择一个行动而不是另一个行动。

效果不确定性维度的动态性可以是：

- **确定性的**，当一个行为所产生的状态是由一个行为和先前的状态决定时。
- **概率分布的**，当所产生的状态只有一个可能性分布时。

这个维度只有在世界是完全可观察到的情况下才有意义。如果世界是部分可观察到的，那么随机系统可以被建模为确定性系统，在这个系统中，动作的效果取决于一些未观察到的特征。这是一个单独的维度，因为许多开发的框架都是针对完全可观察的随机行动的情况。

第 6 章考虑了确定性行动的规划。第 9 章考虑了有随机行动的规划。

1.5.7　偏好

智能体的行动通常是为了获得更好的结果。选择一种行动而不是另一种行动的唯一原因是，首选的行动会带来更理想的结果。

智能体可能有一个简单的目标，也就是智能体希望在最终状态下的命题为真。例如，获得"Sam 有咖啡"的目标意味着智能体希望达到"Sam 有咖啡"的状态。其他的智能体可能有更复杂的偏好。例如，医生可能会考虑到患者的痛苦、预期寿命、生活质量、金钱成本（对患者、医生和社会），以及许多其他的愿望。当这些考虑因素发生冲突时，医生必须将这些因素进行权衡，因为它们总是会发生冲突。

偏好维度考虑智能体是否有目标或更丰富的偏好：

- **目标**既可以是**成就目标**，即在某个最终状态下的命题，也可以是**维护目标**，即在所有访问过的状态下都必须是真的命题。比如说，机器人的目标可能是给 Sam 送上一杯咖啡和一根香蕉，而不是弄得乱七八糟或伤人。
- **复杂的偏好**涉及各种结果的可取性之间的权衡，也许在不同的时间段会有不同的偏好。**序数偏好**是指只有偏好的排序才是重要的。**基数偏好**是指值的大小很重要。例如，序数偏好可能是 Sam 更喜欢卡布奇诺而不是黑咖啡，更喜欢黑咖啡而不是茶。基数偏好可能是在等待时间和饮料类型之间进行权衡，以及在混乱的环境与味道之间进行权衡，如果咖啡的味道特别好，Sam 准备忍受更多的混乱环境。

第 6 章考虑了目标。第 9 章考虑了复杂的偏好。

1.5.8　智能体数量

智能体在只有它一个智能体的环境中推理自己应该做什么，这已经足够难了。然而，当有其他智能体也在该环境中推理时，推理该做什么就难多了。在多智能体环境中，一个智能体应该对其他智能体进行战略性的推理；其他智能体可能会采取欺骗或操纵该智能体的行为，也可能会与该智能体合作。在多智能体的情况下，由于其他智能体可以利用确定性策略，所以随机行动往往是最优的。即使是在智能体合作并有共同目标的情况下，协调和沟通的任务使得多智能体推理更具挑战性。然而，许多域中包含多个智能体，忽略其他智能体的策略推理并不总是智能体推理的最佳方式。

从单个智能体的角度看，**智能体数量维度**考虑的是智能体是否明确考虑其他智能体：

- **单智能体**推理是指智能体假设环境中没有其他智能体，或者说其他所有的智能体都是自然界的一部分，所以是非目的性的。如果没有其他智能体，或者其他智能体不会因为智能体的行为而改变自己的行为，那么这个假设是合理的。
- **多智能体**推理是指智能体考虑到其他智能体的推理。当其他智能体的目标或偏好在一定程度上取决于本智能体所做的事情，或本智能体必须与其他智能体沟通时，就会出现这种情况。

如果智能体可以同时行动，或者环境只能部分观察到，那么在其他智能体在场的情况下进行推理就会困难得多。第 11 章将考虑多智能体系统。

1.5.9　交互性

一个生活在环境中的智能体通常不具备离线推理的能力，而世界在等待它考虑最佳的选择。然而，离线推理，即智能体在不得不行动之前就可以推理出最好的事情，这往往是一种简化的假设。

交互维度考虑的是智能体是否做：

- **离线推理**，即智能体在与环境交互之前决定要做什么。
- **在线推理**，在这个过程中，智能体必须在与环境互动的同时决定要做什么，并需要及时做出决策。

有些算法被简化成可以称为纯粹的思维，不与环境交互作用。更复杂的智能体在行动时进行推理，包括远距离战略推理以及对环境及时做出反应的推理。

1.5.10　各维度的相互作用

图 1.6 总结了复杂性的维度。不幸的是，我们不能完全独立地研究这些维度，因为它们以复杂的方式相互作用。这里我们举出一些相互作用的例子。

维度	值
模块性	扁平化，模块化，层次化
规划视野	无规划，有限阶段，不定阶段，无限阶段
表示	状态，特征，关系
计算限制	完全理性，有限理性
学习	知识是给定的，知识是学习的
感知不确定性	完全可观察到的，部分可观察到的
效果不确定性	确定性的，随机性的
偏好	目标，复杂偏好
智能体数量	单智能体，多智能体
交互	离线，在线

图 1.6　复杂性的维度

表示维度与模块性维度相互作用，因为一个层次结构中的某些模块可能足够简单，可以用有限的状态集来推理，而其他的抽象层次可能需要对个体和关系进行推理。例如，在一个送货机器人中，一个维持平衡的模块可能只有几个状态。一个必须将多个包裹优先交付给多个人的模块可能需要对多个个体（例如，人、包裹和房间）以及它们之间的关系进行推理。在更高的层次上，一个必须对一天中的活动进行推理的模块可能只需要几个状态来覆盖一天中的不同阶段（例如，机器人可能有三个状态：忙、可请求和充电）。

规划视野可以与模块性维度交互。例如，在高层次上，当狗跑来之后，可能会立即得到奖励，并得到食物。而在决定爪子放在哪里的层面上，可能需要很长的时间才能得到奖励，所以在这个层面上，它可能要规划一个不确定的阶段。

感知不确定性可能对推理的复杂性影响最大。当智能体知道世界的状态时，比不知道状态时更容易进行推理。尽管我们对状态的感知不确定性有很好的理解，但个体和关系的感知不确定性仍是目前研究中一个活跃的领域。

不确定性维度与模块性维度相互作用：在层次结构的一个层次上，一个动作可能是确定性的,而在另一个层次上,它可能是随机的。作为一个例子,考虑一下你要和一个同伴飞往巴黎。在一个层次上,你可能知道自己在哪里(在巴黎);在一个较低的层次上,你可能处于迷路状态,不知道自己在机场地图上的位置;在一个更低的负责保持平衡的层次上,你知道自己站在地面上;而在最高层,你可能很不确定自己是否给同伴留下了深刻的印象。

偏好模型与不确定性相互作用,因为智能体需要在满足一个具有一定概率的主要目标和一个具有较高概率的不太理想的目标之间进行权衡。这个问题将在 9.1 节探讨。

多个智能体也可以用于模块性;设计单一智能体的一种方法是建立多个交互式的智能体,这些智能体的共同目标是使更高层次的智能体智能化地行动。一些研究者(如 Minsky[1986])认为,智能是由非智能体的“社会”产生的一种特征。

学习通常是以特征学习的方式进行的——确定哪些特征值最能预测另一个特征值。然而,也可以用个体和关系来进行学习。层次学习有时也被称为**深度学习**,它使更复杂的概念的学习成为可能。在部分可观察领域的学习,以及使用多个智能体的学习方面,已经做了很多工作。在不考虑与多个维度的交互作用的情况下,每一种都有其自身的挑战性。

交互维度与规划视野维度交互,因为当智能体在在线推理和行动时,它也需要对长期视野进行推理。交互维度还与计算限制交互;即使智能体离线推理,它也不可能花几百年的时间计算出一个答案。然而,当它必须在 1/10 秒内进行推理时,则需要关注推理所需的时间,以及思考和行动之间的权衡。

其中的两个维度(即模块性和有限推理)有望使推理更有效率。尽管它们使形式变得更加复杂,但将系统分解成更小的部分,并在内存限制范围内及时地进行所需的近似运算,应该有助于建立更复杂的系统。

1.6 原型应用

人工智能的应用是广泛而多样的,包括医疗诊断、工厂流程调度、危险环境下的机器人、游戏机、自动驾驶汽车、自然语言翻译系统、个人助理和辅导系统等。我们并没有对每一个应用进行单独处理,而是抽象出这些应用的基本特征,研究智能推理和行动背后的原理。

全书中的四个应用领域都是通过实例来展开的。虽然所介绍的具体例子很简单(否则就不适合本书),但这些应用领域代表了人工智能技术可以使用和正在使用的一系列领域。以下是四个应用领域:

- **自主送货机器人**,在一栋楼里漫游,向楼里的人递送包裹和咖啡。这个送货机器人应该能够找到路径,分配资源,接收人们的请求,做出具备优先级的决定,并在不伤害人或自己的情况下送达包裹。
- **诊断助手**,帮助人类排除故障,并提出维修或处理建议,以纠正任务。一个例子是电工助手,它根据电气问题的一些症状提出房子里可能出现的问题,比如保险丝熔断了、电灯开关坏了或者电灯烧坏了。另一个例子是医学诊断助理,根据某一医学领域的知识和病人的电子健康记录,记录病人的症状、检查、检查结果、治疗等病史,发现潜在的疾病、有用的检查和合适的治疗方法。诊断助手应该能够向应用它的人解释其推理,这个人要对其行为负责。有的人将来可能会因为没有使用诊断助手而被起诉,诊断助手可能会指出那个人没有考虑到的选项。

- **智能辅导系统**，与学生进行互动，向学生介绍某些领域的信息，并对学生的知识或表现进行测试。这需要的不仅仅是向学生展示信息。做一个好的老师要做的事情，是根据每个学生的知识点、学习喜好和误区，有针对性地把信息呈现给每个学生，这就更具有挑战性了。系统必须了解主题，了解学生，了解学生的学习方式。
- **交易智能体**，知道一个人想要什么，可以代表这个人购买商品和服务。它应该知道这个人的要求和喜好，知道如何在相互竞争的目标之间进行交易。例如，针对家庭度假来说，旅行社必须预订酒店、机票、租车和娱乐活动，所有这些都必须配合在一起。它应该为客户进行权衡。如果最合适的酒店不能满足一家人住到假期结束，它应该确定他们是选择一部分时间住在那家酒店里，之后再换酒店，还是选择不换酒店。甚至还可以四处逛逛特价酒店，或者等有优惠了再来。

智能家居可以被看作这些领域的混合体，兼顾了其他各个应用领域的各个方面。本书中的例子也将来自这些领域。在接下来的章节中，我们将详细地讨论每个应用领域。

1.6.1 自主送货机器人

想象一下，一个带轮子的机器人能够拿起和放下物体。它具有感知能力，能够识别物体并避开障碍物。它可以用自然语言发出命令并服从命令，当目标发生冲突时，它可以做出合理的选择。这样的机器人可以在办公环境中送包裹、送邮件或咖啡，也可以嵌入轮椅上帮助残疾人。它既要有用，也要安全。

从图 1.3 中智能体的黑箱特征来看，自主送货机器人的输入为：

- 由智能体设计者提供的先验知识，关于智能体的能力、可能遇到的对象和必须区分的对象、请求的含义，以及关于环境的知识（如地图等）。
- 在行动时获得的先前经验，例如，关于其行动的效果、世界上常见的对象是什么，以及在一天中的不同时间点有什么要求。
- 送货内容和送货时间目标，以及具体说明权衡的偏好，如何时必须放弃一个目标去追求另一个目标，或在迅速行动和安全行动之间的权衡，以及在其目标的实现和安全行动之间的权衡。
- 来自观察者的关于环境的激励，例如从输入设备（如相机、声呐、触摸屏、声音、激光测距仪或键盘等）观察到的，以及智能体被强行移动或碰撞等引起的激励。

机器人的输出是电机控制的指定其轮子应该如何转动，四肢应该往哪里移动，以及应该用抓手做什么。其他输出可能包括语音和视频显示。

从复杂性的维度来看，机器人最简单的情况是一个扁平化系统，用状态来表示，没有不确定性，有实现目标，没有其他智能体，有给定的知识，有完美的推理。在这种情况下，由于有一个不确定的阶段规划视野，决定要做什么的问题被简化为在状态图中找到一条路径的问题。这将在第 3 章中探讨。

每个维度都可以增加推理任务的概念复杂性：

- 层次化分解可以让整个系统的复杂度得到提高，同时让每一个模块简单化，并且能够被自己理解。这一点将在第 2 章中进行探讨。
- 简单环境中的机器人可以用显式状态来建模，但当考虑到更多的细节时，状态空间很快就会爆炸。用特征来建模和推理，可以使系统更加紧凑、更容易理解。例如，机器人的位置、燃料的数量、携带的东西等都可能作为特征。在特征方面进行推理可以获得计算收益，因为有些动作可能只影响其中的几个特征。第 6 章讨论了从特征方面进行规划。当处理多个个体(例如，多个物品的送货)时，可能需要从个体和关系方面进行推理。15.1 节探讨了从个体和关系方面进行规划。

- 如果智能体只向前看了几步，规划视野可以是有限的。如果有一组固定的目标要实现，那么规划视野可以是不确定的。如果智能体必须长期生存，并有持续的要求和行动，比如说每当邮件到了就送邮件，当电池电量不足时就给电池充电，那么它可以是无限的。

- 可以有目标，比如说"给克里斯送咖啡，并确保永远有电"。一个更复杂的目标可能是"清理实验室，把所有的东西都放在该放的地方"。可以有复杂的偏好，比如"邮件到了就送，咖啡要尽快送达，但更重要的是把标注为紧急信息的邮件尽快送达，克里斯需要咖啡时通常需求紧急"。

- 可能存在感知的不确定性，因为根据机器人有限的传感器，它不知道世界上到底有什么，也不知道自己在哪里。

- 一个动作的效果可能会有不确定性，既可以是低层次的，比如说由于轮子的滑移，也可以是高层次的，因为智能体可能不知道在将咖啡送给克里斯的时候，是否要把咖啡放在克里斯的桌子上。

- 可能有多个机器人，可以协调送咖啡、送包裹、争抢电源插座。也可能会有捣乱机器人的儿童，或者是妨碍机器人的宠物。

- 机器人要学的东西很多，比如地板的光滑度是其亮度的函数，克里斯在一天中的不同时间段会在哪里闲逛，什么时候她想喝咖啡，哪些动作会导致奖励最高。

图 1.7 描绘了一个典型的送货机器人的实验室环境。这个环境由四个实验室和许多办公室组成。在我们的例子中，机器人只能推门，图中的门的方向反映了机器人可以行走的方向。打开房间需要钥匙，这些钥匙可以从各种渠道获得。机器人必须把包裹、饮料和餐具从一个房间送到另一个房间。环境中还包含一段楼梯，这对机器人有潜在的危险。

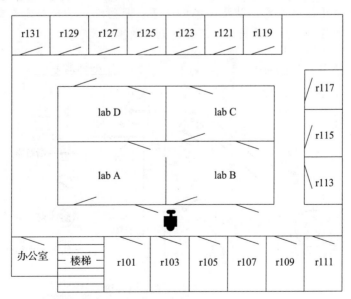

图 1.7 一个典型的送货机器人的实验室环境。这里显示了门的位置和打开的方式

1.6.2 诊断助手

诊断助手的目的是向人类提供关于某些特定系统的建议，如医疗、房屋的电气系统或汽车等。诊断助手应该就潜在的故障或疾病、需要进行哪些测试，以及采取哪些治疗方法等方面提供建议。为了提供这样的建议，助手需要系统的模型，包括潜在的原因、可用的检查和治疗方法，以及对系统的观察（通常称为**症状**）。

诊断助手要想有用，就必须提供附加值，便于人类使用，而且不至于更麻烦。一个连接到互联网的诊断助手可以借鉴世界各地的专业知识，其行动可以基于最新的研究。但是，它必须能够证明为什么建议的诊断或行动是合适的。人类对不透明、费解的计算机系统是有怀疑的，也应该有怀疑。当人类对自己的行为负责时，即使他们的行动是基于计算机系统的建议，系统也需要让人类相信所建议的行动是可辩护的。

就图 1.3 中的黑箱定义的智能体而言，诊断助手的输入为：

- 先验知识，如开关和灯的正常工作原理、疾病或故障的表现形式、检测提供什么信息、维修或治疗的效果、如何查找信息等。
- 先前经验，在以往的病例数据方面，包括修理或治疗的效果、故障或疾病的发生率、这些故障或疾病的症状的发生率，以及检查的准确性。这些数据可以是关于类似的器质性疾病或患者的相关数据，也可以是关于被诊断者的实际情况。
- 修复设备的目标，或在修复或更换部件之间的偏好，或患者在延长寿命或减少疼痛之间的偏好。
- 激励，对设备或病人症状的观察。

诊断助手的输出是治疗和检查的建议，并说明其建议的理由。

例 1.11 图 1.8 显示的是一栋房子的配电系统。在这栋房子里，电源通过断路器进入屋内，然后通过电灯开关进入电源插座或电灯。例如，如果屋内有电，且断路器 cb_1 接通，开关 s_1 和 s_2 全向上或全向下，灯 L_1 就会亮。这就是正常家庭用户用电情况的模型，他们可以根据开关的位置，以及哪些灯亮了、哪些灯灭了来判断是哪里出了问题。诊断助手的存在就是为了帮助居民或电工排除电气故障。

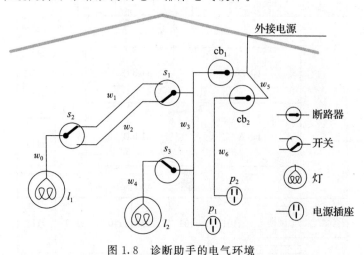

图 1.8 诊断助手的电气环境

每个维度都与诊断助手有关：

- 层次化分解可以在处理低层次原因的同时，保持非常高层次的目标，并允许对系统进行详细的监测。例如，在医疗领域，一个模块可以获取心脏监测仪的输出，并给出更高层次的观察结果，例如当心率发生变化时，可以发出通知。另一个模块可以接收这个观察结果和其他高层次的观察结果，并注意到在心率变化的同时，还有什么其他症状发生。在电学领域，图 1.8 是一个层次的抽象；更低的层次可以指定电压、导线如何拼接，以及开关的内部结构。
- 大多数系统太过复杂，无法用状态来推理，所以通常用特征或单个部件以及它们之间的关系来描述。例如，一个人的身体可以用不同身体部位的状态值来描述。如果我们要用检验和结果来推理，则可能有无限多的检验，这些都需要作为个体来处理。皮肤癌系统可能需要处理皮肤上不受限制的斑点数量，每一个斑点可以作为一个个体来表示。
- 可以对一个静态的系统进行推理，比如说，当某个灯熄灭时，根据开关的位置可以推理出可能出现的问题。也可以对一连串的测试和处理进行推理，智能体不断地测试和处理，直到问题得到解决，或者智能体对系统进行持续的监控，不断地修复任何一个故障。
- 感知不确定性是诊断所面临的根本问题。如果智能体不能直接观察到系统的内部状态，就需要进行诊断。
- 效果的不确定性还存在于智能体可能不知道治疗的结果，而且治疗的结果往往是无法预料的。
- 目标可能就像"治病"那么简单，但往往有复杂的权衡，涉及成本、痛苦、预期寿命、诊断正确的概率，以及疗效和副作用的不确定性。
- 虽然这通常是单一智能体的任务，但当有多个专家参与时，诊断就会变得更加复杂，这些专家可能会有相互竞争的经验和模式。可能还有其他的病人，智能体必须与之争夺资源（例如，医生的时间、手术室）。
- 学习是诊断的基础。正是通过学习，我们才能了解疾病的发展进程，了解治疗效果的好坏。诊断是一个具有挑战性的学习领域，因为所有的病人都是不同的，每个医生的经验都只是针对少数具有一组特定症状的病人。医生看病也是有偏差的，来看病的人通常都有异常或痛苦的症状。
- 诊断往往要求快速反应，可能没有时间进行详尽的推理或完美的推理。

1.6.3　智能辅导系统

智能辅导系统是指在一定的学习领域对学生进行辅导的计算机系统。

例如，在讲授基础物理（如力学等基础物理知识）的辅导系统中，系统可以将理论知识和练习过的例题呈现出来。系统可以向学生提出问题，它必须能够理解学生的回答，并根据回答来判断学生的掌握程度。然后，这应该会影响系统向学生呈现的内容以及对学生提出的其他问题。学生可以向系统提出问题，所以系统应该能够解决物理领域的问题。

根据图 1.3 中对智能体的黑箱定义，智能辅导系统的输入有以下几点：

- 先验知识，由智能体设计者提供的关于所讲授的课题、教学策略、可能出现的错误和学生的误区等方面的知识。

- 先前经验，辅导系统通过与学生互动而获得，关于学生犯了哪些错误，关于不同的学生分别需要多少例题，以及关于学生遗忘了哪些内容。这些信息可以是一般学生的信息，也可以是某一个学生的信息。
- 对每个题目的重要性的偏好，学生所希望的成绩水平，以及学生所能忍受的挫折。这其中往往存在着复杂的权衡。
- 激励，包括观察学生的测试结果和观察学生与系统的互动（或不互动）。学生也可以对新的例题进行提问或请求帮助。

辅导系统的输出是向学生展示的信息、学生应该参加的测试、问题的回答、向家长和教师的报告等。

每个维度都与辅导系统有关：

- 既要有层次化分解的智能体，又要有教学任务的分解。要先教给学生基本技能，再教给学生更高层次的概念。辅导系统有高层次的教学策略，但在更低层次的教学中，必须设计具体的例题和具体的试题细节。
- 辅导系统或许可以根据学生的状态来推理。但是，如果关于学生和学科领域有多个特征，则更符合实际情况。如果物理辅导系统的实例是固定的，而且只对一个学生进行推理，那么在设计时就可以根据已知的特征进行推理。对于比较复杂的例子，辅导系统应该涉及个人和关系。如果辅导系统或学生可以建立涉及多个个体的例题，那么系统在设计时可能不知道其特征，只能从单个问题和这些问题的特征来推理。
- 在规划视野方面，对于测试的持续时间来说，假设域是静止的且学生在测试时不学习可能是合理的。对于某些子任务，可能适合采用有限的视野。例如，可能有一个教学、测试、再教学的顺序。对于其他情况，可能有一个不确定的视野，在设计时，系统可能不知道要走多少个步骤，直到学生掌握了某些概念。也可以把教学作为一个持续的学习和测试的过程来建模，有适当的休息时间，不期望系统结束。
- 不确定因素会起到很大的作用。系统无法直接观察到学生的知识情况。它所拥有的只是根据学生提出的问题或没提出的问题以及测试结果的一些感知输入。系统无法确定特定教学阶段的效果。
- 虽然可能有一个简单的目标，如教授某种特定的概念，但更有可能的是，必须考虑到复杂的偏好。一个原因是，在不确定的情况下，可能没有办法保证学生知道所教的概念；任何试图使学生知道某个概念的概率最大化的方法都会让人非常烦躁，因为如果有一丁点的可能性，学生的错误是由于误解而不是疲劳或无聊所造成的，那么就会反复地教学和测试。更复杂的偏好会在完全教授一个概念、让学生厌烦、花费的时间和重复测试之间进行权衡。用户也可能有一种教学风格的偏好，这也是应该考虑到的。
- 把它作为单一的教学任务来对待可能是合适的。然而，教师、学生和家长可能都有不同的偏好，必须考虑到这些偏好。这些智能体中的每一个都可能有策略地不说真话。
- 我们希望系统能够学习哪些教学策略有效，一些问题对测试概念的效果如何，以及学生常见的错误有哪些。它可以学习一般的知识，或者是针对某个主题的特定知识（例如学习什么策略对力学教学有效），或者是关于特定学生的知识（例如 Sam 要学习什么）。
- 可以想象，选择最合适的材料进行展示可能需要大量的计算时间。但是，必须及时回应学生。在学生等待的过程中，有限的推理会起到一定的作用，确保系统不会在学生等待的过程中长时间计算。

1.6.4 交易智能体

交易智能体就像一个机器人，但它不是与物理环境互动，而是与信息环境互动。它的任务是为用户采购商品和服务。它必须能够被告知用户的需求，它必须与卖家进行交互（例如，在网络上）。最简单的交易智能体涉及在拍卖网站上为用户代理出价，系统会不断地出价，直到达到用户的限价为止。除了权衡用户的竞争性偏好外，更复杂的交易智能体会购买多个互补的项目，比如预订机票、酒店、租车等，这些项目都是彼此匹配的。网络上提供了一些单独的工具，**网络服务**需要将各个组件组合在一起，才能给用户提供他们想要的东西。另一个交易智能体的例子是监控家庭中食品和杂货的数量并监控价格，在需要之前订购商品，同时尽量把成本降到最低。

在图 1.3 中的黑箱定义中，交易智能体的输入为：
- 先验知识，关于商品和服务的类型、销售以及拍卖的运作方式等方面。
- 先前经验，关于寻找特价商品的最佳地点、价格如何随着拍卖会的时间变化而变化，以及什么时候特价商品往往会出现在拍卖会上。
- 偏好，用户想要什么以及如何在相互竞争的目标之间进行权衡。
- 激励，包括观察到哪些物品可以买到、它们的价格，也许还有多久可以买到。

交易智能体的输出要么是用户可以接受或拒绝的推荐，要么是实际购买。

交易智能体应考虑到所有的维度：
- 由于域的复杂性，层次化分解是必不可少的。考虑一下为一个旅行者定制假期的所有安排和购物的任务。如果有一个模块可以购买机票并优化连接和等待时间，这比起站在机场在确定去出租车站的最快线路的同时做这件事要简单得多。
- 交易智能体的状态空间太大，无法从显式状态甚至特征方面进行推理。交易智能体将不得不从单个客户、天数、酒店、航班等方面进行推理。
- 交易智能体一般不会只做一次购买，而是必须进行一系列的购买，这往往是大量的序列决定（例如，预订一个酒店房间可能需要预订地面交通，而地面交通又可能需要行李寄存），而且往往还需要计划不断购买。例如，对于一个智能体来说，要确保一个家庭随时都有足够的食物。
- 往往存在感知不确定性，交易智能体不知道所有的可供选择的方案及其可用性，但必须找出可能很快变旧的信息（例如，如果一家酒店被预订一空）。旅行社不知道航班是否会被取消或延误，也不知道旅客的行李是否会丢失。这种不确定性意味着旅行社必须未雨绸缪。
- 还有效果上的不确定性，就是智能体不知道尝试购买是否会成功。
- 复杂的偏好是交易智能体的核心。主要问题在于让用户指定自己想要的东西。用户的偏好通常是功能方面的偏好，而不是组件方面的偏好。例如，电脑买家通常不知道要买什么硬件，但他们知道自己想要什么功能，同时也希望能够灵活地使用可能还不存在的新软件功能。同样，在旅游领域，用户想参加什么样的活动可能取决于地点。用户也可能希望能够在目的地参加当地的风俗活动，尽管他们可能不知道这些风俗是什么。

- 交易智能体必须对其他智能体进行推理。在商业中，价格受供求关系的制约，这意味着必须对其他竞争的智能体进行推理。在许多物品都是通过拍卖出售的世界中尤其如此。当有一些必须相互补充的项目（如航班和酒店预订）以及可以相互替代的项目（如公共汽车运输或出租车）时，这种推理就变得特别困难。
- 交易智能体应该了解哪些商品卖得快，哪些供应商可靠，在哪里可以找到好的交易，以及可能发生的意外事件。
- 交易智能体面临着严重的沟通限制。在发现某些物品可购买与协调不同物品的时间内，该物品可能已经被卖出了。这种情况有时可以通过卖家同意保留一些物品（在此期间不卖给别人）来缓解，但如果别人想买，卖家也不准备无限期保留一件物品。

因为交易智能体的个性化，它应该比一般的采购商（比如只提供套餐式服务的旅游团）做得更好。

1.6.5　智能家居

智能家居是指可以照顾自身和居住者的家居环境。它可以被看成若干应用的混合体。

智能家居是一个由内而外的机器人。它有物理传感器和执行器。它应该能够感应到人、宠物和物体在哪里。它应该能够根据居住者的需求来调整照明、声音、暖气等，同时降低成本，减少对环境的影响。智能家居不仅要有固定的传感器和执行器，还将与移动机器人以及其他执行器结合在一起，比如厨房墙壁上的手臂可以帮助做饭、打扫卫生、寻找食材等。

购房者在购买智能家居的时候，可能会期望它能把地板、碗碟、衣服都弄得干干净净，把东西放在该放的地方。假定地板上的小东西都是垃圾时，打扫地板很容易。但要知道哪些小东西是珍贵的玩具，哪些是应该丢弃的垃圾，这就难得多了，这要因个人及其年龄而异。每个人对物品可能都有自己的分类，以及他们期望存放的地方，这就迫使智能家居必须适应居民的需求。

智能家居还必须充当诊断师的角色。当出现问题的时候，它应该能够判断出问题的所在，并进行修复。它还应该能够观察到居民的情况，判断是否有问题，比如有人受伤了，或者有人入室盗窃等。

有时候，智能家居需要充当辅导系统的角色。它可能需要向某人解释自己的行为，而要做到这一点，它必须考虑到这个人的知识和理解程度。

智能家居可能还需要充当采购员的角色。当卫生纸、香皂或必备食品等必需品用完后，智能家居应该注意到要及时订购一些。既然决定了每个居民想要什么食物，它就应该确保食材有库存。它甚至可能需要决定什么时候应该储备一些非必需品，比如零食。它可能还需要决定什么时候丢弃易腐烂的物品，同时又不至于造成过多的浪费或危及人们的健康。

智能家居将包括能源管理。例如，太阳能在白天的时候提供电力，它可以决定是在当地储存能源还是在智能电网上购买和出售能源。它可以对电器进行管理，尽量减少能源成本，比如在水电比较便宜的时候洗衣服。

1.7 本书概览

本书的其余部分探讨了由复杂性维度定义的设计空间。我们将分别讨论每个维度以便于读者理解。

第 2 章分析图 1.3 黑箱里面的东西，并讨论了智能体的模块化和层次化分解。

第 3 章考虑的是最简单的情况，即确定要做什么的情况，这个情况下的智能体有显式状态，没有不确定性，有目标要实现，但有一个不确定的视野。在这种情况下，求解目标的任务可以抽象为在图中寻找路径。还讨论了域的额外知识对搜索的帮助。

第 4 章和第 5 章介绍如何利用特征。特别是在第 4 章中，当将特征作为变量且给定赋值的约束下，考虑如何寻找可能的状态。第 5 章介绍用各种形式的命题进行推理。

第 6 章考虑规划任务，特别是状态和行动的基于特征的表示和推理。

第 7 章介绍智能体如何从过去的经验和数据中学习。本书涵盖最常见的学习案例，即用特征监督学习，用一组观察到的目标特征进行学习。

第 8 章介绍如何用不确定性推理，特别是用概率和独立的图模型进行推理。

第 9 章考虑带不确定性的规划任务，第 11 章将案例扩展到多智能体。

第 10 章介绍不确定性学习，第 12 章讨论了强化学习。

第 13 章介绍如何从个体和关系的角度进行推理。第 14 章讨论如何使用所谓的本体实现语义互操作性，以及如何构建基于知识的系统。第 15 章展示如何将个体和关系推理与计划、学习和概率推理相结合。

第 16 章回顾人工智能的设计空间，并展示了所介绍的材料如何融入这个设计空间。它还提出了构建智能体所涉及的一些伦理学方面的考虑。

1.8 回顾

以下是本章的主要内容：
- 人工智能是对计算智能体的研究，智能体可以智能地执行任务。
- 智能体在环境中执行，只能获得它的能力、先验知识、激励的历史以及目标和偏好。
- 物理符号系统操纵符号来决定要做什么。
- 智能体的设计者应该关注的是模块性、如何描述世界、如何超前规划、感知和行动效果的不确定性、目标或偏好的结构、其他智能体的结构、如何从经验中学习、智能体如何在与环境交互的同时进行推理，以及所有实际的智能体都有有限的计算资源这一事实。
- 要用计算机来解决任务，计算机必须通过有效的表示来推理。
- 为了知道什么时候已经完成了任务，智能体必须对什么是适当的解有一个定义，比如它是否必须是最优的、近似最优的或几乎总是最优的，或者满足的解是否是适当的。

●　在选择表示方式时，智能体设计者应该找到一个尽可能接近任务的表示方式，这样就很容易确定所表示的内容，从而可以检查它的正确性，并且能够进行维护。通常情况下，用户希望得到一个解释，说明他们为什么要相信这个答案。

1.9　参考文献和进一步阅读

本章中的观点来自许多文献。在这里，我们感谢那些明确归因于特定作者的想法。其他大多数想法都是人工智能"民间传说"的一部分，试图将这些想法归因于任何人是不可能的。

Levesque[2012]提供了通俗易懂的阐述，说明了如何从计算的角度来看待思维。Haugeland[1997]收录了大量关于人工智能背后的哲学的文章，包括图灵[1950]提出图灵测试的那篇经典论文。Grosz[2012]和Cohen[2005]从更现代的角度讨论了图灵测试。Levesque[2014]对Winograd模式进行了描述。

Nilsson[2010]和Buchanan[2005]提供了关于人工智能的通俗易懂的历史回顾。Chrisley和Begeer[2000]介绍了许多关于人工智能的经典论文。

物理符号系统假设是由Newell和Simon[1976]提出的。Simon[1996]在多学科背景下讨论了符号系统的作用。Haugeland[1985]讨论了真实智能、合成智能和人工智能之间的区别，他还提供了关于被解释的、自动形式符号系统和Church-Turing论文的有用的介绍材料。Brooks[1990]和Winograd[1990]对符号系统假设进行了批判。Nilsson[2007]从这类批判的角度对该假设进行了评价。Shoham[2016]论证了符号知识表示在现代应用中的重要性。

任意时间算法的使用归因于Horvitz[1989]以及Boddy和Dean[1994]。关于有界推理的介绍，参见Dean和Wellman[1991]、Zilberstein[1996]以及Russell[1997]。

关于人工智能的基础和人工智能研究的广泛讨论见Kirsh[1991a]、Bobrow[1993]及其相应卷中的论文，以及Schank[1990]和Simon[1995]。Lenat和Feigenbaum[1991]、Smith[1991]、Sowa[2000]以及Brachman和Levesque[2004]讨论了知识在人工智能中的重要性。

关于认知科学的概述以及人工智能和其他学科在该领域所发挥的作用，参见Gardner[1985]、Posner[1989]和Stillings等[1987]。

Wellman[2011]综述了关于交易智能体的研究。Sandholm[2007]介绍了人工智能如何用于具有复杂偏好的多种商品的采购。

一些人工智能方面的文献作为本书的补充参考书很有价值，它们提供了关于人工智能的不同视角。特别是Russell和Norvig[2010]对人工智能做了百科全书式的概述，为本书中涉及的许多主题提供了很好的补充资料。他们还对科学文献进行了出色的回顾，这一点我们并不试图重复。

人工智能促进协会（AAAI）在其人工智能专题网站（https://aitopics.org/）上提供介绍性材料和新闻。由AAAI出版的AI Magazine经常有优秀的综述文章和对特定应用的描述。*IEEE Intelligent Systems*也提供了关于人工智能研究的入门文章。

有很多提供深度研究文献的期刊，在这些期刊上可以找到最新的研究内容。这些期刊包括*Artificial Intelligence*、*Journal of Artificial Intelligence Research*、*IEEE*

Transactions on Pattern Analysis and Machine Intelligence 和 *Computational Intelligence*，以及更专业的期刊，如 *Neural Computation*、*Computational Linguistics*、*Machine Learning*、*Journal of Automated Reasoning*、*Journal of Approximate Reasoning*、*IEEE Transactions on Robotics and Automation*、*Theory and Practice of Logic Programming* 等。大部分的前沿研究都是在会议上首先发表的。最受广大读者关注的是国际人工智能联合会议（IJCAI）、AAAI 年会、欧洲人工智能会议（ECAI）、环太平洋国际人工智能会议（PRICAI）、各种国家会议以及许多专业会议和研讨会。

1.10　练习

1.1　请给出五个理由说明下列各项。

　　(a) 狗比虫子更聪明。

　　(b) 人比狗更聪明。

　　(c) 一个组织比一个人更聪明。

　　根据这些，给"更聪明"下一个定义。

1.2　尽可能多地举出一些旨在研究某种智能行为的学科。对于每个学科，指出它研究的是行为的哪个方面，以及用什么工具来研究它。对于智能行为的定义，请尽可能地发散思维。

1.3　给出人工智能的两个应用（不是应用类，而是具体的应用）。对于每个应用，写一篇描述它的文章。你应该努力涵盖以下问题：

　　(a) 该应用的实际用途是什么（例如，控制航天器、诊断复印机、为计算机用户提供智能帮助）？

　　(b) 它使用了哪些人工智能技术（例如，基于模型的诊断、信念网络、语义网络、启发式搜索、约束满足）？

　　(c) 它的表现如何？（根据作者或独立评审的意见？它与人类相比情况如何？作者是如何知道它的效果如何的？）

　　(d) 它是实验系统还是实战系统？（它有多少用户？这些用户需要什么专业知识？）

　　(e) 它为什么是智能系统？哪些方面使它成为智能系统？

　　(f) ［可选］它是用什么编程语言和环境编写的？它有什么样的用户界面？

　　(g) 参考资料。你从哪里获得了有关该应用的信息？想了解应用的人应该参考哪些书籍、文章或网页？

1.4　对于例 1.2 中的每一个 Winograd 模式，要正确回答问题需要哪些知识？试着找一个"便宜"的方法来寻找答案，比如通过比较 Google 搜索不同例题的结果数量。试着对 Davis［2015］的其他六种 Winograd 模式进行尝试。试着构建一个自己的例子。

1.5　选择四对在 1.5.10 节中没有比较过的维度。对于每一对，请举出一个常识性的例子，说明这四个维度之间的相互作用。

智能体的体系结构与层次控制

所谓层次系统，或者说层次化，是指由相互关联的子系统组成的系统，每一个子系统在结构上都是分层的，直到达到基本子系统的某个最低层次。在自然界的大多数系统中，对于我们在什么地方停止划分以及把哪些子系统作为基本子系统，都是有些随意的。物理学充分利用了"基本粒子"的概念，尽管这些粒子有一种令人不安的倾向，即不会保持很长时间的基本状态……

从经验上看，我们在自然界中观察到的大部分复杂系统都表现出层次结构。从理论上讲，我们希望复杂系统是一个层次结构，在这个世界中，复杂性必须从简单性演化而来。

——Herbert A. Simon[1996]

本章展示了一个智能体在环境中随着时间的推移而感知、推理和行动。具体而言，本章考虑智能体的内部结构。正如 Simon 在上面的引文中指出的，层次分解是智能体等复杂系统设计的重要组成部分。本章将介绍如何根据层次分解设计智能体，如何构建智能体，以及使智能体智能地执行操作所需的知识。

2.1 智能体

智能体是在环境中起作用的事物。例如，智能体可以是一个人、一个机器人、一条狗、一条蠕虫、一盏灯、一个可以实现买卖功能的计算机程序或一个公司。

智能体通过**主体**与环境交互。一个**具体化的**智能体拥有一个物理主体。**机器人**是一个**有目的**的人造的具体的智能体。有时，只在信息空间中起作用的智能体被称为机器人（robot 或 bot），但这里只将它们称为智能体。

智能体通过**传感器**接收信息。智能体的动作取决于它从传感器接收到的信息。这些传感器可能反映也可能不反映世界的真实情况。传感器可能是有噪声的、不可靠的或有故障的，即使传感器是可靠的，根据传感器的读数，对世界的认知仍然可能是模糊的。智能体必须根据它所拥有的信息采取行动。通常这种信息非常微弱，例如，"传感器 s 似乎正在产生值 v"。

智能体通过**执行器**（也称为**效应器**）在环境中行动。执行器也可能是有噪声的、不可靠的、反应缓慢的或有故障的。智能体控制的是它发送给执行器的消息（命令）。智能体经常采取动作来发现更多关于世界的信息，比如打开柜门来发现柜中有什么，或者给学生一个测试来确定他们的知识。

2.2 智能体系统

图 2.1 描述了智能体与其环境之间的一般交互。总之，由智能体和环境组成的系统称为智能体系统。

智能体系统由智能体和它所处的环境组成。智能体接收来自环境的**激励**并在环境中执行操作。

智能体由**主体**（body）和**控制器**（controller）组成。控制器从主体接收**感知**信息并向主体发送**命令**。

主体包括将激励转换成感知的**传感器**和将命令转换成动作的**执行器**。

激励包括光、声、键盘输入的字、鼠标的移动和身体的颠簸。激励还可以包括从 Web 页面或数据库获得的信息。

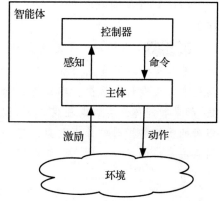

图 2.1 智能体系统及其组成部分

常见的传感器包括触摸传感器、相机、红外传感器、声呐、麦克风、键盘、鼠标和用于从 Web 页面提取信息的 XML 阅读器。作为一个典型的传感器，相机感知进入镜头的光线，并将其转换成一个二维的强度值数组，称为**像素**。有时，多个像素阵列表示不同的颜色或多个相机。这样的像素阵列可以作为控制器的感知器。通常，感知器由更高级的特性组成，比如线、边和深度信息。通常感知器是更专业的，例如，亮橙色圆点的位置，学生正在看的显示部分，或者人类发出的手势。

动作包括转向、加速轮、移动手臂、说话、显示信息或向网站发送 post 命令。命令包括低级的命令，如将电机的电压设置为某个特定值，以及对机器人所需运动的高级指示，如"停止"或"以每秒 1 米的速度向东移动"或"到 103 房间"。和传感器一样，执行器通常也有噪声。例如，停止需要时间；由物理定律控制的机器人具有动量，信息需要时间才能传播。机器人最终可能只能以大约每秒 1 米的速度向东移动，而且速度和方向都可能波动。即使是去一个特定的房间，也可能会因为一些原因而失败。

控制器是智能体的大脑。本章的其余部分是关于如何构建控制器的。

2.2.1 智能体的功能

智能体的位置是即时的；它们即时接收感知数据，即时采取行动。智能体在特定时间执行的操作是其输入的函数。我们首先考虑时间的概念。

设 T 为**时间**点集合。假设 T 是完全有序的，并且有一些指标可以用来度量任意两个时间点之间的时间距离。基本上，我们假设 T 可以映射到实线的某个子集。

如果任意两个时间点之间只有有限数量的时间点，则 T 是**离散**的；例如，每百分之一秒或每一天都有一个时间点，或者每当有趣的事件发生时都有若干时间点。如果任意两个时间点之间总是有另一个时间点，则 T 是**稠密**的；这意味着任意两点之间一定有无穷多个时间点。离散时间的性质是，在任何时候，除了最后一次，总有下一次。稠密时间没有"下一次"。最初，我们假设时间是离散的，永远持续下去。因此，每一次都有下一次。我们把时间 t 之后的下一次写成 $t+1$，时间点不需要等距。

假设 T 有一个起点，我们将其命名为 0。

假设 P 是所有可能感知的集合。**感知跟踪**（或**感知流**）是从 T 到 P 的函数，它指定每个时间点观察到的内容。

假设 C 是所有命令的集合。**命令跟踪**是从 T 到 C 的函数，它为每个时间点指定命令。

例 2.1   考虑一个家庭交易智能体，它监视某些商品的价格（例如，它在线检查特定交易和零食或卫生纸的价格是否上涨），以及这个家庭有多少库存。它必须决定是否订购更多，以及订购多少。感知器感知库存的价格和数量。命令是智能体决定订购的单元数（如果智能体没有订购任何单元，则为零）。感知跟踪为每个时间点（例如，每天）指定当时的价格和当时的库存数量。感知跟踪如图 2.2 所示。命令跟踪指定智能体在每个时间点决定订购多少。图 2.3 给出了一个示例命令跟踪。

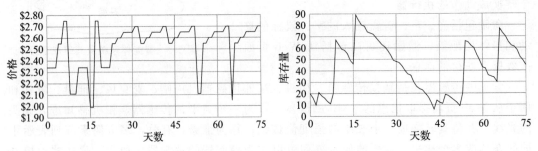

图 2.2   例 2.1 的感知跟踪

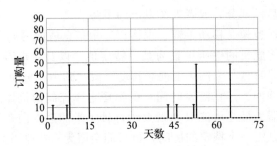

图 2.3   例 2.1 的命令跟踪

实际购买行为取决于命令，但可能有所不同。例如，智能体可以发出命令，以特定的价格购买 12 卷纸。这并不意味着智能体实际上购买了 12 卷，因为可能存在通信问题，商店可能没有纸了，或者价格可能在决定购买和实际购买之间发生变化。然而，在这个例子中，我们可以看到购买订单都成功执行了，因为库存数量在下单之后立即上升。

因此，智能体的感知跟踪是控制器接收到的所有过去、现在和未来感知的序列。命令跟踪是控制器发出的所有过去、现在和将来命令的序列。命令可以是感知器历史的函数。这就产生了**转导**（transduction）的概念，即从感知跟踪到命令跟踪的函数。

由于所有智能体都及时处理，因此智能体实际上无法观察到完整的感知跟踪；在任何时候，它只是经历了到目前为止的部分跟踪。在时间 $t \in T$，智能体只能观察到在时间 t 之前跟踪的值，并且其命令在时间 t 之后不能依赖感知。

如果对于所有时间 t，时间 t 处的命令仅取决于直到并包括时间 t 的感知，则转导是**因果关系**。需要因果关系限制，因为智能体是即时的；它们的命令在任何时候都不能取决于未来的感知。

控制器是因果转导的实现。

智能体在时间 t 处的**历史**是在时间 t 之前和时间 t 处的所有时间的智能体的感知跟踪，以及在时间 t 之前的智能体的命令跟踪。

因此，**因果转导**将智能体在时间 t 处的历史映射到时间 t 处的命令中。它可以被视为控制器最通用的规范。

例 2.2　继续例 2.1，一个因果转导指定，对于每个时间，智能体应该买多少商品，取决于价格历史、有多少库存商品的历史（包括当前的库存价格和数量）和过去购买的历史。

一个因果转导的例子如下：如果库存不足 5 打，且价格低于过去 20 天平均价格的 90%，则购买 4 打；如果库存不足 1 打，就买 1 打；否则，不要购买。

虽然因果转导是智能体历史的一个函数，但它不能直接实现，因为智能体不能直接访问其整个历史。它只能访问它当前的感知和它所记住的东西。

智能体在时间 t 的**记忆**或**信念状态**是智能体从之前的时间中记住的所有信息。智能体只能访问它在其信念状态中编码的历史。因此，信念状态封装了关于其历史的所有信息，智能体可以将这些信息用于当前和未来的命令。在任何时候，智能体都可以访问它的信念状态和当前感知。

根据智能体的内存和处理限制，信念状态可以包含任何信息。这是一个非常通用的信念概念。

信念状态的一些实例包括：

- 对于遵循固定指令序列的智能体来说，其信念状态可能是一个程序计数器，记录其在序列中的当前位置。
- 信念状态可以包含有用的特定事实，例如，当送货机器人去找钥匙时，它把包裹落在了哪里，或者它在哪已经检查过钥匙了。对于智能体来说，记住它将来可能需要的任何信息可能是有用的，这些信息是相当稳定的，并且不能立即被观察到。
- 信念状态可以编码世界状态的模型或部分模型。智能体可以保持对世界当前状态的最佳猜测，或者对可能的世界状态进行概率分布猜测；见 8.5.2 节。
- 信念状态可以代表世界的动态（世界如何变化）及其感知的意义。考虑到它的感知，智能体可以推断出世界上什么是真实的。
- 信念状态可以编码智能体**期望**、其仍需实现的**目标**、其对世界状态的**信念**及其**意图**，或者它为实现其目标而打算采取的步骤。这些可以在智能体采取行动和观察世界时进行维护，例如，在发现更适当的步骤时取消已实现的目标和替代原有意图。

控制器维护智能体的信念状态，并确定每次发出什么命令。当它必须这样做时，它所拥有的信息是它的信念状态和当前感知。

一个离散时间的**信念状态转移函数**是如下的一个函数：

$$\text{remember}: S \times P \to S$$

其中 S 为信念状态集合，P 为可能感知的集合；$s_{t+1} = \text{remember}(s_t, p_t)$ 表示当观察到 p_t 时，s_{t+1} 是跟随 s_t 的信念状态。

命令函数是如下的一个函数：

$$\text{command}: S \times P \to C$$

其中 S 是一组信念状态，P 是一组可能的感知，C 是一组可能的命令；$c_t = \text{command}(s_t, p_t)$ 表示当信念状态为 s_t 时，当观察到 p_t 时，控制器发出命令 c_t。

信念状态转换函数和命令函数共同指定了智能体的因果转导。注意，因果转导是智能体历史的函数，智能体不一定能够访问它，但是命令函数是智能体的信念状态和感知的函数，智能体确实能够访问它。

例2.3　要实现例 2.2 的因果转导，控制器必须跟踪前 20 天的价格滚动历史。通过跟踪平均值（average），它可以用如下公式来更新平均值：

$$\text{average} := \text{average} + \frac{\text{new} - \text{old}}{20}$$

其中 new 是新价格，old 是记忆中最古老的价格。然后，它可以丢弃 old 值。它必须在头 20 天里做些特别的事情。

一个更简单的控制器可以不为了维护平均值而记住一个滚动的历史记录，而是只记住平均值的一个运行估计值，并使用该值作为最古老项的替代。然后，信念状态可以包含一个实数（ave），并带有如下的状态转换函数：

$$\text{ave} := \text{ave} + \frac{\text{new} - \text{ave}}{20}$$

这个控制器更容易实现，对 20 个时间单位之前发生的事情不那么敏感。它实际上并不计算平均值，因为它偏向于最近的数据。这种保持平均估计数的方法是强化学习的时间差分的基础（见 12.3 节）。

如果存在有限数量的可能的信念状态，则控制器被称为**有限状态控制器**或**有限状态机**。**因子化表示**是指由特征（见 1.5.3 节）定义的信念状态、感知或命令之一。如果存在有限数量的特征，并且每个特征只能具有有限数量的可能值，则控制器是一个**因子化有限状态机**。可以使用无限数量的值或无限数量的特征来构建更丰富的控制器。具有无限大小但可数数量的状态的控制器，可以计算任何由图灵机计算的内容。

2.3　层级控制

你可以想象构建图 2.1 中描述的智能体的一种方法是将实体分割成传感器和执行器，使用一个复杂的感知系统，将世界的描述提供给一个实现控制器的推理引擎，该控制器反过来向执行器输出命令。这对于智能系统来说是一个糟糕的架构，它太慢了，而且很难将关于复杂的高级目标的缓慢推理与智能体在躲避障碍等较低级任务时所需的快速反应协调起来。同样不清楚的是，是否有一个对世界的描述是独立于你对它所做的操作的（参见练习 2.1）。

另一种体系结构是如图 2.4 所示的控制器层级结构。每一层都把它下面的层看作一个**虚拟体**，它从这个虚拟体获得感知，并向它发送命令。较低层次的**规划视野**（见 1.5.2

节）比较高层次的规划视野要短得多。低层运行得更快，对需要快速响应的那些方面做出反应，并向高层提供更简单的世界观，隐藏对高层并不重要的细节。人们必须在最低层上，在不到一秒的时间内对世界做出反应，但在最高层上，甚至需要几十年来对未来做出计划。例如，上某一大学课程的原因可能是为了长期的职业发展。

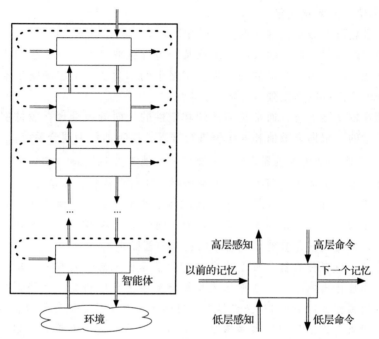

图 2.4 一个理想化的层次化智能体系统架构。未标记的矩形表示层级，而双线表示信息流。虚线显示了某个时间的输出如何成为下一个时间的输入

有很多证据表明人们有多个不同的定量层次。Kahneman[2011]提出了两个不同层次的证据：**系统** 1 属于较低层次，是快速的、自动的、平行的、直观的、本能的、情绪化的、不易于内省的，而**系统** 2 属于更高层次，是缓慢的、刻意的、连续的、开放内省的并基于推理的。

在层级控制器中，在层之间和不同时间的层之间，可以有多个通道（每个通道代表一个特征）。

每一时间，每一层有三种类型的输入：
- 来自信念状态的特征，被称为这些特征的记忆值或先前值。
- 表示层次结构中下层感知的特征。
- 表示层次结构中来自上一层命令的特征。

每一时间，每一层输出三种类型：
- 给上层的高级感知。
- 给下层的低级命令。
- 信念状态特征的下一个值。

层的实现指定了层的输出如何是其输入的函数。**信念状态转换函数**（见 2.2.1 节）和命令函数（见 2.2.1 节）的定义可以扩展为包含高级命令作为输入，每一层还需要一个**感知函数**，如 tell 所示。因此，一个层实现如下：

$$remember: S \times P_l \times C_h \to S$$
$$command: S \times P_l \times C_h \to C_l$$
$$tell: S \times P_l \times C_h \to P_h$$

其中 S 为信念状态，C_h 为来自上层的命令集，P_l 为来自下层的感知集，C_l 为给下层的命令集，P_h 为给上层的感知集。

计算这些函数可以涉及任意计算，但目标是使每一层尽可能简单。

要实现控制器，层的每个输入都必须从某个地方获取其值。每个感知或命令输入都应该连接到其他层的输出。其他的输入来自记忆中的信念。一个层的输出不需要连接到任何东西，或者它们可以连接到多个输入。

高级推理在较高层进行，通常是离散的和定性的，而低级推理在较低层进行，通常是连续的和定量的。根据离散值和连续值进行推理的控制器称为**混合系统**。

例 2.4　考虑一个送货机器人（见图 1.7），它能够在躲避障碍物的同时执行高级导航任务。送货机器人需要访问图 1.7 环境中的一系列指定位置，以避免可能遇到的障碍。

假设送货机器人有轮子，就像汽车一样，每次都可以直行、右转或左转。它不能停止。速度是恒定的，唯一的命令是设置转向角。转动轮子是瞬间的，但转向某个方向需要时间。因此，机器人只能直行或绕着半径固定的圆弧走。

机器人有一个位置传感器，可以给出当前的坐标和方向。它有一个单独的触须传感器，可以通过向前伸出或稍微向右伸出来检测何时会撞到障碍物。在下面的示例中，触须指向机器人所面向方向右侧30°。机器人没有地图，环境可以随着障碍物移动而改变。

用于送货机器人的分层控制器如图 2.5 所示。机器人有一个高级计划来执行。机器人需要感知世界并在世界中移动以执行计划。控制器最低层的详细信息息未在此图中显示。

名为"后续规划"的顶层在例 2.6 中进行了描述。该层采用规划执行。该规划是按顺序访问的命名位置列表，其按顺序选择位置，每个选定的位置成为当前目标。该层确定目标的 $x-y$ 坐标，这些坐标是中间层的目标位置。顶层知道位置的名称，但下层只知道坐标。

顶层维护了一个信念状态，该信念状态由机器人仍需要访问的位置名称列表组成。它向中间层发出命令以转到当前目标位置，但不会花费太多而**超时**。顶层的感知是机器人是否已到达目标位置。因此，顶层抽象了机器人和环境的细节。

中间层可以称为前往目标位置

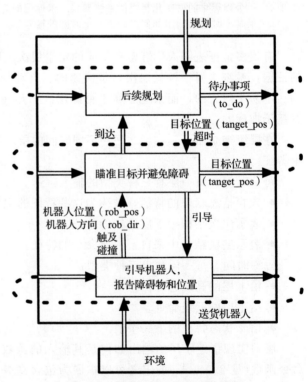

图 2.5　送货机器人的层次化分解

并避开障碍物层，其试图保持朝当前目标位置行进，并避开障碍物。中间层在例 2.5 中描述。从顶层接收目标位置 target_pos。中间层需要记住它正朝向的当前目标位置。当中间层到达目标位置或已经超时的时候，它向顶层发信号通知机器人是否已到达目标。当到达变为真时，顶层可以将目标位置更改为计划中下一个位置的坐标。

中间层可以访问机器人的位置、机器人的方向，以及机器人的触须传感器是开着还是关着。它可以使用一个简单的策略，除非被阻挡，否则它会试图朝目标前进，在这种情况下，它会向左转弯。

中间层建立在一个较低的层上，该层提供了一个机器人的简单视图。这个较低的层可以称为驾驶机器人和报告障碍和位置层。它接受转向指令，并报告机器人的位置、方向，以及触须传感器是开着还是关着。

定性与定量表示

许多科学和工程学都使用微分和积分作为主要工具来考虑数值量化的**定量推理**。**定性推理**是一种推理，通常使用逻辑，进行定性区分而不是给定参数的数值上的区别。

出于多种原因，定性推理很重要。

- 智能体可能不知道确切的值是什么。例如，让送货机器人倒咖啡，它可能无法计算咖啡壶需要倾斜的最佳角度，但是简单的控制规则可能足以将杯子填充到合适的水平。
- 无论定量值如何，推理都可能适用。例如，你可能需要一种机器人策略，无论机器人放置什么负载，地板有多滑，或者电池的实际充电量是多少，只要它们在某些正常工作范围内。
- 智能体需要进行定性推理，以确定适用的定量法则。例如，如果送货机器人正在倒咖啡时，需要根据咖啡的去向确定不同的定量公式，例如当咖啡罐没有足够倾斜以使咖啡倒出时；当咖啡进入尚未充满的杯子时；当咖啡杯已满并且咖啡已浸入地毯时。

定性推理使用离散值，可以采用多种形式：

- **界标**是在被建模的个体中进行定性区分的值。在咖啡示例中，一些重要的定性区分包括咖啡杯是空的、部分满的还是完全满的。这些界标的价值是预测如果杯子倒置或咖啡倒入杯子会发生什么所需要的。
- **数量级推理**涉及忽略微小区别的近似推理。例如，部分装满的咖啡杯可能是已满的、半空的或几乎是空的。这些模糊术语具有不明确的边界。
- **定性的导数**表明某些值是增加、减少还是保持不变。

灵活的智能体在进行定量推理之前需要进行定性推理。有时只需要进行定性推理。因此，智能体并不总是需要进行定量推理，但有时定性推理和定量推理都需要。

在一个层的内部是一些特征，这些特征可以是其他特征的函数，也可以是层的输入的函数。在控制器的图形表示中，有一条弧线从所依赖的特征或输入进入特征。构成信念状态的特征可以写入内存并从内存中读取。

在下面的两个例子中，在控制器代码中，do(C)表示 C 是低层要执行的命令。

例 2.5 中间层（命名为前往目标位置并避开障碍物层）在避障的同时引导机器人向目标位置移动。该层的输入和输出如图 2.6 所示。

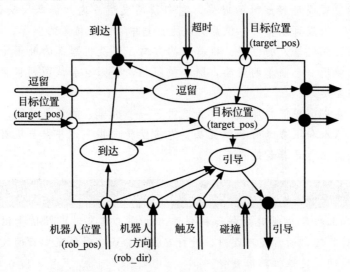

图 2.6   送货机器人的中间层

该层接收两个高级命令：一个是要前往的目标位置；一个是超时，超时是在放弃之前应该采取的步骤数量。当到达或超时的时候，它向更高的层发出信号。

该机器人有一个单触须传感器，可以探测触须接触的障碍物。指定触须传感器是否碰到障碍物的一个比特值由下层提供，下层还提供了机器人的位置和方向。机器人所能做的就是向左拐一个固定的角度、向右拐或者直走。这一层的目的是让机器人朝着当前的目标位置前进，避开过程中的障碍物，并在到达时报告。

控制器的这一层需要记住目标位置和剩余的步骤数。命令函数将指定机器人的转向方向（作为输入的一个函数）和机器人是否到达。

如果机器人当前位置接近目标位置，则机器人已经到达。因此，arrived 为机器人位置与前一个目标位置的函数，阈值常数为：

$$arrived()\equiv distance(target\_pos, rob\_pos) < threshold$$

其中 distance 为欧氏距离，threshold 为以合适单位表示的距离。

如果触须传感器处于开启状态，机器人将向左转向；否则，它会朝向目标位置。这可以通过为 steer 变量分配适当的值来实现，给定一个整数超时（timeout）和 target_pos 值：

```
remaining := timeout
while not arrived() and remaining≠0
    if whisker_sensor=on
        then steer := left
    else if straight ahead(rob_pos, robot_dir, target_pos)
        then steer := straight
    else if left_of(rob_pos, robot_dir, target_pos)
        then steer := left
```

```
    else steer := right
    do(steer)
    remaining := remaining−1
tell upper layer arrived()
```

其中，当机器人在 rob_pos 处，面对方向 robot_dir，且当前目标位置 target_pos 在机器人的正前方并带有一定的阈值（在后面的例子中，该阈值与直线前进方向的夹角为 11°）时，straight_ahead(rob_pos, robot_dir，target_pos)为 true。函数 left_of 测试目标是否在机器人的左侧。

例 2.6 顶层（命名为**后续规划层**）给出了一个规划——按顺序访问的命名位置列表。这些是计划者可以制定的目标，如第 6 章中所述的目标。顶层必须输出目标坐标到中间层，并记住执行规划需要什么。该层如图 2.7 所示。

这一层将记住它仍然要访问的位置。to_do 特征的值是一个所有待访问位置的列表。

一旦中间层发出信号，表示机器人已经到达了它的前一个目标或已经超时，顶层就从待办事项(to_do)列表的头部获取下一个目标位置。给出的规划根据命名位置，因此必须将这些位置转换为中间层使用的坐标。下面的代码显示了顶层作为规划的一个函数：

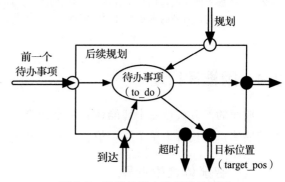

图 2.7 送货机器人控制器的顶层

```
to_do := plan
timeout := 200
while not empty(to_do)
        target_pos := coordinates(first(to_do))
        do(timeout, target_pos)
        to_do := rest(to_do)
```

其中 first(to_do)是 to_do 列表中的第一个位置，rest(to_do)是 to_do 列表的其余部分。函数 coordinates(loc)返回命名位置 loc 的坐标。控制器告诉较低的层去往目标坐标，这里的超时为 200（当然，应该设置适当的超时）。当 to_do 列表为空时，empty(to_do)为真。

此层确定命名位置的坐标。这可以通过一个指定位置坐标的数据库来实现。如果位置没有移动，并且事先已知，那么使用这样的数据库是明智的。如果位置可以移动，则下层必须能够告诉上层一个命名位置的当前位置。参见练习 2.7。

图 2.8 给出了带有两个障碍物的计划[goto(o109), goto(storage), goto(o109), goto(o103)]的仿真。机器人从面向北的位置(0，0)开始，障碍物用黑线表示。智能体在开始之前并不知道有哪些障碍。

每一层都很简单，没有一层对问题的全部复杂性进行建模。但是，它们共同表现出复杂的行为。

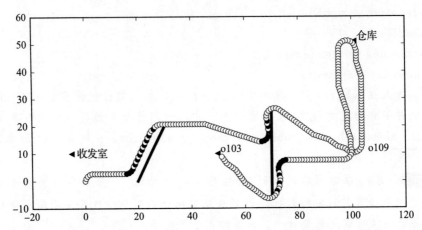

图 2.8   模拟机器人执行例 2.6 的规划。图中黑线为障碍物。机器人从位置(0，0)开始，按照重叠圆的轨
迹前进；填满的圆是当触须传感器开启时的轨迹。机器人依次进入 o109、仓库、o109、o103

2.4   用推理行动

　　前面的部分假设一个智能体有某个信念状态，它维护其随着时间的变化。对于聪明
的智能体，即使对于单个层，信念状态也可能很复杂。

2.4.1   智能体建模世界

　　信念状态的定义非常通用，不限制智能体应该记住什么。对于智能体来说，维护世
界的某个模型通常是有用的，即使它的模型是不完整和不准确的。世界**模型**是对特定时
间的世界状态或世界动态的表示。

　　一个极端情况是模型可能非常好，智能体可以忽略其感知。然后，智能体可以通过
推理确定要做什么。这种方法需要一个世界状态和世界动态的模型。给定一个时间的状
态及其动态，可以预测下一时间的状态。这个过程称为**航位推算**（dead reckoning）。例
如，机器人可以保持其位置估计并基于其动作更新估计。当世界是动态的或者执行器带
有噪声时（例如，轮子滑动、轮子的直径不精确或加速度不是瞬时的），噪声会累积，因
此位置的估计很快变得如此不准确使得它们没用。但是，如果模型在某种程度上是准确
的，那么它可能仍然有用。例如，对于一个智能体，即使计划未指定智能体的每个动作，
在地图上查找计划对智能体也很有用。

　　另一个极端是一个纯粹的**反应系统**，它的行为基于感知，但不会更新其内部信念状
态。在这种情况下，命令函数是从感知到动作的函数。例如，如果忽略超时，上一节中
机器人的中间层可以被认为是一个反应系统。

　　更有希望的方法是将智能体对世界状态的预测与感知信息相结合。这可以采用多种
形式：

- 如果前向预测的噪声和传感器噪声都被建模，则可以使用贝叶斯规则（见 8.1.3
  节）估计下一个信念状态。这称为**过滤**（见 8.5.2 节）。
- 对于更复杂的传感器，如视觉，模型可以用来预测在哪里可以找到视觉特征，然

后视觉可以用来寻找近似这些特征的预测位置。这使得视觉任务变得更加简单，视觉可以大大减少单凭前向预测所产生的位置误差。

如果可以通过首先找到世界的最佳模型再使用该模型来确定最佳动作，则可以获得最佳动作，那么控制问题是**可分离的**。不幸的是，大多数控制问题都是不可分离的。这意味着智能体应该考虑多个模型来确定要执行的操作。通常，世界上没有"最佳模型"，这与智能体对模型的作用无关。

2.4.2 知识和行动

研究和构建智能体的经验表明，智能体需要对其信念状态进行一定的内部表征。**知识**是关于一个领域的信息，用于在该领域中进行动作。知识可以包括适用于特定情况的一般知识，以及关于特定状态的信念。**基于知识的系统**是使用领域知识来行动或解决问题的系统。

有些哲学家把知识定义为被确证的真信念（justified true belief）。人工智能研究人员倾向于将知识和信念这两个术语互换使用。知识往往意味着在较长一段时间内被认为是真实的一般和持久的信息。信念往往意味着更多的瞬时信息，这些信息会根据新的信息进行修正。通常情况下，知识和信念都伴随着对其信任程度的衡量。在人工智能系统中，知识通常并不一定是真实的，只是被证明是有用的。当智能体的一个模块可能将某些信息视为真实，而另一个模块可能修改这些信息时，知识和信念之间的区别往往变得模糊。

图 2.9 显示了对基于知识的智能体的图 1.3 的改进。**知识库**（KB）由学习者离线构建，并用于在线确定动作。该智能体的分解与智能体的分层视图正交；智能体既需要层级结构，又需要知识库。

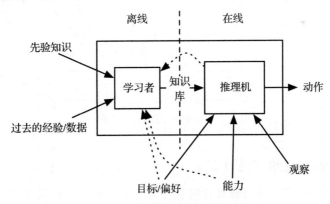

图 2.9 智能体的离线和在线分解

在线（见 1.4.1 节）是指，当智能体在行动时，智能体使用它的知识库、它对世界的观察、它的目标和能力来选择要做什么，并使用它新获得的信息来更新它的知识库。**知识库**是智能体的**长期记忆**，知识库里保存着它将来行动所需的知识。这些知识来自先验知识、数据和过去的经验。信念状态（见 2.2.1 节）是智能体的短期记忆，它维护时间步骤之间所需的当前环境模型。

离线时，在智能体必须采取行动之前，智能体使用先验知识和过去的经验（要么是它自己的过去经验，要么是它得到的数据），在所谓的**学习**中构建对在线行动有用的知识库。研究人员传统上认为这种情况涉及大量的数据和非常普遍的，甚至是缺乏信息的统计领域的先验知识。在**专家系统**的保护下，研究了丰富的先验知识和很少或没有数据可供学习的案例。对于大多数非平凡的领域，智能体需要任何可用的信息，因此它需要丰富的先验知识和观察来学习。

根据智能体的不同，可以离线、在线或同时提供目标和能力。例如，一个送货机器人可以有保持实验室清洁和不损坏自身或其他物体的一般目标，但它可以在运行时获得交付目标。如果知识库针对特定的目标和能力进行调优，在线计算可以变得更有效。当目标和能力只在运行时可用时，这通常是不可能的。

图 2.10 显示了智能体和世界之间接口的更多细节。

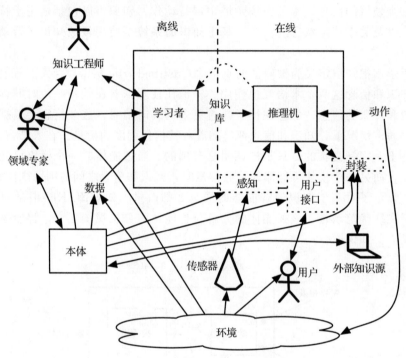

图 2.10   智能体内部的各类角色

2.4.3   设计时间计算和离线计算

在线计算所需的知识库可以在设计时先建立起来，然后由智能体离线扩充。

在哲学中，本体论是对存在的研究。本体论是关于某一特定领域中存在或可能存在的事物的理论。在人工智能中，**本体**是信息系统中使用的符号的意义规范，符号指的是存在的事物。本体指定存在什么，以及用来描述所存在的事物的词汇表。

在最简单的情况下，如果智能体使用具有完全可观察性的显式的基于状态的表示，则本体指定状态与世界之间的映射。例如，本体将指定状态 57 中包含的内容；如果没有本体，状态只是一个没有意义的数字。在其他情况下，本体将定义特征或个体和关系。计算机可以推理无意义的符号，但要与世界互动，它需要知道这些符号与世界的关系。通过共享本体，人和计算机可以进行有意义的交互。

本体通常由社区构建，通常独立于特定的知识库或特定的应用。正是这种共享词汇表允许对来自多个源(传感器、人类和数据库)的数据进行有效的沟通和互操作。本体论将在 14.3 节中讨论。

本体逻辑上先于数据和先验知识：我们需要一个本体来拥有数据或拥有知识。没有本体，数据只是位的序列。没有本体，人就不知道输入什么；本体指定了数据的含义。

本体指定抽象的一个或多个级别。如果本体发生更改，则数据必须更改。例如，机器人可能有一个障碍物的本体(例如，每个物理对象都是一个需要避免的障碍物)。如果将本体扩展为区分人、椅子、桌子、咖啡杯等，则需要不同的关于世界的数据。

知识库通常是由专家知识和数据的组合离线构建的。**知识工程师**是与**领域专家**合作构建知识库的人员。知识工程师了解智能系统，但不必了解该领域；领域专家了解领域，但不必了解如何指定知识。

离线时，智能体可以组合专家知识和任何可用的数据。例如，它可以编译知识库的某些部分，以便进行更有效的推理。离线时，可以对系统进行测试和调试。

2.4.4　在线计算

在线时，关于特定情况的信息变得可用，智能体必须采取行动。这些信息包括对领域的观察，通常还包括偏好或目标。智能体可以从传感器、用户和其他信息源(如网站)获得观察结果，尽管它在执行操作时通常无法求助于领域专家或知识工程师。

智能体用于离线计算的时间通常比用于在线计算的时间多得多。在在线计算中，它可以利用特定的目标和特定的观察。

例如，一个医疗诊断系统只在线提供特定病人的详细信息。离线时，它可以获取有关疾病和症状如何相互作用的知识，并进行一些调试和编译。它只能在线计算特定病人的情况。

线上的角色包括：

- **用户**是一个需要专业知识或掌握个人情况信息的人。用户通常不是知识库领域的专家。他们常常不知道系统需要什么信息。因此，期望他们自愿提供关于特定情况的所有真实信息是不合理的。必须提供一个简单而自然的接口，因为用户通常不了解系统的内部结构。然而，用户往往必须根据系统的建议做出明智的决定；因此，他们需要了解为什么这些建议是适当的，系统则应给出相关解释。
- **传感器**提供有关环境的信息。例如，温度计是一个传感器，它可以在温度计的位置提供当前的温度。传感器可能更复杂，比如视觉传感器。在最低层，视觉传感器可以简单地以每秒 50 帧的速度提供 1920×1080 像素的阵列。在更高的层次上，视觉系统能够回答关于特定特征位置的特定问题，是否有某种类型的个体在环境中，或者是否有某种特定的个体在场景中。麦克风阵列可以在较低抽象级别上用于检测特定频率的声音。这种阵列也可以用作语音理解系统的一个组件。
传感器主要有两种。**无源传感器**(passive sensor)不断地向智能体提供信息。无源传感器包括温度计、照相机和麦克风。设计人员通常可以选择传感器的位置或它们所指向的位置，但是它们只提供智能体信息。相反，**有源传感器**(active sensor)是被控制或被查询信息的。有源传感器的例子包括能够回答关于病人的特定问题的医疗探头，或智能辅导系统中给学生的测试。通常，抽象级别较低的无源传感器可以被看作抽象级别更高的有源传感器。例如，可以询问一个摄像头是否有一个特定的人在房间里。要做到这一点，它可能需要放大房间里的人脸，寻找这个人的特征。

- **外部知识来源**（如网站或数据库）可能会被提问，并为有限的领域提供答案。智能体可以向天气网站查询特定位置的温度，也可以向航空公司网站查询特定航班的到达时间。知识源具有各种协议和效率权衡。智能体和外部知识源之间的接口称为**封装**。封装在智能体使用的表示形式和外部知识源准备处理的查询之间进行转换。通常，封装的设计使智能体能够对多个知识源进行相同的查询。例如，智能体可能想知道飞机到达的情况，但是不同的航空公司或机场可能需要非常不同的协议来访问这些信息。当网站和数据库遵循一个共同的本体时，它们可以一起使用，因为相同的符号具有相同的含义。拥有相同的符号意味着相同的东西被称为语义互操作性（semantic interoperability）。当它们使用不同的本体时，必须存在本体之间的映射，以允许它们互操作。

2.5　回顾

你应该从本章学到的要点如下：
- 一个智能体系统由一个智能体和一个环境组成。
- 智能体有传感器和执行器来与环境交互。
- 智能体由实体和交互控制器组成。
- 智能体位于不同的时间点上，必须根据它们与环境的交互历史来决定要做什么。
- 智能体可以直接访问它所记住的内容（它的信念状态）和它刚刚观察到的内容。在每个时间点上，智能体根据其信念状态和当前观察结果决定要做什么和要记住什么。
- 复杂的智能体是根据相互作用的层级结构模块化地构建的。
- 智能体需要在设计时获得知识，无论是离线的还是在线的。

2.6　参考文献和进一步阅读

智能体系统基于 Zhang 和 Mackworth[1995]以及 Rosenschein 和 Kaelbling[1995]的约束网络。层级控制基于 Albus[1981]和 Brooks[1986]的包容体系结构。由 Abelson 和 DiSessa[1981]提出的 *Turtle Geometry* 从建模简单反应体的角度研究数学。Luenberger[1979]对经典的智能体与环境交互理论进行了可读性强的介绍。Simon[1996]讨论了层级控制的重要性。Kahneman[2011]为区分人类思维的两种模式提供了令人信服的证据：快速、本能和情感，以及缓慢、深思熟虑和理性，他分别称之为**系统 1** 和**系统 2**，以避免过度简化。

有关智能体控制的更多细节，请参见 Dean 和 Wellman[1991]、Latombe[1991]以及 Agre[1995]。Haugeland[1985]、Brooks[1991]、Kirsh[1991b]和 Mackworth[1993]讨论了构建智能体的方法。

定性推理由 Forbus[1996]和 Kuipers[2001]描述。Weld 和 de Kleer[1990]发表了许多关于定性推理的开创性论文。参见 Weld[1992]和同一问题的相关讨论。最近的综述见 Price 等[2006]。

2.7　练习

2.1　2.3 节的开头提出，不可能建立一个世界的表示，而不用考虑智能体是如何处理它的。此练习可让你评估此内容。

选择一个特定的世界，例如，现在桌面上的东西。

　i. 让某人列出这个世界上存在的所有个体(事物)(或者自己试着做一个思维实验)。

　ii. 试着想想他们漏掉的 20 个个体，使它们尽量彼此不同。例如，桌上最右边的圆珠笔顶端的那个球，订书机上使订书钉弯曲的那部分，或者桌上某本书 72 页上的第三个单词。

　iii. 试着找到一个不能用你的自然语言来描述的个体(比如桌子纹理的一个特殊组成部分)。

　iv. 选择一项特定的任务，比如整理桌子，试着写下世界上所有与这项任务相关的个体的描述。

根据本练习，讨论以下陈述。

(a) 世界上存在的东西是观察者的一个属性。

(b) 我们需要称呼个体的方式，而不是期望每个个体都有一个单独的名字。

(c) 存在的个体是任务的一个属性，也是世界的一个属性。

(d) 要描述某一领域内的个体，你需要的实质上是一本包含大量词汇的词典，以及将它们组合起来的方法，而这应该能够独立于任何特定领域来完成。

2.2　考虑例 2.6 的顶层控制器。

(a) 如果较低层次在没有到达目标位置的情况下超时，智能体会做什么？

(b) 目标位置的定义是指，当计划结束时，顶层停止工作。这对于只能改变方向不能停止的机器人来说是不合理的。改变定义，让机器人继续前进。

2.3　例 2.5 中实现的避障很容易被卡住。

(a) 显示使用例 2.5 控制器的机器人无法绕过的障碍物和目标(它将崩溃或循环)。

(b) 即使没有障碍物，机器人也可能永远到不了目的地。例如，如果机器人离目标位置很近，但无法更近一步以到达目标，它可能会一直徘徊，永远无法到达目标位置。设计一个控制器，可以检测这种情况，并找到它的目标。

2.4　考虑图 2.11 中的"机器人陷阱"。

(a) 这个问题是为了探究为什么机器人到达位置 g 如此棘手。解释一下当前机器人在做什么。假设我们要实现一个使用"右手规则"跟随墙壁的机器人：当机器人遇到障碍物时向左转弯，并一直跟随墙壁，而墙壁总是在它的右边。是否有一个简单的描述，在这种情况下，机器人应该继续遵循这个规则还是朝着目标前进？

(b) 关于如何逃脱这种陷阱的直觉是，当机器人撞上一堵墙时，它会跟着墙走，直到右转的次数等于左转的次数。演示如何实现此功能，解释信念状态和该层的功能。

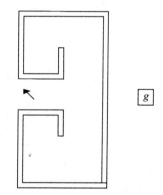

图 2.11　机器人陷阱

2.5　如果要移动当前目标位置，例 2.5 的中间层将移动到目标的原始位置，而不尝试移动到新位置。改变控制器，使机器人能够适应目标的移动。

2.6　当前控制器按顺序访问待办事项(to_do)列表中的位置。

(a) 改变控制器，使其实现下述功能：当它选择要访问的下一个位置时，它选择离当前位置最近的位置。它仍然应该访问所有的位置。

(b) 举一个环境的例子，在该环境中，新的控制器访问所有地点所需时间步数比原来的控制器少。

(c) 举一个环境的例子，在该环境中，原始控制器比修改后的控制器以更少的时间步数访问所有位置。

(d) 改变控制器，使智能体在每一步都朝向目标位置最接近其当前位置的方向前进。

(e) 上一问中的控制器会不会卡住，无法在原始控制器工作的例子中达到目标？要么给出一个陷入困境的例子，解释为什么它找不到解决方案；要么解释为什么它能像原始控制器那样达到目标。

2.7 更换控制器，使机器人感知环境，确定位置的坐标。假设实体可以提供命名位置的坐标。

2.8 假设机器人有一块电池，在电池用完之前必须在一个特定的墙上插座上充电。如何修改机器人控制器以允许电池充电？

2.9 假设你有一份新工作，要为智能机器人设计一个控制器。你告诉老板只需要实现一个命令函数和一个状态转换函数。他非常怀疑，为什么是这些函数？为什么只需要这些？解释为什么控制器需要命令函数和状态转换函数而不需要其他函数。使用正确且简洁的专业用语。

Artificial Intelligence: Foundations of Computational Agents, Second Edition

确定性推理、规划与学习

搜索解决方案

你可曾见过在岸上的螃蟹，在向后爬行以寻找大西洋，却迷路了？这就是人的思维方式。

——H. L. Mencken(1880—1956)

前一章讨论了智能体如何感知和行动，但没有讨论它的目标如何影响它的动作。一个智能体可以被编程，以在世界上行动，实现一个固定的目标或一组目标，但是它不能适应不断变化的目标，因此就不能说是智能的。智能体需要对其能力和目标进行推理，以确定要做什么。本章将智能体决定如何解决目标的问题转换为在图中搜索路径的问题。本章提出了在计算机上解决这类问题的几种方法。

3.1 以搜索的方式解决问题

在最简单的情况下，智能体决定它应该做什么，智能体有一个基于状态的世界模型，有一个目标要实现，且没有不确定性。这要么是扁平化(非层级结构)表示，要么是层级结构的单个层次。智能体能够通过在其表示的世界状态空间中搜索从当前状态到满足其目标的状态的方法来确定如何实现其目标。给定一个完整的模型，它试图找到一系列的动作，这些动作将在它开始行动之前实现它的目标。

这个问题可以抽象为在有向图中寻找从起始节点到目标节点的路径的数学问题。许多其他问题也可以映射到这个抽象，因此值得考虑这个抽象。本章的大部分内容探讨了寻找此类路径的各种算法。

例 3.1 计算机地图提供了寻路功能：显示如何从一个地点开车(或者骑车、步行或乘公交)到另一个地点。寻找从当前位置到目的地的最佳路径是一个搜索问题。状态包括位置，可能还有驾驶方向和速度。合法路线包括道路(沿着单行道走正确的路)和十字路口。最好的路线可能意味着：

- 最短路线(最小距离)。
- 最快路线。
- 考虑(时间、花销(如燃料和通行费))成本最低的路线以及该路线的吸引力。

寻找最短路径通常是最容易实现的，因为依据地图计算距离通常很简单。

估计行程所需的时间是困难的。路线规划人员可能需要考虑常规交通量以及已知的当地条件，如道路工程或事故。如果路线规划人员给很多人建议，并且建议所有人都走同一条路线，那么这条路线可能会因为这些建议而变得更加拥挤，所以用户最好故意避开这些建议。系统可以通过告诉不同的用户不同的路由来避免这种情况。如果系统能够保证用户会因为忽略这些建议而不能做得更好，这将是很好的，但是这超出了本章的范围。

要找到兼顾人们其他偏好的最佳路径是很复杂的。获得这些偏好是困难的，人们甚至可能无法表达这些偏好和权衡。但考虑到用户的偏好，问题就变成了搜索，尽管代价函数很复杂。

另一个挑战是，司机可能实际上并没有按照建议的路线行驶，这可能是有意为之的，比如参观了建议路线之外的某个地方，也可能是由于意外，比如拐错了弯或者道路封闭了。例 3.22 对此进行了研究。

搜索的概念仅仅是智能体内部的计算。它不同于在世界中搜索，当一个智能体可能不得不在世界上行动时，例如，一个机器人寻找钥匙，抬起坐垫，等等。它也不同于搜索 Web，后者涉及通过索引大量数据来搜索信息，并试图为每个搜索查询找到最佳响应。在本章中，搜索意味着在内部表示中搜索通往目标的路径。

搜索是人工智能的基础。当一个智能体被分配一个问题时，通常只给出一个描述，让它识别出一个解决方案，而不是一个算法来解决它。它必须寻找一个解决方案。NP 完全问题（见 3.5 节）的存在表明搜索是解决问题的一个必要部分，它具有识别解的有效手段，但没有有效的方法来找到解。

人们通常认为，人类能够利用直觉来解决难题。然而，人类无法找到计算难题的最佳解决方案。人类不倾向于解决一般性问题；相反，人们解决的是特定的实例，关于这些实例人们可能比对底层搜索空间知道得更多。人们经常找不到最优的解决方案，但是找到了**令人满意的**，或者足够好的解决方案。结构小的问题或者结构与客观世界不相关的问题，对人类来说是很难解决的。公钥加密码的存在表明了搜索的困难，在这种情况下，搜索空间是清晰的，并且给出了解决方案的测试（尽管人类没有希望解决这个问题，计算机也无法在现实的时间框架内解决这个问题）。

搜索的困难和人类能够有效地解决一些搜索问题的事实表明，计算机智能体应该利用关于特殊情况的知识来引导它们找到解决方案。这种超出搜索空间的额外知识称为**启发式知识**。本章考虑了一种启发式知识，其形式是估算从一个节点到一个目标的成本。

3.2　状态空间

智能行为的一个一般公式是基于**状态空间**的。一个**状态**包含所有必要的信息，用于预测操作的效果并确定状态是否满足目标。状态空间搜索假设：

- 智能体拥有关于状态空间的完全知识，可以规划一个案例，即观察自己所处的状态——所有的都是完全可观察的。
- 智能体具有一组已知确定性效果的动作。
- 智能体可以确定一个状态是否满足目标。

解决方案是一系列动作，这些动作将使智能体从当前状态变为满足目标的状态。

例 3.2　考虑图 3.1 中的机器人送货域，其中机器人通过一扇门的唯一方法是按所示的方向推开门。任务是找到从一个位置到另一个位置的路径。假设智能体可以使用一个较低级别的控制器从一个位置到达邻近位置，这些操作可能涉及相邻位置之间的确定性移动。这可以建模为状态空间搜索问题，其中状态是位置。

考虑一个 r103 房间外的机器人的例子，在 o103 位置，目标是到达 r123 房间。因此，

r123 是唯一满足目标的状态。解决方案是将机器人从 o103 移动到 r123 房间的一系列动作。

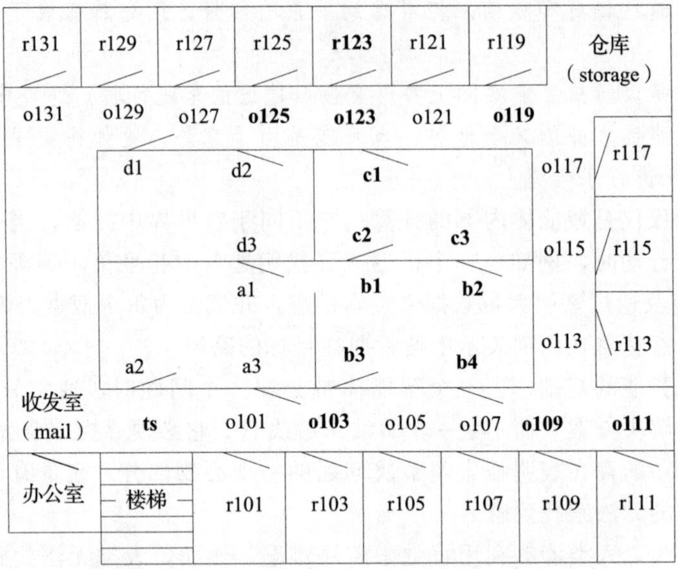

图 3.1　送货机器人域，标注了感兴趣的位置

例 3.3　在一个更复杂的例子中，送货机器人可能有多个包裹要送到不同的地点，每个包裹都有自己的送货目的地。在这种情况下，状态可能包括机器人的位置、机器人携带的包裹以及其他包裹的位置。可能的动作可能是机器人移动，捡起与机器人同一位置的包裹，或者放下它携带的一些或所有包裹。目标状态可以是某些指定的包裹位于其所需位置的状态。因为我们可能不关心在一个目标状态中机器人在哪里，或者其他一些包裹在哪，所以可能有很多目标状态。

请注意，这种表示忽略了许多细节，例如，机器人如何搬运包裹（这可能会影响它是否能够搬运其他包裹）、机器人的电池电量、包裹是否易碎或损坏，以及地板的颜色。由于没有将这些作为状态空间的一部分，我们假设这些细节与当前的问题无关。

例 3.4　在一个辅导系统中，状态可能由学生知道的一组主题组成。动作可能是在教授一节特定的课，而一个教学动作的结果可能是，只要学生知道正在教授的课的先决条件，他就知道这节课的主题。目的是让学生了解一组特定的主题。

如果教学效果也取决于学生的能力，那么这个细节也必须是状态空间的一部分。如果不影响行动的结果或是否达到目标，我们就不需要对学生所携带的东西进行建模。

一个**状态空间**问题包括：

- 一个状态集合。
- 一个被称为**开始状态**的特殊状态。
- 一个动作集合，对于每个状态，智能体在该状态下可以使用该动作集合。
- 一个**动作函数**，给定一个状态和一个动作，返回一个新的状态。
- 一个**目标**，指定为一个布尔函数 $goal(s)$，当状态 s 满足目标时，返回 true，在这种情况下，我们说 s 是**目标状态**。
- 指定可接受解决方案质量的标准。例如，使智能体达到目标状态的任何操作序列都可能是可接受的，或者可能存在与操作相关的成本，并且智能体可能需要找到一个总成本最小的序列。根据某种准则得到最好情况的解称为**最优解**。我们并不总是需要一个最优解，例如，我们可以满足于距最优解 10% 以内的任何解。

这个框架在随后的章节中会扩展，以包括一些场景，例如：状态有一些结构可以被探索；状态不是完全可观测的(例如，机器人最初不知道包裹在哪里，或老师不知道学生的能力)；动作是随机的(例如，机器人可能会过度走动，或者一个学生不学习讲授的主题)；以及基于奖励和惩罚的复杂的偏好，而不仅仅是一组目标状态。

3.3　图搜索

在本章中，寻找一系列动作来实现目标的问题抽象为在有向图中搜索路径。要解决问题，首先定义底层搜索空间，然后将搜索算法应用于该搜索空间。许多解决问题的任务都可以转化为在图中寻找路径的问题。在图中搜索提供了一个适当的抽象模型，用于解决独立于特定领域的问题。

有向图由一组节点和节点之间的一组有向弧组成。其思想是从开始节点到目标节点，沿着这些弧找到一条路径。

在表示状态空间问题时，状态表示为节点，动作表示为弧。

抽象是必要的，因为将问题表示为图的方法可能不止一种。本章中的示例是关于状态空间搜索的，其中节点表示状态，弧表示操作。在以后的章节中，我们将考虑用其他方法来表示图搜索中的问题求解。

3.3.1　形式化图搜索

一个有向图包括：

- 一组 N 个**节点**。
- 一组**弧**，其中弧是一对有序的节点对。

在这个定义中，节点可以是任何东西。可能有无穷多个节点和弧。我们不假定图是显式表示的；我们只需要一个过程来根据需要生成节点和弧。

弧 $\langle n_1, n_2 \rangle$ 是 n_1 的**输出弧**，是 n_2 的**输入弧**。

如果从 n_1 到 n_2 有一条弧，则节点 n_2 是 n_1 的**邻居**；也就是说，$\langle n_1, n_2 \rangle \in A$。注意，做邻居并不意味着对称；仅仅因为 n_2 是 n_1 的邻居并不意味着 n_1 一定是 n_2 的邻居。弧可以被**标记**，例如，可以使用将智能体从一个节点带到另一个节点的操作，或者使用一个操作的成本，或者两者都使用。

从节点 s 到节点 g 的**路径**是节点序列 $\langle n_0, n_1, \cdots, n_k \rangle$，使得 $s = n_0$，$g = n_k$，且 $\langle n_{i-1}, n_i \rangle \in A$；也就是说，对于每一个 i，都有一条从 n_{i-1} 到 n_i 的弧。有时候把路径看成弧的序列是很有用的：$\langle n_0, n_1 \rangle$，$\langle n_1, n_2 \rangle$，$\cdots$，$\langle n_{k-1}, n_k \rangle$，或者这些弧的一系列标记。当 $i \leqslant k$ 时，路径 $\langle n_0, n_1, \cdots, n_i \rangle$ 是 $\langle n_0, n_1, \cdots, n_k \rangle$ 的**初始部分**。

目标是节点上的布尔函数。如果 $goal(n)$ 为真，我们说节点 n 满足目标，n 是**目标节点**。

要将问题编码为图，可以将一个节点标识为**开始节点**。**解决方案**是从开始节点到满足目标的节点的路径。

有时，有一个**成本值**(一个非负数)附加在弧上。我们将弧 $\langle n_i, n_j \rangle$ 的成本记为 cost

($\langle n_i, n_j\rangle$)。

弧的成本引出路径的成本。给定路径 $p=\langle n_0, n_1, \cdots, n_k\rangle$，路径 p 的成本为路径上弧的成本之和：

$$cost(p)=\sum_{i=1}^{k} cost(\langle n_{i-1}, n_i\rangle)=cost(\langle n_0, n_1\rangle)+\cdots+cost(\langle n_{k-1}, n_k\rangle)$$

最优解是成本最低的解之一。也就是说，最优解是从开始节点到目标节点的路径 p，不存在一个路径 p'，使得 $cost(p')<cost(p)$。

例 3.5 考虑送货机器人在图 3.1 所示的域中找到从位置 o103 到位置 r123 的路径的问题。在该图中，指定了有趣的位置。为了简单起见，我们只考虑粗体显示的位置，并且我们最初限制了机器人能够行走的方向。图 3.2 显示了结果图，其中节点表示位置，弧线表示位置之间可能的单个步骤。在这个图中，每个弧都显示了从一个位置到下一个位置的相关成本。

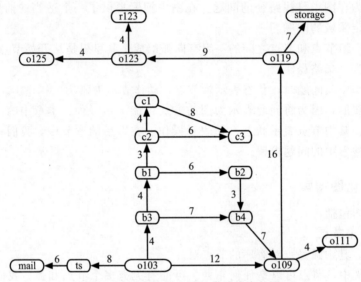

图 3.2 送货机器人域的带弧成本的图

在这个图中，节点是 $N=\{mail, ts, o103, b3, o109, \cdots\}$，弧是 $A=\{\langle ts, mail\rangle, \langle o103, ts\rangle, \langle o103, b3\rangle, \langle o103, o109\rangle, \cdots\}$。节点 o125 没有相邻节点。节点 ts 有一个相邻节点，即 mail。节点 o103 有三个相邻节点，即 ts、b3 和 o109。

从 o103 到 r123 有三条路径：

$$\langle o103, o109, o119, o123, r123\rangle$$
$$\langle o103, b3, b4, o109, o119, o123, r123\rangle$$
$$\langle o103, b3, b1, b2, b4, o109, o119, o123, r123\rangle$$

如果 o103 是开始节点，r123 是唯一的目标节点，那么这三条路径中的每一条都可以解决图搜索问题。第一条是最优解，解的代价是 12+16+9+4＝41。

环(cycle)是一个非空路径，其中结束节点与开始节点相同——也就是说，$\langle n_0, n_1, \cdots, n_k\rangle$，令 $n_0=n_k$。没有环的有向图称为**有向无环图**(DAG)。注意，这应该称为**无环有向图**(ADG)，因为它是一个无环有向图，而不是一个有向无环图，但是 DAG 听起来比 ADG 好！

树是一个 DAG，其中有一个节点没有输入弧，而其他每个节点只有一个输入弧。没有输入弧的节点称为树的**根**。没有输出弧的节点称为**叶节点**。在树中，邻居通常被称为**孩子**，我们用家族树来比喻祖父母、兄弟姐妹等。

在许多问题中，搜索图不是显式给出的，而是根据需要动态构造的。对于搜索算法，只需要生成节点的邻居并确定节点是否是目标节点。

节点的**前向分支系数**（forward branching factor）是该节点的输出弧数。节点的**后向分支系数**（backward branching factor）是指向该节点的输入弧数。这些系数为图算法的复杂度提供了度量标准。当我们讨论搜索算法的时间和空间复杂度时，我们假设分支系数是有界的，这意味着它们都小于某个正整数。

例 3.6　在图 3.2 中，节点 o103 的前向分支系数为 3，因为节点 o103 有三条输出弧。节点 o103 的后向分支系数为零，没有指向节点 o103 的输入弧。mail 节点的前向分支系数为零，后向分支系数为 1。节点 b3 的前向分支系数为 2，其后向分支系数为 1。

分支系数是决定图大小的一个重要关键因素。如果每个节点的前向分支系数为 b，且图为树，则有 b^n 个节点，距离开始节点的距离是 n 个弧。

3.4　通用搜索算法

本节描述在图中搜索解决方案路径的通用算法。该算法调用可编码的过程来实现各种搜索策略。

对于给定的图及其开始节点和目标谓词，通用搜索算法背后的直观思想是，从开始节点逐步探索路径。这是通过维护从开始节点开始的路径的**边界**（或**边缘**）来实现的。边界包含所有可能形成从开始节点到目标节点路径的初始段的路径。（参见图 3.3，其中边界是到灰色节点的路径集。）最初，边界包含那些仅包括开始节点的平凡路径，没有弧。

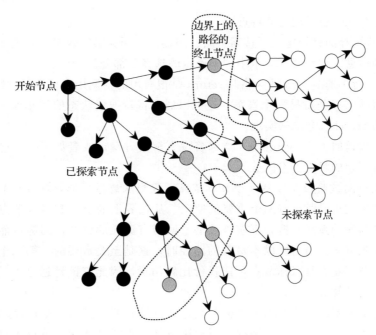

图 3.3　通过图搜索求解问题

随着搜索的进行,边界扩展到未探索的节点,直到遇到目标节点。通过提供边界的适当实现,得到了不同的搜索策略。

通用搜索算法如图 3.4 所示。边界是一组路径。最初,边界包含零成本路径(该路径只包含开始节点)。在每一步,算法都会从边界删除一个路径$\langle n_0, \cdots, n_k \rangle$。如果$\text{goal}(n_k)$为真(即,$n_k$是一个目标节点),它找到了一个解决方案,并返回路径$\langle n_0, \cdots, n_k \rangle$。否则,通过找到$n_k$的邻域将路径延长一条弧。对于$n_k$的邻居$n$,将路径$\langle n_0, \cdots, n_k, n \rangle$加到边界上。这一步被称为将路径$\langle n_0, \cdots, n_k \rangle$**扩展**。

```
 1:  procedure Search(G, S, goal)
 2:     Inputs
 3:        G:带有 N 个节点以及弧集合 A 的图
 4:        s:开始节点
 5:        goal:节点的布尔函数
 6:     Output
 7:        从开始节点 s 到其 goal 为真的一个节点的路径
 8:        或⊥,如果没有解决方案路径存在
 9:     Local
10:        Frontier:路径集合
11:     Frontier := {⟨s⟩}
12:     while Frontier≠{} do
13:        从 Frontier 中 select 并 remove⟨n₀, ⋯, nₖ⟩
14:        if goal(nₖ) then
15:           return⟨n₀, ⋯, nₖ⟩
16:        Frontier := Frontier∪{⟨n₀, ⋯, nₖ, n⟩:⟨nₖ, n⟩∈A}
17:  return ⊥
```

图 3.4   搜索:通用图搜索算法

这个算法有几个需要注意的特点:

- 第 13 行选择的路径定义了搜索策略。路径的选择会影响效率;有关"选择"用法的详细信息,请参阅 3.5 节中"不确定的选择"部分。
- 将第 15 行中的 return 视为临时 return 是很有用的,调用者可以通过继续 while 循环**重试**搜索以获得另一个答案。这可以通过保持搜索状态的类和返回下一个解决方案的 search()方法来实现。
- 如果过程返回⊥("bottom"),意味着没有解决方案,或者如果搜索已经重试意味着没有剩余的解决方案。
- 该算法只测试路径是否结束于目标节点,仅当从边界中选择路径之后,而不是当路径添加到边界时。有两个重要的原因。从边界上的节点到目标节点可能会有一条代价高昂的弧线。搜索不应该总是返回带有此弧的路径,因为可能存在较低成本的解决方案。当需要成本最低的路径时,这是至关重要的。第二个原因是,确定一个节点是否是目标节点可能代价比较昂贵,因此应该延迟这个过程,以避免不必要的计算。

如果所选路径末尾的节点不是目标节点,并且没有邻居结点,则扩展路径意味着从边界删除该路径。这个结果是合理的,因为这条路径不能是从开始节点到目标节点的路径的一部分。

3.5 无信息搜索策略

一个问题决定了图、开始节点和目标，而不决定从边界（frontier）选择哪条路径。这是**搜索策略**的工作。搜索策略定义了从边界选择路径的顺序。它指定在图 3.4 的第 13 行选择哪个路径。通过修改边界路径选择的实现方式，得到了不同的策略。

本节介绍四种不考虑目标位置的**无信息搜索策略**。直观地说，这些算法不考虑目标的位置，直到它们找到目标并报告成功。

3.5.1 广度优先搜索

在**广度优先搜索**（BFS）中，边界被实现为**先进先出**（First-In，First-Out，FIFO）**队列**。因此，从边界选择的路径是最早添加的路径。

这种方法意味着从开始节点开始的路径是按照路径中的弧数生成的。在每次迭代中选择一条弧最少的路径。

例 3.7 考虑图 3.5 中的树形图。假设开始节点是顶部的节点，并且节点的子节点按从左到右的顺序添加。在广度优先搜索中，扩展路径的顺序不依赖于目标的位置。图中展开的前 16 条路径末尾的节点按展开顺序编号。灰色节点是经过前 16 次迭代后边界路径末端的节点。

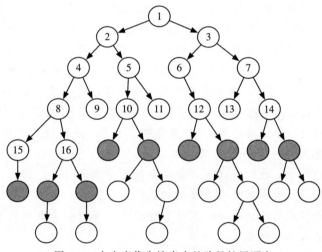

图 3.5　在广度优先搜索中的路径扩展顺序

例 3.8 考虑图 3.2 中给出的从 o103 开始的广度优先搜索。唯一的目标节点是r123。最初，边界是[⟨o103⟩]。

这是由 o103 的邻居节点延伸的，获得边界[⟨o103，ts⟩，⟨o103，b3⟩，⟨o103，o109⟩]。这些是距离 o013 有 1 条弧的节点。接下来选择的三个路径是⟨o103，ts⟩、⟨o103，b3⟩和⟨o103，o109⟩，在这个阶段，边界包含[⟨o103，ts，mail⟩，⟨o103，b3，b1⟩，⟨o103，b3，b4⟩，⟨o103，o109，o111⟩，⟨o103，o109，o119⟩]。

这些路径包含两条从 o103 开始的弧。这五条路径是所选边界上的下一条路径，在这一阶段边界包含三条离开 o103 的弧的路径，即[⟨o103，b3，b1，c2⟩，⟨o103，b3，b1，b2⟩，

⟨o103，b3，b4，o109⟩，⟨o103，o109，o119，storage⟩，⟨o103，o109，o119，o123⟩]。

注意，在广度优先搜索中，边界上的每条路径与将要选择的边界上的下一个元素具有相同数量的弧，或者有多一条的弧。

不确定的选择

在许多人工智能程序中，我们希望将解决方案的定义与计算方法分开。通常，算法是**不确定性的**，这意味着程序中有未指定的选项。有两种形式的不确定性：

- 在**不在乎不确定性**（don't-care non-determinism）中，如果一个选择不能得出一个解决方案，那么其他选择也不能。在资源分配中使用了不在乎不确定性，在这种情况下，对于有限数量的资源会发生大量的请求，而调度算法必须每次选择谁获得哪个资源。正确与否不应受选择的影响，但效率和终止可能会受到影响。当有无穷多个选择序列时，如果最终会选择重复可用的请求，则选择机制是公平的。重复地不选择元素的问题称为**饥饿**。在此上下文中，**启发式**是一种经验法则，可用于选择一个值。

- 在**未知不确定性**（don't-know non-determinism）中，仅仅因为一个选择不能得出一个解决方案，并不意味着其他选择也不能。我们经常提到**预言**（oracle），它可以在每个点指定哪个选择将得出解决方案。因为我们的智能体没有这样的预言，所以它必须搜索备选选项的空间。

未知不确定性在计算复杂性理论中占有重要地位。决策问题是一个有或没有答案的问题。P 类问题由问题规模的多项式时间复杂度可求解的决策问题组成。NP 类问题是不确定能由多项式时间复杂度可求解的问题，它包含可以在多项式时间内解决的决策问题，以及一个可以在常数时间挑选正确值的**预言**，或等价地，在多项式时间内可验证。人们普遍猜测 P≠NP，这意味着不可能存在这样的预言。复杂性理论的一个关键结果是 NP 类中最难的问题都是同样复杂的；如果其中一个可以在多项式时间内解出来，那么它们都可以。这些问题是 **NP 完备的**。如果一个问题至少和一个 NP 完备问题一样难的话，那么它就是一个 **NP 难**问题。

在**不确定性过程**中，我们假设预言每次都做出适当的选择。因此，**挑选**语句将导致一次会成功的选择，而如果没有这样的挑选，则会**失败**。不确定性过程可能有多个答案，其中有多个可成功的挑选，如果没有合适的挑选则会失败。代码中明显的**失败**暗示着一个不可能成功的挑选。

在本书中，我们一贯使用"选择"（select）一词来表示"不在乎"的不确定性，使用"挑选"（choose）一词来表示"未知"的不确定性。

假设搜索的分支系数为 b。如果要在边界上选择的下一条路径包含 n 条弧，则边界至少有 b^{n-1} 个元素。所有这些路径都包含 n 或 $n+1$ 条弧。因此，找出包含最少的弧的路径的目标在空间和时间复杂度上都是指数级的。然而，这种方法可以保证在存在解的情况下找到解，并且找到的解拥有的弧最少。广度优先搜索在以下情况下非常有用：

- 问题足够小，使得搜索空间不是问题（例如，如果你已经需要存储图）。
- 你想要一个包含最少弧的解。

当所有解都有多条弧或存在一些启发式知识时，这是一种很差的方法。由于图的空间复杂性呈现指数级，它不常用于大型问题(其中图是动态生成的)。

3.5.2　深度优先搜索

在**深度优先搜索**(DFS)中，边界就像一个**后进先出**(Last-In Fist-Out，LIFO)路径**堆栈**。在堆栈中，元素从堆栈顶部添加和删除。使用堆栈意味着任何时候从边界选择和删除的路径都是最后添加的路径。

例 3.9　考虑图 3.6 中的树形图。假设开始节点是树的根(顶部的节点)。深度优先搜索没有定义相邻节点的顺序，假设在图 3.6 中，每个节点的孩子节点被从左到右排成队，它们以相反的顺序添加到堆栈中，最左边的相邻节点的路径最后添加到堆栈中(且首先删除)。

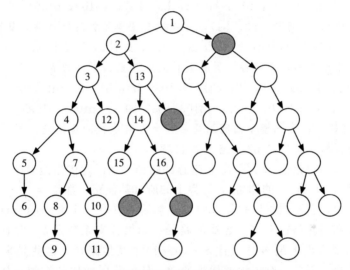

图 3.6　深度优先搜索中展开的路径顺序

在深度优先搜索中，与广度优先搜索一样，扩展路径的顺序并不取决于目标。展开的前 16 条路径末尾的节点按图 3.6 中的展开顺序编号。假设所有扩展路径都没有在目标节点处结束，灰色节点是前 16 步之后边界上路径末端的节点。

注意前六条路径是如何展开的，它们都是一条路径的初始部分。该路径末尾的节点没有邻居节点。下一条展开的路径是尽可能长地遵循该路径并具有一个额外节点的路径。

将边界实现为堆栈将导致以深度优先的方式跟踪路径——在尝试其他替代路径之前搜索一条路径至其完成边界。据说这种方法涉及**回溯**(backtracking)：算法在每个节点上选择第一个备选方案，当它从第一个选择开始追踪完所有路径时，它会回溯到下一个备选方案。当图中有循环或无限多个节点时，有些路径可能是无限的，在这种情况下，深度优先搜索可能永远不会停止。

该算法没有指定将相邻节点路径添加到边界的顺序。算法的效率对这种顺序很敏感。

例 3.10　考虑图 3.2 中从 o103 到 r123 的深度优先搜索。在本例中，边界显示为一个路径列表，堆栈顶部位于列表左侧。

最初，边界包含平凡路径〈o103〉。在下一阶段，边界包含以下路径：

$$[\langle o103, ts\rangle, \langle o103, b3\rangle, \langle o103, o109\rangle]$$

接下来，选择路径$\langle o103, ts\rangle$，是因为它位于堆栈的顶部。它被移出边界，并被一条弧所取代，导致如下的边界

$$[\langle o103, ts, mail\rangle, \langle o103, b3\rangle, \langle o103, o109\rangle]$$

接下来，将路径$\langle o103, ts, mail\rangle$从边界移除，并由一组路径替换，这些路径将其扩展为一条弧，这是空集，因为mail节点没有邻居。因此，最终的边界是：

$$[\langle o103, b3\rangle, \langle o103, o109\rangle]$$

在这个阶段，路径$\langle o103, b3\rangle$是堆栈的顶部。注意发生了什么：深度优先搜索从ts开始跟踪所有路径，当所有这些路径都用尽时（只有一个），它会回溯到堆栈的下一个元素。然后，选择$\langle o103, b3\rangle$，并且在边界中替换为将其扩展为一条弧的路径，从而生成边界：

$$[\langle o103, b3, b1\rangle, \langle o103, b3, b4\rangle, \langle o103, o109\rangle]$$

然后从边界中选择$\langle o103, b3, b1\rangle$，并被所有的单弧扩展所替换，从而产生边界：

$$[\langle o103, b3, b1, c2\rangle, \langle o103, b3, b1, b2\rangle, \langle o103, b3, b4\rangle, \langle o103, o109\rangle]$$

现在从边界中选择第一条路径，并将其扩展一条弧，得到边界：

$$[\langle o103, b3, b1, c2, c3\rangle, \langle o103, b3, b1, c2, c1\rangle,$$
$$\langle o103, b3, b1, b2\rangle, \langle o103, b3, b4\rangle, \langle o103, o109\rangle]$$

节点c3没有邻居，因此搜索回溯到最后一个没有执行的备选项，即到c1的路径。

最终，它会找到一条经过b2的路径到r123。

假设$\langle n_0, \cdots, n_k\rangle$是图3.4第13行选择的路径。在深度优先搜索中，对于某个索引$i<k$和某个节点m（它是n_i的邻居），边界上的所有其他路径都是$\langle n_0, \cdots, n_i, m\rangle$这种形式的；也就是说，它遵循所选路径的弧数，然后恰好有一个额外的节点。因此，边界只包含当前路径和到此路径上节点邻居的路径。如果分支系数是b，并且边界上所选的路径有k条弧，则边界上最多可以有$k*(b-1)$个其他路径。这些是来自每个节点的$(b-1)$个备选路径。因此，对于深度优先搜索，任何阶段使用的空间在从开始到当前节点的弧数上都是线性的。

如果在搜索的第一个分支上有解，则时间复杂度与路径上的弧数呈线性关系。在最坏的情况下，深度优先搜索可能会被困在无限分支上，而且对于无限图或循环图，永远无法找到解，即使存在解也是如此。如果图是一棵有限树，前向分支系数小于或等于b，且从一开始所有路径的弧数都小于或等于k，则最坏情况下的时间复杂度为$O(b^k)$。

例3.11 考虑图3.7中所示的交付图的修改版，其中智能体在位置之间的移动具有更大的自由度。有一条无限的路径，即从ts指向mail然后返回到ts，再返回到mail，依此类推。如前所述，深度优先搜索永远遵循这条路径，从不考虑来自b3或o109的替代路径。采用深度优先搜索的寻路算法前五次迭代的边界是：

$[\langle o103\rangle]$

$[\langle o103, ts\rangle, \langle o103, b3\rangle, \langle o103, o109\rangle]$

$[\langle o103, ts, mail\rangle, \langle o103, ts, o103\rangle, \langle o103, b3\rangle, \langle o103, o109\rangle]$

$[\langle o103, ts, mail, ts\rangle, \langle o103, ts, o103\rangle, \langle o103, b3\rangle, \langle o103, o109\rangle]$

$[\langle o103, ts, mail, ts, mail\rangle, \langle o103, ts, mail, ts, o103\rangle, \langle o103, ts,$
$o103\rangle, \langle o103, b3\rangle, \langle o103, o109\rangle]$

深度优先搜索可以通过环修剪来改进（见 3.7.1 节）。

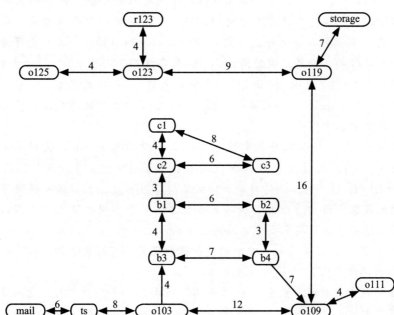

图 3.7　一个带环的用于送货机器人域的图。形如 $X \leftrightarrow Y$ 的边表示从 X 到 Y 有一条弧，且从 Y 到 X 有
一条弧线，即 $\langle X, Y \rangle \in A$ 且 $\langle Y, X \rangle \in A$

由于深度优先搜索对将邻居添加到边界的顺序很敏感，因此必须谨慎地进行合理的
搜索。这种排序可以是静态的（因此邻居的顺序是固定的），也可以是动态的（其中邻居的
顺序取决于目标）。深度优先搜索适用于如下情况：

- 空间受限制。
- 存在许多解决方案，可能具有较长的路径，特别是对于几乎所有路径都可以形成
  解决方案。
- 可以调整将节点的邻居添加到堆栈中的顺序，以便在第一次尝试时找到解决方案。

它在如下情况下表现糟糕：

- 有可能陷入无限路径，这发生在图是无限的或图中有环的时候。
- 解存在于浅深度，因为在这种情况下，搜索可能在找到短解之前探索许多长
  路径。
- 一个节点有多条路径，例如，在一个 $n \times n$ 的网格上，所有的弧都向右或向下，
  从左上角的节点有指数级个路径，但只有 n^2 个节点。

深度优先搜索是许多其他算法的基础，比如迭代深化。

算法的比较

算法（包括搜索算法）可以基于如下方面进行比较：

- 时间开销。
- 空间开销。
- 结果的质量或准确性。

算法花费的时间、使用的空间和准确性是算法输入的函数。计算机科学家讨论算法的**渐近复杂性**，它指定了时间或空间如何随着算法的输入大小而增长。对于输入大小 n，$f(n)$ 是 n 的函数，如果存在常数 n_0 和 k，对于所有的 $n > n_0$，使得算法的时间或空间小于 $k * f(n)$，则算法有时间（或空间）复杂度 $O(f(n))$（"$f(n)$ 的大 O 表示)"。最常见的函数类型是指数函数（如 2^n、3^n 或 1.015^n），多项式函数（如 n^5、n^2、n 或 $n^{1/2}$)，对数函数（如 $\log n$)。一般来说，指数算法比多项式算法恶化得更快，而多项式算法又比对数算法恶化得快。

对于输入大小为 n，如果存在常数 n_0 和 k，对于所有 $n > n_0$，使得算法的时间和空间大于 $k * f(n)$，则算法的时间和空间复杂度为 $\Omega(f(n))$。如果算法有复杂度 $O(f(n))$ 和 $\Omega(f(n))$，则算法的时间和空间复杂度为 $\Theta(f(n))$。通常情况下，你不能令一个算法的复杂度为 $\Theta(f(n))$，因为大多数算法对于不同的输入有不同的时间。因此，在比较算法时，必须指定要考虑的问题类别。

算法 A 比 B 好，使用时间、空间或准确性的度量，可能意味着：

- A 的最坏情况比 B 的最坏情况要好。
- A 在实践中更有效，或者说 A 的平均情况比 B 的平均情况好，也就是对典型问题求平均。
- 有一类问题 A 比 B 好，所以哪种算法更好取决于这类问题。
- 对于每一个问题，A 都比 B 好。

最坏情况的渐近复杂度通常是最容易显示的，但它通常是最没用的。如果很容易确定给定问题属于哪个子类，那么描述一个算法优于另一个算法的问题的子类通常是最有用的。不幸的是，通常很难获得这种特性。

当一种算法优于另一种算法时，可以从理论上用数学来描述，也可以从经验上通过构建实现来描述。定理只有建立在其基础上的假设才有效。类似地，经验调查也只适用于测试用例集和算法的实际实现。通过反例可以很容易地证明一种算法比另一种算法更适用于某些类型的问题，但是通常证明这种猜想要困难得多。

3.5.3   迭代深化

以上两种方法都不理想。广度优先搜索（它可以保证找到路径）需要搜索指数级的空间。深度优先搜索可能不会在无限图或有环图上停止。将深度优先搜索的空间效率与广度优先搜索的最优性相结合的一种方法是**迭代深化**。其思想是重新计算广度优先边界的元素，而不是存储它们。每次重新计算都可以是一次深度优先搜索，因此占用的空间更少。

迭代深化反复调用**有限深度搜索器**，深度优先搜索器接受一个整数作为**深度限制**，并且从不探索比这个深度限制更多弧的路径。迭代深化首先以深度优先的方式构建长度为 1 的路径来执行深度为 1 的深度优先搜索。如果没有找到解决方案，它可以构建深度为 2 的路径，再构建深度为 3 的路径，以此类推，直到找到解决方案。当深度限制为 n 的搜索无法找到一个解时，它可以扔掉之前的所有计算，重新开始深度限制为 $n+1$ 的搜索。最后，如果存在一个解，它就会找到一个解，并且，由于它按弧数量大小的顺序枚举路径，所以总是先找到弧数最少的路径。

为了保证对有限图执行时能终止，迭代深化搜索需要区分：

- 因为达到了深度限制而失败。
- 由于耗尽搜索空间而失败。

在第一种情况下，必须使用更大的深度限制重试搜索。在第二种情况下，使用更大的深度再次尝试是浪费时间的，因为无论深度是多少，都没有路径存在，因此整个搜索应该失败了。

迭代深化搜索的伪代码（ID_search）如图 3.8 所示。局部过程（Depth_bounded_search）实现深度有限的深度优先搜索（使用递归以保持堆栈），它对搜索路径的长度设置了限制。它要么返回一个路径，要么到达代码的末尾并返回没有路径。它使用深度优先搜索来找到长度为 $k+b$ 的路径，其中 k 是从开始到给定路径的路径长度，b 是非负整数。迭代深化搜索器调用有限深度搜索（Depth_bounded_search）来增加深度限制。这个程序按照广度优先搜索的顺序找到目标节点的路径。注意，它只需要在 $b=0$ 时检查目标，因为它知道下界没有解。

```
 1: procedure ID_search(G, s, goal)
 2:   Inputs
 3:     G：带有 N 个节点以及弧集合 A 的图
 4:     s：开始节点
 5:     goal：节点的布尔函数
 6:   Output
 7:     从开始节点 s 到其 goal 为真的一个节点的路径
 8:     或⊥，如果没有这样的路径存在
 9:   Local
10:     hit_depth_bound：布尔值
11:     bound：整数
12:     procedure Depth_bounded_search(⟨n₀, ···, nₖ⟩, b)
13:       Inputs
14:         ⟨n₀, ···, nₖ⟩：路径
15:         b：整数，b≥0
16:       Output
17:         如果存在，返回长度为 k+b 的到 goal 的路径
18:       if b>0 then
19:         for each arc⟨nₖ, n⟩∈A do
20:           res := Depth_bounded_search(⟨n₀, ···, nₖ, n⟩, b−1)
21:           if res 是一条路径 then
22:             return res
23:       else if goal(nₖ) then
24:         return⟨n₀, ···, nₖ⟩
25:       else if nₖ 有任意邻居 then
26:         hit_depth_bound := true
27:     bound := 0
28:     repeat
29:       hit_depth_bound := false
30:       res := Depth_bounded_search(⟨s⟩, bound)
31:       if res 是一条路径 then
32:         return res
33:       bound := bound+1
34:     until not hit_depth_bound
```

图 3.8 ID_search：迭代深度搜索

为了确保迭代深化搜索在广度优先搜索失败时失败，它需要跟踪何时增加深度限制以帮助找到答案。如果搜索没有因为深度限制而删除任何路径，有限深度搜索**自然会失败**——它会耗尽搜索空间而失败。在这种情况下，程序可以停止并报告没有路径。这是通过图 3.8 中的变量 hit_depth_bound 来处理的，当初始调用 Depth_bounded_search 时，该变量为 false，当搜索由于深度受限而被修剪时，该变量变为 true。如果在有限深度搜索结束时为真，则由于命中有限深度而搜索失败，因此可以增加深度限制然后继续搜索，并执行另一个有限深度搜索。

迭代深化的一个明显问题是每一步都浪费了计算。然而，这可能并不像人们想象的那么糟糕，尤其是在分支系数很高的情况下。考虑算法的运行时间。假设 $b>1$ 的分支系数为常数。假设搜索的深度限制是 k。在深度 k 处，有 b^k 个节点；每一个都生成过一次。深度 $k-1$ 的节点生成了两次，深度 $k-2$ 的节点生成了三次，以此类推，深度 1 的节点生成了 k 次。因此，展开的路径总数为：

$$b^k+2b^{k-1}+3b^{k-2}+\cdots+kb = b^k(1+2b^{-1}+3b^{-2}+\cdots+kb^{1-k})$$
$$< b^k\left(\sum_{i=1}^{\infty} ib^{(1-i)}\right) \tag{3-1}$$
$$= b^k\left(\frac{b}{b-1}\right)^2$$

广度优先搜索扩展 $\sum_{i=1}^{k} b^i=\left(\frac{b^{k+1}-1}{b-1}\right)=b^k\left(\frac{b}{b-1}\right)-\frac{1}{b-1}$ 节点。因此，迭代深化的渐近开销为 $\frac{b}{(b-1)}$ 乘以使用广度优先搜索在深度 k 处扩展节点的开销。因此，当 $b=2$ 时，开销因子为 2；当 $b=3$ 时，开销为 1.5。该算法是 $O(b^k)$ 的，不可能有一个渐近更好的无信息搜索策略。注意，如果分支系数接近 1，这个分析就不起作用，因为分母将接近于零；参见练习 3.9。

3.5.4　最低代价优先搜索

对于许多领域，弧数具有不统一的成本，其目标是找到一个**最优解**，且不存在比该解的总成本更低的其他解。例如，对于一个送货机器人，一个弧的成本可能是机器人执行该弧所代表的动作所需要的资源（例如时间、能量），目标是机器人使用最少的资源来解决给定的目标。一个辅助系统的成本可能是一个学生所需要的时间和精力。在每一种情况下，搜索者都应该尽量减少找到目标路径的总成本。

目前所考虑的搜索算法不能保证找到最低代价路径；它们根本没有使用每弧的成本信息。广度优先搜索首先找到一个弧数最少的解，但是弧数的分布可能使得弧数最少的路径的代价不是最低的。

保证找到最低代价路径的最简单的搜索方法是**最低代价优先搜索**，类似于广度优先搜索，但是它不是扩展一个弧数最少的路径，而是选择一个代价最低的路径。这是通过将边界视为按 cost 函数（见 3.3.1 节）排序的优先队列来实现的。

例 3.12　考虑图 3.2 中从 o103 到 r123 的最低代价优先搜索。在本例中，边界显示为按代价顺序排列的路径列表，其中路径由路径末尾的节点表示，下标显示路径的成本。

最初，边界是$[o103_0]$。下一阶段是$[b3_4，ts_8，o109_{12}]$。选择到 b3 的路径，并生成如下的边界：

$$[b1_8，ts_8，b4_{11}，o109_{12}]$$

然后选择到 b1 路径，生成如下边界：

$$[ts_8，c2_{11}，b4_{11}，o109_{12}，b2_{14}]$$

然后选择到 ts 的路径，得到的边界是

$$[c2_{11}，b4_{11}，o109_{12}，mail_{14}，b2_{14}]$$

然后选择 c2，以此类推。注意，最低代价优先搜索如何递增地增长许多路径，它总是以最低的代价扩展路径。

如果弧的代价都大于一个正常数（每弧代价有界），且分支系数是有限的，如果存在一个解，则保证了最低代价优先搜索能够找到一个最优解（一个路径代价最低的解）。此外，通往目标的第一个路径是代价最低的路径。这样的解决方案是最优的，因为算法按路径代价的顺序从开始节点扩展路径。如果有一条比第一个解决方案更好的通往目标的道路存在，那么它早就从边界扩展开来了。

利用有界的每弧代价，保证最低代价搜索在存在解的情况下能在有限分支系数的图中找到解。没有这样的界限，就会有无限的路径，其代价也是有限的。例如，可能有节点 n_0，n_1，n_2…$(i>0)$ 的一条弧，$\langle n_{i-1}，n_i \rangle$，其代价是 $1/2^i$。形如 $\langle n_0，n_1，n_2，…，n_k \rangle$ 的无限多的路径，它们的代价都小于 1。如果存在一条从 n_0 到目标节点的弧，且代价为 1，则永远不会选中它。这就是亚里士多德 2300 多年前写下的**芝诺悖论**(Zeno's paradox)的基础。

与广度优先搜索一样，代价最低的优先搜索在空间和时间上都是指数级的。它从一开始就生成代价低于其他解决方案代价的所有路径。

3.6 启发式搜索

上一节中的搜索方法是**无信息的**（或盲目的），因为它们在展开通向满足目标的节点的路径之前不会考虑目标。关于哪个节点最有希望的启发式信息可以通过改变图 3.4 中通用搜索算法第 13 行中选择哪个节点来指导搜索。

一个**启发式函数** $h(n)$ 输入一个节点 n，并返回一个非负实数，该实数是对从节点 n 到目标节点的最低代价路径的代价的估计。如果 $h(n)$ 总是小于或等于从节点 n 到目标的最低代价路径的实际代价，则函数 $h(n)$ 是一个**可接受的启发式信息**。

启发式函数没有什么神奇的。它必须只使用可以轻易获得的关于节点的信息。通常，在计算节点的启发式值所需的工作量和启发式值的准确性之间存在权衡。

推导启发式函数的一种标准方法是解决一个更简单的问题，并将简化问题中的目标成本作为原始问题的启发式函数（参见 3.6.2 节）。

例 3.13 对于图 3.2，如果代价为所走的距离，则可以使用节点与其最近目标之间的直线距离作为启发式函数。

下面的例子假设启发式函数如下：

$$h(\text{mail})\ =\ 26 \qquad h(\text{ts})\ =\ 23 \quad h(\text{o103})\ =\ 21$$
$$h(\text{o109})\ =\ 24 \qquad h(\text{o111})\ =\ 27 \quad h(\text{o119})\ =\ 11$$
$$h(\text{o123})\ =\ 4 \qquad h(\text{o125})\ =\ 6 \quad h(\text{r123})\ =\ 0$$
$$h(\text{b1})\ =\ 13 \qquad h(\text{b2})\ =\ 15 \quad h(\text{b3})\ =\ 17$$
$$h(\text{b4})\ =\ 18 \qquad h(\text{c1})\ =\ 6 \quad h(\text{c2})\ =\ 10$$
$$h(\text{c3})\ =\ 12 \quad h(\text{storage})\ =\ 12$$

这个 h 函数是一个可接受的启发式信息，因为 h 值小于或等于从节点到目标的最低代价路径的确切成本。这是节点 o123 的确切成本。这大大低估了节点 b1 对目标的成本，节点 b1 看起来很接近，但是到目标只有一条很长的路能走。c1 非常具有误导性，它看起来也很接近目标，但是它没有到达目标的路径。

通过使路径的启发式值等于路径末端节点的启发式值，可以将 h 函数扩展为适用于路径。那就是：

$$h(\langle n_0,\ \cdots,\ n_k\rangle)=h(n_k)$$

深度优先搜索中启发式函数的一个简单用法是对添加到表示边界的堆栈中的邻居进行排序。可以将邻居添加到边界，以便首先选择最好的邻居。这就是所谓的**启发式深度优先搜索**（heuristic depth-first search）。该搜索选择本地最佳路径，但在选择另一条路径之前，它会搜索所选路径中的所有路径。虽然它经常被使用，但它存在深度优先搜索的问题，不能保证找到一个解，也可能找不到最优解。

另一种使用启发式函数的方法是始终选择启发式值最低的边界路径。这称为**贪婪的最佳优先搜索**。这种方法有时很有效。然而，它可以遵循看起来很有希望的路径，因为它们（根据启发式函数）看起来很接近目标，但是探索的路径可能会越来越长。

例 3.14 考虑图 3.9 中所示的按比例绘制的图，其中每弧的成本是其长度。我们的目标是找到从 s 到 g 的最短路径。假设用到目标 g 的欧氏直线距离作为启发式函数。启发式深度优先搜索将选择 s 下面的节点，并且永远不会终止。类似地，由于 s 下面的所有节点看起来都很好，贪婪的最佳优先搜索将在它们之间循环，从不尝试从 s 开始的另一条路由。

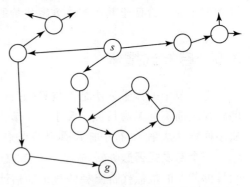

图 3.9 对于贪婪最佳优先搜索来说，这是一个不好的图

3.6.1 A* 搜索

在选择展开哪条路径时，**A* 搜索**同时使用路径代价（最低代价优先）和启发式信息（贪婪的最佳优先搜索）。对于边界上的每个路径，A* 将使用从开始节点到目标节点的总路径代价的估计值，而目标节点最初必须遵循该路径。它使用 cost(p)（即找到的路径的代价）以及启发式函数 h(p)（从 p 的末端到目标的估计路径代价）。

对于边界上的任意路径 p，定义 $f(p)=\text{cost}(p)+h(p)$。这是遵循路径 p 再到达目标节点的总路径代价的估计。如果 n 是路径 p 末端的节点，则可表示为：

$$\underbrace{开始节点 \xrightarrow{\text{实际}} n \xrightarrow{\text{估计}} 目标节点}$$

$$\underbrace{\qquad cost(p) \qquad\qquad h(p) \qquad}$$

$$f(p)$$

如果 $h(n)$ 是一个可接受的启发式信息，从不高估从节点 n 到目标节点的代价，那么 $f(p)$ 不会高估从开始节点通过 p 到达目标节点的路径代价。

使用通用搜索算法实现 A* 搜索，将边界作为按 $f(p)$ 排序的优先队列。

例 3.15 考虑使用例 3.13 的启发式函数，在例 3.5 中使用 A* 搜索。在本例中，边界上的路径使用路径的最后一个节点显示，下标为路径的 f 值。边界最初是 $[o103_{21}]$，因为 $h(o103)=21$ 且路径代价为零。它被它的邻居所取代，形成了边界：

$$[b3_{21}, \ ts_{31}, \ o109_{36}]$$

第一个元素表示路径 $\langle o103, b3 \rangle$；它的 f 值是

$$f(\langle o103, b3 \rangle)=cost(\langle o103, b3 \rangle)+h(b3)=4+17=21$$

接下来选择 b3 且由它的邻居所取代，形成边界：

$$[b1_{21}, \ b4_{29}, \ ts_{31}, \ o109_{36}]$$

然后选择 b1，且由它的邻居替换，形成边界：

$$[c2_{21}, \ b2_{29}, \ b4_{29}, \ ts_{31}, \ o109_{36}]$$

然后选择到 c2 的路径，并由它的邻居替换，形成：

$$[c1_{21}, \ b2_{29}, \ b4_{29}, \ c3_{29}, \ ts_{31}, \ o109_{36}]$$

到目前为止，搜索一直在探索通向目标的直接途径。接下来，选择到 c1 的路径，并由它的邻居替换，形成如下边界：

$$[b2_{29}, \ b4_{29}, \ c3_{29}, \ ts_{31}, \ c3_{35}, \ o109_{36}]$$

在这个阶段，有两条路径到边界上的节点 c3。不经过 c1 且到 c3 的路径的 f 值比经过 c1 的要低。稍后，我们将考虑如何在不放弃最优性的情况下修剪这些路径之一。

有三条路径具有相同的 f 值。该算法没有指定选择哪个。假设它选择到启发式值最小的节点的路径(参见练习 3.6)，即到 c3 的路径。这个节点从边界中移除，并且没有邻居，因此得到的边界是

$$[b2_{29}, \ b4_{29}, \ ts_{31}, \ c3_{35}, \ o109_{36}]$$

接下来选择 b2，结果是如下边界：

$$[b4_{29}, \ ts_{31}, \ c3_{35}, \ b4_{35}, \ o109_{36}]$$

接下来选择 b4 的第一条路径，并由它的邻居替换，形成：

$$[ts_{31}, \ c3_{35}, \ b4_{35}, \ o109_{36}, \ o109_{42}]$$

注意，A* 从一开始就跟踪许多不同的路径。

最终找到一条代价最低的实现目标的路径。该算法被迫尝试许多不同的路径，因为其中一些路径的代价暂时似乎是最低的。它仍然比最低代价优先搜索和贪婪的最佳优先搜索做得更好。

例 3.16 考虑图 3.9，对于其他启发式方法来说，这是一个有问题的图。尽管由于启发式函数的存在，它最初是从 s 向下搜索的，但最终路径的代价变得如此之大，以至于它选择了实际最优路径上的节点。

只要存在一个解，它就返回一个最优解，则搜索算法是**可采纳的**。为了保证可采纳性，图上的一些条件和启发式必须满足。下面的定理给出了一个可采纳的充分条件。

命题 3.1(A* 可采纳性)   如果存在一个解，如果如下条件成立，那么 A* 使用启发式函数 h 总能返回一个最优解：

- 分支系数是有限的(每个节点有一定数量的邻居)。
- 所有的各弧代价都大于 $\varepsilon > 0$。
- h 是一个**可采纳的启发式函数**，这意味着 $h(n)$ 小于或等于从节点 n 到目标节点的最低代价路径的实际成本。

证明   A 部分：我们会找到解决方案。如果弧的代价都大于某个 $\varepsilon > 0$，我们说**代价有界且大于 0**。如果成立，且存在一个有限的分支系数，最终边界中的所有路径 p，其 $\mathrm{cost}(p)$ 将超过任何有限数值，因此将超过一个解决方案的代价，如果存在的话(每个路径没有大于 c/ε 条弧，c 是一个最优解决方案的代价)。因为分支系数是有限的，所以在搜索到达这一点之前，只需要扩展有限数量的路径，但是 A* 搜索将在那时找到一个解决方案。将弧的代价限定在大于零，这是一个充分的条件，可以让用户避免陷入芝诺悖论，这在最低代价优先搜索中有描述。

B 部分：选择到目标的第一条路径是最优路径。h 是可采纳的，表示最优解路径上节点的 f 值小于或等于最优解的代价，由最优的定义可知，最优解的代价小于任何非最优解的代价。如果启发式信息是可采纳的，解的 f 值等于解的代价。因为每一步都选择一个最小化 f 的元素，所以当边界上有一条路径通向最优解时，就永远不能选择非最优解。因此，在它可以选择非最优解之前，将不得不选择最佳路径上的所有节点，包括最优解。   □

应该注意的是，A* 的可采纳性并不保证从边界选择的每个中间节点都处于从开始节点到目标节点的最优路径上。可采纳性确保找到的第一个解决方案即使在带有环的图中也是最优的。它不能保证算法在搜索时不会改变它的想法，即哪部分路径是最优的。

为了查看启发式函数是如何提高 A* 的效率，假设 c 是从开始节点到目标节点的最小代价路径的代价。A*，加上一个可采纳的启发式信息，从集合的开始节点展开所有路径(其初始部分也在集合中)：

$$\{p : \mathrm{cost}(p) + h(p) < c\}$$

集合中的一些路径

$$\{p : \mathrm{cost}(p) + h(p) = c\}$$

在保持它可采纳的同时增加 h，如果它减小了第一个集合的大小，就会影响到 A* 的效率。如果第二个集合是大的，则 A* 会有很大的空间和时间上的差异。从具有相同 f 值的路径中选择路径时，空间和时间可能对平局决胜机制很敏感。例如，它可以选择一个 h 值最小的路径，或者使用先进后出协议(即，与深度优先搜索相同)搜索这些路径；参见练习 3.6。

迭代深化 A* 搜索

迭代深化也可以应用于 A* 搜索。**迭代深化 A* 搜索**(IDA*)执行重复的有限深度的深度优先搜索。它的限制不是路径上的弧数，而是 $f(n)$ 的值。阈值最初是 $f(s)$ 的值，其中 s 是开始节点。IDA* 执行深度优先深度有界搜索，但从不展开具有高于当前界限的 f 值的路径。如果深度有限搜索失败，并且达到了该限制，则下一个限制是超过前一个

限制的 f 值的最小值。因此，IDA* 检查与 A* 相同的节点，可能会以不同的方式断开连接，但是使用深度优先搜索来重新计算它们，而不是存储它们。

如果所有需要的是一个近似最优路径，例如 δ 内最优，限制可以是 δ 加上最低的 f 值，超过了之前的限制。在路径长度非常接近的情况下，这可以使搜索更加有效。

3.6.2   设计启发式函数

可采纳的启发式函数是节点的非负函数 h，其中 $h(n)$ 永远不会大于从节点 n 到目标的最短路径的实际代价。构造启发式函数的标准方法是找到一个更简单问题的解，即约束更少的问题。约束较少的问题通常更容易解决（有时可以简单解决）。更简单问题的最优解不会比完整问题的最优解代价更高，因为完整问题的任何解都是更简单问题的解。

在很多空间问题中，成本是距离，其解决方案是通过预定义的约束弧（例如，公路段）实现，两个节点之间的欧几里得距离是一个可采纳的启发式信息，因为它是更简单的问题的解决方案，智能体通过弧不受限实现。

对于许多问题，可以设计一个更好的启发式函数，如下面的例子所示。

例 3.17 考虑例 3.3 中的送货机器人，其中状态空间包含要交付的包裹。假设 cost 函数是机器人运送所有包裹的总路程。如果机器人可以携带多个包裹，一个可能的启发式函数是（a）和（b）的最大值：

（a）任何不在目的地且未被运送的包裹的最大投递距离，其中包裹的投递距离为到该包裹所在位置的距离加上该包裹所在位置到目的地的距离。

（b）运送包裹至最远目的地的距离。

这不是一个过高的估计，因为它是一个更简单问题的解决方案，即忽略它不能穿过墙壁，忽略除最困难的部分之外的所有部分。请注意，这里的最大值是合适的，因为智能体必须同时交付它所携带的包裹和前往它没有携带的包裹并将它们交付到目的地。

如果机器人只能携带一个包裹，一个可能的启发式函数是必须携带包裹的距离加上最近包裹的距离之和。注意，对最近包裹的引用并不意味着机器人将首先交付最近的包裹，但是需要确保启发式是可采纳的。

例 3.18 在例 3.1 的路径规划中，当最小化时间时，启发式信息可以使用从当前位置到目的地的直线距离除以最大速度——假设用户可以以最高速度直接开车到目的地。

一个更复杂的启发式可能考虑到高速公路和当地道路上不同的最高速度。一个可采纳的启发式是（a）和（b）的最小值：

（a）估计沿较慢的当地道路直驶至目的地所需的最少时间。

（b）在慢速公路上开车到高速公路，然后在高速公路上开车到接近目的地的地点，然后在当地公路上开车到目的地所需的最短时间。

这里的最小值是合适的，因为智能体可以通过高速公路或本地道路以更快的方式行驶。

在上面的例子中，确定启发式函数不涉及搜索。一旦问题被简化，就可以用搜索来解决，这应该比原来的问题更简单。注意，更简单的搜索问题需要多次解决，甚至可能对所有节点都是如此。将这些结果缓存到**模式数据库**中通常很有用，该模式数据库将较简单问题的节点映射到启发式值。在更简单的问题中，节点通常更少，因此多个原始节点被映射到一个更简单的节点中，所以这可能是可行的。

3.7   搜索空间的修剪

通过考虑到达节点的多条路径，可以改进前面的算法。我们考虑两种修剪策略。最简单的策略是修剪环；如果目标是找到代价最低的路径，那么考虑带有环的路径是没有用的。另一种策略是只考虑到节点的一条路径，然后删除到该节点的其他路径。

3.7.1   环修剪

表示搜索空间的图可能包含环。例如，在图 3.7 的机器人送货域中，机器人可以在 o103 和 o109 节点之间来回移动。前面提到的一些搜索方法可能会陷入循环，不断重复这个循环，甚至在有限的图中也找不到答案。其他方法可能循环往复，浪费时间，但最终仍能找到解决方案。

保证在有限图中找到解的同时，对搜索进行修剪的一种简单方法是确保算法不考虑从一开始就在路径上的邻居。**环修剪（或循环修剪）**检查从开始节点到该节点的路径上的最后一个节点是否已经在前面出现。路径 $\langle n_0, \cdots, n_k, n \rangle$（其中 $n \in \{n_0, \cdots, n_k\}$）没有添加到图 3.4 中第 16 行的边界，或者从边界删除时被丢弃。

环修剪的计算复杂度取决于使用哪种搜索方法。对于深度优先方法，通过将当前路径的元素存储为一个集合（例如，通过维护节点位于路径中时设置的位，或者使用散列函数），开销可以低到常数因子。对于维护多条路径的搜索策略（即图 3.11 中所有具有指数空间的搜索策略），环修剪花费的时间与所搜索路径的长度呈线性关系。这些算法不能比搜索正在考虑的部分路径做得更好，检查以确保它们没有添加已经出现在路径中的节点。

3.7.2   多路径修剪

节点通常有多条路径。如果只需要一条路径，搜索算法就可以从边界删除通向已经找到路径上的节点的任意路径。

多路径修剪是通过维护一个**探索过的节点集**（传统上称为**封闭列表**）来实现的，该节点集位于已展开路径的末尾。探索的集合最初是空的。当一条路径 $\langle n_0, \cdots, n_k \rangle$，在图 3.4 的第 13 行选择 n_k，如果 n_k 已经在探索集中，则可以丢弃该路径。否则，将 n_k 添加到探索集中，算法照常进行。

这种方法并不一定保证不会丢弃代价最低的路径。为了保证找到最优解，可能需要做一些更复杂的工作。为确保搜索算法仍能找到目标的最低代价路径，可以采用以下方法之一：

- 确保找到的任何节点的第一条路径是该节点的最低代价路径，然后删除找到该节点的所有后续路径。
- 如果搜索算法找到一个节点的更低代价路径，它可以删除所有使用该节点的高代价路径（因为这些路径不可能在最优解上）。也就是说，如果边界 $\langle s, \cdots, n, \cdots, m \rangle$ 上有一条路径 p，若能找到一条到 n 的路径 p'，它的部分路径有比路径 p 中 s 到 n 的代价更低的代价，那么 p 就可以从边界上移除。
- 每当搜索发现到某个节点的路径比已经找到的到该节点的路径代价更低时，它可以在扩展了初始路径的路径上包含一个新的初始部分。因此，如果有一条路径

$p = \langle s, \cdots, n, \cdots, m \rangle$ 在边界上，找到了一条到 n 的路径 p'，且其代价小于路径 p 中从 s 到 n 的部分，则 p' 可以替换路径 p 中到 n 的初始部分。

第一个选项允许在不丧失寻找最佳路径的能力的情况下使用已探索的集合。其他的则需要更复杂的算法。

在最低代价优先搜索中，到一个节点（即，当从边界选择节点时）的第一条路径是到该节点的最低代价路径。删除到该节点的后续路径不能删除到该节点的较低代价路径，因此删除到每个节点的后续路径仍然能够找到最佳解决方案。

A* 搜索并不保证当第一次选择到一个节点的路径时，它就是该节点的最低代价路径。注意，可接受性定理保证了对目标节点的每条路径都是这样，但不是对任何节点的每条路径都是这样。它是否适用于所有节点取决于启发式函数的性质。

一致的启发式函数（consistent heuristic）是一个在节点 n 上的非负函数 $h(n)$，对于任意两个节点 n 和 n'，满足约束 $h(n) \leqslant \mathrm{cost}(n, n') + h(n')$，其中 $\mathrm{cost}(n, n')$ 是 n 到 n' 的最低代价路径的代价。注意，如果对于任何目标 g，有 $h(g) = 0$，那么一致的启发式从来都不是一个高估的（从一个节点 n 到目标的）代价。

如果启发式函数对于所有弧 $\langle n, n' \rangle$ 满足**单调约束** $h(n) \leqslant \mathrm{cost}(n, n') + h(n')$，则可以保证一致性。检查单调约束更容易，因为它只依赖于弧，而一致性依赖于所有节点对。

一致性和单调性约束可以用**三角形不等式**来理解，该不等式规定三角形的任何一条边的长度不能大于其他两条边的长度之和。在一致性上，从 n 到目标的估计代价不应大于先到 n' 再到目标的估计代价（见图 3.10）。当 cost 函数为距离时，两点之间的欧几里得距离（多维欧几里得空间中的

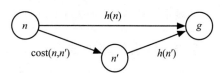

图 3.10 三角形不等式：$h(n) \leqslant$
$\mathrm{cost}(n, n') + h(n')$

直线距离）的启发式函数是一致的。对于简化后的问题，有较短解的启发式函数也是典型一致的。

在单调约束下，从边界选取的路径的 f 值是单调不递减的。也就是说，当边界扩大时，f 值不会变小。

命题 3.2　使用一致的启发式信息，多路径修剪永远不能阻止 A* 搜索找到最优解决方案。

也就是说，在命题 3.1 的条件下，它保证了 A* 找到一个最优解，如果启发式函数是一致的，那么具有多路径修剪的 A* 总会找到一个最优解。

证明　我们展示了：如果启发式函数是一致的，当 A* 将路径 p' 扩展到一个节点 n' 时，没有其他路径到 n' 的代价可以比 p' 更低。因此，算法可以修剪到任何节点的后续路径，仍然会找到一个最优解。

我们用反证法。假设该算法选择了将一条路径 p' 扩展到节点 n'，但存在一条到节点 n' 代价更低的路径，且该算法尚未找到。那么边界上一定有一条路径 p，它是到 n' 的低代价路径的初始部分，假设路径 p 在节点 n 处结束，它一定有 $f(p') \leqslant f(p)$，因为 p' 是在 p 之前选择的，这意味着

$$\mathrm{cost}(p') + h(p') \leqslant \mathrm{cost}(p) + h(p)$$

如果沿 p 到 n' 的路径比沿路径 p' 有更低的成本：

$$\mathrm{cost}(p) + \mathrm{cost}(n, n') < \mathrm{cost}(p')$$

其中，$cost(n, n')$ 是指从节点 n 到 n' 的最低代价路径的实际代价。从这两个方程可以看出，

$$cost(n, n') < cost(p') - cost(p) \leqslant h(p) - h(p') = h(n) - h(n')$$

其中，最后面的不等式成立是因为 $h(p)$ 被定义为等于 $h(n)$。如果 $h(n) - h(n') \leqslant cost(n, n')$，这是一致性条件，则该条件不成立。   □

在实际中，A^* **搜索**包括多路径修剪；如果使用的是一个不使用多路径修剪的 A^*，则应该显式地指出缺少修剪。由启发式函数的设计者来保证启发式的一致性，从而找到最优路径。

多路径修剪包含环修剪，因为环是节点的另一条路径，因此被修剪。多路径修剪可以在恒定的时间内完成，方法是在每个节点上设置一位，如果图被显式存储，则在每个节点上找到一条路径，或者使用散列函数。对于广度优先的方法，多路径修剪优于环修剪，因为在这种方法中，无论如何都必须存储所考虑的所有节点。深度优先搜索不需要在已展开的路径的末尾存储所有节点；存储它们以实现多路径修剪，使得深度优先搜索在空间上呈指数级增长。因此，对于深度优先搜索，环修剪优于多路径修剪。

多路径修剪不适合 IDA^*，因为存储探索过的集合所需的空间通常比 A^* 所需的空间大，这样就违背了迭代深化的目的。环修剪法可以用在 IDA^* 上。在一个节点有多条路径的域中，IDA^* 就失去了很大的有效性。

3.7.3　搜索策略小结

图 3.11 总结了目前阐述的搜索策略。

策略	从边界选择	发现的路径	空间复杂度
广度优先	加入的首节点	最少弧	指数级
深度优先	加入的最后节点	无	线性
迭代深化	—	最少弧	线性
贪婪的最佳优先	最小化 $h(p)$	无	指数级
最低代价优先	最小化 $cost(p)$	最低代价	指数级
A^*	最小化 $cost(p) + h(p)$	最低代价	指数级
IDA^*		最低代价	线性

"发现的路径"指的是关于找到的路径的保证(对于具有有限分支数和弧代价约束在零以上的图)。保证找到一条弧数最少或代价最低的路径的算法是完整的。"无"表示不能保证在无限图中找到路径。除非使用环修剪或多路径修剪，否则深度优先搜索和贪婪的最佳优先搜索都可能在有环的有限图上找不到解。

空间指的是空间复杂度，它是指在找到解之前展开的路径中的最大弧数为"线性"的，或者是在找到解之前展开的路径中的弧数为"指数级"的。

迭代深化不是一般搜索算法的一个实例，因此迭代深化方法没有从边界选择的入口。

图 3.11　搜索策略的小结

如果一个搜索算法能保证在有解的情况下找到解，那么它就是**完备的**。那些可以保证找到一条弧数最少或代价最低的路径的搜索策略是完备的。它们在最坏情况下的时间复杂度随着探索路径上的弧数呈指数级增长。是否存在完备的但优于指数时间复杂度的算法与是否 $P \neq NP$ 问题有关。不能保证停止的算法(深度优先和贪婪的最佳优先)，其最差情况具有无限的时间复杂度。

深度优先搜索使用的是与所搜索路径中的弧数相关的线性空间，但即使存在一个解，也不能保证能找到一个解。广度优先、最低代价优先和 A* 搜索可能在空间和时间上都是指数级的，但如果存在解，则保证能找到一个解，即使图是无限的，只要有有限的分支系数且弧代价有界且大于 0。迭代深化和 IDA* 以重新计算边界上的元素为代价降低了空间复杂度。

最低代价优先、A* 和 IDA* 搜索能够找到代价最低的解决方案。

3.8 更复杂的搜索

对前面的策略可以做一些改进。首先，我们提出了深度优先的分支定界搜索，这种方法可以保证找到最优解，并且可以利用启发式函数的优势，就像 A* 搜索一样，但具有深度优先搜索的空间优势。我们还提出了问题归约方法，将一个搜索问题分解成若干个较小的搜索问题，每个问题可能更容易解决。最后，我们展示了动态规划如何用于寻找从任何地方到目标的路径和用于构造启发式函数。

3.8.1 分支定界

深度优先的分支定界搜索是一种将深度优先搜索的空间节省与启发式信息相结合的方法，用于寻找最佳路径。它特别适用于通向一个目标的路径很多的时候。与 A* 搜索一样，启发式函数 $h(n)$ 为非负值且小于或等于从 n 到目标节点的最低代价路径的代价。

分支定界搜索的思想是保持到目前为止找到的通向目标的最低代价的路径及其代价。假设这个代价是 bound。如果搜索遇到一个路径 p，且有 $cost(p)+h(p) \geqslant bound$，则路径 p 可以被修剪。如果找到了一条没有被修剪的通向目标的路径，那么它一定比之前的最佳路径更好。这个新的解被记住，并设这个新的解的代价为 bound。然后，搜索者继续寻找更好的解。

分支定界搜索会产生一系列不断改进的解。最终找到的解是最优解。

分支定界搜索通常与深度优先搜索一起使用，在这里可以实现深度优先搜索的空间节省。它的实现方式与深度有限搜索类似，但其限制是以路径代价为单位，并随着找到较短的路径而减少。该算法会记住找到代价最低的路径，并在搜索结束后返回该路径。

该算法如图 3.12 所示。内部过程 cbsearch 用于代价定界搜索，利用全局变量向主过程提供信息。

初始时，bound 可以设置为无穷大，但通常将其设置为最优解的路径代价的高估值（即 $bound_0$）是非常有用的。如果有一个代价小于初始 $bound_0$ 的最优解，该算法将返回该最优解（从开始节点到目标节点的最低代价路径）。

如果初始约束略高于最低代价路径的代价，则该算法在不进行多路径修剪的情况下，可以找到一条不比 A* 搜索更多弧数的最佳路径。当初始边界是这样的时候，算法会修剪任何比最低代价路径的代价高的路径。一旦它找到了一条通往目标的路径，它只探索 f 值比找到的路径低的路径。这些路径正是 A* 找到一个解决方案时探索的路径。

如果当 $bound_0 = \infty$ 时返回 $\perp$，则表示不存在解。如果当 $bound_0$ 为某种有限值时，它返回 $\perp$，则表示不存在代价小于 $bound_0$ 的解。这种算法可以与迭代深化结合起来，通过使用图 3.8 中的 hit_depth_bound 等方法，增加定界值，直到找到解，或者它表明没有解。见练习 3.13。

```
 1: procedure DF_branch_and_bound(G, s, goal, h, bound₀)
 2:    Inputs
 3:       G：带有 N 个节点以及弧集合 A 的图
 4:       s：开始节点
 5:       goal：节点的布尔函数
 6:       h：节点的启发式函数
 7:       bound₀：初始深度限制(如果没有指定，可以为∞)
 8:    Output
 9:       如果有成本低于 bound₀ 的解决方案，返回从 s 到 goal 节点的一个最低代价路径
10:       如果没有代价低于 bound₀ 的解决方案，返回⊥
11:    Local
12:       best path：路径或⊥
13:       bound：非负实数
14:    procedure cbsearch(⟨n₀, ⋯, nₖ⟩)
15:       if cost(⟨n₀, ⋯, nₖ⟩)+h(nₖ)<bound then
16:          if goal(nₖ) then
17:             best_path :=⟨n₀, ⋯, nₖ⟩
18:             bound :=cost(⟨n₀, ⋯, nₖ⟩)
19:          else
20:             for each arc⟨nₖ, n⟩∈A do
21:                cbsearch(⟨n₀, ⋯, nₖ, n⟩)
22:    best_path :=⊥
23:    bound := bound₀
24:    cbsearch(⟨s⟩)
25:    return best_path
```

图 3.12   深度优先的分支定界搜索

例 3.19   考虑图 3.13 中的树形图。目标节点是灰色的。假设每条弧的代价为 1，并且没有启发式信息(即每个节点 n 的 $h(n)=0$)。在算法中，假设 bound₀＝∞，深度优先搜索总是先选择最左边的子节点。这张图显示的是检查节点是否为目标节点的顺序。没有编号的节点不被检查是否是目标节点。

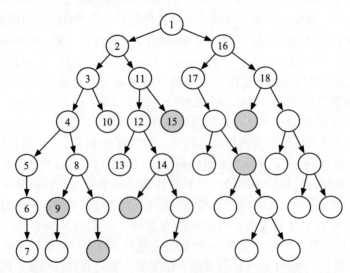

图 3.13   在深度优先的分支定界搜索中扩展的路径。灰色节点为目标节点

编号为"5"的节点下的子树没有目标，已被完全探索(如果它有一个有限值，则大于深度 bound$_0$)。第 9 个被检查的节点是目标节点。它的路径代价为 5，所以边界设置为 5。从此以后，只有路径代价小于 5 的路径才被检查是否为解。被检查的第 15 个节点也是一个目标节点。没有找到其他的目标节点，所以返回到标记为 15 的节点的路径。这是一条最优路径。还有一条最优路径是被修剪的；算法从不检查标记为 18 的节点的子节点。

如果有启发式信息，也可以像 A* 搜索一样，对搜索空间的部分内容进行修剪。

环修剪法在深度优先的分支定界时效果很好。多路径修剪不适合深度优先的分支定界，因为存储探索过的集合会破坏深度优先搜索的空间节省。例如，可以通过只保留最新的元素来获得一个有边界的探索集，这样可以进行一些修剪。

3.8.2　搜索的方向

对于给定的修剪策略，通用搜索算法的搜索空间的大小取决于路径长度和分支系数。只要能减少这些因素，就有可能大大节省成本。

如果符合下列条件：
- 目标节点集$\{n: \mathrm{goal}(n)\}$是有限的、可以生成的。
- **反向图**(inverse graph)中的任何节点 n 的邻居，即$\{n': \langle n', n\rangle \in A\}$，是可以生成的。

图搜索算法可以从起始节点开始，向前搜索目标节点，或者从目标节点开始，向后搜索起始节点。在许多应用中，目标节点集或反向图不容易生成，所以逆向搜索可能不可行；事实上，有时搜索的目的只是为了找到一个目标节点，而不是找到通往目标节点的路径。

在**后向搜索**中，边界从一个标注为 goal 的节点开始。goal 的邻居是目标节点，$\{n: \mathrm{goal}(n)\}$。其他节点的邻居在反向图中给出。当找到起始节点时，搜索停止。一旦 goal 被展开，边界就包含了所有的目标节点。

前向搜索从起始节点到原图中的目标节点进行搜索。

对于那些可以建立目标节点和反向图的情况，从一个方向搜索可能比从另一个方向搜索更有效率。搜索空间的大小通常是分支系数的指数函数。通常情况下，前向搜索和后向搜索的分支系数是不同的。一般的原则是向分支系数较小的方向搜索。

下面考虑了许多在搜索空间中可以提高搜索效率的一些其他方法。

1. 双向搜索

双向搜索的思想是将从起始节点向前搜索和从目标节点向后搜索同时进行。当两个搜索边界相交时，算法需要构造一条从起始节点通过边界交点延伸到目标节点的单一路径。如何保证找到的路径是最优的，这是一个挑战。

在双向搜索过程中出现了一个新的问题，即确保两个搜索边界实际相交。例如，除非非常幸运，否则在两个方向上的深度优先搜索根本不可能成功相交，因为它的小搜索边界很可能会互相擦肩而过。而在两个方向上进行广度优先搜索，就可以保证满足相交。

在一个方向上采用深度优先搜索和在另一个方向上采用广度优先搜索相结合的方法，将保证搜索边界要求的相交，但选择在哪个方向上采用哪种方法可能是个难题。这个决定取决于保存广度优先边界的成本，并对其进行搜索，以检查深度优先方法何时会与其中一个元素相交。

在有些情况下，双向搜索可以节省大量的时间。例如，如果搜索空间的前向和后向分支系数都是 b，而目标是在深度 k 处，那么广度优先搜索所花费的时间与 b^k 成正比，而对称双向搜索所花费的时间与 $2b^{k/2}$ 成正比。这是一个指数级的时间节约，尽管时间复杂度仍然是指数级的。

2. 孤岛驱动的搜索

提高搜索效率的方法之一是确定有限数量的前向搜索和后向搜交可以相交的地方。例如，在搜索不同楼层的两个房间的路径时，这样做可能是恰当的，即约束搜索先到一层的电梯，再到合适的楼层，然后从电梯到目标房间。直观地说，这些指定的位置是搜索图中的**孤岛**，约束从起始节点到目标节点的求解路径。

当指定孤岛时，智能体可以将搜索问题分解成若干个搜索问题，例如，一个问题是从初始房间到电梯，一个问题是从一层的电梯到另一层的电梯，一个问题是从电梯到目的地房间。这样，通过解决三个比较简单的问题，减少了搜索空间。分解成较小的问题有助于减少大型搜索的组合式爆炸，也是利用问题的额外知识来提高搜索效率的一个例子。

使用孤岛以在 s 和 g 之间找到一条路径：

1）确定一组孤岛，$i_0, \ldots, i_k$。

2）寻找从 s 到 i_0 的路径，对于每一个 j，从 i_{j-1} 到 i_j，从 i_k 到 g。

这些搜索问题中的每个问题都应该相应地比一般问题简单，因此也就更容易解决。

孤岛的识别是额外的知识，可能会超出图中的知识范围。使用不合适的岛，可能会使问题变得更加困难（甚至无法解决）。也有可能通过选择不同的岛集，在可能的岛的空间中搜索，来确定问题的替代分解。这在实践中是否可行，取决于问题的细节。孤岛搜索牺牲了最优性，除非能够保证这些孤岛在最优路径上。

3. 在抽象的层次结构中搜索

孤岛的概念可以用来定义多层次的细节或多层次的抽象的问题解决策略。

抽象问题的分层搜索的思路是首先要把问题抽象化，尽可能多地遗漏细节。对抽象问题的解决，可以看成对原问题的局部解决。例如，从一个房间到另一个房间的问题需要使用许多转弯的实例，但智能体希望在抽象的层次上对问题进行推理，在这个层次上省略了转向的细节。期待一个适当的抽象层次能大体上解决这个问题，只留下次要的问题需要解决。

可以实现的一种方法是将孤岛驱动的搜索泛化为在可能的岛上进行搜索。一旦在岛级找到了一个解决方案，这些信息为低级提供了一个启发式函数。在低层找到的信息可以通过改变弧长来为更高的层提供信息。例如，高层可能假设出口门之间有一个特定的距离，但低层搜索可以找到一个更好的实际距离估计。

搜索的效果如何，取决于如何对待解决的问题进行分解和抽象化。一旦问题被抽象和分解后，任何一种搜索方法都可以用来解决这些问题。但是，要识别出有用的抽象和问题分解，并不容易。

3.8.3　动态规划

动态规划是一种一般的优化方法，涉及计算和存储该问题的部分解。已经找到的解决方案可以被检索，而不是重新计算。动态规划算法在整个人工智能和计算机科学中都有应用。

动态规划可以通过构造所涉节点的 cost_to_goal 函数，给出从起始节点到目标的最低代价路径的确切代价，从而在有限图中寻找路径。

设 cost_to_goal(n) 为从节点 n 到目标的最低代价路径的实际代价；cost_to_goal(n) 可以定义为：

$$\text{cost\_to\_goal}(n) = \begin{cases} 0, & \text{如果\_goal}(n)\text{为真} \\ \min_{\langle n,m \rangle \in A}(\text{cost}(\langle n,m \rangle) + \text{cost\_to\_goal}(m)), & \text{其他} \end{cases}$$

一般的想法是为每个节点建立一个 cost_to_goal(n) 值的离线表。这是通过对反向图中的目标节点进行最低代价优先搜索并进行多路径修剪实现的，反向图是指所有弧线反向的图。动态规划算法并不是基于一个目标来搜索，而是记录了每个节点的 cost_to_goal 值。它使用反向图来计算从每个节点到目标的代价，而不是从目标到每个节点的代价。从本质上讲，动态规划的工作原理是从目标出发，从构建图中每个节点到目标的代价最低的路径开始。

例 3.20　对于图 3.2 给出的图，r123 是一个目标，所以

$$\text{cost\_to\_goal}(r123) = 0$$

继续从 r123 进行最低代价优先搜索：

$$\text{cost\_to\_goal}(o123) = 4$$
$$\text{cost\_to\_goal}(o119) = 13$$
$$\text{cost\_to\_goal}(o109) = 29$$
$$\text{cost\_to\_goal}(b4) = 36$$
$$\text{cost\_to\_goal}(b2) = 39$$
$$\text{cost\_to\_goal}(o103) = 41$$
$$\text{cost\_to\_goal}(b3) = 43$$
$$\text{cost\_to\_goal}(b1) = 45$$

在这个阶段，后向搜索停止。注意，如果一个节点没有 cost_to_goal 值，那么从该节点到目标就没有路径。

策略是关于从每个节点上取哪条弧的规范。一个**最优策略**是指遵循该策略的代价不比遵循任何其他策略的代价差。给定一个 cost_to_goal 函数，该函数是离线计算的，一个策略可以按以下方式计算：从节点 n 出发，它应该去到一个最小化 cost($\langle n,m \rangle$) + cost_to_goal(m) 的邻居 m。这个策略将使智能体从任何节点沿着最低代价路径到达目标。

要么所有节点的邻居可以离线记录，并将节点与节点之间的映射提供给智能体进行在线操作；要么将 cost_to_goal 函数交给智能体，并在线计算每个邻居的代价。

动态规划在建立 cost_to_goal 表时所需要的时间和空间与图的大小呈线性关系。一旦建立了 cost_to_goal 函数后，即使策略没有被记录下来，确定哪条弧是最优的时间只

取决于该节点的邻居数。

例 3.21   给定例 3.20 中到达 r123 的 cost_to_goal 值，如果智能体在 o103 处，它比较了 4+43(经过 b3 的代价)和 12+29(直达 o109 的代价)，就可以决定下一步去 o109。它不需要考虑去 ts，因为它知道从 ts 到 r123 没有路径。

动态规划的优点是它规定了每个节点要做什么，所以可以给定一个目标，用于任何起始位置。

例 3.22   在路线规划中(见例 3.1)，我们可能也希望找到一个稳健的解决方案，当用户(有意或无意地)偏离最佳路线时，可以通过快速调整来实现动态的在线重新规划。它应该能够根据用户的当前位置和驾驶方向给出最佳路线。

在有已知目标和初始起始位置但智能体可能偏离最佳路径的情况下，甚至可以将 A* 调整为动态编程。一种方法是在反向图中，从目的地到当前位置进行 A* 搜索(多路径修剪)。当用户偏离最佳路径时，往往已经探索到至目标的其他路径，或者可以生成从当前位置出发的路径。

动态规划可以用来构造启发式函数，它可以用于 A* 和分支定界搜索。构建启发式函数的一种方法是简化问题(例如，省略一些细节)，直到简化后的问题足够小。动态编程可以用来在简化问题中找到通往目标的最优路径的代价。这些信息形成一个**模式数据库**，然后可以作为原始问题的启发式。

动态规划是有用的，当：
- 目标节点是显式的(以前的方法只假设有一个识别目标节点的函数)。
- 需要一条代价最低的路径。
- 图是有限的，并且足够小，能够存储每个节点的 cost_to_goal 值。
- 目标不会经常改变。
- 该策略对每个目标使用了若干次，这样，产生目标值的代价可以在问题的许多实例中分摊。

动态规划的主要问题是：
- 只有当图是有限的，并且表可以做得足够小，可以放入内存中时，动态规划才会发挥作用。
- 智能体必须为每个不同的目标重新计算一个策略。
- 所需的时间和空间与图的大小呈线性关系，其中有限图的大小一般是路径长度的指数。

A* 算法的最优性

如果没有其他搜索算法使用较少的时间或空间，或扩展较少的路径，且仍能保证解的质量，则该搜索算法是**最优的**。最佳的搜索算法将是在每次选择时都能选择正确的节点。然而，这种规范并不有效，因为我们无法直接实现它。这样的算法是否可能，与 $P \neq NP$ 有关。似乎有一种说法是可以证明的。

A* 的最优性：在只使用弧形代价和一致启发式的搜索算法中，没有一种算法比 A* 扩展的路径更少，并且保证找到最低代价的路径。

证明概要：只考虑到弧代价信息和启发式信息，除非算法对每条路径 p 进行了扩展，其中 $f(p)$ 小于最优路径的代价，否则算法不知道 p 是否找到了一条代价较低的路径。更正式地说，假设一个算法 A' 找到了一个问题 P 的路径，其中有一些路径 p 没有展开，这样 $f(p)$ 小于找到的解。假设有另一个问题 P'，该问题与 P 相同，只是真的有一条路径通过 p，有代价 $f(p)$。算法 A' 不能将 P' 与 P 区分开来，因为它没有展开路径 p，所以它所报告的 P' 的解与 P 的解相同，但所找到的 P 的解不会是 P' 的最优解，因为所找到的解的代价比通过 p 的路径高，因此，算法不能保证找到代价最低的路径，除非它探索了所有的路径，其 f 值小于最优路径的值；也就是说，它必须探索 A^* 搜索的所有路径。

反例：虽然这个证明似乎是合理的，但有一些算法探索的节点较少。考虑一个算法，做一个类似于前向 A^* 搜索和后向动态编程搜索的算法，其中步骤以某种方式交错进行（例如，通过前向步骤和后向步骤交替进行）。后向搜索建立了一个从 n 到目标的实际发现的 cost_to_goal(n) 值的表，并保持一个边界 b，在这个边界中，它已经探索了所有代价小于 b 的到目标的路径。前向搜索使用的是 cost(p)$+c(n)$ 的优先级队列，其中 n 是路径 p 末端的节点，如果已经计算过，$c(n)$ 就是 cost_to_goal(n)；否则，$c(n)$ 就是 max($h(n)$, b)。直觉上，如果从路径 p 的末端到目标节点存在一条路径，则要么使用已经被后向搜索发现的路径，要么使用代价至少为 b 的路径，这种算法可以保证找到一条代价最低的路径，而且往往比 A^* 展开的路径要少（见练习 3.11）。

结论：有一个反例似乎意味着 A^* 的最优性是假的。然而，这个证明有一定的吸引力，不应该被彻底否定。在所有算法的类中，A^* 并不是最优的，但对于只做前向搜索的算法类（有与平局相关的条件），该证明是正确的。Lakatos[1976] 讨论了证明与反驳的共同点。Dechter 和 Pearl[1985] 对 A^* 最优时的条件给出了详细的分析。

3.9　回顾

以下是本章的主要内容：
- 很多问题都可以抽象为在图中寻找路径的问题。
- 广度优先搜索和深度优先搜索可以在图中找到路径，而不需要图以外的任何额外知识。
- A^* 搜索可以使用一个估计从节点到目标的代价的启发式函数。如果图不是路径性的（见命题 3.2），并且启发式是可接受的，那么 A^* 可以保证找到一条通向目标的最低代价路径（如果有的话）。
- 多路径修剪和环修剪可以使搜索效率更高。
- 迭代深化和深度优先的分支定界搜索可以用来寻找代价最低的路径，比起存储多路径的方法，如 A^* 等方法，可以用更少的内存找到代价最低的路径。
- 当图足够小到可以存储节点时，动态规划记录了从每个节点到目标的最低代价路径的实际代价，可以用来寻找最优路径中的下一条弧。

3.10   参考文献和进一步阅读

关于运筹学、计算机科学和人工智能中的搜索技术，有大量的文献。搜索很早就被视为人工智能的基础之一。人工智能文献强调在搜索中使用启发式搜索技术。

基本的搜索算法在 Nilsson[1971] 中讨论。关于启发式搜索的详细分析见 Pearl[1984]。A* 算法是由 Hart 等人[1968]提出的。Dechter 和 Pearl[1985]研究了 A* 的优化性。广度优先搜索是由 Moore[1959]发明的。最低代价优先搜索与多路径剪枝法被称为 Dijkstra 算法[Dijkstra，1959]。Korf[1985]描述了深度优先迭代深化法。运筹学界提出了分支定界搜索，Lawler 和 Wood[1966]对其进行了描述。

动态规划是一种通用算法，在本书的其他部分将作为搜索算法的对偶来使用。关于动态规划算法的一般类的详细内容，请参见 Cormen 等[2001]。

Culberson 和 Schaeffer[1998]提出了使用模式数据库作为 A* 搜索的启发式来源的想法，Felner 等[2004]进一步发展了这种想法。Minsky[1961]讨论了孤岛和问题归约。

3.11   练习

3.1   对下面这句话进行评论。"人工智能的主要目标之一，应该是建立适用于任何图搜索问题的一般启发式算法。"

3.2   在路径寻找过程中，哪种路径寻找过程是公平的，即在边界上的任何元素最终都会被选择？对于无环的有限图、有环的有限图和无限图(有有限分支系数)，我们可以考虑这个问题。

3.3   考虑在图 3.14 所示的网格中寻找一条从位置 *s* 到位置 *g* 的路径问题。不允许步入禁止的黑色区域。

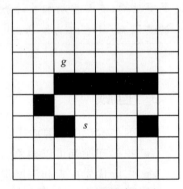

(a) 在图 3.14 所示的网格上，给出从 *s* 到 *g* 的深度优先搜索的节点编号(按顺序)，考虑到操作的顺序是上、左、右、下。假设有环修剪。找到的第一条路径是什么？

(b) 在同一网格的副本上，按顺序对从 *s* 到 *g* 的贪婪的最佳优先搜索的节点进行编号。两点之间的曼哈顿距离是 *x* 方向上的距离加上 *y* 方向上的距离。它对应于沿城市街道在网格中穿行的距离。假设使用多路径修剪。找到的第一条路径是什么？

图 3.14   网格搜索问题

(c) 在同一网格的副本上，给定曼哈顿距离作为评估函数，按顺序对从 *s* 到 *g* 的深度优先搜索的节点进行编号。假设使用环修剪。所发现的路径是什么？

(d) 使用对同一网格进行多路径修剪的 A* 搜索，按顺序给节点编号。所发现的路径是什么？

(e) 展示如何使用动态规划解决同一问题。给出每个节点的 cost_to_goal 值，并说明找到了哪条路径。

(f) 根据这一经验，讨论哪种算法最适合这个问题。

(g) 假设网格向各个方向无限延伸。也就是说，没有边界，但 *s*、*g* 和各块相对于彼此的位置是相同的。哪种方法将不再能找到路径？哪种方法会是最好的方法，为什么？

3.4   本题考查的是利用图搜索来设计视频演示。假设有一个视频片段的数据库，并将其长度(以秒为单位)和所涉及的主题设置如下。

片段	长度	覆盖的主题
seg0	10	[welcome]
seg1	30	[skiing, views]
seg2	50	[welcome, artificial_intelligence, robots]
seg3	40	[graphics, dragons]
seg4	50	[skiing, robots]

将一个节点表示为如下的对，

$$\langle To\_Cover, Segs \rangle$$

其中，Segs 是一个必须出现在演示文稿中的片段列表，To_Cover 是一个也必须涵盖的主题列表。假设 Segs 的片段中没有一个包含 To_Cover 中的主题。

节点的邻居是通过首先从 To_Cover 中选择一个主题获得的。每个片段都有一个覆盖所选主题的邻居。[这个练习的部分内容是思考这些邻居的确切结构。]

例如，给定片段的上述数据库中，假设选择了 welcome，则节点⟨[welcome, robots], []⟩的邻居是⟨[], [seg2]⟩和⟨[robots], [seg0]⟩。

因此，每条弧正好增加一个片段，但可以覆盖一个或多个主题。假设弧的代价等于所增加的片段的时间。

目标是设计一个涵盖 MustCover 中所有主题的视频演示。起始节点为⟨MustCover, []⟩，目标节点的形式为⟨[], Presentation⟩。从起始节点到目标节点的路径代价就是视频演示的时间。因此，一个最优的视频演示是一个最短的视频演示，它涵盖了 MustCover 中的所有主题。

(a) 假设目标是覆盖主题[welcome, skiing, robots]，算法总是选择最左边的主题来寻找每个节点的邻居。画出展开的搜索空间，进行最低代价优先搜索，直到找到第一个解为止。应该显示展开所有的节点，指出哪个节点是目标节点，以及找到目标时的边界。

(b) 给出一个可接受的非平凡的启发式函数 h。[注意，对于所有 n 来说，$h(n)=0$ 是平凡的启发式函数。]它是否满足启发式函数的单调约束？

3.5 画出两个不同的图，表示起始节点和目标节点，其中一个图中的前向搜索比较好，另一个图中的后向搜索比较好。

3.6 A^* 算法没有定义当边界上的多个元素有相同的 f 值时，会发生什么。通过先猜测哪种算法的效果更好，然后在一些例子中进行测试，来比较以下的打破平局约定。在一些有多条最优路径的例子中尝试一下，当有多条最优路径通向一个目标时(比如找到一条从矩形网格的一个角到远角的路径)。在边界上具有相同最小 f 值的路径中，选择一条：

i. 均匀随机性
ii. 界最长
iii. 最近加入边界
iv. h 值最小
v. 代价最低

当代价值和 h 值相等时，后两者可能需要其他的破局约定。

3.7 如果启发式函数不被接受，但仍为非负值，会怎样？如果启发式函数如下，A^* 找到的路径是什么？

(a) 小于最低代价路径的 $1+\varepsilon$ 倍(例如，比最低代价路径的代价高 10%以下)。

(b) 不高于最低代价路径加上 δ(例如，小于 10 个单位加上最优路径的代价)。

提出一个假设，指出会发生什么变化，并通过经验验证或证明你的假设。如果采用或不采用多路径修剪，它是否会改变？

用这两种方式中的任何一种，放松启发式是否能提高效率？试试 A^* 搜索，其中启发式被乘以 $1+$

ε，或者在启发式中加入一个代价 δ，对一些图进行搜索。比较一下，当 ε 或 δ 取不同值时，这些所花费的时间（或扩展的节点数）和找到的解的情况。

3.8 如何修改深度优先的分支定界算法，以找到一条代价不大于某一值（例如，比最低代价路径大 10% 的值）的路径。这个算法与上一题中的 A^* 相比，有什么不同？

3.9 当 $b \approx 1$ 时，式 (3.1) 分母上的 $b-1$ 的迭代深化的开销不是一个很好的近似值。当 $b \approx 1$ 时，请给出迭代深化复杂度的更好的估计值。（提示：想想当 $b=1$ 时的情况。）这与此类图的 A^* 相比如何？提出一种方法，当分支系数接近 1 时，迭代深化可以有较低的开销。

3.10 双向搜索必须能够确定边界相交的时间。对于以下每一对搜索，请指定如何确定边界相交的时间。

(a) 广度优先搜索和深度有限的深度优先搜索。

(b) 迭代深化搜索和深度有限的深度优先搜索。

(c) A^* 和深度有限的深度优先搜索。

(d) A^* 和 A^*。

3.11 考虑 "A^* 算法的最优性" 部分反例中的算法草图。

(a) 该算法何时可以停止？（提示：不一定要等到前向搜索找到通往目标的路径时才停止。）

(b) 应该保留哪些数据结构？

(c) 说明算法的全部内容。

(d) 说明它找到了最佳路径。

(e) 举出一个例子，说明它展开的节点数比 A^* 少（很多）。

3.12 给出一个关于 A^* 的最优性的陈述，说明 A^* 是最优化的一类算法。给出形式上的证明。

3.13 图 3.12 的深度优先的分支定界就像深度有限搜索一样，只有当存在一个代价小于 bound 的解时，它才会找到一个解。请看一下如何与迭代深化搜索相结合，在没有特定深度限制的解时，如何增加深度限制。该算法在有限图中，如果没有解，则必须返回有限图中的 $\perp$。该算法应允许任意增加深度，当有解时，仍可返回最优（最低代价）解。

约束推理

> 每项任务都包含约束，无怨无悔地解决问题；有一些神奇的链接和链条可以解开我们僵硬的大脑。结构、限制，虽然它们会束缚，但是不可思议地解放了思想。
>
> ——James Falen

与其用状态来进行显式推理，不如用**特征**来描述状态，并用这些特征进行推理。使用**变量**描述特征。通常，特征不是独立的，并且存在**硬约束**来指定变量赋值的合法组合。正如 Falen 优雅的诗所强调的，大脑发现并利用约束来解决任务。在计划和调度时，智能体为每个操作分配一个时间。这些分配必须满足可以执行的按序操作的约束和指定操作实现目标的约束。对赋值的首选项是根据**软约束**指定的。本章将展示如何生成满足硬约束和优化软约束的赋值。

4.1 可能世界、变量和约束

4.1.1 变量和世界

约束满足问题（Constraint Satisfaction Problem，CSP）是用变量和可能世界来描述的。**可能世界**（possible world）是指世界（现实世界或想象世界）可能存在的一种方式。

可能世界由代数变量来描述。**代数变量**是用来表示可能世界的特征的符号。在本章中，我们将代数变量简单地称为**变量**。代数变量以大写字母开头。每个代数变量 X 都有一个相关的**域**，记为 $\mathrm{dom}(X)$，它是变量可以取的值的集合。

离散变量是指其域是有限的或可数无限的。**二元变量**是指在其域内有两个值的离散变量。二元变量的一个特殊情况是**布尔变量**，它是一个具有域{true，false}的变量。我们也可以有非离散的变量，例如，域对应于实线或实线的一个区间的变量就是**连续变量**。

给定一组变量，对该组变量的**赋值**就是从变量到变量的域的函数。我们把对{X_1，X_2，$\cdots$，X_k}的赋值写成{$X_1=v_1$，$X_2=v_2$，$\cdots$，$X_k=v_k$}，其中 v_i 在 $\mathrm{dom}(X_i)$ 中。这个赋值规定，对于每个 i，变量 X_i 被赋值为 v_i。在一个赋值中，一个变量只能被赋一个值。**总赋值**是对所有的变量进行赋值。赋值不一定是总赋值，可以是部分赋值。

一个**可能世界**被定义为一个总赋值。也就是说，它是一个从变量到值的函数，给每个变量赋值。如果世界 w 是赋值{$X_1=v_1$，$X_2=v_2$，$\cdots$，$X_k=v_k$}，我们说变量 X_i 在世界 w 中的值为 v_i。

例 4.1 变量 Class_time 可以表示一个特定课的开始时间。Class_time 的域可以是以下一组可能的时间：

$$\mathrm{dom}(\text{Class\_time})=\{8，9，10，11，12，1，2，3，4，5\}$$

变量 Height_joe 可以指的是某个人在某一特定时间的身高，其域是一组实数，在一定的范围内,以厘米为单位表示身高。Raining 可以是一个随机变量,其域为{true,false},如果在某一特定时间下雨,其值为 true。

赋值{Class_time=11,Height_joe=165,Raining=false}指明了 11 点开始上课,Joe 身高 165cm,没有下雨。

例 4.2   在图 1.8 的电气环境中,每个开关的位置可能有一个变量,用于指定开关是向上还是向下。对于每一个灯,可能有一个变量来指定它是否点亮。对于每个元件可能有一个变量,指定它是否正常工作或是否损坏。下面的例子中使用的一些变量包括:

- S_1_pos 是一个二元变量,表示开关 s_1 的位置,取值域为{up, down},其中 S_1_pos=up 表示开关 s_1 在上,S_1_pos=down 表示开关 s_1 在下。
- S_1_st 是一个离散变量,表示开关 s_1 的状态,域为{ok, upside_down, short, intermittent,broken},其中 S_1_st=ok 表示开关 s_1 工作正常,S_1_st=upside_down 表示倒装,S_1_st=short 表示短路,无论向上或向下都允许通电,S_1_st=intermittent 表示间歇性工作,S_1_st=broken 表示断电,不允许通电。
- Number_of_broken_switches 是一个整数变量,表示被破坏的开关数量。
- $Current\_w_1$ 是一个实值变量,表示流经导线 w_1 的电流,单位为安培。$Current\_w_1$=1.3 表示有 1.3 安培的电流流过导线 w_1。我们还允许变量和常数之间的不等式;例如,当至少有 1.3 安培的电流流过 w_1 线时,$Current\_w_1 \geqslant 1.3$ 为真。

一个世界规定了每个开关的位置、每个设备的状态等。例如,一个世界可以描述为开关 1 在上,开关 2 在下,保险丝 1 没问题,导线 3 断了,等等。

符号和语义学

代数变量是符号。

在计算机内部,一个**符号**只是一串位,它与其他符号有区别。有些符号有固定的解释,例如,表示数字的符号和表示字符的符号,这些在大多数计算机语言中都是预先定义的。在许多编程语言中,具有程序外的意义(相对于程序中的变量),但在语言中没有被预定义的符号,可以在许多编程语言中定义。在 Java 中,它们被称为**枚举类型**。Lisp 把它们称为**原子类型**。Python 3.4 引入了一种称为 enum 的符号类型,但 Python 的字符串经常被用作符号。通常情况下,符号作为索引,实现到一个符号表中的索引,该表给出了要打印出来的名称。对这些符号执行的唯一操作是"等于",以确定两个符号是否相同。这可以通过比较符号表中的索引来实现。

对于计算机**用户**来说,符号是有意义的。一个输入约束或解释程序输出的人,会把意义与构成约束或输出的符号联系起来。他将一个符号与世界上的某些概念或对象联系起来。例如,变量 SamsHeight,对计算机来说,只是一个位序列。它与 SamsWeight 或 AlsHeight 没有任何关系。对于一个人来说,这个变量可能指的是某一个人在某一特定时间的身高,以特定的单位来表示。

与变量-值对相关联的意义必须满足**明确性原则**:一个全知全能的智能体(一个虚构的智能体,它知道所有符号的真相和与所有符号相关联的意义)应该能够确定每个变量的值。例如,**海格的身高**只有在指定了特定的人和特定的时间以及单位的情况下,

才能满足明确性原则。例如，在第二部《哈利·波特》电影开始时，人们可能想推理出
海格的身高，单位是厘米。这与第三部电影结束时海格的身高(以英寸为单位)是不同
的(当然，它们是有关系的)。要参考海格在两个不同时期的身高，你需要两个变量。

对于你使用的任何符号，你应该有一个一致的含义。在陈述约束时，对于相同的
变量和相同的值，你必须有相同的含义，你可以用这个含义来解释输出。

底线是，符号之所以有意义，是因为你赋予了符号的意义。在本章中，假设计算
机不知道符号的含义。如果计算机能感知和操纵环境，就能知道符号的含义。

例 4.3　约束满足问题的一个典型例子是填字游戏。填字游戏有两种不同的变量表
示方式：

- 在一种表示方式中，变量是带着词的方向(横或纵)的数字方块，而域是可能使用
  的单词的集合。例如，one_across 可以是一个变量，其取值域为{'ant'、'big'、
  'bus'、'car'、'has'}。一个可能的世界对应于给每个变量赋予一个单词。
- 在填字游戏的另一种表示方式中，变量是单个方格，每个变量的域是字母表中的
  字母集。例如，左上角的方格可以是一个变量 $p00$，其域为{a，…，z}。一个可
  能的世界对应于给每个方格分配一个字母。

例 4.4　一个交易智能体在为一群游客计划旅行时，可能需要安排一组活动。每项
活动可能有两个变量：一个是日期变量，其取值域是活动的可能日期的集合；一个是地
点变量，其取值域是活动可能发生的城镇的集合。一个可能的世界对应于每个活动的日
期和城镇的赋值。

另一种表示方式可以用天数作为变量，域是可能的活动-地点对的集合。

世界的数量是变量域中的域的取值数量的乘积。

例 4.5　如果有两个变量，A 的取值域{0，1，2}，B 的取值域{true，false}，则
有六个可能的世界，我们将其命名为 w_0，…，w_5，如下所示：

- $w_0 = \{A=0，B=\text{true}\}$
- $w_1 = \{A=0，B=\text{false}\}$
- $w_2 = \{A=1，B=\text{true}\}$
- $w_3 = \{A=1，B=\text{false}\}$
- $w_4 = \{A=2，B=\text{true}\}$
- $w_5 = \{A=2，B=\text{false}\}$

如果有 n 个变量，每个变量的域大小为 d，则有 d^n 个可能的世界。

用变量来推理的一个主要优点是节省了计算量。许多世界可以用几个变量来描述。

- 10 个二元变量可以描述 $2^{10} = 1024$ 个世界。
- 20 个二元变量可以描述 $2^{20} = 1\,048\,576$ 个世界。
- 30 个二元变量可以描述 $2^{30} = 1\,073\,741\,824$ 个世界。
- 100 个二元变量可以描述 $2^{100} = 1\,267\,650\,600\,228\,229\,401\,496\,703\,205\,376$ 个世界。

用三十个变量来推理，可能比用十几亿个世界来推理要容易得多。一百个变量不算
多，但明确地用多于 2^{100} 个世界进行推理是不可能的。许多现实世界的问题都有数千个，
甚至数百万个变量。

4.1.2　约束

在许多领域中，并非所有可能的变量值赋值都是允许的。**硬约束**（或者简单的**约束**）指定了对某些变量的赋值的合法组合。

一个**作用域**里有一组变量。作用域 S 上的一个**关系**是一个从 S 到{true, false}的赋值的函数。也就是说，它指定了每个赋值是真还是假。一个**约束** c 是一个作用域 S 以及 S 上的一个关系，一个约束**涉及**它的作用域中的每一个变量。

一个约束可以对任何扩展其范围的赋值进行评估。考虑一下 S 上的约束 c。如果 $S\subseteq S'$，作用域 S' 上的赋值 A 如果在 S 范围内，则赋值 A **满足**约束 c，则通过关系将其映射为 true。否则，赋值 A **违反**了约束 c。

如果对于每一个约束条件，在 w 中赋值给约束作用范围内的变量的值都满足约束条件，则可能世界 w **满足**一组约束条件。在这种情况下，我们说可能世界是约束的**模型**。也就是说，一个**模型**是一个满足所有约束条件的可能世界。

约束可以通过其**内涵**（即用公式的形式）来定义，也可以通过其**外延**（即列出所有的赋值都是真的情况）来定义。像关系型数据库中那样，通过外延定义的约束可以看作合法赋值的关系。

一元约束是对单个变量的约束（例如，$B\leqslant3$）。**二元约束**是对一对变量的约束（例如，$A\leqslant B$）。一般来说，一个 k 元约束的范围为 k，例如，$A+B=C$ 是一个三元约束。

例 4.6　假设一个机器人需要为一个制造过程安排一组活动，包括铸造、铣削、钻孔和螺栓连接。每个活动都有一组可能开始的时间。机器人必须满足由前提要求和资源使用限制所产生的各种约束。对于每个活动都有一个变量，代表它开始的时间。例如，它可以用 D 代表钻孔的开始时间，B 代表螺栓连接的开始时间，C 代表铸造的开始时间。有的约束是钻孔必须先于螺栓连接开始，这就转化为约束 $D<B$，如果铸造和钻孔不能同时开始，则对应约束 $C\neq D$。如果螺栓连接必须在铸造开始后 3 个时间单位开始，则对应于约束 $B=C+3$。

例 4.7　考虑对三个活动的可能日期的约束。令 A、B 和 C 是代表每个活动的日期的变量。假设每个变量的域是{1, 2, 3, 4}。

范围{A, B, C}的约束可以用其内涵来描述，使用一个逻辑公式来指定合法赋值，如

$$(A\leqslant B)\wedge(B<3)\wedge(B<C)\wedge\neg(A=B\wedge C\leqslant3)$$

其中 $\wedge$ 表示"与"，$\neg$ 表示"非"。这个公式说 A 与 B 在同一天或 A 比 B 早，而 B 在 3 号之前，B 在 C 之前，不可能是 A 和 B 在同一天且 C 在 3 号或之前。

相反，这个约束可以让它的关系定义它的**外延**，作为一个指定合法赋值的表：

A	B	C
2	2	4
1	1	4
1	2	3
1	2	4

第一个赋值是{$A=2$, $B=2$, $C=4$}，它将 A 赋值为 2，B 赋值为 2，C 赋值为 4。变量

的合法赋值有四个。

赋值{$A=1$，$B=2$，$C=3$，$D=3$，$E=1$}满足这个约束，因为该赋值在关系的范围内，即{$A=1$，$B=2$，$C=3$}，所以它是表中的合法赋值之一。

例 4.8 考虑例 4.3 的填字游戏的两个表示方式的约束条件：

- 对于域为单词的情况，其约束条件是，一对单词相交的字母必须相同。
- 对于域为字母的情况，其约束条件是，每一个连续的字母序列必须构成一个合法的单词。

4.1.3 约束满足问题

一个**约束满足问题**(CSP)由以下几个部分组成：

- 一组变量。
- 每个变量的取值域。
- 一系列的约束。

一个有限的 CSP 有一个有限的变量集和每个变量的有限域。本章中考虑的一些方法只适用于有限 CSP，尽管有些方法是为无限域，甚至是连续域设计的。

例 4.9 假设送货机器人必须执行一系列的送货活动，即 a、b、c、d 和 e。假设每个活动发生在 1、2、3 或 4 的任意时间。让 A 是代表活动 a 将发生的时间的变量，其他活动也是如此。变量域(代表每一个送货的可能时间)是

dom(A)={1, 2, 3, 4}，dom(B)={1, 2, 3, 4}，dom(C)={1, 2, 3, 4}，
dom(D)={1, 2, 3, 4}，dom(E)={1, 2, 3, 4}

假设必须满足以下约束条件：

$$\{(B\neq 3)，(C\neq 2)，(A\neq B)，(B\neq C)，(C<D)，(A=D)，$$
$$(E<A)，(E<B)，(E<C)，(E<D)，(B\neq D)\}$$

对你来说，尝试为这个例子找到一个模型是有指导意义的；尝试给每个变量分配一个满足这些约束的值。

给定一个 CSP，一些任务是有用的：

- 判断是否有模型。
- 找出一个模型。
- 数出模型的数量。
- 枚举所有的模型。
- 给定一个衡量模型的好坏的标准，找出一个最佳模型。
- 判断某些语句是否在所有模型中都成立。

在 CSP 的多维度方面，每个变量都是一个独立的维度，这使得这些任务难以解决，但也提供了可以利用的结构。

本章主要考虑的是找出一个模型的问题。有些方法也可以确定是否存在模型，也可以适用于寻找所有的模型。可能更令人惊讶的是，有些方法可以找到一个模型，如果存在一个模型就可以找到，但如果不存在一个模型，却不能确定没有模型。

CSP 是非常常见的问题，因此值得尝试寻找相对有效的方法来解决它们。确定一个有限域的 CSP 是否存在一个模型的问题是 NP 完备的，目前还没有已知的算法，在最坏

的情况下，不使用指数级时间复杂度就能解决这类问题。然而，不能因为一个问题是 NP 完备的，就意味着所有的实例都很难解决。许多实例都有结构可以利用。

4.2   生成和测试算法

一个有限的 CSP 可以通过穷举式的生成和测试算法来解决。**赋值空间** D 是总赋值的集合。该算法返回一个模型或所有模型。

找到一个模型的**生成和测试**算法如下所示：依次检查每个总赋值；如果找到一个满足所有约束条件的赋值，则返回该赋值。找出所有模型的生成和测试算法原理相同，只是它不返回第一个找到的模型，而是保存所有找到的模型。

例 4.10   在例 4.9 中，赋值空间是

$$D = \{\{A=1, B=1, C=1, D=1, E=1\},$$
$$\{A=1, B=1, C=1, D=1, E=2\}, \cdots,$$
$$\{A=4, B=4, C=4, D=4, E=4\}\}$$

在这种情况下，有 $|D| = 4^5 = 1024$ 个不同的任务需要测试。如果有 15 个变量，而不是 5 个，那么就有 4^{15} 个（也就是 10 亿个）任务需要测试。这个方法对 30 个变量不可能奏效。

如果 n 个变量域中的每个变量域的大小为 d，那么 D 有 d^n 个元素。如果有 e 个约束，那么被测试的约束总数为 $O(ed^n)$。当 n 变得很大时，这很快就会变得难以解决，所以我们必须寻找其他的求解方法。

4.3   使用搜索求解 CSP

生成和测试算法在检查约束条件之前给所有变量赋值。因为单个约束只涉及变量的一个子集，所以在所有的变量都被赋值之前，可以对一些约束进行测试。如果部分赋值与约束不一致，那么任何扩展了部分赋值的总赋值也会不一致。

例 4.11   在例 4.9 的送货调度问题中，无论其他变量的值如何，分配 $A=1$ 和 $B=1$ 都与约束 $A \neq B$ 不一致。如果先对变量 A 和 B 进行赋值，则可以在对 C、D、E 进行任何赋值之前发现这种不一致，从而节省了大量的工作。

除了生成和测试算法之外，还有一个替代方法，就是构造一个搜索空间，供上一章的搜索策略使用。所要搜索的图的定义如下：

- 节点是对变量的某些子集的赋值。
- 节点 n 的邻居是通过选择一个没有在节点 n 中赋值的变量 Y，并且通过给 Y 分配一个不违反任何约束的值来获得的。

假设节点 n 是赋值 $\{X_1 = v_1, \cdots, X_k = v_k\}$。为了找到 n 的邻居，选择一个不在集合 $\{X_1, \cdots, X_k\}$ 中的一个变量 Y。对于每个值 $y_i \in \text{dom}(Y)$，其中 $X_1 = v_1, \cdots, X_k = v_k, Y = y_i$ 与约束条件一致，则节点 $\{X_1 = v_1, \cdots, X_k = v_k, Y = y_i\}$ 是 n 的邻居。

- 起始节点是不给任何变量赋值的空赋值。
- 目标节点是一个给每个变量赋值的节点。注意，只有当赋值与所有约束条件一致时，才会存在。

在这种情况下，人们关心的不是从起点节点开始的路径，而是目标节点。

例 4.12 假设你有一个非常简单的 CSP，对于变量 A、B 和 C，每个变量都有域 $\{1、2、3、4\}$。假设约束是 $A<B$，$B<C$。可能的搜索树如图 4.1 所示。在这个图中，一个节点对应于从根到该节点的所有赋值。因为违反约束而被修剪的潜在节点用✘标记。

最左边的✘对应于赋值 $A=1$，$B=1$。这就违反了 $A<B$ 的约束，所以被修剪了。

这个 CSP 有四种方案。最左边的一个是 $A=1$，$B=2$，$C=3$。搜索树的大小以及算法的效率取决于每次选择哪一个变量。静态排序，例如总是先分 A 再分 B 再分 C，通常比这里使用的动态排序效率低，但找到最佳的动态排序可能比找到最佳的静态排序更难。无论采用何种变量排序，答案的集合都是一样的。

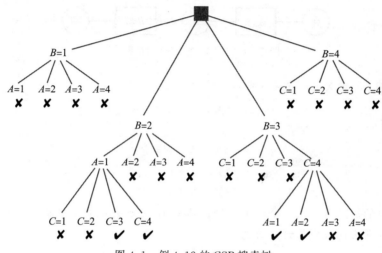

图 4.1　例 4.12 的 CSP 搜索树

在生成和测试算法中，共测试了 $4^3=64$ 项任务。就搜索方法而言，共生成了 8 项总赋值，还有 16 项其他部分赋值（且被测试了一致性）。

用深度优先搜索来搜索这棵树，通常称为回溯，比起生成和测试，其效率要高得多。生成和测试相当于在到达树叶之前不检查约束。在树的更高处检查约束，可以修剪那些不需要搜索的大的子树。

4.4　一致性算法

虽然在赋值的搜索空间中，深度优先搜索通常比生成和测试算法有很大的进步，但它仍然有各种低效的地方可以克服。

例 4.13 在例 4.12 中，变量 A 和 B 是由约束 $A<B$ 而关联的。$A=4$ 的赋值与 B 的每一个可能的赋值不一致，因为 $\mathrm{dom}(B)=\{1,2,3,4\}$。在回溯搜索的过程中（见图 4.1），这个事实在对 B 和 C 的不同赋值中被重新发现。这种低效率可以通过从 $\mathrm{dom}(A)$ 中删除 4 这一简单的权宜之计来避免。这个想法是一致性算法的基础。

一致性算法最好被认为是在 CSP 形成的约束网络上运行：
- 每个变量都有一个节点。这些节点被画成圆或椭圆。
- 每个约束都有一个节点。这些节点被画成矩形。

- 与每个变量 X 相关联的是一个可能的值集 D_X。这组值最初是该变量的域。
- 对于每一个约束 c，并且对于 c 的范围内的每一个变量 X，都有一条弧 $\langle X, c \rangle$。

这样的网络被称为**约束网络**。

例 4.14 考虑例 4.12。有三个变量 A、B 和 C，每个变量都有域 $\{1, 2, 3, 4\}$。其约束条件是 $A < B$，$B < C$。在图 4.2 所示的约束网络中，有四条弧。

$$\langle A, A < B \rangle$$
$$\langle B, A < B \rangle$$
$$\langle B, B < C \rangle$$
$$\langle C, B < C \rangle$$

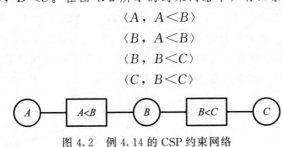

图 4.2 例 4.14 的 CSP 约束网络

例 4.15 约束 $X = 4$ 有一条弧：

$$\langle X, X \neq 4 \rangle$$

约束 $X + Y = Z$ 有三条弧：

$$\langle X, X + Y = Z \rangle$$
$$\langle Y, X + Y = Z \rangle$$
$$\langle Z, X + Y = Z \rangle$$

在最简单的情况下，当一个约束的范围内只有一个变量时，如果该变量的每个值都满足该约束，那么这条弧是**域一致的**。

例 4.16 约束 $B \neq 3$ 有值域 $\{B\}$。在这个约束下，在 $D_B = \{1, 2, 3, 4\}$ 的情况下，弧 $\langle B, B \neq 3 \rangle$ 不是域一致的，因为 $B = 3$ 违反了约束。如果从 B 的域中去掉值 3，那么它将是域一致的。

假设约束 c 有值域 $\{X, Y_1, \cdots, Y_k\}$，如果对于每个值 $x \in D_X$，有值 $y_1, \cdots, y_k$，其中 $y_i \in D_{Y_i}$，满足 $c(X = x, Y_1 = y_1, \cdots, Y_k = y_k)$，则弧 $\langle X, c \rangle$ 是弧一致的。如果一个网络的所有弧一致，则该网络是弧一致的。

例 4.17 考虑图 4.2 所示的例 4.14 的网络。没有一条弧是一致的。第一条弧不符合，因为当 $A = 4$ 时，$A < B$ 时，没有对应的 B 的值。如果把 4 从 A 的域中去掉，那么它是弧一致的。第二条弧不符合，因为当 $B = 1$ 时，A 没有对应的值。

如果一条弧 $\langle X, c \rangle$ 是不一致的，则有 X 的一些值，没有对应的 $Y_1, \cdots, Y_k$ 使得约束成立。在这种情况下，可以从 D_X 中删除所有与其他变量没有相应的 X 的值，以使弧一致。当一个值从一个域中删除时，可能会使之前一致的其他一些弧不再一致。

广义的弧一致性(Generalized Arc Consistency，GAC)算法如图 4.3 所示。它通过考虑一个潜在的不一致的弧集 to_do，使整个网络弧一致。to_do 集合最初由图中所有的弧组成。当该集不是空的时候，从该集中删除一条弧 $\langle X, c \rangle$ 并考虑。如果该弧不一致，则通过修剪变量 X 的域使其成为弧一致。所有之前由于修剪 X 而变得不一致的弧都会被放回 to_do 集合中。这些是弧 $\langle Z, c' \rangle$，其中 c' 是与 c 不同的约束，涉及 X，且 Z 是约束 c 不涉及的变量。

```
1: procedure GAC(⟨Vs，dom，Cs⟩)
2:                    ▷返回 CSP⟨Vs，dom，Cs⟩的弧一致域
3:     return GAC2(⟨Vs，dom，Cs⟩，{⟨X，c⟩│c∈Cs and X∈scope(c)})
4: procedure GAC2(⟨Vs，dom，Cs⟩，to_do)
5:     while to_do≠{} do
6:        从 to_do 中 select 并 remove⟨X，c⟩
7:        令{Y_1，⋯，Y_k}=scope(c) \ {X}
8:        ND := {x│x∈dom[X]且存在 y_1∈dom[Y_1]⋯y_k∈dom[Y_k]使得 c(X=x，Y_1=y_1，⋯，Y_k=y_k)}
9:        if ND≠dom[X] then
10:           to_do := to_do⋃{⟨Z，c'⟩│{X，Z}⊆scope(c')，c'≠c，Z≠X}
11:           dom[X] := ND
12:     return dom
```

图 4.3 广义弧一致性算法

例 4.18 考虑在例 4.14 中的网络上运行的 GAC 算法，约束 $A<B$，$B<C$。下面是一个可能的弧选择顺序。

- 假设该算法首先选择弧⟨A，A<B⟩。对于 $A=4$，没有满足约束条件的 B 值。因此，从 A 的域中修剪掉值4，没有任何东西被添加到 to_do，因为没有其他的弧不在 to_do。

- 假设接下来选择的是⟨B，A<B⟩。从 B 的域中剪掉值1，同样地，不给 to_do 加弧。

- 假设接下来选择⟨B，B<C⟩。从 B 的域中删除值4。由于 B 的域被缩小了，所以必须将弧⟨A，A<B⟩加回 to_do 集中，因为现在 B 的域变小了，A 的域可能会进一步缩小。

- 如果下一步选择弧⟨A，A<B⟩，则从 A 的域中将 $A=3$ 移除。

- 在 to_do 上的剩余的弧是⟨C，B<C⟩。被从 C 的域中删除值1和2，由于 C 不涉及其他约束，所以没有弧添加到 to_do，因而 to_do 成为空集。

然后，该算法以 $D_A=\{1,2\}$，$D_B=\{2,3\}$，$D_C=\{3,4\}$ 为终点。虽然这并没有完全解决这个问题，但却大大简化了问题。例如，深度优先的反向跟踪搜索(见 4.3 节)现在可以更有效地解决这个问题。

例 4.19 考虑将 GAC 应用于例 4.9 的调度问题。图 4.4 所示的网络已经实现了域一致(从 B 的域中去掉了值3，从 C 的域中去掉了值2)。假设先考虑弧⟨D，C<D⟩。因为 $D=1$ 与 D_C 中的 C 的任何值都不一致，所以从 D_D 中删除了值1，所以，该弧没有弧一致性。D_D 变成了{2，3，4}，弧⟨A，A=D⟩、⟨B，B≠D⟩和⟨E，E<D⟩可以加入 to_do，但它们已经在 to_do 中了。

假设下一步考虑弧⟨C，E<C⟩，那么 D_C 被约简为{3，4}，弧⟨D，C<D⟩回到 to_do 集中重新考虑。

假设下一步考虑弧⟨D，C<D⟩；那么 D_D 进一步缩减为单值{4}。处理弧⟨C，C<D⟩将 D_C 剪裁成{3}。为了使弧⟨A，A=D⟩一致，将使 D_A 约简到{4}。处理⟨B，B≠D⟩后将 D_B 约简为{1，2}。然后，弧⟨B，E<B⟩将 D_B 约简到{2}。最后，弧⟨E，E<B⟩将 D_E 约简到{1}。队列中剩余的所有弧一致，所以算法以 to_do 集为空集结束。返回

减少的变量域的集合。在这种情况下，域的大小都是 1，并且有一个唯一的解：$A=4$，$B=2$，$C=3$，$D=4$，$E=1$。

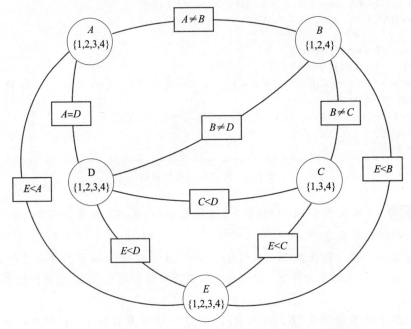

图 4.4   领域一致的约束网络。变量被描绘成圆圈或椭圆，带着其相应的域。各个约束用矩形表示。在每个变量和涉及该变量的每个约束之间都有一条弧

无论考虑弧的顺序如何，算法终止时的结果都是一样的，即弧一致的网络和相同的缩小域集。根据终止时网络的状态不同，有三种情况可能出现：

- 在第一种情况下，有一个域变成空域，说明 CSP 没有解。需要注意的是，只要任何一个域变成空域，所有连接节点的域在算法终止前都会变成空域。
- 在第二种情况下，每个域都有一个单值，表示 CSP 有一个唯一的解，如例 4.19 所示。
- 在第三种情况下，每个域都是非空的，而且至少有一个域中还剩下多个值。在这种情况下，我们不知道是否有解，也不知道解是什么样子（除非只是一个域有多个值）。解决这种情况下的问题的方法将在下面的章节中探讨。

下面的例子说明了一个网络即使没有解决方案，也有可能是弧一致的。

例 4.20   假设有三个变量 A、B 和 C，每个变量的域都是 $\{1, 2, 3\}$。考虑约束 $A=B$、$B=C$ 和 $A \neq C$ 的约束。这是弧一致的：没有一个域可以用任何一个约束来修剪。然而，没有任何解决方案。在这三个变量中没有满足约束条件的赋值。

考虑二元约束的广义弧一致性算法的时间复杂度。假设有 c 个二元约束，每个变量的域的大小为 d。有 $2c$ 条弧。检查一条弧 $\langle X, r(X, Y) \rangle$，在最坏的情况下，需要对 Y 域中的每个值进行迭代，这需要 $O(d^2)$ 时间。这条弧可能需要对 Y 域中的每一个元素进行一次检查，因此，二元变量的 GAC 可以在 $O(cd^3)$ 时间内完成，它是 c（即约束数量）的线性函数。所用空间为 $O(nd)$，其中 n 为变量数，d 为域大小。练习 4.4 探讨了更一

般约束的复杂性。

弧一致性的各种扩展也是可能的。域不一定是有限的；它们可以使用内涵来指定，而不仅仅是值的列表。如果约束用外延表示，也可以对约束进行修剪：如果一个变量 X 的值被修剪了，那么可以从所有涉及 X 的约束中修剪掉这个值。高阶一致性技术（如**路径一致性**）每次考虑的是变量的 k 个元组，而不仅仅是通过约束连接的变量对。例如，通过考虑所有三个变量，就可以认识到例 4.20 中没有解。用这些高阶方法来解决问题的效率往往不如用下面描述的增强弧一致性的方法。

4.5　域分割

另一种简化网络的方法是**域分割**或**案例分析**。其思路是将一个问题分割成若干个不相交的情况，并分别求解每个情况。初始问题的所有解的集合就是每个案例的解的联合。

在最简单的情况下，假设有一个二元变量 X，其域为 $\{t, f\}$。所有的解要么是 $X = t$，要么是 $X = f$。找出所有解的一种方法是设 $X = t$，然后找到所有的解，再赋值 $X = f$，找到这种情况下的所有的解。给一个变量赋值，就可以得到一个较小的约简问题的解。如果我们只想找到一个解，那么我们可以寻找带 $X = t$ 的解，如果没有找到，我们可以寻找带 $X = f$ 的解。

如果一个变量的域有两个以上的元素，例如 A 的域是 $\{1, 2, 3, 4\}$，有很多方法可以分割它，

- 将域中的每一个值分割成一个个例。例如，将 A 分成 $A = 1$、$A = 2$、$A = 3$、$A = 4$ 四种情况。
- 总是把域分割成两个不相交的非空子集。例如，将 A 分成两个情况：$A \in \{1, 2\}$ 的情况和 $A \in \{3, 4\}$ 的情况。

第一种方法用一次分割就能取得更多的进展，但第二种方法可能允许用更少的步骤进行更多的修剪。例如，无论 A 是 1 还是 2，如果 B 的值相同，都可以进行修剪，第二种情况下，可以让这个事实被发现一次，而不需要对 A 的每个元素重新发现，这种节省取决于域的分割方式。

使用域分割递归求解的情况下，根据赋值识别没有解的时候，就相当于 4.3 节的搜索算法。我们可以通过将弧一致性与搜索交错使用来提高效率。

解决 CSP 的一个有效方法是在每一步域分割之前，利用弧一致性来简化网络。也就是说，为了解决一个问题，

- 可以用弧一致性来简化问题。
- 如果问题没有解决，选择其域有一个以上元素的一个变量，将其分割，然后递归解决每种情况。

这个算法需要注意的一点是，它不需要在域分割后从头开始检测弧一致性。如果变量 X 有它的域分割，那么 to_do 可以只从可能因分割而不再具有弧一致性的弧开始。这些弧的形式是 $\langle Y, r \rangle$，其中 X 出现在 r 中，Y 不是 X。

图 4.5 显示了如何求解一个具有弧一致性和域分割的 CSP。CSP_Solver(CSP) 如果有（至少）一个约束满足问题 CSP，则返回（至少）一个解，否则返回 false。注意，第 16 行中的 "or" 假定不为 false 时返回其第一个参数的值，否则返回第二个参数的值。

```
 1: procedure CSP_Solver(⟨Vs, dom, Cs⟩)
 2:     ▷返回 CSP⟨Vs, dom, Cs⟩的解,如果没有解,则返回 false
 3:     return Solve2(⟨Vs, dom, Cs⟩, {⟨X, c⟩ | c∈Cs and X∈scope(c)})
 4: procedure Solve2(⟨Vs, dom, Cs⟩, to_do)
 5:     dom_0 := GAC2(⟨Vs, dom, Cs⟩, to_do)
 6:     if 存在一个变量 X, 使得 dom_0[X]={} then
 7:         return false
 8:     else if 对于每一个变量 X, |dom_0[X]|=1 then
 9:         return 对于每个变量 X, 它的值都在 dom_0[X]中的解决方案
10:     else
11:         选择变量 X, 使得 |dom_0[X]|>1
12:         将 dom_0[X]划分为 D_1 和 D_2
13:         dom_1 := dom_0 的一份拷贝, 除了 dom_1[X]=D_1
14:         dom_2 := dom_0 的一份拷贝, 除了 dom_2[X]=D_2
15:         to_do := {⟨Z, c'⟩ | {X, Z}⊆scope(c'), Z≠X}
16:         return Solve2(⟨Vs, dom_1, Cs⟩, to_do) or Solve2(⟨Vs, dom_2, Cs⟩, to_do)
```

图 4.5　利用弧—致性和域分割为 CSP 寻找模型

可以使用基本相同的算法来找到所有的解:第 7 行应该返回空集,第 9 行应该返回包含一个元素的集合,第 16 行应该返回每种情况下答案的联合。

例 4.21 在例 4.18 中,弧—致性简化了网络,但并没有解决这个问题。在弧—致性完成后,域中有多个元素。假设 B 被分割了。有两种情况:

- $B=2$。在这种情况下,$A=2$ 被修剪。对 C 进行分割,可得出答案中的两个。
- $B=3$。在这种情况下,$C=3$ 被修剪。对 A 进行分割,会产生另外两个答案。

这棵搜索树应该与图 4.1 的搜索树进行对比。具有弧—致性的搜索空间要小得多。

域分割形成了一个搜索空间,可以从中使用第 3 章中的任何方法。然而,由于感兴趣的只是解而不是路径,而且由于搜索空间是有限的,所以深度优先搜索经常被用于这些问题。

还有一个增强功能使域分割在统计解的数量或寻找所有解时更有效率。如果给变量赋值,使图断开,那么每个断开的分量都可以单独求解。完整问题的解是每个分量的解的叉积。这可以在计算解的数量时节省很多计算量。例如,如果一个分量有 100 个解,而另一个分量有 20 个解,则有 2000 个解。这样的计算方式比单独找到 2000 个解的每一个解效率更高。

4.6 变量消除

弧—致法通过消除变量的值来简化网络。一种辅助方法是**变量消除法**(Variable Elimination,VE),它通过去除变量来简化网络。

VE 的思想是逐一删除变量。当删除一个变量 X 时,VE 在剩余的一些变量上构造一个新的约束,反映出 X 对所有其他变量的影响。这个新约束取代了所有涉及 X 的约束,形成一个不涉及 X 的缩减网络。构建新的约束条件,使约简后的 CSP 的任何解都可以扩展为包含 X 的 CSP 的解。除了创建新的约束外,VE 还提供了一种方法来构造一个包含 X 的 CSP 的解,该解是由约简的 CSP 的解来构造的。

下面用关系代数中的连接(join)和投影(project)来说明以下算法。

在消除 X 时，X 对其余变量的影响是通过涉及 X 的约束关系来实现的，首先，算法收集所有涉及 X 的约束关系，让所有这些关系的连接为关系 $r_X(X, \overline{Y})$，其中 $\overline{Y}$ 是 r_X 范围内其他变量的集合。因此，$\overline{Y}$ 是约束图中所有与 X 相邻的变量的集合。然后，算法将 r_X 投影到 $\overline{Y}$ 上；这个关系替换了所有涉及 X 的关系。现在有了约简后的 CSP，其变量减少了一个，再递归求解。一旦有了约简后的 CSP 的解，就通过将 r_X 的解与原始 CSP 的解连接起来，将该解扩展为原始 CSP 的解。

当只剩下一个变量时，算法返回与该变量的约束一致的域元素。

例 4.22　考虑一个包含变量 A、B 和 C 的 CSP，每个变量都有域 $\{1, 2, 3, 4\}$。假设涉及 B 的约束是 $A<B$ 和 $B<C$，可能还有很多其他变量，但是如果 B 与这些变量没有任何共同的约束，消除 B 不会对这些其他变量施加任何新的约束。要去掉 B，首先在涉及 B 的关系上连接：

A	B
1	2
1	3
1	4
2	3
2	4
3	4

$\bowtie$

B	C
1	2
1	3
1	4
2	3
2	4
3	4

$=$

A	B	C
1	2	3
1	2	4
1	3	4
2	3	4

为了得到由 B 诱导的 A 和 C 的关系，将这个连接投射到 A 和 C 上，从而得到：

A	C
1	3
1	4
2	4

这个关于 A 和 C 的关系包含了关于 B 上的所有约束信息，这些约束信息会影响到网络中其他部分的解。

用新的约束 A 和 C 代替原来对 B 的约束，然后 VE 求解网络的其余部分，由于不涉及变量 B，所以现在比较简单，为了生成一个或全部的解，算法记住 A、B、C 上的连接关系，从约简后的网络中构造出一个涉及 B 的解。

图 4.6 给出了一个用于变量消除的递归算法，即 VE_CSP，可以找到一个 CSP 的所有解。

递归的基本情况发生在只剩一个变量的时候。在这种情况下（第 8 行），如果当且仅当最终关系的连接中存在行，则存在一个解。注意，这些关系都是关于单变量的关系，所以它们是这个变量的合法值的集合。这些关系的连接就是这些关系集的交集。

```
1:  procedure VE_CSP(Vs, Cs)
2:    Inputs
3:      Vs：变量的集合
4:      Cs：在 Vs 上的约束集合
5:    Output
6:      包含所有一致变量赋值的关系
7:    if Vs 仅包含一个元素 then
8:      返回 Cs 中的所有关系的连接
9:    else
10:     select 变量 Xs 来消除
11:     Vs' := Vs \ {X}
12:     Cs_X := {T ∈ Cs: T 涉及 X}
13:     令 R 是 Cs_X 中的所有约束条件的连接
14:     令 R' 为 R 投影到除 X 以外的其他变量上的结果
15:     S := VE_CSP(Vs', (Cs \ Cs_X) ∪ {R'})
16:     return R ⋈ S
```

图 4.6　用于寻找 CSP 的所有解的变量消除法

在非基数的情况下，选择一个变量 X 进行消除（第 10 行）。选择哪个变量并不影响算法的正确性，但可能会影响效率。为了消除变量 X，算法会将 X 的影响传播到那些与 X 直接相关的变量上。具体方法是将所有与 X 有关的关系都连起来（第 13 行），然后将 X 从产生的关系中投影出来（第 14 行）。这样，一个简化的问题（少了一个变量）就产生了，可以递归解决。为了得到 X 的可能值，算法将简化问题的解与定义 X 的效果的关系 R 连接起来。

如果你只想找到一个解，而不是返回 $R \bowtie S$，那么算法可以返回连接中的一个元素。无论它返回哪个元素，都保证这个元素是解的一部分。如果这个算法中的 R 的任何值都不包含元组，则没有解。

VE 算法的效率取决于选择变量的顺序。中间结构（中间关系在哪些变量上）不取决于关系的实际内容，而只取决于约束网络的图形结构。这种算法的效率可以通过考虑图形结构来决定。一般来说，当约束网络比较稀疏时，VE 的效率是很高的。对于特定的变量排序，返回的最大关系中的变量数称为该变量排序的图的**树宽**。图的树宽是任意排序的最小树宽。VE 的复杂度在树宽上是指数型的，在变量数量上是线性的。这可以与搜索（见 4.3 节）相比，搜索的复杂度是以变量数量为单位的指数级。

找到一个消除顺序，使其得到最小的树宽是 NP 难的。但是，有一些好的启发式方法。最常见的两种方法是：

- **最小因子**（min-factor）：在每个阶段中，选择能导致最小关系的变量。
- **最小缺损**（minimum deficiency）或**最小填充**（minimum fill）：在每个阶段，选择在剩余的约束网络中增加弧最少的变量。变量 X 的缺损是指与 X 有关系但彼此没有关系的变量对的数量。直觉上，只要不使约束网络变得更加复杂，删除一个导致较大关系的变量是没有问题的。

经验上通常发现，最小缺损通常会比最小因子的树宽小，但计算起来比较困难。

VE 也可以与弧一致性相结合；每当 VE 去掉一个变量时，弧一致性可以用来进一步简化问题。这种方法可以使中间表变小。

4.7　局部搜索

前面的算法系统地搜索变量的赋值空间。如果空间是有限的，它们要么找到一个解，要么报告不存在解。不幸的是，很多空间对于系统化搜索来说太大了，甚至可能是无限大的。在任何合理的时间内，系统化搜索都无法考虑到足够多的空间，无法给出任何有意义的结果。本节和下一节考虑的是打算在这些非常大的空间中工作的方法。这些方法并不系统地搜索整个搜索空间，但它们旨在平均快速地找到解。它们不能保证找到一个解（即使存在一个解），所以它们不能证明没有解的存在。对于已知存在或极有可能存在解的应用，它们往往是首选的方法。

局部搜索方法从给每个变量赋值的总赋值开始，通过采取改进步骤、随机步骤或用另一个总赋值重新开始，尝试着对这个赋值进行迭代改进。已经提出了许多不同的局部搜索技术。了解这些技术何时对不同的问题起作用，构成了许多研究界的焦点，在运筹学和人工智能领域，都有很多研究者在研究。

图 4.7 给出了一个通用的 CSP 的局部搜索算法。数组 A 指定了给每个变量分配一个

值。首次 for each 循环为每个变量分配一个随机值。第一次执行的时候称为**随机初始化**。外循环的每一次迭代称为一次**尝试**。在第 11 行和第 12 行中，第二次及以后给每个变量分配一个随机值，就是**随机重启**。随机初始化的另一种方法是利用一些更有根据的猜测，利用一些启发式或先验知识，然后迭代改进。

```
1:  procedure Local_search(Vs, dom, Cs)
2:     Inputs
3:        Vs：变量集合
4:        dom：一个函数，使得 dom(X)是变量 X 的域
5:        Cs：需要满足的约束集
6:     Output
7:        满足约束的总赋值
8:     Local
9:        A：值数组，由 Vs 里的变量索引
10:    repeat
11:       for each Vs 中的变量 X do
12:          A[X] := dom(X)域里的一个随机值；
13:       while 没有 stop_walk()&A 不是满足条件的赋值 do
14:          选择一个变量 Y 和一个值 w∈dom(Y)
15:          Set A[Y] := w
16:       if A 是满足条件的赋值 then
17:          return A
18:    until 终止
```

图 4.7   对于一个 CSP，基于局部搜索来寻找一个解

while 循环(第 13 行至第 15 行)在赋值空间中做一个**局部搜索**，或者说是**游走**。它考虑总赋值 A 的一组可能的**继任者**，并选择一个作为下一个总赋值。在图 4.7 中，总赋值的可能继任者是指与单变量的赋值不同的赋值。

这种游走分配继续进行，直到找到一个满意的赋值并返回，或者满足某种停止标准。停止标准(即算法中的 stop_walk()函数)用于决定何时停止当前的局部搜索，并随机重启，从新的赋值开始。停止标准可以是简单的停止，比如在一定步数后停止。

这种算法是不能保证终止的。特别是，如果终止条件是 false，那么，如果没有解，它就会永远地继续下去，即使有解，也有可能在搜索空间的某个区域被困住。如果一个算法保证只要有答案就能找到，那么这个算法就是**完备的**。这种算法可以是完备的，也可以是不完备的，这取决于选择和停止标准。

这种算法的一个版本是**随机采样**。在随机采样中，停止准则 stop_walk()总是返回 true，所以第 13 行的 while 循环永远不会被执行。随机采样会不断地挑选随机的赋值，直到找到一个满足约束条件的随机赋值，否则不会停止。随机采样是完备的，因为给定足够的时间，它保证如果有一个解存在，就会被找到，但它的时间没有上限。它通常是非常缓慢的。效率取决于域的大小和存在的解数量的乘积。

另一个版本是当 stop_walk()总是假的时候**随机游走**，所以没有随机重启。在随机游走中，只有当找到一个满意的赋值时，才会退出 while 循环。在 while 循环中，随机游走会随机选择一个变量和该变量的值。随机游走与随机采样一样，也是完备的。每一步的时间比重新采样所有变量所需的时间短，但它可能比随机采样的时间长，这取决于解的分布方式。

当变量的域大小不同时，随机游走算法可以随机选择一个变量，然后再随机选择一个值，或者随机选择一个变量-值对。当变量的域大小较大时，后者更倾向于选择变量。

4.7.1   迭代最佳改进

迭代最佳改进是一种局部搜索算法，选择当前赋值中最能改进某些**评价函数**的继任者。如果有几个可能的继任者最能改善评价函数，则随机选择一个。当目的是最小化时，这种算法称为**贪婪下降算法**。当目的是使函数最大化时，这种算法称为**爬山**或**贪婪上升**算法。我们只考虑最小化，要使一个量最大化，可以把它的负值最小化。

迭代最佳改进需要对每个总赋值进行评价的方法。对于约束满足问题，一个常用的评价函数是被违反的约束的数量。一个被违反的约束称为**冲突**。在评价函数为冲突数的情况下，一个解就是一个评估值为零的总赋值。有时，这个评价函数的细化是通过对某些约束的权重比其他约束的权重高来实现的。

局部最优是指没有可能的继任者改善评价函数的赋值。这也被称为贪婪下降中的局部最小值，或贪婪上升中的局部最大值。**全局最优**是指在所有的赋值中具有最佳值的赋值。所有的全局最优值都是局部最优值，但可能有许多局部最优值不是全局最优值。

如果启发式函数是冲突数量，则满足的 CSP 有一个全局最优，启发式值为 0，不满足的 CSP 有一个全局最优，其值大于 0，如果搜索到一个局部最小值，其值大于 0，则不知道是否是全局最小值（这意味着 CSP 是不满足的）。

例 4.23   考虑例 4.9 中的送货调度。假设贪婪下降从赋值 $A=2$，$B=2$，$C=3$，$D=2$，$E=1$ 开始。这个赋值的评估值为 3，因为它违反了 $A \neq B$，$B \neq D$ 和 $C < D$。有一个可能的继任者的最小评估值为 1，此时 $B=4$，因为只有 $C < D$ 不满足。这个赋值被选中。这是一个局部最小值。一个冲突最少的可能的继任者可以通过将 D 改为 4（其评估值为 2）得到。然后将 A 改为 4，其评估值为 2；再将 B 改为 2，其评估值为 0，就可以得到一个解。

下面就通过游走进行赋值的追踪。

A	B	C	D	E	评估值
2	2	3	2	1	3
2	4	3	2	1	1
2	4	3	4	1	2
4	4	3	4	1	2
4	2	3	4	1	0

不同的初始化，或当多个赋值有相同的评估值时的不同的选择，会给变量赋予不同的赋值序列，可能会有不同的结果。

迭代最佳改进考虑的是最好的继任赋值，即使它等于或甚至比当前的赋值更差。这意味着，如果有两个或两个以上的赋值都可能是彼此的继任者，而且都是局部最优的，但不是全局最优的，那么它就会在这些赋值之间不断地移动，永远不会达到全局最优。因此，这种算法是不完备的。

4.7.2   随机算法

迭代最佳改进会随机选择当前赋值中可能的最佳继承者之一，但它可能会卡在不是全局最小值的局部最小值中。

可以用随机性以两种主要方式来摆脱不是全局最小值的局部最小值：

- **随机重启**，其中所有变量的值都是随机选择的。这使得搜索从完全不同的部分开始。
- **随机游走**，其中一些随机步骤与优化步骤交错进行。通过贪婪下降，这个过程允许上行步，可能使随机游走避开一个不是全局最小值的局部最小值。

随机游走是局部的随机移动，而随机重启是全局的随机移动。对于涉及大量变量的问题，随机重启可能是相当昂贵的。

将迭代最佳改进与随机移动混合在一起，是一类被称为**随机局部搜索**的算法的实例。

遗憾的是，要想了解是什么算法起作用而将搜索空间直观化是非常困难的，因为搜索空间往往有成千上万甚至上百万个维度，每个维度都有一个离散的甚至连续的值集。从低维问题中可以得出一些直觉。考虑图 4.8 中的两个一维搜索空间，目标是找到最小值。假设一个可能的继任者是通过当前位置的左边或右边的小步法得到的。为了在搜索空间（图 4.8a）中找到全局最小值，人们会期望在找到局部最优值后，用随机重启的贪婪下降法快速找到最优值。一旦随机选择找到了最深谷中的一个点，贪婪下降很快就能找到全局最小值。在这个例子中，人们不会期望随机游走能很好地发挥作用，因为要退出其中一个局部最小值（如果它不是全局最小值），需要很多随机步数。然而，对于搜索空间（图 4.8b），随机重启很快就会被卡在其中一个锯齿状的峰上，效果并不是很好。然而，随机游走与贪婪下降相结合的方法可以使其摆脱这些局部最小值。几个随机步可能就足以逃过局部最小值。因此，人们可以期望在这个搜索空间中，随机游走的效果会更好。由于很难从研究问题中确定哪种方法效果最好，因此实践者会评估许多方法，看看哪种方法在实践中对特定问题的效果好。甚至有可能在搜索空间的不同部分有不同的特点。

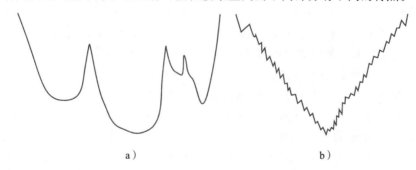

a)   b)

图 4.8 两个搜索空间；寻找最小值

4.7.3 局部搜索的变体

具有随机性的迭代最佳改进有很多变种。

如果变量的有限域较小，那么局部搜索算法在考虑可能的继任者时可以考虑该变量的所有其他值。如果域很大，考虑所有其他值的代价可能太高。另一种方法是只考虑其中一个变量的其他几个值，通常是接近的值。有时会使用相当复杂的方法来选择一个替代值。

如图所示，局部搜索没有记忆。它在进行搜索的过程中不记得任何关于搜索的事情。

利用内存来改进局部搜索的一个简单方法是使用**禁忌搜索**，防止最近改变的变量赋值再次被改变。其思路是，在选择一个要改变的变量时，不选择最近 t 步中改变的变量，t 为某个整数，称为**禁忌期**（tabu tenure）。如果 t 较小，禁忌搜索可以通过拥有最近改变的变量列表来实现。如果 t 较大，则可以通过包含每个变量在哪一步得到其当前值来实现。禁忌搜索可以防止在几个赋值之间的循环。禁忌期是可以优化的参数之一。一个禁忌列表的大小为 1，就相当于不允许立即重访同一个赋值。

算法在保证最佳改进步骤所需的工作量上是不同的。在一个极端，一个算法可以保证在所有可能的继任者中选择一个改进最好的新赋值。在另一个极端，一个算法可以随机选择一个新的赋值，如果这个赋值会使情况变得更糟，则可以拒绝这个赋值。通常情况下，快速做出选择比花大量时间做出最佳选择要好得多。这些方法中，哪种方法效果最好，通常是一个经验问题；对于一个特定的问题域，很难从理论上确定缓慢的大步快选是否比小步快选好。选择哪种继任者有许多可能的变体，其中一些将在接下来的章节中探讨。

1. 最大改进步法

最大改进步法总是选择一个变量-值对来进行最佳改进。如果有许多这样的对，则随机选择一个。

实现最大改进步法的朴素方法是，给定一个当前总赋值，对变量进行线性扫描，对于每个变量 X 以及 X 域中的每个值 v（与当前总赋值不同的值），将当前总赋值与仅有 $X=v$ 的赋值进行比较。然后从变量-值对中选择一个能得到最大改进的变量-值时，即使这个改进是负的。不出现在任何约束中的变量可以被忽略。一个步骤需要对约束进行 $O(ndr)$ 次评价，其中 n 是变量的数量，d 是域的大小，r 是每个变量的约束数量。

一个更复杂的替代方案是拥有一个带有相关权重的变量-值对的优先级队列。对于每个变量 X 以及 X 域中的每个值 v，如果在当前赋值中 X 没有被赋值 v，则该对 $\langle X, v \rangle$ 将在优先级队列中。该对 $\langle X, v \rangle$ 的权重 w 是（除了 $X=v$）其他变量赋值与当前总赋值相同的情况下的总赋值的评价减去当前总赋值的评价。这个权重取决于分配给 X 的值和约束图中 X 的邻居的值，但不取决于分配给其他变量的值。在每一个阶段，算法选择一个权重最小的变量-值对，从而得到一个改进最大的继承者。

一旦给了变量 X 一个新的值，所有参与约束的变量-值对的权重（这些约束被满足或者通过给 X 赋予新值而不被满足）必须让它们的权重重新评估，如果这些权重发生了改变，则需要将这些变量-值对重新放入优先级队列中。

优先级队列的大小为 $n(d-1)$，其中 n 是变量的数量，d 是平均的域大小。插入或删除一个元素需要时间 $O(\log nd)$。该算法从优先级队列中删除一个元素，添加另一个元素，并最多更新 rk 个变量的权重，其中 r 是每个变量的约束数，k 是每个约束的变量数。该算法的一步复杂度为 $O(rkd \log nd)$，其中 n 为变量数，d 为平均的域大小，r 为每个变量的约束数。

这个算法花了很多时间来维护数据结构，以确保每次都能采取最大改善步法。

2. 两阶段选择

另一种方法是先选择一个变量，再为该变量选择一个值。**两阶段选择**算法维护一个变量的优先级队列，其中变量的权重是变量参与的冲突数。每一次，算法都会选择一个参与冲突数最多的变量。一旦选择了一个变量，就可以给它分配一个使冲突数最小化的值，或者随机分配一个值。每当这个新的赋值结果使每个约束变成真或假的时候，参与约束的其他变量的权重必须重新评估。

该算法的一步复杂度为 $O(rk \log n)$，其中 n 是变量数，r 是每个变量的约束数，k 是每个约束的变量数。与选择最佳的变量-值对相比，这样做每一步的工作量较少，因此在任何给定的时间段内可以实现更多的步数。但是，步数往往会带来较少的改进，在步数和每个步数的复杂度之间进行权衡。

3. 任意冲突

与其选择最好的变量，更简单的方法是选择任何参与冲突的变量。参与冲突的变量就是**冲突变量**。在**任意冲突算法**中，在每一步中，随机选择一个冲突变量。该算法给被选择的变量分配了一个值，使违反约束的数量最小化，或者随机选择一个值。

这种算法有两种变体，它们在选择要修改的变量的方式上有所不同：

- 在第一个变体中，随机选择一个冲突，然后随机选择一个参与冲突的变量。
- 在第二个变体中，随机选择一个卷入冲突的变量。

不同之处在于选择冲突中一个变量的概率。在第一种变体中，变量被选择的概率取决于它所参与的冲突数量。在第二种变体中，所有卷入冲突的变量被选择的概率相同。

这些算法中的每一种算法都需要维护数据结构，以便能够快速随机选择一个变量。当变量的值发生变化时，需要维护数据结构。第一种变体需要从一组冲突中选择一个随机元素，如二元搜索树。因此，该算法的一步复杂度为 $O(r \log c)$，其中 r 是每个变量的约束数，c 是约束数，因为在最坏的情况下，可能需要从冲突集中添加或删除 r 个约束。

4. 模拟退火

最后一种方法不保留冲突的数据结构，而是随机选择一个变量和该变量的新值，并拒绝或接受新的赋值。

退火是一种冶金工艺，通过缓慢冷却熔融的金属，使其达到低能状态，使其变得更强。模拟退火是一种用于优化的类似方法。它通常用热力学的方法来描述。随机运动对应于高温；在低温下，随机性很小。**模拟退火**是一种随机的局部搜索算法，温度缓慢降低，从高温时的随机运动开始，最终在接近零度时变成纯粹的贪婪下降。随机性应该允许搜索跳出局部最小值，找到具有低启发式值的区域；而贪婪下降会导致局部最小值。在高温时，恶化步比低温时更容易出现。

和其他方法一样，模拟退火也是维持一个当前的总赋值。在每一步，它随机选择一个变量，然后随机为该变量选择一个值。如果给该变量赋值不会增加冲突数，算法就会接受给该变量的赋值，从而产生一个新的当前赋值。否则，它以一定的概率接受该赋值，这取决于温度和新赋值比当前赋值差多少。如果不接受这个变化，则当前赋值不变。

为了控制恶化的步骤是否被接受，有一个正的实值温度 T。假设 A 是当前的总赋值。假设 $h(A)$ 是对赋值 A 的评价，要最小化。对于求解约束，h 通常是冲突数。模拟退火随机选择一个可能的继任者，从而给出一个新的赋值 A。如果 $h(A') \leqslant h(A)$，它接受了赋值，A 成为新的赋值。否则，采用**吉布斯分布**或**波尔兹曼分布**，随机接受新分配，概率为

$$e^{-(h(A')-h(A))/T}$$

这只在 $h(A') - h(A) > 0$ 的情况下使用，所以指数始终为负数。如果 $h(A')$ 接近于 $h(A)$，则赋值被接受的可能性较大。如果温度很高，指数会接近于零，所以概率会接近于 1。当温度接近零时，指数接近 $-\infty$，概率接近零。

图 4.9 显示了不同温度下接受恶化步骤的概率。在该图中，k-恶化意味着 $h(A') - h(A) = k$。例如，如果温度为 10（即 $T = 10$），则 1-恶化（即 $h(A') - h(A) = 1$）的变化将以概率 $e^{-0.1} \approx 0.9$ 接受；2-恶化的变化将以概率 $e^{-0.2} \approx 0.82$ 接受。如果温度 T 为 1，则 1-恶化的变化将以概率 $e^{-1} \approx 0.37$ 接受。如果温度为 0.1，则 1-恶化的变化将以概率 $e^{-10} \approx 0.000\,05$ 接受。在这个温度下，基本上只执行改善值或保持不变的步骤。

如果温度很高，比如在 $T = 10$ 的情况下，算法倾向于接受仅有少量恶化的步骤；它不倾向于接受非常大的恶化步骤。稍微偏向于改进的步骤。随着温度的降低（例如，当 $T = 1$ 时），恶化步骤虽然仍有可能发生，但发生的可能性大大降低。当温度较低时（例如，$T = 0.1$ 时），它很少会选择恶化步骤。

温度	接受概率		
	1-恶化	2-恶化	3-恶化
10	0.9	0.82	0.74
1	0.37	0.14	0.05
0.25	0.018	0.0003	0.000 006
0.1	0.000 05	2×10^{-9}	9×10^{-14}

图 4.9   模拟退火接受更差步骤的概率

模拟退火需要**退火调度**，退火调度规定了随着搜索的进行，温度如何降低。几何冷却是最广泛使用的调度之一。一个几何冷却调度的例子是，从温度为 10 开始，每一步后乘以 0.99；在 500 步后的温度为 0.07。找到一个好的退火调度是一门艺术，要根据问题的情况来决定。

4.7.4   评估随机算法

当随机化算法每次运行时，即使是对同一个问题，也会给出不同的结果和不同的运行时间时，很难进行比较。特别是当算法有时找不到答案时，就更难了；它们要么永远运行，要么必须在任意一点上停止运行。

不幸的是，摘要统计（如平均或中位运行时间）并不是很有用。例如，在平均运行时间上比较算法，需要决定如何在没有找到解的不成功运行中取平均值。如果在计算平均数时忽略不成功的运行时间，那么选择一个随机赋值然后停止的算法将是最好的算法；它不经常成功，但当它成功时，它的速度非常快。把非终结的运行看作有无限时间，意味着所有没有找到解的算法都会有无限的平均数。没有找到解的运行将需要被终止。在平均数中使用被终止的时间更多的是停止时间的函数，而不是算法本身的函数，尽管这确实可以在快速找到一些解和找到更多的解之间做一个粗略的权衡。

如果你要用中位数运行时间来比较算法，你会倾向于选择一个在 51% 的时间内能解决问题但很慢的算法，而不是一个在 49% 的时间内能解决问题但很快的算法，尽管后者更有用。问题是，中位数（第 50 个百分位数）只是一个任意值；你可以考虑第 47 个百分位数或第 87 个百分位数。

对特定问题而言，可视化一个算法的运行时间的一种方法是使用**运行时间分布**，它显示了一个随机化算法在单个问题实例上的运行时间的可变性。x 轴表示步数或运行时间。y 轴表示对于 x 的每个值，在该运行时间或步数内解决的运行次数或比例。因此，它提供了一个在一定步数或运行时间内解决问题的次数的累积分布。例如，通过找到 y 尺度上映射到 30% 的 x 值，就可以找到运行时间的第 30 个百分位数的运行时间。通过运行大量的算法（比如说，100 次是粗略的近似值，1000 次是合理的近似值），然后按运行时间排序，可以绘制出运行时间分布图（或近似值）。

例 4.24 单个问题的四个经验生成的运行时间分布如图 4.10 所示。x 轴上是步数，使用对数刻度。y 轴上是 1000 次运行中成功解决的实例数。这显示了同一问题实例的四种运行时间分布。算法 1 和算法 2 在 10 步或更少的时间内解决了 40% 的问题。算法 3 用 10 步或更少的时间解决了大约 50% 的问题。算法 4 在大约 12% 的运行中，在 10 步或更少的步骤中找到了解决方案。算法 1 和算法 2 在约 58% 的运行中找到了解决方案。算法 3 能在约 80% 的时间内找到解决方案。算法 4 总是能找到一个解决方案。这只是比较了步数；所花的时间是一个比较好的评估，但对于小问题来说，更难衡量，而且取决于实现的细节。

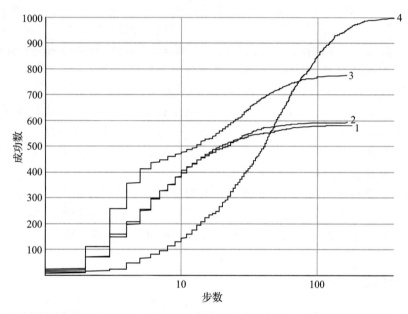

图 4.10　运行时间分布。这些是 1000 次运行的经验运行时间分布，每次运行都有 1000 步的限制。x 轴上是步数（用对数表示），y 轴上是 1000 次运行中成功的次数。这是 AIspace.org 的 CSP 样本"调度问题 1"。分布 1 和分布 2 是两阶段贪婪下降的两个独立运行。分布 3 是针对单阶段的贪婪下降。分布 4 是随机游走的贪婪下降，首先选择一个参与冲突的随机变量（AIspace.org 中的红色节点），然后以 50% 的概率选择这个变量的最佳值，否则选择一个随机值

如果一个算法的运行时间分布完全向左（并高于）第二个算法的运行时间分布，那么在这个问题上，一个算法严格地优于另一个算法。通常情况下，两种算法在这个衡量标准下是不可比拟的。哪种算法更好，取决于智能体在需要使用一个解之前有多少时间，或者实际找到一个解有多重要。

例 4.25 在图 4.10 的运行时间分布中，算法 3 支配着算法 1 和算法 2。算法 1 和算法 2 实际上是同一算法的不同运行时间分布。这显示了同一随机算法在同一问题实例上多次运行的典型误差。算法 3 在 60 步之前比算法 4 好，60 步之后，算法 4 更好。

通过看图，你可以看到算法 3 往往在前四或五步就能解决这个问题，之后就没那么有效了。这可能会让你尝试着建议使用算法 3，在五步后随机重启，这确实在这个问题实例的所有算法中占据了主导地位，至少在步数上（将重启算作单步）。但是，由于随机重启是一个昂贵的操作，所以这种算法可能不是最有效的。这也不一定能预测到该算法在其他问题实例中的效果如何。

4.7.5　随机重启

如果你需要一个算法在 99% 的时间内都能成功,那么一个随机化的算法可能看起来好像只有 20% 的时间能成功的话,并不是很有用。但是,一个随机化的算法如果能在部分时间内成功,那么可以通过多次运行,使用随机重启,并报告任何发现的解决方案,将其扩展为更频繁地成功的算法。

虽然随机游走及其变体是通过运行实验来进行经验评估的,但随机重启的性能也可以提前预测,因为随机重启后的运行是相互独立的。

一个算法如果以概率 p 成功,运行 n 次或直到找到一个解为止,就会以概率 $1-(1-p)^n$ 找到一个解。如果每次重试都失败,并且每次重试都是独立的,那么它就不能找到解。

例如,一个 $p=0.5$ 的算法,尝试 5 次,大约 96.9% 的时间会找到一个解;尝试 10 次,99.9% 的时间会找到一个解。如果每次运行成功的概率为 $p=0.1$,运行 10 次就会有 65% 的时间成功,运行 44 次就会有 99% 的成功率。

运行时分布允许我们预测算法在一定步数后随机重启时的工作方式。直观地讲,在随机重启发生的阶段,适当地按比例缩小的运行时分布的左下角会重复。在一定步数的贪婪下降步数后的随机重启,如果运行足够长的时间,只要有解存在,就会使任何有时能找到解的算法变成总能找到解的算法。

如果有很多变量,随机重启会很昂贵。**局部重启**只是随机分配一部分而不是全部的变量,比如说将 100 个变量或者 10% 的变量随机分配到搜索空间的另一部分。虽然这通常是有效的,但上述理论分析并不奏效,因为部分重启并不是相互独立的。

4.8　基于种群的方法

前面的局部搜索算法维持一个总赋值。本节考虑的是维持多个总赋值的算法。第一种方法(波束搜索)维持最佳的 k 个赋值。下一个算法(随机波束搜索)选择要随机地维护哪些赋值。在遗传算法中,受生物进化的启发,k 个赋值形成一个种群,相互作用产生新的种群。在这些算法中,每个变量的总赋值被称为**个体**,当前个体的集合就是一个**种群**。

波束搜索是一种类似于迭代最佳改进的方法,但它最多保留了 k 个赋值,而不是只有一个赋值。当它找到一个满意的赋值时,就会报告成功。在算法的每一个阶段,它选择当前个体中可能的 k 个最好的继任者(如果少于 k 个,则选择所有的继任者),并在有平局的情况下随机选择。它用这组新的 k 个总赋值重复进行。

波束搜索同时考虑多个赋值。波束搜索适用于内存受限的情况,可以根据可用的内存来选择 k。前面介绍的随机局部搜索的变体也适用于波束搜索;你可以花更多的时间找到最佳 k,或者花更少的时间只近似最佳 k。

随机波束搜索是波束搜索的一种替代方法,它不是选择最好的 k 个个体,而是随机选择其中的 k 个个体;评价较好的个体被选中的可能性较大。这是通过使被选中的概率成为评价函数的函数来实现的。一个标准的方法是使用**吉布斯分布**或**波尔兹曼分布**,并选择一个概率正比于下式的赋值 A,

$$e^{-h(A)/T}$$

其中 $h(A)$ 是一个评价函数,T 是温度。

随机波束搜索往往比普通波束搜索更多地允许 k 个个体的多样性。作为生物学中的进化的一个类比，评价函数反映了个体的适应度；越是适应的个体，就越有可能将其遗传物质（这里指的是其变量的赋值）传给下一代。随机波束搜索就像无性繁殖一样，每个个体都会产生稍有变异的子代，然后随机波束搜索以优胜劣汰的方式进行。注意，在随机波束搜索下，一个个体有可能被随机选择多次。

遗传算法进一步追求进化的类比。遗传算法就像随机光束搜索，但种群中的每一个新元素都是一对个体的组合——它的父母。特别是，遗传算法使用了一种称为**杂交**的操作，即选择一对个体，然后通过从父母中的一个亲本中抽取部分作为子代变量的值，再从另一个亲本中抽取其余的值，创造出新的后代，这与有性繁殖中 DNA 的拼接方式有很大的相似性。

遗传算法如图 4.11 所示。该算法维持了一个由 k 个个体组成的种群（其中 k 是偶数）。在每个步骤中，通过以下步骤产生新的一代个体，直到找到一个解决方案。

```
1： procedure Genetic_algorithm(Vs, dom, Cs, S, k)
2：   Inputs
3：      Vs：变量集
4：      dom：一个函数，dom(X)是变量 X 的域
5：      Cs：拟满足的约束集
6：      S：针对温度的降温调度
7：      k：种群大小——一个偶数
8：   Output
9：      满足约束条件的总赋值
10：  Local
11：     Pop：赋值集
12：     T：实数
13： Pop :=k 个随机总赋值
14： 根据 S，T 被赋予一个值
15： repeat
16：    if 某个 A∈Pop，满足 Cs 中的所有约束条件 then
17：       return A
18：    Npop :={}
19：    repeat k/2 times
20：       A₁ :=Random_selection(Pop, T)
21：       A₁ :=Random_selection(Pop, T)
22：       N₁, N₂ :=Crossover(A₁, A₂)
23：       Npop :=Npop∪{mutate(N₁), mutate(N₂)}
24：    Pop :=Npop
25：    根据 S，T 被更新
26： until termination
27： procedure Random_selection(Pop, T)
28：    从 Pop 中选出 A，选择概率与 e^{-h(A)/T} 成正比
29：    return A
30： procedure Crossover(A₁, A₂)
31：    随机选择整数 i，1≤i<|Vs|
32：    令 N₁ :={(Xⱼ=vⱼ)∈A₁, j≤i}∪{(Xⱼ=vⱼ)∈A₂, j>i}
33：    令 N₂ :={(Xⱼ=vⱼ)∈A₂, j≤i}∪{(Xⱼ=vⱼ)∈A₁, j>i}
34：    return N₁, N₂
```

图 4.11　寻找 CSP 的解的遗传算法

- 随机选择个体对，其中适应度较好的个体更有可能被选中。选择合适的个体比选择不合适的个体的可能性大多少，取决于适应度较好的个体与适应度较差的个体之间的差异和温度参数。
- 对于每一对个体，进行杂交。
- 通过选择一些随机选择的变量的其他值，随机突变一些（极少数）值。这是一个随机游走的步骤。

它以这种方式进行，直到它创造了 k 个个体，然后进行到下一代。

遗传算法中出现的新操作叫作**杂交**。统一杂交取两个个体（父母），并创造两个新的个体（称为**子代**）。子代中的每个变量的值都来自其中的一个父辈。一种常用的方法是**单点交叉**，如图 4.11 中的程序 Crossover 所示，它假设变量的总排序。随机选择一个索引 i。通过从其中一个父代中选取 i 之前的变量的值，从另一个父代中选取 i 之后的变量的值，构造出一个子代。另一个子代得到其他的值。杂交的有效性取决于变量的总排序。变量的排序是遗传算法设计的一部分。

例 4.26 考虑例 4.9，其中要最小化的评价函数是未满足约束的数量。个体（$A=2$，$B=2$，$C=3$，$D=1$，$E=1$），它的评估值为 4，它的值很低，主要是因为 $E=1$。它的后代如果保留了这一特性，那么它的后代往往会比不保留这一特性的后代的评估值低，因此，它的存活概率会更高。其他个体由于不同的原因可能会有低值，例如个体（$A=4$，$B=2$，$C=3$，$D=4$，$E=4$），其评估值也为 4。它之所以低，主要是因为对前四个变量的赋值。同样，保留这一特性的后代比不保留这一特性的后代更合适，更有可能存活下来。如果这两者进行杂交，有的后代会继承两者的不良属性，有的后代就会死掉。而有些个体则会在偶然的情况下，继承了两者的好属性。这样一来，这些个体就有更大的生存机会。

效率对用来描述问题的变量和变量的顺序非常敏感。让这一点发挥作用是一门艺术。与许多其他随机化算法一样，进化算法也有许多自由度，因此很难配置或调整以获得良好的性能。

一大群研究人员正在研究遗传算法，使其在实际问题中实用化，并取得了一些令人印象深刻的成果。我们这里所描述的只是可能的遗传算法中的一种。

4.9 优化器

不是只有让可能世界满足约束条件或不满足约束条件，我们往往对可能世界有一种偏好关系，根据偏好，我们希望得到一个最佳的可能世界。

给定一个**最优化问题**，

- 一组变量，每个变量都有一个相关的域。
- 一个**目标函数**，将总赋值映射为实数。
- 一个**最优化标准**，通常是找到一个总赋值最小或最大的目标函数。

目的是根据最优化标准，找到一个最优的总赋值。为了具体化，我们假设最优化标准是将目标函数最小化。

约束优化问题是指具有硬约束的优化问题，它规定了哪些变量赋值是可能的。其目的是找到一个满足硬约束的最优赋值。

关于优化问题，存在着大量的文献。对于特定形式的约束优化问题，有许多技术。例如，**线性规划**(linear programming)是约束优化的一类，其中变量为实值，目标函数是变量的线性函数，硬约束是线性不等式。如果你想解决的问题属于有更多具体算法的一类，或者可以转化为一类，一般来说，使用这些技术比这里介绍的更通用的算法更好。

在一个**约束优化问题**中，目标函数被事实化为一组软约束。**软约束**有一个范围，它的范围是一组变量。软约束是将其范围内的变量的域转化为一个实数(即代价)的函数。一个典型的优化标准是选择一个总赋值软约束代价之和最小的总赋值。

例 4.27 假设必须安排一些送货活动，与例 4.9 类似，但对活动的时间有偏好，而不是硬约束。软约束是与时间组合相关的代价。其目的是找到一个总代价之和最小的调度。

假设变量 A、C、D、E 的值域为 $\{1, 2\}$，变量 B 的值域为 $\{1, 2, 3\}$。其软约束是

$c_1:$	A	B	代价
	1	1	5
	1	2	2
	1	3	2
	2	1	0
	2	2	4
	2	3	3

$c_2:$	B	C	代价
	1	1	5
	1	2	2
	2	1	0
	2	2	4
	3	1	2
	3	2	0

$c_3:$	B	D	代价
	1	1	3
	1	2	0
	2	1	2
	2	2	2
	3	1	2
	3	2	4

因此，c_1 的范围是 $\{A, B\}$，c_2 的范围是 $\{B, C\}$，c_3 的范围是 $\{B, D\}$。假设还存在约束 $c_4(C, E)$ 和 $c_5(D, E)$。

软约束可以以点为单位进行加法。两个软约束的总和是具有作用域的软约束，其作用域是它们的联合。对作用域中的变量的任何赋值的代价是该赋值上被添加的约束的代价之和。

例 4.28 考虑上例中的函数 c_1 和 c_2，$c_1 + c_2$ 是一个具有范围 $\{A, B, C\}$ 的函数，$c_1 + c_2$ 由如下表格给出：

$c_1 + c_2:$	A	B	C	代价
	1	1	1	10
	1	1	2	7
	1	2	1	2
	...	...	...	...

第二个值的计算方法如下：

$$(c_1 + c_2)(A=1, B=1, C=2) = c_1(A=1, B=1) + c_2(B=1, C=2)$$
$$= 5 + 2$$
$$= 7$$

硬约束可以被建模为违反一个约束的代价为无穷大。只要赋值的代价是有限的，就不会违反硬约束。另一种方法是使用一个大的数字(比软约束的总和大)作为违反硬约束

的代价。然后，可以用优化方法来寻找一个违反硬约束的数量最少的解决方案，并在这些硬约束中找到代价最低的解决方案。

最优化问题有一个难点，超越了约束满足问题。很难知道一个赋值是否是最优解。对于 CSP 来说，算法只需考虑赋值和约束条件，就可以检查一个赋值是否是解，而在优化问题中，算法只能通过与其他赋值的比较来判断一个赋值是否最优。

许多求解硬约束的方法都可以扩展到优化问题，如下文所述。

4.9.1 系统化的优化方法

对应于**生成和测试**算法，找到最小赋值的方法之一是计算软约束的总和，并选择一个最小值的赋值。这对于大问题来说是不可行的。

弧一致性可以通过允许修剪被支配的赋值来泛化为优化问题。假设 c_1, ⋯, c_k 是涉及 X 的软约束。设 $c=c_1+\cdots+c_k$。假设 Y_1, ⋯, Y_m 是除 X 以外的变量，涉及 c。如果对变量 Y_1, ⋯, Y_m 的所有值 y_1, ⋯, y_k, X 的某些值 v' 存在这样的情况下，即 $c(X=v', Y_1=y_1, ⋯, Y_m=y_m)<c(X=v, Y_1=y_1, ⋯, Y_m=y_m)$ 则变量 X 的值 v 是被**严格支配**的。修剪严格支配的值并不能去除最小解。对域的修剪可以反复进行，就像 GAC 算法一样。

弱支配的定义与严格支配的定义相同，但将"小于"改为"小于或等于"。如果只需要一个最优解，可以依次剪除弱支配值。可以发现移除哪些弱支配值可能会影响到最优解，但移除一个弱支配值并不会移除所有的最优解。就像硬约束的弧一致性一样，修剪（严格支配值或弱支配值）可能会大大简化问题，但本身并不总是能解决问题。

域分割用于建立搜索树。节点是将一个值分配给变量的子集。节点的邻居是通过选择一个节点中没有被赋值的变量 X 来获得的；X 的每一个值都有一个节点的邻居，将一个值赋给 X，可以简化涉及 X 的约束，并对其他变量的值进行修剪，因为硬约束或支配，所以可以对其他变量的值进行修剪。弧代价是对能够被评价的软约束的评估值。目标节点是指所有变量都被赋值的节点。

通过在软约束能够被评估的时候就分配代价，可以用 A* 或分支定界等搜索算法来寻找最小解。这些方法要求每个弧代价必须为非负值。为了实现这一点，需要从每个软约束中的每个代价中减去该软约束中的最低代价（即使它是负的）。然后，这个代价需要加到最终解决方案的代价中。

例 4.29 假设 X 和 Y 是具有域 $\{0,1\}$ 的变量。通过在每个代价中减去 -4（即加 4），将约束转化为非负值，因此代价范围从 0 到 10，而不是从 -4 到 6。然后从解的代价中减去 4。

X	Y	代价
0	0	-4
0	1	-1
1	0	5
1	1	6

变量消除法也可用于软约束。变量是逐一消除的。一个变量 X 的消除方法如下。假设 R 是涉及 X 的约束集，计算出一个新的约束 T，其作用域是 R 中的约束的作用域的

联合，其值是 R 的值之和。让 $V = \text{scope}(T) \setminus \{X\}$。对于 V 中的变量的每一个值，选择一个使 T 最小化的 X 的值，产生一个新的软约束 N，其作用域为 V，约束 N 取代了 R 中的约束，这样就产生了一个新的问题，它的变量较少，并且有一个新的约束集，可以递归地解决。约简后的问题的解 S 是对 V 中的变量的赋值。因此，赋值 S 下的约束 T（即 $T(S)$）是 X 的一个函数。通过选择一个能使 $T(S)$ 最小的值，得到 X 的最优值。

```
1:  procedure VE_SC(Vs, Cs)
2:    Inputs
3:      Vs：变量集
4:      Cs：软约束集
5:    Output
6:      给 Vs 的最佳赋值
7:    if Vs 包含单一元素或 Cs 包含单一约束条件 then
8:      令 C 为 Cs 中的约束条件之和
9:      return 最小值为 C 的赋值
10:   else
11:     依据某些消除顺序选择 X∈Vs
12:     R={C∈Cs：约束 C 涉及变量 X}
13:     令 T 为 R 中的约束条件之和
14:     N := min T
                X
15:     S := VE_SC(Vs \ {X}, Cs \ R∪{N})
16:     X_opt := arg min T(S)
                     X
17:     return S∪{X = X_opt}
```

图 4.12　给出了软约束变量消除算法（VE_SC）的伪代码。消除顺序可以先验地给定，也可以通过使用 VE_CSP 中讨论的消除顺序启发式（见 4.6 节）来计算。VE_SC 算法可以不存储 T，只构造一个 N 的扩展表示，就可以实现 VE_SC。

图 4.12　用软约束进行优化的变量消除法

例 4.30　考虑例 4.27。首先考虑消除 A，它只出现在一个约束 $c_1(A, B)$ 中。去掉 A，就可以得到

$c_6(B) = \text{arg min}_A c_1(A, B)$：

B	代价
1	0
2	2
3	2

将约束条件 $c_1(A, B)$ 改为 $c_6(B)$。

假设接下来消除 B。B 出现在三个约束中，即 $c_2(B, C)$、$c_3(B, D)$ 和 $c_6(B)$。这三个约束条件相加，得到

$c_2(B, C) + c_3(B, D) + c_6(B)$：

B	C	D	代价
1	1	1	8
1	1	2	5
...			
2	1	1	4
2	1	2	4
...			
3	1	1	6
3	1	2	8

将约束条件 c_2、c_3 和 c_6 改为

$c_7(C, D) = \text{min}_B(c_2(B, C) + c_3(B, D) + c_6(B))$：

C	D	代价
1	1	4
1	2	4
...		

现在还有三个约束条件：$c_4(C，E)$、$C_5(D，E)$和$c_7(C，D)$。这些都可以进行递归优化。

假设递归调用返回解$C=1$，$D=2$，$E=2$。B的最优值是$c_2(B，C=1)+c_3(B，D=2)+c_6(B)$中的最小值，即$B=2$。

由$c_1(A，B)$可知，使$c_1(A，B=2)$最小化的A的值为$A=1$。因此，最优解是$A=1$，$B=2$，$C=1$，$D=2$，$E=2$，其代价为4。

VE_SC的复杂性取决于约束图的结构，就像对硬约束一样。在VE算法中，稀疏的图可能会导致小的中间约束，包括VE_SC。而密集连接的图则会产生较大的中间约束。

4.9.2　用于优化的局部搜索

局部搜索直接适用于优化问题，局部搜索是用来使目标函数最小化，而不是找到一个解。该算法运行一定的时间（可能包括随机重启以探索搜索空间的其他部分），始终保留迄今为止发现的最佳赋值，并返回该赋值作为其答案。

局部搜索优化有一个额外的复杂问题，只有硬约束时不会出现。在只有硬约束的情况下，算法在不存在冲突的情况下找到了解。对于优化，很难确定找到的最佳总赋值是否是最佳解。根据**最优性标准**，局部最优是指一个总赋值至少与任何可能的继任者一样好的总赋值。**全局最优**是指至少与其他所有的总赋值一样好的总赋值。如果不系统地搜索其他赋值，算法可能无法知道迄今为止找到的最佳赋值是否是全局最优，或者在搜索空间的不同部分是否存在更好的解。

当使用局部搜索求解有硬约束和软约束的约束优化问题时，通常允许算法在求解的过程中违反硬约束是非常有用的。这样做的方法是使违反硬约束的代价取一些大而有限的值。

连续域

对于具有连续域的优化，局部搜索变得更加复杂，因为总赋值的可能继承者并不明显。

对于评价函数连续且可微分的优化，可以用**梯度下降法**求最小值，用**梯度上升法**求最大值。梯度下降就像走下坡路一样，总是往下坡的方向走一步，走得最多的方向是石头如果松手就会翻滚的方向。一般的思路是，总赋值的继任者是与评价函数h的斜率成正比的下坡，因此，梯度下降在每个方向上的步数与该方向的偏导数的负值成正比。

在一维中，如果x是一个实值变量，当前值为v，那么下一个值应该是

$$v - \eta * \left(\frac{\mathrm{d}h}{\mathrm{d}X}\right)(v)$$

- η，**步长**，是决定梯度下降接近最小值的速度的比例常数。如果η过大，算法就会超过最小值；如果η过小，进度就会变得非常慢。
- $\mathrm{d}h/\mathrm{d}X$，h关于X的导数，是X的函数，并且对$X=v$评估其值。这等价于$\lim_{\varepsilon \to 0}(h(X=v+\varepsilon)-h(X=v))/\varepsilon$。

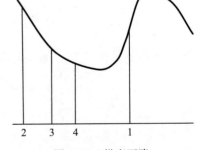

例4.31　图4.13显示了一个典型的一维函数的局部最小值。它从标记为1的位置开始，导数是一个很大的正值，所以它向左走一步到2的位置。这里的导数是负值，并且接近于零，所以它向右走了较小的一步，到达位置3。在位置3处，导数为负值，并且

图4.13　梯度下降

接近于零，所以它向右走了较小的一步。当它接近局部最小值时，斜率变得更接近于零，所以它的步数变小。

对于多维优化，当有许多变量时，梯度下降法在每个维度上的梯度与该维度的偏导数成正比。如果〈X_1，…，X_n〉是需要赋值的变量，则总赋值对应的是一个元组值〈v_1，…，v_n〉，总赋值〈v_1，…，v_n〉的继任者在每个方向上都按该方向上的斜率 h 的比例移动就可以得到。X_i 的新值为：

$$v_i - \eta * \left(\frac{\partial h}{\partial X_i}\right)(v_1, \cdots, v_n)$$

其中，η 是步长。偏导数 $\frac{\partial h}{\partial X_i}$ 是 X_1，…，X_n 的函数。将其应用到点 $(v_1, \cdots, v_n)$，将得到

$$\left(\frac{\partial h}{\partial X_i}\right)(v_1, \cdots, v_n) = \lim_{\varepsilon \to 0} \frac{h(v_1, \cdots, v_i + \varepsilon, \cdots, v_n) - h(v_1, \cdots, v_i, \cdots, v_n)}{\varepsilon}$$

如果可以分析计算出 h 的偏导数，通常情况下，这样做是很好的。如果不能，可以用一个较小值 ε 来估计。

梯度下降算法被用于参数学习（见 7.8 节），其中可能有成千上万甚至数百万个实值参数需要优化。这种算法有很多变体。例如，该算法可以不使用恒定的步长，而是做一个二分搜索来确定一个局部最优的步长。

对于有最小值的平滑函数，如果步长大小足够小，梯度下降算法将收敛到局部最小值。如果步长大小过大，算法就有可能出现偏离。如果步长太小，算法会很慢。如果有一个唯一的局部最小值，梯度下降算法在步长足够小的情况下，会收敛到这个全局最小值。当有多个局部最小值时，并不是所有的局部最小值都是全局最小值，它可能需要通过搜索来寻找全局最小值，例如通过随机重启或随机游走。这些方法并不能保证找到全局最小值，除非整个搜索空间已经用尽，但往往是我们能得到的最好的方法。

4.10 回顾

以下是本章的主要内容：

- 与其明确地从世界或状态的角度进行推理，还不如从变量或特征的角度进行推理，对智能体来说，几乎总是更有效率。
- 约束满足问题被表示为一组变量、变量的域和一组硬约束或软约束。一个解决方案是给每个变量赋值，满足一组硬约束或优化软约束之和。
- 弧一致性和搜索往往可以结合起来，找到满足某些约束条件的赋值，或者说明没有赋值。
- 随机局部搜索可以用来寻找满足的赋值，但不能说明没有满足的赋值。其效率取决于每次改进所需的时间和每一步改进值的多少之间的权衡。必须使用某种方法，使搜索能够摆脱不是解的局部最小值。
- 当约束图稀疏时，优化可以使用系统化方法。也可以使用局部搜索，但附加的问题是不知道什么时候搜索处于全局最优。

4.11　参考文献和进一步阅读

约束满足技术在 Dechter[2003]以及 Freuder 和 Mackworth[2006]中进行了描述。GAC 算法是由 Mackworth[1977]发明的。

用于命题满足性的变量消除法是由 Davis 和 Putnam[1960]提出的。用于优化的 VE 被称为**非序列动态编程**，由 Bertelè 和 Brioschi[1972]发明。

随机局部搜索算法由 Spall[2003]以及 Hoos 和 Stützle[2004]描述。任意冲突算法是基于 Minton 等[1992]提出的。模拟退火是由 Kirkpatrick 等[1983]发明的。

遗传算法是由 Holland[1975]率先提出的。关于遗传算法的文献很多，综述见 Goldberg[1989]、Koza[1992]、Mitchell[1996]、Bäck[1996]、Whitley[2001]和 Goldberg[2002]。

4.12　练习

4.1　考虑图 4.14 所示的填字游戏。

你必须找到 6 个三字母的单词：3 个横读的单词（1-横、4-横、5-横）和 3 个竖读的单词（1-纵，2-纵，3-纵）。每个单词必须从所示的 18 个可能的单词中选出来。试着自己去解决，先凭直觉，然后动手先用域一致性，再用弧一致性填写。

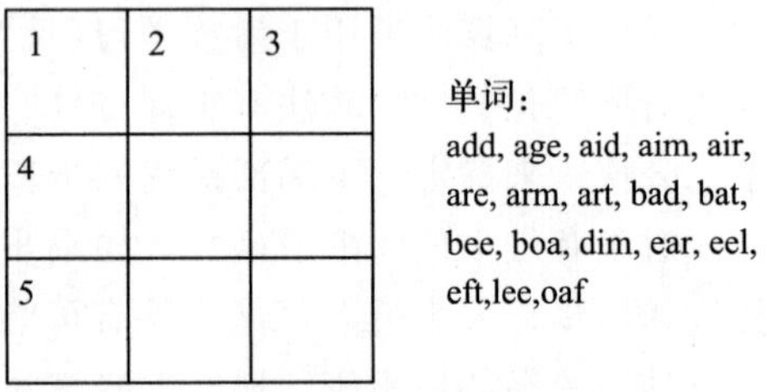

1	2	3
4		
5		

单词：
add, age, aid, aim, air, are, arm, art, bad, bat, bee, boa, dim, ear, eel, eft, lee, oaf

图 4.14　拟求解的带有 6 个单词的填字游戏

至少有两种方法可以将图 4.14 所示的填字游戏表示为约束满足问题。

第一种方法是将单词的位置（1-横、4-横等）表示为变量，以单词的集合为可能的值。其约束条件是，单词与单词相交的地方的字符是相同的。

第二种方法是将九宫格表示为变量。每个变量的域是字母表的字母集{a, b, …, z}。其约束条件是：在单词列表中，有一个单词包含相应的字母。例如，左上角的正方形和中间的正方形不能同时具有 a 的值，因为没有一个以 aa 开头的单词。

(a) 使用第一种表示时，举例说明因域一致性而进行的修剪（如果有的话）。

(b) 使用第一种表示时，举例说明由于弧一致性而进行的修剪（如果有的话）。

(c) 使用第一种表示时，域一致性加弧一致性是否足以解决这个问题？请解释一下。

(d) 使用第二种表示时，举例说明因域一致性而进行的修剪（如果有的话）。

(e) 使用第二种表示时，举例说明由于弧一致性而进行的修剪（如果有的话）。

(f) 使用第二种表示时，域一致性加弧一致性是否足以解决这个问题？

(g) 使用基于一致性的技术，哪种表述方式会导致更有效的解决方案？请提供你的答案所依据的证据。

4.2　假设你有一个关系 $v(N, W)$，如果有一个元音（a、e、i、o、u 中的一个）作为单词 W 的第 N 个字母，那么这个关系 $v(N, W)$ 为真。例如，$v(2, cat)$ 为真，因为有一个元音（"cat" 的第二个字母 "a"）作为单词 "cat" 的第二个字母；$v(3, cat)$ 为假，因为 "cat" 的第三个字母是 "t"，不是元音；而 $v(5, cat)$ 也是假的，因为 "cat" 中没有第五个字母。

假设 N 的域是{1, 3, 5}，W 的域是{added, blue, fever, green, stare}。

(a) 弧$\langle N, v\rangle$是否是弧一致的？如果是，请解释原因。如果不是，请说明可以从一个域中删除哪些元素，使其弧一致。

(b) 弧 $\langle W, v \rangle$ 是否是弧一致的？如果是，请解释原因。如果不是，请说明可以从一个域中删除哪些元素，使其弧一致。

4.3 考虑图 4.15 所示的填字游戏。

图 4.15a 中可能的单词是：

ant，big，bus，car，has，book，buys，hold，lane，year，ginger，search，symbol，syntax

图 4.15b 中可能的单词是：

at，eta，be，hat，he，her，it，him，on，one，desk，dance，usage，easy，dove，first，else，loses，fuels，help，haste，given，kind，sense，soon，sound，this，think

(a) 对于位置（1-横、2-纵等）和单词的约束图节点，使其域一致后，画出域的约束图节点。

(b) 举例说明由于弧一致性而进行的修剪。

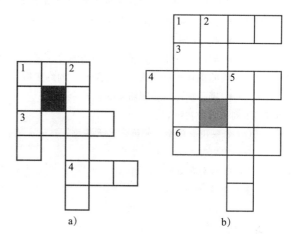

图 4.15　两个填字游戏

(c) 弧一致性停止后的域有哪些？

(d) 考虑二元表示法，其中单词交点上的方块是变量。变量的域包含了可以进入这些位置的字母。给出使这个网络中的域弧一致后的域。这个表示法中弧一致后的结果是否与（c）部分的结果一致？

(e) 说明变量消除法是如何解决填字游戏的。从（c）部分的弧一致网络开始。

(f) 消除顺序不同会影响效率吗？请解释一下。

4.4 考虑广义弧一致性的复杂度，超出了文中考虑的二元情况（见 4.4 节）。假设有 n 个变量，c 个约束，其中每个约束涉及 k 个变量，每个变量的域的大小为 d。有多少条弧？作为 c、k 和 d 的函数，检查一条弧的最坏情况下的代价是多少，一条弧必须检查多少次？在此基础上，作为 c、k 和 d 的函数，GAC 的时间复杂度是多少？空间复杂度是多少？

4.5 思考随机局部搜索如何求解练习 4.3。你应该使用"随机局部搜索"的 AIspace.org 小程序或书中的 Python 代码来回答这个问题。从弧一致网络开始。

(a) 随机游走的效果如何？

(b) 爬山的效果如何？

(c) 组合工作的效果如何？

(d) 哪些参数设置效果最好？你用了什么证据来回答这个问题？

4.6 考虑一个调度问题，有五个活动要在四个时间段内调度。假设我们用变量 A、B、C、D 和 E 来表示这些活动，其中每个变量的域是 $\{1, 2, 3, 4\}$，约束如下：

$$A>D，D>E，C\neq A，C>E，C\neq D，B\geq A，B\neq C，C\neq D+1$$

[在这之前，请先用自己的直觉去寻找合法的调度安排。]

(a) 显示回溯是如何解决这个问题的。要做到这一点，你应该画出生成的搜索树，以找到所有的答案。清楚地指出有效的调度表。确保选择一个合理的变量排序。

为了表示搜索树，可以用文本形式写出搜索树，每个分支写在一行。例如，假设我们有变量 X、Y 和 Z，有域 t、f 以及约束 $X\neq Y$ 和 $Y\neq Z$。对应的搜索树写成：

```
X=t Y=t failure
        Y=f Z=t solution
              Z=f failure
X=f Y=t Z=t failure
              Z=f solution
        Y=f failure
```

［提示：为某一问题写一个程序来生成这样的树，可能比手工操作要容易得多。］

(b) 显示弧一致性如何解决这个问题。要做到这一点，你必须

- 画出约束图。

- 显示每一步都会删除域中的哪些元素，并由哪条弧负责删除该元素。

- 明确地显示出弧一致性停止后的约束图。

- 展示如何用分割域来解决这个问题。

4.7 下列哪种方法可以：

(a) 如果没有模型，则确定为无模型。

(b) 如果有的话，找一个模型。

(c) 找到所有模型？

需要考虑的方法有：

i. 具有域划分的弧一致性。

ii. 变量消除法。

iii. 随机局部搜索。

iv. 遗传算法。

4.8 用域分割修改弧一致性，返回所有的模型，而不是只返回一个。给出算法。

4.9 给出变量消除算法，以返回其中一个模型而不是所有的模型。找一个模型比找所有的模型容易吗？

4.10 解释如何利用域分割的弧一致性来计算模型的数量。如果域分割的结果是一个断开的图，算法如何利用这一点？

4.11 修改 VE 来计算模型的数量，不需要一一列举。［提示：不需要反向传递，可以将解的数量向前传递。］

4.12 考虑图 4.16 中的命名二分约束的约束图，其中 r_1 是 A 和 B 上的一个关系，我们可以写成 $r_1(A，B)$，对于其他关系，也可以写成类似的形式。考虑用 VE 来求解这个网络。

- 假设你要消除变量 A，去掉哪些约束？在哪些变量上创建了一个约束？（你可以称之为 r_{11}）。

- 假设你后来要去掉 B（即去掉 A 后）。哪些关系被消除了？在哪些变量上建立了一个约束？

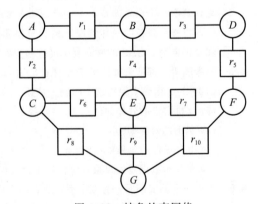

图 4.16 抽象约束网络

4.13 将密码算术问题 SEND＋MORE＝MONEY 作为 CSP 提出并解决。在密码算术问题中，每个字母代表不同的数字，最左边的数字不能是 0（因为这样就不存在），而且必须把每一串字母看作十进制的数字，求和必须是正确的。在这个例子中，你知道 $Y=(D+E) \bmod 10$，$E=(N+R+((D+E) \div 10)) \bmod 10$，以此类推。

命题与推理

当我看到一个错误的定理时，我不需要检查，甚至不需要知道这个证明，因为我将通过一个简单的实验，从**后验**中发现它的错误，也就是说，通过很少的纸张和墨水来进行计算，这将显示出错误，不论它多小。

如果有人怀疑我的结果，我应该对他说："让我们计算一下，先生。"然后，通过笔和墨水，我们应该很快解决这个问题。

——Gottfried Wilhelm Leibniz[1677]

本章考虑一种简单的知识库形式，它告诉我们世界上的事实和规则是什么。一个智能体可以使用这样的知识库，连同它的观察，来确定世界上的真理。当询问给定知识库什么是确定的真理时，它回答查询，而不列举可能的世界，甚至不生成任何可能的世界。本章提出了一些使用命题的推理形式。它们在被证明的内容、必须提供的背景知识以及如何处理观测结果等方面存在差异。

5.1 命题

关于世界的陈述提供了关于什么可能是真实的约束。可以将约束**根据外延**指定为对变量的规范赋值表，或者用公式的形式定义为内涵约束。对于许多领域，命题提供了一种合适的语言来提供内涵约束。

使用命题来指定约束和查询有以下几个原因：

- 给出关于某些变量之间关系的逻辑陈述通常比使用外延表示法更简洁和易读。
- 可以利用知识的形式来提高推理的效率。
- 它们是模块化的，因此对问题的微小更改会导致对知识库的微小更改。这也意味着知识库比其他表示更容易调试。
- 智能体必须回答的查询类型可能比为变量赋值的单个查询更加丰富。
- 这种语言在第 13 章被扩展到关于个体和关系的推理。

我们首先给出了一种叫作**命题演算**（propositional calculus）语言的语法和语义。

5.1.1 命题演算的语法

一个**命题**是一个句子，用一种语言写成，在一个世界中只有一个真值（即，它是真或假）。一个命题是由原子命题用逻辑连接词构成的。

一个**原子命题**（或者仅仅是一个**原子**）是一个符号（见 4.1.1 节）。我们使用如下约定：命题由字母、数字和下划线（_）组成，并以小写字母开头。

举例来说，ai_is_fun、lit_l$_1$、live_outside、mimsy 和 sunny 都是原子。

命题可以用逻辑连接词从更简单的命题中构建出来。一个**命题**或者一个**逻辑公式**是如下之一：

- 一个原子命题。
- 如下形式的**复合命题**。

$\neg p$	"not p"	p 的否
$p \wedge q$	"p and q"	p 和 q 的合取
$p \vee q$	"p or q"	p 和 q 的析取
$p \rightarrow q$	"p implies q"	p 蕴涵 q
$p \leftarrow q$	"p if q"	q 蕴涵 p
$p \leftrightarrow q$	"p if and only if q"	p 和 q 等价

其中，p 和 q 是命题。

运算符 $\neg$、$\wedge$、$\vee$、$\rightarrow$、$\leftarrow$ 和 $\leftrightarrow$ 是**逻辑连接**。

括号可以用来使逻辑公式不模糊。如果省略括号，则运算符的优先级按照上面给出的顺序排列。

因此，一个复合命题可以通过在子表达式中按上述定义的运算符的优先级顺序加上括号来消除歧义。比如说，

$$\neg a \vee b \wedge c \rightarrow d \wedge \neg e \vee f$$

是如下公式的缩写

$$((\neg a) \vee (b \wedge c)) \rightarrow ((d \wedge (\neg e)) \vee f)$$

5.1.2　命题演算的语义

语义定义了一种语言的句子的意义。当句子是关于一个（真实的或想象的）世界时，语义指定如何将语言符号与世界对应起来。

命题演算的语义定义如下。直观地说，原子对某些人来说是有意义的，它在解释上要么是正确的，要么是错误的。原子的真值给予解释中其他命题的真值。

一个**解释**（interpretation）包含一个将原子映射到 {true, false} 的函数 π。如果 $\pi(a)$ = true，原子 a 在解释中为 true，或者解释将 a 赋值为 true。如果 $\pi(a)$ = false，原子 a 在解释中为 false。有时候，考虑原子映射为 true 的集合是有用的，并将其余的原子映射为 false。

一个复合命题在解释中是否为真，可以用图 5.1 的真值表从该命题各组成部分的真值中推断出来。

p	q	$\neg p$	$p \wedge q$	$p \vee q$	$p \leftarrow q$	$p \rightarrow q$	$p \leftrightarrow q$
true	true	false	true	true	true	true	true
true	false	false	false	true	true	false	false
false	true	true	false	true	false	true	false
false	false	true	false	false	true	true	true

图 5.1　定义 $\neg$、$\wedge$、$\vee$、$\leftarrow$、$\rightarrow$ 和 $\leftrightarrow$ 的真值表

请注意，真值的定义只与解释有关；对不同的解释，命题可能有不同的真值。

例 5.1　假设有三个原子：ai_is_fun、happy 和 light_on.

假设解释 I_1 将 ai_is_fun 赋值为 true、将 happy 赋值为 false 且将 light_on 赋值 true。也就是说，I_1 被定义为函数：

$$\pi_1(\text{ai\_is\_fun}) = \text{true}，\pi_1(\text{happy}) = \text{false}，\pi_1(\text{light\_on}) = \text{true}$$

那么

- 在 I_1 中 ai_is_fun 为 true。
- 在 I_1 中 ¬ai_is_fun 为 false。
- 在 I_1 中 happy 为 false。
- 在 I_1 中 ¬happy 为 true。
- 在 I_1 中 ai_is_fun ∨ happy 为 true。
- 在 I_1 中 ai_is_fun ← happy 为 true。
- 在 I_1 中 happy ← ai_is_fun 为 false。
- 在 I_1 中 ai_is_fun ← happy ∧ light_on 为 true。

假设解释 I_2 将 ai_is_fun 赋值为 false、将 happy 赋值为 true 且将 light_on 赋值 false。

- 在 I_2 中 ai_is_fun 为 false。
- 在 I_2 中 ¬ai_is_fun 为 true。
- 在 I_2 中 happy 为 true。
- 在 I_2 中 ¬happy 为 false。
- 在 I_2 中 ai_is_fun ∨ happy 为 true。
- 在 I_2 中 ai_is_fun ← happy 为 false。
- 在 I_2 中 ai_is_fun ← light_on 为 true。
- 在 I_2 中 ai_is_fun ← happy ∧ light_on 为 true。

知识库（knowledge base）是一组被陈述为真的命题。知识库的一个元素是一个**公理**。

知识库 KB 的**模型**是一个解释，其中知识库 KB 中的所有命题都为真。

如果 KB 是一个知识库，g 是一个命题，如果 g 在 KB 的每个模型中都为真，则 g 是 KB 的一个蕴涵（logical consequence），记为 KB ⊨ g。

因此，KB ⊭ g 意味着 g 不是 KB 的一个蕴涵，即存在一个 KB 模型，其中 g 为假。

也就是说，KB ⊨ g 意味着没有这样的解释存在，其中 KB 为真且 g 为假。如果知识库是假，那么蕴涵的定义没有对一个解释中的 g 的真值设置约束。

如果 KB ⊨ g，我们说 g 在**逻辑上跟随** KB，或者 KB **蕴涵** g。

例 5.2　假设 KB 是以下知识库：

sam_is_happy.

ai_is_fun.

worms_live_underground.

night_time.

bird_eats_apple.

apple_is_eaten ← bird_eats_apple.

switch_1_is_up ← sam_is_in_room ∧ night_time.

给定这个知识库，

KB $\models$ bird_eats_apple.

KB $\models$ apple_is_eaten.

知识库 KB 中没有蕴涵 switch_1_is_up，因为在一个模型中，switch_1_is_up 为假。请注意，在那个解释中 sam_is_in_room 必须为假。

1. 语义的人类视角

语义的描述并没有告诉我们为什么语义是有趣的，也没有告诉我们如何将语义作为构建智能系统的基础。使用逻辑的基本思想是，当一个**知识库设计师**有一个特定的世界来描述，设计师可以选择这个世界作为一个**预期释义**，选择符号相对于这个世界的意义，并用命题描述世界。当系统计算一个知识库的蕴涵时，设计者可以根据预期释义来解释这个答案。设计师应该把这个意思传达给其他设计师和用户，这样他们也可以利用符号的含义来解释答案。

逻辑蕴涵 KB $\models g$ 是一组命题(KB)与它所蕴含的一个命题 g 之间的语义关系。KB 和 g 都是符号性的，因此可以在计算机中表示。其意义可能与世界有关，而世界通常不是符号化的。$\models$关系不是关于计算或证明的；它提供了从某些关于什么是真实的陈述并在接下来进行证明。

知识库设计人员用以代表一个世界的方法可以表述如下。

步骤 1：知识库设计者选择一个任务域或者世界来表示，这就是预期释义。这可能是现实世界的某些方面(例如，一所大学的课程和学生的结构，或者某个特定时间点的实验室环境)，一些虚构的世界(例如爱丽丝梦游仙境的世界，或者如果开关坏了的电气环境的状态)，或者一个抽象的世界(例如，数字和集合的世界)。

步骤 2：知识库设计者选择原子来表示感兴趣的命题。相对于预期释义，每个原子都有一个精确的含义。

步骤 3：知识库设计者**告诉**系统命题，这些命题在预期释义中是正确的。这通常被称为**领域公理化**，其中给定的命题是领域的**公理**。

步骤 4：知识库设计师现在可以**问**一些关于预期释义的问题。这个系统可以回答这些问题。设计师能够通过赋予符号意义来解释答案。

在这种方法中，设计者直到步骤 3 才命令计算机做事情。前两个步骤是在设计师的头脑中进行的。

设计师应该记录这些符号的意义，这样他们就可以让其他人理解他们的表达，因此他人就可以记住每个符号的意义，他人就可以检验给定命题的真实性。符号的意义规范称为**本体论**(ontology)。本体论可以在注释中非正式地指定，但是它们越来越多地用正式语言来指定，以支持语义互操作性——将来自不同知识库的符号一起使用的能力。本体论将在第 14 章中详细讨论。

只要人们理解这些符号的意义，他们就可以完成步骤 4。其他知道问题和答案中符号含义的人以及相信知识库设计者已经说出了真值的人，可以将他们对问题的答案解释为在所考虑的世界中是正确的。

2. 语义的计算机视角

为系统提供信息的知识库设计者有一个预期释义，并根据这个预期释义解释符号。设计师以命题的形式陈述知识，说明什么是真实的预期释义。计算机无法访问预期释义——只能访问知识库中的命题。设 KB 是一个给定的知识库。正如我们将要展示的，计算机能够判断某个语句是否是 KB 的蕴涵。如果知识库设计者赋予符号的意义是真实的，那么预期释义就是公理的模型。假设预期释义是 KB 的模型，如果一个命题是 KB 的蕴涵，那么它在预期释义中是正确的，因为它在所有 KB 的模型中都是正确的。

蕴涵的概念似乎正是从世界的公理化中推断隐含信息的合适工具。假设 KB 表示关于预期释义的知识；也就是说，预期释义是 KB 的模型，这就是系统所知道的关于预期释义的全部内容。如果是 KB$\models g$，那么 g 在预期释义中一定为真，因为在知识库的所有模型中都是如此。如果 KB$\not\models g$，即 g 不是 KB 的蕴涵，则存在一个 KB 的模型，其中 g 为假。就计算机而言，预期释义可能是 KB 的模型，其中 g 为假，因此它不知道在预期释义中 g 是否为真。

给定一个知识库，知识库的模型对应于世界可能的所有方法，假定知识库是正确的。

例 5.3　考虑例 5.2 的知识库。用户可以将这些符号解释为具有某种意义。计算机并不知道这些符号的意思，但是它仍然可以根据已知的信息得出结论。可以得出这样的结论，在预期释义中，apple_is_eaten 为真。它不能得出 switch_1_is_up 为真的结论，因为它不知道在预期释义中 sam_is_in_room 是真是假。

如果知识库设计者说谎（在预期释义中有些公理是错误的），那么计算机的回答在预期释义中就不能保证是正确的。

在我们考虑计算机的感知和能力以在世界上的行动时，理解如下信息是非常重要的，即计算机不知道符号的意义。是人赋予了这些符号意义。计算机所知道的关于这个世界的一切，就是它被告知的关于这个世界的一切。然而，因为计算机可以提供知识库的蕴涵，它可以得出在那个世界上是真实的结论。

5.2　命题约束

第 4 章展示了如何进行约束推理。逻辑公式提供了一种结构简洁的约束形式，可以加以利用。**命题可满足性**问题的类型有：

- **布尔变量**：布尔变量是值域为{true，false}的变量。如果 X 是一个布尔变量，我们将 $X=$true 用小写 x 表示，将 $X=$false 表示为$\neg x$。于是，对于给定的布尔变量 Happy，命题 happy 意思是 Happy 为真，$\neg$happy 意思是 Happy 为假。
- **子句约束**：**子句**（clause）是 $l_1 \vee l_2 \vee \cdots \vee l_k$ 形式的表达式，其中每个 l_i 是一个**文字**（literal）。文字是原子或原子的否定；因此文字是布尔变量值的赋值。一个子句在一个可能世界中得到满足，当且仅当构成该子句的文字中至少有一个在该可能世界中为真。

如果$\neg a$ 出现在一个子句中，那么就说原子 a 在这个子句中就以否定形式出现。如果 a 在一个子句中不可否定，就说它在一个子句中是肯定的。

就命题逻辑而言，一组子句是一种受限制的逻辑公式。任何命题公式都可以转换为子句形式。

就约束而言，子句是一组布尔变量的约束，这些布尔变量排除了一项任务——使所有文字都为假的任务。

例 5.4　子句 happy $\vee$ sad $\vee \neg$living 是变量 Happy、Sad 和 Living 的一个约束，如

果 Happy 取值为真，Sad 取值为真，而 Living 取值为假，则这个约束就为真。原子 happy 和 sad 在子句中呈现为真，living 在子句中呈现为假。

任务 ¬happy、¬sad、living 破坏了子句 happy ∨ sad ∨ ¬living 的约束。这是导致破坏子句的三个变量的唯一赋值。

可以将任何有限的 CSP 转化为命题可满足性问题：

- 域 $\{v_1, \cdots, v_k\}$ 的 CSP 变量 Y 可以转换为 k 个布尔变量 $\{Y_1, \cdots, Y_k\}$，其中当 Y 取值为 v_i 时 Y_i 为真，否则为假。每个 Y_i 被称为一个**指示变量**。因此，k 个原子 $y_1, \cdots, y_k$ 被用来表示 CSP 变量。

- 有些约束指定，当 $i \neq j$ 时，y_i 和 y_j 不能都为真。有一个约束条件，那就是其中一个 y_i 一定为真。因此，知识库中包含这样的子句：对于 $i < j$ 且 $y_1 \vee \cdots \vee y_k$，有 $\neg y_i \vee \neg y_j$。

- 每个约束中，每个假赋值都有一个子句，它指定了哪些对 Y_i 的赋值是不被约束所允许的。通常这些子句可以组合成更简单的约束。例如，子句 $a \vee b \vee c$ 和 $a \vee b \vee \neg c$ 可以组合成 $a \vee b$。

5.2.1 用于一致性算法的子句形式

对于命题可满足性问题，一致性算法比一般的 CSP 算法更有效。当只有两个值时，从域中修剪一个值等价于分配相反的值。因此，如果 X 具有域 $\{\text{true}, \text{false}\}$，那么从 X 的域中修剪 true 就等同于将 X 赋值为 false。

弧一致性可以用来修剪值集和约束集。给一个布尔变量赋值可以简化约束集：

- 如果将 X 赋值为 true，则所有带有 $X = \text{true}$ 的子句将变得多余；它们将自动得到满足。这些子句可以删除。类似地，如果给 X 赋值为 false，则可以删除包含 $X = \text{false}$ 的子句。

- 如果 X 被赋值为 true，那么任何带有 $X = \text{false}$ 的子句都可以通过从子句中删除 $X = \text{false}$ 来简化。类似地，如果 X 被赋值为 false，那么可以从它出现的任何子句中删除 $X = \text{true}$。这一步称为**单项消解**（unit resolution）。

如果在删除子句之后，有一个子句只包含一个赋值 $Y = v$，那么另一个值可以从 Y 的域中删除。这是弧一致性的一种形式。如果从一个子句中删除所有的赋值，则约束是不可满足的。

例 5.5 考虑子句 $\neg x \vee y \vee \neg z$。如果 X 被赋值为 true，子句可以简化为 $y \vee \neg z$。如果 Y 被赋值为 false，那么子句可以简化为 $\neg z$，因此，可以从 Z 的域中删除 true。

如果 X 被赋值为 false，那么该子句可以被删除。

如果一个变量在所有剩余子句中具有相同的值，并且算法必须只找到一个模型，那么它可以将该值赋给该变量。例如，如果变量 Y 只显示为 $Y = \text{true}$（即 ¬y 不在任何子句中），那么 Y 可以被赋值为 true。这个赋值并不会删除所有的模型；它只是简化了问题，因为设置 $Y = \text{true}$ 之后剩下的子句集是如果 Y 被赋值为 false 的子句的一个子集。在所有子句中只有一个值的变量称为**纯文字变量**。

事实证明，修剪域和约束、域分割和分配纯文字是一个非常有效的算法，只要数据结构被索引以有效地执行这些任务。它被称为 DPLL 算法，以其作者命名。

5.2.2　在局部搜索中利用命题结构

对于命题可满足性问题形式的 CSP，使用布尔变量和子句约束，随机局部搜索更简单，因此可以更快。它可以更有效率，原因如下：

- 因为对于一个变量的每个赋值只有一个可选值，所以算法不必搜索所有可选值。
- 在不满足的子句中，修改任何值都会使该子句满足。因此，很容易满足一个子句，虽然这可能使其他子句不满足。
- 如果一个变量变为真值，那么只有那些出现对应的负变量的子句才会变为不满足，而出现正值的所有子句都必须变为满足。反过来说，如果一个变量被改为假，那么只有那些变量看起来是正值的子句才会变得不满足，而所有看起来是负值的子句都会变得满足。这样就可以对子句进行快速索引。
- 搜索空间扩大了。特别是，在找到解决办法之前，变量 Y 的一个以上的指示变量可能为真（这相当于 Y 有多个值），或者所有的指示变量可能为假（这相当于 Y 没有值）。这可能意味着在原始问题中是局部最小值的一些赋值，在新的表示中可能不是局部最小值。
- 可满足性的研究比大多数其他类型的 CSP 更为广泛，而且由于研究人员探索了更多的潜在算法空间，因此存在更有效的解决方案。

将一个特定的 CSP 转化为一个可满足性问题是否能提高搜索性能是一个经验性问题。

5.3　命题确定子句

本章的其余部分考虑一些有用的并且可以有效实现的受限语言和推理任务。

命题确定子句的语言是命题演算的子语言，它不允许有不确定性或模糊性。在这种语言中，命题具有与命题演算相同的意义，但并非所有复合命题都被允许存在于知识库中。

命题确定子句的**句法**定义如下：

- 一个**原子命题**或者**原子**，与命题演算是一样的。
- 确定子句是如下这种形式：

$$h \leftarrow a_1 \wedge \cdots \wedge a_m$$

其中 h 是一个原子，是子句的**头部**，每个 a_i 是一个原子。它可以读作"如果 a_1 ……且 a_m，则 h"。

如果 $m > 0$，子句被称为一个**规则**，其中 $a_1 \wedge \cdots \wedge a_m$ 是子句的**主体**。

如果 $m = 0$，箭头可以省略，那么这个子句被称为**原子子句**或**事实**。这个子句有一个**空主体**。

- **知识库**是一组确定子句的集合。

例 5.6　例 5.2 中的知识库元素都是确定子句。

以下不是确定子句：

¬apple_is_eaten.

apple_is_eaten ∧ bird_eats_apple.

sam_is_in_room ∧ night_time ← switch_1_is_up.

Apple_is_eaten←Bird_eats_apple.

happy ∨ sad ∨ ¬alive.

第四条语句不是确定子句，因为原子必须以小写字母开头。

如果 $a_1 \cdots a_m$ 在 I 中都为真，h 在 I 中为假，确定子句 $h ← a_1 \wedge \cdots \wedge a_m$ 在解释 I 中为假；否则确定子句在 I 中为真。

请注意，确定子句是子句的限制形式。例如，确定子句

$a ← b \wedge c \wedge d.$

与如下子句是等价的。

$a \vee \neg b \vee \neg c \vee \neg d.$

一般来说，一个确定子句等价于一个使用肯定文本(非否定原子)的子句。命题确定子句不能表示原子的析取(例如，$a \vee b$)或否定原子的析取(例如，$\neg c \vee \neg d$)。

例 5.7 考虑如何公理化图 5.2 中的电气环境，遵循语义的用户视角。这一公理化将使我们能够模拟电气系统。它将在后面的章节中展开，以便让我们根据观察到的症状诊断故障。

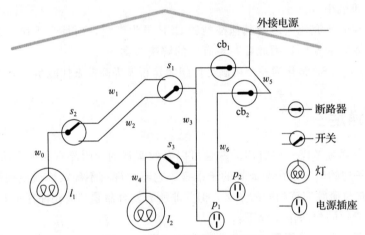

图 5.2 带命名组件的电气环境

该表示将用于根据开关位置和断路器的状态来确定灯是否打开或关闭。智能体在这里不关心电线的颜色、开关的设计、电线的长度或重量、电灯和电线的生产日期，或任何其他人们可以想象的无数的细节。

我们必须选择一个抽象的层次。其目的是在最一般的层次上表示域，使智能体能够解决它必须解决的问题。我们还希望在智能体拥有相关信息的层次表示域。例如，我们可以表示实际的电压和电流，但是实际上无论这是一个 12 伏的直流系统或者 120 伏的交流系统，我们也会做同样的推理；对于开关如何影响是否亮灯的问题，电压和频率是无关的。相反，我们在常识层面上表示这一领域，非电工可以用来描述这一领域，即电线是带电的，电流从外部通过电线流向灯，断路器和灯开关在开启和工作时连接电线。

我们必须选择要表示什么。假设我们想表示关于灯是否点亮、电线是否带电、开关是否开启或关闭以及部件是否损坏的命题。

然后，我们选择世界上具有特定意义的原子。我们可以使用描述性的名称来表示这些，例如 up_s_2 表示开关 s_2 是否打开，而 live_l_1 表示灯 l_1 是否启动(也就是说，它是否

有电能进入）。计算机不知道这些名称的含义，也不能访问原子名称的组件。

　　在这个阶段，我们没有告诉计算机任何事情。它不知道原子是什么，更不用说它们意味着什么。

　　一旦我们决定了要使用哪些符号和它们的意思，我们就用确定子句告诉系统，世界上什么是真的背景知识。确定子句最简单的形式是没有主体的确定子句（原子性确定子句），如

　　light_l_1.

　　light_l_2.

　　ok_l_1.

　　ok_l_2.

　　ok_cb_1.

　　ok_cb_2.

　　live_outside.

设计师可能会看到一部分域，知道如果线路 w_0 是通电的，那么灯 l_1 是通电的，因为它们是连接在一起的，但是可能不知道线路 w_0 是否通电。这种知识可以用规则来表示：

　　live_l_1 ← live_w_0.

　　live_w_0 ← live_w_1 ∧ up_s_2.

　　live_w_0 ← live_w_2 ∧ down_s_2.

　　live_w_1 ← live_w_3 ∧ up_s_1.

　　live_w_2 ← live_w_3 ∧ down_s_1.

　　live_l_2 ← live_w_4.

　　live_w_4 ← live_w_3 ∧ up_s_3.

　　live_p_1 ← live_w_3.

　　live_w_3 ← live_w_5 ∧ ok_cb_1.

　　live_p_2 ← live_w_6.

　　live_w_6 ← live_w_5 ∧ ok_cb_2.

　　live_w_5 ← live_outside.

　　lit_l_1 ← light_l_1 ∧ live_l_1 ∧ ok_l_1.

　　lit_l_2 ← light_l_2 ∧ live_l_2 ∧ ok_l_2.

　　在运行时，用户可以输入当前开关位置的观测值，例如

　　down_s_1.

　　up_s_2.

　　up_s_3.

　　知识库包括所有的确定子句，无论是作为背景知识还是作为观察资料。

5.3.1　问题和答案

　　建立一个真实或想象世界的描述的一个原因是能够确定在那个世界中还有什么是真实的。当计算机获得有关特定领域的知识库后，用户可能会向计算机询问有关该领域的问题。计算机可以回答一个命题是否是知识库的一个蕴涵。如果用户知道原子的意思，那么用户可以根据域来解释答案。

查询是一种询问一个命题是否是一个知识库的蕴涵的方式。一旦系统提供了一个知识库，就会用查询来询问一个公式是否是知识库的一个蕴涵。查询具有如下形式：

ask b

其中 b 是一个原子或原子的连接（类似于规则主体）。

如果主体是知识库的一个蕴涵，那么查询的**答案**是"yes"（肯定的）；如果主体不是知识库的蕴涵，那么查询的答案是"no"（否定的）。后者并不意味着主体在预期释义中是假，而是不可能根据所提供的知识来确定它是真是假。

例 5.8 一旦计算机被告知例 5.7 的知识库，它可以回答如下查询：

ask $light\_l_1$.

这个问题的答案是肯定的。查询：

ask $light\_l_6$.

答案是否定的。这台计算机没有足够的信息来知道 l_6 是不是一盏灯。查询：

ask lit_l_2.

答案是肯定的。这个原子在所有模型中都为真。

用户可以根据预期释义来解释这个答案。

5.3.2 证明

到目前为止，我们已经说明了答案是什么，但是没有说明如何计算它。$\models$ 的定义规定了哪些命题应该是知识库的蕴涵，但没有规定如何计算它们。**演绎**（deduction）的问题是确定一个命题是否是一个知识库的蕴涵。演绎是一种特殊的**推理**形式。

证明是从知识库逻辑推导出一个命题的一种机械的衍生表示。**定理**是一个可证明的命题。**证明过程**是一种可能是不确定性的算法，用于推导知识库的衍生结果。（有关不确定性选择的描述，请参阅 3.5.1 节。）

给定一个证明过程，$KB \vdash g$ 意味着 g 可以由知识库 KB 进行**证明**或**衍生**。

一个证明过程的质量可以通过它是否计算出要计算的内容来判断。

如果从知识库中衍生出来的所有东西都是知识库的蕴涵，那么证明过程对于一个语义来说是**健全的**（sound）。也就是说，如果 $KB \vdash g$，那么 $KB \models g$。

如果知识库的每个蕴涵都有证明，那么对于一个语义而言，证明过程是**完备的**。也就是说，如果 $KB \models g$，那么 $KB \vdash g$。

我们提出了两种构造命题确定子句进行证明的方法：自下而上的方法和自上而下的方法。

1. 自下而上的证明过程

可以使用**自下向上的证明过程**来推导知识库的所有蕴涵。该过程被称为自下而上，类似于建造房子，房子的每一部分都建立在已经完成的结构上。自下而上的证明过程建立在已经建立的原子之上。它应该与自上而下的方法形成对比，自上而下的方法从查询开始，并试图找到支持查询的确定子句。有时我们说，自下而上的过程是对确定子句的**前向链接**，意思是从已知向前，而不是从查询向后。

这个基本概念是基于一个**衍生规则**，一个被称为**演绎推理**的推理规则的广义形式：

如果"$h \leftarrow a_1 \wedge \cdots \wedge a_m$"是知识库中的一个确定子句，并且每个 a_i 都已经推导出，那么 h 就可以推导出。

原子子句对应于 $m = 0$ 的情况；演绎推理可以立即从知识库中衍生出任何原子子句。

图 5.3 给出了一个计算一组 KB 确定子句的**结果集** C 的过程。在这个证明过程中，如果 g 是一个原子，则在 Prove_DC_BU 过程结束时，如果 $g \in C$，则 KB $\vdash g$。对于一个连接，如果 $\{g_1, \cdots, g_k\} \subseteq C$，那么 KB $\vdash g_1 \wedge \cdots \wedge g_k$。

```
1：  procedure Prove_DC_BU(KB)
2：    Inputs
3：      KB：一个确定子句集
4：    Output
5：      KB 的蕴涵的所有原子的集合
6：    Local
7：      C 是一个原子集
8：    C := {}
9：    repeat
10：     select 在 KB 中"h←a₁∧⋯∧aₘ"，其中对于所有 i，aᵢ∈C 且 h∉C
11：     C := C∪{h}
12：    until 不再有确定子句被选择
13：    return C
```

图 5.3　获得 KB 的计算结果的自下而上的证明程序

例 5.9　假设系统给定一个知识库 KB：

$a \leftarrow b \wedge c.$

$b \leftarrow d \wedge e.$

$b \leftarrow g \wedge e.$

$c \leftarrow e.$

$d.$

$e.$

$f \leftarrow a \wedge g.$

自下而上的过程中分配给 C 的值的一个跟踪是：

$\{\}$

$\{d\}$

$\{e, d\}$

$\{c, e, d\}$

$\{b, c, e, d\}$

$\{a, b, c, e, d\}$

该算法以 $C = \{a, b, c, e, d\}$ 结束。因此，KB $\vdash a$、KB $\vdash b$ 等等。

从不使用 KB 中的最后一个规则。自下而上的证明过程不能导出 f 或 g。这是因为存在一个知识库模型，其中 f 和 g 都是假的。

图 5.3 的证明过程有一些有趣的特性：

健全性（soundness）。C 中的每个原子都是 KB 的蕴涵。也就是说，如果 KB $\vdash g$，那么 KB $\models g$。为了说明这一点，假设 C 中有一个原子不是 KB 的蕴涵。如果存在这样一个原子，那么设 h 是添加到 C 中的第一个原子，h 在 KB 的所有模型中并不都是真。假设 I 是 KB 的一个模型，其中 h 为假。因为 h 已经生成，所以在 KB 中必然有一些 $h \leftarrow$

$a_1 \wedge \cdots \wedge a_m$ 形式的确定子句，使得 $a_1 \cdots a_m$ 都在 C 中（包括 h 是原子子句的情形，此时 $m=0$）。因为 h 是在所有的 KB 模型中加到 C 中的第一个不为真的原子，a_i 是在 h 之前生成的，所有 ai 在 I 中都为真。这个子句的头在 I 中为假，它的主体在 I 中为真，因此，根据子句真值的定义，这个子句在 I 中为假。这与 I 是 KB 模型的事实相矛盾。因此，C 的每个元素都是 KB 的蕴涵。

复杂度（complexity）。图 5.3 的算法中止，循环重复的次数以 KB 中的确定子句的数量为界。这很容易看出来，因为每个确定子句最多只使用一次。因此，自下而上的证明过程的时间复杂度与知识库的大小呈线性关系，如果它对确定子句进行索引，使内循环在常数时间内完成。

不动点（fixed point）。图 5.3 算法中生成的最后一个 C 被称为**不动点**，因为衍生规则的进一步应用不会改变 C。C 是**最小不动点**，因为没有更小的不动点。

假设 I 是这样一种解释：在最小不动点处的每个原子都为真，而不在最小不动点处的每个原子都为假。为了证明 I 一定是 KB 的模型，假设"$h \leftarrow a_1 \wedge \cdots \wedge a_m$"$\in$KB 在 I 中为假。这种情况唯一可能发生的情况是 $a_1, \cdots, a_m$ 在不动点上，h 不在不动点上。通过构造，衍生规则可以用来把 h 加到不动点上，这与它是不动点是矛盾的。因此，在由不动点定义的解释中，知识库中不可能有不正确的确定子句。因此，I 是 KB 的一个模型。

I 是**最小模型**，因为它的正确命题最少。其他模型也必须将 C 中的原子赋值为真。

完备性（completeness）。假设 KB $\models g$。那么 g 在 KB 的每个模型中都为真，所以在最小模型中也为真，所以在 C 中是正确的，所以 KB $\vdash g$。

2. 自上而下的证明过程

另一种证明方法是从查询中向后或自上而下搜索，以确定它是给定确定子句的蕴涵。这个过程称为**命题确定子句解析**或 **SLD 解析**，其中 SL 代表使用线性策略选择一个原子，D 代表确定子句。它是更一般的**解析**方法的一个实例。

自上而下的证明过程可以用答案子句来理解。

答案子句是这种形式的子句：

yes$\leftarrow a_1 \wedge a_2 \wedge \cdots \wedge a_m$

其中 yes 是一种特殊的原子。从直观上看，当查询的答案是"yes"时，"yes"将是真实的。如果查询是：

ask $q_1 \wedge \cdots \wedge q_m$

初始答案是：

yes$\leftarrow q_1 \wedge \cdots \wedge q_m$

给定一个答案子句，自上而下算法在答案子句体中选择一个原子。假设它选择 a_1。被选中的原子称为**子目标**。算法通过分解步骤进行。在分解的一个步骤中，它选择一个以 KB 中，以 a_1 为头部的确定子句。如果没有这样的子句，算法就会失败。

注意 select 和 choose 的使用。主体中的任何原子都可以被选择（select），如果一个选择没有导出证明，则不需要尝试其他选择。当挑选（choose）一个子句时，算法可能需要搜索可以令证明成功的选项。

上述答案子句的**分解**（resolvent）在带有如下确定子句的选择 a_1 上进行：

$a_1 \leftarrow b_1 \wedge \cdots \wedge b_p$

得到的就是如下答案子句：

$yes \leftarrow b_1 \wedge \cdots \wedge b_p \wedge a_2 \wedge \cdots \wedge a_m$

也就是说，答案子句中的子目标被所选定的确定子句的主体所代替。

答案是一个带有空主体($m=0$)的答案子句。那就是，它是答案子句 $yes \leftarrow$。

在知识库 KB 中，一个查询"ask $q_1 \wedge \cdots \wedge q_k$"的 **SLD 衍生式**是一个答案子句序列 γ_0，γ_1，$\cdots$，γ_n，使得：

- γ_0 是对应于原始查询的答案子句，即答案子句 $yes \leftarrow q_1 \wedge \cdots \wedge q_k$。
- γ_i 是 γ_{i-1} 的分解，其中使用的确定子句在 KB 中。
- γ_n 是答案。

另一种思考该算法的方式是，自上而下算法维护一个原子集合 G 以进行证明。每一个必须被证明的原子都是一个**子目标**。最初，G 是查询中的原子集合。子句 $a \leftarrow b_1 \wedge \cdots \wedge b_p$ 表示子目标 a 可以被子目标 b_1，$\cdots$，b_p 所取代。被证明的 G 对应于 $yes \leftarrow G$ 的答案子句。

图 5.4 指定了解决查询的不确定性过程。它遵循衍生的定义。在这个过程中，G 是答案子句主体中的一组原子。这个过程是不确定性的：在第 12 行必须挑选一个要解析的确定子句。如果有一些挑选导致 G 为空集，

```
1:  non-deterministic procedure Prove_DC_TD(KB，Query)
2:    Inputs
3:      KB：确定子句集
4:      Query：要证明的原子集
5:    Output
6:      如果 KB ⊨ Query 则为 yes，否则过程失败
7:    Local
8:      G 是一个原子集
9:    G := Query
10:   repeat
11:     从 G 中选择一个原子 a
12:     在 KB 中选择以原子 a 为头部的确定子句 "a ← B"
13:     G := B ∪ (G \ {a})
14:   until G = { }
15:   return yes
```

图 5.4　自上而下确定子句的证明程序

则算法返回 yes；否则算法将失败，并且答案是 no。

该算法将子句的主体视为一组原子，而 G 也是一组原子。另一种方法是将 G 作为一个有序的原子列表，可能一个原子出现不止一次。

例 5.10　假设系统有知识库：

$a \leftarrow b \wedge c.$

$b \leftarrow d \wedge e.$

$b \leftarrow g \wedge e.$

$c \leftarrow e.$

$d.$

$e.$

$f \leftarrow a \wedge g.$

请求如下的查询：

ask $a.$

下面显示了一个衍生，它对应于图 5.4 的重复循环中到 G 的赋值序列。这里我们以一个答案子句的形式写出了 G，并且总是选择主体中最左边的原子：

$yes \leftarrow a$

$yes \leftarrow b \wedge c$

yes←$d \wedge e \wedge c$

yes←$e \wedge c$

yes←c

yes←e

yes←

下面显示了一系列挑选，其中 b 的第二个确定子句被挑选。这个挑选并不能导出一个证明。

yes←a

yes←$b \wedge c$

yes←$g \wedge e \wedge c$

如果选择 g，则没有可以挑选的规则。据说这种举证的尝试失败了。

图 5.4 中的不确定性自顶向下算法与选择策略一起归纳出一个搜索图。搜索图中的每个节点表示一个答案子句。一个节点 yes←$a_1 \wedge \cdots \wedge a_m$，其中 a_1 是选定的原子，它的邻居代表了在 a_1 上分解得到的所有可能的答案子句。每个确定子句都有一个邻居，它们的头部是 a_1。搜索的目标节点是 yes←的形式。

例 5.11 给定如下的知识库：

$a←b \wedge c.$ $a←g.$ $a←h.$

$b←j.$ $b←k.$ $d←m.$

$d←p.$ $f←m.$ $f←p.$

$g←m.$ $g←f.$ $k←m.$

$h←m.$ $p.$

和查询：

ask $a \wedge d.$

假设在每个答案子句中选择最左边的原子，SLD 衍生的搜索图如图 5.5 所示。

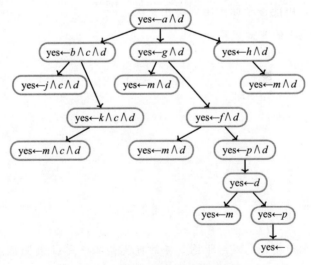

图 5.5   自上而下衍生的搜索图

搜索图不是静态定义的，因为这需要预测每一个可能的查询。相反，搜索图是根据需要动态构造的。所需要的只是一种生成节点邻居的方法。在节点的答案子句中选择一个原子，定义了一组邻居：对每个子句，节点都有一个邻居，选中的原子作为它的头部。

第 3 章的任何一种搜索方法都可用于搜索空间。因为我们只关心查询是否是蕴涵节点，所以我们只需要一个目标节点的路径；不需要最佳路径。搜索空间取决于查询和在每个节点上选择哪个原子。

当自上而下的过程衍生出答案时，可以用在自下而上的证明过程的派生中使用的规则来推断查询。类似地，可以使用原子的自下而上的证明构造相应的自上而下的推导。这种等价性可以用来表示自上而下证明过程的完整性和可靠性。根据定义，自上而下证明过程可能会花费额外的时间多次重新证明同一个原子，而自下而上过程只证明每个原子一次。但是，自下而上的过程证明了每个原子，而自上而下的过程只证明了与查询相关的原子。

证明过程可能会进入无限循环，如下面的示例所示(不需要环修剪)。

例 5. 12 考虑知识库和查询：

$g \leftarrow a.$

$a \leftarrow b.$

$b \leftarrow a.$

$g \leftarrow c.$

$c.$

$ask\ g.$

原子 g 和 c 是这个知识库唯一的原子蕴涵，自下而上的证明过程将在不动点 $\{c, g\}$ 处停止。然而，带深度优先搜索的自上而下的证明过程将无限期地进行下去，而且如果挑选了 g 的第一个子句，就不会停止，而且没有环修剪。

该算法需要一个选择策略来决定每次选择哪个原子。在上面的例子中，最左边的原子 a_1 被选中，但是任何原子都可以被选中。如果没有环修剪，选择哪个原子将影响效率，甚至可能影响算法是否终止。最好的选择策略是选择最有可能失败的原子。对原子进行排序并选择最左边的原子是一种常见的策略，因为这使得提供规则的人可以提供关于选择哪个原子的启发式知识。

5.4 知识表示问题

5.4.1 背景知识和观察

观察是从用户、传感器或其他知识源在线接收的信息。在本章中，假设观察是一组原子命题，这些命题是隐式连接的。观察不能直接提供规则。知识库中的背景知识允许智能体用这些观察结果做一些有用的事情。

在许多推理框架中，观察值被添加到背景知识中。但在其他推理框架(例如，溯因法、概率推理和学习)中，观察值与背景知识是分开处理的。

不能指望**用户**告诉我们所有的真实信息。首先，他们不知道什么是相关的，其次，他们不知道使用什么词汇。一个指定符号含义的**本体**，以及一个允许用户点击真实信息的图形用户接口，可能有助于解决词汇表问题。然而，许多问题太大了；那些相关的事情取决于其他为真的事情，而且有太多可能相关的事实，都期望用户来指定每一件为真的事情，即使有一个复杂的用户接口。

同样，被动传感器可能能够直接观测原子命题的连接，但主动传感器可能必须由智能体查询，以获得任务所需的信息。

5.4.2 查询用户

在设计时或离线时，通常没有关于特定情况的信息。这些信息是通过用户、传感器和外部知识源的观察在线得到的。例如，一个医疗诊断程序可能有关于可能的疾病和症状的用确定子句表示的知识，但是它不会有关于特定病人表现出的实际症状的知识。人们不会期望用户愿意或者甚至能够主动提供关于特定案例的所有信息，因为用户通常不知道哪些信息是相关的，也不知道表示语言的语法。用户通常更喜欢用更自然的语言或者图形用户界面回答明确的问题。

从用户那里获取信息的一个简单方法是将 ask-the-user 机制合并到自上而下的证明过程中。在这种机制中，如果用户在运行时可能知道真值，那么原子就是**可询问的**（ask-able）。当自上而下的证明过程选择了一个原子进行证明时，可以使用知识库中的一个子句来证明，或者，如果原子是可被询问的，该证明过程可以询问用户该原子是否为真。因此，只向用户询问与查询相关的原子。可以选择三类原子：

- 用户不需要知道答案的原子，因此系统不会询问。
- 用户尚未提供答案的可询问原子；在这种情况下，应该询问用户的答案，答案应该被记录。
- 用户已经提供答案的可询问原子；在这种情况下，应该使用该答案，不应该再次询问用户关于这个原子的问题。

自下而上的证明过程也可以用来询问用户，但是它应该避免询问所有可疑的原子；请参阅练习 5.5。

注意，用户角色和系统角色之间的对称性。它们既可以提出问题，也可以给出答案。在顶层，用户向系统提出一个问题，系统在每个步骤提出一个问题，系统通过查找相关的确定子句或向用户提问来回答这个问题。整个交互可以通过两个智能体（用户和系统）之间的问答协议来刻画。

例 5.13 在例 5.7 的电气领域中，人们不会期望房子的设计师知道开关的位置（无论每个开关是打开或者关闭），或期望用户知道哪些开关连接到哪些电线。例 5.7 中除开关位置外的所有确定子句都由设计人员给出是合理的。只有开关位置是可以询问的。

这里有一个可能的对话框，用户请求一个查询，并对系统的问题回答 yes 或 no。这里的用户界面是最小的，以显示基本的想法；一个真正的系统将使用一个更复杂的用户友好的界面。

ailog：ask lit_l_1.

Is up_s_1 true? no.

Is down_s_1 true? yes.

Is down_s_2 true? yes.

Answer：lit_l_1.

系统只询问用户能够回答的问题以及与手头任务相关的问题。

有时候，用户最好能够指出正在发生的某些奇怪或不寻常的事情，而不是回答问题。例如，患者可能不能指定关于他们的所有事实，但可以指定什么是不寻常的。那些因为左膝受伤而去看医生的病人，不应该期望他们说明自己的左肘没有受伤，同样，对于其他没有受伤的部位亦是如此。即使传感器可能无法识别场景中的内容，它也可以指出场景中的某些东西发生了变化。

假设用户已经指定了异常的所有内容，智能体通常可以从缺乏的知识中推断出一些东西。"正常"将是一个**缺省值**，并且可以用异常信息覆盖。5.6 节将探讨允许缺省值和用缺省值表示异常的思想。

5.4.3　知识层面的解释

语义的显式使用允许在**知识层面**进行解释和调试。要使一个系统可供人们使用，系统不能仅仅给出一个答案而且还期望用户相信它。考虑这样一个案例：一个为医生提供咨询的系统，这些医生根据诊断结果对他们所进行的治疗负有法律责任。医生必须确信这个诊断是适当的。系统必须能够证明它的答案是正确的。同样的机制可以用来解释系统如何找到结果和调试知识库。

三种互补的询问方式被用来解释相关知识：1）用一个 how 问题来解释一个答案是如何被证明的；2）用一个 why 问题来询问系统为什么它问用户一个问题；3）用一个 why not 问题来询问为什么一个原子没有被证明。

为了解释一个答案是如何被证明的，当系统返回答案时，用户可以问一个"how"问题。系统提供了用于推断答案的确定子句。对于确定子句主体中的任何原子，用户可以询问系统是如何证明该原子的。

用户可以在被问到一个问题时问"why"。系统通过给出产生问题的规则来回答。然后用户可以问为什么这个规则的头部被证明了。这些规则允许用户遍历一个证明或者顶层查询的部分证明。

一个"why not"的问题可以用来问为什么一个特定的原子没有被证明。

1. 系统如何证明原子？

第一个解释过程允许用户询问原子是如何被证明的。如果有关于 g 的证明，那么 g 必须是一个原子子句，或者必须有一个如下规则：

$$g \leftarrow a_1 \wedge \cdots \wedge a_k$$

这样，每一个 a_i 都能被证明。

如果系统证明了 g，并且用户询问"how"作出响应，则系统可以显示用于证明 g 的子句。如果这个子句是一个规则，那么用户就可以询问：

how i.

它给出了用来证明 a_i 的规则。用户可以继续使用 how 命令来探索 g 是如何被证明的。

例 5.14　在例 5.7 的公理化中，用户可以要求查询 ask lit_l_2。在响应系统证明这个查询时，用户可以询问 how。系统会回答：

lit_$l_2 \leftarrow$

　　　light_$l_2 \wedge$

　　　live_$l_2 \wedge$

　　　　ok_l$_2$.

这是用来证明 lit_l$_2$ 的顶层规则。为了找出 live_l$_2$ 如何被证明，用户可以问

how 2.

系统可以返回用来证明 live_l$_2$ 的规则，即，

live_l$_2$ ←

　　　　live_w$_4$.

要查找 live_w$_4$ 如何被证明，用户可以询问：

how 1.

系统呈现规则

live_w$_4$ ←

　　　　live_w$_3$ ∧

　　　　up_s$_3$.

要找出主体内第一个原子是如何被证明的，用户可以询问：

how 1.

第一个原子 live_w$_3$，是用以下规则证明的：

live_w$_3$ ←

　　　　live_w$_5$ ∧

　　　　ok_cb$_1$.

要找出主体内第二个原子是如何被证明的，用户可以询问：

how 2.

系统将报告 ok_cb$_1$ 被显式地给出。

　　请注意，这里的解释只是在知识层面上，它只给出了它所被告知的相关的确定子句。用户不需要知道任何关于证明过程或实际计算的内容。

　　一种实现 how 问题的方法在 14.4.5 节中给出。

　2. **系统为什么会问问题？**

　　另一个有用的解释是为什么会有人问这个问题。这是有用的，原因有以下几点：

- 我们希望系统看起来智能、透明和值得信赖。知道为什么要问这个问题将增加用户的信心，使他们相信系统正在明智地工作。
- 衡量交互式系统复杂性的一个主要指标是向用户提出的问题的数量，这些问题应该保持在最低限度。知道问题的原因将有助于知识设计师减少这种复杂性。
- 一个不相关的问题通常是一个更深层次问题的症状。
- 用户可以通过了解系统为什么要做一些事情来从系统中学到一些东西。这种学习很像一个学徒问师傅为什么师傅在做某事。

　　当系统向用户询问问题(q)时，系统必须使用一个在主体中包含 q 的规则。用户可以询问：

why.

这被解读为"你为什么问我这个问题？"答案可以是主体中包含 q 的规则。如果用户再次询问 why，系统应该解释为什么要询问规则头部的原子，等等。反复询问 why，最终会将子目标的路径提供给顶层查询。如果所有这些规则都是合理的，那么这就解释了为什么系统向用户提出的问题是合理的。

例 5.15 考虑例子 5.13 的对话（第 195 页）。下面展示了如何重复使用 why 来重复查找更高级别的子目标。下面的对话框用于查询 ask lit_l_1，用户询问初始查询，并用"why"作出响应。

ailog: ask lit_l_1.

Is up_s_1 true? why.

up_s_1 is used in the rule live_w_1←live_w_3 ∧ up_s_1：why.

live_w_1 is used in the rule live_w_0←live_w_1 ∧ up_s_2：why.

live_w_0 is used in the rule live_l_1←live_w_0：why.

live_l_1 is used in the rule lit_l_1←light_l_1 ∧ live_l_1 ∧ ok_l_1：why.

因为这是你问我的！

通常，how 以及 why 一起使用；how 从较高级别的子目标转移到较低级别的子目标，而 why 从较低级别的子目标转移到较高级别的子目标。它们一起让用户遍历一个证明树，其中的节点是原子，一个节点及其子节点对应于知识库中的一个子句。

例 5.16 作为一个需要结合 how 和 why 的例子，考虑前面的例子，其中用户询问 why up_s_1。该系统给出了以下规则：

live_w_1←live_w_3 ∧ up_s_1.

这意味着 up_s_1 被询问是因为系统想要知道 live_w_1，并且正在使用这个规则证明 up_s_1。用户可能认为系统想要知道 live_w_1 是合理的，但是可能认为询问 up_s_1 是不合适的，因为用户可能会怀疑 live_w_3 是否应该成功。在这种情况下，用户可以询问 live_w_3 是如何（how）派生的。

5.4.4 知识层面的调试

正如其他软件一样，知识库可能存在错误和遗漏。领域专家和知识工程师必须能够调试知识库并添加知识。在基于知识的系统中，调试是困难的，因为领域专家和拥有检测错误所需的领域知识的用户不一定知道系统内部工作的任何事情，他们也不想知道。标准的调试工具（比如提供执行的跟踪）是不适当的，因为它们需要对产生答案的机制有所了解。在本节中，我们将展示语义的思想如何支持知识库系统的调试工具。无论是谁在调试系统，只需要知道符号的含义和特定的原子是否正确，而不需要知道证明过程。这是领域专家和用户可能拥有的知识类型。

知识层面的调试是在知识库中查找错误的过程，只参考符号的含义和现实的真理。构建一系列领域专家使用的知识库系统的目标之一是，关于知识库正确性的讨论应该是关于其知识领域的讨论。例如，调试一个医学知识库应该涉及医学问题，而医学专家并不被期望成为人工智能领域的专家，他们可以回答这些问题。类似地，调试关于房屋布线的知识库应该参考特定的房屋，而不是关于系统推理的内部知识库。

在基于规则的系统中，有四种类型的非句法错误：

- 一个不正确的答案产生了，也就是说，一些原子在其预期释义中是错误的，但也被衍生出来了。
- 一个没有产生的答案；也就是说，证明在某个特定的真实原子本应成功的时候却失败了。

- 程序进入无限循环。
- 系统会问一些无关紧要的问题。

调试前三种类型的错误的方法在下面进行了分析。不相关的问题可以使用前面描述的 why 问题来探索。

1. 不正确的答案

一个**不正确的答案**是一个在预期释义中已经被证明是错误的答案。这也被称为**假阳性错误**。如果在证明中使用了不正确的确定子句，那么不正确的答案只能通过完善的证明程序得到。

假设调试知识库的人（比如领域专家或者用户）知道语言的符号的预期释义，并且能够判断一个特定的命题在预期释义中是对还是错。这个人不需要知道答案是如何计算出来的。要调试不正确的答案，域专家只需回答"yes"或"no"问题。

假设在预期释义中有一个原子 g 被证明是假的。然后必须有一个规则 $g \leftarrow a_1 \wedge \cdots \wedge a_k$ 在知识库中被用来证明 g。有如下两种情况：

- 其中一个 a_i 在预期释义中是假的，在这种情况下，它可以以同样的方式调试。
- 所有 a_i 在预期释义中是真的；在这种情况下，确定子句 $g \leftarrow a_1 \wedge \cdots \wedge a_k$ 一定是不正确的。

这导致了一个算法，如图 5.6 所示，用于**调试假阳性**，即当一个原子在预期释义中是假的却被衍生出来的时候，在知识库中找到一个假子句。这只需要调试知识库的人员能够回答 yes 或 no 的问题。

```
1:  procedure Debug _false(g，KB)
2:     Inputs
3:        KB 是一个知识库
4:        g 是一个原子，在预期解释中，KB ⊢ g 和 g 为假
5:     Output
6:        KB 中那些为假的子句
7:     寻找确定子句 g ← a₁ ∧ ⋯ ∧ aₖ ∈ KB，用于证明 g
8:     for each aᵢ do
9:        询问用户是否 aᵢ 为真
10:       if 用户指定 aᵢ 为假 then
11:           return Debug_false(aᵢ，KB)
12:    return g ← a₁ ∧ ⋯ ∧ aₖ
```

图 5.6　一种调试假阳性答案的算法

这个过程也可以通过使用 how 命令来执行。给定一个证明，关于一个原子 g，它在预期释义中为假，用户可以询问 g 是如何被证明的。这将返回在证明中使用的确定子句。如果这个子句是一个规则，那么用户可以使用 how 来询问一个原子，它是在预期释义中为 false 的主体中的一个原子。

这将返回用于证明原子的规则。用户重复此操作，直到找到一个确定子句，其中主体的所有元素都为 true（或者主体中没有元素）。这是不正确的确定子句。

例 5.17　考虑例 5.7，涉及电气领域，但假设在知识库中有一个错误。假设领域专家或用户无意中说过，w_1 是否连接到 w_3 取决于 s_3 的状态，而不是 s_1（见图 5.2）。因此，知识包括以下不正确的规则：

live_w$_1$←live_w$_3$ ∧ up_s$_3$.

剩余公理都与例 5.7 中的公理相同。给定这个公理集，就可以推导出原子 lit_l$_1$，这在预期释义中为假。考虑一下当用户检测到这个不正确的答案时，他们是如何找到这个不正确的确定子句的。

考虑到在预期释义中 lit_l$_1$ 为假，他们会查询它是如何衍生出来的，这将给出以下规则：lit_l$_1$←light_l$_1$ ∧ live_l$_1$ ∧ ok_l$_1$.

他们检查这个规则主体的原子。light_l$_1$ 和 ok_l$_1$ 在预期释义上为真，但 live_l$_1$ 在预期释义上为假。所以他们查询：

how 2.

系统呈现如下规则：

live_l$_1$←live_w$_0$.

live_w$_0$ 在预期释义中为假，因此，他们会询问：

how 1.

系统呈现如下规则：

live_w$_0$←live_w$_1$ ∧ up_s$_2$.

live_w$_1$ 在预期释义中为假，因此，他们会询问：

how 1.

系统呈现如下规则：

live_w$_1$←live_w$_3$ ∧ up s$_3$.

实体的两个元素在预期释义中都为真，所以这是一个错误的规则。

用户或者领域专家不需要知道系统的内部工作或者证明是如何计算的，就可以找到错误的确定子句。他们只需要关于预期释义和 how 的自律使用的知识。

2. 缺失的答案

第二类错误发生在没有生成预期答案的情况下。当需要一个答案的时候，这就表现为失败。原子 g 在领域中为真，但不是知识库的结果，称为**假阴性错误**。前面的算法在这种情况下不起作用；没有证明。我们必须找出 g 为什么没有证明的原因。

只有在知识库中缺少一个或多个确定子句的情况下，才不能给出合适的答案。通过了解符号的预期释义和知道哪些查询应该成功（例如，在预期释义中什么是真的），领域专家可以调试缺失的答案。给定一个**假阴性**（false negative），一个原子在它应该成功的时候失败了，图 5.7 显示了如何调试知识库以找到一个缺少确定子句的原子。

```
1：procedure Debug_missing(g，KB)
2：  Inputs
3：    KB 是一个知识库
4：    g 是一个原子，在预期解释中，KB ⊬ g 和 g 为真
5：  Output
6：    缺失子句的原子
7：  if 存在一个确定子句 g←a₁ ∧ ··· ∧ aₖ∈KB，使得在预期解释中的所有 aᵢ 都为真 then
8：    select 那些不能证明的 aᵢ
9：    return Debug_missing(aᵢ，KB)
10： else
11：   return g
```

图 5.7　调试缺失答案（假负例）的算法

假设 g 是一个原子，它应该有一个证明，但是这个证明失败了。因为 g 的证明失败了，所有头部为 g 的确定子句的主体都失败了。

- 假设 g 的这些确定子句中有一个已经得到了证明，这意味着体内的所有原子在预期释义中都必须为真。因为实体失败了，所以实体里一定有一个失败的原子。这个原子在预期释义中是正确的，但是失败了。所以我们可以递归地调试它。
- 否则，没有适用于证明 g 的确定子句，因此用户必须为 g 添加确定子句。

用户可以用一个"why_not"问题来询问为什么某些 g 没有被证明。

系统可以提出相关的问题来实现调试缺失。

例 5.18　假设：对于例 5.7 中电气领域的公理化，图 5.2 中的世界实际上存在向下的 s_2。因此，它缺少指定 s_2 向下的确定子句。例 5.7 的公理化无法证明 lit_l_1 何时应该成功。考虑如何找到错误。

lit_l_1 失败了，所以系统找到了以 lit_l_1 为头部的所有规则。有一个这样的规则：

$lit\_l_1 \leftarrow light\_l_1 \land live\_l_1 \land ok\_l_1$.

然后，用户可以验证主体的所有元素为真。$Light\_l_1$ 和 ok_l_1 都可以被证明，但是 $live\_l_1$ 失败了，所以用户调试这个原子。有一条规则以 $live\_l_1$ 为头部：

$live\_l_1 \leftarrow live\_w_0$.

原子 $live\_w_0$ 不能被证明，但是用户可以验证它在预期释义中的真实性。所以这个系统找到了 $live\_w_0$ 的规则：

$live\_w_0 \leftarrow live\_w_1 \land up\_s_2$.

$live\_w_0 \leftarrow live\_w_2 \land down\_s_2$.

用户可以确定第二条规则的主体为 true。有 $live\_w_2$ 的证明，但是没有 $down\_s_2$ 的子句，因此返回这个原子。更正是添加一个适当的子句，通过声明它为事实或提供一个规则。

3. 无限循环

例 5.12 显示了自上而下派生可以循环的示例。只有当知识库是循环的，则存在一个无限循环。知识库是循环的，意味着有一个原子 a，存在一个如下形式的确定子句的序列：

$a \leftarrow \cdots a_1 \cdots$

$a_1 \leftarrow \cdots a_2 \cdots$

$\cdots$

$a_n \leftarrow \cdots a \cdots$

（其中，如果 $n=0$，则存在一个单一的确定子句，a 在头部和主体中）。

如果给原子赋值一个自然数(非负整数)以使主体中的原子的赋值比头部中的原子的值更低，那么一个知识库就是**无环的**。非循环知识库中不可能存在无限循环。

为了检测循环知识库，可以修改自顶向下的证明过程，以维护证明中每个原子的所有祖先集。最初，每个原子的祖先集是空的。当使用规则

$a \leftarrow a_1 \land \cdots \land a_k$

以证明 a，则 a_i 的祖先将是 a 的祖先和 a 的合成。也就是说，

$ancestors(a_i) = ancestors(a) \bigcup \{a\}$

如果一个原子处于它的祖先集合中，证明就可能失败。只有当知识库是循环的时候

才会发生此故障。这是搜索中使用的环修剪(见 3.7.1 节)的改进版本,每个原子都有自己的一组祖先。

循环知识库通常是错误的征兆。在编写知识库时,通过标识每次迭代时减少的值来确保非循环知识库通常是有用的。例如,在电子领域,距离房子外面的步数意味着通过循环每次减少一步。

请注意,自下而上的证明过程不会进入无限循环,因为它只在头部未派生时才选择规则。

5.5 反证法

确定子句可以在反证法中使用,因为它允许规则产生矛盾。例如,在电气领域中,能够指定某些预测是不正确的是很有用的,例如灯 l_2 是打开的,这是不正确的。这将使诊断推理能够推断出某些开关、灯或断路器坏了。

5.5.1 霍恩子句

确定子句的语言不允许表达矛盾。然而,一个简单的语言扩展可以允许反证法。

完整性约束是如下形式的子句:

$$false \leftarrow a_1 \land \cdots \land a_k.$$

其中,a_i 是原子,false 是一种特殊的原子,在所有的解释中都是假的。

霍恩子句要么是确定子句,要么是完整性约束。也就是说,霍恩子句的开头要么是 false,要么是一个普通的原子。

完整性约束允许系统证明在知识库的所有模型中某些原子连接是错误的。回想一下,$\neg p$ 是 p 的否定,当 p 在解释中为假时,$\neg p$ 在解释中为真,$p \lor q$ 是 p 和 q 的析取,如果 p 为真或 q 为真,或者两者在解释中都为真,则 $p \lor q$ 在解释中为真。完整性约束 $false \leftarrow a_1 \land \cdots \land a_k$ 在逻辑上等价于 $\neg a_1 \lor \cdots \lor \neg a_k$。

霍恩子句知识库可以隐含原子的否定,如例子 5.19 所示。

> **例 5.19** 考虑如下的知识库 KB_1:

$$false \leftarrow a \land b.$$

$$a \leftarrow c.$$

$$b \leftarrow c.$$

在 KB_1 的所有模型中,原子 c 都是假的。为了看到这一点,假设在 KB_1 的模型 I 中 c 为真。那么 a 和 b 在 I 中都为真(否则 I 就不是 KB_1 的模型)。因为 false 在 I 中为假,a 和 b 在 I 中为真,所以第一个子句在 I 中为假,这与作为 KB_1 模型的 I 相矛盾。因此,在 KB_1 的所有模型中,$\neg c$ 都为真,它可以被写成

$$KB_1 \models \neg c$$

尽管霍恩子句的语言不允许输入析取和否定,但是可以派生出原子的析取,如下面的例子所示。

> **例 5.20** 考虑知识库 KB_2:

$$false \leftarrow a \land b.$$

$a \leftarrow c.$

$b \leftarrow d.$

$b \leftarrow e.$

在 KB_2 的每个模型中，要么 c 为假，要么 d 为假。如果它们在 KB_2 的某个模型 I 中都为真，那么在 I 中 a 和 b 都为真，所以第一个子句在 I 中为假，这与作为 KB_2 模型的 I 相矛盾。类似地，在 KB_2 的每个模型中，要么 c 为假，要么 e 为假。因此，

$KB2 \models \neg c \vee \neg d$

$KB2 \models \neg c \vee \neg e.$

如果没有模型，一组子句是**不可满足的**。如果使用证明过程，可以从子句派生出 false，那么可以证明一组子句与一个证明过程是**不一致的**。如果一个证明过程是健全和完整的，一组子句是可证明不一致的，当且仅当它是不可满足的。

为一组确定子句找到一种模型总是可能的。所有原子都为真的解释是任何一组确定子句的模型。因此，确定子句知识库总是可以满足的。然而，一组霍恩子句是不可满足的。

例 5.21 一组子句 $\{a, \text{false} \leftarrow a\}$ 是不可满足的。没有一种解释能同时满足这两个子句。这两者(a 和 $\text{false} \leftarrow a$)不可能都为真。

通过用 false 作为查询，自上而下和自下而上的证明过程都可以用来证明不一致性。

5.5.2 假设与冲突

从矛盾中推理是一种非常有用的工具。对于许多活动来说，知道某些假设的组合是不相容的是有益的。例如，知道一个智能体正在考虑的某些行为的组合是不可能的，这在计划中是很有用的。当设计一个新的工件时，知道某些组件的组合不能一起工作是有用的。

在诊断应用程序中，能够证明某些正常工作的组件与系统的观测值不一致是有用的。考虑一个系统，它有一个关于它应该如何工作的描述和一些观察。如果系统不能根据其规范工作，诊断智能体应该确定哪些组件可能出现故障。

完成这些任务，能够做出可以被证明是错误的假设是有用的。

一个**假设**是一个原子，它可以在反证法中被假定成立。反证法得出对假设的否定的析取。

通过一个霍恩子句知识库和显性假设，如果系统能够证明一些假设中的矛盾，它就能够提取出那些不能全部为真的假设的组合。该系统不是证明一个查询，而是试图证明 false，并收集用于证明的假设。

如果知识库 KB 是一组霍恩子句，则知识库 KB 的**冲突**是一组假设，即，给定 KB，隐含 false。也就是说，$C = \{c_1, \cdots, c_r\}$ 是 KB 的一个冲突，如果，

$KB \cup \{c_1, \cdots, c_r\} \models \text{false}.$

在这种情况下，一个**答案**是

$KB \models \neg c_1 \vee \cdots \vee \neg c_r.$

最小冲突是指这样一个冲突：不存在它的严格子集也是冲突。

例 5.22 在例 5.20 中，如果 $\{c, d, e, f, g, h\}$ 是假设的集合，那么 $\{c, d\}$ 和 $\{c, e\}$ 是 KB_2 的最小冲突；$\{c, d, e, h\}$ 也是冲突，但不是最小冲突。

在下面的例子中，用关键词 assumable 和以逗号分隔的一个或多个假设的原子来指定假设。

5.5.3 基于一致性的诊断

一致性的诊断的基础是对正常工作的部分进行假设，并推导出哪些部分可能出现异常。假设**故障**是一个系统出了问题。一致性的诊断的目的是根据系统的模型和系统的观测值来确定可能发生的故障。通过使故障不存在的假设，冲突可以用来证明系统的错误。

例 5.23 考虑图 5.2 中描述的家庭布线例子，并如例 5.7 中所示。图 5.8 给出了一个适合基于一致性诊断的背景知识库。在子句中加入了常态假设，指定开关、断路器和指示灯必须正常才能正常工作。没有关于 ok 原子的子句，但是它们可假设。

$$
\begin{aligned}
&light\_l_1. \\
&light\_l_2. \\
&live\_outside. \\
&live\_l_1 \leftarrow live\_w_0. \\
&live\_w_0 \leftarrow live\_w_1 \land up\_s_2 \land ok\_s_2. \\
&live\_w_0 \leftarrow live\_w_2 \land down\_s_2 \land ok\_s_2. \\
&live\_w_1 \leftarrow live\_w_3 \land up\_s_1 \land ok\_s_1. \\
&live\_w_2 \leftarrow live\_w_3 \land down\_s_1 \land ok\_s_1. \\
&live\_l_2 \leftarrow live\_w_4. \\
&live\_w_4 \leftarrow live\_w_3 \land up\_s_3 \land ok\_s_3. \\
&live\_p1 \leftarrow live\_w_3. \\
&live\_w_3 \leftarrow live\_w_5 \land ok\_cb_1. \\
&live\_p2 \leftarrow live\_w_6. \\
&live\_w_6 \leftarrow live\_w_5 \land ok\_cb_2. \\
&live\_w_5 \leftarrow live\_outside. \\
&lit\_l_1 \leftarrow light\_l_1 \land live\_l_1 \land ok\_l_1. \\
&lit\_l_2 \leftarrow light\_l_2 \land live\_l_2 \land ok\_l_2. \\
&false \leftarrow dark\_l_1 \land lit\_l_1. \\
&false \leftarrow dark\_l_2 \land lit\_l_2. \\
&assumable\ ok\_cb_1,\ ok\_cb_2,\ ok\_s_1,\ ok\_s_2,\ ok\_s_3,\ ok\_l_1,\ ok\_l_2.
\end{aligned}
$$

图 5.8 例 5.23 的知识

使用者可以观察开关的位置以及灯是亮还是暗。

一盏灯不可能既亮又暗。这种知识在以下完整性约束中表述：

$false \leftarrow dark\_l_1 \land lit\_l_1.$

$false \leftarrow dark\_l_2 \land lit\_l_2.$

假设用户发现所有三个开关都打开了，且 l_1 和 l_2 都是暗的。这是由如下的原子子句表示：

$up\_s_1.$

$up\_s_2.$

$up\_s_3.$

$dark\_l_1.$

$dark\_l_2.$

根据对图 5.8 的了解和观察，有两个最小的冲突：

$\{ok\_cb_1, ok\_s_1, ok\_s_2, ok\_l_1\}$

$\{ok\_cb_1, ok\_s_3, ok\_l_2\}$.

因此，结果就是

$KB \models \neg ok\_cb_1 \lor \neg ok\_s_1 \lor \neg ok\_s_2 \lor \neg ok\_l_1$

$KB \models \neg ok\_cb_1 \lor \neg ok\_s_3 \lor \neg ok\_l_2$,

这意味着在组件 cb_1、s_1、s_2 或 l_1 中，至少有一个不正常，在组件 cb_1、s_3、l_2 中，至少有一个不正常。

根据所有冲突的集合，用户可以确定诊断的系统可能出现了什么问题。然而，给定一组冲突，通常很难确定是否所有的冲突都可以用一些故障来解释。用户可能想知道的一些问题是，是否所有的冲突都可以由一个故障或一对故障解释。

给定一组冲突，**基于一致性的诊断**是一组假设，每个冲突中至少有一个元素。**最小诊断**是这样一种诊断，即没有子集也是一个诊断。对于其中一个诊断，在正在建模的世界中，它的所有元素都必须为假。

例 5.24　在例 5.23 中，这两个冲突的否定之间的析取是子句的蕴涵。因此，如下合取：

$(\neg ok\_cb_1 \lor \neg ok\_s_1 \lor \neg ok\_s_2 \lor \neg ok\_l_1)$

$\land (\neg ok\_cb_1 \lor \neg ok\_s_3 \lor \neg ok\_l_2)$

都来自知识库。**合取范式**（CNF）中的这种析取的合取可以分布为**析取范式**（DNF），它是一种合取连接的析取，这里是由否定原子组成：

$\neg ok\_cb_1 \lor$

$(\neg ok\_s_1 \land \neg ok\_s_3) \lor (\neg ok\_s_1 \land \neg ok\_l_2) \lor$

$(\neg ok\_s_2 \land \neg ok\_s_3) \lor (\neg ok\_s_2 \land \neg ok\_l_2) \lor$

$(\neg ok\_l_1 \land \neg ok\_s_3) \lor (\neg ok\_l_1 \land \neg ok\_l_2)$.

因此，要么 cb_1 被破坏，要么至少是六个双故障中的一个。

析取的命题对应于七个最小诊断：$\{ok\_cb_1\}$，$\{ok\_s_1, ok\_s_3\}$，$\{ok\_s_1, ok\_l_2\}$，$\{ok\_s_2, ok\_s_3\}$，$\{ok\_s_2, ok\_l_2\}$，$\{ok\_l_1, ok\_s_3\}$，$\{ok\_l_1, ok\_l_2\}$。该系统已经证明，这些组合之一一定是故障。

5.5.4　用假设和霍恩子句进行推理

本节介绍一个自下而上的实现和一个自上而下的实现，用于查找霍恩子句知识库中的冲突。

1. 自下而上的实现

自下而上的实现是 5.3.2 节中提出的自下而上的确定子句算法的扩展版本。

对该算法的改进是，结论是成对的 $\langle a, A \rangle$，其中 a 是一个原子，A 是在霍恩子句知识库 KB 上下文中可以推导出 a 的一组假设。

最初，结论集 C 是 $\{\langle a, \{a\} \rangle : a$ 是假设$\}$。这些子句可以用来得出新的结论。如果有一个子句 $h \leftarrow b_1 \land \cdots \land b_m$，从而对于每个 b_i 都有一些 A_i 使得 $\langle b_i, A_i \rangle \in C$，并且 $\langle h, A_1 \cup \cdots \cup A_m \rangle$ 可以加入 C。注意，这覆盖了原子子句的情况，即 $m=0$ 时，$\langle h, \{\} \rangle$ 会加

入 C。

图 5.9 给出了算法的代码。这种算法有时被称为**基于假设的真值维护系统**（ATMS），特别是当它与子句和假设的增量增加相结合时。

```
 1: procedure Prove_conflict_BU(KB，Assumables)
 2:   Inputs
 3:     KB：一个霍恩子句集
 4:     Assumables：一个被假设的原子集
 5:   Output
 6:     冲突集
 7:   Local
 8:     C 是原子与假设集的配对集
 9:   C := {⟨a，{a}⟩: a 是假设}
10:   repeat
11:     select KB 中的子句"h ← b₁ ∧ ⋯ ∧ bₘ"，使得
12:       对于所有 i，⟨bᵢ，Aᵢ⟩∈C，并且
13:       ⟨h，A⟩∉C，其中 A = A₁ ∪ ⋯ ∪ Aₘ
14:     C := C ∪ {⟨h，A⟩}
15:   until 不再有选择的可能
16:   return {A：⟨false，A⟩∈C}
```

图 5.9　计算冲突的自下而上证明程序

当配对 $\langle false，A\rangle$ 产生，假设 A 就形成了冲突。

这个程序的一个改进是修剪假设的超集。如果 $\langle a，A_1\rangle$ 和 $\langle a，A_2\rangle$ 是在 C 中，其中 $A_1 \subseteq A_2$，则 $\langle a，A_2\rangle$ 可以从 C 中删除或不添加到 C 中。并且没有理由使用额外的假设来暗示 a。类似地，如果 $\langle false，A_1\rangle$ 和 $\langle a，A_2\rangle$ 在 C 中，其中 $A_1 \subseteq A_2$，那么 $\langle a，A_2\rangle$ 可以从 C 中删除，因为 A_1 和任何超集（包括 A_2）与给出的子句都不一致，所以从这些假设集中无法学到更多的东西。

例 5.25 考虑图 5.8 的公理化，在例 5.23 中讨论过。

最初，在图 5.9 的算法中，C 具有如下值：

$\{\langle ok\_l_1，\{ok\_l_1\}\rangle，\langle ok\_l_2，\{ok\_l_2\}\rangle，\langle ok\_s_1，\{ok\_s_1\}\rangle，\langle ok\_s_2，\{ok\_s_2\}\rangle,$
$\quad \langle ok\_s_3，\{ok\_s_3\}\rangle，\langle ok\_cb_1，\{ok\_cb_1\}\rangle，\langle ok\_cb_2，\{ok\_cb_2\}\rangle\}.$

下面显示了在一系列选择下添加到 C 中的一系列值：

$\langle live\_outside，\{\}\rangle$

$\langle connected\_to\_w5，outside，\{\}\rangle$

$\langle live\_w5，\{\}\rangle$

$\langle connected\_to\_w3，w5，\{ok\_cb_1\}\rangle$

$\langle live\_w3，\{ok\_cb_1\}\rangle$

$\langle up\_s_3，\{\}\rangle$

$\langle connected\_to\_w4，w3，\{ok\_s_3\}\rangle$

$\langle live\_w4，\{ok\_cb_1，ok\_s_3\}\rangle$

$\langle connected\_to\_l_2，w4，\{\}\rangle$

$\langle live\_l_2，\{ok\_cb_1，ok\_s_3\}\rangle$

$\langle light\_l_2，\{\}\rangle$

$\langle lit\_l_2, \{ok\_cb_1, ok\_s_3, ok\_l_2\}\rangle$

$\langle dark\_l_2, \{\}\rangle$

$\langle false, \{ok\_cb_1, ok\_s_3, ok\_l_2\}\rangle$.

因此，知识库蕴含

$\neg ok\_cb_1 \vee \neg ok\_s_3 \vee \neg ok\_l_2$.

通过继续运行该算法可以发现其他冲突。

2. 自上而下的实现

自上而下的实现类似于图 5.4 中描述的自上而下的确定子句解释器，只是自上而下的查询是为了证明错误，而且证明中遇到的假设不是被证明的，而是被收集的。

该算法如图 5.10 所示。不同的选择会导致不同的冲突被发现。如果没有可用的选择，算法就会失败。

```
1:  non-deterministic procedure Prove_conflict_TD(KB，Assumables)
2:      Inputs
3:          KB：一个霍恩子句集
4:          Assumables：一个被假设的原子集
5:      Output
6:          一个冲突
7:      Local
8:          G 是一个原子集，这些原子蕴涵 false
9:      G := {false}
10:     repeat
11:         select G 中的一个原子，使得 a ∉ Assumables
12:         choose KB 中的头部为 a 的子句"a←B"
13:             G := (G \ {a}) ∪ B
14:     until G ⊆ Assumables
15:     return G
```

图 5.10   自上而下的霍恩子句解释器，用于寻找冲突

例 5.26   考虑例 5.23 中电路的表示。下面是 G 的值一个序列，且是对于引起冲突的选择和挑选的一个序列：

$\{false\}$

$\{dark\_l_1, lit\_l_1\}$

$\{lit\_l_1\}$

$\{light\_l_1, live\_l_1, ok\_l_1\}$

$\{live\_l_1, ok\_l_1\}$

$\{live\_w_0, ok\_l_1\}$

$\{live\_w_1, up\_s_2, ok\_s_2, ok\_l_1\}$

$\{live\_w_3, up\_s_1, ok\_s_1, up\_s_2, ok\_s_2, ok\_l_1\}$

$\{live\_w_5, ok\_cb_1, up\_s_1, ok\_s_1, up\_s_2, ok\_s_2, ok\_l_1\}$

$\{live\_outside, ok\_cb_1, up\_s_1, ok\_s_1, up\_s_2, ok\_s_2, ok\_l_1\}$

$\{ok\_cb_1, up\_s_1, ok\_s_1, up\_s_2, ok\_s_2, ok\_l_1\}$

$\{ok\_cb_1, ok\_s_1, up\_s_2, ok\_s_2, ok\_l_1\}$

{ok_cb$_1$, ok_s$_1$, ok_s$_2$, ok_l$_1$}.

集合{ok_cb$_1$, ok_s$_1$, ok_s$_2$, ok_l$_1$}作为冲突返回。使用的子句的不同挑选可能导致另一个答案。

5.6 完备知识假设

数据库通常是完备的，因为任何没有隐含的东西都为假。

例 5.27 你可能希望用户指定哪些开关是打开的，哪些断路器是断开的，这样系统就可以得出结论，任何没有提到的开关都是关闭的，任何没有指定的断路器都是打开的。因此，关闭是开关的默认值，打开是断路器的默认值。对于用户来说，使用默认值进行通信比指定哪些开关关闭、哪些断路器没问题这些看似冗余的信息更容易。为了利用这种缺省情况推理，智能体必须假定自己有完备知识；没有提到开关的位置是因为它是关闭的，而不是因为智能体不知道它是开启的还是关闭的。

给定的确定子句逻辑不允许从缺少的知识或故障推导出结论来证明。它并不假定知识是完备的。特别是，对一个原子的否定决不能成为确定子句知识库的蕴涵。

完备知识假设假定：对于每个原子，当原子为真时，以原子为头部的子句涵盖所有情况。在这种假设下，如果一个智能体不能推导出原子为真，它就可以得出原子为假的结论。这也被称为**封闭世界假设**（closed-world assumption）。它可以与**开放世界假设**（open-world assumption）形成对比，开放世界假设认为智能体不知道所有的事情，因此不能从知识的缺乏中得出任何结论。封闭世界假设要求智能体了解与世界相关的一切。

假设原子 a 的子句是：

$a \leftarrow b_1$.

...

$a \leftarrow b_n$.

其中原子子句 a 被视为规则 $a \leftarrow true$。完备知识假设规定，如果 a 在某种解释中为真，那么其中一个 b_i 在该解释中一定为真，即

$a \rightarrow b_1 \vee \cdots \vee b_n$.

因为定义 a 的子句相当于

$a \leftarrow b_1 \vee \cdots \vee b_n$

所以这些子句的意义可以被看作是这两个命题的连接，即等价关系：

$a \leftrightarrow b_1 \vee \cdots \vee b_n$

其中↔被读作"当且仅当"（见图 5.1）。这种等价关系被称为对于 a 的子句的 **Clark 完备**。一个知识库的 Clark 完备就是知识库中每个原子的完备化。

Clark 完备意味着，如果原子 a 没有规则，那么这个原子的完备是 $a \leftrightarrow false$，这意味着 a 为假。

例 5.28 考虑例 5.7 中的子句：

down_s$_1$.

up_s$_2$.

ok_cb$_1$.

live_l$_1$←live_w$_0$.

live_w$_0$←live_w$_1$∧up_s$_2$.

live_w$_0$←live_w$_2$∧down_s$_2$.

live_w$_1$←live_w$_3$∧up_s$_1$.

live_w$_2$←live_w$_3$∧down_s$_1$.

live_w$_3$←live_outside∧ok_cb$_1$.

live_outside.

假设这些是这些子句的头部的原子的唯一子句，而且 up_s$_1$ 或 down_s$_2$ 没有子句。这些原子的完备是：

down_s$_1$↔true.

up_s$_1$↔false.

up_s$_2$↔true.

down_s$_2$↔false.

ok_cb$_1$↔true.

live_l$_1$↔live_w$_0$.

live_w$_0$↔(live_w$_1$∧up_s$_2$)∨(live_w$_2$∧down_s$_2$).

live_w$_1$↔live_w$_3$∧up_s$_1$.

live_w$_2$↔live_w$_3$∧down_s$_1$.

live_w$_3$↔live_outside∧ok_cb$_1$.

live_outside↔true.

这意味着 up_s$_1$ 为假，live_w$_1$ 为假，live_w$_2$ 为真。

利用完备性，系统可以派生出否定，因此扩展语言以允许子句主体中的否定是有用的。一个**文字**要么是原子，要么是对原子的否定。确定子句的定义可以扩展为允许主体文字而不仅仅是原子。我们在完备知识假设下将原子 a 的否定写作～a，以区别于不假设完备知识假设的经典否定。这种否定通常被称为**否定为失败**（negation as failure）。

在否定为失败中，主体 g 是知识库 KB 的结果（如果 KB$'\models g$，其中 KB$'$ 是 KB 的 Clark 完备。在子句主体或查询中的否定～a，变成了完备中的¬a。也就是说，在完备知识假设下，查询来自知识库，这意味着查询是完备知识库的一个蕴涵。

例 5.29 考虑例 5.7 的公理化。通过期望用户只告诉系统哪些开关处于启动状态，以及系统在没有告知开关处于启动状态时得出开关处于关闭状态的结论，一个表示域可以变得更简单。这可以通过添加以下规则来实现：

down_s$_1$←～up_s$_1$.

down_s$_2$←～up_s$_2$.

down_s$_3$←～up_s$_3$.

同样地，系统可能会认为断路器是好的，除非有人告诉系统断路器是坏的：

ok_cb$_1$←～broken_cb$_1$.

ok_cb$_2$←～broken_cb$_2$.

虽然这可能看起来比前面的表示更复杂，但这意味着用户更容易指定在特定情况下发生的事情。用户只需要指定哪些开关是打开的，哪些断路器是断开的。如果对于开关而言，关闭是正常的，对于断路器而言，断开是正常的，那么这可以节省时间。

为了表示图 5.2 的状态，用户指定如下：

up_s_2.

up_s_3.

如果两个断路器都是正常的，那么系统可以推断开关 s_1 必须是关闭的。

由上述子句组成的知识库完备为：

down_s_1↔¬up_s_1.

down_s_2↔¬up_s_2.

down_s_3↔¬up_s_3.

ok_cb_1↔¬broken_cb_1.

ok_cb_2↔¬broken_cb_2.

up_s_1↔false.

up_s_2↔true.

up_s_3↔true.

broken_cb_1↔false.

broken_cb_2↔false.

请注意，位于子句主体中但不位于任何子句头部的原子在完备中为假。

回想一下，如果给原子赋值了一个自然数（非负整数），这样子句主体中的原子被赋值的数字小于头部中原子的数字，那么知识库就是**无循环的**。使用否定作为失败，不是无循环的知识库在语义上成为问题。

以下的知识库不是无循环的：

a←∼b.

b←∼a.

这个知识库的 Clark 完备等价于 a↔¬b，它只是规定 a 和 b 具有不同的真值，但没有规定哪一个是真值。以下的知识库也不是无循环的：

a←∼a.

这个知识库的 Clark 完备是 a↔¬a，这在逻辑上是不一致的。

一个无循环知识库的 Clark 完备总是一致的，并且总是给每个原子一个唯一的真值。在本章剩下的部分中，我们假设知识库是无循环的。

5.6.1　非单调推理

如果任何命题可以从一个知识库中派生出来，也可以从额外的添加了命题的该知识库中派生出来，则逻辑是**单调的**。也就是说，增加知识并不会减少可以派生的命题集。确定子句逻辑是单调的。

如果某些结论可以通过增加知识而失效，则逻辑是**非单调的**。具有否定作为失败的确定子句的逻辑是非单调的。非单调推理对于表示缺省值是有用的。**缺省值**是一个规则，除非被异常覆盖，否则可以使用它。

例如，如果说，如 c 为真，b 通常为真，一个知识库设计者可以写出如下形式的规则：

$b \leftarrow c \wedge \sim ab\_a.$

其中 ab_a 是原子，表示对某些方面 a 的异常。给定 c，智能体可以推断 b，除非它被告知 ab_a。向知识库添加 ab_a 可以阻止结论 b。暗示 ab_a 的规则可用于在规则正文的条件下防止缺省值。

例 5.30 假设采购智能体正在调查采购假期。度假村可以毗邻海滩或远离海滩。这是不对称的；如果度假村毗邻海滩，知识提供者将指定这种情况。因此，有理由推出：

away_from_beach $\leftarrow \sim$ on_beach.

该子句使智能体能够推断，如果智能体没有被告知度假村在海滩上，则该度假村远离海滩。

一个**协作系统**试图不被误导。如果我们被告知度假村在海滩上，我们希望度假村用户可以到达海滩。如果他们能够到达海滩，我们希望他们能够在海滩上游泳。因此，我们可以预期以下的默认推理：

beach_access $\leftarrow$ on_beach $\wedge \sim$ ab_beach_access.

swim_at_beach $\leftarrow$ beach_access $\wedge \sim$ ab_swim_at_beach.

协作系统会告诉我们海滩上的度假村是否没有海滩通道，或者是否没有游泳设施。我们还可以规定，如果有一个封闭的海湾和一个大城市，那么默认情况下就不允许游泳：

ab_swim_at_beach $\leftarrow$ enclosed_bay $\wedge$ big_city $\wedge \sim$ ab_no_swimming_near_city.

我们可以说，不列颠哥伦比亚省在城市附近游泳是不正常的：

ab_no_swimming_near_city $\leftarrow$ in_BC $\wedge \sim$ ab_BC_beaches.

只要给定先前的规则，智能体就会推断 away_from_beach。如果它被告知 on_beach，它不能再推断 away_from_beach，但它现在可以推断 beach_access 和 swim_at_beach。如果又被告知 enclosed_bay 和 big_city，就不能再推断 swim_at_beach。然而，如果它被告知 in_BC，它可以推断 swim_at_beach。

通过默认什么是正常的，用户可以通过告诉系统什么是不正常的，从而与系统进行交互，这样可以节省通信时间。用户不必陈述显而易见的事实。

考虑非单调推理的一种方法是从**论证**的角度。规则可以用作论证的组成部分，其中否定的反常性为破坏论证提供了一种方式。请注意，在表示的语言中，只有积极的论点存在，可以削弱。在更一般的理论中，可能存在相互攻击的积极和消极的论点。

5.6.2   否定作为失败的证明过程

1. 自下而上的过程

否定作为失败的自下而上的过程是对确定子句自下而上的过程的修改。不同之处在于，它可以将形式为 $\sim p$ 的文本添加到已经导出的结果集 C 中；当它可以确定 p 必须失败时，将 $\sim p$ 添加到 C 中。

可以递归地定义失败：当子句的每个主体都以 p 作为头部失败时，p **失败**。如果主体中的一个文本失败，则主体失败。如果能导出原子 $\sim b_i$，则主体中的原子 b_i 会失败。如果可以派生出 b_i，则主体中的否定 $\sim b_i$ 将失败。

图 5.11 提供了一个自下而上的否定作为失败解释器来计算一个基础知识库的结果。注意，这包括具有空主体的子句的情况（在这种情况下，$m=0$ 和头部的原子被添加到 C

中），以及没有出现在任何子句头部的原子的情况（在这种情况下，其否定被添加到 C 中）。

```
1： procedure Prove_NAF_BU(KB)
2：   Inputs
3：     KB：一个包括否定作为失败的子句集
4：   Output
5：     来自 KB 的完备集的文字集
6：   Local
7：     C 是一个文字集
8：   C := {}
9：   repeat
10：     either
11：       select r ∈ KB，使得
12：         r is "h ← b_1 ∧ ··· ∧ b_m"
13：         对于 i，b_i ∈ C
14：         h ∉ C；
15：       C := C ∪ {h}
16：     or
17：       select h 使得 ~h ∉ C 且
18：         其中，对于每一个子句 "h ← b_1 ∧ ··· ∧ b_m" ∈ KB
19：           要么某个 b_i，~b_i ∈ C
20：           要么某个 b_i = ~g 且 g ∈ C
21：       C := C ∪ {~h}
22：   until 不再有可能的选择
```

图 5.11 自下而上的否定作为失败的证明程序

例 5.31 考虑下列子句：

$p \leftarrow q \wedge \sim r.$

$p \leftarrow s.$

$q \leftarrow \sim s.$

$r \leftarrow \sim t.$

$t.$

$s \leftarrow w.$

下面是添加到 C 中的一个可能的文本序列：

t

$\sim r$

$\sim w$

$\sim s$

q

p

其中，t 是容易派生出的，因为 t 是以原子子句的形式给出的；因为 $t \in C$，所以 $\sim r$ 是派生出的。对于 w，没有 w 子句，因而 $\sim w$ 可派生给出，所以图 5.11 第 18 行的 "对于每一个子句" 条件是以原子子句的形式给出的。文字 $\sim s$ 被派生出来，因为 $\sim w \in C$；当所有的主体都被证明时，q 和 p 被派生出来。

2. 自上而下的否定作为失败的过程

完备知识假设的自上而下的过程由**否定作为失败**进行。它类似于图 5.4 中自上而下的确定子句证明过程。这是一个不确定性过程（见 3.5.1 节），可以通过搜索成功的挑选来实现。当选择一个负原子 $\sim a$ 时，原子 a 的新证明就开始了。如果 a 的证明失败，$\sim a$ 成功。如果 a 证明成功，则算法失败，必须做出其他挑选。该算法如图 5.12 所示。

例 5.32 考虑例 5.31 的子句。假设查询是 ask p。

最初，$G = \{p\}$。

对于 p，使用第一条规则，G 变成 $\{q, \sim r\}$。

选择 q，并将其替换为第三条规则的主体，G 变为 $\{\sim s, \sim r\}$。

然后选择 $\sim s$ 并为 s 开始一个证明。s 的这个证明失败了，因此 G 变成了 $\{\sim r\}$。

然后选择 $\sim r$ 并尝试证明 r。在 r 的证明中，有次目标 $\sim t$，所以它试图证明 t。这个 t 的证明是成功的。因此，$\sim t$ 的证明失败了，因为 r 没有更多的规则，r 的证明失败了。因此，这个命题的证明成功了。

G 是空的，因此它返回 yes 作为顶层查询的答案。

请注意，这实现了**有限次失败**，因为如果证明过程没有停止，它就不会得出结论。例如，假设只有一个规则 $p \leftarrow p$。算法不会为查询 ask p 停止。完备性（$p \leftrightarrow p$），没有给出任何信息。即使有一种方法可以得出 p 永远不存在证明的结论，一个成熟证明过程也不应该得出 $\sim p$ 的结论，因为它并不遵循完备性。

```
1:  non-deterministic procedure Prove_NAF_TD(KB，Query)
2:     Inputs
3:        KB：一个包含否定作为失败的子句集
4:        Query：一个要证明的文字集
5:     Output
6:        如果 KB 的完备集需要查询，则为 yes，否则为失败
7:     Local
8:        G 是一个文字集
9:     G := Query
10:    repeat
11:       select 文字 l∈G
12:       if l 是 ~a 的形式 then
13:          if Prove_NAF_TD(KB，a)失败 then
14:             G := G \ {l}
15:          else
16:             失败
17:       else
18:          choose 以 l 作为头部的 KB 中的子句 "l←B"
19:          G := G \ {l}∪B
20:    until G={}
21:    return yes
```

图 5.12   自上而下的否定作为失败的解释器

5.7 溯因法

溯因法是一种用假设来解释观察结果的推理形式。例如，如果一个智能体观察到某

些光不起作用，它就假设世界上发生了什么来解释为什么光不起作用。智能辅导系统可以试着解释根据学生理解和不理解的内容而给出某些答案。

溯因法这个术语是皮尔斯(1839—1914)为了区分这类从**演绎**或**归纳**来的推理而创造的，演绎推理涉及从一组公理中确定逻辑上的结果，归纳推理涉及从例子中推断一般关系。

在溯因法中，智能体假设对于观察到的案例，什么可能是真的。一个智能体决定了什么可以推出它的观察——什么可以使观察成真。观察可以通过矛盾论容易地推导出，因为一个矛盾逻辑可以推导出一切，所以我们想从我们对观察的解释中排除矛盾。

为了使溯因法正式化，我们使用了霍恩子句和假设的语言。系统给出了：

- 一个知识库 KB，它是一组霍恩子句。
- 一组原子 A，称为**假设**，它们是假设的构建模块。

并不在知识库中添加观察结果，而是解释观察结果。

$\langle KB, A\rangle$ 的一个**场景**是 A 的子集 H，使得 $KB \cup H$ 是可满足的。如果存在一个模型，其中每个 KB 元素和每个元素 H 都为真，则 $KB \cup H$ 是可满足的。如果没有 H 的子集是 KB 的冲突，就会发生这种情况。

来自 $\langle KB, A\rangle$ 的命题 g 的**解释**是这样一个场景：它和 KB 一起推导出 g。

也就是说，命题 g 的解释是一个集合 H，且 $H \subseteq A$ 使得，

$$KB \cup H \models g$$
$$KB \cup H \not\models false.$$

来自 $\langle KB, A\rangle$ 的命题 g 的**最小解释**是来自 $\langle KB, A\rangle$ 的 g 的一个解释 H，使得没有 H 的严格子集也是来自 $\langle KB, A\rangle$ 的命题 g 的解释。

例 5.33 考虑以下简单的诊断助理的知识库和假设：

bronchitis←influenza.
bronchitis←smokes.
coughing←bronchitis.
wheezing←bronchitis.
fever←influenza.
fever←infection.
soreThroat←influenza.
false←smokes∧nonsmoker.
assumable smokes, nonsmoker, influenza, infection.

如果智能体观察到 wheezing，有两个最基本的解释：

{influenza}和{smokes}

这些解释推断出 bronchitis 和 coughing。

如果观察到 wheezing∧fever，最小的解释是：

{influenza}和{smokes，infection}.

如果观察到 wheezing∧nonsmoker，有一个最小的解释：

{influenza，nonsmoker}.

对 wheezing 的另一种解释与非吸烟者不一致。

例 5.34 考虑如下知识库：

alarm←tampering.

alarm←fire.

smoke←fire.

如果观察到 alarm，有两个最小的解释：

{tampering}和{fire}.

如果观察到 alarm∧smoke，有一个最小的解释：

{fire}.

注意，当观察到 smoke 的时候，没有必要为了解释 alarm 而假设 tampering；它已经被 fire **解释得很清楚了**。

根据对行为的观察来确定系统内部发生了什么是**诊断**或**识别**的问题。在**溯因诊断**中，智能体假设疾病或功能障碍，以及某些部位正常工作，以解释观察到的症状。

这与基于一致性的诊断(CBD)在以下方面有所不同：

- 在 CBD 中，只需要表示正常的行为，而假设是正常行为的假设。在溯因诊断中，不良行为和正常行为都需要描述，假设是正常行为和每个故障(或不同的行为)。
- 在溯因诊断，观察需要解释。在 CBD 中，观测值被添加到知识库中，并且 false 被证明。

溯因诊断需要更详细的建模和给出更详细的诊断，因为知识库必须能够实际证明来自知识库和假设的观察。溯因诊断也用于诊断没有正常行为的系统。例如，在智能辅导系统中，通过观察学生的行为，辅导系统可以假设学生理解和不理解的内容，从而指导辅导系统的行为。

溯因法也可以用于**设计**，其中需要解释的查询是设计目标，假设是设计的构建模块。解释就是设计。一致性意味着设计是可行的。设计目标的实现意味着设计可证明实现了设计目标。

例 5.35 考虑图 5.2 的电子领域。与例 5.23 中基于一致性的诊断示例的表示类似，我们对系统中可能发生的事情的假设所产生的结果进行公理化。在溯因诊断中，我们必须公理化从故障和正态性假设所产生的结果。对于每一个可以观察到的原子，我们可以公理化它是如何产生的。

用户可以观察到灯 l_1 是亮还是暗。我们必须编写规则，公理化系统如何使这些成为现实。如果没有问题，并且有电，那么灯 l_1 是亮着的。如果它被破坏或者没有电，那么灯就是暗的。系统可以假设 l_1 是正常的或者是坏的，但不能同时假设两者：

lit_l_1←live_w_0∧ok_l_1.

dark_l_1←broken_l_1.

dark_l_1←dead_w_0.

assumable ok_l_1.

assumable broken_l_1.

false←ok_l_1∧broken_l_1.

导线 w_0 是否带电取决于开关的位置以及通过的导线是否带电：

live_w_0←live_w_1∧up_s_2∧ok_s_2.

live_w$_0$←live_w$_2$ ∧ down_s$_2$ ∧ ok_s$_2$.

dead_w$_0$←broken_s$_2$.

dead_w$_0$←up_s$_2$ ∧ dead_w$_1$.

dead_w$_0$←down_s$_2$ ∧ dead_w$_2$.

assumable ok_s$_2$.

assumable broken_s$_2$.

false←ok_s$_2$ ∧ broken_s$_2$.

其他导线的公理化也是类似的。一些导线取决于断路器是否正常：

live_w$_3$←live_w$_5$ ∧ ok_cb$_1$.

dead_w$_3$←broken_cb$_1$.

dead_w$_3$←dead_w$_5$.

assumable ok_cb$_1$.

assumable broken_cb$_1$.

false←ok_cb$_1$ ∧ broken_cb$_1$.

对于这个例子的其余部分，我们假设其他的灯和导线也被类似地表示出来。

外部电源可以开启或者关闭：

live_w$_5$←live_outside.

dead_w$_5$←outside_power_down.

assumable live_outside.

assumable outside_power_down.

false←live_outside ∧ outside_power_down.

可以假定这些开关是开启或关闭的：

assumable up_s$_1$.

assumable down_s$_1$.

false←up_s$_1$ ∧ down_s$_1$.

对于 lit_l$_1$ 有两个最小的解释：

{live_outside, ok_cb$_1$, ok_l$_1$, ok_s$_1$, ok_s$_2$, up_s$_1$, up_s$_2$}

{live_outside, ok_cb$_1$, ok_l$_1$, ok_s$_1$, ok_s$_2$, down_s$_1$, down_s$_2$}.

这在设计术语中可以看作是确保灯亮着的一种方式：把两个开关都打开或者两个开关都关闭，并确保开关都能正常工作。它也可以被看作确定发生什么的方法，如果智能体观察到 l_1 被点亮；这两种情况中必须有一种是成立的。关于 dark_l$_1$ 有十个最小的解释：

{broken_l$_1$}

{broken_s$_2$}

{down_s$_1$, up_s$_2$}

{broken_s$_1$, up_s$_2$}

{broken_cb$_1$, up_s$_1$, up_s$_2$}

{outside_power_down, up_s$_1$, up_s$_2$}

{down_s$_2$, up_s$_1$}

{broken_s$_1$, down_s$_2$}

{broken_cb$_1$, down_s$_1$, down_s$_2$}

{down_s$_1$, down_s$_2$, outside_power_down}

dark_l$_1$ $\wedge$ lit_l$_2$ 有六个最小的解释：

{broken_l$_1$, live_outside, ok_cb$_1$, ok_l$_2$, ok_s$_3$, up_s$_3$}

{broken_s$_2$, live_outside, ok_cb$_1$, ok_l$_2$, ok_s$_3$, up_s$_3$}

{down_s$_1$, live_outside, ok_cb$_1$, ok_l$_2$, ok_s$_3$, up_s$_3$, up_s$_3$}

{broken_s$_1$, live_outside, ok_cb$_1$, ok_l$_2$, ok_s$_3$, up_s$_2$, up_s$_3$}

{down_s$_2$, live_outside, ok_cb$_1$, ok_l$_2$, ok_s$_3$, up_s$_1$, up_s$_3$}

{broken_s$_1$, down_s$_2$, live_outside, ok_cb$_1$, ok_l$_2$, ok_s$_3$, up_s$_3$}

请注意，这些解释不能包括 outside_power_down 或 broken_cb$_1$，因为它们与正亮着的 l_2 解释不一致。

使用霍恩子句进行基于假设的推理的自下而上和自上而下的实现都可用于溯因法。图 5.9 的自下而上算法计算每个原子的最小解释；在 repeat 循环结束时，C 包含每个原子的最小解释（以及一些潜在的非最小解释）。修剪支配的解释细化也可以使用。自上而下算法可以通过首先生成冲突并使用相同的代码和知识库证明 g 而不是 false 来找到任何 g 的解释。g 的最小解释是收集了最小的假设集来证明 g 没有子集是冲突的。

5.8 因果模型

原始原子(primitive atom)是使用事实定义的原子。**派生原子**(derived atom)是使用规则定义的原子。通常，设计人员为派生原子编写公理，然后期望用户指定哪些原子为真。因此，从原始原子和可以派生的其他原子看来，派生原子被推断为必要的。

在为领域设计知识库时，智能体的设计者必须做出许多决策。例如，考虑两个命题 a 和 b，它们都是真的。如何表示这个有很多挑选。设计者可以将 a 和 b 指定为原子子句，并将它们视为原语。设计者可以让 a 是原生的，b 是派生的，并将 a 视为一个原子子句，并给出 $b \leftarrow a$ 的规则。或者，设计者可以指定 b 是原生的，并给出 $a \leftarrow b$ 的规则，并且将 b 作为原语而 a 作为派生的。这些表示在逻辑上是等价的；它们在逻辑上是无法区分的。然而，当知识库发生变化时，它们会产生不同的影响。假设由于某种原因 a 不再为真。在第一和第三种表示中，b 仍然为真，而在第二种表示中，b 不再为真。

一个**因果模型**(或者说一个因果关系模型)是一个领域的表示，该领域预测干预的结果。**干预**(intervention)是一种迫使变量具有特定值的行为。也就是说，干预不是操纵模型中的其他变量，而是以某种方式改变值。

为了预测干预措施的效果，一个因果模型代表了原因如何推测它的效果。当原因发生变化时，其效果也应发生变化。证据模型代表了另一个方向的领域——从效果到原因。请注意，我们并不假设效果有一个"原因"，而是有一些命题，这些命题合在一起可能使结果成为真。

例 5.36 在图 5.2 所示的电子领域中，考虑开关 s_1 和 s_2 以及灯 l_1 之间的关系。假设所有组件都正常工作。当两个开关都打开或者两个开关都关闭时，灯 l_1 就会亮起。因此，

$$\text{lit\_l}_1 \leftrightarrow (\text{up\_s}_1 \leftrightarrow \text{up\_s}_2). \tag{5.1}$$

这在逻辑上等同于

$$\text{up\_s}_1 \leftrightarrow (\text{lit\_l}_1 \leftrightarrow \text{up\_s}_2).$$

这个公式在三个命题之间是对称的；当且仅当奇数命题为真时才为真。然而，在世界范围内，这些命题之间的关系并不对称。假设两个开关都打开了，灯也亮了。按下 s_1 并不会关闭 s_2 以保持 lit_l$_1$ 为真。相反，把 s_1 关闭会使 lit_l$_1$ 为假，而 up_s$_2$ 仍然为真。

因此，为了预测干预的结果，我们需要更多的命题(5.1)。

一个因果模型是

$$\text{lit\_l}_1 \leftarrow \text{up\_s}_1 \wedge \text{up\_s}_2.$$
$$\text{lit\_l}_1 \leftarrow \sim\text{up\_s}_1 \wedge \sim\text{up\_s}_2.$$

这个过程的完成相当于命题(5.1)；然而，当其中一个值发生变化时，它可以做出合理的预测。改变其中一个开关的位置可以改变灯是否被点亮，但是改变灯是否被点亮(通过其他一些机制)并不会改变开关是开着还是关着。

一个证据模型是

$$\text{up\_s}_1 \leftarrow \text{lit\_l}_1 \wedge \text{up\_s}_2.$$
$$\text{up\_s}_1 \leftarrow \sim\text{lit\_l}_1 \wedge \sim\text{up\_s}_2.$$

这可以用来回答基于 s_2 的位置 s_1 是否打开以及 l_1 是否打开的问题。它的完成也相当于式(5.1)。然而，它并不能准确预测干预措施的效果。

在大多数情况下，最好使用因果模型，因为它比证据模型更加透明、稳定和模块化。

5.9　回顾

以下是你应该从这一章学到的主要观点：

- 用命题表示约束常常使约束推理更有效率。
- 在没有不确定性或模糊性的情况下，可以使用确定子句知识库指定关于领域的原子子句和规则。
- 给定一组关于领域的声称为真的陈述，蕴涵描述了其他必须为真的东西。
- 一个健全和完整的证明过程可以用来确定一个知识库的蕴涵。
- 自下而上和自上而下的证明程序可以被证明是健全和完整的。
- 反证法可用于从霍恩子句知识库进行推理。
- 假设完备知识，否定作为失败可以用来做出结论。
- 溯因法可以用来解释观测结果。
- 基于一致性的诊断和溯因诊断是故障排除系统的替代方法。
- 一个因果模型预测干预的效果。

5.10　参考文献和进一步阅读

命题逻辑有着悠久的历史；这里展示的命题逻辑语义学是基于 Tarski[1956]的语义学。有关逻辑的介绍，请参阅 Copi 等[2016]介绍的非正式概述、Enderton[1972]和 Mendelson[1987]介绍的更正式方法，以及 Bell 和 Machover[1977]介绍的高级主题。关于在 AI 中使用逻辑的深入报告，请参阅《人工智能和逻辑程序设计中的逻辑手册》[Gabbay et al.，1993]。

DPLL 算法是由 Davis 等[1962]提出的。Levesque[1984]描述了知识库的告知-询问协议。基于一致性的诊断由 de Kleer 等[1992]形式化。

确定子句和霍恩子句推理的大部分基础都是在第 13 章提出的更丰富的一阶逻辑中开发的，并且是在**逻辑程序设计**下研究的。Resolution 是由 Robinson[1965]制定的。在 Green[1969]、Hayes[1973]和 Hewitt[1969]先前工作的基础上，Kowalski[1974]和 Colmerauer 等[1973]率先提出了 SLD Resolution。不动点语义学是由 Emden 和 Kowalski[1976]提出的。关于逻辑程序的语义和性质的更多细节见 Lloyd[1987]。

否定作为失败的工作是基于 Clark[1978]的工作。Apt 和 Bol[1994]提供了处理否定作为失败的不同技术和语义的综述。自下而上的否定作为失败证明过程是基于 Doyle[1979]的**真相维护系统**（TMS）的，他也考虑了子句的增量增加和删除；见练习 5.15。McCarthy[1986]提倡使用异常来进行缺省推理。

这里提出的溯因框架基于 de Kleer[1986]和理论家[Poole et al.，1987]的**基于假设的真值维护系统**（ATMS）。溯因法已经被用于诊断[Peng and Reggia，1990]、自然语言理解[Hobbs et al.，1993]和时序推理[Shanahan，1989]。Kakas 等[1993]以及 Kakas 和 Denecker[2002]回顾了溯因推理。有关 Peirce 的工作首先描述了溯因法，参见 Burch[2008]。寻找解释的自下而上的霍恩实现基于 ATMS[de Kleer，1986]。ATMS 更加复杂，因为它考虑了子句的增量增加和假设的问题；见练习 5.16。

Dung[1995]提出了一个抽象的论证框架，为该领域的许多工作提供了基础。Chesnevar 等[2000]以及 Besnard 和 Hunter[2008]综述了有关论证的工作。

Pearl[2009]和 Spirtes 等[2001]讨论了因果模型。

5.11 练习

其中一些练习可以使用 AILog，这是一个简单的逻辑推理系统，可以实现本章所讨论的所有推理。可以在本书网站上下载 AILog(http://artint.info)。其中许多工作也可以在 Prolog 完成。

5.1 假设我们希望能够推理出一个插入图 5.2 的电源插座的电水壶。假设一个电水壶必须插入一个工作的电源插座，它必须打开，它必须充满水，以进行加热。

用确定子句写公理，让系统决定电水壶是否在加热。有关电气环境的 AILog 代码可以从本书网站上获得。你必须：

● 给出所用符号的预期释义。

● 编写子句，以便它们可以加载到 AILog 中。

显示运行在 AILog 中的所得到的知识库。

5.2 考虑图 5.13 所示的房屋管道域。

在这个图中，p_1、p_2 和 p_3 是冷水管；t_1、t_2 和 t_3 是水龙头；d_1、d_2 和 d_3 是排水管。

假设你有以下原子：

● pressurized_p_i 为真，如果管道 p_i 里面有干线压力。

● on_t_i 为真，如果水龙头 t_i 打开。

● off_t_i 为真，如果水龙头 t_i 关闭。

● wet_b 为真，如果 b 是湿的（b 可能是水槽、浴缸或者地板）。

- flow_p$_i$ 为真，如果水流经水管 p_i。
- plugged_sink 为真，如果水槽被堵住。
- plugged_bath 为真，如果浴缸被堵住。
- unplugged_sink 为真，如果水槽未被堵住。
- unplugged_bath 为真，如果浴缸未被堵住。

如果水龙头 t_1 和 t_2 开着，浴缸不堵塞，那么水如何顺着 d_1 排水管流下去，这是一个确定性的公理化概念。

pressurized_p$_1$.

pressurized_p$_2$ ← on_t$_1$ ∧ pressurized_p$_1$.

flow_shower ← on_t$_2$ ∧ pressurized_p$_2$.

wet_bath ← flow_shower.

flow_d$_2$ ← wet_bath ∧ unplugged_bath.

flow_d$_1$ ← flow_d$_2$.

on_t$_1$.

on_t$_2$.

unplugged_bath.

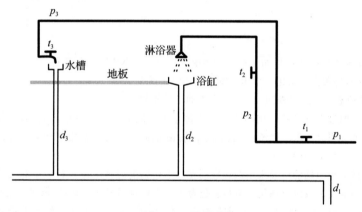

图 5.13 管道域

(a) 完成水槽的公理化，用与浴缸公理化相同的方式。在 AILog 中测试它。

(b) 你希望一个住户能够提供哪些信息，这些信息是安装系统的水管工(尚未在房子里)所不能提供的？更改公理化，以便向用户提出有关此信息的问题。

(c) 公理化如果水槽溢出或浴缸溢出时地板为何是湿的。如果塞子插进去，水流进去，水就会溢出来。你可以发明新的原子命题，只要你给出它们的预期释义。(假设水龙头和塞子处于同一位置已经一个小时；你不必公理化开启水龙头以及插入和拔出塞子的动力学。)并且在 AILog 中测试它。

(d) 假设在 t_1 水龙头左侧安装了热水系统。在管道中有另一个水龙头连入并为淋浴和水槽供应热水(每个有单独的热水龙头和冷水龙头)。把这个加入你的公理化。给出你所发明的所有命题的外延。在 AILog 中测试它。

5.3 考虑以下知识库：

a ← b ∧ c.

a ← e ∧ f.

b ← d.

b ← f ∧ h.

$c \leftarrow e.$

$d \leftarrow h.$

$e.$

$f \leftarrow g.$

$g \leftarrow c.$

(a) 给出一个知识库模型。

(b) 给出一个不是知识库模型的解释。

(c) 给出两个原子，它们是知识库的蕴涵。

(d) 给出两个不是知识库蕴涵的原子。

5.4 考虑如下知识库 KB：

$a \leftarrow b \land c.$

$b \leftarrow d.$

$b \leftarrow e.$

$c.$

$d \leftarrow h.$

$e.$

$f \leftarrow g \land b.$

$g \leftarrow c \land k.$

$j \leftarrow a \land b.$

(a) 演示自下而上的证明过程如何在此示例中工作。给出 KB 的所有蕴涵。

(b) f 不是 KB 的蕴涵。给出一个 KB 模型，其中 f 为假。

(c) a 是 KB 的蕴涵，给出查询 ask a 的自上而下的推导。

5.5 自下而上的证明过程可以通过询问用户关于每个可询问原子的信息来协同 ask-the-user 机制。一个自下而上的证明过程怎么能够保证所有（不可询问的）原子都是确定子句知识库的蕴涵，而不向用户询问每一个可询问的原子呢？

5.6 本题探讨如何使用明确的语义来调试程序。在本书网站上的 AILog 发行版中的文件 elect_bug2. ail 是图 5.2 中的电气领域的公理化，但是它包含了一个错误的子句（如图所示的预期释义中的 bug 子句）。这个练习的目的是使用 AILog 查找有 bug 的子句，给定例 5.7 中给出的符号的表示。要找到 bug 规则，你甚至不需要查看知识库！（如果愿意，你可以查看知识库来找到 bug 子句，但这对本练习没有帮助。）你所需要知道的就是程序中符号的含义，以及在预期释义中什么是真。

查询 lit_l_1 可以被证明，但是在预期释义中它为假。使用 AILog 中的 how 问题来查找一个子句，该子句的预期释义为假，其主体为真。这是一条有 bug 的规则。

5.7 考虑以下知识库和假设，旨在解释人们形迹可疑的原因：

goto_forest $\leftarrow$ walking.

get_gun $\leftarrow$ hunting.

goto_forest $\leftarrow$ hunting.

get_gun $\leftarrow$ robbing.

goto_bank $\leftarrow$ robbing.

goto_bank $\leftarrow$ banking.

fill_withdrawal_form $\leftarrow$ banking.

false $\leftarrow$ banking $\land$ robbing.

false $\leftarrow$ wearing_good_shoes $\land$ goto_forest.

assumable walking, hunting, robbing, banking.

(a) 假设观察到 get_gun，对这个观察的最小解释是什么？

(b) 假设观察到 get_gun ∧ goto_bank。对于这个观察结果，最小的解释是什么？

(c) 有没有什么可以观察到的东西，去掉其中的一个，作为最小的解释？为了能够解释这一点，必须添加哪些内容？

(d) 对于 goto_bank 最小的解释是什么？

(e) 关于 goto_bank ∧ get_gun ∧ fill_withdrawal_form 的最小解释是什么？

5.8 假设一个特定的病人可能患有四种疾病：p、q、r 和 s。p 会引起斑点。q 会引起斑点。发烧可能是由 q、r 或 s 中的一个或多个引起的。病人有斑点并发烧。假设你已经决定使用溯因法来根据症状诊断这个病人。

(a) 展示如何使用霍恩子句和假设来表示这些知识。

(b) 演示如何使用溯因法来诊断这个病人。清楚地显示查询和得到的答案。

(c) 也假设 p 和 s 不能同时出现。显示如何从 (a) 部分更改你的知识库。演示如何根据新知识库使用溯因法诊断患者。清楚地显示查询和结果答案。

5.9 考虑下列子句和完整性限制：

false←$a \wedge b$.

false←c.

a←d.

a←e.

b←d.

b←g.

b←h.

c←h.

假定，假设是$\{d, e, f, g, h, i\}$。什么是最小冲突？

5.10 **深空一号**(http://nmp. jpl. NASA. gov/ds1/)是美国宇航局于 1998 年 10 月发射的航天器，使用人工智能技术进行诊断和控制。有关更多细节，请参见 Muscettola 等[1998]或 http://ti. arc. nasa. gov/tech/asr/planning-and-scheduling/remote-agent/(尽管这些参考文献对于完成这个问题是不必要的)。

图 5.14 描绘了实际 DS1 引擎设计的一部分。为了在发动机中获得推力，必须注入燃料和氧化剂。整个设计是高度冗余的，以确保其运行，即使存在多种故障(主要是卡住或失效的阀门)。请注意，这些阀门是黑色还是白色，以及它们是否有横杆与这个问题无关。

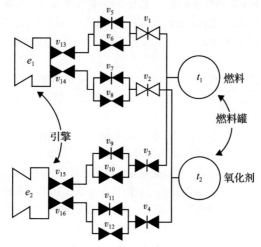

图 5.14　深空一号引擎设计

每个阀门可以是正常的(或不正常的),也可以是开启的(或不开启的)。这个问题的目的是公理化该域,使我们可以做两个任务。

(a) 通过对发动机缺乏推力的观察,以及使用基于一致性的诊断,确定哪些阀门是开着的,哪些可能出现错误。

(b) 考虑到产生推力的目标,并且知道某些阀门是正常的,决定应该打开哪些阀门。

对于这些任务中的每一项,你必须考虑知识库中有哪些子句,哪些子句是可以假设的。

原子应该是以下几种形式:

- open_V 为真,如果阀门 V 是开着的。该原子为 open_v_1, open_v_2,等等。
- Ok_V 为真,如果阀门 V 正常工作。
- Pressurized_V 为真,如果阀门 V 已经通过燃气进行了加压。你应该假设 pressurized_t_1 和 pressurized_t_2 为真。
- thrust_E 为真,如果发动机 E 进行了推动。
- thrust 为真,如果任何一个发动机都没有推力存在。
- nothrust 为真,如果没有推力。

为了使其易于管理,只需为输入编写进入引擎 e_1 的规则。在许多示例上使用 AILog 测试代码。

5.11 考虑对前一个问题使用溯因诊断,并进行以下阐述。

- 阀门可以开启或关闭。有些阀门可以指定为开启或关闭。
- 如果阀门是开启的,气体就会流出来,阀门是关闭的,气体不会流出来,则阀门是正常的(ok);如果阀门坏了(broken),气体从不会流出来;如果阀门卡住了(stuck),气体就不会流出来,不管阀门是开着还是关着;如果阀门泄露了(leaking),流入阀门的气体会泄漏出来,而不是流出来。
- 有三个气体传感器可以检测气体泄漏(但不知哪种气体);第一个气体传感器从最右边的阀门(v_1,…,v_4)检测气体,第二个气体传感器从中心阀门(v_5,…,v_{12})检测气体,第三个气体传感器从最左边的阀门(v_{13},…,v_{16})检测气体。

(a) 公理化该领域,使系统在发动机 e_1 和气体存在于一个传感器时,可以解释推力或没有推力。例如,它应该能够解释为什么 e_1 推进。它应该能够解释为什么 e_1 没有推进,而且第三个传感器探测到了气体。

(b) 在一些非平凡的例子上测试你的公理化。

(c) 有些问题有很多解释。建议如何减少或管理解释的数量,使溯因诊断更有用。

5.12 AILog 有可询问性(即向用户提出的原子)和假设(其被收集在一个答案中)。

假设你正在将家中的管道公理化,并且你有一个类似于练习 5.2 的公理化。你正在公理化这样一个领域,即新租户即将转租你的家,并可能想要确定可能出错的管道(在打电话给你或管道工之前)。

有些原子你会知道规则,有些租户会知道,有些谁也不会知道。将原子命题分为这三类,并提出建议,哪些命题是可以询问的,哪些命题是可假设的。展示在你的分类下产生的结果交互是什么。

5.13 本题探讨如何在采购智能体中使用完整性约束和基于一致性的诊断,这些智能体可以与网络上的各种信息源进行交互。采购智能体将询问一些信息源的事实。然而,信息源有时是错误的。当用户获得相互冲突的信息时,能够自动确定哪些信息源可能出错,这是非常有用的。

这个问题使用了诸如 a、b、c 等毫无意义的符号,但是在真实的领域中,这些符号会有一些意义,比如 a 表示"在夏威夷滑雪",z 表示"没有在夏威夷滑雪";或者 a 表示"蝴蝶什么都不吃",z 表示"蝴蝶吃花蜜"。在本题中,我们将使用无意义的符号,因为计算机无法获得这些意义,只能简单把它们当作无意义的符号来对待。

假设提供了以下信息源和相关信息。

来源 s_1：来源 s_1 声称下列子句为真。

$a \leftarrow h.$

$d \leftarrow c.$

来源 s_2：来源 s_2 声称下列子句为真。

$e \leftarrow d.$

$f \leftarrow k.$

$z \leftarrow g.$

$j.$

来源 s_3：来源 s_3 声称下列子句为真。

$h \leftarrow d.$

来源 s_4：来源 s_4 声称下列子句为真。

$a \leftarrow b \wedge e.$

$b \leftarrow c.$

来源 s_5：来源 s_5 声称下列子句为真。

$g \leftarrow f \wedge j.$

自己：假设你知道下列子句为真。

$false \leftarrow a \wedge z.$

$c.$

$k.$

不是每个来源都可以相信，因为它们在一块产生了矛盾。

(a) 使用假设将用户提供的知识编码到 AILog。要使用其中一个来源提供的子句，必须假设来源是可靠的。

(b) 使用该程序查找关于哪些可靠来源间存在冲突。（要发现冲突，你可以直接 ask $false$）

(c) 假定，你想要假设尽可能少的来源是不可靠的。哪一个来源（如果它是不可靠的）可以解释一个矛盾（假设所有其他来源是可靠的）？

(d) 哪一对来源可以解释矛盾（假设所有其他来源都是可靠的），而没有单个来源可以解释这个矛盾？

5.14 假设你在一家开发在线教学工具的公司工作。因为你上过人工智能课程，你的老板想知道你对各种选项的看法。

他们正在计划建立一个智能辅导系统，用于教授基础物理（例如，力学和电磁学）。系统必须做的事情之一就是诊断学生可能犯的错误。

对于下面的每一个问题，回答明确的问题和使用适当的语言。回答部分没有询问的问题，或者当仅问一个问题时回答一个以上的答案，都会惹恼老板。老板也不喜欢行话，所以请用直白的语言。

老板听说过基于一致性的诊断和溯因诊断，但是他想知道在构建教授基础物理的智能辅导系统的背景下，这些涉及什么。

(a) 解释一致性诊断需要什么知识（关于物理和学生）。

(b) 解释什么知识（关于物理和学生）需要溯因诊断。

(c) 在这个领域，使用溯因诊断优于一致性诊断的主要优势是什么？

(d) 在这个领域，基于一致性的诊断相比溯因诊断的主要优势是什么？

5.15 考虑图 5.11 中自下而上的否定作为失败的证明过程。假设我们希望允许增量增加和删除子句。当一个子句被添加时 C 如何变化？如果一个子句被删除，C 如何改变？

5.16 假设你正在实现一个自下而上的霍恩子句解释推理器，并且希望增量增加子句或假设。当添加一个子句时，最小的解释是如何受到影响的？当增加了一个假设时，最小的解释是如何受到影响的？

5.17 图 5.15 显示了一个简化的冗余通信网络，该网络连接无人航天器（sc）和地面控制中心（gc）。有两个间接的高带宽（高增益）链路，通过卫星（s_1，s_2）中继到不同的地面天线（a_1，a_2）。此外，在地面控制中心的天线（a_3）和航天器之间有一个直接的低带宽（低增益）链路。低增益链路受到大气扰动的影响，如果没有扰动（no_dist），它就可以工作，而且航天器的低增益发射器（sc_lg）和天线 a_3 是没有问题的。如果航天器的高增益发射机（sc_hg）、卫星的天线（s_1_ant，s_2_ant）、卫星的发射机（s_1_trans，s_2_trans）和地面天线（a_1，a_2）没有问题，那么高增益链路总是可以工作的。为了简单起见，只考虑来自航天器的信息，其通过这些通道到达地面控制中心。

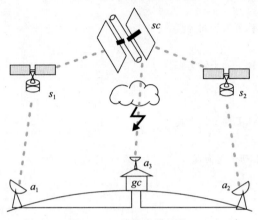

图 5.15   空间通信网络

下面的知识库形式化了我们感兴趣的通信网络部分：

send_signal_lg_sc←ok_sc_lg∧alive_sc.

send_signal_hg_sc←ok_sc_hg∧alive_sc.

get_signal_s_1←send_signal_hg_sc∧ok_s_1_ant.

get_signal_s_2←send_signal_hg_sc∧ok_s_2_ant.

send_signal_s_1←get_signal_s_1∧ok_s_1_trans.

send_signal_s_2←get_signal_s2∧ok_s_2_trans.

get_signal_gc←send_signal_s_1∧ok_a_1.

get_signal_gc←send_signal_s_2∧ok_a_2.

get_signal_gc←send_signal_lg_sc∧ok_a_3∧no_dist.

地面控制部门很担心，因为它还没有收到来自宇宙飞船的信号（no_signal_gc）。它可以肯定地知道所有地面天线（即 ok_a_1、ok_a_2 和 ok_a_3）都没问题，卫星 s_1 的发射器也没问题（ok_s_1_trans）。它不确定航天器的状态、它的发射器、卫星的天线、s_2 的发射器和大气扰动。

(a) 指定一组假设和一个完整性约束，用于对情况进行建模。

(b) 利用（a）部分的假设和完整性约束，最小冲突集是什么？

(c) 对于给定的情况，基于一致性的诊断是什么？换句话说，请假设可以解释控制中心不能接收来自航天器的信号的原因，它违反了哪些假设的可能组合？

5.18 (a) 解释为什么美国国家航空航天局在练习 5.17 中使用了溯因法而不是基于一致性的诊断。

(b) 假设大气扰动区 dist 可以在低带宽信号中产生静态信号或无信号。为了接收静态信号，天线 a_3 和航天器的低带宽发射机 sc_lg 必须工作。如果 a_3 或 sc_lg 不工作或 sc 死机，则没有信号。在练习 5.17 的知识库中必须添加哪些规则和假设，以便我们能够解释可能的观测值（no_signal_gc、get_signal_gc 或者 static_gc）？你可以忽略高带宽链接。你可以发明任何你需要的符号。

确定性规划

每天早上规划好一天事务并按照规划去做的人，将会带着一根指引他穿过最忙碌的生活迷宫的线。但是，如果没有制定规划，将时间的安排完全交给偶然发生的机会，混乱就会很快占据上风。

——Victor Hugo(1802—1885)

规划是找到实现目标的一系列行为的过程。因为智能体通常不会在一个步骤中实现其目标，所以它在任何时候应该做的事情都取决于它将来会做什么。它将来会做什么则取决于它所处的状态，而这又取决于它过去所做的事情。本章介绍了三种动作的表示及其效果，以及四种离线算法，以便智能体从给定状态中找到实现其目标的规划。

本章做了以下简化假设：

- 有一个简单的智能体。
- 智能体的行为是确定的，智能体可以预测其行为的结果。
- 没有超出智能体控制并可以改变环境状况的外来事件。
- 环境完全可观察，因此，智能体可以观察环境的当前状态。
- 时间从一个状态离散地进入下一个状态。
- 目标是必须实现的状态谓词。

其中一些假设在以下章节中放宽。

6.1 状态、动作、目标的表示

为了推理出该做什么，假设一个智能体有目标、环境模型和动作模型。

确定性动作是从状态到状态的部分函数。该函数是部分的，因为不是每一个动作都可以在每一种状态下执行。例如，机器人无法捡起离它较远的特定物体。动作的**先决条件**需要指定何时可以执行。动作的结果则会指定结果状态。

例 6.1 考虑了一个送货机器人，它负责送邮件和咖啡。假设一个简化的问题域，有四个位置，如图 6.1 所示。这个叫作 Rob 的机器人可以在咖啡店买咖啡，在邮件收发室里收邮件，移动，送咖啡或邮件。将咖啡送到

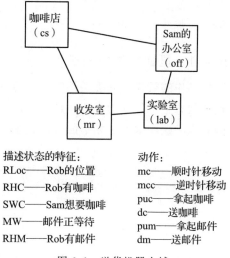

描述状态的特征：
RLoc——Rob的位置
RHC——Rob有咖啡
SWC——Sam想要咖啡
MW——邮件正等待
RHM——Rob有邮件

动作：
mc——顺时针移动
mcc——逆时针移动
puc——拿起咖啡
dc——送咖啡
pum——拿起邮件
dm——送邮件

图 6.1 送货机器人域

Sam 的办公室后，将停止 Sam 想要咖啡的状态。可能有邮件在邮件室等待被送到 Sam 的办公室。这个域非常简单，但是它也足够丰富，可以展示在表示动作和规划中的许多问题。

根据以下特征描述状态。

- RLoc，机器人的位置，可能是咖啡店（cs）、Sam 的办公室（off）、邮件室（mr）或实验室（lab）中的一个。
- RHC，机器人是否有咖啡。原子 rhc 表示 Rob 有咖啡（即 RHC＝true），而 ¬rhc 表示 Rob 没有咖啡（即 RHC＝false）。
- SWC，Sam 是否想喝咖啡。原子 swc 意味着 Sam 想要咖啡，¬swc 意味着 Sam 不想要咖啡。
- MW，是否有邮件在邮件室等待。原子 mw 意味着有邮件等待，¬mw 意味着没有邮件等待。
- RHM，机器人是否携带邮件。原子 rhm 意味着 Rob 有邮件，而 ¬rhm 意味着 Rob 没有邮件。

Rob 有六个动作。

- Rob 可以顺时针移动（mc）。
- Rob 可以逆时针移动（mcc）。
- 如果 Rob 在咖啡店，Rob 可以拿起咖啡。puc 表示 Rob 拿起了咖啡。puc 的先决条件是 rhc∧¬RLoc＝cs，也就是说，在 Rob 还没有咖啡且当 Rob 的位置为 cs 时的任何状态下，Rob 可以取咖啡。此动作的效果是使 RHC 为 true。它不会影响其他的功能。
- 如果 Rob 携带咖啡且在 Sam 办公室，则 Rob 可以送咖啡。dc 表示 Rob 送咖啡。dc 的先决条件是 rhc∧RLoc＝off。此动作的效果是使 RHC 为 true 并使 SWC 为 false。请注意，无论 Sam 是否想要咖啡，Rob 都可以送咖啡。
- 如果 Rob 在邮件室并且有邮件在那里等待，Rob 可以接收邮件。pum 表示 Rob 拿起邮件。
- 如果 Rob 携带邮件且在 Sam 的办公室，Rob 可以送邮件。dm 表示 Rob 送邮件。

假设 Rob 一次只能做一个动作。我们假设一个较低级别的控制器能够实现这些动作，如第 2 章所述。

6.1.1　显式状态空间表示

动作的效果和先决条件的一种可能表示是显式枚举状态，并且对于每个状态，指定在该状态下可能的动作，并且对于每个状态-动作对，指定在该状态下进行该动作所导致的状态。这需要一个如下的表格表示：

状态	动作	结果状态
s_7	act_{47}	s_{94}
s_7	act_{14}	s_{83}
s_{94}	act_5	s_{33}
…	…	…

这个关系中的第一个元组指定了可以在状态 s_7 下执行动作 act_{47}，并且如果它在状态

s_7 下执行，则结果状态将是 s_{94}。

因此，这也是一个图的显式表示，其中节点是状态，边是动作。这称为**状态空间图**，即第 3 章中使用的那种图形。第 3 章的任何算法都可用于搜索该空间。

例 6.2　　在例 6.1 中，状态是五元组，指定了机器人的位置、机器人是否携带咖啡、Sam 是否需要咖啡、邮件是否在等待以及机器人是否携带邮件。就像如下元组：

$$\langle lab, \neg rhc, swc, \neg mw, rhm \rangle$$

代表了这样一个状态，即 Rob 在实验室，Rob 没有咖啡，Sam 想要咖啡，没有邮件等待，Sam 有邮件。如下元组：

$$\langle lab, rhc, swc, mw, \neg rhm \rangle$$

代表了这样一个状态，即 Rob 在实验室里且携带咖啡，Sam 想要咖啡，有等待邮件，Rob 没有携带邮件。

在该示例中，存在 $4 \times 2 \times 2 \times 2 \times 2 = 64$ 个状态。直观地说，所有这些都是可能的，即使人们不希望智能机器人能够达到其中的某一些状态。

这里有六个动作，并非所有动作都适用于每种状态。动作是根据状态转换定义的：

状态	动作	结果状态
$\langle lab, \neg rhc, swc, \neg mw, rhm \rangle$	mc	$\langle mr, \neg rhc, swc, \neg mw, rhm \rangle$
$\langle lab, \neg rhc, swc, \neg mw, rhm \rangle$	mcc	$\langle off, \neg rhc, swc, \neg mw, rhm \rangle$
$\langle off, \neg rhc, swc, \neg mw, rhm \rangle$	dm	$\langle off, \neg rhc, swc, \neg mw, \neg rhm \rangle$
$\langle off, \neg rhc, swc, \neg mw, rhm \rangle$	mcc	$\langle cs, \neg rhc, swc, \neg mw, rhm \rangle$
$\langle off, \neg rhc, swc, \neg mw, rhm \rangle$	mc	$\langle lab, \neg rhc, swc, \neg mw, rhm \rangle$
...	...	...

此表显示了两个状态的转换。完整表示包括了其他 62 个状态的转换。

由于以下三个主要原因，这不是一个好的表示：
- 通常有太多的状态需要表示、获取和推理。
- 模型的微小变化意味着表示的大幅改变。添加其他特征意味着将更改整个表示。例如，为了建模机器人中的功率水平，以便它可以在实验室中自行充电，每个状态都必须改变。
- 它不代表状态的结构；动作的效果有很多结构和规律性，在状态转换中并没有反映出来。例如，大多数动作都不会影响 Sam 是否想喝咖啡，但是每个状态都需要重复这个事实。

另一种方法是对动作如何影响特征进行建模。

6.1.2　STRIPS 表示

STRIPS 表示是一种以动作为中心的表示，对于每个动作，都指定了动作何时可以发生以及动作的效果。STRIPS 是 "STanford Research Institute Problem Solver" 的缩写，是 Shakey 的设计方案，而 Shakey 是最早使用 AI 技术制造的机器人之一。

为了表示 STRIPS 中的规划问题，首先将描述世界的特征划分为**原始特征**和**派生特征**。STRIPS 表示用于指定一个状态下的原始特征值，它基于先前状态和智能体采取的动作。子句可以用来从任何给定状态下的原始特征值中确定派生特征值。

一个动作的 STRIPS 表示包括：

- **先决条件**(precondition)，一组特征的赋值，这些值在动作发生的时候必须保持。
- **效果**(effect)，一组原始特征的赋值，指定了改变的特征，以及它们改变后的值，就是动作的结果。

一个动作的**先决条件**是一个命题(集合属性的结合)在动作执行之前必须是 true。在约束方面，机器人受到约束，因此它只可以选择满足先决条件的动作。

例 6.3　在例 6.1 中，Rob 取咖啡(puc)的动作具有先决条件{cs，¬rhc}。也就是说，Rob 必须在咖啡店(cs)，且没有携带咖啡(¬rhc)，才能执行 puc 动作。作为约束，这意味着 puc 不可用于任何其他位置或 rhc 为 true 的情况。

顺时针移动的动作是始终可以执行的。因为它的先决条件是空集{}，这就代表命题始终为真。

STRIPS 表示基于大多数事物不受单个动作影响的想法。语义依赖于 **STRIPS 假设**：动作的效果中未提及的所有原始特征的值都不会因动作而改变。

如果动作 act 可行(其先决条件成立)并且 $X=v$ 在动作的效果中或者在 act 的效果中没有提及 X，且 X 在 act 之前具有值 v，则原始特征值 X 在动作 act 之后具有值 v。非原始特征值可以每次从原始特征值中派生出来。

例 6.4　在例 6.1 中，Rob 取咖啡(puc)的动作具有以下 STRIPS 表示：

precondition　{cs，¬rhc}

effect　{rhc}

也就是说，为了能够取咖啡，机器人必须在咖啡店并且没有携带咖啡。在动作之后，rhc 成立(即，RHC＝true)。所有其他属性值不受此动作的影响。

例 6.5　送咖啡(dc)的动作可以通过如下定义：

precondition　{off，rhc}

effect　{¬rhc，¬swc}

当机器人在办公室里，并且携带有咖啡的时候，它可以送咖啡，并且在此动作之后，机器人就没有咖啡了，Sam 也不想再要咖啡了，因此，效果就是使得 RHC＝false 和 SWC＝false。需要注意的是，根据这个模型可以知道，无论 Sam 是否想要咖啡，机器人都可以送咖啡，不管是哪种情况，Sam 在这个动作之后都不会想立刻再要咖啡了。

STRIPS 不能直接定义**条件效果**，其中动作的效果应取决于最初的真值。但是，条件效果可以通过引入新的动作来进行建模，如下例所示。

例 6.6　考虑用动作 mc 表示顺时针移动。机器人最终的 mc 的结果取决于机器人在执行 mc 之前的位置。

为了在 STRIPS 表示中呈现出这一点，我们可以构造多个不同于初始真值的动作。例如，动作 mc_cs(从咖啡店顺时针移动)具有先决条件{RLoc＝cs}和效果{RLoc＝off}。动作 mc_off(从办公室顺时针移动)具有先决条件{RLoc＝off}和效果{RLoc＝lab}。因此，STRIPS 需要四个顺时针动作(每个位置一个)和四个逆时针动作。

6.1.3　基于特征的动作表示

虽然 STRIPS 是以动作为中心的表示，但以特征为中心的表示更灵活，因为它允许条件效果和非局部效果。**基于特征的动作表示**建模了：

- 每个动作的**先决条件**。
- 对于每个特征，下一个状态中的特征值会作为前一个状态和动作的特征值的函数。

基于特征的动作表示用确定子句来指定动作产生的状态中每个变量的值。这些规则的主体可以包括关于所执行的动作的命题和关于先前状态中的特征值的命题。我们假设这些命题可以是特征和值之间的等式和不等式。

规则有两种形式：

- **因果规则**，指定特征何时获得新的值。
- **框架规则**，指定特征何时保持其值。

将它们看作两个独立的情况是有用的，这两个独立的情况是使特征改变其值的原因和使特征保持其值的原因。

例 6.7　在例 6.1 中，Rob 的位置取决于其先前的位置和移动的位置。设 RLoc 是指定结果状态中的位置变量。以下规则规定了 Rob 在咖啡店的条件：

$$\text{RLoc}' = \text{cs} \leftarrow \text{RLoc} = \text{off} \land \text{Act} = \text{mcc}.$$
$$\text{RLoc}' = \text{cs} \leftarrow \text{RLoc} = \text{mr} \land \text{Act} = \text{mc}.$$
$$\text{RLoc}' = \text{cs} \leftarrow \text{RLoc} = \text{cs} \land \text{Act} \neq \text{mcc} \land \text{Act} \neq \text{mc}.$$

前两个规则是因果规则，最后一个规则是框架规则。

机器人在结果状态下是否有咖啡，这取决于它在先前状态下是否有咖啡以及它所做的动作。因果规则规定，拿起咖啡会使机器人在下一个步骤中有咖啡：

$$\text{rhc}' \leftarrow \text{Act} = \text{puc}.$$

框架规则指定除非机器人送咖啡，否则机器人仍然持有咖啡。

$$\text{rhc}' \leftarrow \text{rhc} \land \text{Act} \neq \text{dc}.$$

该规则暗示着机器人不能放下咖啡、喝咖啡或浪费咖啡，咖啡也不能被盗。

基于特征的表示比 STRIPS 表示更强大；它不仅可以用 STRIPS 表示任何可以表示的东西，而且也可以表示条件效果。由于它需要明确的框架公理，所以它可能更冗长一些，而这些公理在 STRIPS 表示中是隐含的。

对于布尔特征，从 STRIPS 到基于特征表示的映射如下：如果动作 act 的效果是 $\{e_1, \cdots, e_k\}$，STRIPS 表示则等价于因果规则：

$$e_i' \leftarrow \text{act}.$$

对于每个 e_i，都可以通过动作和如下框架规则变为真：

$$c' \leftarrow c \land \text{act}.$$

每个条件 c 都不涉及效果列表中的变量。因此，将特征赋值为假的每个 e_i 都不会产生规则。在这两种表示中，每个动作的先决条件都是相同的。非布尔特征可能需要针对不同的特征值有多条规则。

动作的**条件效果**取决于其他特性的值。基于特征的表示能够指定条件效果，而 STRIPS 不能直接表示这些。例 6.6 展示了如何通过创建新的动作，从而在 STRIPS 中表示顺时针移动的动作，其中效果取决于先前的状态。例 6.7 展示了基于特征的表示如何表示动作，而无须通过向规则添加条件来创建这些新动作。基于特征的表示还允许非局部效果，如下例所示。

例 6.8　假设除了动作 wash 会使机器人变整洁以外,其他所有动作都会使机器人变脏。在 STRIPS 中,这将导致能使机器人变脏成为每个动作的影响。在基于特征的表示中,我们可以添加一个规则,即在不是 wash 的每次动作后机器人都是脏的:

$$robot\_dirty' \leftarrow Act \neq wash.$$

6.1.4　初始化状态和目标

在典型的规划问题中,世界是完全可观察的和确定的,可以通过为初始状态指定每个特征的值来定义初始状态。

这里有几种不同的**目标**:

- **实现目标**是最终状态必须为 true 的命题。
- **维护目标**是在智能体通过的每个状态下都必须为 true 的命题。这些通常是**安全目标**——远离糟糕状态的目标。
- **暂时目标**是必须在规划的某个地方实现的命题。
- **资源目标**是最小化规划中的某些资源的目标。例如,目标可以是最小化燃料消耗或最小化执行计划所需的时间。

在本章的其余部分,我们将重点放在实现目标上,其中目标是一组特征值的赋值,在最终状态下,所有的这些都必须保持。

6.2　前向规划

确定性**规划**是从给定的起始状态到实现**目标**的一系列动作。确定性**规划器**会生成一个给定的初始世界描述的规划和智能体可用的动作规范以及目标描述。

前向规划器将规划问题视为**状态空间**图中的路径规划问题。在状态空间图中,节点是状态,弧对应于从一个状态到另一个状态的动作。来自状态 s 的弧对应可以在该状态下执行的所有合法动作。也就是说,对于每一个状态,每个动作 a 都有一条弧,其先决条件在状态 s 中。规划就是从初始状态到满足实现目标的状态路径。

前向规划器从初始状态中搜索状态空间图,寻找到满足目标描述的状态。它可以使用第 3 章中描述的任何搜索策略。

搜索图定义如下:

- 节点是世界的状态,其中状态是对每个特性的值的一个总赋值。
- 弧对应动作。特别是节点 s 到节点 s' 的弧,标记为动作 act,表示 act 在 s 中是可行的,并且在状态 s 中执行会导致状态 s'。
- 起始节点是初始状态。
- 如果状态 s 满足实现目标,则搜索的目标条件 goal(s) 为 true。
- 路径则对应实现目标的规划。

例 6.9　对于运行示例,其状态可以表示为五元组:

$$\langle Loc, RHC, SWC, MW, RHM \rangle$$

由各个变量的值表示。

图 6.2 显示了搜索空间的一部分(没有显示循环),从 Rob 在咖啡店的状态开始,

Rob 没有咖啡，Sam 想要咖啡，有邮件等待，Rob 没有邮件。无论目标状态如何，搜索空间都是相同的。

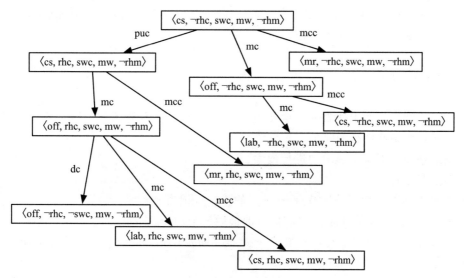

图 6.2 状态空间规划器的部分搜索空间

使用前向规划器不同于显式的基于状态表示的动作，因为图的相关部分是根据动作的表示动态创建的。

一个完整的搜索策略（例如具有多路径修剪或深度优先分支定界的 A*）可以确保找到其解决方案。搜索空间的复杂度由图的前向分支系数所定义。分支系数是任何状态下所有可能的动作的数量，它可能非常大。对于简单的机器人送货领域，初始情况下的分支系数为 3，而其他情况下的分支系数最多为 4。通过找到好的启发式可以减少这种复杂度，因此如果存在解决方案，就不会搜索所有空间。

对于前向规划器，状态的启发式函数是对从该状态到实现目标的一个成本估计。

例 6.10 机器人送货规划，如果所有动作的成本均为 1，则给定一个特定目标，可能允许的启发式函数是最大化如下值：

- 从状态 s 下的机器人位置到目标位置的距离，如果有的话。
- 机器人在状态 s 下的位置到咖啡馆的距离加上 3（因为机器人必须至少要去咖啡馆，然后拿起咖啡，最后到办公室，并且送咖啡），如果目标包括 SWC＝false，且在状态 s 下有 SWC＝true 和 RHC＝false。

状态也可以表示为如下之一：

（a）完整的世界描述，对每个原始命题赋值。

（b）从初始状态出发的路径；也就是说，通过从初始状态到达该状态的一系列动作。在这种情况下，状态中的内容是根据指定动作效果的公理来计算的。

选择（a）涉及为每个创建的世界计算一个全新的世界描述，而（b）涉及根据需要计算一个状态中的内容。备选方案（b）可以节省空间（特别是在有复杂的世界描述的情况下），并且可以允许更快地创建新节点，但确定在给定世界中任何实际存在的内容可能会更慢。如果使用环修剪或多路径修剪，每种表示则都需要一种方法来确定两个状态是否相同。

状态空间搜索是一种前向搜索方法，但是也可以从满足目标的状态集中向后搜索。

通常，目标没有完全指定状态，因此可能有许多目标状态满足目标。如果有多个状态，则创建一个节点(goal)，它作为邻居拥有所有的目标状态，并将其用作向后搜索的起始节点。一旦 goal 被扩展，边界的元素就和目标状态一样多，所以这就可能会非常大，使得在状态空间中向后搜索变得不切实际。

6.3 回归规划

在不同的搜索空间中搜索通常会更有效——其中节点不是状态，而是要实现的子目标。**子目标**是对某些特征的赋值。

回归规划在以下定义的图中进行搜索：
- 节点是子目标。
- 弧对应动作。特别是从节点 g 到 g' 的弧，标记为 act，意思是：
  - act 是在实现子目标 g 之前执行的最后一个动作。
  - 节点 g' 是一个子目标，必须在 act 之前立即为 true，以便在 act 之后 g 立即为 true。
- 起始节点是要实现的规划目标。
- 如果 g 在初始状态为 true，则搜索的目标条件 goal(g) 为 true。

给定代表子目标 g 的节点，对于每个动作 act 都存在 g 的邻居，使得：
- act 是**可行的**，执行 act 是可行的，并且在 act 之后 g 有可能立即为 true。
- act 是**有用的**，act 实现 g 的一部分。

考虑子目标 $g = \{X_1 = v_1, \cdots, X_n = v_n\}$。就 STRIPS 表示而言，如果对于某些 i，$X_i = v_i$ 是动作 act 的效果，则 act 对于求解 g 是有用的。紧接在 act 之前，act 的先决条件以及未达到任何 $X_k = v_k$ 的 act 必须成立。因此，只要 act 是可行的，子目标 g 在标记为 act 的弧上的邻居就是 precondition(act) $\bigcup$ ($g \setminus$ effects(act))。动作 act 是可行的，如果：
- 对于每个在 g 中的 $X_j = v_j$，动作 act 对特征 $X_j = v_j$ 无效果，其中 $v'_j \neq v_j$。
- precondition(act) $\bigcup$ ($g \setminus$ effects(act)) 不包含对任何特征的两个不同的赋值。

例 6.11 假设目标是实现¬swc。因此，起始节点是{¬swc}。如果在初始状态下是 true，则规划停止。如果不是，它会挑选一个实现¬swc 的动作。在这种情况下，只有一个这样的动作：dc。dc 的先决条件是{off，rhc}。因此，存在弧：

$$\langle\{\neg swc\}, \{off, rhc\}\rangle \text{标记为 dc}$$

考虑节点{off，rhc}。这里有两个动作可以实现 off，分别是 cs 的 mc 和 lab 的 mcc。有一个动作可以实现 rhc，即 puc。然而，puc 有一个先决条件{cs，¬rhc}，但是 cs 和 off 是不一致的(因为它们涉及对变量 RLoc 的不同赋值)。因此，puc 不是最后的动作；在 puc 之后，条件{off，rhc}不成立。

图 6.3 显示了搜索空间的前三个

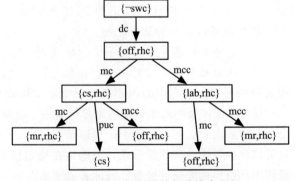

图 6.3 回归规划器的部分搜索空间

级别(不包括环修剪或多路径修剪)。注意，无论初始状态如何，搜索空间都是相同的。起始状态有两个作用：作为停止判据和作为启发源。

如果子目标包含许多赋值，则回归通常可以确定最后要完成哪些赋值，如下例所示。

例 6.12　假设目标是 Sam 不想喝咖啡且机器人有咖啡：{¬swc, rhc}。那么最后一个动作不能是 dc 来实现¬swc，因为它实现了¬rhc。最后一个动作必须是 puc 来实现 rhc。因此，最终的子目标是{¬swc, cs}。同样，在此子目标之前的最后一个动作是不能实现¬swc 的，因为这有一个先决条件 off，它与 cs 不一致。因此，倒数第二个动作必须是可以实现 cs 的移动动作。

在基于特征的动作表示方面，如果存在一个因果规则，使得某些 i 使用动作 act 实现 $X_i = v_i$，那么动作 act 是有效的。这个节点沿着标记为动作 act 的弧的邻居是如下命题：

$$\text{precondition(act)} \land \text{body}(X_1 = v_1, \text{act}) \land \cdots \land \text{body}(X_n = v_n, \text{act})$$

其中 $\text{body}(X_i = v_i, \text{act})$ 是规则主体中变量的赋值集，该规则指定 $X_i = v_i$ 在 act 之后立即为 true。如果某个 i 没有对应的规则，或者命题不一致(即变量赋值不同)，则不会存在这样的邻居。注意，如果多个规则适用于同一个动作，则会有多个邻居。

搜索算法(如 A* 和分支定界)可以利用启发式的知识。对于回归规划器，节点的启发值是从初始状态到实现由节点表示的子目标的一种代价估计。这种形式的启发式作为从一个状态实现子目标的代价估计，与在前向规划器中使用的方法相同。因此，诸如例 6.10 中的启发式也可以用于回归规划器。但是，回归规划器的有效启发算法对于前向规划器可能不是很有用，反之亦然(参见练习 6.4)。

回归规划中出现的一个问题是子目标可能无法实现。通常很难从动作的定义中推断子目标是否可以实现。例如，考虑对象有不能同时位于两个不同位置的限制；但有时这并没有明确地表示，只是隐含在一个动作的效果中，而且这个对象最初只在一个位置上。可以将领域知识用于修剪那些显示出不一致的节点。

环修剪和多路径修剪可以合并到回归规划器中。回归规划器不必访问完全相同的节点来修剪搜索。如果节点 n 所表示的子目标是通往 n 的路径上的子目标的超集，则可以修剪节点 n。类似地，对于多路径修剪，请见练习 6.10。

回归规划器将提交动作的总顺序，即使没有特定的原因会导致一种顺序高于另一种。如果动作没有太多交互或根本没有交互，那么为了得到总排序往往会增加搜索空间的复杂性。例如，当有可能显示没有顺序可以成功时，回归规划器将测试一系列动作的每个排列。

6.4　CSP 规划

在前向规划中，搜索受初始状态的约束，只将目标作为停止判据和启发源。在回归规划中，搜索受目标约束，仅使用起始状态作为停止判据并作为启发源。通过将问题转换为约束满足问题(CSP)，初始状态可用于修剪不可达的部分，目标可用于修剪无用的部分。CSP 在有限的步骤中定义；可以调整步数以找到最短的规划。然后，可以使用第 4 章中的 CSP 方法来求解 CSP，从而找到一个规划。

要从规划问题出发构建 CSP，首先选择一个固定的**规划范围**，即规划的时间步长。

假设起始是 k 层。CSP 具有以下变量：

- 每个特征每个时刻(从 0 到 k)的**状态变量**。如果有 k 层，每层有 n 个特征，那么就会有 $n*(k+1)$ 个状态变量。状态变量的域就是对应特征的域。
- **动作变量** Action_t，每个时刻 t 处的取值范围为 0 到 $k-1$。Action_t 的域是所有可能动作的集合。Action_t 的值表示将智能体从时刻 t 处的状态转移到时刻 $t+1$ 处的状态的动作。

有几种类型的约束：

- 时刻 t 处的状态变量与变量 Action_t 之间的先决条件**约束**，它约束了在时刻 t 处合法的动作。
- Action_t 和在 $t+1$ 时刻的状态变量之间的**效果约束**，它约束了状态变量的值，该状态变量是动作的直接效果。
- 时刻 t 处的状态变量、变量 Action_t 以及在时刻 $t+1$ 处对应的状态变量之间的**框架约束**，它指定当变量不因某个动作而改变时，变量在动作前后具有相同的值。
- **初始状态约束**，它约束变量的初始状态(在时刻 0 处)，初始状态表示在时刻 0 处的一组状态变量的域约束。
- **目标约束**将最终的状态约束为满足成就目标的状态。这些是目标中出现的变量的域约束。
- **状态约束**是变量之间在同一时间步的约束。可以包括对状态的物理约束，也可以确保禁止违反维护目标的状态。这是除了基于特征或 STRIPS 表示的动作之外的额外知识。

STRIPS 表示为每个时刻 t 提供先决条件、效果和框架约束，如下所示。

- 对于在动作 A 的先决条件中的每个 $\text{Var}=v$，存在如下先决条件约束：

$$\text{Var}_t = v \leftarrow \text{Action}_t = A$$

它指定了如果动作是 A，则 Var_t 必须在之前就具有值 v。当 $\text{Action}_t = A$ 且 $\text{Var}_t \neq v$ 时，就违反了该约束，因此就等同于 $\neg(\text{Var}_t \neq v \wedge \text{Action}_t = A)$。

- 对于动作 A 的效果中的每个 $\text{Var}=v$，存在如下效果约束：

$$\text{Var}_{t+1} = v \leftarrow \text{Action}_t = A$$

当 $\text{Var}_{t+1} \neq v \wedge \text{Action}_t = A$ 时违反约束，因此相当于 $\neg(\text{Var}_{t+1} \neq v \wedge \text{Action}_t = A)$。

- 对于每个 Var，都有一个框架约束，其中 As 为动作效果中包含 Var 的动作集合：

$$\text{Var}_{t+1} = \text{Var}_t \leftarrow \text{Action}_t \notin \text{As}$$

它指定特征 Var 在不影响 Var 的任何动作之前和之后会具有相同的值。

例 6.13 图 6.4 显示了送货机器人示例的 CSP 表示，规划的范围初值为 $k=2$。状态变量有三个副本：一个在时刻 0，为初始状态；一个在时刻 1；一个在时刻 2，为最后的状态。时刻 0 和时刻 1 有动作变量。

先决条件约束：每个时间步，动作变量左侧的约束是先决条件约束。动作的先决条件中，每个元素都有单独的约束。

动作 dc(送咖啡)的先决条件是 $\{\text{RLoc}=\text{off}, \text{rhc}\}$；机器人必须在办公室，且它必须有咖啡。因此，送咖啡有两个先决条件约束：

$$\text{RLoc}_t = \text{office} \leftarrow \text{Action}_t = \text{dc}$$

$$\text{RHC}_t = \text{true} \leftarrow \text{Action}_t = \text{dc}$$

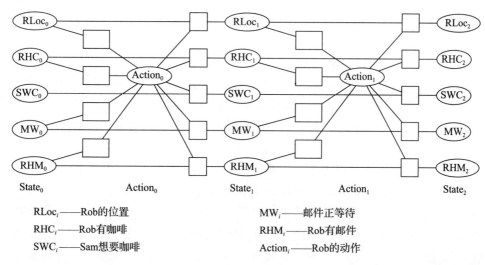

RLoc$_i$——Rob的位置　　　　　MW$_i$——邮件正等待

RHC$_i$——Rob有咖啡　　　　　RHM$_i$——Rob有邮件

SWC$_i$——Sam想要咖啡　　　　Action$_i$——Rob的动作

图 6.4　对于 $k=2$ 的规划范围的送货机器人 CSP 规划器

效果约束：送咖啡（dc）的效果为 $\{\neg rhc, \neg swc\}$。因此存在两个效果约束：

$$RHC_{t+1} = false \leftarrow Action_t = dc$$

$$SWC_{t+1} = office \leftarrow Action_t = dc$$

框架约束：Rob 有邮件（rhm）不是送咖啡（dc）的效果之一。因此存在框架约束：

$$RHM_{t+1} = RHM_t \leftarrow Act_t = dc$$

当 $RHM_{t+1} \neq RHM_t \wedge Act_t = dc$ 时违反了约束。

例 6.14　请找一个规划，可以为 Sam 送咖啡，最初 Sam 想喝咖啡，但机器人没有咖啡。这可以表示为初始状态约束：$SWC_0 = true$ 且 $RHC_0 = false$。

规划范围为 2 时，目标表示为域约束 $SWC_2 = false$ 且无解。

规划范围为 3 时，目标表示为域约束 $SWC_3 = false$。这有很多解决方案，但都满足条件：$RLoc_0 = cs$（机器人必须从咖啡店开始），$Action_0 = puc$（机器人必须先去取咖啡），$Action_1 = mc$（机器人必须移动到办公室），以及 $Action_2 = dc$（机器人必须在时刻 2 的时候送咖啡）。

CSP 表示假定一个固定的规划范围（即固定的步骤）。要在任意步骤上找到一个规划，该算法可以在 $k = 0, 1, 2, \cdots$ 内运行直到找到解决方案。对于随机局部搜索算法，可以同时搜索多个范围，搜索所有范围（k 从 0 到 n），允许 n 缓慢变化。当使用弧的一致性和域分割求解 CSP 时，有可能会确定尝试一个较长的规划会无用。也就是说，通过分析具有 n 个步骤的范围内为什么没有存在解，有可能会显示没有任何长度大于 n 的规划。当没有规划的时候停止规划器。参见练习 6.11。

6.4.1　动作特征

到目前为止，我们假设动作是原子的，智能体在任何时候只能执行一个动作。对于 CSP 表示，根据特征描述动作很有用——具有动作的分解表示以及状态的分解表示。表示动作的特征称为**动作特征**，表示状态的特征称为**状态特征**。动作特征可以被视为在同一时间步中执行的动作。

在这种情况下，可以有一组称为**动作约束**的额外限制来指定哪些动作特征不能同时发生。这些有时被称为互斥或**互斥约束**。

例 6.15　对例 6.1 中的动作进行建模的另一种方法是，在每一步中，Rob 都可以选择：

- 是否会拿起咖啡。令 PUC 是一个布尔变量，当 Rob 拿起咖啡时它为 true。
- 是否会送咖啡。令 DelC 是一个布尔变量，当 Rob 送咖啡时它为 true。
- 是否会拿起邮件。令 PUM 是一个布尔变量，当 Rob 拿起邮件时它为 true。
- 是否会送邮件。令 DelM 是一个布尔变量，当 Rob 发送邮件时它为 true。
- 是否移动。令 Move 是域{mc，mcc，nm}的变量，指定 Rob 是顺时针移动、逆时针移动还是不移动(nm 表示"不移动")。

因此，可以将智能体视为在一个阶段中执行多个动作。对于同一阶段的一些动作，机器人可以按任意顺序执行，例如送咖啡和邮件。同一阶段的一些动作则需要按特定的顺序执行，例如，智能体必须在其他动作之后移动。

例 6.16　考虑找一个给 Sam 送咖啡的规划，最初，Sam 想要咖啡，但机器人没有咖啡。初始状态可以表示为两个域约束：$SWC_0 = true$，$RHC_0 = false$。目标是 Sam 不再需要咖啡，即 $SWC_k = false$。

规划范围为 2 时，CSP 如图 6.5 所示，目标为域约束 $SWC_2 = false$，这里有一个解决方案 $RLoc_0 = cs$(机器人从咖啡店开始)，$PUC_0 = true$(机器人拿取咖啡)，$Move_0 = mc$(机器人移动到办公室)，以及 $DC_1 = true$(机器人在时刻 1 时送咖啡)。

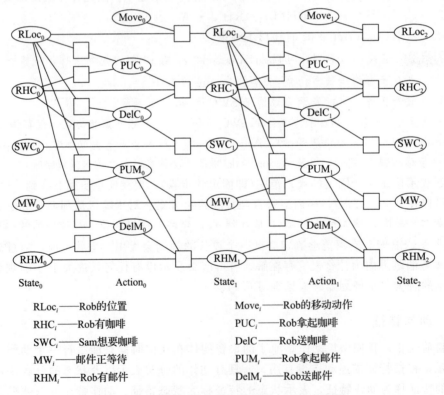

State₀ 　　Action₀ 　　State₁ 　　Action₁ 　　State₂

$RLoc_i$——Rob的位置	$Move_i$——Rob的移动动作
RHC_i——Rob有咖啡	PUC_i——Rob拿起咖啡
SWC_i——Sam想要咖啡	$DelC$——Rob送咖啡
MW_i——邮件正等待	PUM_i——Rob拿起邮件
RHM_i——Rob有邮件	$DelM_i$——Rob送邮件

图 6.5　带有分解动作的送货机器人 CSP 规划器

注意，在没有分解动作的表示中，问题不能在范围为 2 的情况下解决；它的范围需要为 3，因为此时没有并发动作。

6.5　偏序规划

前向规划器和回归规划器在规划过程的所有阶段会对动作强制执行总排序。CSP 规划器在特定时间执行该动作。这意味着，即使没有特别的理由将一个动作放在另一个动作之前，这些规划器在将它们添加到部分规划中时也必须对动作进行排序。

偏序规划器维护动作之间的部分排序，并且仅在强制时提交动作之间的排序。这有时也被称为非**线性规划器**，这是一种误称，因为这样的规划器经常产生线性规划。

因为在同一规划中可能多次使用相同的动作，例如，机器人可能需要多次顺时针移动，偏序将在**动作实例**之间，其中动作实例只是动作和整数的一对值，用 act♯i 表示。至于动作实例的先决条件和效果，在这里我们指的是动作的先决条件和效果。

偏序是具有传递性和非对称性的二元关系。**偏序规划**是一组动作实例以及它们之间的偏序，表示动作实例上的 "before" 关系。如果动作实例 act_0 在偏序中位于动作实例 act_1 之前，则写入 $act_0 < act_1$。这意味着 act_0 的动作必须在 act_1 的动作之前发生。规划器的目的是产生动作实例的偏序，以便任何与偏序一致的总排序都将从初始状态求解。

有两个特殊的动作实例：start（它实现了在初始状态下为 true 的关系）以及 finish（其先决条件是要求解的值）。每个其他动作实例在偏序中是在 start 之后和在 finish 之前。使用这些动作实例意味着算法没有针对初始状态和目标状态的特殊情况。当达到 finish 的先决条件时，目标就可以被求解。

除 start 或 finish 之外的任何动作实例都在偏序规划中，以实现规划中动作实例的先决条件。规划中的动作实例 act_1 的每个先决条件 P 要么在初始状态中都为 true 且通过 start 实现，要么在规划中会有一个动作实例 act_0 可以实现 P。实现 P 的动作实例 act_0 必须在 act_1 之前；也就是说，$act_0 < act_1$。为确保正确，算法还必须确保在 act_0 和 act_1 之间任何情况下都不会使 P 为 false。

因果关系是三元组 $\langle act_0, P, act_1 \rangle$，其中 act_0 和 act_1 是动作实例，P 是一个在 act_1 的先决条件下且 act_0 的效果下的 Var = val 赋值。这意味着对于 act_1，act_0 可以使 P 为真。使用这个因果关系，任何其他使 P 为 false 的动作实例必须在 act_0 之前或在 act_1 之后。

通俗地讲，偏序规划器的工作原理如下。从动作实例 start 和 finish 开始，满足偏序 start < finish。规划器维护一个由一组 $\langle P, A \rangle$ 对组成的议程，其中 A 是规划中的动作实例，P 是一个变量，取决于要实现的 A 的先决条件，最初，议程包含 $\langle G, finish \rangle$ 对，其中 G 在目标状态下必须为 true。

在规划过程的每个阶段，都会从议程中选择一对 $\langle G, act_1 \rangle$，其中 P 是动作实例 act_1 的先决条件。然后选择动作实例 act_0 来实现 P。该动作实例要么已经存在于规划中（例如，它可以是动作 start），要么它可以是被添加到规划中的新的动作实例。在偏序中动作实例 act_0 必须在 act_1 之前发生。规划器添加了一个记录了 act_0 为 act_1 实现 P 的因果关系。规划中任何使 P 为 false 的动作也必须发生在 act_0 之前或者 act_1 之后，如果 act_0 是一个新的动作，它的先决条件会被添加在议程中，该过程会继续执行直到议程为空。

Partial_order_planner 算法见图 6.6。这是一个不确定的过程。"挑选" 和 "两者之一" 形成了必须被搜索的挑选。有两种需要搜索的挑选：

- 选择哪种动作来实现 P。
- 是否在 act_0 之前或 act_1 之后有动作实例发生，该动作实例删除 P。

```
 1: non-deterministic procedure Partial_order_planner(As，Gs)
 2:   Inputs
 3:     As：可能的动作
 4:     Gs：目标，要完成的一个变量-值的赋值集合
 5:   Output
 6:     要实现 Gs 的线性规划
 7:   Local
 8:     Agenda：〈P，A〉对的集合，其中 P 是一个原子，A 是一个动作实例
 9:     Actions：在当前规划中的动作实例集合
10:     Constraints：动作实例上的时间约束集合
11:     CausalLinks：〈act_0，P，act_1〉三元组的集合
12:   Agenda := {〈G, finish〉：G ∈ Gs}
13:   Actions := {start，finish}
14:   Constraints := {start < finish}
15:   CausalLinks := {}
16:   repeat
17:     从 Agenda 中选择和移除〈G, act_1 # i〉
18:     either
19:       选择 act_0 # j ∈ Actions，使得 act_0 完成 G
20:     Or
21:       选择 act_0 ∈ As，使得 act_0 完成 G
22:       选择唯一的整数 j
23:       Actions := Actions ∪ {act_0 # j}
24:       Constraints := add_const(start < act_0 # j, Constraints)
25:       for each CL ∈ CausalLinks do
26:         Constraints := protect(CL, act_0 # j, Constraints)
27:       Agenda := Agenda ∪ {〈P, act0 # j〉：P 是 act_0 的先决条件}
28:     Constraints := add_const(act_0 # j < act_1 # i, Constraints)
29:     new_cl := 〈act_0 # j, G, act_1 # i〉
30:     CausalLinks := CausalLinks ∪ {new_cl}
31:     for each A ∈ Actions do
32:       Constraints := protect(new_cl, A, Constraints)
33:   until Agenda = {}
34:   return 与 Constraints 一致的 Actions 的总排序
```

图 6.6   偏序规划器

函数 add_const($A_0 < A_1$，Constraints)返回将 $A_0 < A_1$ 添加到 Constraints 而形成的约束，如果 $A_0 < A_1$ 与 Constraints 不兼容，则会失败。这里有很多的方法可以实现此功能，见练习 6.12。

函数 protect(〈A_0，G，A_1〉，A)检查 $A \neq A_0$、$A \neq A_1$ 和 A 的效果是否与 G 不一致。如果是，则将 $A < A_0$ 添加到约束集中，或者将 $A_1 < A$ 添加到约束集中。这是一个搜索过的不确定性的挑选。

例 6.17   考虑 Sam 不想要咖啡和没有邮件等待的目标(即 ¬swc ∧ ¬mw)，在初始状态下，Rob 在实验室里，Sam 想要咖啡，Rob 没有咖啡，有邮件等待且 Rob 没有邮件，即 RLoc = lab, swc, ¬rhc, mw, ¬rhm。

我们将把动作 Act 的实例写为 Act#n，其中 n 是唯一的整数。最初议程是

$$\{\langle \neg swc,\ finish\rangle,\ \langle \neg mw,\ finish\rangle\}.$$

假设 ⟨¬swc，finish⟩ 被选中并从议程中删除。一个动作可以实现 ¬swc，即送咖啡 (dc)，先决条件是 off 和 rhc。所以，它将一个实例（例如 dc#6）插入规划。在第一次通过重复循环之后，议程包含

$$\{\langle off,\ dc\#6\rangle,\ \langle rhc,\ dc\#6\rangle,\ \langle \neg mw,\ finish\rangle\}$$

在此阶段，Constraints 值为 {start＜finish，start＜dc#6，dc#6＜finish}。这里有一个因果关系 ⟨dc#6，¬swc，finish⟩。这种因果关系意味着在 dc#6 和 finish 之间不允许发生撤消 ¬swc 的动作。

假设从议程中选择 ⟨¬mw，finish⟩。一个动作可以实现它，即 pum，先决条件是 {mw，RLoc＝mr}。该算法构造了一个新的动作实例，比如 pum#7。因果关系 ⟨pum#7，¬mw，finish⟩ 被添加到这个因果关系集中。⟨mw，pum#7⟩ 和 ⟨mr，pum#7⟩ 被添加到议程中。

假设从议程中选择了 ⟨mw，pum#7⟩。动作 start 实现了 mw，因为 mw 最初是 true。因果关系 ⟨start，mw，pum#7⟩ 被添加到这组因果关系中。议程中并不添加任何内容。

在这个阶段，dc#6 和 pum#7 之间没有强制排序。

假设将 ⟨off，dc#6⟩ 从议程中删除。这里有两个可以实现 off 的动作：先决条件为 cs 的 mc_cs 和先决条件为 lab 的 mcc_lab。算法搜索这些挑选。假设它挑选动作实例 mc_cs#9。则添加因果关系 ⟨mc_cs#9，off，dc#6⟩。

当使用移动动作来实现 ⟨mr，pum#7⟩ 时，会首次违反因果关系。这个动作违反因果关系 ⟨mc_cs#9，off，dc#6⟩，因此必须在 dc#6 之后（机器人在送咖啡后进入邮件室）或 mc_cs#9 之前发生。

最终，找到一个动作实例规划，例如：

start；mc_lab#15；pum#7；mc_mr#40；puc#11；mc_cs#9；dc#6；finish

这是与偏序一致的唯一总排序。

当没有动作顺序可以实现目标时，偏序规划将工作得很好，因为它不需要搜索所有动作排序。当存在许多顺序可以求解目标时，该算法也能很好地工作，从而为机器人找到一个灵活的规划。

6.6　回顾

下面是我们需要从本章学会的重点：
- 规划是选择一个可以实现目标的动作序列的过程。
- 动作是从一个状态到另一个状态的部分函数，使用状态结构的动作的两种表示是 STRIPS 表示（即以动作为中心的表示）和基于特征的动作表示（即以特征为中心的表示）。
- 规划算法可以将规划问题转换为搜索问题。
- 状态空间中前向规划器从初始状态到目标状态搜索。
- 回归规划器从目标反向搜索，其中搜索空间中的每个节点是已经实现的子目标。

- 固定范围内的规划问题可以表示为 CSP，任何 CSP 算法都可用于求解。规划器可能需要搜索整个范围去寻找一个规划。
- 偏序规划器不能强制在动作之间排序，除非有理由可以这样排序。

6.7　参考文献和进一步阅读

目前，有很多关于如何规划动作顺序的研究正在进行。Geffner 和 Bonet[2013]以及 Yang[1997]对自动规划做了概述。

STRIPS 表示由 Fikes 和 Nilsson[1971]开发。

具有良好启发式的前向规划[Bacchus and Kabanza，1996]是最有效算法的基础[Geffner and Bonet，2013]。（见练习 6.4。）

回归规划由 Waldinger[1977]提出。使用最弱的先决条件是基于 Dijkstra[1976]的工作，在那里它被用来定义命令式编程语言的语义。这并不奇怪，因为命令式语言的命令是改变计算机状态的动作。

CSP 规划基于 Graphplan[Blum and Furst，1997]和 Satplan[Kautz and Selman，1996]，并由 Lopez 和 Bacchus[2003]、van Beek 和 Chen[1999]进行了研究。Bryce 和 Kambhampati[2007]综述了该领域。

偏序规划是在 Sacerdoti[1975]的 NOAH 中引入的，随后是 Tate[1977]的 NONLIN 系统、Chapman[1987]的 TWEAK 算法以及 McAllester 和 Rosenblitt[1991]的系统化的非线性规划（SNLP）算法。偏序规划的概述见 Weld[1994]，算法比较见 Kambhampati 等[1995]。这里给出的版本是基于 SNLP 的（但请参见练习 6.14）。

有关规划中的实际问题的讨论，请参见 Wilkins[1988]。最近的综述见 Weld[1999]、McDermott 和 Hendler[1995]、Nau[2007]等相关论文。

6.8　练习

6.1 思考图 6.1 中的规划域。

    (a) 为拿起邮件（pum）和送邮件（dm）的动作给出 STRIPS 表示。

    (b) 为 MW 和 RHM 特征给出基于特征的表示。

6.2 更改例 6.1 中的送货机器人的世界表示，使该机器人不能同时携带邮件（mail）和咖啡（coffee）。在给出不同于原始表示的解决方案的示例上测试它。

6.3 假设机器人不能同时携带邮件和咖啡，但它可以携带一个盒子，在这个盒子里它可以放置物体（即它可以携带这个盒子，这个盒子可以容纳邮件和咖啡）。假设盒子可以在任何位置取放。将产生的问题给出其 STRIPS 表示，然后测试从实验室并等待邮件的状态开始，机器人必须把咖啡和邮件送到 Sam 的办公室的问题。

6.4 本练习涉及设计一个启发式函数，其性能优于例 6.10 中的启发式函数。

    (a) 对于每一个前向规划器和回归规划器，测试启发式（例 6.10）的每一个单独部分的有效性以及最大值。解释你观察到的结果及其发生的原因。

    (b) 为前向规划器提供一个可用的启发式函数，使用该启发式函数比使用（a）中的前向规划器扩展更少的节点。

    (c) 为回归规划器提供一个可用的启发式函数，使用该启发式函数比使用（a）中的回归规划器扩展更少的节点。

可以在 http://artint. info/AIPython/aipython. zip 的 stripsHeuristic. py 中找到启发式的实现。

6.5　假设我们必须解决打扫房子的规划问题。不同的房间可以除尘（使房间无尘）或清扫（使房间有干净的地板），但机器人只能在所在房间里清扫或除尘。清扫会使房间布满灰尘（而不是无尘）。机器人只能在抹布干净的情况下为房间除尘；但是灰尘过多的房间（比如车库）会使抹布变脏。机器人可以从一个房间直接移动到另一个房间。

假设只有两个房间：车库（如果满是灰尘，那就是极脏的）和客厅（没有额外的灰尘）。假设以下特征：

● Lr_dusty 为真，当客厅里满是灰尘的时候。

● Gar_dusty 为真，当车库里满是灰尘的时候。

● Lr_dirty_floor 为真，当客厅的地板脏了的时候。

● Gar_dirty_floor 为真，当车库地板脏了的时候。

● Dustcloth_clean 为真，当抹布干净后。

● Rob_loc 是机器人的位置，取值域为{garage，lr}。

假设机器人在任何时间都只能做一项动作：

● Move：移动到其他房间。

● dust：只要房间里有灰尘，且抹布是干净的，就可以让机器人为所在房间除尘。

● sweep：清扫机器人所在房间的地板。

（a）给出 dust 的 STRIPS 表示。[提示：由于 STRIPS 不能表示条件效果，你可能需要根据机器人的位置来使用两个单独的动作。]

（b）给出 lr_dusty 的基于特征的表示。

（c）假设初始状态是机器人在车库中，两个房间都有灰尘，但地板干净，目标是使两个房间都没有灰尘。绘制具有多路径修剪的前向规划器的前两层（使用两个动作，因此根具有儿子和孙子），标出动作（但不必标出状态）。明确标出通过多路径修剪删除了哪些节点。

（d）在第二阶段（在两个动作之后）标出两个状态，并说明在这些状态中什么是正确的。

（e）假设初始状态是机器人在车库中，两个房间都有灰尘，但地板干净，目标是使两个房间都没有灰尘。绘制回归规划器的前两层（有两个动作，因此根有儿子和孙子），标出动作，但不必标出节点表示的内容。

（f）选择第二层的两个节点（在两个动作之后），并显示这些节点上的子目标是什么。

（g）为规划画出范围为 2 的 CSP。用语言描述每个约束，指定哪些值是（不）一致的。

（h）在设计动作时，上述说明选择了动作先决条件的内容。考虑一下是否要把房间有灰尘作为为房间除尘的前提，是否要把地板有灰尘作为清扫地板的前提。这些选择对最短规划、前向规划器的搜索空间大小或回归规划器的搜索空间大小有影响吗？

6.6　假设你有动作 a_1 和 a_2 的 STRIPS 表示，你想为组合动作 a_1；a_2，定义 STRIPS 表示，意思是你先做 a_1 再做 a_2。

（a）这种复合动作有什么影响？

（b）什么时候复合行动不可行？（也就是说，什么时候 a_2 不可能紧跟着 a_1？）

（c）假设这一动作不是不可行的，那这一复合行动的先决条件是什么？

（d）使用例 6.1 中的送货机器人域，给出复合动作 puc；mc 的 STRIPS 表示。

（e）给出由三个基本动作 puc；mc；dc 组成的复合动作的 STRIPS 表示。

（f）给出由四个基本动作 mcc；puc；mc；dc 组成的复合动作的 STRIPS 表示。

6.7　在前向规划器中，你可以根据导致该状态的动作序列来表示状态。

（a）解释如何检查一项动作的先决条件是否满足，并给出其表示。

（b）解释如何在这种表示法中进行环修剪。你可以假设所有的状态都是合法的。（其他一些项目已经确保了先决条件的有效性。）

[提示：考虑由任何阶段的前 k 个或最后 k 个动作组成的复合动作(见练习 6.6)。]

6.8 解释如何将回归规划器扩展到包含 STRIPS 表示的维护目标。假设维护目标是将值单独地分配给变量。

6.9 对于送货机器人领域，给回归规划器一个非平凡的可接受的启发式函数。非平凡启发式函数对于某些节点是非零的，并且总是非负的。它满足单调约束吗？

6.10 解释如何将多路径修剪合并到回归规划器中。什么时候可以修剪节点？参见 6.3 节的讨论。

6.11 给出了 CSP 规划器的一个条件，当与搜索的弧一致性在某个范围内失败时，意味着在任何较长的范围内都不可能有解决方案。[提示：考虑一个较长的范围，前向搜索和后向搜索互不影响]实现它。

6.12 要实现偏序规划器中使用的函数 add_constraint($A_0 < A_1$, Constraints)，必须选择偏序的表示形式。将下列内容实现为偏序的不同表示形式。

(a) 将偏序表示为一组包含排序的小于关系，例如列表[1<2, 2<4, 1<3, 3<4, 4<5]。

(b) 将偏序表示为排序所包含的所有小于关系的集合——例如，列表[1<2, 2<4, 1<4, 1<3, 3<4, 1<5, 2<5, 3<5, 4<5]。

(c) 将偏序表示为一组⟨E, L⟩对其中 E 是偏序中的一个元素，L 是偏序中在 E 之后的所有元素的列表。对于每一个 E，都存在一个唯一的形式项⟨E, L⟩。这种表示法的一个例子是[⟨1, [2, 3, 4, 5]⟩, ⟨2, [4, 5]⟩, ⟨3, [4, 5]⟩, ⟨4, [5]⟩, ⟨5, []⟩]。

对于每一种表示，偏序能有多大？能较容易地检查新顺序的一致性吗？能较容易地添加一个新的小于关系排序约束吗？你认为哪一种表示最有效？你能想出更好的表示吗？

6.13 偏序规划器中使用的选择算法不是很复杂。对选定的子目标进行排序是明智的。例如，在机器人世界中，机器人应该在 at 子目标之前尝试实现一个 carrying 子目标，因为对机器人来说，一旦知道应该携带某个对象，就尝试去携带它，这是明智的。然而，机器人并不一定想要移动到一个特定的地方，除非它携带了所有它需要携带的东西。实现包含这种启发式的选择算法。这种启发式选择真的比选择诸如最后添加的子目标更有效吗？你能想到一种通用的选择算法吗，它不需要由知识工程师对每一对子目标进行排序？

6.14 SNLP 算法与这里给出的偏序规划器相同，但是在 protect 过程中，条件是：

$$A \neq A_0 \text{ 且 } A \neq A_1 \text{ 且 } (A \text{ 删除 } G \text{ 或 } A \text{ 实现 } G)$$

这就强制了系统化，这意味着对于每一个线性规划，都有一个唯一的偏序规划。解释为什么系统性可能是一件好事，也可能不是一件好事(例如，讨论它如何改变分支因素或减少搜索空间)。在不同的例子上测试不同的算法。

有监督机器学习

年轻时忽视学习，就会失了过去，死了未来。

——Euripides(484 BC—406 BC)，Phrixus，Frag. 927

学习是指智能体依赖经验改变其行为的能力。这可能意味着：

- 扩大行为的范围，智能体可以做更多事情。
- 提高任务的准确率，智能体可以做得更好。
- 提高速度，智能体可以更快地完成任务。

学习能力对任何智能体都是必不可少的技能。Euripides 指出，学习涉及智能体以一种对未来有用的方式来记住其过去。

本章考虑在有监督学习下做出预测的问题：给出一个由输入-输出对组成的训练集，预测一个只给出输入的新样本的输出。我们探索了四种学习方法：选择一个适合训练样例的假设，直接从训练样例中预测，选择与训练样例一致的假设空间的子集进行预测，或者基于关于训练样例的假设的后验概率分布进行预测(见 10.4 节)。

第 10 章介绍学习概率模型。第 12 章介绍强化学习，15.2 节介绍学习关系表示。

7.1 学习问题

下面的元素是任何学习问题的一部分。

- 任务：正在改进的行为或任务。
- 数据：用于提高任务性能的经验，通常是一系列样例的形式。
- 改进的衡量：如何衡量改进，例如，最初不存在的新技术、增加了预测的准确率或者提高了速度。

考虑图 2.9 的智能体内部组件。**学习**的问题是，接受先验知识和数据(例如，智能体的经验)并创造出智能体在行动时使用的内部表示(知识库)。

学习技术面临着下列问题。

任务。事实上，任务是指智能体可以依据获得的数据和经验学习的任何任务。最普通的学习任务就是**有监督学习**：给定一些输入特征、一些目标特征以及指定输入特征和目标特征的一组**训练样例**，根据输入特征的值，预测新示例的目标特征的值。当目标特征是离散的时，这称为**分类**，当目标特征是连续的时，这称为**回归**。

其他的学习任务包括：样例没有定义目标的学习分类(无监督学习)；学习基于奖励和惩罚应如何做(强化学习)；学习更快地推理(分析学习)；以及学习更丰富的表示，如逻辑程序(归纳逻辑编程)。

反馈。学习任务可以通过给予学习器的反馈来刻画。在有监督学习中，为每个训练样例指定了必须学习的内容。当训练器为每个样例提供分类时，发生有监督分类。当智能体被给予关于当前情况中的动作的价值的即时反馈时，发生对动作的有监督学习。当没有给出分类并且学习器必须发现数据中的类别和规律时，就会发生**无监督学习**。反馈通常介于这些极端之间，例如在**强化学习**中，在奖励和惩罚方面的反馈发生在一系列动作之后。这就导致了确定哪些行为对奖励或处罚负责的**信用分配问题**。例如，用户可以奖励送货机器人，而不准确地告诉它得到奖励的原因。然后，机器人必须学习它为何得到奖励，或学习在哪些情况下哪些行动是首选。它有可能在实际不确定这些行动的哪些结果对应奖励的情况下，学习要执行哪些行动。

表示。要使智能体使用其经验，经验必须影响智能体的内部表示。这种内部表示可能是原始经验本身，但它通常是泛化数据的紧凑表示形式。

根据样例推断内部表示的问题被称为**归纳**，与导出知识库的结果的**演绎**（见 5.3.2 节）相反，而溯因推理（见 5.7 节）假设某一特定的情况可能是真实的。

在选择表示时，有两个不一致的原则：

● 表示越丰富，对后续问题的解决越有用。对于智能体学习解决任务的方法，表示必须足够丰富以表达解决任务的方法。

● 表示越丰富，学习就越困难。非常丰富的表示很难学习，因为它需要大量的数据，以及通常许多与数据一致的不同假设。

智能所需的表示是许多期望之间的妥协。学习表示的能力是其中之一，但并不是唯一的能力。

许多机器学习都是在特定表示的背景下进行的（例如，决策树、神经网络或案例库）。本章介绍一些标准的表示，以说明学习背后的共同特征。

在线和离线。在**离线学习**中，所有的训练样例都可以在智能体需要采取行动之前提供给智能体。在**在线学习**中，训练样例是在智能体运行时到达的。在线学习的智能体需要对其以前看到的样例进行一些表示，然后才能看到它的所有样例。当观察到新样例时，智能体必须更新其表示形式。通常情况下，智能体永远不会看到它可能看到的所有样例。**主动学习**（active learning）是在线学习的一种形式，在这种形式中，智能体采取行动来获取有用的学习样例。在主动学习中，智能体说明哪些样例有助于学习，并采取行动收集这些样例。

衡量成功。学习的定义是基于一定的衡量方法来提高性能。要知道智能体是否学到了东西，我们必须定义衡量成功的标准。衡量的通常不是机器在训练数据上的表现，而是机器对新数据的执行情况。

在分类中，能够正确地对所有训练样例进行分类并不是目标。例如，考虑基于一组样例预测布尔（true/false）特征。假设有两个智能体 P 和 N。智能体 P 声称，所有看到的负面样例都是唯一的负面样例，所有其他实例都是正面的。智能体 N 声称，训练集中的正面样例是唯一的正面样例，并且所有其他实例都是负面的。两个智能体正确地对训练集中的每个样例进行分类，但在所有其他样例上都存在分歧。判断学习成功的标准不应该是正确地对训练集进行分类，而应该是能够正确地对未见过的样例进行分类。因此，学习器必须**泛化**：超越特定的给定样例来对未见过的样例进行分类。

评估学习过程的标准方法是将这些样例划分为**训练样例**和**测试样例**。利用训练样例建立表示，并在测试样例上测量预测精度。为了正确地评估该方法，在进行训练时不应知道测试用例。当然，测试集只是所需内容的近似值，真正的衡量标准是它在未来一些任务上的表现。

偏好。倾向于一种假设而不是另一种假设，这被称为**偏好**。考虑前面定义的智能体 N 和 P。如果说存在一个假设比 N 或 P 的假设好，这并不是从数据中获得的（N 和 P 都能准确地预测给定的所有数据），而是数据外部的内容。如果没有偏好，智能体将无法对未见过的样例做出任何预测。P 和 N 采用的假设在所有进一步的样例上并不一致，如果学习器不能选择一些假设作为更好的假设，那么该智能体将无法解决这种分歧。要使任何归纳过程对未见过的数据进行预测，那么智能体需要偏好。构建好的偏好是一个经验问题，即哪些偏好在实践中最有效；我们不认为 P 的偏好或 N 的偏好在实践中都能很好地发挥作用。

学习作为搜索。给出一个表示和偏好，学习的问题可以简化为搜索问题。学习通过可能的表示空间进行搜索，试图找到最适合给出数据的偏好的表示。遗憾的是，对于系统搜索，搜索空间通常非常大，除了最简单的示例。机器学习中使用的几乎所有搜索技术都可以通过一个表示空间看作局部搜索的形式。然后，学习算法的定义成为关于搜索空间、评价函数和搜索方法的定义。

噪声。在大多数实际情况下，数据并不完美。可能由于存在噪声而使得观察到的特征不足以预测分类，由于部分或全部样例的某些特征的观测数据缺失而**缺少数据**，以及由于某些特征被分配错误值而引起**错误**。学习算法的一个重要特性是它能够处理各种形式的噪声数据。

内插值和外插值。对于具有"区间"的自然解释的域，例如特征是时间或空间的，**内插值**涉及在有数据的情况下进行预测。**外插值**涉及做出超越所看到的样例的预测。外插值通常不如内插值准确。例如，在古代天文学中，托勒密系统和哥白尼的日心系统从本轮（周转圆）的角度详细地模拟了太阳系的运动。模型的参数可以很好地拟合数据，并且非常擅长内插值；然而，模型在外插值方面却非常差。另一个例子是，考虑到前几天和之后几天的价格数据，往往很容易预测某一天的股价。预测一只股票明天的价格是非常困难的，能够做到这一点将是非常有利可图的。如果一个智能体的测试用例主要涉及数据点之间的内插值，但学习的模型却用于外插值，这时智能体必须小心。

7.2　有监督学习

一个学习任务是**有监督学习**，其中有一组样例和一组分为输入特征和目标特征的特征。目的是从输入特征中预测目标特征的值。

特征是从样例到值的函数。如果 e 是一个样例，而 F 是一个特征，则 $F(e)$ 是样例 e 的对应特征 F 的值。特征的**域**是特征可以返回的值的集合。请注意，这就是函数的范围，但传统上称为域。

在有监督学习任务中，需要提供给学习器：

- 一组**输入特征**，$X_1, \cdots, X_n$。
- 一组**目标特征**，$Y_1, \cdots, Y_k$。
- 一组**训练样例**，其中为每个样例提供了输入特征和目标特征的值。

● 一组**测试样例**，只给出了其输入特征的值。

我们为什么要相信归纳结论？

从数据中学习时，智能体可能会超出数据所给出的信息做出预测。通过观察每天早晨太阳的升起，人们预测明天太阳会升起。通过观察不受支撑的物体会反复下落，孩子可能会得出结论，不受支撑的物体总是会掉落（直到遇到充满氦气的气球）。通过观察许多天鹅都是黑色的，有人可能会得出结论，所有天鹅都是黑色的。根据图 7.1 的数据，算法可以学习一种表示，该表示在 Author 是 Unknown、Thread 是 new、Length 是 long 并且在 work 是 reads 的情况下，预测 user_action。数据不会告诉我们用户在这种情况下做了什么。问题出现了，为什么智能体应该相信任何不是其知识的逻辑结果的结论？

样例	Author	Thread	Length	Where_read	User_action
e_1	known	new	long	home	skips
e_2	unknown	new	short	work	reads
e_3	unknown	followup	long	work	skips
e_4	known	followup	long	home	skips
e_5	known	new	short	home	reads
e_6	known	followup	long	work	skips
e_7	unknown	followup	short	work	skips
e_8	unknown	new	short	work	reads
e_9	known	followup	long	home	skips
e_{10}	known	new	long	work	skips
e_{11}	unknown	followup	short	home	skips
e_{12}	known	new	long	work	skips
e_{13}	known	followup	short	home	reads
e_{14}	known	new	short	home	reads
e_{15}	known	new	short	home	reads
e_{16}	known	followup	short	home	reads
e_{17}	known	new	short	home	reads
e_{18}	unknown	new	short	work	reads
e_{19}	unknown	new	long	work	?
e_{20}	unknown	followup	short	home	?

图 7.1　用户偏好示例。这些是从观察用户决定是否阅读发布到网站讨论区的文章而获得的一些训练和测试样例，具体取决于：作者是否已知，文章是否开启了新的讨论或后续内容，文章的长度，文章是在家里还是在工作中阅读。e_1，…，e_{18} 是训练样例。目的是在 e_{19}、e_{20} 和其他当前未见过的样例上对用户动作进行预测

当智能体采用偏好或选择假设时，它超越了数据——甚至对所有测量方面与旧案例相同的新案例进行相同的预测，也超越了数据范围。那么为什么智能体应该相信另一个假设呢？选择假设的标准是什么？

最常见的方法是通过使用奥卡姆剃刀（Ockham's razor）原则来选择适合数据的最简单假设。奥卡姆的威廉是一位英国哲学家，大约在 1285 年出生，并在 1349 年死于瘟疫。（注意"Occam"是英国小镇"Ockham"的法语拼写，经常使用。）他主张节约解释："用更少的[假设]可以做的事情，用更多的假设是徒劳无功的。"

> 　　当哪个假设是最简单的取决于用来表达假设的语言的时候，人们为什么要相信最简单的假设？
>
> 　　首先，可以合理地假设世界是有结构的，智能体应该发现这种结构以采取适当的行动。发现世界结构的一个合理方法是寻找它。一个有效的搜索策略是从更简单的假设搜索到更复杂的假设。如果没有发现结构，那么什么都行不通！世界上发现了许多结构(例如，物理学家发现的所有结构)，这一事实将使我们相信，这不是徒劳的探索。
>
> 　　简单性取决于语言这一事实不一定会让我们产生怀疑。语言一直在发展，因为它很有用——它允许人们表达世界的结构。因此，我们希望日常语言的简单性可以很好地衡量复杂性。
>
> 　　相信归纳假设的最重要原因是相信它们是有用的。一个没学会不应当从高处跳下的智能体是不会长久生存的。"最简单的假设"是有用的，因为它有效。

　　我们的目的是预测测试样例和尚未见过的样例的目标特征的值。

例 7.1　图 7.1 显示了分类任务的典型训练和测试样例。目的是预测一个人是否在给定文章属性的情况下阅读发布到网站讨论区的文章。输入特征包括 Author、Thread、Length 和 Where_read。有一个目标特征 User_action。Author 的域是 {known, un-known}，Thread 的域是 {new, followup}，依此类推。

　　有 18 个训练样例，每个样例都具有所有特征的值。在这个数据集中，Author(e_{11})=unknown，Thread(e_{11})=followup，User_action(e_{11})=skips。

　　有两个测试样例 e_{19} 和 e_{20}，其中用户行动为未知的(unknown)。

例 7.2　图 7.2 显示了回归任务的一些数据，其目的是预测为其提供特征 X 的值的样例的特征 Y 的值。这是一个回归任务，因为 Y 是一个实数值特征。预测 Y 的值(例如样例 e_8)是内插值问题，因为其输入特征的值在训练样例的值之间。为样例 e_9 预测 Y 的值是外插值问题，因为内 X 值在训练样例的范围之外。

样例	X	Y
e_1	0.7	1.7
e_2	1.1	2.4
e_3	1.3	2.5
e_4	1.9	1.7
e_5	2.6	2.1
e_6	3.1	2.3
e_7	3.9	7
e_8	2.9	?
e_9	5.0	?

图 7.2　用于回归任务的训练和测试样例

7.2.1　评估预测值

　　样例 e 上的目标特征 Y 的**点估计**是 $Y(e)$ 的值的预测。设 $\hat{Y}(e)$ 为样例 e 上的目标特征 Y 的预测值。此样例的**误差**是衡量 $\hat{Y}(e)$ 与 $Y(e)$ 的接近程度的度量。

　　对于回归，当目标特征 Y 是实数时，$\hat{Y}(e)$ 和 $Y(e)$ 都是可以算术比较的实数。

　　对于分类，当目标特征 Y 是离散函数时，有许多替代方案：

- 当 Y 的域是二元值时，一个值可以与 0 关联，另一个值可以与 1 关联，预测可以是一些实数。对于布尔特征，使用域 {false, true}，我们将 0 与 false 相关联，1 与 true 相关联。预测值可以是任何实数，也可以限制为 0 或 1。在这里，除非明确指出，否则我们假设预测可以是任何实数。预测值和实际值可以进行数值比较。对于 {0, 1}，没有什么特别的地方，可以使用 {−1, 1} 或使用 0 和非 0。

- 在**基特征**（cardinal feature）中，值映射到实数。当 Y 域中的值完全有序，并且值之间的差异是有意义的时候，这是很合适的。在这种情况下，可以在此尺度下比较预测值和实际值。

通常，即使值完全有序，将值映射到实数也是不合适的。例如，假设值是 short、medium 和 long。该值为 "short 或 long" 的预测与值为 medium 的预测有很大不同。当特征的域完全有序，但值之间的差异不可比较时，该特征称为**序列特征**（ordinal feature）。

- 对于完全有序的特征，无论是基数或序列，对于给定的值 v，布尔特征可以被构造为一个**切割**（cut）：当 $Y \leqslant v$ 时，新特征的值为 1；否则为 0。可以根据数据选择用于构造特征的切割值，也可以先验知识选择。请注意，域中最大值的切割（如果有）是多余的，因为它始终是正确的。也可以使用小于或等于构建切割。组合切割允许为真值的特征提供间隔区间。

- 当 Y 具有域 $\{v_1, \cdots, v_k\}$（其中 $k > 2$）且是离散的时候，可以对每个 v_i 进行单独的预测。这可以通过具有与每个值 v_i 相关联的二元**指示变量** Y_i 来建模，其中，如果 $Y(e) = v_i$，则 $Y_i(e) = 1$；否则 $Y_i(e) = 0$。对于每个样例 e，恰好 $Y_1(e) \cdots Y_k(e)$ 中仅有一个是 1，其他都是 0。预测给出 k 个实数，每个 Y_i 一个实数。

例 7.3　交易智能体想要了解一个人对假期长度的偏好。假期可以是 1、2、3、4、5 或 6 天。

一种表示是使用实数变量 Y，即假期中的天数。另一种表示是指示变量；$Y_1, \cdots, Y_6$，其中 Y_i 代表了这个人想要的假期。对于每个样例，当假期有 i 天时，$Y_i = 1$；否则 $Y_i = 0$。

以下是使用这两种表示方式的五个数据点：

样例	Y		样例	Y_1	Y_2	Y_3	Y_4	Y_5	Y_6
e_1	1		e_1	1	0	0	0	0	0
e_2	6		e_2	0	0	0	0	0	1
e_3	6		e_3	0	0	0	0	0	1
e_4	2		e_4	0	1	0	0	0	0
e_5	1		e_5	1	0	0	0	0	0

第三种表示是，对于 i 的不同值，具有 $Y \leqslant i$ 的二元切割特征：

样例	$Y \leqslant 1$	$Y \leqslant 2$	$Y \leqslant 3$	$Y \leqslant 4$	$Y \leqslant 5$
e_1	1	1	1	1	1
e_2	0	0	0	0	0
e_3	0	0	0	0	0
e_4	0	1	1	1	1
e_5	1	1	1	1	1

对第一种表示中的新样例 e 的预测可以是任何实数，例如 $\hat{Y}(e) = 3.2$。

在第二种表示中，学习器将为每个样例预测对应的 Y_i 值。对于每个样例 e，这样的预测可以是 $\hat{Y}_1(e) = 0.5$，$\hat{Y}_2(e) = 0.3$，$\hat{Y}_3(e) = 0.1$，$\hat{Y}_4(e) = 0.1$，$\hat{Y}_5(e) = 0.1$，以及 $\hat{Y}_6(e) = 0.5$。这是一个预测，这个人可能喜欢停留 1 天或 6 天，但不太喜欢停留 3 天、4 天或 5 天。

在第三种表示中，学习器可以为 i 的每个值预测 $Y \leqslant i$ 的值。对于 i 的其他值，这样的预测可以是如果 $i = 1$，预测 $Y \leqslant 1$，其值为 0.4，对于其他值，$Y \leqslant i$ 为 0.6。例如，预

测 $Y\leqslant 2$ 而不是 $Y\leqslant 4$ 是不合理的，因为前一个可以推测出后一个。

在以下**预测误差**的测量中，Es 是一组样例，T 是一组目标特征。对于目标特征 $Y\in T$ 和样例 $e\in$ Es，实际值为 $Y(e)$，预测值为 $\hat{Y}(e)$。

- Es 上的 **0/1 误差**是错误预测数量的总和：

$$\sum_{e\in \text{Es}}\sum_{Y\in T}Y(e)\neq \hat{Y}(e)$$

其中 $Y(e)\neq \hat{Y}(e)$ 为假时为 0，为真时为 1。这是错误预测的数量。它没有考虑这些预测的错误程度，只考虑它们是否正确。

- Es 上的**绝对误差**是每个样例中实际值和预测值之间绝对差值的总和：

$$\sum_{e\in \text{Es}}\sum_{Y\in T}|Y(e)-\hat{Y}(e)|$$

这始终是非负的，并且在所有预测完全符合观察值时为 0。与 0/1 误差不同，近预测优于远预测。

- Es 上的**误差平方和**是：

$$\sum_{e\in \text{Es}}\sum_{Y\in T}(Y(e)-\hat{Y}(e))^2$$

此度量处理大误差比小误差要糟糕得多。例如，一个为 2 的误差和 4 个为 1 的误差一样糟糕，一个为 10 的误差和 100 个为 1 的误差一样糟糕。最小化误差平方和等效于最小化**均方根（RMS）误差**，该误差通过除以样例数并求平方根获得。取平方根并除以常量不会影响预测是最小值。

- Es 的**最坏情况误差**是最大绝对差值：

$$\max_{e\in \text{Es}}\ \max_{Y\in T}|Y(e)-\hat{Y}(e)|$$

在这种情况下，将评估学习器的糟糕程度。

这些通常用预测值和实际值之间的差值的**范式（norm）**来描述。0/1 误差为 L_0 误差，绝对误差为 L_1 误差，误差平方和为 L_2 误差的平方，最坏情况误差为 L_∞ 误差。误差平方和通常写为 L_2^2，因为 L_2 范式采用误差的平方和的平方根。取平方根不影响最小值。请注意，L_0 误差不符合范式的数学定义。

例 7.4 考虑图 7.2 的数据。图 7.3 显示了一小部分训练数据（实心圆圈）以及三条线 L_1、L_2 和 L_∞，这些线预测了对应所有 X 点的 Y 值。L_1 是最小化绝对误差的线，L_2 是最小化误差平方和的线，L_∞ 将训练样例的最坏情况误差降至最低。

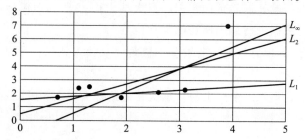

图 7.3 一个简单预测示例的线性回归预测。实心圆圈是训练样例。L_1 是最小化训练样例的绝对误差的预测。L_2 是最小化训练样例的误差平方和的预测。L_∞ 是最小化训练样例的最坏情况误差的预测。请参阅例 7.4

由于没有三个点共线，通过任何一对点的任何线都会使 0/1 误差、L_0 误差最小化。

线 L_1 和 L_2 对 $X=1.1$ 给出类似的预测，即 L_1 预测为 1.805，L_2 预测 1.709，而数据包含一个数据点 (1.1，2.4)。L_∞ 预测为 0.7。当内插值在范围 [1，3] 时，它们给出彼此差距在 1.5 以内的预测。当从数据外插值时，它们的预测有分歧。L_1 和 L_∞ 对 $X=5$ 给出非常不同的预测。

离群值是一个不遵循其他样例模式的样例。最小化各种误差度量值的线之间的差异，在它们如何处理离群值方面最为明显。点 (3.9，7) 可以被看作一个离群值，因为其他点大致在一条线上。

此样例中最坏情况误差最小的预测 L_∞ 仅取决于三个数据点 (1.1，2.4)、(3.1，2.3) 和 (3.9，7)，对于预测 L_∞，每个误差都具有相同的最坏情况误差。其他数据点可能位于不同位置，只要它们比这三个点更接近 L_∞。

最小化绝对误差 L_1 的预测不会随着训练样例的实际 Y 值的函数而变化，只要线上方的点保持在线上方，而线下方的点保持在线下方。例如，即使最后一个数据点是 (3.9，107) 而不是 (3.9，7)，最小化绝对误差的预测将是相同的。

预测 L_2 对所有数据点都敏感；如果任何点的 Y 值发生更改，则最小化误差平方和的线将发生更改。离群值的更改对线的影响比靠近直线的点的更改的影响更大。

对于 Y 的域为 {0，1} 并且预测范围在 [0，1] 的特殊情况（对于布尔域，true 被视为 1，false 被视为为 0），下式也可用于评估预测：

- **数据的可能性**是当预测值被解释为概率时该数据的概率，并且每个样例都是独立预测的：

$$\prod_{e \in Es}\prod_{Y \in T} \hat{Y}(e)^{Y(e)}(1-\hat{Y}(e))^{(1-Y(e))}$$

$Y(e)$ 和 $(1-Y(e))$ 的值一个为 1，另一个为 0。因此，此乘积结果在 $Y(e)=1$ 时使用 $\hat{Y}(e)$，在 $Y(e)=0$ 时使用 $(1-\hat{Y}(e))$。更好的预测是以更高的可能性为 1。最有可能的模型是**最大似然模型**（maximum likelihood model）。

- **对数似然值**是似然值的对数，即：

$$\sum_{e \in Es}\sum_{Y \in T}(Y(e)\log\hat{Y}(e)+(1-Y(e))\log(1-\hat{Y}(e)))$$

更好的预测是具有更好对数似然的预测。为了使其成为最小化的误差项，**对数损失**是对数似然的负数除以样例的数量。

对数损失与熵的概念密切相关。对于基于 $\hat{Y}(e)$ 被视为概率的编码，可以将对数损失视为对数据进行编码所需的平均位数。

例 7.5 考虑例 7.3 的假期时长数据。假设没有输入特征，所以所有样例都得到相同的预测。

在第一种表示中，例 7.3 中给出的训练数据的绝对误差之和最小的预测是 2，误差为 10。使训练数据上的误差平方和最小化的预测是 3.2。最小化最坏情况误差的预测是 3.5。

对于第二种表示，最小化训练样例的绝对误差之和的预测是针对每个 Y_i 预测为 0。最小化训练样例的误差平方和的预测是 $Y_1=0.4$，$Y_2=0.1$，$Y_3=0$，$Y_4=0$，$Y_5=0$，$Y_6=0.4$。这也是最大化训练数据可能性的预测。最小化训练样例的最坏情况误差的预测

是针对 Y_1、Y_2 和 Y_6 预测为 0.5，且针对其他特征预测为 0。

因此，首选哪个预测取决于预测如何表示以及如何评估预测。

7.2.2 误差类型

并非所有误差都是平等的，某些误差的后果可能比其他误差更严重。例如，预测患者没有患有实际患有的疾病可能更糟糕，因为这样会使得患者没有得到适当的治疗。预测患者患有实际上没有的疾病，这将使患者进行不必要的检测。

预测可以被看作预测智能体的操作。智能体应根据与误差相关的损失选择最佳预测。第 9 章将讨论智能体在面临不确定性时应该怎么做决策。操作可能不仅仅是真或假，可能更为复杂，例如"注意恶化的症状"或"去看专家"。

信息论

一位是一个二进制数。因为一位有两个可能的值(0 和 1)，所以可以用来区别两个项。两位可以区分 4 个项，每一个项与 00、01、10 或 11 相对应。通常，n 位可以区分 2^n 个项。因此，我们可以用 $\log_2 n$ 位区分 n 个项。这也许令人惊讶，但我们可以使用概率做得更好。

请考虑如下代码来区分集合 {a，b，c，d} 中的元素，且 $P(a)=\frac{1}{2}$，$P(b)=\frac{1}{4}$，$P(c)=\frac{1}{8}$，$P(d)=\frac{1}{8}$：

$$a \quad 0 \qquad c \quad 110$$
$$b \quad 10 \qquad d \quad 111$$

此代码有时使用一位，有时使用两位，有时使用三位。平均而言，使用了：

$$P(a)*1+P(b)*2+P(c)*3+P(d)*3=\frac{1}{2}+\frac{2}{4}+\frac{3}{8}+\frac{3}{8}=1\frac{3}{4}位.$$

例如，包含 8 个字符的字符串 aacabbda 的代码为 00110010101110，使用了 14 位。

对于此代码，需要使用 $-\log_2 P(a)=1$ 位才能区分 a 与其他字符。区别 b 需要使用 $-\log_2 P(b)=2$ 位。区别 c 或 d 需要使用 $-\log_2 P(c)=3$ 位。

可以构建代码以标识 x，需要 $-\log_2 P(x)$ 位(或大于此数的整数)。假设有一系列要传输或存储的符号，我们知道此序列上的符号的概率分布。具有概率 $P(x)$ 的符号 x 可以使用 $-\log_2 P(x)$ 位。要传输序列，每个符号平均需要 $\sum_x -P(x)*\log_2 P(x)$ 位来发送它。这称为分发的**信息内容**或此分布的**熵**。此值仅取决于符号的概率分布。

类似于条件概率(见 8.1.3 节)，给定置信度 e，描述 x 的分布所需的预期位数是：

$$\sum_x -P(x|e)*\log_2 P(x|e).$$

对于可以从 α 为 false 的检验用例中区分 α 为 true 的测试，测试后的预期信息是：

$$-P(\alpha)*\sum_x P(x|\alpha)*\log_2 P(x|\alpha)-P(\neg\alpha)*\sum_x P(x|\neg\alpha)*\log_2 P(x|\neg\alpha)$$

分布的熵减去测试后的预期信息称为测试的**信息增益**。

考虑一个简单的情况，其中目标特征的域是布尔类型（我们可以将其视为"正"和"负"），并且预测被限制为布尔值。独立于决策来评估预测的一种方法是考虑预测值和实际值之间的四种情况：

	实际正例（ap）	实际负例（an）
预测正例（pp）	真正例（tp）	假正例（fp）
预测负例（pn）	假负例（fn）	真负例（tn）

假正例误差或**类型Ⅰ误差**，是误差的正预测（即预测值为 true，实际值为 false）。**假负例误差**或**类型Ⅱ误差**是负预测（即预测值为 false，实际值为 true）。

在极端情况下，**预测器**或预测智能体在确定样例实际为正时，可以选择仅声明对样例的正预测。在另一个极端情况下，除非确定样例实际上是负的，否则它可以声称对样例进行正预测。它还可以在这些极端之间做出预测。我们可以将预测智能体是否具有良好学习算法的问题与是否基于偏好或学习器之外的成本做出良好预测的问题分开。

对于给定的一组样例的给定预测器，假设 tp 是真正例的数量，fp 是假正例的数量，fn 是假负例的数量，tn 是真负例的数量，通常使用以下测量：

- **精确度**为 $\dfrac{tp}{tp+fp}$，是实际正例的正预测比例。

- **召回率**或**真正例率**为 $\dfrac{tp}{tp+fn}$，是预测为正的实际正例的比率。

- **假正例率**为 $\dfrac{fp}{fp+tn}$，是预测为正的实际负例的比率。

智能体应尽量提高精确度和召回率，并尽量减少假正例率；但是，这些目标是不相容的。智能体只需确定正预测，即可最大化精确度并最小化假正例率。然而，这种选择会恶化召回率。为了最大化召回率，智能体在进行预测时可能会有风险，这使得精确度更小，假正例率也更大。

为了比较给定一组样例的预测器、**ROC 空间**或**接收器运行特性**空间，将假正例率与真正例率进行比较。这些样例的每个预测器都将成为空间中的点。

精确召回空间针对召回值绘制精度值。这些方法中的每一个都可以用于独立于预测误差的实际成本来比较学习算法。

例 7.6 考虑一个案例，其中有 100 个实际为正（ap）的样例和 1000 个实际为负（an）的样例。图 7.4 显示了这 1100 个样例的六个可能预测器的性能。预测器 a 正确地预测了 70 个正例，并且正确地预测了 850 个负例。预测器 e 预测每个样例都是正例，预测器 f 预测所有样例都是负例。预测器 f 的精确度未定义。

预测器 a 的召回率（真正例率）为 0.7，假正例率为 0.15，精确度为 70/220≈0.318。预测器 c 的召回率为 0.98，假正例率为 0.2，精确度为 98/298≈0.329。因此，预测器 c 在精确度和召回率方面优于预测器 a，但在假正例率方面更差。如果假正例比假负例重要得多，那么预测器 a 将优于预测器 c。这种优势反映在 ROC 空间，而不是精确召回空间。

在 ROC 空间中，另一个预测器的下方和右侧的任何预测器都比其他预测器更差。例如，预测器 d 比预测器 c 差；如果预测器 c 可用作预测器，没有理由选择预测器 d。任何低于预测器上限的预测器（如图 7.4 中的线段所示）都比其他预测器差。例如，虽然预测器a并不强于预测器b或预测器c，但它比随机预测器强：以概率0.5使用预测器b的预测，否则使用预测器c的预测。这个随机预测器预计会有26个假负例和112.5个假正例。

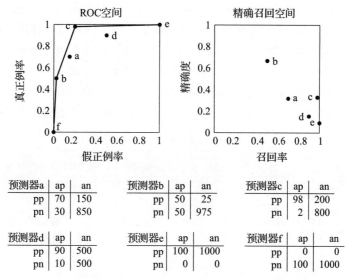

图 7.4　ROC 空间中的六个预测变量和精确召回空间

7.2.3　无输入特征的点估算

最简单的学习案例是没有输入特征且只有一个目标特征。这是许多学习算法的基本情况，并且对应于忽略所有输入的情况。在这种情况下，学习算法预测所有样例目标特征的单个值。最小化误差的预测取决于最小化的误差。

假设 Es 是一组样例，Y 是数字特征。智能体能做的最好的事情就是对所有的样例进行单点估计 v。此种情况下：

- 预测 v 在 Es 上的 0/1 误差是 $\sum_{e \in \text{Es}} Y(e) \neq v$。

- 预测 v 在 Es 上的误差平方和是 $\sum_{e \in \text{Es}} (Y(e) - v)^2$。

- 预测 v 在 Es 上的绝对误差是 $\sum_{e \in \text{Es}} |Y(e) - v|$。

- 预测 v 在 Es 上的最坏情况误差是 $\max_{e \in \text{Es}} |Y(e) - v|$。

命题 7.1　假设 V 是 $e \in$ Es 的 $Y(e)$ 值的多重集合。

（a）最小化 0/1 误差的预测是一种**模式**，是最常出现的值之一。当有多种模式时，可以选择任意模式。

（b）最小化 Es 上的误差平方和的预测是 V 的**均值**(平均值)。

（c）绝对误差被 V 中的任何中位数最小化。**中位数**是值排序时的中间数；数 m 使得一半或更多的 V 中的值小于或等于 m，且一半或更多的 V 中的值大于或等于 m。例如，对于数字$\{3, 4, 6, 17\}$，4 到 6 之间的任何数字都是中位数。

（d）最小化最坏情况误差的值是$(\max + \min)/2$，其中 max 是最大值，min 是最小值。

证明　证明的细节留作练习。证明概要如下。

（a）这应该是显而易见的。

（b）误差平方和的公式，相对于 v 求导并置为零。这是基本的微积分运算。

（c）绝对误差是 v 的分段线性函数。不在 V 中的值的斜率取决于大于该值的元素数量减去小于该值的元素数量；如果大于 v 的数量和小于 v 的数量一样则 v 是最小值。

（d）该预测的最坏情况误差为$(max-min)/2$；增加或减少预测会增加误差。　　　□

当目标特征具有域$\{0, 1\}$时，训练样例可以用两个数字概括：n_0，值为 0 的样例数目；以及 n_1，值为 1 的样例数目。每个新案例的预测是相同的数字 p。

最佳预测 p 取决于最优性标准。可以分析地计算训练样本的最优性标准的值，并且可以通过分析优化。结果总结在图 7.5 中。

预测的度量	训练数据上预测值 p 的度量	训练数据上的最佳预测
0/1 误差	$\begin{cases} n, & 如果\ p=1 \\ n_0, & 如果\ p=0 \end{cases}$	$\begin{cases} 0, & 如果\ n_0 > n_1 \\ 1, & 其他 \end{cases}$
绝对误差	$n_0 p + n_1(1-p)$	$\begin{cases} 0, & 如果\ n_0 > n_1 \\ 1, & 其他 \end{cases}$
平方和误差	$n_0 p^2 + n_1(1-p)^2$	$\dfrac{n_1}{n_0+n_1}$
最坏情况误差	$\begin{cases} p, & 如果\ n_1=0 \\ 1-p, & 如果\ n_0=0 \\ \max(p,\ 1-p), & 其他 \end{cases}$	$\begin{cases} 0, & 如果\ n_1=0 \\ 1, & 如果\ n_0=0 \\ 0.5, & 其他 \end{cases}$
似然性	$p^{n_1}(1-p)^{n_0}$	$\dfrac{n_1}{n_0+n_1}$
对数似然性	$n_1 \log p + n_0 \log(1-p)$	$\dfrac{n_1}{n_0+n_1}$

图 7.5　二元分类的最佳预测，其中训练数据由 n_0 个 0 和 n_1 个 1 组成，没有输入特征

请注意，优化绝对误差意味着预测中位数，在这种情况下也是模式。该误差在 p 中是线性的，因此在一端具有最小值。

对其他标准的训练数据的最佳预测是预测**经验频率**：训练数据中 1 的比例，即 $\dfrac{n_1}{n_0+n_1}$。可以将其看作**概率**的预测。经验频率通常称为**最大似然估计**。

此分析未指定测试数据的最佳预测。我们不期望训练数据的经验频率成为测试数据的最佳预测，以最大化可能性或最小化熵。如果 $n_0=0$ 或 $n_1=0$，则所有训练数据的分类相同。但是，如果仅对其中一个测试样例不以这种方式进行分类，则可能性为 0（其可能值最低），熵将是无限的。这是过拟合（见 7.4 节）的示例。请参阅练习 7.1。

7.3　有监督学习的基本模型

学习的模型是一个从输入特征到目标特征的函数。大多数有监督的学习方法都是获得输入特征、目标特征和训练数据，然后返回一个可以用于未来预测的函数的紧凑表示。一种替代方法是基于案例的推理（见 7.7 节），它直接使用样例而不是建立模型。学习方法的不同之处在于考虑用哪些表示法来表示函数。本节考虑了一些基本的模型，其他的复合模型也是从这些模型中构建的。7.6 节将考虑由这些基本模型建立的更复杂的模型。

7.3.1 学习决策树

决策树是对样例进行分类的简单表示形式。决策树学习是有监督分类学习中最简单且有用的技术之一。对于本节，假设存在一个称为**分类**的离散目标特征。分类域的每个元素都称为**类**。

在**决策树**或**分类树**中，

● 每个内部(非叶子)节点都标有条件，即样例的布尔函数。

● 每个内部节点都有两个子节点，一个标记为 true，另一个标记为 false。

● 树的每个叶子都标有该类的点估计值。

要对样例进行分类，请将其沿树过滤，如下所示。评估树中遇到的每个条件，并遵循对应于结果的弧。当到达叶子时，将返回与该叶子对应的分类。决策树对应于编程语言中的嵌套 if-then-else 结构。

例 7.7 图 7.6 显示了图 7.1 中样例的两棵可能的决策树。每棵决策树可用于根据用户的动作对样例进行分类。要使用左侧的树对新样例进行分类，请先确定 length。如果 length 为 long，预测为 skips。否则，检查 thread。如果 thread 是 new，则预测为 reads。否则，检查 author 并仅在 author 为 known 时预

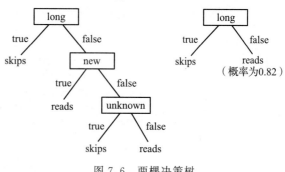

图 7.6 两棵决策树

测为 reads。此决策树可以正确分类图 7.1 中的所有样例。

该树对应于定义 UserAction(e)的程序：

define $\widehat{\text{UserAction}}$($e$)：

    if long(e)：return skips

  else if new(e)：return reads

  else if unknown(e)：return skips

  else：return reads

右边的树在 length 不为 long 时进行概率预测。在这种情况下，它预测的结果为 reads 的概率为 0.82，因此 skips 的概率为 0.18。

要使用决策树作为目标表示，会出现一些问题：

● 给定一些训练样例，应该生成什么决策树？因为决策树可以表示离散输入特征的任何函数，所以必要的偏好被合并到一棵优先于另一棵决策树的决策树。一种建议是优先选择与数据一致的最小树，这可能意味着这棵树具有最小深度或具有最少节点。哪些决策树是未见过的数据的最佳预测因素是一个经验问题。

● 智能体应该如何构建决策树？一种方法是搜索决策树的空间，以查找适合数据的最小决策树。不幸的是，决策树的空间是巨大的(参见练习 7.5)。实际的解决方案是对决策树的空间进行贪婪的搜索，目的是将误差最小化。这就是下面描述的算法背后的理念。

寻找一棵好的决策树

图7.7的决策树学习器(Decision_tree_learner)算法从上到下构建决策树,如下所示。算法的输入是一组输入条件(仅使用输入特征的样例的布尔函数)、目标特征和一组训练样例。如果输入特征是布尔值,则可以将它们直接用作条件。

```
1： procedure Decision_tree_learner(Cs, Y, Es)
2：   Inputs
3：     Cs：可能条件的集合
4：     Y：目标特征
5：     Es：训练样例的集合
6：   Output
7：     函数,用来预测一个样例的 Y 的值
8：   if 停止标准为真 then
9：     let v = point_estimate(Y, Es)
10：    define T(e) = v
11：    return T
12：  else
13：    pick condition c ∈ Cs
14：    true_examples := {e ∈ Es: c(e)}
15：    t₁ := Decision_tree_learner(Cs \ {c}, Y, true_examples)
16：    false_examples := {e ∈ Es: ¬c(e)}
17：    t₀ := Decision_tree_learner(Cs \ {c}, Y, false_examples)
18：    define T(e) = if c(e) then t₁(e) else t₀(e)
19：    return T
```

图 7.7 决策树学习器

决策树可以被视为一个简单的分支程序,接受一个样例并返回该样例的预测,可以采用以下两种方式之一:

- 忽略输入条件(叶子)的预测。
- 形式为"if $c(e)$ then $t_1(e)$ else $t_0(e)$",其中 t_1 和 t_0 为决策树;t_1 是当样例 e 的条件 c 为真时使用的树,t_0 是当 $c(e)$ 为假时使用的树。

学习算法反映了树的这种递归分解。学习器首先测试停止标准是否为真。如果停止标准为真,则确定 Y 的点估计(见7.2.1节),该值是 Y 的值或 Y 值的概率分布。函数 point_estimate(Y, Es)返回一个 Y 值,该值可预测所有样例 Es,而忽略输入特征(见7.2.3节)。该算法返回一个函数,该函数返回任何样例的点估计值。这是一棵树的叶子。

如果停止条件不为真,则学习器选择拆分依赖的条件 c,它将训练样本 e 分成 $c(e)$ 为真的样例和 $¬c(e)$ 为真的样例(即 $c(e)$ = False)。它递归地为这些样例集构建一棵子树。然后,它返回一个函数,该函数给出一个样例,测试 c 是否对于该样例为 true,然后使用来自相应子树的预测。

例 7.8 考虑将决策树学习器应用于图7.1的分类数据。初始调用是

decisionTreeLearner({Author, Thread, Length, Where_read}, User_action,
{e_1, e_2, …, e_{18}}).

假设停止标准不为真,算法选择条件 Length=long 进行拆分。然后调用

decisionTreeLearner($\{$Where_read，Thread，Author$\}$，User_action，

$\{e_1$，e_3，e_4，e_6，e_9，e_{10}，$e_{12}\}$).

所有这些样例都同意用户行为，因此，算法返回预测 skips。递归调用的第二步是

decisionTreeLearner($\{$Where_read，Thread，Author$\}$，User_action，

$\{e_2$，e_5，e_7，e_8，e_{11}，e_{13}，e_{14}，e_{15}，e_{16}，e_{17}，$e_{18}\}$).

并非所有样例都同意用户行为，因此假设停止标准为 false，算法会选择要拆分的条件。假设它选择了 Thread=new。最后，这个递归调用在 Length 为 short 的情况下返回样例 e 上的函数：

if new(e)then reads

else if unknown(e)then skips else reads

最终结果是例 7.7 的函数。

图 7.7 的学习算法留下了三项未指定的内容：

- 停止标准未定义。当没有输入条件时，或者当所有样例具有相同的分类时，学习器需要停止。有人提出了一些更早停止的标准：
  - 最小子项：如果其中一个孩子的样例少于阈值，则不要拆分更多。
  - 节点上的最小样例数：如果样例数少于某个阈值，则停止拆分。对于最小数量的孩子，我们知道可以停止在不到最小孩子样例数量的两倍时，但阈值可能比它高。
  - 优化标准的改进必须高于阈值。例如，信息增益可能需要高于某个阈值。
  - 最大深度：如果深度达到最大值，则不要拆分更多。
- 叶子应返回的内容未定义。这是一个点估计，它忽略所有输入条件(通向此叶子的路径上的输入条件除外)。该预测通常是分类中最可能的分类、中值、平均值或概率分布。请参阅练习 7.8。
- 要选取哪个条件未定义。目的是选择一个导致最小树的条件。这样做的标准方法是选择**近期最佳**分割或**贪婪的**最佳分割；如果学习器只允许划分一次且这是唯一的划分，那么选择哪种条件会导致最佳分类。对于似然值、熵或最小化对数损失，近期最佳分割是给出最大**信息增益**的分割。有时即使最优性标准是一些其他误差测量，也使用信息增益。

例 7.9　在根据图 7.1 的数据学习用户行为的运行示例中，假设你希望最大化预测的可能性，或者等效地最小化对数损失。在这个例子中，我们选择了一个最小化对数损失的划分。

在没有任何拆分的情况下，训练集上的最佳预测是经验频率。有 9 个 User_action=reads 的样例，有 9 个 User_action=skips 的样例，因此，预测为 known 的概率为 0.5。对数损失为 $(-18 * \log_2 0.5)/18=1$。

考虑拆分 Author。这将样例划分为具有 Author=known 的样例集合$[e_1$，e_4，e_5，e_6，e_9，e_{10}，e_{12}，e_{13}，e_{14}，e_{15}，e_{16}，$e_{17}]$ 和 Author=unknown 的样例集合$[e_2$，e_3，e_7，e_8，e_{11}，$e_{18}]$，每个都在不同的用户行为之间平均划分。每个分区的最佳预测同样为 0.5，因此划分后的对数损失仍然为 1。在这种情况下，查明 Author 是否为 known，本身不提供有关用户行为将是什么的信息。

在 Thread 上拆分，将样例划分为 Thread＝new 的集合[e_1，e_2，e_5，e_8，e_{10}，e_{12}，e_{14}，e_{15}，e_{17}，e_{18}]和 Thread＝followup 的集合[e_3，e_4，e_6，e_7，e_9，e_{11}，e_{13}，e_{16}]。Thread＝new 的样例包含 3 个 User_action＝skips 的样例和 7 个 User_action＝reads 的样例，因此对这些样例的最佳预测是以概率 7/10 预测 reads。Thread＝followup 的样例有 2 个 reads 和 6 个 skips。因此，对这些的最佳预测是以概率 2/8 预测 reads。划分后的对数损失是

$$-(3*\log_2(3/10)+7*\log_2(7/10)+2*\log_2(2/8)+6*\log_2(6/8))/18\approx15.3/18\approx0.85$$

在 Length 上拆分，将样例分为[e_1，e_3，e_4，e_6，e_9，e_{10}，e_{12}]和[e_2，e_5，e_7，e_8，e_{11}，e_{13}，e_{14}，e_{15}，e_{16}，e_{17}，e_{18}]。前者的 User_action 值全部相同，并以概率 1 预测。根据 User_action 值，第二组样例的占比为 9:2，因此对数损失是

$$-(7*\log_21+9*\log_29/11+2*\log_22/11)/18\approx7.5/18\approx0.417$$

因此，当使用短视优化对对数损失进行优化时，拆分 Length 优于在 Thread 或 Author 上拆分。

在图 7.7 的算法中，布尔输入特征可以直接用作条件。非布尔输入特征可以通过两种方式处理：

- 扩展算法以允许多路拆分。变量域中的每个值都有一个子变量，才能对多值变量进行拆分。这意味着决策树的表示方式比用于二元特征的简单 if-then-else 形式更加复杂。此方法存在两种主要问题。第一种是如何处理没有训练样例的特征值。第二种是，对于大多数近期拆分启发式方法（包括信息增益），通常最好对具有较大域的变量进行拆分，由于它会产生更多的子级，因此比在具有较小域的特征上拆分更适合数据。但是，对具有较小域的特征进行拆分可使表示形式更加紧凑。例如，4 路拆分等效于 3 个二进制拆分，它们都导致 4 个叶子。请参阅练习 7.6。
- 将输入特征的域划分为两个不相交的子集，如使用序数特征或指示变量（见 7.2.1 节）。

  如果输入变量 X 的域是完全排序的，则可以使用域的切割作为条件。也就是说，对于某些值 v，子级可以对应于 $X\leqslant v$ 和 $X>v$。要为 v 选择最佳值，对 X 值的样例进行排序，并浏览样例以考虑每个拆分值，并选择最佳值。请参阅练习 7.7。

  当 X 的域是离散的并且没有自然排序时，可以对域的任意子集执行拆分。当目标为布尔值时，X 的每个值都有一个为 true 的目标特征的比例。当根据目标特征的这个概率进行排序时，近期最佳分割将在这些值之间。

上述算法的主要问题是过度拟合数据。当算法试图拟合出现在训练数据中但未出现在测试集中的区别时，会发生过拟合。7.4 节中将更全面地讨论过拟合。

有两种主要方法可以克服决策树中过拟合的问题：

- 限制拆分，仅在拆分有用时才能拆分，例如仅当训练集误差减少超过某个阈值时。
- 允许不受限制的拆分，然后修剪生成的树，去掉那些无用的分支。

第二种方法在实践中通常效果更好。一个原因是两个特征可能共同预测得很好，但其中一个特征本身并不是很有用，如下例所示。

例 7.10 硬币配对是一个游戏，其中两个硬币被抛掷，如果两个硬币都朝上或者两个硬币都朝下，则玩家获胜，如果硬币朝向不同则输掉。假设目的是预测是否赢得硬

币配对的游戏。输入特征是 A 表示第一枚硬币是朝上还是朝下；B 表示第二枚硬币是朝上还是朝下；C 表示是否有欢呼。获胜时，目标特征 W 为真。假设欢呼与获胜相关。这个例子很棘手，因为 A 本身不提供关于 W 的信息，B 本身也不提供关于 W 的信息。但是，它们一起完美地预测 W。近期分割可能首先在 C 上分割，因为这提供了最近期的信息。如果告知所有智能体都是 C，则这比 A 或 B 更有用。但是，如果果树最终在 A 和 B 上分割，则不需要在 C 上拆分。修剪时可以删除 C（作为树的一部分），而提前停止将保持 C 的分割。

有关如何权衡模型复杂性和拟合数据的讨论，请参见 7.4 节。

7.3.2　线性回归和分类

线性函数为许多学习算法提供了基础。本节首先介绍回归（从训练样例中预测实值函数的问题），然后考虑离散的分类情况。

线性回归是将线性函数拟合到一组训练样例的问题，其中输入特征和目标特征是数字的。

假设输入特征 X_1，$\cdots$，X_n 都是数字的，并且有一个目标特征 Y。输入特征的线性函数是如下形式的函数：

$$\hat{Y}^{\overline{w}}(e) = w_0 + w_1 * X_1(e) + \cdots + w_n * X_n(e) = \sum_{i=0}^{n} w_i * X_i(e)$$

其中 $\overline{w} = \langle w_0, w_1, \cdots, w_n \rangle$ 是权重的元组。为了使 w_0 不是一个特殊情况，我们发明一个新的特征 X_0，其值总是 1。

假设 Es 是一组样例。目标 Y 的样例 Es 上的误差平方和是：

$$\text{error}(\text{Es}, \overline{w}) = \sum_{e \in \text{Es}} (Y(e) - \hat{Y}^{\overline{w}}(e))^2 = \sum_{e \in \text{Es}} \left(Y(e) - \sum_{i=0}^{n} w_i * X_i(e) \right)^2 \quad (7.1)$$

在这种线性的情况下，可以通过分析计算最小化误差的权重（参见练习 7.10）。一个更普遍的方法是迭代计算权重，它可以用于更广泛的函数类别。

梯度下降（见 4.9.2 节）是一种查找函数最小值的迭代方法。用于最小化误差的梯度下降从一组初始权重开始；在每一步中，它按照其偏导数的比例减少每个权重：

$$w_i := w_i - \eta * \frac{\partial}{\partial w_i} \text{error}(\text{Es}, \overline{w})$$

其中 η 是梯度下降步长，称为**学习率**。给定学习率以及特征和数据作为学习算法的输入。偏导数指定了权重的微小变化会改变误差的程度。

线性函数的误差平方和是凸的，并且具有唯一的局部最小值，这是全局最小值。当具有足够小的步长的梯度下降将收敛到局部最小值时，该算法将收敛到全局最小值。

考虑最小化误差平方和。式（7.1）中关于权重 w_i 的误差的偏导数是：

$$\frac{\partial}{\partial w_i} \text{error}(\text{Es}, \overline{w}) = \sum_{e \in \text{Es}} -2 * \delta(e) * X_i(e) \quad (7.2)$$

其中，$\delta(e) = Y(e) - \hat{Y}^{\overline{w}}(e)$。

在扫描所有样例后，梯度下降将更新权重。另一种方法是在每个样例之后更新每个权重。每个样例 e 可以使用以下方式更新每个权重 w_i：

$$w_i := w_i + \eta * \delta(e) * X_i(e) \quad (7.3)$$

忽略常数 2，因为假设它被吸收到学习率 η 中。

图 7.8 给出了一种算法 Linear_learner(Xs，Y，Es，η)，用于学习最小化**误差平方和**的线性函数的权重。该算法返回一个函数，用于对样例进行预测。在算法中，对于所有 e，$X_0(e)$ 被定义为 1。

终止通常是在一些步骤之后，当误差很小或变化变小时。

在每个样例之后更新权重并不会严格地实现梯度下降，因为权重在样例之间发生变化。要实现梯度下降，我们应该保存所有更改并在处理完所有样例后更新权重。图 7.8 中显示的算法称为**增量梯度下降**，因为权重在迭代样例时发生变化。如果随机选择样例，则称为**随机梯度下降**。这些增量方法比梯度下降具有更简单的步骤，因此与保存样例结尾处的所有更改相比，通常更快更准确。然而，由于个别样例可能增大权重（从而不是最小值），因此无法保证它们会收敛。

批量梯度下降在输入一批样例之后更新权重。该算法在每个样例之后计算权重的变化，但仅在该批次之后应用更改。如

```
1:  procedure Linear_learner(Xs, Y, Es, η)
2:    Inputs
3:      Xs：输入特征的集合, Xs＝{X₁, ⋯, Xₙ}
4:      Y：目标特征
5:      Es：训练样例的集合
6:      η：学习率
7:    Output
8:      用于对样例进行预测的函数
9:    Local
10:     w₀, ⋯, wₙ：实数
11:   随机地初始化 w₀, ⋯, wₙ
12:   define pred(e) = Σᵢ wᵢ * Xᵢ(e)
13:   repeat
14:     for each Es 中的样例 e do
15:       error := Y(e) − pred(e)
16:       update := η * error
17:       for each i ∈ [0, n] do
18:         wᵢ := wᵢ + update * Xᵢ(e)
19:     until 终止
20:   return pred
```

图 7.8 用于学习线性函数的增量梯度下降

果一个批次包含所有样例，则相当于梯度下降。如果一个批次只包含一个样例，则相当于增量梯度下降。通常从小批量开始快速学习，然后增加批量大小以使其收敛。

类似的算法可以用于（几乎总是）可微分的其他误差函数，并且导数具有一些信号（不是 0）。对于在零处不可微分的绝对误差，可以将导数定义为在该点处为零，因为误差已经处于最小值并且权重不必改变。请参阅练习 7.9。它不适用于其他错误，例如 0/1 错误，其中导数为 0（几乎无处不在）或未定义。

压缩线性函数

考虑二元分类，其中目标变量的域是 $\{0, 1\}$。可以单独学习多个二元目标变量。

使用线性函数不适用于此类分类任务，学习器不应该做出大于 1 或小于 0 的预测。但是，线性函数可以预测为 3（比如），从而更好地适应其他样例。

压缩线性函数就是这种形式：

$$\hat{Y}^{\overline{w}}(e) = f(w_0 + w_1 * X_1(e) + \cdots + w_n * X_n(e)) = f\left(\sum_i w_i * X_i(e)\right)$$

其中 f 是一个**激活函数**，是从实数线 $[-\infty, \infty]$ 到实数线的某个子集（如 $[0, 1]$）的函数。

基于压缩线性函数的预测是**线性分类器**。一个简单的激活函数是**阶梯函数** $\text{step}_0(x)$，定义如下：

$$\text{step}_0(x) = \begin{cases} 1, & x \geqslant 0 \\ 0, & x < 0 \end{cases}$$

阶梯函数是**感知器**的基础[Rosenblatt，1958]，这是为学习开发的早期方法之一。梯度下降很难适应阶梯函数，因为梯度下降需要导数，但阶梯函数不可微分。

如果激活（几乎处处）可微分，则可以使用梯度下降来更新权重。步长可能需要收敛到零以保证收敛。

一个可微分的激活函数是 sigmoid 或 logistic 函数：

$$\mathrm{sigmoid}(x) = \frac{1}{1+e^{-x}}$$

如图 7.9 所示，这个函数将实线映射到区间（0，1），这适合于分类，因为我们永远不会想要大于 1 或小于 0 的预测。它也是可微分的，其导数很简单，即 $\frac{\mathrm{d}}{\mathrm{d}x}\mathrm{sigmoid}(x) =$ $\mathrm{sigmoid}(x) * (1-\mathrm{sigmoid}(x))$。

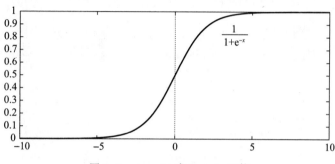

图 7.9 sigmoid 或 logistic 函数

在一组样例中，确定一个线性函数的 sigmoid 值的权重，使其误差最小化，这类问题称为**逻辑回归**。

要优化逻辑回归的**对数损失**的误差，需要最小化负对数似然值：

$$\mathrm{LL}(E，\overline{w}) = -\Big(\sum_{e\in \mathrm{Es}}(Y(e) * \log \hat{Y}(e) + (1-Y(e)) * \log(1-\hat{Y}(e)))\Big)$$

其中 $\hat{Y}(e) = \mathrm{sigmoid}\Big(\sum_{i=0}^{n}w_i * X_i(e)\Big)$。

$$\frac{\partial}{\partial w_i}\mathrm{LL}(E，\overline{w}) = \sum_{e\in E}-\delta(e) * X_i(e)$$

其中 $\delta(e) = Y(e) - \hat{Y}^{\overline{w}}(e)$。这基本上与式(7.2)相同，唯一的区别是预测值的定义和可以吸收到步长中的常数 "2"。

可以修改图 7.8 的 Linear_learner 算法，以通过将预测更改为 $\mathrm{sigmoid}\Big(\sum_i w_i * X_i(e)\Big)$ 来执行逻辑回归以最小化对数损失。该算法如图 7.10 所示。

例 7.11 考虑学习一个用于对图 7.1 的数据进行分类的压缩线性函数。正确分类样例的一个函数是：

$$\widehat{\mathrm{Reads}}(e) = \mathrm{sigmoid}(-8+7 * \mathrm{Short}(e)+3 * \mathrm{New}(e)+3 * \mathrm{Known}(e)),$$

其中 f 是 sigmoid 函数。通过约 3000 次梯度下降迭代，可以发现与此类似的函数，学习率 $\eta = 0.05$。根据该函数，当且仅当 $\mathrm{Short}(e)$ 为真并且 $\mathrm{New}(e)$ 或 $\mathrm{Known}(e)$ 为真时，$\widehat{\mathrm{Reads}}(e)$ 为真（例如 e 的预测值更接近而不是 0）。因此，线性分类器学习与决策树学习器相同的函数。要了解其工作原理，请参阅 Neural AIspace. org applet 的"邮件阅读"示例。

```
 1: procedure Logistic_regression_learner(Xs，Y，Es，η)
 2:    Inputs
 3:        Xs：输入特征集合，Xs={X_1，…，X_n}
 4:        Y：目标特征
 5:        Es：训练样例的集合
 6:        η：学习率
 7:    Output
 8:        用于在样例上进行预测的函数
 9:    Local
10:        w_0，…，w_n：实数
11:        随机地初始化 w_0，…，w_n
12:        define pred(e) = sigmoid (∑_i w_i * X_i(e))
13:    repeat
14:        for each 在 Es 中随机排列的样例 e do
15:            error := Y(e) − pred(e)
16:            update := η * error
17:            for each i ∈ [0，n] do
18:                w_i := w_i + update * X_i(e)
19:    until 终止
20:    return pred
```

图 7.10   逻辑回归的随机梯度下降

相反，为了最小化误差平方和，预测是相同的，但导数是不同的。特别是，图 7.10 的第 16 行应该为：

$$\text{update} := \eta * \text{error} * \text{pred}(e) * (1 - \text{pred}(e)).$$

将每个输入特征视为一个维度；如果有 n 个特征，则会有 n 个维度。n 维空间中的**超平面**是一组点，它们都满足变量的某些线性函数为零的约束。超平面形成 $(n-1)$ 维空间。例如，在（二维）平面中，超平面是线，而在三维空间中，超平面是平面。如果存在超平面，其中分类在超平面的一侧为真而在另一侧为假，则分类是**线性可分的**。

Logistic_regression_learner 算法可以学习任何线性可分的分类。当且仅当目标分类线性可分时，对于任意的样例集，误差可以任意小。超平面是学习权重 w 的点集，其中 $\sum_i w_i * X_i = 0$。在这个超平面的一侧，预测大于 0.5；在另一侧，预测小于 0.5。

例 7.12   图 7.11 显示了"或"和"与"的线性分隔符。虚线将正（真）个案与负（假）个案分开。一个不可线性分离的简单函数是**异或**（xor）函数，直线无法将正例和负例分开。结果，线性分类器不能表示异或函数，因此无法学习。

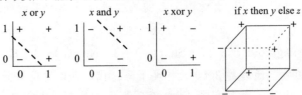

图 7.11   布尔函数的线性分隔符

考虑具有三个输入特征 x、y 和 z 的学习器，每个输入特征的域为 $\{0,1\}$。假设真实值是函数 "if x then y else z"。这在图 7.11 的右侧由标准坐标中的立方体描绘，其中 x、y 和 z 的范围为 0 到 1。该函数不是线性可分的。

通常很难确定数据集是否可线性分离。

例 7.13 考虑图 7.12a 的数据集，其用于预测一个人是否喜欢假期。我们将其看作一些因素的函数，这些因素包括是否有文化气息、是否必须飞行、目的地是否炎热、是否有音乐相伴、是否贴近大自然。在此数据集中，值 1 表示 true，0 表示 false。线性分类器需要数字表示。

Culture	Fly	Hot	Music	Nature	Likes
0	0	1	0	0	0
0	1	1	0	0	0
1	1	1	1	1	0
0	1	1	1	1	0
0	1	1	0	1	0
1	0	0	0	1	1
0	0	0	0	0	1
0	0	0	1	1	1
1	1	1	0	0	0
1	1	0	1	1	1
1	1	0	0	0	1
1	0	1	0	1	1
0	0	0	1	0	0
1	0	1	1	0	0
1	1	1	1	0	0
1	0	0	1	0	0
1	1	1	0	1	0
0	0	0	0	1	1
0	1	0	0	0	1

lin	$\widehat{\text{Likes}}$
−9.09	0.000 11
−9.08	0.000 11
−4.48	0.011 21
−6.78	0.001 13
−2.28	0.092 79
4.61	0.990 15
0.01	0.502 50
2.31	0.909 70
−6.78	0.001 13
4.62	0.990 24
2.32	0.910 52
0.01	0.502 50
−4.49	0.011 10
−11.29	0.000 01
−11.28	0.000 01
−2.19	0.100 65
0.02	0.505 00
6.81	0.998 90
0.02	0.505 00

a) 训练数据 b) 预测

图 7.12 预测一个人喜欢的假期

采用学习率 0.05，经过 10 000 次梯度下降迭代后，得到的预测是(精确到小数点后一位)：

$$\text{lin}(e)=2.3*\text{Culture}(e)+0.01*\text{Fly}(e)-9.1*\text{Hot}(e)$$
$$-4.5*\text{Music}(e)+6.8*\text{Nature}(e)+0.01$$

$$\widehat{\text{Likes}}(e)=\text{sigmoid}(\text{lin}(e))$$

线性函数 lin 和每个样例的预测如图 7.12b 所示。除了四个样例外，其他所有样例的预测都相当好，对于这四个样例，它预测的值约为 0.5。此函数对于不同的初始值相当稳定。增加迭代次数可使其更准确地预测其他元组，但不会改进这四个元组。

此数据集不可线性分离。

当目标变量的域具有两个以上的值(有两个以上的类)时，指示变量可用于将分类转换为二元变量。这些二元变量可以单独学习。可以组合各个分类器的预测以给出目标变量的预测。因为对于每个样例而言，其中一个值必须为真，学习器不应该预测多个值为真，或者没有一个值为真。假设我们分别学习了 $Y_1 \cdots Y_k$ 的预测值是 $q_1 \cdots q_k$，其中 $q_i \geqslant$

0。预测概率分布的学习器可以用概率 $q_i / \sum\limits_j q_j$ 预测 $Y = y_i$。必须进行明确预测的学习器可以预测模式，即 q_i 最大的 y_i。

7.4   过拟合

当学习器根据训练样例中出现的规律进行预测，但在测试样例或从数据提取的世界中没有出现规律时，就会发生**过拟合**。它通常发生在模型试图在随机性中寻找信号时（训练数据中存在着没有在问题域中整体反映出来的杂散相关性），或者学习器对其模型变得过于自信时。本节概述了检测和避免过拟合的方法。

例 7.14   考虑一个网站，其中人们提交 1 星到 5 星的餐馆评分。假设网站设计师希望展示最好的餐厅，这些餐厅是未来顾客最希望去的。一个拥有众多评级的餐厅，无论其多么出色，都不太可能平均拥有 5 星，因为这需要所有评级为 5 星。然而，拥有 5 星评级并不罕见，只有一个评级的餐厅很可能有 5 星。如果设计师使用平均评级，评分最高的餐厅将是评级很少的餐馆，而且这些不太可能是最好的餐厅。同样，评级很少但都很低的餐馆也不太可能像评级显示的那样糟糕。

极端预测在测试案例中表现得并不理想的现象类似于**向均值回归**。向均值回归是由 Galton[1886]发现的，他称其为平庸地回归，他发现种子大于一般种子的植物的后代比其父母更像一般种子。在餐厅和种子的案例中，之所以会出现这种情况，是因为评级或者大小将是质量和运气（例如，谁给的评级或种子有什么基因）的混合体。评级很高的餐厅就必须要有很高的质量和运气（如果质量不是很高，就需要很幸运）。更多的数据平均下来就是运气，运气不好是不太可能的。同样，种子的后代也不会因为随机波动而继承部分种子大小。

过拟合也是由**模型复杂性**引起的：更复杂的模型，具有更多参数，实际上总能比简单模型更好地拟合数据。

例 7.15   一个 k 次多项式的形式如下：

$$y = w_0 + w_1 * x + w_2 * x^2 + \cdots + w_k * x^k$$

可以不加改变地使用线性学习器（见图 7.8）来学习最小化误差平方和的多项式的权重，只需使用 $1，x，x^2，\cdots x^k$ 作为预测 y 的输入特征。

图 7.13 显示了图 7.2 数据的最大 4 次多项式。高阶多项式可以比低阶多项式更好地拟合数据，但这并不能使它们在训练集上更好。

注意高阶多项式如何在外插值中变得更加极端。除了 0 次多项式之外的所有多项式都会在 x 变大或变小时趋向正无穷或负无穷，这几乎不是你想要的。此外，如果 $w_k \neq 0$ 时 k 的最大值是偶数，那么当 x 接近正无穷或负无穷时，预测将具有相同的符号，趋向正无穷或负无穷。当 x 变小时，图中的 4 次多项式接近 ∞，这在给定数据的情况下似乎不合理。如果 $w_k \neq 0$ 时 k 的最大值是奇数，那么当 x 接近正无穷或负无穷时，预测将具有相反的符号。

你需要谨慎地选取适当的步长，以便使用梯度下降拟合多项式。如果 x 接近零（$|x| \ll 1$），那么 x^k 可以很小，如果 x 很大（$|x| \gg 1$），那么 x^k 可以非常大。假设图 7.2 中的 x 以厘米为单位。如果 x 以毫米为单位（即 $x(e_7) = 39$），则 x^4 的系数将对误差产生巨大影响。如果 x 以米为单位（即 $x(e_7) = 0.039$），则 x^4 的系数对误差的影响很小。

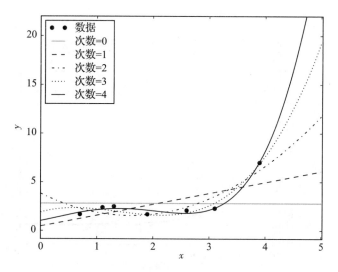

图 7.13　将多项式拟合到图 7.2 的数据

例 7.14 显示了更多数据如何可以提供更好的预测。例 7.15 显示了复杂模型如何导致数据过度拟合。我们希望能够依靠大量的数据做出良好的预测。然而，即使我们拥有所谓的**大数据**，（潜在）特征的数量也会随着数据点的数量而增加。例如，一旦对患者进行了足够详细的描述，即使世界上所有的人都包括在内，也不会有两个患者在所有方面都是相同的。测试集误差由以下原因引起：

- **偏差**，由于算法发现一个不完美的模型而导致的误差。当所学的模型接近**真实事实**时，偏差很低，而真实事实是世界上产生数据的过程。偏差可以分为**表示偏差**和**搜索偏差**；表示偏差是由于表示不包含接近真实事实的假设，搜索偏差是由于对假设空间搜索不足而找不到适当的假设而导致的。例如，对于离散特征，决策树可以表示任何函数，因此具有较低的表示偏差。由于具有大量函数，决策树太多，无法系统地搜索，决策树学习可能有很大的搜索偏差。线性回归如果使用分析解直接求解，则具有较大的表示偏差和零搜索偏差。如果使用梯度下降算法，也会存在搜索偏差。
- **方差**，由于缺乏数据而导致的误差。更复杂的模型，需要更多数据来调整更多参数。因此，对于固定数量的数据，存在偏差-方差权衡；我们可以有一个复杂的准确的模型，但我们没有足够的数据来适当地估计它（具有低偏差和高方差），或者更简单的模型可能不准确，但我们可以合理地估计参数（具有高偏差和低方差）。
- **噪声**，取决于未建模的特征的数据引起的固有误差，或者因为生成数据的过程本质上是随机的。

过拟合导致**过度自信**，学习器对其预测值比数据保证更有信心。例如，在图 7.12 的预测中，概率比数据证明的更为极端。第一个预测，即大约有万分之一的机会是真实的，只有 19 个例子似乎不合理。这种过度自信反映在测试数据中，如下例所示。

例 7.16　图 7.14 显示了误差平方和如何随梯度下降的迭代次数变化的典型图。随着迭代次数的增加，训练集上的误差平方和减小。对于测试集，误差达到最小值，然后随着迭代次数的增加而增加。由于它适用于训练样例，从而对其不完美的模型变得更加自信，因此测试集中的误差变得更大。

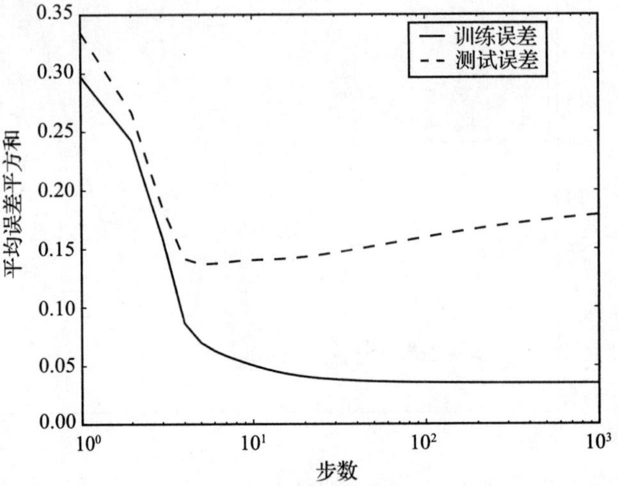

图 7.14   作为步数的函数的训练集误差。在 x 轴上是使用梯度下降的学习器运行的步数。在 y 轴上是训练集（实线）和测试集（虚线）的平均误差平方和（误差平方和除以样例数）

下面的章节讨论了避免过拟合的三种方法。第一种方法明确地允许向均值回归，可用于表示方法简单的情况。第二种方法在模型复杂度和数据拟合之间提供了明确的权衡。第三种方法是使用一些训练数据来检测过拟合。

7.4.1   伪计数

对于许多预测测量，训练数据的最佳预测是均值（平均值）。在布尔数据的情况下（假设 true 表示为 1，false 表示为 0），则可以将均值解释为概率。然而，经验均值（训练集的均值）通常不是对新案例概率的良好估计。例如，因为智能体没有观察到某个变量的值，并不意味着该值应该被赋予零概率，零概率意味着它是不可能发生的。同样，如果我们要对学生的未来成绩进行预测，如果学生参加了许多课程，学生的平均成绩可能适合预测学生的未来成绩，但平均成绩可能不适合预测只有一门成绩的学生，也不适合没有成绩的学生（平均值未定义）。

一个既能解决零概率问题，又能考虑到先验知识的简单方法是使用一个实值**伪计数**或**先验计数**，并将训练数据加入其中。

假设样例是值 $v_1, \cdots, v_n$，你想对下一个 v 进行预测，我们将把它写为 $\hat{v}$。

一个预测是平均值。假设 a_n 是前 n 个值的平均值，则：

$$a_n = \frac{v_1 + \cdots + v_{n-1} + v_n}{n} = \frac{n-1}{n} * a_{n-1} + \frac{v_n}{n} = a_{n-1} + \frac{v_n - a_{n-1}}{n}$$

移动平均值保持所见的所有数据点的当前平均值。它可以通过存储当前平均值 a 和所看到的值的数量 n 来实现。当新值 v 到达时，n 递增并且 $(v-a)/n$ 被添加到 a。

当 $n=0$ 时，假设你使用预测 a_0（由于此情况没有数据，你无法从数据中获取）。考虑**向均值回归**的预测是使用：

$$\hat{v} = \frac{v_1 + \cdots + v_n + c * a_0}{n + c}$$

其中 c 是常量，它是假定虚构数据点的伪数。如果 $c=0$，则预测是平均值。c 的值可以控制平均值的回归量。这可以通过使用 a_0 初始化 a 和使用 c 初始化 n 来实现。

例 7.17　考虑如何更好地评估例 7.14 中餐馆的评级。目的是预测测试数据的平均评分，而不是所见评级的平均评分。

假设新案例与旧案例相似，你可以使用有关其他餐馆的现有数据来估算新案例。在没有任何数据之前，使用餐馆的平均评分作为 a_0 的值可能是合理的。这就像假设新餐厅就像一家普通的平均水平的餐厅（可能是一个好的假设，也可能不是）。假设你最感兴趣的是对顶级餐厅预测的准确性。要估算 c，请考虑一家拥有 5 星评级的餐厅。你可以期待这家餐厅与其他 5 星级餐厅一样。设 a' 为具有 5 星评级的餐厅的平均评分（其中平均值按每家餐厅的 5 星评级数加权）。那么你会期望一家只有一个五星评级的餐厅和其他餐厅一样，并且有这个等级，所以 $a'=a_0+(5-a_0)/(c+1)$。然后你可以求解 c。

假设平均评分为 3，而 5 星级餐厅的平均评分为 4.5。求解 $4.5=3+(5-3)/(c+1)$ 得到 $c=1/3$。如果五星级餐厅的平均值为 3.5，那么 c 将为 3。参见练习 7.12。

例 7.18　考虑以下思想实验（或者更好的是，实现它）。首先从范围 $[0, 1]$ 中随机选择一个数字 p。假设这是具有域 $\{0, 1\}$ 的变量 Y，在 $Y=1$ 时的真实概率。然后生成 n 个训练样本，其中 $P(Y=1)=p$，n 的取值诸如 1，2，3，4，5，10，20，100，1000。令 n_1 为 $Y=1$ 的样本数量，因此有 $n_0=n-n_1$ 个 $Y=0$ 样本，可用于预测新案例。这种情况的学习问题是：从 n_0 和 n_1 创建一个可用于预测新案例的估计量 $\hat{p}$。然后生成一些（例如，100 个）测试用例。如果你重复它 1000 次，你会很好地了解同一个 p 中的内容。目的是生成测试用例中具有最小误差的估计量 $\hat{p}$。如果你重复 1000 次，你会很清楚发生了什么。

如果你尝试这个方法，用对数似然值，你会发现 $\hat{p}=n_1/(n_0+n_1)$ 的效果很差。一个原因是，如果 n_0 或 n_1 为 0，并且该值出现在测试集中，则测试集的似然值将为 0，这可能是最差的！事实证明，由 $\hat{p}=(n_1+1)/(n_0+n_1+2)$ 定义的**拉普拉斯平滑**（见 10.1.1 节）具有测试集上所有估计量的最大似然值。$\hat{p}(n_1+1)/(n_0+n_1+2)$ 也比误差平方和 $\hat{p}=n_1/(n_0+n_1)$ 更好。

如果你要从均匀分布以外的某个分布中选择 p，则在分子中加 1 和从分母中加 2 可能不会得到最佳预测值。

7.4.2　正则化

奥卡姆剃刀原则（见 7.2 节）指出，我们应该选择更简单的模型而不是更复杂的模型。我们可以优化数据拟合以及奖励简单性和惩罚复杂性的项，而不是像 7.2.1 节中所做的那样优化拟合数据。惩罚项是一个**正则化器**。

正则化的典型形式是找到假设 h 以最小化下式：

$$\left(\sum_e \text{error}(e, h)\right) + \lambda * \text{regularizer}(h) \tag{7.4}$$

其中 $\text{error}(e, h)$ 是假设 h 的样例 e 的误差，其假设 h 适合于样例 e。**正则化参数** λ 权衡拟合数据和模型简单性，$\text{regularizer}(h)$ 是惩罚复杂性或偏离均值的惩罚项。请注意，随着样例数量的增加，最左边的总和倾向于占主导地位，而正则化器几乎没有影响。当仅有几个例子时，正则化器效果最好。我们需要正则化参数，因为误差和复杂性项通常在不同的单元中。正则化参数可以通过先验知识、过去类似问题的经验或通过交叉验证（见 7.4.3 节）来选择。

例如，在学习决策树时，决策树中的拆分数（比二元决策树的叶数少一个）是一个复杂性度量。在构建决策树时，我们可以优化误差平方和加上决策树大小的函数，最小化下式：

$$\Big(\sum_{e \in \mathrm{Es}}(Y(e) - \hat{Y}(e))^2\Big) + \lambda * |\mathrm{tree}|$$

其中 $|\mathrm{tree}|$ 是树中的拆分数。拆分时，如果单个拆分将误差平方和 λ 倍的减少，则它是值得的。

对于存在实值参数的模型，L_2 正则化器会惩罚参数的平方和。要使用 L_2 正则化器优化线性回归（见 7.3.2 节）的误差平方和，请最小化下式：

$$\Big(\sum_{e \in \mathrm{Es}}\Big(Y(e) - \sum_{i=0}^{n} w_i * X_i(e)\Big)^2\Big) + \lambda\Big(\sum_{i=0}^{n} w_i^2\Big)$$

这被称为**岭回归**。

要使用 L_2 正则化器优化逻辑回归的对数损失误差，请最小化下式，

$$-\Big(\sum_{e \in \mathrm{Es}}(Y(e)\log \hat{Y}(e) + (1 - Y(e))\log(1 - \hat{Y}(e)))\Big) + \lambda\Big(\sum_{i=0}^{n} w_i^2\Big)$$

其中，$\hat{Y}(e) = \mathrm{sigmoid}\Big(\sum_{i=0}^{n} w_i * X_i(e)\Big)$。

通过添加下式实现 L_2 正则化：

$$w_i := w_i - \eta * (\lambda / |\mathrm{Es}|) * w_i$$

在图 7.8 的第 18 行之后或在图 7.10 的第 18 行之后（在 "for each" 的范围内）。这除以样例数（$|\mathrm{Es}|$），因为每个样例执行一次。在每次迭代通过所有样例之后，也可以正则化，在这种情况下，正则化器不应该除以样例的数量。注意 $\eta * \lambda / |Es|$ 不会改变，所以应该计算一次并存储。

L_1 **正则化器**增加了参数绝对值之和的惩罚。

将 L_1 正则化器添加到对数损失以最小化下式：

$$-\Big(\sum_{e \in \mathrm{Es}}(Y(e)\log \hat{Y}(e) + (1 - Y(e))\log(1 - \hat{Y}(e)))\Big) + \lambda\Big(\sum_{i=0}^{n} |w_i|\Big).$$

除了 0 之外的每个点，绝对值的和相对于 w_i 的偏导数是 w_i 的符号，1 或 -1（定义为 $\mathrm{sign}(w_i) = w_i / |w_i|$）。我们不需要从 0 开始，因为该值已经是最小值。为了实现 L_1 正则化器，每个参数由常数向零移动，除非该常数将改变参数的符号，在这种情况下参数变为零。因此，通过在图 7.10 中的第 18 行之后（在 "for each" 的范围内）添加如下语句，将 L_1 正则化器加入逻辑回归梯度下降算法中：

$$w_i := \mathrm{sign}(w_i) * \max(0, \ |w_i| - \eta * \lambda / |\mathrm{Es}|)$$

这称为**迭代软阈值**，是近端梯度法的一个特例。

当存在许多特征时，L_1 正则化器倾向于使许多权重为零，这意味着忽略相应的特征。这是一种实现**特征选择**的方法。L_2 正则化器倾向于使所有参数更小，但不是零。

7.4.3　交叉验证

先前方法的问题在于，在智能体看到任何数据之前，它们需要知道简单化的概念。似乎智能体应该能够从数据中确定模型需要多么复杂。当学习智能体没有关于世界的先

验信息时，可以使用这种方法。

交叉验证的想法是使用部分训练数据作为测试数据的替代。在最简单的情况下，我们将训练集分为两部分：一组用于训练的样例和一组**验证集**。智能体使用新的训练集训练。验证集的预测用于确定使用哪个模型。

考虑一个图，如图 7.14 所示。随着树的大小增加，训练集上的误差变小。但是，在测试集上，误差通常会改善一段时间，然后开始变得更糟。交叉验证的想法是选择参数设置或验证集的误差最小的表示。假设测试集上的误差也是最小的。

作为训练的一部分使用的验证集与测试集不一样。测试集是用来评估学习算法的整体效果如何。用测试集作为学习的一部分是作弊。记住，目的是预测智能体未见过的例子。测试集作为这些未见过的例子的代用品，所以不能用于训练或验证。

通常情况下，我们希望使用尽可能多的样例去训练，因为我们会得到更好的模型。但是，更大的训练集会导致更小的验证集，并且一个小的验证集可能很适合，也可能不适合，仅凭运气。

k **折交叉验证**方法允许我们重复使用样例进行训练和验证，但仍然使用所有数据进行训练。它可用于调整控制模型复杂性的参数，或以其他方式影响所学习的模型。它有以下步骤：

- 将训练样例随机划分为大小几乎相等的 k 组，称为**折叠**。
- 要评估参数设置，请为该参数设置训练 k 次，每次使用其中一个折叠作为验证集，其余折叠用于训练。因此，每个折叠仅用作验证集一次。使用验证集评估准确度。例如，如果 $k=10$，则 90% 的训练样例用于训练，10% 的样例用于验证。它执行了 10 次，因此每个样例在验证集中使用一次。
- 在验证集中使用每个样例时，根据每个样例的误差优化参数设置。
- 使用所选参数设置返回的模型，并对所有数据进行训练。

正则化、伪计数和概率混合物

考虑一个最简单的学习器的情况，即取一个没有输入特征的样例 e_1，…，e_n 的序列 Es。假设你将正则化为某个默认值 m，并因此惩罚与 m 的差异。7.4.2 节中的正则器正则化为 0。

考虑以下程序，它们以不同的方式进行具有 L_2 正则化的随机梯度下降。每一个程序都需要得到数据集 Es、m 的值、学习率 η 和正则化参数 λ。

```
procedure Learn₀(Es, m, η, λ)
    p := m
    repeat
        for each eᵢ ∈ Es do
            p := p − η * (p − eᵢ)
            p := p − η * λ * (p − m)
    until 终止
    return p
```

```
procedure Learn₁(Es, m, η, λ)
    p := m
    repeat
        for each eᵢ ∈ Es do
            p := p − η * (p − eᵢ)
        p := p − η * λ * (p − m)
    until 终止
    return p
```

这些程序在每次迭代时是对数据集的每个元素进行正则化，还是对整个数据集进行正则化，都是不同的。

- 程序 Learn_0 最小化 $\left(\sum_i (p-e_i)^2\right)+\lambda(p-m)^2$，当 $p=\dfrac{m\lambda+\sum\limits_i e_i}{\lambda+n}$ 时是最小的。

- 程序 Learn_1 最小化 $\sum_i\left((p-e_i)^2+\lambda(p-m)^2\right)$，当 $p=\dfrac{\lambda}{1+\lambda}m+\dfrac{1}{1+\lambda}\dfrac{\sum\limits_i e_i}{n}$

时是最小的。

程序 Learn_0 相当于有一个**伪计数**，有 λ 个额外的样例，每个样例的值为 m。

程序 Learn_1 相当于 m 和数据的平均值的概率混合。

对于一个固定数量(n)的样例，这些样例可以相互映射；Learn_1 的 λ 是 Learn_0 的 λ 除以 n。当样例数不同时，例如在交叉验证中，当对多个数据集使用单个 λ 进行交叉验证时，或者在更复杂的情况下，如协作过滤(见 15.2.2 节)，它们的作用是不同的。

对于固定的 λ，随着 n 的变化，它们在质上是不同的。在 Learn_0 中，随着样例数的增加，正则化越来越不重要。在 Learn_1 中，无论 n 是多少，m 对预测的影响都是一样的。如果样例之间相互独立，使用 Learn_0 的策略是合适的，在这种情况下，足够多的例子会支配任何一个先验模型。如果整个数据集有一定的概率会产生误导，那么使用 Learn_1 的策略可能是合适的。

例 7.19　决策树学习器的一个可能参数是在要拆分的数据集中需要的最小样例数，因此如果样例数小于 min_number_examples，则图 7.7 的决策树学习器的停止标准将为真。如果这个阈值太小，决策树学习器将倾向于过拟合，如果它太大，则往往不会泛化。图 7.15 显示了 5 折交叉验证的验证误差，它是参数 min_number_examples 的函数。对于 x 轴上的每个点，决策树运行 5 次，并且计算验证集的平均误差平方和。该误差最小值为 39，因此此值可选择作为此参数的最佳值。该图还显示了在测试集上对树的最小样例数进行不同设置的误差，根据测试集，39 是一个合理的参数设置。

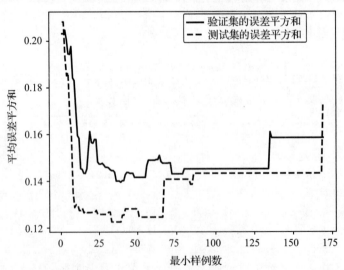

图 7.15　验证集误差和测试集误差，用于确定在决策树学习器中拆分所需的最小样例数

在一个极端情况下，当 k 是训练样本的数量时，k 折交叉验证变为**留一交叉验证**。在训练集中有 n 个样例，它学习了 n 次；对于每个样例 e，它使用其他样例作为训练集，并在 e 上进行评估。如果每次训练都是独立完成的，这是不切实际的，因为它会增加训练样例数量的复杂性。但是，如果在删除一个样例并添加另一个样例时，可以快速调整一次运行中的模型，则这可能非常有效。

7.5 神经网络与深度学习

神经网络是学习的流行的目标表示。这些网络的灵感来自大脑中的**神经元**，但并不实际模拟神经元。人工神经网络通常比人类大脑中的大约 10^{11} 个神经元少得多，而人工神经元(称为**单元**)比它们的生物对应物简单得多。神经网络在低级推理方面取得了相当大的成功，有丰富的训练数据，例如图像解释、语音识别和机器翻译。一个原因是它们非常灵活并且可以提取特征。

人工神经网络的研究很有意义，原因有很多：
- 作为神经科学的一部分，为了理解真实的神经系统，研究人员正在模拟蠕虫等简单动物的神经系统，这有助于了解神经系统的哪些方面是解释这些动物行为的必要条件。
- 一些研究人员不仅要求自动化智能功能(这是人工智能领域的功能)，还要考虑大脑的机制，并进行适当的抽象。一个假设是，构建大脑功能的唯一方法是使用大脑的机制。这种假设可以通过尝试使用大脑机制建立智能，以及在不使用大脑机制的情况下尝试来进行测试。建造其他机器的经验，例如飞行机器，使用相同的原理，但不是和鸟类飞行相同的机制，这表明这个假设可能不正确。然而，检验这一假设很有意思。
- 大脑激发了一种思考与传统计算机形成对比的计算的新方法。与传统计算机处理器较少并且大体积但本质上是惰性的存储器不同，大脑由大量异步分布式进程组成，这些进程都在没有主控制器的情况下同时运行。传统的计算机不是唯一可用于计算的架构。实际上，当前的神经网络系统通常在大规模并行架构上实现。
- 就学习而言，神经网络提供了一种有别于诸如决策树的简单度量作为学习偏好。多层神经网络(类似于决策树)可以表示一组离散特征的任何函数。然而，对应于简单神经网络的函数不一定对应于简单的决策树。在实践中，哪个更好是一个经验问题，可以在不同的问题领域进行测试。

有许多不同类型的神经网络。本书考虑了**前馈神经网络**。前馈网络可以看作是由**激活函数**交织线性函数组成的层次结构。

神经网络可以具有多个输入特征和多个目标特征。这些特征都是实数值。离散特征可以转换为指示变量或序数特征。输入馈入**隐藏单元**的层，可以将其视为从未直接观察到但对预测很有用的特征。这些单元中的每一个都是下层单元的简单函数。隐藏单元的这些层最终馈送入目标特征的预测。

典型架构如图 7.16 所示。有多个单元**层**(显示为圆圈)。底层是输入特征的输入单位。顶部是输出层，对目标变量进行预测。

每层单元都是前一层的函数。每个样例都有每个单元的值。我们考虑层的三种类型：

- **输入层**由每个输入特征的单元组成。该层从该样例的相应输入特征的值中获取其值。

- **完全线性层**。输出 o_j 是一个输入值 v_i 到该层的线性函数（和线性回归中的线性函数一样，增加了一个值为"1"的额外常数输入），定义为：

$$o_j = \sum_i w_{ji} v_i$$

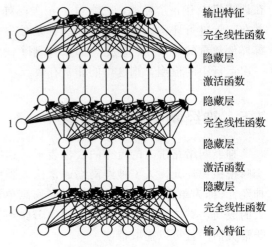

图 7.16　一个深度神经网络

权重 w_{ji} 是学习到的。对于该层的每一个输入-输出对都有一个权重。在图 7.16 中，线性函数的每一条弧都有一个权重。

- **激活层**。其中每个输出 o_i 是相应输入值 v_i 的函数；因此对于激活函数 f，$o_i = f(v_i)$。典型的激活函数是 sigmoid 函数（$f(x) = 1/(1 + e^{-x})$）和**整流线性单元**（ReLU）（$f(x) = \max(0, x)$）。激活函数应该（几乎处处）可微分。

对于回归，其中预测可以是任何实数，最后一层通常是完整的线性层，因为这允许全范围的值。对于二元分类，其中输出值可以映射到{0, 1}，输出通常是其输入的 sigmoid 函数；一个原因是我们从不想要预测大于 1 或小于零的值。

由于线性函数的线性函数还是线性函数，因此线性层彼此相邻没有意义。

反向传播实现所有权重的随机梯度下降。回想一下，对于每个样例 e，**随机梯度下降**通过 $\frac{\partial}{\partial w}\text{error}(e)$ 更新每个权重 w。

在反向传播中使用的微分有两个属性：

- **线性规则**。线性函数 $aw + b$ 的导数由下式给出：

$$\frac{\partial}{\partial w}(aw + b) = a$$

所以导数是在线性函数中乘以 w 的系数。

- **链式规则**。如果 g 是 w 的函数，函数 f 不依赖于 w，而是 $g(w)$ 的函数，则

$$\frac{\partial}{\partial w} f(g(w)) = f'(g(w)) * \frac{\partial}{\partial w} g(w)$$

其中 f' 是 f 的导数。

学习包括每个样例的两次沿网络传递：

- **预测**：给定每层输入的值，计算该层输出的值。

- **反向传播**：向后遍历各层以更新网络的所有权重（线性层中的权重）。

将每个样例作为单独的模块处理，每个层必须实现前向预测，并且在反向传播过程中，更新层中的权重并为较低层提供误差项。反向传播是链式规则的一种实现，它通过网络向后扫描来计算所有权重的导数。

为了使这更加模块化，额外的**误差层**可以位于网络上方。对于每个样例，该层将该

样例的目标特征上的网络预测和该样例的目标特征的实际值作为输入，并输出馈送到最终层的误差。假设最终层的输出是预测的数组值，使得 values[j] 是第 j 个目标特征的预测，并且训练集中当前样例的观测值是 Y[j]。特定样例的误差平方和是

$$\text{error} = \sum_j (\text{values}[j] - Y[j])^2$$

考虑网络中某处的通用权重 w。注意，values[j]（可能）取决于 w 而 Y[j] 则不然，

$$\frac{\partial}{\partial w}\text{error} = \sum_j 2(\text{values}[j] - Y[j])\frac{\partial}{\partial w}\text{values}[j]$$

对于误差平方和反向传播的**误差**是 Y[j] − values[j]（其中 2 被吸收到步长中）。当它计算出每个权重 w 的这个值时，就会用反向传播来更新每个权重 w 的值；注意，这是导数的负值，所以我们可以认为这是梯度上升；这样做的原因是很容易记住，正误差意味着需要增加值，负误差意味着需要减少值。将另一个误差函数最小化，如对数损失，会导致不同的初始误差。

在反向传播阶段，每层的输入是其输出单元的误差项。这是来自上层的权重（链式法则中的 $f'(g(w))$ 项的乘积），用于计算误差的导数。对于一个线性层，每个权重都由传入的误差值乘以与该权重相关的输入值来更新。每个层还必须将误差信号传递给下层。链式规则规定，传回下层的误差是输入到该层的误差乘以该层的函数的导数。

图 7.17 显示了一个神经网络学习器的算法，该神经网络学习器对具有多层单元的网络进行反向传播。变量 layers 是一个层的序列，其中最低层的输入数量与输入特征的数量相同。之后每一层的输入数与前一层的输出数相等。最后一层的输出单元数与目标特征的数量相同。

每层实现：

Output_values(input)，返回输入值对应的输出值

Backprop(error)，其中 error 是每个输出单元的值数组，更新权重并返回输入单元的误差数组。

```
 1: class Sigmoid_layer(n_i)                                      ▷ n_i 是输入
 2:     procedure Output_values(input)                  ▷ input 是长度为 n_i 的数组
 3:         output[i] := 1/(1+e^{-input[i]}), 0 ≤ i < n_i
 4:         return output
 5:     procedure Backprop(error)                        ▷ error 是长度为 n_i 的数组
 6:         对于每个 i, input_error[i] := output[i] * (1−output[i]) * error[i]
 7:         return input_error
 8:
 9: class Linear_complete_layer(n_i, n_o)            ▷ n_i 是输入, n_o 是输出
10:     对于 0 ≤ j < n_o 且 0 ≤ i ≤ n_i, 创建权重 w_{ij}
11:     procedure Output_values(input)                  ▷ input 是长度为 n_i 的数组
12:         定义 input[n] 为 1
13:         对于每个 j, output[j] := Σ_{i=0}^{n} w_{ji} * input[i]
14:         return output
15:     procedure Backprop(error)                        ▷ error 是长度为 n_i 的数组
16:         对于每个 i, j 和学习率 η, w_{ji} := w_{ji} + η * input[i] * error[j]
17:         对于每个 i, input_error[i] := Σ_j w_{ji} * error[j]
18:         return input_error
```

图 7.17 多层神经网络的反向传播

```
19:
20:  procedure Sum_sq_error_layer(Ys, predicted)        ▷ 返回初始的 Backprop 误差
21:    return[对于每个输出单元 j, Ys[j]−predicted[j]]
22:  procedure Neural_network_learner(Xs, Ys, Es, layers, η)
23:    Inputs
24:      Xs：输入特征的集合, Xs={X₁, …, Xₙ}
25:      Ys：目标特征
26:      Es：拟学习的样例的集合
27:      layers：层序列
28:      η：学习率(梯度下降步幅)
29:    repeat
30:      for each 在 Es 中随机排序的样例 e do
31:        对于每个输入单元 i, values[i] := Xᵢ(e)
32:        for each 从最低到最高的 layer do
33:          values := layer. Output_values(values)
34:        error := Sum_sq_error_layer(Ys(e), values)
35:        for each 从最高到最低的 layer do
36:          error := layer. Backprop(error)
37:    until 终止
```

图 7.17 (续)

对于线性层，反向传播算法类似于图 7.8 中的线性学习器，但该算法也考虑了多个线性层和激活层。直观地讲，对于每个样例，反向传播涉及在该样例上模拟网络。在每个阶段的 values 都包含了一个层的值，要输入到下一个层。输出的误差平方和的导数成为第一个误差值。然后这个误差值再通过各层传递回来。这种算法计算每个权重的导数时，通过网络一次次地回扫，计算出每个权重的导数。

例 7.20 考虑使用图 7.12 的数据训练网络。有 5 个输入特征和一个输出特征。图 7.18 显示了由以下层表示的神经网络：

[Linear_complete_layer(5, 2), Sigmoid_layer(2),
Linear_complete_layer(2, 1), Sigmoid_layer(1)]

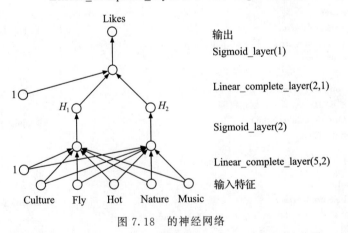

图 7.18 的神经网络

最低层是一个完整的线性层，需要 5 个输入并产生 2 个输出。下一个 sigmoid 层采用这两个输出的 sigmoid。然后线性层采用这些并产生一个线性输出。此输出的 sigmoid 是

网络的预测。

以学习率 $\eta=0.05$ 进行一次反向传播，并采用 10 000 步，学习准确预测训练数据的权重。每个样例 e 给出（其中权重给出两位有效数字）：

$$H_1(e)=\text{sigmoid}(-2.0*\text{Culture}(e)-4.4*\text{Fly}(e)+2.5*\text{Hot}(e)$$
$$+2.4*\text{Music}(e)-6.1*\text{Nature}(e)+1.6)$$
$$H_2(e)=\text{sigmoid}(-0.7*\text{Culture}(e)+3.0*\text{Fly}(e)+5.8*\text{Hot}(e)$$
$$+2.0*\text{Music}(e)-1.7*\text{Nature}(e)-5.0)$$
$$\widehat{\text{Likes}}(e)=\text{sigmoid}(-8.5*H_1(e)-8.8*H_2(e)+4.4).$$

不同的运行可以给出不同的权重。对于像这样的小例子，尝试解释目标是有益的；请参见例 7.16。

神经网络的使用，似乎对**物理符号系统假设**（见 1.4.4 节）提出了挑战，而物理符号系统假设依赖于符号具有意义。神经网络的部分魅力在于，虽然意义附着在输入单元和目标单元上，但设计者并没有将意义与隐藏单元联系起来。隐藏单元实际所代表的是被学习的东西。在神经网络被训练后，通常可以通过观察网络内部的情况来确定某个隐藏单元实际代表什么。有时候，用语言简明扼要地表达出它所代表的东西是很容易的，但往往不是这样。然而，可以说，计算机是有内部含义的；它可以通过显示样例如何映射到隐藏单元的值，或者通过打开一个层中的一个单元，然后模拟网络的其余部分来解释它的内部含义。

在神经网络中使用多个层，可以被视为一种分层建模（见 2.3 节），被称为所谓的**深度学习**。**卷积神经网络**专门用于视觉任务，而**循环神经网络**用于时间序列。典型的真实世界网络可以具有 10 到 20 层，具有数亿个权重，这可能在具有数千个核心的机器上需要数小时或数天或数月才能学习。

7.6 复合模型

决策树和（压缩）线性函数为许多其他有监督学习技术提供了基础。尽管决策树可以表示任何离散函数，但许多简单函数具有非常复杂的决策树。线性函数和线性分类器本身在它们可以表示的内容方面受到很大限制。然而，由非线性激活函数分离的线性函数层形成神经网络，可以逼近更多的函数（包括紧凑集上的离散函数和连续函数）。

使线性函数更强大的一种方法是让线性函数的输入是原始输入的一些非线性函数。添加这些新的特征可以增加维度，使一些在低维空间中的非线性（或线性分离的）函数在高维空间中变成了线性。

例 7.21 异或函数（x_1 xor x_2）在维度为 x_1、x_2 和 x_1x_2 的空间中是线性可分的，其中 x_1x_2 是当 x_1 和 x_2 都为真时值为真的特征。要可视化这一点，请考虑图 7.11；将乘积作为第三维，将右上角点提升到页面之外，允许线性分离器（在这种情况下为平面）位于其下方。

核函数是指对输入的特征进行应用以创建新特征的函数。例如，特征的乘积可以替代或增强现有的特征。添加这样的特征，可以使之前无法线性分离的特征可以被线性分离。另一个例子是，对于一个特征 x，在特征中添加 x^2 和 x^3，可以让学习器找到最佳的

3 次多项式拟合。注意，当特征空间被增强时，过拟合可能会成为一个更大的问题。

神经网络允许(压缩)线性函数的输入为带有要调整权重的压缩线性函数。具有多层压缩线性函数作为(压缩)线性函数的输入允许表示更复杂的函数。

另一种非线性表示法是**回归树**，它是在决策树的叶子处有一个(压缩)线性函数的决策树。这可以表示一种分段线性近似。甚至可以在决策树的叶子处有神经网络或其他分类器。为了对一个新的样例进行分类，需要对该样例在树上进行筛选，然后在叶子处的分类器对该样例进行分类。

另一种可能性是使用一些分类器，每个分类器都在数据上训练过，并使用某种机制(如投票或平均)组合这些分类器。这些技术称为"集成学习"。

7.6.1　随机森林

一种简单而有效的复合模型是对决策树进行平均化，称为**随机森林**。其思路是有若干棵决策树，每棵决策树都可以对每个样例进行预测，并将这些决策树的预测值进行聚合，从而对每个样例的森林进行预测。

为了使这项工作有效，构成森林的树需要进行多样化的预测。我们可以通过多种方式确保多样性：

- 每棵树可以使用特征的一个子集。与其使用所有的特征，不如对每棵树使用一个随机子集，例如三分之一的特征。
- 树可以在每一次分裂时从较小的候选特征集中选择最佳特征，而不是在最佳特征上进行分裂。每棵树甚至每个节点的特征集都可以改变。
- 每棵树可以使用不同的样例子集来训练。假设有 m 个训练样例。如果有很多样例，每棵树可以只使用其中的几个样例。在**套袋法**中，每棵树会选择 m 个样例的随机子集(带替换)来训练。在这些子集中，有些样例没有被选中，有些样例是重复的。平均来说，每个集给包含约 63% 的原始样例。

一旦树被训练，就可以使用树的预测的平均值来进行概率预测。或者，每棵树可以使用其最可能的分类进行投票，并且可以使用具有最多投票的预测。

有的线性分离器是否会比其他的好？

支持向量机(SVM)用于分类。它使用原始输入的函数作为线性函数的输入。这些函数被称为**核函数**。有许多不同的核函数被使用。核函数的一个样例是原始特征的乘积。添加特征的乘积就可以实现异或函数的表示。然而，增加维度会导致过拟合。SVM 构造了一个决策面，它是一个超平面，在这个较高维空间中划分正负例。定义**边距**是指从决策面到任何一个样例的最小距离。一个 SVM 会找到具有最大边距的决策面。最接近决策面的样例是那些支持(或保持)决策面的样例。特别是，这些样例如果被删除，会改变决策面。这避免了过拟合，因为这些支持向量定义的决策面可以用比样例更少的参数来定义决策面。关于 SVM 的详细描述，请参见本章末尾的参考文献。

7.6.2　集成学习

在**集成学习**中，智能体需要许多学习器，并将它们的预测结合起来以对整体进行预测。被组合的算法称为**基础级算法**。随机森林是集成方法的一个例子，其中基础级算法是决策树，将各棵树的预测结果进行平均化，或用投票的方式进行预测。

在**提升法**中，有一系列学习器，每个学习器都从之前的错误中学习。提升算法的特点是：

- 存在一系列**基础学习器**（可以彼此不同或彼此相同），例如小决策树或（压缩）线性函数。
- 每个学习器都经过训练，以适应以前学习器不适合的样例。
- 最终预测是每个学习器的预测的混合（例如，总和、加权平均或众数）。

基础学习器可能是**弱学习器**，因为它们不需要非常好；它们只需要比随机更好。然后，这些弱学习器被提升为集成学习中的组成部分，该集成学习比其中任何一个组件都更好。

简单的提升算法是**功能梯度提升**，其可用于回归，如下所述。作为输入的函数的最终预测是总和

$$p_0(X) + d_1(X) + \cdots + d_k(X)$$

其中 $p_0(X)$ 是初始预测，比如平均值，每个 d_i 是与先前预测的差值。令第 i 个预测为 $p_i(X) = p_0(X) + d_1(X) + \cdots + d_i(X)$。然后 $p_i(X) = p_{i-1}(X) + d_i(X)$。假设 p_{i-1} 是固定的，则构造每个 d_i 以使 p_i 的误差最小。在每个阶段，基础学习器学习 d_i 以最小化下式：

$$\sum_e \text{error}(Y_i(e) - p_i(e)) = \sum_e \text{error}(Y_i(e) - p_{i-1}(e) - d_i(e))$$

第 i 个学习器可以学习 $d_i(e)$ 以最拟合 $Y_i(e) - p_{i-1}(e)$。这相当于从修改的数据集中学习，其中先前的预测已从训练集的实际值中减去。以这种方式，使每个学习器纠正先前预测的误差。

算法如图 7.19 所示。每个 p_i 是一个函数，给出一个样例，它返回该样例的预测。E_i 是一组新的样例，其中对于每个 $e \in \text{Es}$，从目标特征 $Y(e)$ 的值中减去最新的预测 $p_{i-1}(e)$，构成新样例。因此，新学习器从旧学习器的误差中学习。注意，不需要存储 E_i；可以根据需要生成 E_i 中的样例。通过将基础学习器应用于样例 E_i 来计算函数 d_i。

```
1:  procedure Boosting_learner(Xs, Y, Es, L, k)
2:      Inputs
3:          Xs：输入特征集
4:          Y：目标特征
5:          Es：拟学习的样例集
6:          L：基础学习器
7:          k：集成模型中组件的数量
8:      Output
9:          在样例上进行预测的函数
10:     mean := ∑_{e∈Es} Y(e)/|Es|
11:     定义 p_0(e) = mean
12:     for each i 从 1 到 k do
13:         令 E_i = {Xs(e), Y(e) - p_{i-1}(e), e∈Es}
14:         令 d_i = L(E_i)
15:         定义 p_i(e) = p_{i-1}(e) + d_i(e)
16:     return p_k
```

图 7.19　功能梯度增强回归学习器

例 7.22　图 7.20 显示了随着决策树的数量增加，其功能梯度提升的误差平方和的图。对于分割所需的最小数量的样例数（占总例数的比例），不同的线对应不同的阈值。在一棵树上，它只是决策树算法。提升法使得具有 1% 阈值的树最终优于具有 0.1% 阈值的树，即使它们对于单棵树大致相同。该代码可从图书网站获得。

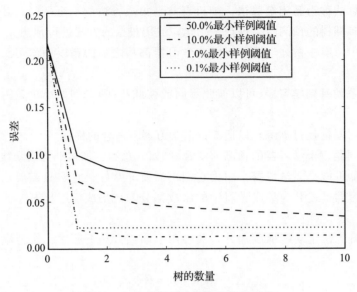

图 7.20   决策树的功能梯度提升误差

7.7   基于案例的推理

上述方法试图找到用于未来预测的数据的紧凑表示形式。在**基于案例的推理**中，将存储和访问训练样例（案例）以解决新问题。为了获得新样例的预测，使用与新样例相似或接近的那些案例来预测新样例的目标特征的值。这是学习问题的一个极端，与决策树和神经网络不同，相对较少的工作必须脱机完成，而且几乎所有工作都在查询时完成。

基于案例的推理用于分类和回归。当案例复杂时也适用，例如在法律案例中，案例是复杂的法律裁决，在规划中，案例是以前解决复杂问题的方法。

如果情况很简单，一种效果很好的算法是对某些给定数 k 使用 k-**近邻**。给定一个新样例，具有最接近该样例的输入特征的 k 个训练样例用于预测新样例的目标值。预测可以是这些 k 个训练样例的预测之间的众数、平均值或一些插值，也许近的样例比远的样例更重要。

此方法要正常工作，需要一个距离度量来测量两个样例的接近度。首先为每个特征域定义一个度量，其中特征域的值转换为数值尺度，用于比较数值。假设 $X_i(e)$ 是样例 e 的特征 X_i 值的数字表示形式。然后 $(X_i(e_1) - X_i(e_2))$ 是特征 X_i 定义的维度上样例 e_1 和 e_2 之间的差异。可以用**欧几里得距离**（即维度差的平方和的平方根）作为两个样例之间的距离。一个重要的问题是不同维度的相对尺度；增加一个维度的尺度会增加该特征的重要性。w_i 表示指定特征 X_i 的权重的非负实值参数。样例 e_1 和 e_2 之间的距离是

$$d(e_1, e_2) = \sqrt{\sum_i w_i * (X_i(e_1) - X_i(e_2))^2}$$

可以提供特征权重作为输入。也可以学习这些权重。学习智能体将根据训练集中的每一个其他实例，试图找到预测训练集中每个元素的值的误差最小的权重。这是一个"留一交叉验证"的例子。

例 7.23 考虑对图 7.1 的数据使用基于案例的推理。基于案例的推理不是像决策树或神经网络学习中那样将数据转换为二次表示,而是直接使用样例来预测新案例中用户行动的值。

假设一个学习智能体要对样例 e_{20} 进行分类,对于这个例子,Author 为 unknown,Thread 为 followup,Length 为 short,并且 Where_read 为 home。首先,学习器试图寻找类似的案例。样例 e_{11} 中有一个完全匹配的案例,所以它可能要预测用户做了和样例 e_{11} 相同的动作,从而跳过这篇文章。它也可以包括其他近似的样例。

考虑对样例 e_{19} 进行分类,其中 Author 是 unknown,Thread 是 new,Length 是 long,并且 Where_read 是 work。在这种情况下,没有完全匹配。考虑近似匹配。样例 e_2、e_8 和 e_{18} 就 Author、Thread 和 Where_read 特征达成一致。样例 e_{10} 和 e_{12} 在特征 Thread、Length 和 Where_read 上达成一致。样例 e_3 在特征 Author、Length 和 Where_read 上达成一致。样例 e_2、e_8 和 e_{18} 预测为 Reads,但其他示例预测为 Skips。那么应该预测什么呢?决策树算法表明 Length 是最佳预测器,因此应忽略 e_2、e_8 和 e_{18}。对于 sigmoid 线性学习算法,例 7.11 中的参数值类似地预测读者会跳过文章。用于预测用户是否阅读文章的基于案例的推理算法,必须确定维度的相对重要性。

基于案例的推理中的一个问题是访问相关案例。kd 树是一种索引训练样例的方法,以便快速找到与给定样例接近的训练样例。像决策树一样,kd 树在输入特征上分裂,但在叶子处是训练样例的子集。在根据一组样例构建 kd 树时,学习器试图找到将样例划分为大致相等大小的集合的输入特征,然后为每个分区中的样例构建 kd 树。当每个叶子上只有很少的样例时,该分割停止。在树中过滤新的样例,如在决策树中一样。确切的匹配将在找到的叶子上。然而,kd 树叶子上的样例可能与要分类的样例相距很远;可能对树的分支上的值达成一致,但可能未对所有其他特征的值达成一致。

通过在树中过滤新案例时允许使用不同值的一个分支,这样可以使用相同的树来搜索具有与树中测试的特征不同的一个特征的那些样例。请参阅练习 7.20。

基于案例的推理在案例更复杂时也适用,例如,当它们是合法案例或以前的规划问题的解决方案时。在这种情况下,会仔细选择和编辑案例以使其有用。基于案例的推理包括以下四个步骤的循环:

- **检索**,给定一个新案例,从案例库中检索类似案例。
- **重用**,调整检索到的案例以适应新案例。
- **修订**,评估解决方案并根据其工作情况对其进行修订。
- **保留**,决定是否在案例库中保留这个新案例

如果检索到的案例适用于当前情况,则应使用它。否则,可能需要进行调整。修订可能涉及其他推理技术,例如使用所提出的解决方案作为搜索解决方案的起点,或者人类可以在交互系统中做调整。如果保留新案例和解决方案将在未来有所帮助,则可以保存。

例 7.24 基于案例的推理系统的一个常见例子是一个求助服务台,用户在遇到需要解决的问题时可拨打求助电话。基于案例的推理可以被诊断助手用来帮助用户诊断计算机系统的问题。当用户给出问题的描述,就会检索出案例库中最接近的案例。诊断助手可以向用户推荐其中的一些案例,根据用户的特殊情况对每个案例进行调整。调整的

一个例子是根据用户使用的是什么软件、使用什么方法连接到互联网、打印机的型号来改变建议。如果其中一个调整的案例有效，那么这个案例就会被添加到案例库中，当另一个用户提出类似的问题时，就可以使用。这样一来，所有常见的不同案例最终都会在案例库中出现。

如果找不到任何案例，则可以通过调整其他案例或让人帮助诊断问题来尝试解决问题。当问题最终解决时，解决方案被添加到案例库中。

如果类似的案例都给出了相同的建议，则可以从案例库中删除一个案例。特别是，如果有案例 C_i 使得任何使用 C 作为最接近的案例在不存在 C 的情况下会使用案例 C_i 中的一个，而这些案例会给出相同的建议，那么 C 是多余的，可以从案例库中删除。

7.8　实现精炼假设空间的学习

到目前为止，学习包括选择最佳表示方式，如选择最佳决策树或神经网络中的最佳权重值，或者从以前的案例数据库中预测新案例的目标特征值。本节考虑的是另一种学习的概念，即学习是将那些与样例相一致的假设划定出来。不是选择一个假设，我们的目的是找到与数据一致的所有假设的描述。这一调查将阐明偏好的作用，并为学习问题的理论分析提供一个机制。

我们做出三个假设：
- 有一个布尔目标特征 Y。
- 假设做出明确的预测，预测每个样例的真或假，而不是概率化预测。
- 数据中没有噪声。

给定这些假设，可以用命题术语编写假设，其中原始命题是对输入特征的赋值。

例 7.25　图 7.6 的决策树可以看作由如下命题定义，作为对 reads 的表示。

$$\widehat{Reads}(e) \leftrightarrow Short(e) \wedge (New(e) \vee Known(e))$$

这是对人们阅读文章的预测，当且仅当文章很短并且是新的或已知的时人们阅读文章。

目标是试图在输入特征上找到一个能正确分类训练样例的命题。

例 7.26　考虑一个交易智能体，试图根据文章的关键词推断用户阅读的文章。假设学习智能体具有以下数据：

article	Crime	Academic	Local	Music	Reads
a_1	true	false	false	true	true
a_2	true	false	false	false	true
a_3	false	true	false	false	false
a_4	false	false	true	false	false
a_5	true	true	false	false	true

目的是了解用户阅读的文章。

在此示例中，Reads 是目标特征，目的是找到如下定义：

$$\widehat{Reads}(e) \leftrightarrow Crime(e) \wedge (\neg Academic(e) \vee \neg Music(e))$$

该定义可用于对训练样例以及将来的样例进行分类。

假设空间学习有如下几组假定：

- I，**实例空间**，是所有可能样例的集合。
- $\mathcal{H}$，**假设空间**，是输入特征上的一组布尔函数。
- $\text{Es} \subseteq I$ 是一组**训练样例**。输入特征和目标特征的值是针对训练样例给出的。

如果 $h \in \mathcal{H}$ 且 $i \in I$，则 $h(i)$ 是 h 为 i 预测的值。

例 7.27　在例 7.26 中，I 是 $2^5 = 32$ 个可能样例的集合，每一个都是特征值的一个组合。

假设空间 $\mathcal{H}$ 可以是输入特征的所有布尔组合，也可以是更多的限制，比如说用少于三个特征定义的连接词或命题。

在例 7.26 中，训练样例是 $\text{Es} = \{a_1, a_2, a_3, a_4, a_5\}$。目标特征是 Reads。由于该表指定了此特征的某些值，并且学习器将对未见过的案例进行预测，因此学习器需要偏好。在假设空间学习中，偏好是由假设空间加强的。

如果假设 h 预测的值是 Es 中每个样例的目标特征 Y 的值，则 h 与一组训练样例 Es **一致**。也就是说，如果 $\forall e \in \text{Es}$，则 $h(e) = Y(e)$。

假设空间学习中的问题是找到与所有训练样例一致的 $\mathcal{H}$ 元素集。

例 7.28　考虑例 7.26 的数据，假设 $\mathcal{H}$ 是文字连词的集合。$\mathcal{H}$ 中的样例与由单个样例组成的集合 $\{a_1\}$ 一致，即 $\widehat{\text{Reads}(e) \leftrightarrow \neg \text{academic}(e) \wedge \text{music}(e)}$。这个假设意味着，当且仅当该文章不是学术性的并且它关于音乐时，该人会阅读文章。这个概念不是目标概念，因为它与 $\{a_1, a_2\}$ 不一致。

7.8.1　版本空间学习

通过在假设空间上施加一些结构，可以更有效地找到与所有样例一致的 $\mathcal{H}$ 元素集，而不是枚举所有假设。

如果假设 h_2 蕴涵假设 h_1，则 h_1 是比 h_2 **更普遍的假设**。在这种情况下，h_2 是比 h_1 **更具体的假设**。任何假设都比其本身更普遍，并且比其本身更具体。

例 7.29　假设 $\neg \text{academic} \wedge \text{music}$ 比 music 更具体，并且比 $\neg \text{academic}$ 更具体。因此，music 比 $\neg \text{academic} \wedge \text{music}$ 更普遍。最普遍的假设是 true。最具体的假设是 false。

"更普遍的"关系形成了对假设空间的偏序。随后的版本空间算法利用该偏序来搜索与训练样例一致的假设。

给定假设空间 $\mathcal{H}$ 和样例集 Es，**版本空间**是 $\mathcal{H}$ 的子集，其与样例一致。

版本空间的**一般边界** G 是版本空间的最大普遍成员的集合(即，版本空间的那些成员使得版本空间的其他元素不是更普遍的)。版本空间的**特定边界** S 是版本空间的最大具体成员集。

这些概念很有用，因为一般边界和特定边界完全决定了版本空间，如下面的命题所示。

命题 7.2　版本空间是 $h \in \mathcal{H}$ 的集合，使得 h 比 S 的元素更普遍，并且比 G 的元素更具体。

1. 候选消除学习器

给定一个假设空间 $\mathcal{H}$ 和一组例子 Es，**候选消除学习器**逐步建立版本空间。这些样例被逐一添加；每个样例可能通过删除与样例不一致的假设来缩小版本空间。候选消除算法通过更新每个新的样例的一般边界或特定边界来实现。这将在图 7.21 中描述。

```
 1:  procedure Candidate_elimination_learner(Xs, Y, Es, H)
 2:     Inputs
 3:        Xs：输入特征的集合，Xs={X_1, …X_n}
 4:        Y：布尔目标特征
 5:        Es：拟学习的样例的集合
 6:        H：假设空间
 7:     Output
 8:        一般边界 G⊆H
 9:        特定边界 S⊆H，与 Es 一致
10:     Local
11:        G：H 中的假设集合
12:        S：H 中的假设集合
13:     Let G={true}，S={false}；
14:     for each e∈Es do
15:         if Y(e)=true then
16:             从 G 中删除把 e 列为负例的元素；
17:             删除 S 中每一个将 e 归类为负例的元素 s，取而代之的是将 e 归类为正例的 s 的最小泛化，它比 G
                 中的某些成员泛化程度更低；
18:             从 S 中删除非最大假设；
19:         else
20:             从 S 中删除把 e 归类为正例的元素；
21:             删除 G 每一个将 e 归类为正例的元素 g，取而代之的是将 e 归类为负例的 g 的最小泛化，它比
                 S 中的某些成员泛化程度更低；
22:             从 G 中删除非最小化假设
```

图 7.21   候选消除算法

例 7.30   考虑候选消除算法如何处理例 7.26，其中 H 是文字连词的集合。

在看到任何样例之前，$G_0=\{true\}$（即用户读取所有内容）并且 $S_0=\{false\}$（即用户什么都不读）。请注意，true 是空连接，false 是原子与其否定的连接。在考虑第一个样例 a_1 之后，$G_1=\{true\}$ 且 $S_1=\{crime \wedge \neg academic \wedge \neg local \wedge music\}$。

因此，最普遍的假设是用户阅读所有内容，而最具体的假设是用户只阅读与此类似的文章。在考虑前两个样例之后，$G_2=\{true\}$ 且 $S_2=\{crime \wedge \neg academic \wedge \neg local\}$。

由于 a_1 和 a_2 在 music 上存在分歧，但具有相同的预测，因此可以得出结论，music 无关紧要。

在考虑前三个样例后，一般边界变为 $G_3=\{crime, \neg academic\}$ 且 $S_3=S_2$。现在有两个最普遍的假设；第一个是用户阅读有关犯罪的任何内容，第二个是用户阅读任何非学术性的内容。

在考虑前四个样例后，$G_4=\{crime, \neg academic \wedge \neg local\}$ 且 $S_4=S_3$。

在考虑了所有五个样例后，$G_5=\{crime\}$ 且 $S_5=\{crime \wedge \neg local\}$。

因此，在五个样例之后，版本空间中仅存在两个假设。它们的区别只在于它们对 $crime \wedge local$ 为真的样例的预测。如果目标概念可以表示为连词，则只有 $crime \wedge local$ 为真的样例将更改 G 或 S。此版本空间可以对所有其他样例进行预测。

2. 版本空间学习中涉及的偏差

回想一下，任何学习在训练数据之外进行泛化都需要偏差。例 7.30 中必然存在偏差，因为在观察输入变量的 16 个可能赋值中仅有 5 个之后，智能体能够对其未见过的样例进行预测。

版本空间学习中涉及的偏差被称为**语言偏差**或**限制偏差**，因为偏差是通过限制允许的假设而获得的。例如，crime false 和 music true 的新样例将被归类为假（用户不会阅读文章），即使没有看到这样的样例。假设必须是文字连接的限制足以预测其价值。

这种偏差应与决策树学习中涉及的偏差形成对比。决策树可以表示任何布尔函数。决策树学习涉及**偏好偏差**，因为一些布尔函数比其他函数更受欢迎；具有较小决策树的函数优先于具有较大决策树的函数。自上而下构建单棵决策树的决策树学习算法还涉及搜索偏差，其中返回的决策树取决于所使用的搜索策略。

候选消除算法有时被视为一种**无偏见的学习算法**，因为学习算法除了选择 $\mathcal{H}$ 所涉及的语言偏差之外，并没有强加任何偏好，版本空间很容易坍缩到空集，例如，如果用户读到一篇文章，犯罪是假的，音乐是真的，那么版本空间就很容易坍缩到空集。这意味着目标概念不在 $\mathcal{H}$ 中，版本空间学习对噪声的容忍度不高，仅仅是一个错误分类的样例就会把整个系统丢掉。

无偏差假设空间是 $\mathcal{H}$ 是所有布尔函数的集合。在这种情况下，G 总是包含一个概念：这个概念表明所有的反面样例都已被看到，而其他每个样例都是正面的。同样，S 包含单个概念，即所有未见过的样例都是反面的。版本空间无法总结任何未见过的样例；因此，它无法泛化。没有语言偏见或偏好偏见，没有泛化，因此不会发生学习。

7.8.2　可能近似正确的学习

计算学习理论不是仅研究运行良好的不同学习算法，而是研究可以证明适用于学习算法类的一般原则。

我们可以询问有关计算学习理论的一些相关问题，包括：
- 随着样例数量的增加，学习器是否可以保证收敛到正确的假设？
- 识别一个概念需要多少样例？
- 识别一个概念需要多少计算？

一般来说，第一个问题的答案是"不"，除非可以保证这些样例总是最终排除除了正确假设之外的所有假设。欺骗学习器的对手可以选择无法区分正确假设和错误假设的样例。如果不能排除对手，学习器就无法保证找到一致的假设。然而，给定随机选择的样例，总是选择一致假设的学习器可以任意接近正确的概念。这需要一个接近的概念和一个随机选择的样例的规范。

考虑一种学习算法，该算法选择与所有训练样例一致的假设。假设样例的可能概率分布，并且训练样例和测试样例是从相同的分布中选择的。不必知道分布。我们将证明一个适用于所有分布的结果。

实例空间 I 上的假设 $h \in \mathcal{H}$ 的误差，记为 $\mathrm{error}(I, h)$，被定义为选择 I 的元素 i 使得 $h(i) \neq Y(i)$ 的概率，其中 $h(i)$ 是在可能的样例 i 上的目标变量 Y 的预测值。$Y(i)$ 是样例 i 上的 Y 的实际值。也就是说，

$$\mathrm{error}(I, h) = P(h(i) \neq Y(i) \mid i \in I)$$

对于所有 i，智能体通常不知道 P 或 $Y(i)$，因此实际上不知道特定假设的误差。

给定 $c>0$，如果 $\text{error}(I,h)\leqslant\varepsilon$，则假设 h **近似正确**。我们做出以下假设。

假设 7.3　训练和测试样例的选择独立于与种群相同的概率分布。

还有可能这些样例没有区分出远离概念的假设。只是不太可能不这样做。如果一个学习器选择了一个与训练样例一致的假设，如果对于一个任意数 $\delta(0<\delta\leqslant1)$，算法在最多 δ 的情况下不近似正确，那么这个学习器选择的假设可能是**近似正确的**。也就是说，生成的假设至少在 $1-\delta$ 的情况下是近似正确的。

在前面的假设下，对于任意 ε 和 δ，我们可以保证，一个算法在至少 $1-\delta$ 的情况下找到误差小于 ε 的一致假设。而且，该结果不依赖于概率分布。

命题 7.4　给定假设 7.3，假设一个假设至少与 $\dfrac{1}{\varepsilon}\left(\ln|\mathcal{H}|+\ln\dfrac{1}{\delta}\right)$ 个样例是一致的，那么它至少在 $1-\delta$ 的时间内，最多有 ε 的误差。

证明　假设 $\varepsilon>0$ 且 $\delta>0$。将假设空间 $\mathcal{H}$ 划分为

$$\mathcal{H}_0=\{h\in\mathcal{H}：\text{error}(I,h)\leqslant\varepsilon\}$$
$$\mathcal{H}_1=\{h\in\mathcal{H}：\text{error}(I,h)>\varepsilon\}$$

我们希望保证学习器不会在大于 δ 的情况下选择 $\mathcal{H}_1$ 的元素。

假设 $h\in\mathcal{H}_1$，那么

$$P(\text{对单个样例来说 }h\text{ 是错的})\geqslant\varepsilon$$
$$P(\text{对单个样例来说 }h\text{ 是正确的})\leqslant1-\varepsilon$$
$$P(\text{对于 }m\text{ 个随机样例来说 }h\text{ 是正确的})\leqslant(1-\varepsilon)^m.$$

因此，

$$P(\mathcal{H}_1\text{ 包含一个针对 }m\text{ 个随机样例来说是正确的假设})$$
$$\leqslant|\mathcal{H}_1|(1-\varepsilon)^m$$
$$\leqslant|\mathcal{H}|(1-\varepsilon)^m$$
$$\leqslant|\mathcal{H}|e^{-\varepsilon m}$$

如果 $0\leqslant\varepsilon\leqslant1$，使用不等式 $(1-\varepsilon)\leqslant e^{-\varepsilon}$。

如果我们确保 $|\mathcal{H}|e^{-\varepsilon m}\leqslant\delta$，则我们保证 $\mathcal{H}_1$ 不包含一个假设，该假设对于超过 δ 的情况的 m 个样例是正确的。所以 $\mathcal{H}_0$ 包含除了 δ 的所有情况下的所有正确假设。

求解 m，满足如下条件，

$$m\geqslant\frac{1}{\varepsilon}\left(\ln|\mathcal{H}|+\ln\frac{1}{\delta}\right)$$

这证明了该命题。　□

保证这种误差约束所需的样例数称为**样本复杂度**。根据该命题所需的样例的数量是 ε、δ 和假设空间的大小的函数。

例 7.31　设假设空间 $\mathcal{H}$ 是 n 个布尔变量上的字面符号的共轭集，在这种情况下 $|\mathcal{H}|=3^n+1$，因为对于每个连接，每个变量处于以下三种状态之一：

1) 在连词中不需要
2) 否定
3) 不出现

需要 "＋1" 来表示假，这是任何原子及其否定的结合。因此，样本复杂度是 $\frac{1}{\varepsilon}\left(n\ln3+\ln\frac{1}{\delta}\right)$，它是 n、$\frac{1}{\varepsilon}$ 和 $\ln\frac{1}{\delta}$ 的多项式。

　　如果我们想要在 99% 的时间内保证最多 5% 的误差并且有 30 个布尔变量，那么 $\varepsilon=1/20$，$\delta=1/100$，并且 $n=30$。该约束指出，如果我们找到一个与 $20*(30\ln3+\ln100)\approx752$ 个样例一致的假设，我们可以保证这种性能。这比可能实例的数量少得多，实例数为 $2^{30}=1\,073\,741\,824$，以及比假设的数量也少，假设的数量为 $3^{30}+1=205\,891\,132\,094\,650$。

　　例 7.32　如果假设空间 $\mathcal{H}$ 是 n 个变量上所有布尔函数的集合，那么 $|\mathcal{H}|=2^{2^n}$；因此，我们需要 $\frac{1}{\varepsilon}\left(2^n\ln2+\ln\frac{1}{\delta}\right)$ 个样例。样本复杂度与 n 呈指数关系。

　　如果我们想要在 99% 的时间内保证最多 5% 的误差，并且有 30 个布尔变量，那么 $\varepsilon=1/20$，$\delta=1/100$ 并且 $n=30$。该约束说我们可以保证这种性能，如果我们找到符合 $20*(2^{30}\ln2+\ln100)\approx14\,885\,222\,452$ 个样例的假设。

　　考虑本节开始时提出的第三个问题，即学习器如何快速找到可能近似正确的假设。首先，如果样本的复杂度与某些参数的大小（例如上面的 n）呈指数关系，那么计算复杂度一定是指数型的，因为一个算法至少要考虑每个样例。要显示一个具有多项式复杂度的算法，你需要找到一个具有多项式样本复杂度的假设空间，并显示出该算法对每个样例使用多项式时间。

7.9　回顾

以下是你应该从本章学到的要点：
- 学习是指智能体根据经验改善其行为的能力。
- 在给定一组输入-目标对的情况下，有监督学习是预测新输入的目标值的问题。
- 给定一些训练样例，智能体构建可用于新预测的表示。
- 线性分类器和决策树分类器是表示，它们是更复杂模型的基础。
- 当预测值能很好地拟合训练集但不拟合测试集或未来预测时，会发生过拟合。

7.10　参考文献和进一步阅读

　　关于机器学习的良好概述，请参见 Briscoe 和 Caelli[1996]、Mitchell[1997]、Duda 等[2001]、Bishop[2008]、Hastie 等[2009]以及 Murphy[2012]。Halevy 等[2009]讨论了大数据。Domingos[2012]概述了机器学习中的问题。UCI 机器学习资源库[Lichman, 2013]是经典机器学习数据集的集合。

　　Shavlik 和 Dietterich[1990]的论文集中包含了许多经典的学习论文。Michie 等[1994]给出了许多学习算法在多个问题上的实证评价。Davis 和 Goadrich[2006]讨论了精确度、召回率和 ROC 曲线。Settles[2012]综述了主动学习。

　　专家知识与数据相结合的方法是 Spiegelhalter 等[1990]提出的。

　　Breiman 等[1984]和 Quinlan[1986]讨论了决策树学习。关于更成熟的决策树学习工具的概述见 Quinlan[1993]。

Ng[2004]对逻辑回归的 L_1 和 L_2 正则化进行了比较。

Goodfellow 等[2016]提供了神经网络和深度学习的现代概述。关于神经网络的经典概述，请参见 Hertz 等[1991]以及 Bishop[1995]。McCulloch 和 Pitts[1943]定义了形式神经元，Minsky[1952]展示了如何从数据中学习这种表征。Rosenblatt[1958]提出了感知器。Rumelhart 等[1986]介绍了反向传播。LeCun 等[1998]描述了如何有效地实现反向传播。Minsky 和 Papert[1988]分析了神经网络的局限性。LeCun 等[2015]回顾了多层神经网络如何用于深度学习的许多应用。Hinton 等[2012]回顾了神经网络在语音识别中的应用，Goldberg[2016]回顾了神经网络在自然语言处理中的应用，Krizhevsky 等[2012]回顾了神经网络在视觉中的应用。Glorot 等[2011]讨论了修正线性单元（ReLU）。Nocedal 和 Wright[2006]提供了梯度下降和相关方法的实用建议。Karimi 等[2016]分析了随机梯度下降法需要多少次迭代。

随机森林由 Breiman[2001]引入，并由 Dietterich[2000a]和 Denil 等[2014]进行了比较。关于集成学习的综述，参见 Dietterich[2002]。提升法在 Schapire[2002]以及 Meir 和 Rätsch[2003]中进行了描述。

关于基于案例推理的综述，参见 Kolodner 和 Leake[1996]以及 Lopez[2013]。关于近邻算法的回顾，见 Duda 等[2001]以及 Dasarathy[1991]。维度加权学习的近邻算法来自 Lowe[1995]。

版本空间是由 Mitchell[1977]定义的。PAC 学习是由 Valiant[1984]提出的。这里的分析归功于 Haussler[1988]的分析。Kearns 和 Vazirani[1994]对计算学习理论和 PAC 学习做了很好的介绍。关于版本空间和 PAC 学习的更多细节，可参见 Mitchell[1997]。

有关机器学习的研究成果，可参考《*Journal of Machine Learning Research*》（JMLR）、*Machine Learning*、国际机器学习年会（ICML）、*Proceedings of the Neural Information Processing Society*（NIPS）等期刊，或 *Artificial Intelligence*、*Journal of Artificial Intelligence Research* 等一般人工智能期刊，以及许多专业会议和期刊。

7.11   练习

7.1 本练习的目的是证明和扩展图 7.5 中的表格。

(a) 证明图 7.5 中训练数据的最佳预测。为此，要找到绝对误差的最小值、误差平方和、熵，以及给出最大似然值。最大值或最小值是一个终点或导数为零的地方。

(b) 为了确定测试数据的最佳预测，假设数据案例是根据一些真实参数 p_0 随机生成的。对于 $p_0 \in [0, 1]$ 的不同值，可以尝试下面的方法。通过概率 p_0 取样，生成 k 个训练样例（尝试不同的 k 值，有些小的，比如 2、3 或 5，有些大的，比如 1000）；从这些训练样例中生成 n_0 和 n_1。生成一个测试集，其中包含许多使用相同参数 p_0 的测试实例。以下哪一个给出的测试集的误差较小：绝对值之和、平方和以及似然（或对数损失）。

i. 众数。

ii. $n_1 / (n_0 + n_1)$。

iii. 如果 $n_1 = 0$，使用 0.001；如果 $n_0 = 0$，使用 0.999；否则使用 $n_1 / (n_0 + n_1)$。当计数为零时，用不同的数字试一试。

iv. $(n_1 + 1) / (n_0 + n_1 + 2)$。

　　　v. $(n_1+\alpha)/(n_0+n_1+2\alpha)$，对于不同的 $\alpha>0$ 的值。

　　　vi. 另一个预测器，即 n_0 和 n_1 的函数。

你可能需要为每个参数生成许多不同的训练集。(对于数学水平较高的人来说，请尝试证明每个标准的最佳预测器是什么)。

7.2　在没有输入的情况下，在一个域为 $\{0,1\}$ 的特征的点估计的背景下，智能体可能会用参数 $p\in[0,1]$ 进行随机预测，这样智能体在概率 p 的情况下预测 1，否则预测 0。对于下面的每一个误差测量，请给出一个训练集上的预期误差，其中 n_0 的出现次数为 0，而 n_1 的出现次数为 1(作为 p 的函数)。误差最小化的 p 值是多少？这比图 7.5 的预测值更差还是更好？

(a) 绝对误差之和

(b) 误差平方和

(c) 最坏情况下的误差

7.3　假设我们有一个系统，观察一个人看电视的习惯，以便推荐这个人可能喜欢的其他电视节目。假设我们已经通过是否是喜剧(Comedy)、是否有医学特征(Doctors)、是否有律政特征(Lawyers)、是否有枪战(Guns)来描述每个节目的特点。假设我们得到了图 7.22 中关于这个人是否喜欢各种电视节目的例子。我们想利用这个数据集来学习 Likes 值(即根据电视剧的属性来预测这个人喜欢哪些电视节目)。

样例	Comedy	Doctors	Lawyers	Guns	Likes
e_1	false	true	false	false	false
e_2	true	false	true	false	true
e_3	false	false	true	true	true
e_4	false	false	true	false	false
e_5	false	false	false	true	false
e_6	true	false	false	true	false
e_7	true	false	false	true	true
e_8	false	true	true	true	true
e_9	false	true	true	false	false
e_{10}	true	true	true	false	true
e_{11}	true	true	false	true	true
e_{12}	false	false	false	false	false

图 7.22　练习 7.3 的训练样例

你可能会发现 AIspace. org 的小程序对这个任务很有用。(在开始之前，看看你能不能从这个人们喜欢的内容中看出规律。)

(a) 假设误差是绝对误差之和。给出只有一个节点的最优决策树(即没有分叉)。这个树的误差是多少？

(b) 与(a)部分相同，但误差为误差平方和。

(c) 假设误差是绝对误差之和。给出深度为 2 的最优决策树(即，根节点是唯一有子节点的节点)。对于树中的每个叶子，给出过滤到该节点的样例。这棵树的误差是多少？

(d) 与(c)部分相同，但用误差平方和计算。

(e) 能正确分类所有训练样例的最小树是什么？一棵自上而下的决策树(在每一步优化了信息增益)是否代表相同的函数？

(f) 给出图 7.22 的样例中没有出现的两个实例，并说明如何使用最小决策树对它们进行分类。用它来解释树中固有的偏差。(这个偏差是如何给出这些特殊的预测结果的。)

(g) 这个数据集是线性可分离的吗？解释为什么可以，或为什么不可以。

7.4 考虑图 7.7 的决策树学习算法和图 7.1 的数据。假设，对于这个问题，停止标准是所有的样例都有相同的分类。图 7.6 的树是通过选择一个信息增益最大的特征来建立的。本题考虑的是选择了不同的特征后会发生什么。

(a) 假设你把算法改成总是选择特征列表中的第一个元素。当特征的顺序为[Author，Thread，Length，WhereRead]时，会发现什么树？这棵树代表的函数是否与最大信息增益拆分时的函数不同？请解释一下。

(b) 当特征按[WhereRead，Thread，Length，Authority]的顺序排列时，会发现什么树？这棵树是否代表了一个与最大信息增益拆分的函数或前一部分给出的函数不同？请解释一下。

(c) 是否有一棵树能正确地对训练样例进行分类，但表示的函数与前面算法发现的函数不同？如果有，请给出。如果没有，请解释原因。

7.5 这个练习的目的是确定决策树空间的大小。假设一个学习问题中有 n 个二元特征。有多少棵不同的决策树？这些决策树代表了多少个不同的函数？两棵不同的决策树是否有可能产生相同的函数？

7.6 扩展图 7.7 的决策树学习算法，允许对离散变量进行多路分割。假设输入是输入特征、目标特征和训练样例。分割是在特征的值上。

没有样例对应于所选特征的一个特定值，这是必须克服的一个问题。对于这种情况，你必须做出合理的预测。

7.7 实现一个决策树学习器，处理具有有序域的输入特征。你可以假设任何数值特征都是有序的。条件应该是对单个变量进行切割，例如 $X \leqslant v$，根据值 v 对训练样例进行分区。对特征 X 的值进行排序，并依次扫过实例，就可以选择一个切值。在扫过样例时，每个分区的评估值应该由前一个分区的评估值来计算。这样做是否比任意选择切割的方式更好？

7.8 如果图 7.7 的决策树学习算法的特征用完了，并且不是所有的样例都一致，那么它就必须停止。假设你正在构建一棵布尔目标特征的决策树，并且你已经到了没有剩余的输入特征可供分割的阶段，而训练集中存在样例，其中 n_1 是正的，n_0 是负的。考虑以下策略：

i. 无论哪一个值有最多的样例——如果 $n_1 > n_0$，则返回 true；如果 $n_1 < n_0$，则返回 false；如果 $n_1 = n_0$，则返回任意一个。

ii. 返回经验频率，即 $n_1/(n_0 + n_1)$。

iii. 返回 $(n_1 + 1)/(n_0 + n_1 + 2)$。

对于以下每个目标，预测哪种策略在测试集上的误差最小：

(a) 将样例值(1＝真和0＝假)与树上的预测值(1＝真和0＝假或概率)之间的绝对差值之和最小化。

(b) 使各值之差的平方和最小化。

(c) 使数据的对数概率最大化。

解释你的预测，在一些数据集上测试，并报告你的预测是否成立。

7.9 展示如何用梯度下降法学习一个绝对误差最小的线性函数。[提示：做一个误差的案例分析；每个样例中的绝对值是正值或负值的绝对值。当值为零时，怎样做才合适呢？]

7.10 考虑式(7.1)，它给出了线性预测的误差。

(a) 给出一个在 $n=2$ 的情况下(即只有两个输入特征时)误差最小的权重公式。[提示：对于每一个权重，请对该权重进行微分并设为零。]

(b) 为什么在 $n=2$ 的情况下，用 sigmoid 函数作为激活函数时，从分析上看，很难将误差最小化？(为什么与(a)部分相同的方法不奏效？)

7.11 假设你想对一个线性函数的 sigmoid 函数的误差平方和进行优化。

(a) 修改图 7.8 的算法，使更新与误差平方和的梯度成正比。注意，本题假设你知道微积分，特别是微分的链式法则。

(b) 这种算法是否比根据误差平方和评估时最小化对数损失的算法效果更好？

7.12 考虑如何从例 7.17 中的 1 至 5 星的评分中估算餐厅的质量。

    (a) 对于一家有两个五星评级的餐厅，这将预测到什么？你将如何从数据中检验这个预测是否合理？

    (b) 假设你不希望只针对五星级餐厅进行优化，而是针对所有餐厅进行优化。如何才能做到这一点。

    (c) 例 7.17 中计算出的 c 能否为负数？给出一个可能出现这种情况的情况。

    (d) 对于 a_0，为什么我们可能会选择不用平均分值？你还可能用什么？[提示：一个新餐厅和一个老牌餐厅可能会有很大的差异。温馨提示：随机选一家餐厅，再随机选一个评分，与随机选一个评分会有不同的平均分。]

在一些真实的数据上尝试一下可能会有帮助。例如，Movielens 提供了一组电影评分数据，可以用来测试这样的假设（尽管是关于电影，而不是关于餐馆）。

7.13 考虑线性或逻辑回归的 L_2 正则化器的更新步骤。可以在图 7.8 中的 "for each" 循环内更新由于正则化而产生的权重。这实际上是否能使山脊回归公式最小化？λ 必须如何修改？这样做在实践中是否会有更好的效果？

7.14 建议如何对 L_1 正则器进行一次更新，而不是在考虑了所有的样例之后再进行更新。你认为哪种方式会更好，为什么？这在实践中的效果比每个样例更新一次更好还是更差？

7.15 可以定义一个正则化器来最小化 $\sum_e (\text{error}_h(e) + \lambda * \text{regularizer}_h)$，而不是式 (7.4)。这与现有的正则化器有什么不同？[提示：请思考一下这对多数据集或交叉验证有什么影响]。

假设 λ 是通过 k-折交叉验证设置的，然后对整个数据集进行模型学习。定义正则化器的原始方式和这种替代方式的算法会有什么不同？[提示：用于正则化的例数与整个数据集的例数不同；这有关系吗？]在实践中，哪种方式的效果更好？

7.16 考虑例 7.20 中的神经网络的参数学习。给出一个逻辑公式（或决策树），代表布尔函数的逻辑公式（或决策树），该函数为隐藏单元和输出单元的值。这个公式不应该指任何实数。[假设在神经网络的输出中，任何大于 0.5 的值都被认为是真值，任何小于 0.5 的值都是假值（即激活函数前的任何正值都是真值，负值都是假值）。同时考虑隐藏单元的中间值是否重要。]

[提示：一种蛮力方法是通过对每个隐藏单元的输入的 16 种值的组合来确定输出的真值。更好的方法是尝试着去理解函数本身。]

神经网络学习的函数是否与叶子处的分类决策树相同？如果不是，那么代表相同函数的最小决策树是什么呢？

7.17 在图 7.1 的数据上运行 AIspace.org 神经网络学习器。

    (a) 假设你决定将神经网络中任何大于 0.5 的预测值作为真值，任何小于 0.5 的值作为假值。有多少个样例最初被错误分类？在 40 次迭代之后，有多少个样例被错误分类？迭代 80 次后，有多少个样例被错误分类？

    (b) 试着用相同的样例和相同的初始值，用不同的学习步长大小进行梯度下降。至少尝试 $\eta = 0.1$、$\eta = 1.0$ 和 $\eta = 5.0$。请评述步长大小与收敛之间的关系。

    (c) 给定你找到的最终参数值，给出每个单元的计算逻辑公式。[提示：作为一种蛮力法，对于每个单元，建立输入值的真值表，并确定每个组合的输出，然后简化所得到的公式]。是不是总能找到这样的公式呢？

    (d) 所有的参数都被设置为不同的初始值。如果参数值都设置为相同的（随机）值，会发生什么情况？对这个样例进行测试，并假设一般情况下会发生什么。

    (e) 对于神经网络算法，请对以下停止标准进行评论。

i. 在有限的迭代次数下学习，初始时设置了限制。

ii. 当误差平方和小于 0.25 时停止。解释一下为什么 0.25 可能是一个合适的数字。

iii. 当导数都在零的 ϵ 以内时停止。

iv. 将数据分为训练数据和验证数据，在训练数据上进行训练，当验证数据的误差增加时停止。

哪种会更好地处理过拟合？哪种标准可以保证梯度下降会停止？哪种标准能保证如果停止，网络可以用来准确预测测试数据？

7.18 在神经网络学习算法中，每个样例都要更新参数。为了准确地计算导数，只有在看到所有的样例之后，才能更新参数。实现这样的学习算法，并将其与增量算法进行比较，在收敛率和算法速度方面进行比较。

7.19 使用 ReLU 激活函数的隐藏单元构成的神经网络（$f(z) = \max(0, z)$），与使用 sigmoid 激活函数的隐藏单元构成的神经网络相比，如何？这应该在一个以上的数据集上进行测试。确保输出单元适用于数据集。

7.20

(a) 为图 7.1 的数据画一个 kd 树。最顶层的特征应该是最能把样例分成两类的特征。（不要在 UserAction 上拆分。）显示哪些训练样例在哪些叶子节点上。

(b) 显示出这棵树中包含最接近 Author 是 unknown、Thread 是 new、Length 是 long、在 work 中 reads 的训练样例的位置。

(c) 根据这个样例，讨论在 kd 树上的查找应该返回哪些样例。为什么这与决策树上的查找不同？

7.21 实现一个最近邻学习系统，将训练实例存储在 kd 树中，使用特征数量相差最小的邻居，并加权平均。这在实践中的效果如何？

不确定性推理

> 值得注意的是，一门从考虑碰运气的游戏开始的科学竟然成为人类知识中最重要的
> 对象……生活中最重要的问题在很大程度上只是概率问题……
>
> 概率论说到底不过是把常识简化为微积分。
>
> ——Pierre Simon de Laplace[1812]

真实环境中的智能体不可避免地要根据不完整的信息做出决策。即使一个智能体通过感知世界来发现更多的信息，它也很少能发现世界的确切状态。例如，医生不知道病人体内到底发生了什么，老师不知道学生到底理解了什么，机器人不知道它几分钟前离开的房间里有什么。当智能体必须采取行动时，它必须使用它所拥有的任何信息。本章考虑当一个智能体不是无所不知的时候，所产生的不确定性推理。在第 9 章中，这被用来作为不确定行为的基础。本章从概率开始，展示了如何通过适当的独立假设来表示世界，并展示了如何用这样的表示进行推理。

8.1 概率

为了做出正确的决策，智能体不能简单地假设世界是什么样的，并根据这个假设采取行动。它在做决策时必须考虑多种假设。考虑下面的例子。

例 8.1 许多人认为在开车时系安全带是明智的，因为在事故中，系安全带可以减少重伤的风险。但是，考虑这样一个智能体，它提交假设并基于这些假设做出决策。如果智能体认为它不会发生事故，它会为系安全带带来的不便而烦恼。如果它假设自己会发生事故，它就不会外出。这两种情况下它都不系安全带！更聪明的智能体可能会系安全带，因为如果发生事故，相比系安全带带来的不便，受伤或死亡风险的增加更危险。它不会因为太担心意外而待在家中；即使有发生事故的风险，移动的好处也超过了永远不出门这种极端谨慎做法的好处。是否出门和是否系安全带的决定取决于发生事故的可能性、安全带在事故中的作用有多大、系安全带的不方便程度以及出门的重要性。对于不同的智能体，各种权衡可能是不同的。有些人不系安全带，有些人不开车是因为有发生事故的危险。

不确定性推理在概率论和决策理论中得到了广泛的研究。概率是**赌博**的计算。当一个智能体做出决策，并且对其行为的结果不确定时，它就是在对结果进行赌博。然而，与赌场里的赌徒不同，必须在现实世界中生存的智能体不能选择退出，也不能决定不赌博；不管它做什么(包括什么都不做)都包含不确定性和风险。如果它不考虑可能结果的概率，它最终将在赌博中输给一个这样做的智能体。然而，这并不意味着做出最好的决策就一定会成功。

许多人把概率学作为掷硬币和掷骰子的理论。虽然这可能是介绍概率论的一个好方法，但概率论适用于比硬币和骰子更丰富的应用集。一般来说，概率是一种用来做决策的信念计算。

将概率作为信念的度量的观点被称为**贝叶斯概率**或**主观概率**。"主观"一词的意思是"属于主体"（而不是任意的）。例如，假设有三个智能体 Alice、Bob 和 Chris，以及一个可以掷出六面的骰子，都认为他们是公平的。假设 Alice 观察到结果是"6"，并告诉 Bob 结果是偶数，而 Chris 对结果一无所知。在这种情况下，Alice 认为结果是"6"的概率为 1，Bob 认为结果是"6"的概率为 1/3（假设 Bob 相信 Alice），Chris 认为结果是"6"的概率为 1/6。他们都有不同的概率，因为他们都有不同的知识。概率与掷骰子的结果有关，与掷骰子的一般事件无关。

我们假设不确定性是**认识论的**（关于一个智能体对世界的信念），而不是**本体论的**（世界是怎样的）。例如，如果你被告知某人非常高，你知道他们身高的大致范围，但你对他们身高的实际值只有模糊的认识。

概率论是研究知识如何影响信念的学科。一些命题中的信念 α 是由 0 和 1 之间的数字来计量的。概率 $\alpha=0$ 意味着 α 被认为肯定是假的（没有新的证据改变这个信念），概率 $\alpha=1$ 意味着 α 被认为是绝对真的。使用 0 和 1 纯粹是一种约定。如果智能体的概率 α 大于 0 且小于 1，这并不意味着 α 在某种程度上是真的，而是智能体不知道 α 是真还是假。这种概率反映了智能体的无知。

8.1.1 概率的语义

概率论是建立在世界和变量的基础上的。概率论中的变量被称为**随机变量**。随机变量这个术语有点用词不当，因为它既不是随机的，也不是变量。如 4.1 节所述，世界可以用变量来描述；一个世界是一个将每个变量映射到其值的函数。或者，变量可以用世界来描述；变量是一个从世界到变量**域**的函数。

变量将以大写字母开头。每个变量都有一个域，域是变量可以取的值的集合。布尔变量是一个域为{true，false}的变量。我们将把 true 作为变量的赋值，用变量的小写变体来表示，例如，Happy＝true 可以表示为 happy，Fire＝true 表示为 fire。**离散变量**的定义域是一个有限集或可数集。

原子命题(primitive proposition)是将一个值赋给一个变量，或变量与值之间、变量与变量之间的不等式（如 $A=$true，$X<7$ 或 $Y>Z$）。命题是由使用逻辑连接词从原子命题构建出来的。

本章主要考虑具有有限域的离散变量。示例中的变量很少，但是现代应用可能有数千个、数百万个甚至数十亿个变量（甚至无穷多个变量）。例如，一个世界可能包括所有的病人和护理提供者在医院期间的症状、疾病和测试结果。这个模型有效地一直持续到未来，但我们只会对有限的过去和未来进行推理。我们也许能够回答这样的问题，即在未来几年内，具有特定症状组合的病人进入医院的可能性。当某些变量有无限域或有无限多个变量时，就有无限多个世界。

我们首先定义了有限多变量世界的有限集合上的概率，并以此来定义命题的概率。

概率度量是一个从世界到非负实数的函数 P，使得

$$\sum_{w \in \Omega} P(w) = 1$$

其中，Ω 是所有**可能的世界**的集合。

使用 1 作为所有世界集合的概率，这是惯例。你也可以用 100。

P 的定义被扩展到包括命题。命题的**概率** α（记为 $P(\alpha)$）是可能的世界的概率的总和，其中 α 是 true 的概率。也就是说，

$$P(\alpha) = \sum_{w:\ \alpha \text{在} w \text{中为真}} P(w)$$

注意，这个定义符合世界的可能性，因为如果命题 α 完全描述了一个世界，α 的概率和世界的概率是相等的。

例8.2　考虑图 8.1 中的十个世界，使用布尔变量 Filled，变量 Shape 使用域 {circle，triangle，star}。每个世界都是由它的形状决定的，不考虑它是否填充以及它的位置。假设这 10 个世界每一个的概率都是 0.1，其他世界的概率是 0。则 $P(\text{Shape}=\text{circle})=0.5$ 且 $P(\text{Filled}=\text{false})=0.4$。$P(\text{Shape}=\text{circle} \wedge \text{Filled}=\text{false})=0.1$。

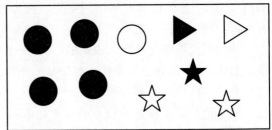

图 8.1　由变量 Filled 和 Shape 描述的十个世界

如果 X 是一个随机变量，一个基于 X 的**概率分布** $P(X)$ 是一个从 X 的定义域到实数的函数，使得给定一个值 $x \in \text{domain}(X)$，$P(x)$ 是命题 $X=x$ 的概率。在一组变量上的概率分布是一个从这些变量的值到概率的函数。例如，$P(X, Y)$ 是 X 和 Y 上的概率分布，使得 $P(X=x, Y=y)$ 有 $P(X=x \wedge Y=y)$ 的值，其中 $x \in \text{domain}(X)$ 且 $y \in \text{domain}(Y)$，其中 $X=x \wedge Y=y$ 是一个命题，P 是上面定义的命题上的函数。P 是指命题上的函数或指概率分布，从上下文应该是清楚的。

如果 $X_1, \cdots, X_n$ 是所有的随机变量，那么对所有随机变量的赋值对应一个世界，定义一个世界的命题的概率等于这个世界的概率。所有的世界的分布 $P(X_1, \cdots, X_n)$ 称为**联合概率分布**。

8.1.2　概率的公理

前面一节给出了概率的语义定义。公理定义指定公理。这些都是人们可能想要的信念计算的公理，我们证明这些公理满足概率的定义。

假设 P 是一个从命题到实数的函数，它满足以下三个**概率公理**：

公理 1　对于任意的命题 α，$0 \leqslant P(\alpha)$。也就是说，任何命题的信念都不能是负数。

公理 2　如果 τ 是一个重言式，则 $P(\tau)=1$。也就是说，如果在所有可能的世界里 τ 是真的，那么它的概率是 1。

公理 3　如果 α 和 β 是矛盾的命题，则 $P(\alpha \vee \beta)=P(\alpha)+P(\beta)$；也就是说，$\neg(\alpha \wedge \beta)$ 是一个重言式。换句话说，如果两个命题不能同时为真（它们是互斥的），那么它们析取的概率就是它们的概率之和。

这些公理是我们想要的任何合理的信念测量的直觉性。如果一种信念的衡量方法遵循这些直观的公理，那么它就被概率论所覆盖。请注意，经验频率（关于数据集中样本比

例的命题)遵循这些公理,因此遵循概率规则,但这并不意味着所有的概率都是经验频率(或从它们那里获得)。

这些公理构成了概率意义的健全和完备的公理。健全性是指由可能世界语义学定义的概率遵循这些公理。完备性意味着,任何服从这些公理的信念体系都具有概率论语义。

命题 8.1 如果有限离散随机变量的数量是有限的,则公理 1、公理 2 和公理 3 在语义上是健全和完备的。

很容易检查这些公理是否符合语义。相反,公理可以用来从世界的概率计算任何概率,因为两个世界的描述是互斥的。完整的证明留作练习。(见练习 8.2。)

命题 8.2 对于所有的命题 α 和 β 来说,下列命题都成立。

(a) 一个命题的否定:

$$P(\neg\alpha)=1-P(\alpha)$$

(b) 如果 $\alpha\leftrightarrow\beta$,则 $P(\alpha)=P(\beta)$。也就是说,逻辑上等价的命题具有相同的概率。

(c) 按案例推理:

$$P(\alpha)=P(\alpha\wedge\beta)+P(\alpha\wedge\neg\beta)$$

(d) 如果 V 是一个具有域 D 的随机变量,那么,对于所有的命题 α:

$$P(\alpha)=\sum_{d\in D}P(\alpha\wedge V=d)$$

(e) 非排他性命题的析取:

$$P(\alpha\vee\beta)=P(\alpha)+P(\beta)-P(\alpha\wedge\beta)$$

证明 (a) 命题 $\alpha\vee\neg\alpha$ 和 $\neg(\alpha\wedge\neg\alpha)$ 是重言式。因此,$1=P(\alpha\vee\neg\alpha)=P(\alpha)+P(\neg\alpha)$。重新排列,就能得到想要的结果。

(b) 如果 $\alpha\leftrightarrow\beta$,那么 $\alpha\vee\neg\beta$ 是重言式,所以 $P(\alpha\vee\neg\beta)=1$。α 和 $\neg\beta$ 是矛盾的陈述,所以公理 3 给出了 $P(\alpha\vee\neg\beta)=P(\alpha)+P(\neg\beta)$。

由 (a) 部分可知,$P(\neg\beta)=1-P(\beta)$。因此,$P(\alpha)+1-P(\beta)=1$,所以 $P(\alpha)=P(\beta)$。

(c) 命题 $\alpha\leftrightarrow((\alpha\wedge\beta)\vee(\alpha\wedge\neg\beta))$ 和 $\neg((\alpha\wedge\beta)\wedge(\alpha\wedge\neg\beta))$ 是重言式。因此,$P(\alpha)=P((\alpha\wedge\beta)\vee(\alpha\wedge\neg\beta))=P(\alpha\wedge\beta)+P(\alpha\wedge\neg\beta)$。

(d) 该证明类似于 (c) 部分的证明。

(e) $(\alpha\vee\beta)\leftrightarrow((\alpha\wedge\neg\beta)\vee\beta)$ 是重言式,因此,

$$P(\alpha\vee\beta)=P((\alpha\wedge\neg\beta)\vee\beta)=P(\alpha\wedge\neg\beta)+P(\beta)$$

由 (c) 部分得出,$P(\alpha\wedge\neg\beta)=P(\alpha)-P(\alpha\wedge\beta)$。因此,

$$P(\alpha\vee\beta)=P(\alpha)+P(\beta)-P(\alpha\wedge\beta) \qquad\Box$$

超越有限的世界

本章中给出的概率的定义在有无限多世界时有效。

当:

- 变量的定义域是无限的,例如,变量 height 的定义域可以是一组非负实数。
- 有无穷多个变量,例如,从现在到未来,每一毫秒都可能有一个机器人的位置变量。

有无限多的世界。当存在无限多的世界时，概率根据世界集上的一个度量定义。**概率度量**是一个从世界集到实数的非负函数 μ，它满足以下公理：

- 如果 $S_1 \cap S_2 = \{\}$，则 $\mu(S_1 \cup S_2) = \mu(S_1) \cup \mu(S_2)$。
- 且 $\mu(\Omega) = 1$，其中 Ω 是所有世界集。μ 不一定要定义在所有的世界集上，只需要定义那些由逻辑公式定义的世界。命题 α 的概率由 $P(\alpha) = \mu(\{w : \alpha$ 在 w 中为真$\})$ 定义。

具有连续域的变量通常不具有概率分布，因为即使每个单独世界的度量为 0，一组世界的概率也可能是非零的。对于具有实值域的变量，**概率密度函数**（写成 p）是一个从实数到非负数的实数的函数，它的积分为 1。实值随机变量 X 的值在 a 和 b 之间的概率为：

$$P(a \leqslant X \leqslant b) = \int_a^b p(X)dX$$

这使得关于区间和小于的任何公式的概率都能得到很好的定义。有可能，对于每一个实数 a，$P(x=a) = P(a \leqslant x \leqslant a) = 0$。

参数分布是指用公式描述概率或密度函数的分布。虽然不是所有的分布都可以用公式来描述，但所有可以用公式描述的分布都是参数分布。有时，统计学家用**参数分布**这个词来表示用固定的、有限的参数数量来描述的分布。**非参数分布**是指参数数量不固定的分布。（奇怪的是，非参数分布通常是指"许多参数"。）

另一种常见的方法是只考虑有限个世界的**离散化**。例如，只考虑高度到最近的厘米或微米，只考虑高度到某个有限的数（如一公里）。或者只考虑一千年内机器人的位置。虽然可能有很多世界，但也只有有限数量。一个挑战是如何定义出对任何（足够精细的）离散化都有效的表示方式。

8.1.3 条件概率

概率是一种信念的衡量标准。信念需要在观察到新的证据时更新。

给定命题 e，命题 h 的信念的度量被称为**给定 e 时 h 的条件概率**，写成 $P(h \mid e)$。

代表智能体对世界的所有**观察**的结合的命题 e 叫作**证据**。给定证据 e，条件概率 $P(h \mid e)$ 是智能体对 h 的**后验概率**。概率 $P(h)$ 是 h 的**先验概率**，与 $P(h \mid true)$ 相同，因为它是智能体观察到任何事情之前的概率。

后验概率所使用的证据是智能体对特定情况所观察到的一切。要获得正确的后验概率，必须以所观察到的每件事为条件，而不仅仅是一些精选的观察。

例 8.3 对于诊断助手来说，在诊断人员发现特定患者之前，利用可能的疾病的先验概率分布。证据是通过与患者的讨论、观察症状和实验检查的结果来获得的。基本上，诊断助手发现的任何关于患者的信息都是证据。诊断助理会更新其可能性，以反映新的证据，以便做出明智的决定。

例 8.4 送货机器人从传感器接收到的信息就是它的证据。当传感器有噪声时，证据是已知的，比如传感器接收到的特定图案，而不是机器人面前有一个人，这就是证据。机器人可能会弄错世界上有什么，但它知道自己接收到的信息是什么。

1. 条件概率的语义

证据 e(其中 e 是一个命题)将排除与 e 不相容的所有可能的世界，就像蕴涵的定义一样，给定命题 e 选择了 e 为真的可能世界。和概率的定义一样，我们首先定义了世界的条件概率，然后用这个定义来定义命题的概率。

证据 e 诱导出一个新的给定 e 时 w 的概率 $P(w|e)$。对于 e 为假的任何世界，其条件概率为 0，其余的世界都被归一化，使这些世界的概率总和为 1：

$$P(w|e)=\begin{cases} c*P(w), & \text{在世界 } w \text{ 中 } e \text{ 为真} \\ 0, & \text{在世界 } w \text{ 中 } e \text{ 为假} \end{cases}$$

其中 c 是一个常数(它依赖于 e)，确保所有世界的后验概率之和为 1。

$P(w|e)$ 是每个 e 在世界上的概率度量：

$$1=\sum_w P(w|e)=\sum_{w:\text{在}w\text{中}e\text{为真}} P(w|e)+\sum_{w:\text{在}w\text{中}e\text{为假}} P(w|e)$$
$$=\sum_{w:\text{在}w\text{中}e\text{为真}} c*P(w)+0=c*P(e)$$

因此，$c=1/P(e)$。因此，条件概率只有在 $P(e)>$ 为 0 时才有定义。这是合理的，就好像如果 $P(e)=0$，则 e 是不可能的。

给定证据 e，命题 h 关于 e 的条件概率是 h 为真的可能世界的条件概率之和。也就是说，

$$P(h|e)=\sum_{w:\text{在}w\text{中}h\text{为真}} P(w|e)=\sum_{w:\text{在}w\text{中}h\wedge e\text{为真}} P(w|e)+\sum_{w:\text{在}w\text{中}\neg h\wedge e\text{为真}} P(w|e)$$
$$=\sum_{w:\text{在}w\text{中}h\wedge e\text{为真}} \frac{1}{P(e)}*P(w)+0=\frac{P(h\wedge e)}{P(e)}$$

上面的最后一种形式通常是作为条件概率的定义给出的。这里我们推导出了一个更基本的定义。

例 8.5　如例 8.2 所示，考虑图 8.1 中的世界，每个世界的概率为 0.1。给定证据 Filled=false，只有 4 个世界的后验概率为非零。$P(\text{Shape}=\text{circle}|\text{Filled}=\text{false})=0.25$ 且 $P(\text{Shape}=\text{star}|\text{Filled}=\text{false})=0.5$。

条件概率分布表示为 $P(X|Y)$，其中 X 和 Y 是变量或一组变量。$P(X|Y)$ 是变量的一个函数：对于变量 X 和 Y，给定一个值 $x\in\text{domain}(X)$ 和 $y\in\text{domain}(Y)$，该函数给出值 $P(X=x|Y=y)$，这个值是命题的条件概率。

条件概率的定义允许将一个连词分解成条件概率的乘积。

命题 8.3(链式法则)　任何命题 $\alpha_1,\cdots\alpha_n$：

$$P(\alpha_1\wedge\alpha_2\wedge\cdots\wedge\alpha_n)=P(\alpha_1)*$$
$$P(\alpha_2|\alpha_1)*$$
$$P(\alpha_3|\alpha_1\wedge\alpha_2)*$$
$$\vdots$$
$$P(\alpha_n|\alpha_1\wedge\cdots\wedge\alpha_{n-1})$$
$$=\prod_{i=1}^n P(\alpha_i|\alpha_1\wedge\cdots\wedge\alpha_{i-1})$$

当任意乘积为 0 时，假定右边为 0(即使其中一些没有定义)。

请注意，任何关于无条件概率的定理都可以通过向每个概率添加相同的证据来转换成关于条件概率的定理。这是因为条件概率度量是一个概率度量。例如，命题 8.2 中的证据(e)意味着 $P(\alpha \vee \beta|k)=P(\alpha|k)+P(\beta|k)-P(\alpha \wedge \beta|k)$。

背景知识与观察

背景知识和观察之间的区别在 5.4.1 节中进行了描述。当用不确定性进行推理时，背景模型是用概率模型来描述的，观察形成的证据必须是有条件的。

在概率范围内，有两种方法可以证明 a 为真：
- 第一种是通过 $P(a)=1$ 来说明 a 的概率是 1。
- 第二种是用 a 进行条件设置，包括在条件概率的右侧使用 a，如 $P(\cdot|a)$。

第一种方法声明 a 在所有可能的世界中都为真。第二种说法是，智能体只对 a 恰好为真的世界感兴趣。假设一个智能体被告知一种特殊的动物：

$$P(\text{flies}|\text{bird})=0.8$$
$$P(\text{bird}|\text{emu})=1.0$$
$$P(\text{flies}|\text{emu})=0.001$$

如果智能体确定动物是鸸鹋(emu)，它就不能添加语句 $P(\text{emu})=1$。没有概率分布满足这四个断言。如果鸸鹋在所有可能的世界下都成立，就不可能出现在 0.8 个可能的世界里个体在飞翔这种情况。相反，智能体必须根据个体是鸸鹋这一事实来设定条件。

知识库设计人员在建立概率模型时，需要考虑一定的知识，并在此基础上建立概率模型。所有后来获得的知识都必须当作有条件的观察。

假设命题 k 表示一个智能体在一定时间内的观察结果。智能体随后的信念状态可以用以下任何一种来建模：
- 为智能体在观察到 k 之前的信念构建一个概率模型，然后以证据 k 与随后的证据 e 为条件(即对每个命题 α，使用 $P(\alpha|e \wedge k)$)。
- 构建一个概率模型，称之为 P_k，它在观察 k 之后对智能体的信念进行建模，然后以随后的证据 e 为条件(即为命题 α 使用 $P_k(\alpha|e)$)。

不管使用哪种构造，所有后续的概率都是相同的。直接构建 P_k 有时比较容易，因为模型不必覆盖 k 为假的情况。然而，有时在 k 上建立 P 和条件更容易。

重要的是，有一个连贯的阶段，其中概率模型是合理的，而每一个后续的观察都是有条件的。

---

2. 贝叶斯规则

当观察到新的证据时，一个使用概率的智能体会更新它的信念。一项新的证据与旧的证据相结合，形成一整套证据。贝叶斯规则指定了一个智能体应该如何根据新的证据来更新它对一个命题的信念。

假设一个智能体根据已经观察到的证据 k 有一个当前的信念，给定为 $P(h|k)$，且后续观察为 e。它对 h 的新信念就是 $P(h|e \wedge k)$。贝叶斯规则告诉我们，当新的证据到来时，如何更新智能体对假设 h 的信念。

命题 8.4(贝叶斯规则)　只要 $P(e \mid k) \neq 0$，

$$P(h \mid e \wedge k) = \frac{P(e \mid h \wedge k) * P(h \mid k)}{P(e \mid k)}$$

这通常是用隐含的背景知识 k 写的。在这种情况下，如果 $P(e) \neq 0$，那么

$$P(h \mid e) = \frac{P(e \mid h) * P(h)}{P(e)}$$

$P(e \mid h)$ 为似然值，$P(h)$ 为假设 h 的**先验概率**。贝叶斯规则表明**后验概率**与似然值乘以先验概率的乘积成正比。

证明　合取的交换性意味着 $h \wedge e$ 等于 $e \wedge h$，所以在给定 k 的条件下，它们有相同的概率。用乘法法则有两种不同的方式，

$$P(h \wedge e \mid k) = P(h \mid e \wedge k) * P(e \mid k) = P(e \wedge h \mid k) = P(e \mid h \wedge k) * P(h \mid k)$$

这个定理是由右边除以 $P(e \mid k)$ 得出的，$P(e \mid k)$ 根据假设不为 0。　　□

通常，贝叶斯规则被用来比较各种假设(不同的 h_i)。分母 $P(e \mid k)$ 是一个不依赖于特定假设的常数，所以在比较各假设的相对后验概率时，可以忽略分母。

为了得到后验概率，可以通过案例推理来计算分母。如果 H 是一个排他的、覆盖性的命题集合，代表所有可能的假设，那么

$$P(e \mid k) = \sum_{h \in H} P(e \wedge h \mid k) = \sum_{h \in H} P(e \mid h \wedge k) * P(h \mid k)$$

因此，贝叶斯规则的分母是通过对所有假设的分子求和得到的。当假设空间较大时，分母的计算就比较困难。

一般情况下，$P(e \mid h \wedge k)$ 和 $P(h \mid e \wedge k)$ 中的一种比另一种更容易估计。两者可以用贝叶斯规则来相互换算。

例 8.6　在医学诊断中，医生观察病人的症状，并想知道可能的疾病。因此，医生想知道 $P(\text{Disease} \mid \text{Symptoms})$。这是很难评估的，因为它取决于上下文(有些疾病在医院比较普遍)。通常更容易评估 $P(\text{Symptoms} \mid \text{Disease})$，因为疾病是如何引起症状的，通常有较少的上下文依赖。这两者由贝叶斯规则联系在一起，其中疾病的先验概率 $P(\text{Disease})$ 反映了上下文。

例 8.7　诊断助理可能需要知道图 1.8 的电灯开关 s_1 是否损坏。你想，过去安装电灯开关的电工应该不知道现在的电灯开关是否坏了，但能说明开关的输出是怎样的，开关的输出是由开关是否有电进入、开关的位置、开关的状态(是否工作、短路、倒装等)来决定的。开关损坏的先验概率取决于开关的制造者和开关的年代。贝叶斯法则可以让智能体根据先验和证据推断出开关的状态。

例 8.8　假设一个智能体有关于火灾警报可靠性的信息。它可能知道，如果发生火灾，警报有多大可能会起作用。为了确定火灾发生的概率，在有警报的情况下，贝叶斯规则给出：

$$P(\text{fire} \mid \text{alarm}) = \frac{P(\text{alarm} \mid \text{fire}) * P(\text{fire})}{P(\text{alarm})}$$

$$= \frac{P(\text{alarm} \mid \text{fire}) * P(\text{fire})}{P(\text{alarm} \mid \text{fire}) * P(\text{fire}) + P(\text{alarm} \mid \neg \text{fire}) * P(\neg \text{fire})}$$

其中 $P(\text{alarm}\,|\,\text{fire})$ 是假设发生火灾的情况下报警器工作的概率。它是对报警器可靠性的一种衡量。$P(\text{fire})$ 是指在没有其他信息的情况下发生火灾的概率。它是衡量建筑物的易发火灾的程度。$P(\text{alarm})$ 是在没有其他信息的情况下警报响起的概率。$P(\text{fire}\,|\,\text{alarm})$ 是比较难以直接表示的，因为它取决于诸如附近有多少破坏行为等。

8.1.4   期望值

一个数值函数在世界上的期望值是该函数在所有可能世界上的平均值。

设 f 是关于世界的函数。f 可以选择任意一个随机变量的值，它可以是用来描述世界的比特数，也可以是某个衡量智能体对世界有多喜欢的指标。

f 的**期望值**可写成 $\mathcal{E}_P(f)$，是关于概率 P 的期望值

$$\mathcal{E}_P(f) = \sum_{\omega \in \Omega} f(\omega) * P(\omega)$$

一种特殊情况是，如果 α 是一个命题，f 是函数，且当 α 是真时 f 的值为 1，否则 f 的值为 0，那么 $\mathcal{E}_P(f) = P(\alpha)$。

例 8.9   在电气领域，如果 number_of_broken_switches 等于坏掉的开关的数量，开关损坏的期望数：

$$\mathcal{E}_P(\text{number\_of\_broken\_switches})$$

由给定概率分布 P 给出。如果世界按照概率分布 P 行事，这将给出损坏的开关的长期平均数。如果有三个开关，每个开关损坏的概率为 0.7，期望的损坏开关数量为：

$$0 * 0.3^3 + 1 * 3 * 0.7 * 0.3^2 + 2 * 3 * 0.7^2 * 0.3 + 3 * 0.7^3 = 2.01$$

中间的两个乘积项中有 3，代表一个是有 1 个开关坏了的 3 个世界，另一个是有 2 个开关坏了的 3 个世界。

类似于条件概率的语义定义，以证据 e 为条件的 f 的**条件期望值** $\varepsilon(f\,|\,e)$ 为：

$$\mathcal{E}(f\,|\,e) = \sum_{\omega \in \Omega} f(\omega) * P(\omega\,|\,e)$$

例 8.10   给定未点亮的电灯 l_1 的损坏开关的期望数由如下给出：

$$\mathcal{E}(\text{number\_of\_broken\_switches}\,|\,\neg\text{lit}(l_1))$$

这是由所有未点亮灯 l_1 的世界中破损开关的平均数得出的。

如果一个变量是布尔值，true 表示为 1，false 表示为 0，那么期望值就是该变量的概率。因此，任何期望值的算法也可以用来计算概率，任何关于期望值的定理也可以直接应用于概率。

其他可能的信念度量

为信念的其他度量辩护是有问题的。例如，考虑一下，有人提出 $\alpha \wedge \beta$ 的信念是 α 和 β 的信念的某种函数，这样的信念度量被称为**成分分析法**。要知道为什么这是不合理的，可以考虑一个公平的硬币的单次抛出的情况。比较一下，α 是"这枚硬币会落在人头面"，β_1 是"这枚硬币会落在字面"，β_2 是"这枚硬币会落在人头面"。β_1 的信念会和 β_2 的信念一样。但 $\alpha \wedge \beta_1$ 的信念（是不可能的）与 $\alpha \wedge \beta_2$ 的信念（与 α 的信念一样）则是完全不同的。

条件概率 $P(f|e)$ 与蕴涵概率 $P(e \rightarrow f)$ 完全不同。后者与 $P(\neg e \lor f)$ 相同，这是 f 为真或 e 为假的解释的度量。比如说，假设有一个区域的鸟类比较稀少，且非飞行的鸟类占了很小的比例。在这里，$P(\neg \text{flies} | \text{bird})$ 是不能飞的鸟的比例，这会很低。$P(\text{bird} \rightarrow \neg \text{flies})$ 和 $P(\neg \text{bird} \lor \neg \text{flies})$ 一样，$P(\neg \text{bird} \lor \neg \text{flies})$ 由非鸟类为主，因此会很高。同样，$P(\text{bird} \rightarrow \text{flies})$ 也很高，是由非鸟类占主导地位的概率。很难想象这样一种情况，即蕴涵的概率是一种适当或有用的知识。

8.1.5 信息

7.2.2 节的**信息论**中讨论了如何用**位**来表示信息。对于 $x \in \text{domain}(X)$，可以建立一个代码，为了识别 x，可以使用 $-\log_2 P(x)$ 位（或大于此值的整数）。那么，对 X 来说，传输一个值的预期位数为

$$H(X) = \sum_{x \in \text{domain}(X)} -P(X=x) * \log_2 P(X=x)$$

这就是随机变量 X 的**信息含量**或**熵**。

［注意，与书中其他地方使用的符号不同，H 是变量的函数，而不是变量值的函数。因此，对于变量 X，熵 $H(X)$ 是一个数字，不像 $P(X)$，$P(X)$ 是一个函数，对于 X 的一个值，它返回一个数字。］

在 $Y=y$ 的条件下，X 的熵是

$$H(X|Y=y) = \sum_{x} -P(X=x|Y=y) * \log_2 P(X=x|Y=y)$$

在观察 Y 之前，对 Y 的期望：

$$H(X|Y) = \sum_{y} P(Y=y) * \sum_{x} -P(X=x|(Y=y) * \log_2 P(X=x|(Y=y))$$

称为给定 Y 时 X 的**条件熵**。

对于一个确定 Y 值的测试，这个测试中的**信息增益**是 $H(X)-H(X|Y)$，$H(X)-H(X|Y)$ 是用来描述 X 的位数减去学习 Y 后描述 X 的期望位数。信息增益从不为负。

例 8.11　假设在一个游戏中，旋转一个轮子可以产生一个集合 $\{1, 2, \cdots, 8\}$ 中的一个数字，每个数字的概率相等。假设 S 是旋转的结果。那么，$H(S) = -\sum_{i=1}^{8} \frac{1}{8} * \log_2 \frac{1}{8} = 3$ 位。

假设有一个传感器 G，用来检测结果是否大于 6。如果 $H > 6$，则 $G = \text{true}$。因此，$H(S|G) = -0.25\log_2 \frac{1}{2} - 0.75\log_2 \frac{1}{6} = 2.19$。因此，$G$ 的信息增益为 $3-2.19=0.81$ 位。一个位的一小部分是有意义的，因为可以设计一个使用 219 位预测 100 个结果的代码。

对于一个"偶数"传感器 E，如果 H 为偶数，则 $E = \text{true}$，$H(S|E) = -0.5\log_2 \frac{1}{4} - 0.5\log_2 \frac{1}{4} = 2$。因此，$E$ 的信息增益为 1 位。

信息的概念用于许多任务：

- 在诊断中，智能体可以选择提供最多信息的测试。

- 在决策树学习中，信息论为选择要分割的属性提供了一个有用的标准：对提供最大信息增益的属性进行分割。它必须区分的元素是目标概念中的不同值，概率由每个节点上每个值在训练集中所占的比例得到。
- 在贝叶斯学习中，信息论为确定给定数据的最佳模型提供了依据。

8.2　独立性

概率的公理是非常弱的，对可允许的条件概率的约束很少。例如，如果有 n 个二元变量，有 $2^n - 1$ 个数字可以被分配给一个完整的概率分布，从中可以得出任意的条件概率。要确定任意概率，你可能必须从一个巨大的概率数据库开始。

限制所需信息量的有用方法是假设每个变量只直接依赖于其他几个变量。这就使用了条件独立性假设。它不仅可以减少指定一个模型所需的数量，而且可以利用独立性结构进行有效的推理。

只要 $P(h \,|\, e)$ 的取值不为 0 或 1，$P(h \,|\, e)$ 的取值不约束 $P(h \,|\, f \wedge e)$ 的取值。后一种概率可以是 $[0, 1]$ 范围内的任何值。当 f 蕴涵 h 时，它是 1；当 f 蕴涵 $\neg h$ 时，它是 0。一种常见的定性知识有 $P(h \,|\, e) = P(h \,|\, f \wedge e)$ 这种形式，即假定 e 存在，那么 f 与 h 的概率无关。这个概念适用于随机变量，如下面的定义所示。

给定一组随机变量 Zs，随机变量 X **有条件地独立于**随机变量 Y，如果

$$P(X \,|\, Y, \text{Zs}) = P(X \,|\, \text{Zs})$$

只要概率定义得很好。这意味着，对于所有 $x \in \text{domain}(X)$，对于所有 $y \in \text{domain}(Y)$，以及所有 $z \in \text{domain}(\text{Zs})$，如果 $P(Y=y \wedge \text{Zs}=z) > 0$，

$$P(X=x \,|\, Y=y \wedge \text{Zs}=z) = P(X=x \,|\, \text{Zs}=z)$$

也就是说，给定 Zs 中的每个变量的值，知道 Y 的值并不影响对 X 值的信念。

例 8.12　考虑学生和考试的概率模型。在没有观察的情况下，有理由假设随机变量 Intelligence **独立于** Works_hard。如果你发现一个学生学习很努力，这并不能说明他的智力如何。

考试的答案(变量 Answers)将取决于学生是否聪明和努力。因此，给定 Answers，Intelligent 要依赖于 Works_hard；如果你发现有人有漂亮的答案而不努力学习，你对他们是聪明的信念会上升。

考试的分数(变量 Grade)应该取决于学生的答案，而不是智力或学生是否努力。因此，给定 Answers，Grade 与 Intelligence 无关。然而，如果答案没有被观察到，Intelligence 会影响 Grade(因为高智商的学生与不那么聪明的学生被期望有不同的答案)；因此，没有给定观察时，Grade 取决于 Intelligence。

命题 8.5　只要条件概率定义得好，下面四种说法是等价的：

1) 给定 Z，X 是有条件地独立于 Y。

2) 给定 Z，Y 是有条件地独立于 X。

3) 对于所有的值 x、y、y' 和 z，有 $P(X=x \,|\, Y=y \wedge Z=z) = P(X=x \,|\, Y=y \wedge Z=z)$。也就是说，在给定一个 Z 的值的情况下，改变 Y 的值并不影响对 X 的信念。

4) $P(X, Y \,|\, Z) = P(X \,|\, Z) P(Y \,|\, Z)$。

证明留作练习。请参见练习 8.3。

如果 $P(X,Y)=P(X)P(Y)$，即变量 X 和 Y 是无条件独立的，也就是说，如果在没有观测结果的情况下，变量 X 和 Y 是无条件独立的。注意，X 和 Y 是无条件独立的，并不意味着给定其他信息 Z 时，它们是有条件独立的。

条件独立性是一个有用的假设，通常是很自然的评估，在推理中可以利用这个假设。我们会有一个世界概率表，用数字来评估独立性，这是非常罕见的。

减少数字

主要有两种方法来克服需要这么多的数字来指定概率分布。

独立性：假设对一个命题的真理性的认识并不影响智能体在其他命题的情况下相信另一个命题。

最大熵或随机世界：假设，在已知信息的情况下，概率是尽可能一致的。

允许独立性表示与使用最大熵或随机世界之间的区别突出了知识表示视图之间的一个重要区别：

- 第一个观点是，知识表示提供了一种高级建模语言，使我们能够以一种合理而自然的方式对一个领域建模。根据这种观点，知识表示设计者应该通过提供用户手册来规定如何使用表示语言以描述感兴趣的领域。
- 第二种观点是，知识表示应该允许某人添加其可能拥有的关于某个领域的任何知识。知识表示应该以常识性的方式填充其余部分。根据这个观点，知识表示设计者指定特定的知识应该如何编码是不合理的。

用错误的标准来判断一个知识表示并不会得到一个公平的评价。

信念网络是变量间特定独立性的表现。信念网络应该被视为一种建模语言。许多领域都是通过利用信念网络紧密代表的独立性而简明自然地表现出来的。

一旦确定了信念网络的网络结构和变量域，就规定了需要哪些数字（条件概率）。用户不能简单地添加任意的条件概率，而必须遵循网络的结构。如果提供了一个信念网络所需的数量，并且在局部上是一致的，那么整个网络将是一致的。

相反，最大熵或随机世界方法推断出与概率知识库一致的最随机世界。它们构成了第二种类型的概率知识表示。对于随机世界方法，任何可用的数字都会被添加和使用。然而，如果你允许某人添加任意的概率，知识很容易与概率公理不一致。此外，如果假设不明确，就很难证明答案是正确的。

8.3 信念网络

条件独立性的概念被用来简明扼要地表示许多领域。其思想是，给定一个随机变量 X，可能有几个变量直接影响 X 的值，也就是说，给定这些变量，X 是有条件地独立于其他变量的。局部影响变量的集合被称为**马尔可夫毯**。这种局部性在信念网络中得到了利用。

信念网络是一组随机变量之间条件依赖的有向模型。信念网络中的条件独立性接受变量的排序，并产生一个有向图。

在一组随机变量 $\{X_1, \cdots, X_n\}$ 上定义一个信念网络，首先选择变量的总排序，例如

X_1，…，X_n。链式法则(命题 8.3)说明如何将一个合取分解成条件概率：

$$P(X_1 = v_1 \wedge X_2 = v_2 \wedge \cdots \wedge X_n = v_n)$$

$$= \prod_{i=1}^{n} P(X_i = v_i \mid X_1 = v_1 \wedge \cdots \wedge X_{i-1} = v_{i-1})$$

或者，根据随机变量和概率分布，

$$P(X_1, X_2, \cdots, X_n) = \prod_{i=1}^{n} P(X_i \mid X_1, \cdots, X_{i-1})$$

定义随机变量 X_i 的**父节点**，记为 $\mathrm{parents}(X_i)$，它是总排序中 X_i 的前辈的最小集合。给定 $\mathrm{parents}(X_i)$，这样 X_i 的其他前辈有条件地独立于 X_i。因此 X_i **在概率上依赖于它的每一个父级，但独立于它的其他前辈**。也就是说，$\mathrm{parents}(X_i) \subseteq \{X_1, \cdots, X_{i-1}\}$，这样，

$$P(X_i \mid X_1, \cdots, X_{i-1}) = P(X_i \mid \mathrm{parents}(X_i))$$

当存在多个满足该条件的前辈最小集时，任何最小集都可以选择为父辈最小集。只有当某些前辈是其他的确定性函数时，才可能有多个最小集。

把链式法则和父节点的定义放在一起，得到：

$$P(X_1, X_2, \cdots, X_n) = \prod_{i=1}^{n} P(X_i \mid \mathrm{parents}(X_i))$$

所有变量上的概率 $P(X_1, X_2, \cdots, X_n)$ 称为**联合概率分布**。信念网络将联合概率分布**分解**为条件概率的乘积。

信念网络(也叫**贝叶斯网络**)是一个无环有向图(DAG)，其中的节点是随机变量。从 $\mathrm{parents}(X_i)$ 的每个元素到 X_i 有一条弧。与信念网络相关的是一组条件概率分布，它指定了给定父变量的每个变量的条件概率(包括那些没有父节点的变量的先验概率)。

因此，一个信念网络由以下内容组成：

- DAG，其中每个节点都由一个随机变量标记。
- 每个随机变量一个域。
- 一组条件概率分布，对于每个变量 X，给定其 $P(X \mid \mathrm{parents}(X))$。

信念网络的建立是无环的。链式法则如何分解一个合取取决于变量的顺序。不同的排序会导致不同的信念网络。特别是，哪些变量有资格成为父变量取决于排序，因为只有排序中的前辈才能成为父变量。某些排序可能会导致比其他排序弧更少的网络。

例 8.13　考虑例 8.12 中的四个变量，按如下顺序：Intelligent，Works_hard，Answers，Grade。按顺序考虑变量。Intelligent 在排序中没有任何前辈，所以它没有父节点，因此 parents(Intelligent)＝{}。Works_hard 是独立于 Intelligent 的，所以它也没有父节点。Answers 取决于 Intelligent 和 Works_hard，所以 parents(Answers)＝{Intelligent，Works_hard}。

给定答案，Grade 与 Intelligent 和 Works_hard 无关，因此，

parents(Grade)＝{Answers}

相应的信念网络如图 8.2 所示。

这个图定义了联合分布的分解：

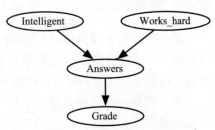

图 8.2　例 8.13 考试答题的信念网络

P(Intelligent，Works_hard，Answers，Grade)

$\quad = P$(Intelligent)$ * P$(Works_hard)$ * P$(Answers|Intelligent，Works_hard)

$\qquad * P$(Grade|Answers)

在下面的例子中，变量的域是简单的，例如 Answers 的域可以是{insightful，clear，superficial，vacuous}，也可以是实际的文本答案。

一个信念网络的独立性，根据父节点的定义，是在给定每个变量的父节点时，该变量都独立于所有非该变量的后代(非后代)的变量。

8.3.1　观察和查询

信念网络指定了一个联合概率分布，可以从中得出任意的条件概率。最常见的概率推理任务是给定一些证据，计算一个**查询变量**或多个变量的**后验分布**，其中证据是一些变量的值的联合赋值。

例 8.14　在进行任何观察之前，Intelligent 的分布是 P(Intelligent)，它是网络的一部分。要确定在 Grade 的分布 P(Grade)，需要推理。

若观测分数为 A，则 Intelligent 的后验分布为：

$$P(\text{Intelligent}|\text{Grade}=A)$$

如果还观察到 Works_hard 是假的，则 Intelligent 的后验分布为：

$$P(\text{Intelligent}|\text{Grade}=A \wedge \text{Works\_hard}=false)$$

没有给定观察，虽然 Intelligent 和 Works_hard 是独立的，但它们是与给定的 Grade 相依赖的。这也许可以解释为什么有些人声称他们没有努力学习来取得好成绩；这增加了他们聪明的概率。

8.3.2　构造信念网络

要在信念网络中表示一个域，网络的设计者必须考虑以下问题。

- 相关的变量有哪些？特别是，设计者必须考虑：
- 智能体在该域中可能观察到的特征。每一个可能被观察到的特征都应该是一个变量，因为智能体必须能够对所有的观察结果提出条件。
- 智能体有兴趣知道哪些信息的后验概率。这些特征中的每一个都应该做成一个可以查询的变量。
- 其他**隐藏变量**或**潜在变量**，这些变量不会被观察或查询，但会使模型更简单。这些变量要么考虑了依赖性，减少了条件概率规范的大小，要么更好地模拟了假设世界的工作方式。
- 这些变量应该取什么值？这涉及考虑智能体应在何种程度上推理回答将遇到的各类查询。

　　对于每一个变量，设计者应该具体说明在其域中取每个值的含义。一个(非隐藏的)变量要有一个特定的值，在世界中必须是真实的，这应该满足**明确性原则**（见 4.1.1 节）：全知全能的智能体应该能够知道一个变量的值。明确地记录所有变量的含义及其可能的值是个好主意。唯一一种设计者可能不想这样做的是隐藏的变量，因为智能体要从数据中学习这些变量的值（见 10.3.2 节）。

- 变量之间的关系是什么？应通过在图中加弧线来表示，以定义父变量关系。
- 一个变量的分布如何取决于它的父变量？这可以用条件概率分布来表示。

例 8.15 假设你想使用这个诊断助手来诊断建筑物是否发生了火灾，以及是否有一些设备被篡改，这些都是基于有噪声的传感器信息和可能相互冲突的对可能发生的事情的解释。智能体从 Sam 那里收到一份关于是否每个人都离开大楼的报告。假设 Sam 的报告（Report）是有噪声的：Sam 有时在没有大批离去时报告 leaving（假正例），有时在所有人都离开时不报告（假负例）。假设离开只取决于火警响了。不管是篡改（Tampering）还是火灾（Fire）都会影响报警器（Alarm）。是否有烟（Smoke）只取决于是否有火灾（Fire）。

假设我们按照以下顺序使用以下变量：

- 篡改报警器时，Tampering 是 true。
- 有火警时，Fire 是 true。
- 报警器响起时，Alarm 是 true。
- 有烟时，Smoke 是 true。
- 如果有很多人同时离开大楼，Leaving 是 true。
- 如果 Sam 报告有人离开，则 Report 为 true。如果报告说没有人离开，则 Report 为 false。

假设下列条件是独立的：

- Fire 是有条件地独立于 Tampering（没有给定其他信息时）。
- Alarm 依赖于 Fire 和 Tampering。也就是说，考虑到这个变量排序，我们对 Alarm 如何依赖它的前辈不做任何独立假设。
- Smoke 只取决于 Fire，并且在给定是否有 Fire 的情况下，Smoke 是有条件地独立于 Tampering 和 Alarm。
- Leaving 只依赖于 Alarm，而不直接依赖于 Fire 或 Tampering 或 Smoke。也就是说，在给定 Alarm 的情况下，Leaving 是有条件地独立于其他变量。
- Report 只直接取决于 Leaving。

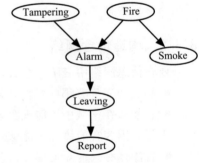

图 8.3 例 8.15 的离开报告的信念网络

图 8.3 的信念网络表达了这些依赖关系。这个网络代表了分解

$$P(\text{Tampering}, \text{Fire}, \text{Alarm}, \text{Smoke}, \text{Leaving}, \text{Report})$$
$$= P(\text{Tampering}) * P(\text{Fire}) * P(\text{Alarm} \mid \text{Tampering}, \text{Fire})$$
$$* P(\text{Smoke} \mid \text{Fire}) * P(\text{Leaving} \mid \text{Alarm}) * P(\text{Report} \mid \text{Leaving})$$

请注意，这个报警器不是一个烟雾报警器，它不会受到烟雾的影响，也不会直接受到火灾的影响，而是一个直接受到火灾影响的热报警器。这一点在模型中得到了明确说明，即给定 Fire，Alarm 与 Smoke 无关。

我们还必须定义每个变量的域。假设变量是布尔值；也就是说，它们有值域{true，false}。我们使用变量的小写变体来表示真值，并对假值使用否定形成。例如，Tampering＝true 被写成 tampering，Tampering＝false 被写成 ¬tampering。

下面的例子假设了以下条件概率：

$P(\text{tampering})=0.02$

$P(\text{fire})=0.01$

$P(\text{alarm}\mid \text{fire}\wedge \text{tampering})=0.5$

$P(\text{alarm}\mid \text{fire}\wedge\neg \text{tampering})=0.99$

$P(\text{alarm}\mid\neg \text{fire}\wedge \text{tampering})=0.85$

$P(\text{alarm}\mid\neg \text{fire}\wedge\neg \text{tampering})=0.0001$

$P(\text{smoke}\mid \text{fire})=0.9$

$P(\text{smoke}\mid\neg \text{fire})=0.01$

$P(\text{leaving}\mid \text{alarm})=0.88$

$P(\text{leaving}\mid\neg \text{alarm})=0.001$

$P(\text{report}\mid \text{leaving})=0.75$

$P(\text{report}\mid\neg \text{leaving})=0.01$

在任何证据到来之前，概率由先验给出。以下是根据模型得出的概率（这里所有的数字都是小数点后三位）：

$$P(\text{tampering})=0.02$$
$$P(\text{fire})=0.01$$
$$P(\text{report})=0.028$$
$$P(\text{smoke})=0.0189$$

观察一个报告得出以下结论：

$$P(\text{tampering}\mid \text{report})=0.399$$
$$P(\text{fire}\mid \text{report})=0.2305$$
$$P(\text{smoke}\mid \text{report})=0.215$$

正如所料，报告增加了 tampering 和 fire 的概率值。因为 fire 的概率值增加了，所以 smoke 的概率值也增加了。假设只观察到 smoke：

$$P(\text{tampering}\mid \text{smoke})=0.02$$
$$P(\text{fire}\mid \text{smoke})=0.476$$
$$P(\text{report}\mid \text{smoke})=0.320$$

注意，观察到 smoke 不影响 tampering 的概率；然而，report 和 fire 的概率增加了。假设观察到 report 和 smoke：

$$P(\text{tampering}\mid \text{report}\wedge \text{smoke})=0.0284$$
$$P(\text{fire}\mid \text{report}\wedge \text{smoke})=0.964$$

对两者的观测使 fire 发生的可能性更大。然而，在 report 的背景下，smoke 的存在降低了 tampering 的可能性。这是因为 report 是用 fire **来解释的**，而现在更有可能是用 fire 来解释的。

假设观察到的是 report，而不是 smoke：

$$P(\text{tampering}\mid \text{report}\wedge\neg \text{smoke})=0.501$$
$$P(\text{fire}\mid \text{report}\wedge\neg \text{smoke})=0.0294$$

在 report 的上下文中，发生 fire 的可能性大大降低，因此 tampering 的可能性增加，以解释 report。

这个例子说明了信念网络独立假设是如何给出常识性结论的，同时也说明了解释是一个信念网络独立假设的结果。

例 8.16 考虑一下为什么有人打喷嚏或者发烧的诊断问题。打喷嚏可能是因为流感或花粉过敏症。它们不是独立的，而是由于季节而相关的。假设花粉过敏症与季节有关，因为它与花粉量有关，而花粉量又与季节有关。智能体并不直接观察打喷嚏，而是只观察"呼"的声音。假设发烧直接取决于流感。这些依赖关系的考虑导致了图8.4中的信念网络。

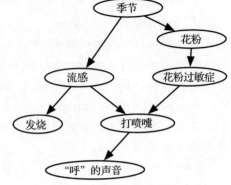

例 8.17 考虑图1.8中的连接示例。假设我们决定用变量来表示电灯是否亮了、开关的位置、电灯和开关是否有故障、电线里是否有电流。这些变量在图8.5中定义。

我们对变量排序，使每个变量的父变量很少。在这种情况下，似乎有一个自然的因果顺序，例如，灯是否被点亮的变量在灯是否工作以及是否有电流进入灯的变量之后。

灯 l_1 是否亮，仅取决于电线 w_0 是否有电流以及灯 l_1 是否工作正常。其他变量(比如开关

图 8.4 例 8.16 的信念网络

s_1 的位置，灯 l_2 是否亮着，或者谁是加拿大女王)都是无关紧要的。因此，L_1_lit 的父类是 W_0 和 L_1_st。

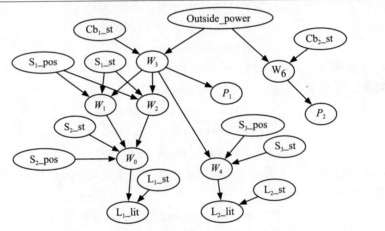

- 对于每根电线 w_i，有一个随机变量 W_i，其定义域为{live, dead}，表示电线 w_i 中是否有电流。W_i＝live 意味着电线 w_i 中有电流。W_i＝dead 意味着电线 w_i 中没有电流。
- 域{live, dead}的 Outside_power 指示是否有电流进入建筑。
- 对于每个开关 s_i，变量 S_i_pos 表示 s_i 的位置。它有域{up, down}。
- 对于每个开关 s_i，变量 S_i_st 表示开关 s_i 的状态。它有域{ok, upside_down, short, intermittent, broken}。S_i_st＝ok 表示开关 s_i 工作正常。S_i_st＝upside_down 是指开关 s_i 是倒挂安装的。S_i_st＝short 是指开关 s_i 被短路并充当导线。S_i_st＝broken 表示开关 s_i 断开了，不允许电流通过。
- 对于每个断路器 cb_i，变量 Cb_i_st 的域为{on, off}。Cb_i_st＝on 表示电流可以通过 cb_i，Cb_i_st＝off 表示电流不能通过 cb_i。
- 对于每个灯 l_i，变量 L_i_st 的域为{ok, intermittent, broken}，它表示灯的状态。L_i_st＝ok 表示通电后灯会亮，L_i_st＝intermittent 表示通电后灯会间歇性亮，L_i_st＝broken 表示灯不工作。

图 8.5 图 1.8 的电气领域的信念网络

考虑变量 W_0，它表示电线 w_0 中是否有电流。如果我们知道电线 w_1 和 w_2 是否有电流，并且知道开关 s_2 的位置以及该开关是否工作正常，那么其他变量(L_1_lit 以外的变量)的值不会影响我们对电线 w_0 是否有电流的判断。因此，W_0 的父节点应该是 S_2_Pos、S_2_st、W_1 和 W_2。

图 8.5 显示了在考虑了每个变量的独立性之后的结果信念网络。信念网络还包含变量的域（如图所示）以及给定其父类时每个变量的条件概率。

对于变量 W_1，必须指定以下条件概率：

$$P(W_1 = \text{live} \mid S_1\_\text{pos} = \text{up} \wedge S_1\_\text{st} = \text{ok} \wedge W_3 = \text{live})$$
$$P(W_1 = \text{live} \mid S_1\_\text{pos} = \text{up} \wedge S_1\_\text{st} = \text{ok} \wedge W_3 = \text{dead})$$
$$P(W_1 = \text{live} \mid S_1\_\text{pos} = \text{up} \wedge S_1\_\text{st} = \text{upside\_down} \wedge W_3 = \text{live})$$
$$\vdots$$
$$P(W_1 = \text{live} \mid S_1\_\text{pos} = \text{down} \wedge S_1\_\text{st} = \text{broken} \wedge W_3 = \text{dead})$$

这里 S_1_pos 有两个值，S_1_ok 有五个值，W_3 有两个值，所以这里有 $2 \times 5 \times 2 = 20$ 种不同的情况，其中必须指定 $W_1 = \text{live}$ 的条件概率的值。就概率论而言，在这 20 种情况中，$W_1 = \text{live}$ 的概率可以任意赋值。

当然，领域知识限制了什么值是有意义的。$W_1 = \text{dead}$ 的值可以从这些情况中 $W_1 = \text{live}$ 的值来计算。

因为变量 S_1_st 没有父变量，所以它需要一个先验分布，它可以被指定为除了一个值以外的所有值的概率；剩下的值来自所有概率之和为 1 的约束。因此，要指定 S_1_st 的分布，必须指定以下五种概率中的四种：

$$P(S_1\_\text{st} = \text{ok})$$
$$P(S_1\_\text{st} = \text{upside\_down})$$
$$P(S_1\_\text{st} = \text{short})$$
$$P(S_1\_\text{st} = \text{intermittent})$$
$$P(S_1\_\text{st} = \text{broken})$$

其他变量用类似的方法表示。

这种网络有多种用途：

- 通过对开关和断路器没有问题的知识进行调节，并根据外部电源的数值和开关的位置，模拟出照明应该如何工作的网络。
- 给定外部电源的数值和开关的位置，网络可以推断出任何结果的概率，比如灯 l_1 点亮的可能性有多大。
- 给定开关的值和灯是否点亮，可以推断每个开关或断路器处于任何特定状态的后验概率。
- 根据一些观察结果，可以使用网络来确定开关最可能的位置。
- 给定一些开关位置、一些输出和一些中间值，网络可用于确定网络中任何其他变量的概率。

注意这个模型中嵌入的独立性假设。DAG 指定电灯、开关和断路器独立断开。为了对开关如何断开之间的依赖关系进行建模，你可以添加更多的弧和更多的变量。例如，如果有的灯因为来自同一个批次，所以不能独立断开，可以增加一个额外的节点来模拟这个批次，不管是好的批次还是坏的批次，都是由该批次的每一盏灯的 L_i_st 变量作为父变量，这就是该批次的 L_i_st 变量。现在灯相互依赖地断开。当你有证据表明一盏灯坏了时，这批灯坏的可能性就会增加，从而使这批灯里其他灯坏掉的可能性更大。如果你不确定这些灯是否来自同一批，你也可以添加表示这一点的变量。重要的一点是，信念网络提供了一个独立性的规范，让我们以自然和直接的方式对依赖关系建模。

　　这个模型蕴涵在电线中不可能有短路，或者房子的电线与图表不同。例如，它蕴涵着 w_0 不能被短路到 w_4，这样导线 w_0 就会从 w_4 的导线中获得电流。你可以添加额外的依赖项，以便对每个可能的短路进行建模。另一种方法是添加一个额外的节点，表明模型是合适的。从这个节点发出的弧将通向电线中的每一个代表功率的变量和每一盏灯。当模型合适时，你可以使用例 8.17 的概率。当模型不合适时，例如，你可以指定每根电线和每盏灯是随机工作的。当存在与原始模型不相符的怪异观测结果时（在给定的模型下，它们是不可能的或极不可能发生的），模型不合适的概率就会增加。

8.4　概率推理

　　最常见的概率推理任务是计算一个查询变量或给定某个证据的变量的**后验分布**。不幸的是，即使是在绝对误差（小于 0.5）或常数乘因子范围内，估计信念网络的后验概率的问题也是 NP 难的，因此一般有效的实现将不可用。计算一个变量的先验概率或后验概率属于一种称为 $\sharp$NP（发音为 "sharp-NP"）的复杂类。

　　信念网络中概率推理的主要方法有：

- **精确推理**，即概率被精确地计算出来。一个简单的方法是列举与证据相符的世界。利用网络的结构可以做得更好。变量消除算法是一种利用动态规划和条件独立性的精确算法。
- **近似推理**，其中概率只是近似的。这些方法的特点是它们提供了不同的保证：
  - 它们产生了概率的**保证界限**。也就是说，它们返回一个范围 $[l, u]$，其中确切概率 p 保证为 $l \leqslant p \leqslant u$。任何时间算法都可以保证 l 和 u 随着时间（可能还有空间）的增加而相互靠近。
  - 它们对产生的错误产生**概率界限**。这样的算法可以保证误差，例如，95% 的情况下在正确答案的 0.1 误差范围内。它们还可以保证，随着时间的增加，概率估计值将收敛到准确的概率。有些甚至有收敛速度的保证。随机模拟是一种常用的方法。
  - 它们可以尽最大努力得出一个足够好的近似值，即使在某些情况下它们并不十分有效。其中一类技术称为**变分推断**，其思想是找到一个易于计算的问题的近似值。首先，选择一类易于计算的表示。这个类可以简单到一组断开连接的信念网络（没有弧）。接下来，尝试查找类中最接近原始问题的一个成员。也就是说，找到一个易于计算的分布，它尽可能地接近待计算的后验分布。因此，这个问题可以简化为一个最小化误差的优化问题，然后是一个简单的推理问题。

　　这本书介绍了变量消除法和一些随机模拟方法。

信念网络与因果关系

　　信念网络常被称为**因果网络**，它提供了考虑噪声和概率的**因果关系**表示。回顾一下（见 5.8 节），因果模型预测干预的结果，其中**干预**是利用模型之外的机制改变变量值的行动（例如，打开电灯开关，或人为地减少花粉量）。

为了建立一个给定一组随机变量的领域的因果模型，创建如下的弧。对于每一对随机变量 X 和 Y，如果对 X 的干预（也许是在其他变量的某些背景下）导致 Y 有不同的值（甚至从概率上来说也是如此），并且 X 对 Y 的影响不能通过其他变量 Z 来解释，使得 X 影响 Z 而 Z 影响 Y，那么就使 X 成为 Y 的父变量。图 8.5 的信念网络就是这样一个因果网络。你会期望以这种方式建立的因果模型会服从信念网络的独立性假设。因此，信念网络的所有结论都是有效的。

你也会认为这样的图是无环的；你不希望某件事最终导致它自己。如果考虑到随机变量代表特定事件而不是事件类型，那么这个假设是合理的。例如，考虑一个因果链，即"压力大"导致你"工作效率低"，反过来又导致你"压力大"。为了打破表象的循环，我们把不同阶段的"压力大"表示为不同的随机变量，这些随机变量指的是不同的时间。过去的压力会导致你当下的工作不顺利，而此刻的工作效率低会导致你将来的压力。变量应满足**明确性原则**，并有明确的含义。变量不应该被视为事件类型。

信念网络本身对因果关系没有什么可说的，它可以代表非因果独立，但它似乎特别适合建模因果关系。添加代表局部因果关系的弧往往会产生一个小的信念网络。

因果网络的干预措施模型如下：如果有人人为地强迫一个变量有一个特定的值，那么这个变量的子变量（但不影响其他变量）就会受到影响。在例 8.16 中，干预添加或移除花粉会影响花粉症、打喷嚏和声音，但不会影响其他变量。这与**观察**花粉形成对比，因为观察花粉提供了季节的证据，所以所有变量的概率都会受到观察的影响。

最后，看看信念网络中的因果关系是如何与 5.8 节中讨论的因果推理和证据推理相联系的。因果信念网络是在因果方向上进行公理化的一种方法。信念网络中的推理相当于对原因进行溯因，然后根据这些原因进行预测。

8.4.1 信念网络的变量消去

变量消去（VE）算法（用于寻找 CSP 的解和软约束优化）可以适用于寻找给定连接证据的信念网络中变量的后验分布。许多有效的精确方法都是该算法的变体。

该算法基于这样一个概念，即信念网络指定了联合概率分布的因子化。

在提供算法之前，我们定义因子和将对它们执行的操作。回想一下，$P(X|Y)$ 是一个将 X 和 Y 变量（或变量集）转化为实数的函数，给定 X 的值和 Y 的值，返回给定 Y 的值的 X 的条件概率。变量的函数称为因子。信念网络的 VE 算法通过操作因子来计算后验概率。

1. 条件概率表

条件概率 $P(Y|X_1, \cdots, X_k)$ 是一个函数，将变量 $Y, X_1, \cdots, X_k$ 映射到非负数，它满足了这样的约束：对所有 $X_1, \cdots, X_k$ 的每一个值的赋值，对 Y 的值总和为 1。也就是说，给定所有变量的值，函数返回一个满足约束的数值：

$$\forall x_1 \cdots \forall x_k \sum_{y \in \text{domain}(Y)} P(Y=y|X_1=x_1, \cdots, X_k=x_k) = 1 \qquad (8.1)$$

有了有限域的有限变量集，条件概率可以用数组来实现。如果变量有一个排序（例如，按字母顺序），并且域中的值被映射成非负整数，那么每个因子就有一个唯一的表示方式，即以自然数为索引的一维数组。这种对条件概率的表示方式被称为**条件概率表**

或 CPT。

如果子变量被视为与父变量相同，则信息是冗余的；指定的数字比要求的多，如果表不满足上述约束，则可能不一致。使用冗余表示是常见的，但以下两种方法也用于指定和存储概率：

- 存储非标准化概率，即与概率成比例的非负数。概率可以通过归一化来计算：将每个值除以所有值的和，将 Y 域的所有值相加。
- 除了全 1 取值的 Y 外，其余的都要存储。在这种情况下，可以计算另一个值服从上述约束的概率。特别地，如果 Y 是二元值的，我们只需要表示一个值的概率(如 $Y = \text{true}$)，其他值(如 $Y = \text{false}$)的概率可以从这里计算出来。

例 8.18　图 8.6 展示了三个条件概率表。左上角是 $P(\text{Smoke} \mid \text{Fire})$，右上角是 $P(\text{Alarm} \mid \text{Fire}, \text{Tampering})$，来自例 8.15，使用布尔变量。

Fire	Tampering	P（alarm|Fire，Tampering）
true	true	0.5
true	false	0.99
false	true	0.85
false	false	0.0001

Fire	P（smoke|Fire）
true	0.9
false	0.01

X	Y	P（Z=t|X，Y）
t	t	0.1
t	f	0.2
f	t	0.4
f	f	0.3

图 8.6　条件概率表

这些表没有指定变量为假的概率。这可以从给定的概率中计算出来，例如，

$$P(\text{Alarm} = \text{false} \mid \text{Fire} = \text{false}, \text{Tampering} = \text{true}) = 1 - 0.85 = 0.15$$

底部是一个简单的示例，其中包含域 $\{t, f\}$，将在下面的示例中使用。

给定父类的总排序(比如在右表中，Tampering 之前是 Fire)，而值的总排序(比如 true 在 false 之前)，可以通过按字典顺序给出数字数组来指定表(比如 [0.5，0.99，0.85，0.0001])。

2. 因子

因子是由一组随机变量转化为一个数的函数。变量 $X_1, \cdots, X_j$ 上的因子 f 记为 $f(X_1, \cdots, X_j)$。变量 $X_1, \cdots, X_j$ 是因子 f 的变量，而 f 是 $X_1, \cdots, X_j$ 上的一个因子。

条件概率是同样服从式(8.1)的约束的因子。本节将介绍对因子的一些操作，包括条件概率、因子乘法和求和变量。这些操作可以用于条件概率，但不一定产生条件概率。

假设 $f(X_1, \cdots, X_j)$ 是一个因子，每个 v_i 是 X_i 域的一个元素。$f(X_1 = v_1, X_2 = v_2, \cdots, X_j = v_j)$ 是一个数字，它是当每一个 X_i 都有值 v_i 时 f 的值。一个因子的一些变量可以赋值，在其他变量上形成一个新的因子。此操作称为对分配的变量的值进行**条件化**。例如，$f(X_1 = v_1, X_2, \cdots, X_j)$，有时写成 $f(X_1, X_2, \cdots, X_j)_{X_1 = v_1}$，其中 v_1 是变量 X_1 域的一个元素，是 $X_2, \cdots, X_j$ 上的一个因子。

例 8.19　图 8.7 显示了变量 X、Y、Z 上的一个因子 $r(X, Y, Z)$，作为一个表

格。这里假设每个变量都是域为 $\{t, f\}$ 的二元变量。这个因子可以从图 8.6 给出的最后一个条件概率表中得到。图 8.7 还给出了因子 $r(X=t, Y, Z)$ 的一个表，它是关于 Y、Z 的一个因子。类似地，$r(X=t, Y, Z=f)$ 是 Y 上的一个因子，$r(X=t, Y=f, Z=f)$ 是一个数字。

$$r(X, Y, Z)=$$

X	Y	Z	值
t	t	t	0.1
t	t	f	0.9
t	f	t	0.2
t	f	f	0.8
f	t	t	0.4
f	t	f	0.6
f	f	t	0.3
f	f	f	0.7

$$r(X=t, Y, Z)=$$

Y	Z	值
t	t	0.1
t	f	0.9
f	t	0.2
f	f	0.8

$$r(X=t, Y, Z=f)=$$

Y	值
t	0.9
f	0.8

$$r(X=t, Y=f, Z=f)=0.8$$

图 8.7　因子和赋值的例子

因子可以相乘。假设 f_1 和 f_2 是因子，其中 f_1 是包含变量 X_1，$\cdots$，X_i 和 Y_1，$\cdots$，Y_j 的因子，f_2 是包含变量 Y_1，$\cdots$，Y_j 和 Z_1，$\cdots$，Z_k 的因子，其中，Y_1，$\cdots$，Y_j 是 f_1 和 f_2 相同的变量。f_1 和 f_2 的乘积（记作 $f_1 * f_2$）是变量的并集（即 X_1，$\cdots$，X_i，Y_1，$\cdots$，Y_j，Z_1，$\cdots$，Z_k）上的因子，的定义为：

$$(f_1 * f_2)(X_1, \cdots, X_i, Y_1, \cdots, Y_j, Z_1, \cdots, Z_k)$$
$$= f_1(X_1, \cdots, X_i, Y_1, \cdots, Y_j) * f_2(Y_1, \cdots, Y_j, Z_1, \cdots, Z_k)$$

例 8.20　图 8.8 显示了 $f_1(A, B)$ 和 $f_2(B, C)$ 的乘积，这是 A、B、C 上的一个因子。请注意 $(f_1 * f_2)(A=t, B=f, C=f) = f_1(A=t, B=f) * f_2(B=f, C=f) = 0.9 * 0.4 = 0.36$。

$$f_1 =$$

A	B	值
t	t	0.1
t	f	0.9
f	t	0.2
f	f	0.8

$$f_2 =$$

B	C	值
t	t	0.3
t	f	0.7
f	t	0.6
f	f	0.4

$$f_1 * f_2 =$$

A	B	C	值
t	t	t	0.03
t	t	f	0.07
t	f	t	0.54
t	f	f	0.36
f	t	t	0.06
f	t	f	0.14
f	f	t	0.48
f	f	f	0.32

图 8.8　因子乘法

剩下的操作是对一个因子中的一个变量求和。给定因子 $f(X_1, \cdots, X_j)$，对一个变量（比如 X_1）求和，结果是其他变量 X_2，$\cdots$，X_j 上的一个因子，由下式定义：

$$\left(\sum_{X_1} f\right)(X_2, \cdots, X_j) = f(X_1=v_1, X_2, \cdots, X_j) + \cdots + f(X_1=v_k, X_2, \cdots, X_j)$$

其中$\{v_1, \cdots, v_k\}$是变量 X_1 可能取值的集合。

例 8.21   图 8.9 给出了一个从因子 $f_3(A, B, C)$ 中得出变量 B 的例子，是关于 A、C 的一个因子。注意

$$\left(\sum_{B} f_3\right)(A=t, C=f) = f_3(A=t, B=t, C=f) + f_3(A=t, B=f, C=f)$$
$$= 0.07 + 0.36 = 0.43$$

$$f_3 = \begin{array}{|c c c|c|} \hline A & B & C & 值 \\ \hline t & t & t & 0.03 \\ t & t & f & 0.07 \\ t & f & t & 0.54 \\ t & f & f & 0.36 \\ f & t & t & 0.06 \\ f & t & f & 0.14 \\ f & f & t & 0.48 \\ f & f & f & 0.32 \\ \hline \end{array} \qquad \sum_{B} f_3 = \begin{array}{|c c|c|} \hline A & C & 值 \\ \hline t & t & 0.57 \\ t & f & 0.43 \\ f & t & 0.54 \\ f & f & 0.46 \\ \hline \end{array}$$

图 8.9   对一个因子中的一个变量求和

3. 变量消去法

给定证据 $Y_1=v_1$，$\cdots$，$Y_j=v_j$，和查询变量或多个变量 Q，计算 Q 上的后验分布的问题可以归结为计算合取概率的问题：

$$\begin{aligned} P(Q \mid Y_1=v_1, \cdots, Y_j=v_j) &= \frac{P(Q, Y_1=v_1, \cdots, Y_j=v_j)}{P(Y_1=v_1, \cdots, Y_j=v_j)} \\ &= \frac{P(Q, Y_1=v_1, \cdots, Y_j=v_j)}{\sum_{Q} P(Q, Y_1=v_1, \cdots, Y_j=v_j)} \end{aligned}$$

该算法计算因子 $P(Q, Y_1=v_1, \cdots, Y_j=v_j)$并归一化。注意，这只是 Q 的一个因子；给定 Q 的一个值，它将返回一个数字，该数字是证据与 Q 的值的合取概率。

假设信念网络的变量为 X_1，$\cdots$，X_n。为计算因子 $P(Q, Y_1=v_1, \cdots, Y_j=v_j)$，将联合分布中的其他变量求和。假设 Z_1，$\cdots$，Z_k 是信念网络中其他变量的枚举，即，

$$\{Z_1, \cdots, Z_k\} = \{X_1, \cdots, X_n\} \setminus \{Q, Y_1, \cdots, Y_j\}$$

变量 Z_i 是按照**消去顺序**排列的。

Q 与证据联合的概率是

$$p(Q, Y_1=v_1, \cdots, Y_j=v_j) = \sum_{Z_k} \cdots \sum_{Z_1} P(X_1, \cdots, X_n)_{Y_1=v_1, \cdots, Y_j=v_j}$$

根据链式法则和信念网络的定义，

$$P(X_1, \cdots, X_n) = \prod_{i=1}^{n} P(X_i \mid \text{parents}(X_i))$$

其中，$\text{parents}(X_i)$ 是变量 X_i 的父节点的集合。

于是，信念网络推理问题就简化成了一个从一系列因子中归纳出一组变量的问题。

分配律规定，可以将公因子(这里是 x)分配以得到 $x(y+z)$，从而简化 $xy+xz$ 这样的乘积和。结果形式的计算效率更高。分配公因子是 VE 算法的本质。乘在一起的元素被称为"因子"，因为在代数中使用了这个术语。一开始，因子代表条件概率分布，而中间因子只是通过因子的加法和乘法生成的变量上的函数。

计算给定观测值的一个查询变量的后验分布，

1) 为每个条件概率分布构造一个因子。

2) 消去每个非查询变量：

● 如果变量被观察到，其值被设置为该变量出现的每个因子中的观测值。

● 否则，变量被求和。

3) 把剩下的因子乘起来，并归一化。

为了从因子乘积 f_1，$\cdots$，f_k 中得出变量 Z，首先将因子分为不包含 Z 的因子(例如 f_1，$\cdots$，f_i)和包含 Z 的因子(f_{i+1}，$\cdots$，f_k)；然后从总和中分配公因子：

$$\sum_Z f_1 * \cdots * f_k = f_1 * \cdots * f_i * \left(\sum_Z f_{i+1} * \cdots * f_k \right)$$

VE 显式地构造了最右边因子的表示(用多维数组、树或一组规则表示)。

图 8.10 给出 VE 算法的伪代码。消去顺序可以是预先给定的，也可以是动态计算的。首先在消去顺序中选择观察到的变量是值得的，因为消去这些变量可以简化问题。

```
1:  procedure VE_BN(Vs, Ps, e, Q)
2:    Inputs
3:      Vs：变量集合
4:      Ps：表示条件概率的因子集合
5:      e：证据，对某些变量的变量-值的赋值
6:      Q：查询变量
7:    Output
8:      Q 上的后验概率
9:    Fs := Ps                              ▷Fs 是因子的当前集合
10:   for each X ∈ Vs−{Q}使用某种消除顺序 do
11:     if X 被观察到 then
12:       for each F ∈ Fs 包含 X do
13:         assign F 中的 X 值为其在 e 中的观测值
14:     else
15:       Rs := {F ∈ Fs：F 包含 X}
16:       令 T 为 Rs 中的因子的乘积
17:       N := ∑ T
              X
18:       Fs := Fs \ Rs∪{N}
19:   令 T 为 Fs 中的因子的乘积
20:   N := ∑ T
          Q
21:   return T/N
```

图 8.10　信念网络的变量消去

该算法假设没有观察到查询变量。如果它被观察到有一个特定的值，它的后验概率对于观测值是 1，对于其他值是 0。

例 8.22　考虑例 8.15 与如下查询：

$$P(\text{Tampering} \mid \text{Smoke}=\text{true} \wedge \text{Report}=\text{true})$$

假设它首先消去观察到的变量，即 Smoke 和 Report。在消去这些变量之后，还存在下列因子：

条件概率	因子
$P(\text{Tampering})$	$f_0(\text{Tampering})$
$P(\text{Fire})$	$f_1(\text{Fire})$
$P(\text{Alarm} \mid \text{Tampering, Fire})$	$f_2(\text{Tampering, Fire, Alarm})$
$P(\text{Smoke}=\text{yes} \mid \text{Fire})$	$f_3(\text{Fire})$
$P(\text{Leaving} \mid \text{Alarm})$	$f_4(\text{Alarm, Leaving})$
$P(\text{Report}=\text{yes} \mid \text{Leaving})$	$f_5(\text{Leaving})$

假设 Fire 是消去顺序中的下一个。为了消去 Fire，收集所有包含 Fire 的因子，即 $f_1(\text{Fire})$、$f_2(\text{Tampering, Fire, Alarm})$ 和 $f_3(\text{Fire})$，将它们相乘，并从产生的因子中求和得出 Fire。称这个因子为 $F_6(\text{Tampering, Alarm})$。在这一阶段，Fs 包含以下因子：

$$f_0(\text{Tampering}), \ f_4(\text{Alarm, Leaving}), \ f_5(\text{Leaving}), \ f_6(\text{Tampering, Alarm})$$

假设下一个消去 Alarm。VE 将含有 Alarm 的因子相乘，并从乘积中求和得出 Alarm，给出一个因子，称之为 f_7：

$$f_7(\text{Tampering, Leaving}) = \sum_{\text{Alarm}} f_4(\text{Alarm, Leaving}) * f_6(\text{Tampering, Alarm})$$

Fs 则包含以下因素：

$$f_0(\text{Tampering}), \ f_5(\text{Leaving}), \ f_7(\text{Tampering, Leaving})$$

消去 Leaving 导致因子：

$$f_8(\text{Tampering}) = \sum_{\text{Leaving}} f_5(\text{Leaving}) * f_7(\text{Tampering, Leaving})$$

要确定 Tampering 的分布情况，将剩余的因子相乘，得到：

$$f_9(\text{Tampering}) = f_0(\text{Tampering}) * f_8(\text{Tampering})$$

tampering 后验分布为

$$\frac{f_9(\text{Tampering})}{\sum_{\text{Tampering}} f_9(\text{Tampering})}$$

注意，分母是证据的先验概率，即 $P(\text{Smoke}=\text{true} \wedge \text{Report}=\text{true})$。

例 8.23　考虑与前一个例子相同的网络，但使用以下查询：

$$P(\text{Alarm} \mid \text{Fire}=\text{true})$$

当 Fire 被消去后，因子 $P(\text{Fire})$ 变成无变量因子；它只是一个数字，即 $P(\text{Fire}=\text{true})$。

假设 Report 随后被消去。它在一个因子中，该因子表示为 $P(\text{Report} \mid \text{Leaving})$。将 Report 的所有值相加，就得到了 Leaving 的一个因子，该因子的所有值都是 1。这是因为对于 Leaving 的任意值 v，$P(\text{Report}=\text{true} \mid \text{Leaving}=v) + P(\text{Report}=\text{false} \mid \text{Leaving}=v) = 1$。

如果接下来消去了 Leaving，则所有 1 的因子乘以表示为 $P(\text{Leaving} \mid \text{Alarm})$ 的因子，然后求和得出 Leaving。这再次导致了一个因子，其所有值都是 1。

同样，消去 Smoke 会导致一个无变量因子，其值为 1。请注意，即使也观察到烟雾，消去 Smoke 也会导致无变量因子，不会影响 Alarm 的后验分布。

最后，只有代表其先验概率的 Alarm 的因子和一个在归一化过程中会被抵消的常数因子。

为了加快推断的速度，可以**修剪**与回答给定观察结果的查询无关的变量。特别地，任何没有观察到或查询到后代的节点以及本身没有观察到或查询到的节点都可能被修剪。这可能会导致一个更小的网络，有更少的因子和变量。例如，要计算 $P(\text{Alarm} \mid \text{Fire} = \text{true})$，变量 Report、Leaving 和 Smoke 可能会被修剪。

算法的复杂度取决于对网络复杂度的度量。一个因子的表格表示的大小与因子中变量的数量成指数关系。给定消去顺序，网络的**树宽**是指一个因子中的最大变量数量，该因子是使用消去排序时通过求和一个变量创建的。信念网络的**树宽**是所有消去序中最小的树宽。树宽只取决于图的结构，它是图的稀疏性的一种度量。VE 的复杂度在树宽上是指数级的，在变量数量上是线性的。寻找最小树宽的消除排序是 NP 难的，但是有一些很好的消去排序启发法，如 CSP VE(见 4.6 节)所讨论的。

例 8.24 考虑图 8.4 的信念网络。为了计算 Sneezing 的概率，Fever 和 "Achoo" sound 这两个变量可能会被修剪，因为它们没有孩子，也没有被观察到或被询问。对 Season 求和需要将以下因子相乘：

$$P(\text{Season}),\ P(\text{Pollen} \mid \text{Season}),\ P(\text{Influenza} \mid \text{Season})$$

并导致了 Influenza 和 Pollen 的因子。这个信念网络的树宽为 2；当变量只构造大小为 1 或 2 的因子时有顺序，而当变量有一个更小的因子时没有顺序。

信念网络的**端正图**(moral graph)是无向图，即在同一初始因子中出现的任意两个节点之间有一条弧。这是通过"嫁接"一个节点的父母，去掉方向来获得的。如果我们按照上一段中的描述进行修剪，对图进行端正化，删除所有观察到的变量，那么在这个图中，只有那些与查询相关的变量才与回答查询有关。其他的变量都可以进行修剪。

许多现代精确算法使用的是本质上的变量消去法，它们通过在证据到来之前尽可能多地对二级结构进行预处理来加快速度。例如，当相同的信念网络可用于许多不同的查询时，以及在以增量方式添加观察值时，这是合适的。算法保存中间结果，以便增量地添加证据。不幸的是，广泛的预处理(允许任意的观察序列和每个变量的后验)排除了修剪网络。因此，对于每个应用，你需要选择是为每个查询和观察修剪不相关的变量，还是在进行任何观察之前进行预处理，从而节省更多的时间。

8.4.2 表示条件概率和因子

条件概率分布是一个关于变量的函数；给定一个变量的赋值，它给出一个数。**因子**是一组变量的函数；它所依赖的变量是因子的**作用范围**。因此，条件概率就是一个因子，因为它是一个关于变量的函数。本节将探讨一些表示因子和条件概率的变体。其中有些表示法是针对任意因子的，有些表示法是针对条件概率的。

因子不一定要用条件概率表来实现(见 8.4.1 节)。当有许多父系的时候，所产生的表格表示往往太大。通常情况下，可以利用条件概率中的结构。

其中一个这样的结构利用了**特定于上下文的独立性**，即给定第三个变量的特定值，一个变量有条件地独立于另一个变量。

例 8.25 假设一个机器人可以去外面或取咖啡(所以 Action 有值域{go_out, get_coffee})。它是否变湿(变量 Wet)取决于在它出去的环境中是否有雨(变量 Rain);或者如果取咖啡,杯子是否满(变量 Full)。因此,给定 Action=get_coffee,Wet 独立于 Rain,但给定 Action=go_out,它则依赖于 Rain。此外,给定 Action=go_out,Wet 独立于 Full,但给定 Action=get_coffee,则它依赖于 Full。

特定于上下文的独立性可以通过在表示中不请求不需要的数字加以利用。对特定于上下文的独立性进行建模的条件概率的一个简单表示是**决策树**(见 7.3.1 节),其中,信念网络中的双亲对应于输入特征,而子元素对应于目标特征。另一种表示方式是带有概率的确定性条款(见 5.3 节)。特定于上下文的独立性也可以表示为表格,其中的上下文指定何时使用它们,如下面的示例所示。

例 8.26 条件概率 $P(\text{Wet} \mid \text{Action}, \text{Rain}, \text{Full})$ 可以表示为一棵决策树、表示为带概率的确定性子句,或表示为带上下文的表格:

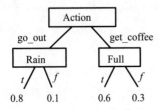

	Rain	Wet	概率
	t	t	0.8
go_out:	t	f	0.2
	f	t	0.1
	f	f	0.9

	Full	Wet	概率
	t	t	0.6
get_coffee:	t	f	0.4
	f	t	0.3
	f	f	0.7

wet←go_out ∧ rain：0.8
wet←go_out ∧ ¬rain：0.1
wet←get_coffee ∧ full：0.6
wet←get_coffee ∧ ¬full：0.3

另一种常见的表示是**噪声或**(noisy-or),如果父辈中的一个被激活,并且每个父辈都有激活的概率,则孩子为真。所以孩子是父辈激活的一个"或"。噪声或的定义如下。如果 X 的父节点为布尔型 $V_1, \cdots, V_k$,概率由 $k+1$ 个参数 $p_0, \cdots, p_k$ 定义。我们创建了 k 个新的布尔变量 $A_0, A_1, \cdots, A_k$,其中对于每个 $i>0$,A_i 都有 V_i 作为它唯一的父节点。定义 $P(A_i=\text{true} \mid V_i=\text{true})=p_i$ 和 $P(A_i=\text{true} \mid V_i=\text{false})=0$。偏置项 A_0 有 $P(A_0)=p_0$。变量 $A_0, \cdots, A_k$ 是 X 的父变量,条件概率是,如果任意 A_i 为真,$P(X \mid A_0, A_1, \cdots, A_k)$ 为 1,如果所有 A_i 为假,$P(X \mid A_0, A_1, \cdots, A_k)$ 为 0。因此 p_0 是所有 V_i 为假时 X 的概率;如果更多的 V_i 为真,则 X 的概率增加。

例 8.27 假设机器人会被雨或咖啡弄湿。如果下雨,它有可能被雨淋湿;如果拿着咖啡,它有可能被咖啡弄湿;而且它有可能因其他原因而被淋湿。如果机器人被其中一种情况弄湿了,它会发出"或"的指令。我们有 $P(\text{wet\_from\_rain} \mid \text{rain})=0.3$,$P(\text{wet\_from\_coffee} \mid \text{coffee})=0.2$。对于偏置项,$P(\text{wet\_for\_other\_reasons})=0.1$。如果机器人由于雨、咖啡或者其他原因被弄湿了,那么它就是湿的。

对数线性模型是一种将概率指定为项的乘积的模型。当这些项是非零的时候(它们都是严格正的），乘积的对数就是其各项对数的和。各项的和通常是一个方便使用的术语。为了了解这种形式是如何用来表示条件概率的，我们可以这样来写条件概率：

$$P(h \mid e) = \frac{P(h \wedge e)}{P(h \wedge e) + P(\neg h \wedge e)} = \frac{1}{1 + P(\neg h \wedge e)/P(h \wedge e)}$$

$$= \frac{1}{1 + e^{-(\log P(h \wedge e)/P(\neg h \wedge e))}} = \text{sigmoid}(\log \text{odds}(h \mid e))$$

- **sigmoid 函数**，$\text{sigmoid}(x) = 1/(1 + e^{-x})$，如图 7.9 所示，在本书前面已经用于逻辑回归和神经网络。
- **条件赔率**（赌博时庄家常用的赔率）是

$$\text{odds}(h \mid e) = \frac{P(h \wedge e)}{P(\neg h \wedge e)} = \frac{P(e \mid h)}{P(e \mid \neg h)} * \frac{P(h)}{P(\neg h)}$$

其中，$\frac{P(h)}{P(\neg h)} = \frac{P(h)}{1 - P(h)}$ 为**先验赔率**，$\frac{P(e \mid h)}{P(e \mid \neg h)}$ 为**似然比**。对于一个固定的 h，把 $P(e \mid h)/P(e \mid \neg h)$ 表示成项的乘积是很有用的，所以对数是各项的和。

条件概率 $P(X \mid Y_1, \cdots, Y_k)$ 的**逻辑回归**是如下形式：

$$P(x \mid Y_1, \cdots, Y_k) = \text{sigmoid}\left(\sum_i w_i * Y_i\right)$$

其中，Y_i 假设有取值域 $\{0, 1\}$。（假设虚拟输入 Y_0 总是 1。）这对应于条件概率的分解，其中概率是每个 Y_i 的项的乘积。

注意，$P(X \mid Y_1 = 0, \cdots, Y_k = 0) = \text{sigmoid}(w_0)$。因此，$w_0$ 决定了所有父节点为 0 时的概率。每个 w_i 指定一个值，该值应该在 Y_i 更改时添加。如果 Y_i 是布尔值，取值域为 $\{0, 1\}$，那么 $P(X \mid Y_1 = 0, \cdots, Y_i = 1, \cdots, Y_k = 0) = \text{sigmoid}(w_0 + w_i)$。逻辑回归模型的独立假设是，父母双方对孩子的影响不依赖于其他父母。学习逻辑回归模型是 7.3.2 节的主题。

例 8.28 给定是否下雨、有咖啡、有小孩或机器人是否有外套，表示 wet 的概率可由下列方式给出：

$$P(\text{wet} \mid \text{Rain}, \text{Coffee}, \text{Kids}, \text{Coat})$$
$$= \text{sigmoid}(-1.0 + 2.0 * \text{Rain} + 1.0 * \text{Coffee} + 0.5 * \text{Kids} - 1.5 * \text{Coat})$$

这意味着下列条件概率：

$$P(\text{wet} \mid \neg\text{rain} \wedge \neg\text{coffee} \wedge \neg\text{kids} \wedge \neg\text{coat}) = \text{sigmoid}(-1.0) = 0.27$$
$$P(\text{wet} \mid \text{rain} \wedge \neg\text{coffee} \wedge \neg\text{kids} \wedge \neg\text{coat}) = \text{sigmoid}(1.0) = 0.73$$
$$P(\text{wet} \mid \text{rain} \wedge \neg\text{coffee} \wedge \neg\text{kids} \wedge \text{coat}) = \text{sigmoid}(-0.5) = 0.38$$

这需要的参数比表格表示所需的 $2^4 = 16$ 的参数少，但是做了更多的独立性假设。

噪声或和逻辑回归模型相似，但不同。噪声或通常用于因果关系假设，即如果一个变量是由其中一个父变量引起的，则该变量为真，这是合适的。当各种父母加起来影响孩子的时候，就会用到逻辑回归。

8.5 序贯概率模型

具有重复结构的特殊类型的信念网络用于对时间和其他序列的推理，如句子中的单词序列。这样的概率模型可能有无限数量的随机变量。对世界上的智能体来说，时序推理是必不可少的。无限长句子的推理对于理解语言是很重要的。

8.5.1   马尔可夫链

马尔可夫链是一个序列中含有随机变量的信念网络，其中每个变量只直接依赖于序列中的前一个变量。马尔可夫链用于表示值序列，如动态系统中的状态序列或句子中的单词序列。序列中的每个点称为**阶段**。

图 8.11 显示了一个作为信念网络的一般马尔可夫链。网络有 5 个阶段，但不必在第 4 阶段停止，它可以无限延伸。信念网络传递独立假设：

$$P(S_{i+1}|S_0, \cdots, S_i)=P(S_{i+1}|S_i)$$

这就是所谓的**马尔可夫假设**。

图 8.11   马尔可夫链作为一个信念网络

通常，序列是在时间上的，S_t 表示在 t 时刻的**状态**。直观地说，S_t 传达了所有可能影响未来状态的历史信息。马尔可夫链的独立性假设可以被理解为"给定现在，未来是有条件地独立于过去"。

马尔可夫链是一个**平稳模型**或**时间齐次模型**，如果所有变量都有相同的域，并且每个阶段的转移概率是相同的，即，

$$\text{对于所有的 } i \geqslant 0, \ P(S_{i+1}|S_i)=P(S_1|S_0)$$

为了指定一个平稳的马尔可夫链，提供了两个条件概率：

- $P(S_0)$指定初始条件。
- $P(S_{i+1}|S_i)$指定**动态**，对于每个 $i \geqslant 0$ 都是一样的。

平稳马尔可夫链有以下几个有趣的原因：

- 它们提供了一个易于指定的简单模型。
- 平稳性的假设通常是自然模型，因为世界的动态通常不随时间变化。如果动态确实随着时间变化，通常是因为一些其他的特性也可以被建模。
- 网络无限延伸。指定少量的参数可以得到无限的网络。你可以对未来或过去的任意点进行查询或观察。

为了确定状态 S_i 的概率分布，可以用变量消去法对前面的变量求和。S_i 之后的变量与 S_i 的概率无关，不需要考虑。要计算 $P(S_i|S_k)$，其中 $i > k$，只需要考虑 S_i 和 S_k 之间的变量，如果 $i < k$，只需要考虑小于 k 的变量。

马尔可夫链的**平稳分布**是状态的分布，如果它成立一次，那下一次也成立。因此，对于每个状态 s，$P(S_{i+1}=s)=P(S_i=s)$，P 是一个平稳分布。因此，

$$P(S_i=s)=\sum_{S_i} P(S_{i+1}=s|S_i) * P(S_i)$$

一个马尔可夫链是**遍历的**，如果对于 S_i 域中的任意两种状态 s_1 和 s_2，有一个非零的概率最终从 s_1 到达 s_2。一个马尔可夫链是以 p 为**周期的**，如果它访问同一状态的时间之差总是能被 p 整除。例如，考虑状态为 0 到 9 的马尔可夫链，每次它要么增加 1，要

么增加 9（模 10），每个概率为 0.5。这个马尔可夫链的周期是 2；如果它在 0 时刻开始是偶态，那么它在偶时刻就会是偶态，在奇时刻就会是奇态。如果马尔可夫链的唯一周期是 1，那么马尔可夫链就是**非周期性的**。

如果一个马尔可夫链是遍历的，并且是非周期性的，那么就会有一个唯一的平稳分布，这就是从任何起始状态出发的**平衡分布**。因此，对于 S_0 上的任何分布，随着 i 的增大，S_i 上的分布将越来越接近平衡分布。

网页排名（Pagerank）

谷歌最初的搜索引擎[Brin and Page，1998]是基于 Pagerank 的。Pagerank[Page et al.，1999]是对网页的概率度量，其中最有影响力的网页具有最高的概率。它是基于马尔可夫链的随机网络冲浪者从一个随机页面开始，在一定概率 d 的情况下，从当前页面中随机选取一个链接的页面，否则（如果当前页面没有流出链接或概率为 $1-d$）随机选取一个页面。马尔可夫链定义如下：

- S_i 的域是所有网页的集合。
- $P(S_0)$ 是网页的均匀分布。对于每个网页 p_j，$P(S_0=p_j)=1/N$，其中 N 为网页数量。
- 过渡的定义如下：

$$P(S_{i+1}=p_j \mid S_i=p_k)$$

$$=(1-d)/N+d * \begin{cases} 1/n_k, & p_k \text{ 链接到 } p_j \\ 1/N, & p_k \text{ 没有链接} \\ 0, & \text{其他} \end{cases}$$

其中有 N 个网页，而页面 p_k 上有 n_k 个链接。思考的方式是，p_k 是当前网页，p_j 是下一个网页。如果 p_k 没有出站链接，那么 p_j 就是随机的页面，这就是中间情况的效果。如果 p_k 有出站链接，有概率为 d 的情况下，冲浪者从 p_k 中随机选取一个链接的页面，否则随机选取一个页面。

- $d \approx 0.85$ 是指有人在当前页面上选择链接的概率。

这个马尔可夫链收敛到网页上的分布。Page 等[1999]报告说，搜索引擎已经收敛到"合理的容忍度"，$i=52$ 时链接数为 3.22 亿个链接。

Pagerank 提供了一个衡量影响力的标准。为了获得高的 Pagerank，一个网页应该从其他高 Pagerank 的网页上链接。出于自私的原因来操纵 Pagerank 是很难，但也不是不可能。人们可以通过创建许多指向该页面的页面来人为地提高某个特定页面的 Pagerank，但那些指向该页面的页面也很难获得高的 Pagerank。

在最初报道的版本中，Brin 和 Page[1998]使用了 2400 万个网页和 7600 万个链接。现在的网络更加复杂，许多网页都是动态生成的，搜索引擎使用的算法也更加复杂。

8.5.2　隐马尔可夫模型

隐马尔可夫模型（HMM）是马尔可夫链的一个扩展，以包含观测值。隐马尔可夫模型包括马尔可夫链的状态转移，并在每次状态转移时增加依赖于当时状态的观测值。这些观测可以是**局部的**，因为不同的状态会映射到同一个观测点上，也可以是**有噪声的**，因为同一状态在不同时间随机地映射到不同的观测点上。

HMM 背后的假设是：

- 当 $t \geqslant 0$ 时，$t+1$ 时刻的状态只直接依赖于 t 时刻的状态，就像在马尔可夫链中一样。
- t 时刻的观测值只直接依赖于 t 时刻的状态。

在每个时刻 t 上的观测值使用变量 O_t 进行建模，其域为可能的观测值集。HMM 的信念网络表示如图 8.12 所示。虽然信念网络表现为五个阶段，但它是无限延伸的。

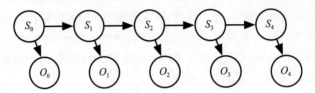

图 8.12   隐马尔可夫模型作为一个信念网络

一个平稳的 HMM 包括以下的概率分布：

- $P(S_0)$ 指定初始条件。
- $P(S_{t+1}|S_t)$ 指定动态。
- $P(O_t|S_t)$ 指定传感器模型。

例 8.29   假设你想要用声音来追踪一只在三角形围栏里的动物。你有三个麦克风，在每个时间步长提供不可靠的(有噪声的)二元信息。动物要么在三角形的三个顶点之一附近，要么靠近三角形的中间。状态有值域 $\{m, c_1, c_2, c_3\}$，其中 m 表示动物在中间，c_i 表示动物在角落 i。

世界的动态性是一个模型，该模型在某一时刻的状态取决于前一时刻的状态。如果动物在一个角落里，它停留在同一个角落里的概率为 0.8，走到中间的概率为 0.1，或者走到其他两个角落中的一个，概率各为 0.05。如果它在中间，它留在中间的概率为 0.7，否则就会移动到其中一个角落，这种概率为 0.1。

传感器模型指定了给定状态下每个麦克风检测到的概率。如果动物在一个角落，它将被麦克风检测到在那个角落的概率为 0.6，并将分别被其他麦克风独立检测到，概率为 0.1。如果动物在中间，每个麦克风将以 0.4 的概率检测到它。

最初，动物处于这四种状态中的一种，概率相等。

HMM 中有许多常见的任务。

过滤或信念-状态**监视**的问题是根据当前和以前的观察结果来确定当前状态，即确定

$$P(S_i|O_0, \cdots, O_i)$$

S_i 之后的所有状态变量和观察变量都是无关紧要的，因为它们没有被观察到，在计算这个条件分布时可以忽略不计。

例 8.30   以例 8.29 为例，考虑过滤。

下表给出了每个时刻的观察结果和结果状态分布。时刻 0 没有观测值。

时刻	观察			后验状态分布			
	麦克风 1	麦克风 2	麦克风 3	$P(m)$	$P(c_1)$	$P(c_2)$	$P(c_3)$
0	—	—	—	0.25	0.25	0.25	0.25
1	0	1	1	0.46	0.019	0.26	0.26
2	1	0	1	0.64	0.084	0.019	0.26

因此，即使从最初的一无所知开始，只有两个时间步的有噪声的观察，它非常确定动物不是在角落 1 或角落 2。很可能动物在中间。

注意，任何时候的后验只取决于当时的观察结果。过滤不考虑将来提供更多关于初始状态信息的观察结果。

平滑的问题是根据过去和未来的观察来确定一个状态。假设一个智能体已经观察到时刻 k，并且想要确定时刻 $i(i<k)$ 时的状态；则平滑问题是确定的。

$$P(S_i | O_0, \cdots, O_k)$$

所有的变量 S_i 和 V_i 都可以忽略 $i>k$ 的情形。

定位

假设一个机器人想要根据它的动作历史和传感器读数来确定它的位置。这就是**定位**问题。图 8.13 显示了定位问题的信念网络表示。每个时刻 i 都有一个变量 Loc_i，代表机器人在时刻 i 的位置。每个时刻 i 都有一个变量 Obs_i，表示机器人在时刻 i 的观察值。对于每时刻 i，都有一个变量 Act_i 表示机器人在时刻 i 的动作。在本节中，假设机器人的动作被观察到。（机器人选择其动作的情况将在第 9 章讨论。）

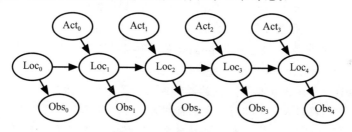

图 8.13   定位的信念网络

该模型假设如下的动态特性：时刻 i，机器人处于 Loc_i 位置，观察 Obs_i，然后开始行动，观察自己的行动 Act_i，时间进展到时刻 $i+1$，此时机器人处于 Loc_{i+1} 位置。它在时刻 t 的观测只依赖于时刻 t 的状态。机器人在时刻 $t+1$ 的位置取决于它在时刻 t 的位置和它在时刻 t 的动作。给定时刻 t 的位置和时刻 t 的动作，它在时刻 $t+1$ 的位置有条件地独立于之前的位置、之前的观察和之前的操作。

定位问题是根据机器人的观察历史来确定机器人的位置：

$$P(Loc_t | Obs_0, Act_0, Obs_1, Act_1, \cdots, Act_{t-1}, Obs_t)$$

例 8.31   考虑图 8.14 中描述的域。

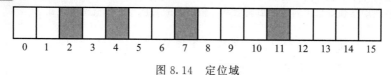

图 8.14   定位域

有一个圆形走廊，有 16 个位置，编号从 0 到 15。机器人每次都在这些位置中的一个。对于每一时刻 i，由一个变量 Loc_i 表示其位置，值域为 $\{0, 1, \cdots, 15\}$。

- 2 号、4 号、7 号和 11 号位置有门，其他位置没有门。
- 这款机器人有一个传感器，可以有噪声地感应到它是否在门前。这是在每时刻 i 用一个变量 Obs_i 建模，值域为 $\{\text{door}, \text{nodoor}\}$。假设如下的条件概率：

$$P(\text{Obs}_t = \text{door} \mid \text{atDoor}_t) = 0.8$$
$$P(\text{Obs}_t = \text{door} \mid \text{notAtDoor}_t) = 0.1$$

其中，当机器人在时刻 t 处于第 2、4、7 或 11 个状态时，atDoor_t 为真；当机器人处于其他状态时，notAtDoor_t 为真。

因此，这种观察是部分的，因为许多状态都给出了相同的观察，而且它的噪声如下：当机器人站在门口时，在 20% 的情况下，传感器错误地给出了一个负读数。当机器人不在门口时，在 10% 的情况下，传感器记录这里有一扇门。

- 每个时刻，机器人可以向左、向右或保持静止。假设 staystill 动作是确定性的，但移动动作的动态性是随机的。仅仅因为机器人执行了 goRight 动作并不意味着它实际上向右走了一步——它有可能保持不动，向右走了两步，或者甚至停在某个任意的位置上（例如，如果有人拿起机器人并移动它）。如果有人拿起机器人并移动它）。对于每个位置 L，假设如下动态：

$$P(\text{Loc}_{t+1} = L \mid \text{Act}_t = \text{goRight} \wedge \text{Loc}_t = L) = 0.1$$
$$P(\text{Loc}_{t+1} = L+1 \mid \text{Act}_t = \text{goRight} \wedge \text{Loc}_t = L) = 0.8$$
$$P(\text{Loc}_{t+1} = L+2 \mid \text{Act}_t = \text{goRight} \wedge \text{Loc}_t = L) = 0.074$$

对于任意其他位置 L'，$P(\text{Loc}_{t+1} = L' \mid \text{Act}_t = \text{goRight} \wedge \text{Loc}_t = L) = 0.002$

所有的定位算法都是模 16。动作 goLeft 的工作方式是一样的，只是在左边。

机器人从一个未知的位置开始，必须确定自己的位置。

看起来好像这个领域太模糊了，传感器噪声太大了，动态性太随机了，以至于什么都做不了。然而，根据机器人的动作历史和观察结果，计算机器人当前位置的概率是可能的。

图 8.15 给出了机器人在其位置上的概率分布，假设它开始时不知道自己在哪里，并经历了以下观察：观察有门，向右走，观察无门，向右走，然后观察有门。位置 4 是当前最有可能的位置，其后验概率为 0.42。也就是说，从图 8.13 的网络来看：

$$P(\text{Loc}_2 = 4 \mid \text{Obs}_0 = \text{door}, \text{Act}_0 = \text{goRight}, \text{Obs}_1 = \text{nodoor},$$
$$\text{Act}_1 = \text{goRight}, \text{Obs}_2 = \text{door}) = 0.42$$

0	1	2	3	4	5	6	7	8	9	10	11	12	13	14	15
0.011	0.011	0.08	0.011	0.42	0.015	0.054	0.141	0.011	0.053	0.018	0.082	0.011	0.053	0.018	0.011

图 8.15　位置的分布情况。位置的编号从 0 到 15。底部的数字给出了机器人在实施了例 8.31 中给出的特定动作和观察序列后的后验概率。条形图的高度与后验概率成正比

位置 7 是当前最有可能的位置，后验概率为 0.141。位置 0、1、3、8、12 和 15 是当前最不可能的位置，其后验概率为 0.011。

你可以在图书网站上使用 applet 来查看这对于其他观察序列的工作效果。

例 8.32 用另一个传感器扩展例 8.31。假设，除了一个门传感器，还有一个光传感器。光传感器和门传感器在给定的状态下是有条件独立的。假设光传感器的信息量不是很大；它只给出是或否的信息，关于它是否检测到任何光线，这是非常嘈杂的，取决于位置。

这在图 8.16 中进行了建模，使用了下列变量：

- Loc_t，机器人在时刻 t 的位置。
- Act_t，机器人在时刻 t 的动作。
- D_t，时刻 t 时的门传感器值。
- L_t，时刻 t 时的光传感器值。

在 L_i 和 D_i 上调节，使它结合来自光传感器和门传感器的信息。这是一个**传感器融合**的实例。给定信念网络模型，无须定义任何新的传感器融合机制；标准概率推理结合了来自两个传感器的信息。

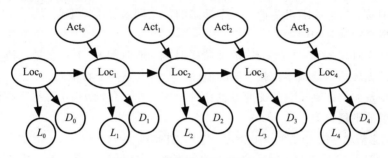

图 8.16 带有多个传感器的定位

8.5.3 监控和平滑的算法

任何标准的信念网络算法（如变量消去）都可以用来进行监听或平滑。然而，有可能利用这样一个事实，即时间向前移动，智能体及时获得观察结果，并且对当前时间的状态感兴趣。

在**信念监听**或**过滤**中，智能体根据观察历史计算当前状态的概率。根据图 8.12 中的 HMM，对于每个 i，智能体想要计算 $P(S_i | o_0, \cdots, o_i)$，这是给定 $o_0, \cdots, o_i$ 的特定观测值时的时刻 i 的状态分布。这是使用变量消去实现的：

$$
\begin{aligned}
P(S_i | o_0, \cdots, o_i) &\propto P(S_i, o_0, \cdots, o_i) \\
&= P(o_i | S_i) P(S_i, o_0, \cdots, o_{i-1}) \\
&= P(o_i | S_i) \sum_{S_{i-1}} P(S_i, S_{i-1}, o_0, \cdots, o_{i-1}) \\
&= P(o_i | S_i) \sum_{S_{i-1}} P(S_i | S_{i-1}) P(S_{i-1}, o_0, \cdots, o_{i-1}) \\
&\propto P(o_i | S_i) \sum_{S_{i-1}} P(S_i | S_{i-1}) P(S_{i-1} | o_0, \cdots, o_{i-1}) \quad (8.2)
\end{aligned}
$$

假设智能体根据第 $i-1$ 时刻之前的观测结果计算了先前的信念。也就是说，它有一个表示为 $P(S_{i-1} | o_0, \cdots, o_{i-1})$ 的因子。这只是 S_{i-1} 上的一个因子。为了计算下一个信念，它将它乘以 $P(S_i | S_{i-1})$，得出 S_{i-1}，然后将它乘以因子 $P(o_i | S_i)$，并归一化。

将 S_{i-1} 上的一个因子乘以 $P(S_i | S_{i-1})$，求解 S_{i-1}，就是**矩阵乘法**的一个例子。将结果乘以 $P(o_i | S_i)$ 称为**点积**。矩阵乘法和点积是变量消去的简单例子。

例 8.33 考虑一下例 8.31 的值域。观察一扇门需要将每个位置 L 的概率乘以 P(door｜Loc＝L)并重新归一化。右移涉及对每个状态，做一个正向模拟在那个状态下的右移动作，权重是处于那个状态的概率。

平滑是在给定过去和未来观测值的情况下，计算状态变量在 HMM 中的概率分布的问题。利用未来的观测结果可以做出更准确的预测。有了新的观察结果，就有可能通过使用变量消去来一次遍历状态以更新所有以前的状态估计；请参见练习 8.17。

8.5.4 动态信念网络

特定时间的状态不需要表示为单个变量。用特征来表示状态通常更自然。

动态信念网络（DBN）是具有规则重复结构的离散时间信念网络。它就像一个（隐）马尔可夫模型，但状态和观测是用特征来表示的。如果 F 是一个特征，我们把 F_t 写成表示变量 F 在时刻 t 的值的随机变量。一个动态的信念网络做出以下假设：

- 特征集每次都是相同的。
- 对于任意时刻 $t>0$，变量 F_t 的父辈是时刻 t 或时刻 $t-1$ 的变量，使得任意时间的图是无环的。结构不依赖于 t 的值（除了 $t=0$ 是一个特例）。
- 每个变量如何依赖于它的父变量的条件概率分布在每次 $t>0$ 时都是相同的。这就是所谓的**平稳模型**。

因此，动态信念网络为时刻 $t=0$ 指定一个信念网络，为每个变量 F_t 指定 $P(F_t｜\text{parents}(F_t))$，其中 F_t 的父辈处于相同或之前的时间步长。这是为 t 指定的自由参数；条件概率可用于任何时刻 $t>0$。就像在信念网络中一样，有向环是不允许的。

动态信念网络的模型表示为**两步信念网络**，两步信念网络表示前两次（时刻 0 和 1）的变量，即每个特征 F 有两个变量，分别是 F_0 和 F_1。F_0 的父代集合（即 $\text{parents}(F_0)$）只能包含时刻 0 的变量。结果图必须是无环的。与网络相关的是概率 $P(F_0｜\text{parents}(F_0))$ 和 $P(F_1｜\text{parents}(F_1))$。

两步信念网络通过对后续时间的结构复制而**展开**为信念网络。在展开网络中，对于 $i>1$，$P(F_i｜\text{parents}(F_i))$ 与 $P(F_1｜\text{parents}(F_1))$ 具有完全相同的结构和相同的条件概率值。

例 8.34 假设一个交易智能体想要模拟一种商品（如打印纸）的价格动态。为了表示这个域，设计师对影响价格的变量和其他变量进行建模。假设纸浆成本和运输成本直接影响到纸张的价格。运输费用受天气影响。纸浆成本受到树木害虫流行的影响，而树木害虫的流行又取决于天气。假设每个变量都依赖于前一个时间步的值。表示这些依赖关系的两阶段动态信念网络如图 8.17 所示。

从图中可以看出，变量在一开始是相互独立的。

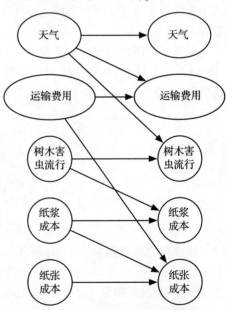

图 8.17 对于纸张价格的两阶段动态信念网络

通过复制每个时间步的节点，这个两阶段的动态信念网络可以扩展为一个常规的动态信念网络，而未来步骤的父节点是时间 1 变量的父节点的副本。图 8.18 显示了一个扩展的信念网络，其域为 3。下标表示变量引用的时间。

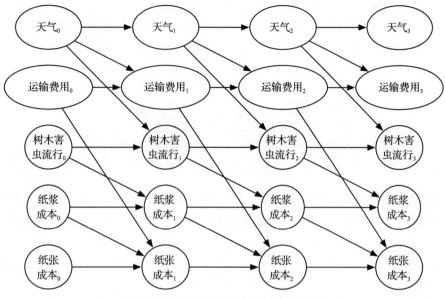

图 8.18 纸张价格的扩展动态信念网络

8.5.5 时间粒度

HMM 或动态信念网络定义的问题之一是模型依赖于时间粒度。**时间粒度**指定了动态系统从一种状态转换到另一种状态的频率。时间粒度可以是固定的，例如每天或每三十分之一秒；也可以是基于事件的，即当有趣的事情发生时，时间步触发。如果时间粒度发生变化，例如从每天改为每小时，条件概率也会发生变化。

一种独立于时间粒度对动态建模的方法是对**连续时间**建模，其中对于每个变量和变量的每个值，指定如下：

- 该变量预计保持该值多长时间的分布（例如指数衰减）。
- 当它的值发生变化时，它将转换到什么值。

在时间**离散化**的情况下，时间以离散的步骤从一个状态移动到下一个状态，根据这些信息可以构建一个动态的信念网络。如果时间离散化足够好，那么在每个时间步长中忽略多个值的转换只会产生很小的误差。

8.5.6 语言的概率模型

马尔可夫链是简单语言模型的基础，在日常的各种**自然语言处理**任务中有着广泛的应用。

假设一个**文档**是一个句子序列，而一个**句子**是一个**单词**序列。在这里，我们要考虑人们可能与系统对话或作为查询向帮助系统询问的句子的种类。我们不假设它们是合乎语法的，而且通常包含 "thx" 或 "zzz" 等词，这些词通常不被认为是单词。

在**词集**（set-of-words）模型中，句子（或文档）被视为出现在句子中的单词集，忽略单词的顺序或单词是否重复。例如，句子 "how can I phone my phone" 将被视为集合

{"can", "how", "I", "my", "phone"}。

将词集模型表示为信念网络，如图 8.19 所示。每个单词都有一个布尔随机变量。在这个图中，单词是相互独立的(但它们不一定必须相互独立的)。这个信念网络要求每个单词出现在一个句子中的概率：$P($"a"$)$，$P($"aardvark"$)$，…，$P($"zzz"$)$。为了对句子 "how can I phone my phone" 进行条件设置，句子中的所有单词都被赋值为 true，而其他所有单词都被赋值为 false。模型中没有定义的单词要么被忽略，要么被赋予一个默认的(小的)概率。句子 S 的概率是 $\left(\prod\limits_{w \in S} P(w) \right) * \prod\limits_{w \notin S} (1 - P(w))$。

domain ("a") =domain ("aardvark) =···=domain ("zzz") = {true,false}

图 8.19　词集语言模型

词集模型本身并不是很有用，但通常用作较大模型的一部分，如下面的例子所示。

例 8.35 假设我们要开发一个**帮助系统**，根据用户在帮助系统查询中提供的关键字来确定他们对哪个帮助页面感兴趣。

系统将观察用户给出的单词。假设查询中使用的词集足以确定帮助页面，而不用建模句子结构。

目的是确定用户想要的帮助页面。假设用户只对一个帮助页面感兴趣。因此，拥有一个域为所有帮助页面($\{h_1, \cdots, h_k\}$)集合的节点 H 似乎是合理的。

可以把它表示成一个**朴素贝叶斯分类器**。朴素贝叶斯分类器是一个信念网络，它有一个单一的节点(类)，这个节点直接影响其他变量，而其他变量在给定的类中是相互独立的。图 8.20 显示了帮助系统的朴素贝叶斯分类器，其中 H 是用户感兴趣的帮助页面，是类，其他节点表示查询中使用的单词。这个网络嵌入了独立性假设：查询中使用的单词依赖于用户感兴趣的帮助页面，而在给定的帮助页面中，这些单词有条件地相互独立。

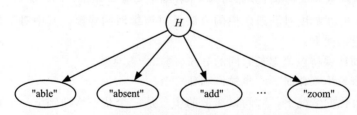

图 8.20　一个帮助系统的带词集模型的朴素信念网络

对于每个帮助页面 h_i，这个网络需要 $P(h_i)$，$P(h_i)$ 指定了在没有任何信息的情况下，用户想要这个帮助页面的可能性有多大。这个网络假设用户只对一个帮助页面感兴趣，因此 $\sum\limits_i P(h_i) = 1$。

网络还要求，对于每个单词 w_j 和对于每个帮助页面 h_i，概率为 $P(w_j | h_i)$。这些似乎更难获得，但有一些启发式方法可用。这些值的总和应该是查询中的平均字数。我们会期望在帮助页面中出现的单词比不在帮助页面中的单词更容易被使用。还可能有与页面相关的更可能被使用的关键字。也可能有一些单词使用得更多，但与用户感兴趣的帮助页面无关。例 10.5 展示了如何从经验中学习这个网络的概率。

要对查询中的词集进行条件设置，可以将查询中出现的单词视为 true，将查询中没有出现的单词视为 false。例如，如果帮助文本是"the zoom is missing"，那么单词"the""zoom""is"和"missing"将被观察到为真，而其他单词将被观察到为假。一旦 H 的后验值被计算出来，最有可能显示给用户的帮助主题就很少了。

有些词（如"the"和"is"）可能没有用，因为它们对于每个帮助主题具有相同的条件概率，因此，可以从模型中省略。一些在查询中可能不会出现的单词也可以从模型中删除。

注意，条件设置包含了查询中没有的单词。例如，如果页面 h_{73} 是关于打印问题的，我们可能会期望想要页面 h_{73} 的人使用"print"这个词。查询中不存在"print"一词，这是用户不想要页面 h_{73} 的有力证据。

给定帮助页面，单词的独立性是一个强有力的假设。它可能不适用于像"not"这样的词，而"not"与哪个词相关是非常重要的。甚至可能有些词是互补的，在这种情况下，你希望用户使用其中一个而不是另一个（例如，"type"和"write"）；有些词你希望一起使用（如"go"和"to"）；这两种情况都违反了独立性假设。

这是一个经验性的问题，即违反这些假设会在多大程度上损害系统的有效性。

在**词袋**（bag-of-words）或一元（unigram）模型中，一个句子被视为一组单词的集合，表示一个单词在一个句子中使用的次数，但不表示单词的顺序。图 8.21 展示了如何将一个一元图表示为一个信念网络。对于单词序列，每个位置 i 都有一个变量 W_i，每个变量的域都是所有单词的集合，例如{"a"，"aardvark"，…，"zzz"}。域通常会添加一个符号"$\perp$"，用以表示句子的结尾，用"?"表示一个不在模型中的单词。

在句子"how can I phone my phone"中，单词 W_1 被观察到是"how"，变量 W_2 被观察到是"can"，等等。单词 W_7 被赋值 $\perp$。W_4 和 W_6 都被赋予了"phone"这个值。后续没有变量 W_8。

一元模型假设一个平稳分布，其中每个 i，W_i 的先验分布是相同的。$P(W_i=w)$ 的值是随机选择的单词 w 的概率。更常用的词比较少常用的词有更高的概率。

在**二元**（bigram）模型中，每个单词的概率取决于句子中的前一个单词。它被称为二元模型是因为它依赖于成对的单词。图 8.22 给出了一个二元模型的信念网络表示。这需要一个具体的 $P(W_i|W_{i-1})$。

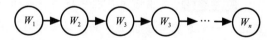

图 8.21　词袋或一元语言模型　　图 8.22　二元语言模型

为了让 W_1 不是一个特例，我们引入一个新的单词 $\perp$；直觉上说，$\perp$ 是句子之间的"单词"。例如，P（"cat"｜$\perp$）是"cat"这个词是句子的第一个单词的概率。$P(\perp$｜"cat"）是句子结束之后，"cat"这个词出现的概率。

在**三元**（trigram）模型中，对每三个单词组成的三元组进行建模。这在图 8.23 中表示为一个信念网络。这需要 $P(W_i|W_{i-2}，W_{i-1})$；即给定前两个单词，每个单词的概率。

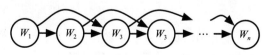

图 8.23　三元语言模型

一般来说，在 n 元模型中，对前 $n-1$ 个单词的每个单词的概率进行建模。这需要考虑 n 个单词的每一个序列，因此将其表示为表的复杂度随着 w^n 的增加而增加，其中 w 是单词数。图 8.24 展示了一些常见的一元、二元和三元概率。

单词	P_1	单词	P_2	单词	P_3
the	0.0464	same	0.010 23	time	0.152 36
of	0.0294	first	0.007 33	as	0.046 38
and	0.0228	other	0.005 94	way	0.042 58
to	0.0197	most	0.005 58	thing	0.020 57
in	0.0156	world	0.004 28	year	0.009 89
a	0.0152	time	0.003 92	manner	0.007 93
is	0.008 51	two	0.002 73	in	0.007 39
that	0.008 06	whole	0.001 97	day	0.007 05
for	0.006 58	people	0.001 75	kind	0.006 56
was	0.005 08	great	0.001 02	with	0.003 27

由谷歌书籍 Ngram 浏览器（https://books.google.com/ngrams/）导出的 2000 年的一元、二元和三元概率。P_1 是 $P(\text{Word})$，表示排名前 10 的单词的概率，可以在浏览器中使用查询"*"找到它们。P_2 是二元模型的一部分，该模型表示排名前 10 的单词的概率 $P(\text{Word} \mid$ "the"）。这是在浏览器中查询"the *"得到的。P_3 是二元模型的一部分；给出的概率表示 $P(\text{Word} \mid$ "the"，"same"），这是在浏览器中查询"the same *"得到的。

图 8.24   最有可能出现的 n 元

条件概率一般不以表格的形式表示，因为表格太大，而且很难评估一个以前不知道的词的概率，或者给定一个以前不知道的词或给定一个不常见的短语的下一个词的概率。相反，可以使用上下文特定的独立性，比如，对于三元模型来说，表示下一个的概率取决于其中的一些词对，如果这些都不成立，则使用 $P(W_i \mid W_{i-1})$，就像二元模型中一样。例如，"frightfully green"这个词组并不常见，所以要计算出下一个词的概率 $P(W \mid$ "frightfully"，"green"），典型的做法是使用 $P(W \mid$ "green"），这样更容易评估和学习。

这些模型中的任何一个都可以在例 8.35 的帮助系统中使用，而不是那里使用的词集模型。可以将这些模型组合起来以提供更复杂的模型，如下面的示例所示。

例 8.36   考虑当用户在手机的屏幕键盘上打字来造句时拼写纠正的问题。图 8.25 给出了一个预测打字模型，它可以做到这一点（以及更多）。

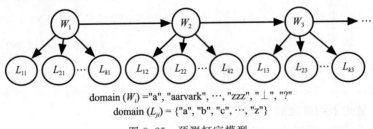

domain (W_i) = "a", "aarvark", $\cdots$, "zzz", "$\perp$", "?"
domain (L_{ji}) = {"a", "b", "c", $\cdots$, "z"}

图 8.25   预测打字模型

变量 W_i 是句子中的第 i 个单词。每个单词 W_i 的域是所有单词的集合。这使用了单词的二元模型，并假设 $P(W_i \mid W_{i-1})$ 是作为语言模型提供的。平稳模型通常是合适的。

变量 L_{ji} 表示单词 i 中的第 j 个字母。每个 L_{ji} 的域是可输入的字符集。它对给定单词的每个字母使用一元模型，但它不是一个平稳模型，例如，给定单词"print"的第一

个字母的概率分布不同于给定单词"print"的第二个字母的概率分布。如果单词 w 的第 j 个字母是 c，我们期望 $P(L_{ji}=c\,|\,W_i=w)$ 接近 1。条件概率可以包含常见的拼写错误和常见的打字错误(例如，交换字母，或者有人倾向于在手机屏幕上打出稍高的字样)。

例如，$P(L_{1j}=$ "p" $|W_j=$ "print")将接近 1，但不等于 1，因为用户可能输入错误。同样，$P(L_{2j}=$ "r" $|W_j=$ "print")也会很高。单词中第二个字母的分布 $P(L_{2j}|W_j=$ "print")，可以考虑到键入相邻字母的错误(标准键盘上 e 和 t 与 r 相邻)，以及丢失的字母(可能 i 更多，可能是因为它是"print"中的第三个字母)。在实践中，这些概率通常是从输入已知句子的人的数据中提取出来的，不需要对错误发生的原因进行建模。

单词模型允许系统预测下一个单词，即使没有输入字母。然后，在输入字母时，它根据前面的单词和输入的字母来预测单词，即使有些字母打错了。例如，如果用户键入"I cannot pint"，那么最后一个单词很可能是"print"，而不是"pint"，因为模型结合了所有证据的方式。

主题模型根据输入的句子预测文档的主题。了解文档的主题有助于人们找到文档或类似的文档，即使他们不知道文档中有哪些单词。

例 8.37 图 8.26 给出了一个基于词集语言模型的简单主题模型。有一组主题是先验独立的(给出了四个主题)。在给定的主题下，单词之间是相互独立的。我们假设一个"噪声或"模型，说明单词如何依赖于主题。

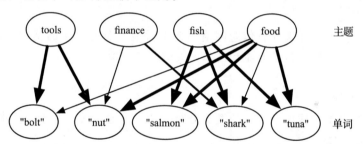

图 8.26 简单的主题模型，用词集来表示。线条的粗细表示连接的强度。见例 8.37

可以通过为每个主题提供一个变量来表示"噪声或"模型——其中的单词对与主题相关。例如，tools_bolt 变量表示单词 bolt 在文档中的概率，因为主题是 tools。如果主题不是 tools，则此变量的概率为零；如果主题是 tools(并且没有其他相关主题)，则该变量的概率就是该单词出现的概率。如果 tools_bolt 为真，或者类似的变量 food_bolt 为真，那么出现单词 bolt 的概率为 1，否则将以小概率出现(没有主题出现的概率)。因此，每个与主题相关的主题-单词对都由单个权重建模。在图 8.26 中，权重越大的线越粗。

给定单词，主题模型用于推断主题上的分布。一旦给定了与某个主题相关的多个单词，该主题就更有可能出现，因此与该主题相关的其他单词也更有可能出现。按主题索引文档可以让我们找到相关文档，即使使用不同的单词来查找文档。

该模型基于谷歌的 Rephil，它有 1200 万个单词(其中常用短语被视为单词)、90 万个主题和 3.5 亿个非零概率的主题-单词对。

可以把这些模式混合在一起，比如说，用当前的主题，预测打字模型与主题预测模型中的词。

基于 n 元的模型不能代表自然语言的所有微妙之处，如下例所示。

例 8.38 考虑一下这个句子：

"A tall man with a big hairy cat drank the cold milk."

在英语中，这是明确的；那人喝了牛奶。想想看，n 元面对这一句子会怎么样。问题是主语（"man"）与动词（"drunk"）离得甚远。猫喝了牛奶也是有道理的。很容易想到这个句子的变体，其中"人"是任意远离主语的，因此不会被任何 n 元捕获。如何处理这样的句子在 13.6 节中讨论。

8.6 随机模拟

许多问题对于精确推断来说太大了，所以必须求助于**近似推断**。最有效的方法之一是根据网络指定的(后验)分布生成随机样本。

随机模拟是基于这样一种思想，即一组样本可以映射到概率，也可以根据概率得到。例如，概率 $P(a)=0.14$ 表示在 1000 个样本中，有 140 个让 a 为真。推理可以通过将概率转化为样本，或将样本转化为概率来实现。

以下各节讨论三个问题：

- 如何生成样本。
- 如何从样本中推断概率。
- 如何合并观察。

这些构成了使用采样来计算信念网络中变量后验分布的方法的基础，这些方法包括拒绝采样、重要性采样、粒子滤波和马尔可夫链蒙特卡罗。

8.6.1 单变量采样

最简单的情况是生成单个变量的概率分布。这是其他方法所基于的基本情况。

1. 从概率到样本

要从单个离散或实值变量 X 生成样本，首先要对 X 域中的值进行完全排序。对于离散变量，如果没有自然顺序，就创建一个任意的顺序。根据这个顺序，**累积概率分布**是 x 的函数，由 $f(x)=P(X{\leqslant}x)$ 定义。

要生成 X 的随机样本，请在[0，1]域中选择一个随机数 y。我们从均匀分布中选择 y，以确保 0 到 1 之间的每个数字都有相同的被选中的机会。设 v 为 X 在累积概率分布中映射到 y 的值。也就是说，v 是 domain(X)的元素，使得 $f(v)=y$，或者等价地 $v=f^{-1}(y)$。那么，$X=v$ 是 X 的一个随机样本，根据 X 的分布来选择。

例 8.39 考虑一个域为 $\{v_1，v_2，v_3，v_4\}$ 的随机变量 X。假设 $P(X=v_1)=0.3$，$P(X=v_2)=0.4$，$P(X=v_3)=0.1$，$P(X=v_4)=0.2$。首先，对数值进行排序，比如 $v_1{<}v_2{<}v_3{<}v_4$。图 8.27 显示了 $P(X)$（即 X 的分布）以及 $f(X)$（即 X 的累积分布）。考虑值 v_1；f 的值域的 0.3 映射回 v_1。因此，如果从 y 轴上均匀地选取一个样本，v_1

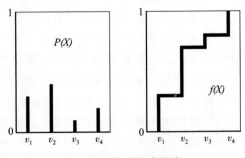

图 8.27   累积概率分布

有 0.3 的机会被选取，v_2 有 0.4 的机会被选取，以此类推。

2. 从样本到概率

概率可以用样本均值从一组样本中估计出来。命题 α 的**样本均值**是命题 α 为真的样本数除以样本总数。根据大数定律，当样本数趋近于无穷时，样本均值趋近于真实概率。

Hoeffding 不等式提供了一个给定 n 个样本的概率为样本均值的误差估计值，满足以下命题。

命题 8.6(Hoeffding) 假设 p 为真实概率，s 为 n 个独立样本的样本均值；然后，

$$P(|s-p|>\varepsilon)\leqslant 2e^{-2n\varepsilon^2}$$

这个定理可以用来确定需要多少个样本才能保证对概率的一个大致正确的估计。保证误差总是小于某个 $\varepsilon<0.5$，需要无穷多个样本。然而，如果你愿意在均值为 δ 情况下，误差大于 ε，对于 n，求解 $2e^{-2n\varepsilon^2}<\delta$，得到

$$n>\frac{-\ln\dfrac{\delta}{2}}{2\varepsilon^2}$$

例如，假设你想要在 20 次中有 19 次满足小于 0.1 的误差；也就是说，你只愿意 5% 的情况下容忍大于 0.1 的误差。你可以把 Hoeffding 的界限设为 0.1，且 $\delta=0.05$，这样得到 $n>184$。因此，你拥有 185 个样本时可以保证该误差。如果你想要在至少 95% 的情况下实现一个小于 0.01 的误差，可以使用 18 445 个样本。如果你想要在 99% 的情况下实现一个小于 0.1 的误差，可以使用 265 个样本。

8.6.2 信念网络的前向采样

前向采样是一种为信念网络中的每个变量生成一个样本的方法，这样每个样本都是按其概率比例生成的。这使我们能够估计任何变量的先验概率。

假设 $X_1,\cdots,X_n$ 是变量的总排序，因此每个变量的父级在变量的总排序之前。前向采样通过对每个变量 $X_1,\cdots,X_n$ 按序生成一个样本，从而形成所有变量的样本。首先，它用累积分布对 X_i 进行采样，如上所述。对于其他每个变量，由于变量的总排序，当采样 X_i 时，它已经有了 X_i 的所有父变量的值。现在，给定了 X_i 的父变量已经分配的值，它从 X_i 的分布中为 X_i 取一个值。对每个变量重复此操作将生成一个包含所有变量值的样本。查询变量的概率分布是通过考虑分配给每个变量值的样本的比例来估计的。

例 8.40 为图 8.3 的信念网络创建一组样本，假设变量的排序为 Tampering，Fire，Alarm，Smoke，Leaving，Report。首先，算法采样 Tampering，使用累积分布。假设它选择 Tampering＝false。然后用同样的方法对 Fire 进行采样。假设它选择 Fire＝true。然后利用分布 $P(\text{Alarm}|\text{Tampering}=\text{false},\text{Fire}=\text{true})$ 采样 Alarm 的一个值。假设它选择 Alarm＝true。接下来，使用 $P(\text{Smoke}|\text{Fire}=\text{true})$ 对 Smoke 采样一个值。其他变量也是如此。因此，它为每个变量选择了一个值，并创建了图 8.28 的第一个样本。注意，它选择了一个非常不可能的值组合。这种情况并不经常发生，它的发生与样本的可能性成正比。重复这个过程直到有足够的样本。在图 8.28 中，它产生了 1000 个样本。

样本	Tampering	Fire	Alarm	Smoke	Leaving	Report
s_1	false	true	true	true	false	false
s_2	false	false	false	false	false	false
s_3	false	true	true	true	true	true
s_4	false	false	false	false	false	true
s_5	false	false	false	false	false	false
s_6	false	false	false	false	false	false
s_7	true	false	false	true	true	true
s_8	true	false	false	false	false	true
...						
s_{1000}	true	false	true	true	false	false

图 8.28   信念网络的采样

Report＝true 的概率是由变量 Report 值为 true 的样本所占的比例来估计的。

8.6.3　拒绝采样

给定证据 e，拒绝采样使用如下公式估计 $P(h\,|\,e)$，

$$P(h\,|\,e) = \frac{P(h \wedge e)}{P(e)}$$

计算方法是只考虑 e 为真的样本，并确定其中 h 为真的样本比例。**拒绝采样**的思想是，像以前一样产生样本，但任何 e 为假的样本都被拒绝。剩余的、不被拒绝的样本中 h 为真的样本的比例是 $P(h\,|\,e)$ 的估计值。如果证据是对变量的值分配的组合，当任何变量被分配的值与观察到的值不同时，样本被拒绝。

例 8.41　图 8.29 演示如何使用拒绝采样来估计 $P(\text{tampering}\,|\,\text{smoke} \wedge \neg \text{report})$。任何含有 Smoke＝false 的样本都将被拒绝。样本被拒绝，没有考虑任何更多的变量。任何带有 Report＝true 的样本都将被拒绝。其余样本(标记为✔)的样本均值用于估计 tampering 的后验概率。

样本	Tampering	Fire	Alarm	Smoke	Leaving	Report	
s_1	false	false	true	false	✘		
s_2	false	true	false	true	false	false	✔
s_3	false	true	true	false	✘		
s_4	false	true	false	true	false	false	✔
s_5	false	true	true	true	true	true	✘
s_6	false	false	false	true	false	false	✔
s_7	true	false	false	false	✘		
s_8	true	true	true	true	true	true	✘
...							
s_{1000}	true	false	true	false	✘		

图 8.29   对 $P(\text{tampering}\,|\,\text{smoke} \wedge \neg \text{report})$ 的拒绝采样

因为 $P(\text{smoke} \wedge \neg \text{report}) = 0.0128$，我们期望在 1000 个样本中有 13 个样本，其 smoke $\wedge$ ¬report 为 true；其他 987 个样本，其 smoke $\wedge$ ¬report 为假，因此会被拒绝。因此，在 Hoeffding 不等式中 $n = 13$，例如，在约 86% 的情况下，保证从这些样本中计算出的任何概率误差都小于 0.25，这不是很准确。

h 的概率误差取决于未被拒绝的样本的数量，与 $P(e)$ 成比例。Hoeffding 不等式可

以用来估计拒绝采样的误差，其中 n 是未拒绝样本的数目。因此，误差取决于 $P(e)$。

当证据不太可能时，拒绝采样就不能很好地工作。这似乎不是什么大问题，因为根据定义，不可能的证据不太可能发生。但是，尽管这对于简单的模型是正确的，对于具有复杂观测的复杂模型，每一个可能的观测都是不可能的。此外，对于许多应用，例如诊断，用户对确定概率感兴趣，因为涉及不寻常的观察。

8.6.4 似然加权

与其先创建一个样本，然后再拒绝它，还不如将采样与推理混合起来，对样本被拒绝的概率进行推理。在**重要性采样**方法中，每个样本都有一个权值，样本均值是用样本的加权平均值来计算的。**似然加权**是重要性采样的一种形式，其中变量按照信念网络定义的顺序进行采样，并使用证据来更新权重。权重反映了样本不被拒绝的概率。

例 8.42 考虑图 8.3 的信念网络。这里 $P(\text{fire})=0.01$。$P(\text{smoke}\,|\,\text{fire})=0.9$ 且 $P(\text{smoke}\,|\,\neg\text{fire})=0.01$。假设观察到 Smoke=true，并且查询 Fire 的另一个后代。

从 1000 个样本开始，大约有 10 个样本满足 Fire=true，其他 990 个样本满足 Fire=false。在拒绝采样中，在 Fire=false 的 990 个样本中，有 1%（约为 10 个）将有 Smoke=true，因此不会被拒绝。剩下的 980 个样品将被拒绝。在 Fire=true 的 10 个样本中，大约有 9 个不会被拒绝。因此，约 98% 的样本被拒绝。

与其拒绝这么多样本，不如将 Fire=true 的样本加权为 0.9，Fire=false 的样本加权为 0.01。这可能会给任何使用这些样本的概率提供一个更好的估计。

图 8.30 显示了查询变量 Q 和证据 e 计算 $P(Q\,|\,e)$ 的似然加权的细节。for 循环（从第

```
1:  procedure Likelihood_weighting(B, e, Q, n):
2:    Inputs
3:      B：信念网络
4:      e：证据；对某些变量的变量-值赋值
5:      Q：查询变量
6:      n：生成的样本数量
7:    Output
8:      Q 上的后验分布
9:    Local
10:     数组 sample[var]，其中 sample[var]∈domain(var)
11:     实数数组 counts[k]，k∈domain(Q)，初始化为 0
12:   repeat n times
13:     sample := {}
14:     weight := 1
15:     for each 在 B 中的变量 X，为了 do
16:       if X=v 是在 e 中 then
17:         sample[X] := v
18:         weight := weight * P(X=v | parents(X))
19:       else
20:         sample[X] := 从 P(X | parents(X)) 中随机采样
21:     v := sample[Q]
22:     counts[v] := counts[v] + weight
23:   return counts/ ∑ counts[v]
                    v
```

图 8.30 信念网络推理的似然权重

15 行开始）创建一个包含所有变量值的样本。每一个观察到的变量都会改变样本的权重，即根据样本中父变量的赋值，将观察到的值的概率乘以样本中的父变量的赋值。未被观察到的变量根据变量在样本中的父变量的概率进行采样。需要注意的是，对变量进行采样的顺序是为了确保变量的父变量在被选取之前已经在样本中分配好了。

为了提取查询变量 Q 的分布，算法保留了一个数组 counts，其中 counts$[v]$ 为 $Q=v$ 时样本的权值之和。该算法也适用于查询条件比较复杂的情况；我们只需要计算条件为真和条件为假的情况。

例 8.43 假设我们要用似然加权来计算 $P(\text{Tampering} \mid \text{smoke} \wedge \neg \text{report})$。

下表给出了一些样本。表中，s 为样本，e 为 $\neg \text{smoke} \wedge \text{report}$。权重是 $P(e \mid s)$，它等于 $P(\text{smoke} \mid \text{Fire}) * P(\neg \text{report} \mid \text{Leaving})$，其中 Fire 的值和 Leaving 的值都来自样本。

Tampering	Fire	Alarm	Smoke	Leaving	Report	权重
false	true	false	true	true	false	$0.9 * 0.25 = 0.225$
true	true	true	true	false	false	$0.9 * 0.99 = 0.891$
false	false	false	true	true	false	$0.01 * 0.25 = 0.0025$
false	true	false	true	false	false	$0.9 * 0.99 = 0.891$

$P(\text{tampering} \mid \neg \text{smoke} \wedge \text{report})$ 是从 Tampering 为 true 的样本的加权比例中估计出来的。

8.6.5 重要性采样

似然加权是**重要性采样**的一个实例。重要性采样算法具有以下特点：

- 样本加权。
- 这些样本不需要来自实际的分布，但是可以来自（几乎）任何分布，调整权重以反映分布之间的差异。
- 有些变量可以求和，有些变量可以采样。

这种从不同分布中采样的自由，使得算法可以选择更好的采样分布来给出更好的估计。

随机模拟可以计算实值变量 f 在概率分布 P 下的期望值，使用如下公式：

$$\mathcal{E}_P(f) = \sum_w f(w) * P(w) \approx \frac{1}{n} \sum_s f(s)$$

其中 s 为概率为 P 的样本，n 为样本数量。随着样本数量的增加，估计会更加准确。

假设用分布 P 进行采样比较困难，但从分布 Q 进行采样比较容易。我们利用之前的公式，通过下式从 Q 中采样来估计 P 的期望值：

$$\mathcal{E}_P(f) = \sum_w f(w) * P(w) = \sum_w f(w) * (P(w)/Q(w)) * Q(w)$$

$$\approx \frac{1}{n} \sum_s f(s) * P(s)/Q(s)$$

最后一个和是基于 n 个样本，根据分布 Q 选择的。分布 Q 称为**建议分布**。对 Q 的唯一限制是，当 P 不为 0 时，它不应该为 0（即，如果 $Q(c)=0$，则 $P(c)=0$）。

回想一下（见 8.1.4 节），对于布尔变量，true 表示为 1，false 表示为 0，期望值是概率。这里的方法可以用来计算概率。

图 8.30 中的算法可以采用建议分布进行如下的调整：在第 20 行中，它应该从 $Q(X \mid \text{parents}(X))$ 中采样，在这之后的新行中，它通过乘以 $P(X \mid \text{parents}(X))/Q(X \mid \text{parents}(X))$ 来更新 weight 值。

例 8.44 在运行的报警示例中，$P(\text{smoke}) = 0.0189$。如例 8.42 所示，如果算法根据先验概率采样，那么 Smoke = true 在 1000 个样本中只会有 19 个样本为真。似然加权的结果是，尽管样本代表的案例数量相近，但最终有少数样本的权重较高，许多样本的权重较低。

假设不按概率采样，而是采用 $Q(\text{fire}) = 0.5$ 的建议分布。那么 Fire = true 的样本有 50% 的时间被抽样。根据模型 $P(\text{fire}) = 0.01$，因此 Fire = true 的每个样本的权重为 $0.01/0.5 = 0.02$，Fire = false 的每个样本的权重为 $0.99/0.5 = 1.98$。

以 Q 为建议分布的重要性采样，一半样本的 Fire = true，模型指定 $P(\text{smoke} \mid \text{Fire}) = 0.9$。给定证据 e，它们的权重为 $0.9 \times 0.02 = 0.018$。另一半样本的 A = false，模型指定 $P(\text{smoke} \mid \neg\text{fire}) = 0.01$。这些样本的权值为 $0.01 \times 1.98 = 0.0198$。注意，所有样本的权值都具有相同的数量级。这意味着这些估算更加准确。

重要性采样也可以与精确推断相结合。并不是所有的变量都需要采样。未采样的可以用变量消去法进行求和。

最佳建议分布是样本的权值近似相等。这发生在从后验分布采样时。在**自适应重要性采样**中，改进了建议分布，使其近似于被采样变量的后验概率。

8.6.6 粒子滤波

重要性采样一次列举一个样本，并对每个样本，给每个变量赋值。也可以从所有的样本开始，对于每个变量，为每个样本生成该变量的值。例如，对于图 8.28 中的数据，在生成 Fire 样本之前，生成所有的 Tampering 样本可以生成相同的数据。**粒子滤波**算法或**序列蒙特卡罗**算法在移动到下一个变量之前生成一个变量的所有样本。它会扫过所有的变量，对于每个变量，它会扫过所有的样本。当变量是动态生成的，且变量数量不受约束的时候，这种算法是有利的，就像序贯模型(见 8.5 节)。它还允许进行重采样的新操作。

在粒子滤波中，样本被称为**粒子**。粒子是一个变量-值字典，其中字典表示从键到值的部分函数；这里的键是一个变量，粒子映射到它的值。一个粒子有相应的权重。一组粒子就是一个**种群**。

该算法从 n 个空字典的种群开始。该算法根据顺序重复选择一个变量，其中一个变量是在其父变量之后选择的。如果变量未被观察到，则对每个粒子来说，给定粒子的赋值，对该粒子的一个变量的取值，从该变量的分布中采样得到。如果观察到该变量，给定粒子的赋值，每个粒子的权重通过乘以观察的概率来更新。

给定 n 个粒子的种群，**重采样**产生一个新的 n 个粒子的种群，每个粒子的权值相同。每个粒子被选择的概率与它的权重成正比。重采样的实现方式与生成单个随机变量的随机样本相同(见 8.6.1 节)，但选择的是粒子，而不是值。有些粒子可能被多次选择，有些粒子可能根本不被选择。

粒子滤波算法如图 8.31 所示。第 16 行赋予 X 它的观察值。第 17 行是观察 X 时使用的，它根据观察 X 的概率更新粒子的权值。第 22 行赋给 X 一个从 X 分布中采样的值，给定它的父粒子的值。

```
 1:  procedure Particle_filtering(B, e, Q, n):
 2:    Inputs
 3:       B：信念网络
 4:       e：证据；对某些变量的变量-值赋值
 5:       Q：查询变量
 6:       n：生成的样本的数量
 7:    Output
 8:       在 Q 上的后验分布
 9:    Local
10:       particles 是一个粒子集合
11:       数组 counts[k]，其中 k 在 domain(Q) 中
12:    particles := n 个空粒子的列表
13:    for each 在 B 中的变量 X，按顺序 do
14:       if X=v 在 e 中被观察到 then
15:          for each 在 particles 中的 part do
16:             part[X] := v
17:             weight[part] := weight * P(X=v | part[parents(X)])
18:          particles := 根据 weight，从众多粒子中选择的 n 个粒子
19:       else
20:          for each 在 particles 中的 part do
21:             从分布 P(X | part[parents(X)]) 中采样 v
22:             part[X] := v
23:    for each v in domain(Q) do
24:       counts[v] := particles 中 part 的数量 part[Q]=v)/n
25:    return counts
```

图 8.31 用于信念网络推理的粒子过滤

该算法在每次观察后进行重采样。也可以不那么频繁地重采样，例如，可以在观察到一些变量之后。

重要性采样相当于粒子滤波，不需要重采样。主要的区别是粒子产生的顺序。在粒子滤波中，每个变量对所有粒子进行采样，而在重要性采样中，每个粒子（样本）在考虑下一个粒子之前对所有变量进行采样。

与重要性采样相比，粒子滤波有两个主要优点。首先，它可以用于无限数量的变量，如隐马尔可夫模型和动态信念网络。其次，重采样可以使粒子更好地覆盖变量的分布。重要性采样会产生一些概率很低的粒子，其中只有少数粒子覆盖了大部分的概率质量，而重采样则让许多粒子更均匀地覆盖概率质量。

例 8.45 考虑使用粒子滤波对图 8.3 的置信网络计算 $P(\text{tampering} | \text{smoke} \wedge \text{report})$。首先生成粒子 $s_1, \cdots, s_{1000}$。假设它先采样 Fire。在 1000 个粒子中，大约有 10 个粒子有 Fire=true，990 个粒子有 Fire=false（因此 $P(\text{Fire})=0.01$）。然后，它吸收了 Smoke=true 的证据。那些带有 Fire=true 的粒子的权重为 0.9，因为 $P(\text{smoke}|\text{fire})=0.9$；那些带有 Fire=false 的粒子的权重为 0.01，因为 $P(\text{smoke}|\neg\text{fire})=0.01$。然后重采样；每个粒子按其权重的比例选择。带有 Fire=true 的粒子将按比例 990 * 0.01 : 10 * 0.9 被选中。因此，将选择 524 个 Fire=true 的粒子，其余的粒子 Fire=false。其他变量

依次采样，直到观察到 Report，然后对粒子重采样。此时 Tampering＝true 的概率将是 tampering 为 true 的样本比例。

注意，在粒子滤波中，粒子不是独立的，所以 Hoeffding 不等式不是直接适用的。

8.6.7　马尔可夫链蒙特卡罗

前面描述的方法是通过网络前移（父辈先于子女采样），不善于通过网络将信息传递回来。本节中描述的方法可以对变量进行任意顺序的采样。

马尔可夫链的平稳分布是其变量的分布，不受马尔可夫链过渡函数的影响。如果马尔可夫链混合得足够多，就会有一个独特的平稳分布，可以通过运行足够长的马尔可夫链来接近它。**马尔可夫链蒙特卡罗**（MCMC）方法按一个分布产生样本（例如，给定一个信念网络的后验分布）背后的思想是，以期望分布为其（唯一）平稳分布，构造一个马尔可夫链，然后从马尔可夫链中抽取样本；这些样本将按照期望的分布。我们通常会在**老化**期间丢弃前几个样本，因为这些样本可能远离平稳分布。

从观察到的信念网络中创建马尔可夫链的一种方法是使用**吉布斯采样**。其思想是将观察到的变量与观察到的值绑定，并对其他变量进行采样。给定其他变量的当前值，每个变量都从变量的分布中采样。注意，每个变量只依赖于其**马尔可夫毯**内变量的值。信念网络中变量 X 的马尔可夫毯包含 X 的父母、X 的孩子和 X 的孩子的其他父母；这些是出现 X 的因子的所有变量。

图 8.32 给出了吉布斯采样的伪代码。唯一的不确定部分是随机采样 $P(X \mid \text{markov\_blanket}(X))$。注意，对于 X 的每一个值，概率 $P(X \mid \text{markov\_blanket}(X))$ 是将 X 出现的各因子的值投射到所有其他变量的当前值上的乘积计算得到。

```
1：  procedure Gibbs_sampling(B，e，Q，n，burn_in)：
2：    Inputs
3：      B：信念网络
4：      e：证据；对某些变量的变量-值赋值
5：      Q：查询变量
6：      n：生成的样本的数量
7：      burn_in：初始丢弃的样本的数量
8：    Output
9：      Q 上的后验分布
10：   Local
11：     数组 sample[var]，其中 sample[var]∈domain(var)
12：     实数数组 counts[k]，k∈domain(Q)，初始化为 0
13：     如果观察到 X，初始化 sample[X]=e[X]，否则随机赋值
14：   repeat burn_in times
15：     for each 未观察到的 X，以任意顺序 do
16：       sample[X] := 从 P(X | markov_blanket(X)) 中随机采样
17：   repeat n times
18：     for each 未观察到的 X，以任意顺序 do
19：       sample[X] := 从 P(X | markov_blanket(X)) 中随机采样
20：     v := sample[Q]
21：     counts[v] := counts[v]+1
22： return counts/ ∑ counts[v]
                   v
```

图 8.32　用于信念网络推理的吉布斯采样

只要不存在零概率，吉布斯采样就会接近正确的概率。它接近分布的速度取决于概率组合的速度（探索概率空间的程度），这取决于概率有多极端。吉布斯采样在概率不极端的情况下工作得很好。

例 8.46 作为吉布斯采样的一个有问题的例子，考虑一个简单的例子，有三个布尔变量 A、B、C，其中 A 是 B 的父变量，B 是 C 的父变量。假设 $P(a)=0.5$，$P(b|a)=0.99$，$P(b|\neg a)=0.01$，$P(c|b)=0.99$，$P(c|\neg b)=0.01$。没有观察值，查询变量是 C。所有变量都有相同值的两个赋值，其概率相同，比其他赋值的概率大得多。吉布斯采样很快就会完成其中一项赋值，并且需要很长时间才能过渡到其他赋值（因为它需要一些非常不可能的选择）。如果 0.99 和 0.01 被更接近于 1 和 0 的数所代替，它需要更长的时间来收敛。

8.7   回顾

以下是你应该从这一章学到的要点：
- 概率是对一个命题的信念的度量。
- 后验概率用于根据证据更新智能体的信念。
- 贝叶斯信念网络是随机变量条件独立性的一种表示。
- 通过消除变量，可以有效地对稀疏图（树宽较低）进行精确推理。
- 隐马尔可夫模型或动态信念网络可用于序列的概率推理（如随时间的变化或句子中的单词），以及机器人定位和从语言中提取信息等应用。
- 近似推理采用随机模拟。

8.8   参考文献和进一步阅读

从人工智能的角度介绍概率论和信念（贝叶斯）网络，是由 Pearl[1988]、Jensen[1996]、Castillo 等[1996]、Koller 和 Friedman[2009]、Darwiche[2009]提出的。Halpern[2003]综述了概率论的基础。

Zhang 和 Poole[1994]、Dechter[1996]、Darwiche[2009]以及 Dechter[2013]提出了用于评价信念网络的变量消除方法。Bodlaender[1993]讨论了树宽。

有关信息论的全面综述，请参阅 Cover 和 Thomas[1991]、MacKay[2003]以及 Grunwald[2007]。

关于因果关系的讨论，参见 Pearl[2009]以及 Spirtes 等[2001]。

Brémaud[1999]描述了马尔可夫链的理论和应用。HMM 由 Rabiner[1989]描述。Dean 和 Kanazawa[1989]引入了动态贝叶斯网络。Thrun 等[2005]描述了关于概率和机器人关系的马尔可夫定位等问题。使用粒子滤波进行定位由 Dellaert 等[1999]提出。

Manning 和 Schütze[1999]、Jurafsky 和 Martin[2008]提出了自然语言的概率论和统计方法。例 8.37 的主题模型基于 Murphy[2012]描述的谷歌的 Rephil。

有关随机模拟的介绍，请参见 Rubinstein[1981]以及 Andrieu 等[2003]。信念网络中的似然加权基于 Henrion[1988]。信念网络中的重要采样基于 Cheng 和 Druzdzel

[2000]，他们也考虑了如何学习建议分布。在 Doucet 等[2001]的文章中有一篇是关于粒子滤波的。

人工智能不确定性的年度会议和一般人工智能会议提供了最新的研究结果。

8.9　练习

8.1　Bickel 等[1975]提出了关于加州大学伯克利分校研究生录取的性别偏见的报告。本题根据这个案例，但数字是虚构的。

有两个系，我们称之为 dept♯1 和 dept♯2（所以 Dept 是一个随机变量，值为 dept♯1 和 dept♯2），学生可以申请去这两个系。假设学生可以申请一个系，但不能同时申请两个系。学生有性别（男生或女生），要么被录取，要么不被录取。考虑图 8.33 中每类学生的百分比表。

Dept	Gender	Admitted	百分比（%）
dept♯1	male	true	32
dept♯1	male	false	18
dept♯1	female	true	7
dept♯1	female	false	3
dept♯2	male	true	5
dept♯2	male	false	14
dept♯2	female	true	7
dept♯2	female	false	14

图 8.33　各系的学生数量

在可能世界的语义中，我们将学生视为可能世界，每个都有相同的衡量标准。

(a) 什么是 $P(\text{Admitted}=\text{true} \mid \text{Gender}=\text{male})$？

什么是 $P(\text{Admitted}=\text{true} \mid \text{Gender}=\text{female})$？

哪种性别的人更容易被录取？

(b) 什么是 $P(\text{Admitted}=\text{true} \mid \text{Gender}=\text{male}, \text{Dept}=\text{dept}♯1)$？

什么是 $P(\text{Admitted}=\text{true} \mid \text{Gender}=\text{female}, \text{Dept}=\text{dept}♯1)$？

哪种性别的人更有可能被录取到 dept♯1？

(c) 什么是 $P(\text{Admitted}=\text{true} \mid \text{Gender}=\text{male}, \text{Dept}=\text{dept}♯2)$？

什么是 $P(\text{Admitted}=\text{true} \mid \text{Gender}=\text{female}, \text{Dept}=\text{dept}♯2)$？

哪种性别的人更有可能被录取到 dept♯2？

(d) 这是辛普森悖论的一个例子。为什么说它是一个悖论？解释一下为什么在这个例子中会出现这种情况。

(e) 提供另一种发生辛普森悖论的情况。

8.2　对于无限多的世界，证明定理 8.1，即概率公理（见 8.1.2 节）对于概率的语义来说是健全和完备的。[提示：对于健全性，根据语义证明每个公理都是真。为求完备性，请根据公理构建一个概率度量。]

8.3　仅用概率公理和条件独立性的定义，证明命题 8.5。

8.4　考虑图 8.34 中的信念网络。这是 AIspace 信念网络工具中的"简单诊断实例"，网址为 http://www.aispace.org/bayes/。对于下面的每一项，首先根据你的直觉预测出答案，然后运行信念网络进行检验。解释一下你通过执行推理发现的结果。

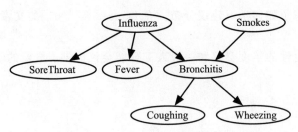

图 8.34   一个简单的诊断信念网络

(a) 观察到 Smokes 为真时，哪些变量的后验概率会发生变化？即，给出变量 X，使得 $P(X \mid \text{Smoke}=\text{true})\neq P(X)$。

(b) 从原始网络开始，当观察到 Fever 为真时，哪些变量的后验概率发生变化？也就是说，指定 X，其中 $P(X \mid \text{Fever}=\text{true})\neq P(X)$。

(c) 当观察到 Wheezing 为真时，Fever 的概率是否发生变化？也就是说，是否 $P(\text{Fever} \mid \text{Wheezing}=\text{true})\neq P(\text{Fever})$？解释一下原因(用不懂信念网络的人可以理解的语言，从领域上讲)。

(d) 假设观察到 Wheezing 是真的。观察 Fever 是否改变了 Smokes 的概率？也就是说，$P(\text{Smokes} \mid \text{Wheezing})\neq P(\text{Smokes} \mid \text{Wheezing}, \text{Fever})$？请解释一下原因(用不了解信念网络的人可以理解的语言)。

(e) 可以观察到什么，以便随后观察到 Wheezing 不会改变 SoreThroatat 的概率。即，指定一个或多个变量 X，使 $P(\text{SoreThroat} \mid X)=P(\text{SoreThroat} \mid X, \text{Wheezing})$，或者说明没有。解释一下原因。

(f) 假设 Allergies 可能是 SoreThroat 的另一种解释。改变网络，使 Allergies 也会影响咽 SoreThroat，但与网络中的其他变量无关。请给出合理的概率。

(g) 观察到什么可以使得观察到 Wheezing 改变 Allergies 的概率？解释一下原因。

(h) 观察到什么可以使得观察到 Smokes 改变 Allergies 的概率？解释一下原因。

请注意，(a)、(b) 和 (c) 部分只涉及观察一个单一变量。

8.5 考虑图 8.35 中的信念网络，它将电学领域扩展到包括一个高空投影仪。回答下面的问题，了解一些变量的值将如何影响另一个变量的概率。

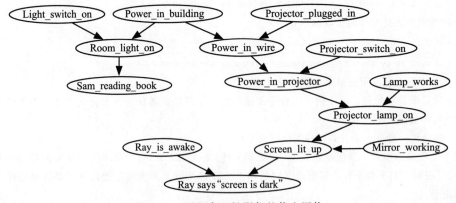

图 8.35   用于高空投影仪的信念网络

(a) 对 Projector_plugged_in 值的知识能影响到你对 Sam_reading_book 的值的信念吗？请解释一下。

(b) 关于 Screen_lit_up 的知识能影响你对 Sam_reading_book 的信念吗？请解释一下。

(c) 假定你观察到 Screen_lit_up 的值,对 Projector_plugged_in 的知识是否会影响你对 Sam_reading_book 的信念?请解释一下。

(d) 如果只观察到 Lamp_works,哪些变量的概率会发生变化?

(e) 如果只观察到 Power_in_projector,哪些变量的概率会改变?

8.6 Kahneman[2011]给出了以下例子。

一辆出租车在夜间发生了一起交通肇事逃逸事故。市内有两家出租车公司,分别是绿牌和蓝牌,在该市经营。你得到了以下数据。

● 市内 85% 的出租车是绿牌出租车,15% 是蓝牌出租车。

● 有证人指认该出租车为蓝牌出租车。法院在事故发生当晚的环境下,对证人的可靠性进行了测试,得出的结论是:证人在 80% 的情况下能正确辨认出两种颜色中的每一种颜色,20% 的情况下不能正确辨认。

那么,肇事的出租车是蓝牌的可能性有多大?

(a) 将这个故事表示为一个信念网络。解释所有的变量和条件概率。观察到了什么,答案是什么?

(b) 假设有三个独立的目击者,其中两个人声称该车是蓝牌的,一个人声称该车是绿牌的。展示相应的信念网络。判断出租车是蓝牌的概率是多少?如果这三个人都声称这辆车是蓝牌的呢?

(c) 假设发现声称出租车是蓝牌的两名证人不是独立的,但有 60% 的概率是他们串通的。(这可能意味着什么?)展示相应的信念网络,以及相关的概率。在三个证人都声称出租车是蓝牌的情况下和另一个证人声称出租车是绿牌的情况下,出租车是蓝牌的概率各是多少?

(d) 在这种情况的变体中,Kahneman[2011]将第一个条件改为:"这两家公司经营的出租车数量相同,但在 85% 的事故中涉及了绿牌出租车"。这个新的场景如何用信念网络来表示?你的信念网络应该允许对是否发生事故以及出租车的颜色进行观察。显示出你的网络中的推理例子。对于任何没有完全指定的东西,要做出合理的选择。对你所做的任何假设都要明确。

8.7 用信念网络表示与练习 5.8 中相同的情景。显示网络的结构。给出所有的初始因子,并对条件概率做出合理的假设(它们应该遵循该练习中给出的故事,但允许有一些噪声)。给出一个定性的解释,说明病人为什么会有斑点和发热。

8.8 假设你想诊断出学生在做多位二进制数加法时的错误。考虑将两个两位数相加形成三位数。也就是说,问题的形式如下所示:

$$
\begin{array}{r}
A_1 \quad A_0 \\
+ \quad B_1 \quad B_0 \\
\hline
C_2 \quad C_1 \quad C_0
\end{array}
$$

其中 A_i、B_i 和 C_i 都是二进制数。

(a) 假设你想模拟学生是否知道二进制加法,以及他们是否知道如何进位。如果学生知道怎么做,他们通常会得到正确的答案,但有时也会出错。而不知道如何做相应任务的学生只是简单地猜测。
要建立二进制加法的模型,哪些变量是必要的?学生可能出现的错误有哪些?你必须用语言说明,每个变量代表什么?给出一个 DAG,具体说明这些变量的依存关系。

(b) 这个领域的合理条件概率是什么?

(c) 可以通过使用 AIspace.org 的信念网络工具来实现。在一些不同的情况下测试你的表示方法。你必须给出图表,解释每个变量的含义,给出概率表,并在一些例子中展示它是如何工作的。

8.9 在本题中,你将建立一个"深空 1 号"(DS1)航天器的信念网络表征,它是在练习 5.10 中考虑的。图 5.14 描绘了实际 DS1 发动机设计的一部分。请考虑以下情景:

● 阀门是打开或关闭的。

● 值可以是 ok,在这种情况下,如果阀门打开,气体就会流动,如果阀门关闭,气体就不会流动;broken,在这种情况下,气体永远不会流动;stuck,在这种情况下,气体的流动与阀门是否打开或关闭无关;或 leaking,在这种情况下,流入阀门的气体会漏出而不是流过。

- 有三个气体传感器可以检测气体是否泄漏(但不知道是哪种气体);第一个气体传感器检测最右边的阀门(v_1,…,v_4),第二个气体传感器检测中间的阀门(v_5,…,v_{12}),第三个气体传感器检测最左边的阀门(v_{13},…,v_{16})。

  (a) 建立域的信念网络表示。你只需考虑最上层的阀门(那些送入发动机 e_1 的阀门)。确保有适当的概率。

  (b) 用一些非平凡的例子来测试你的模型。

8.10 考虑以下信念网络:

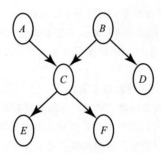

用布尔变量(我们把 $A=\text{true}$ 写成 a,$A=\text{false}$ 写成 $\neg a$)和以下条件概率。

$$P(a)=0.9 \qquad\qquad P(d\,|\,b)=0.1$$
$$P(b)=0.2 \qquad\qquad P(d\,|\,\neg b)=0.8$$
$$P(c\,|\,a,b)=0.1 \qquad\qquad P(e\,|\,c)=0.7$$
$$P(c\,|\,a,\neg b)=0.8 \qquad\qquad P(e\,|\,\neg c)=0.2$$
$$P(c\,|\,\neg a,b)=0.7 \qquad\qquad P(f\,|\,c)=0.2$$
$$P(c\,|\,\neg a,\neg b)=0.4 \qquad\qquad P(f\,|\,\neg c)=0.9$$

(a) 用变量消去法(VE)计算 $P(e)$。应先修剪不相关的变量。显示给定的消去顺序所产生的因子。

(b) 假设你想用 VE 计算 $P(e\,|\,\neg f)$。前面的计算有多少是可以重用的?显示出与(a)部分不同的因子。

8.11 解释一下如何扩展 VE,使其能够进行更一般的观察和查询。特别是回答下列问题:

(a) 如何将 VE 算法扩展到允许对一个变量的值进行析取的观测(例如,形如 $X=a \lor X=b$)?

(b) 如何扩展 VE 算法,以允许不同变量的值析取观测(例如,形如 $X=a \lor Y=b$)?

(c) 如何将 VE 算法扩展到允许在一组变量上的概率(如求 $P(X,Y\,|\,e)$)?

8.12 在核研究潜艇中,一个传感器测量反应堆芯的温度。如果传感器的读数异常高($S=\text{true}$),则会触发警报($A=\text{true}$),表明堆芯过热($C=\text{true}$)。报警或传感器可能存在缺陷($S\_ok=\text{false}$,$A\_ok=\text{false}$),导致它们发生故障。报警系统由图 8.36 的信念网络建模。

(a) 这个网络的初始因子是什么?对于每个因子,请说明它所代表的是什么以及它是什么变量的函数。

(b) 说明在警报不响的情况下,如何用 VE 计算堆芯过热的概率;即 $P(c\,|\,\neg a)$。对于每个被消去的变量,说明消去了哪些变量,去掉了哪些因子,创建了哪些因子,包括每个因子是哪些变量的函数。解释答案是如何从最终的因子中得出的。

(c) 假设我们在系统中增加第二个相同的传感器,当其中一个传感器读到高温时,触发警报。这两个传感器独立地损坏和出故障。给出相应的扩展信念网络。

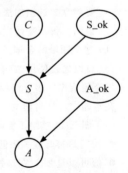

图 8.36 一个核研究潜艇的信念网络

8.13 在这个练习中,我们继续练习 5.14。

(a) 解释信念网络模型需要什么知识(关于物理学和学生)。

(b) 在这个领域中，使用信念网络相比使用归纳诊断或基于一致性的诊断的主要优点是什么？

(c) 在这个领域中，使用归纳诊断或基于一致性的诊断相比使用信念网络的主要优点是什么？

8.14　假设 Kim 有一辆露营车（移动房屋），喜欢将其保持在一个舒适的温度，并注意到能源的使用取决于海拔高度。Kim 知道海拔高度会影响外界温度。Kim 喜欢在海拔较高的地方让露营车更温暖。注意，不是所有的变量都会直接影响用电。

(a) 用"海拔高度""用电情况""室外温度""恒温器设置"等变量，说明如何用因果网络来表示。

(b) 举出一个例子，说明干预对这一网络的效果与设置条件不同。

8.15　这个练习的目的是扩展例 8.29。假设动物要么在睡觉，要么在觅食，要么在躁动。

如果动物在任何时候都在睡觉，它不发出声音，不动，在下一个时间点，它在睡觉的概率为 0.8，而在觅食或躁动的概率分别为 0.1。

如果动物在觅食或躁动，它倾向于保持相同的稳定状态（概率为 0.8），以 0.1 的概率移动到另一个稳定状态，或以 0.1 的概率进入睡眠状态。

如果动物在一个角落里觅食，则该角落的麦克风会以 0.5 的概率检测到该动物，如果动物在一个角落里躁动，则该角落的麦克风会以 0.9 的概率检测到该动物。如果动物在中间觅食，它将被每个麦克风以 0.2 的概率检测到。如果动物在中间躁动，它将被每个麦克风以 0.6 的概率检测到。除此以外，传声器的假阳性率为 0.05。

(a) 将其表示为一个两阶段的动态信念网络。画出该网络，给出变量的域和条件概率。

(b) 网络中嵌入了哪些独立性假设？

(c) 对于这个问题，可以用变量消除或粒子滤波来实现。

(d) 能够假设智能体的内部状态（不管是睡眠、觅食还是躁动的状态）是否有助于定位？请解释一下原因。

8.16　假设 Sam 构建了一个有 5 个传感器的机器人，想跟踪机器人的位置，于是建立了一个隐式马尔可夫模型（HMM），其结构如下（向右重复）。

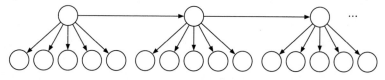

(a) Sam 需要提供什么概率？你应该在图中标出一份图的副本，如果这有助于解释你的答案的话。

(b) 这个模型中的独立性假设是什么？

(c) Sam 发现有 5 个传感器的 HMM 不如只用两个传感器的 HMM 效果好。请解释一下为什么会出现这种情况。

8.17　考虑 HMM 中的过滤问题。

(a) 给出一个关于某些变量 X_j 在未来和过去的观测结果中的概率公式。可以根据式(8.2)。这应该包括从前一个状态中得到的一个因子和下一个状态中的一个因子，然后把它们结合起来，确定 X_k 的后验概率。［提示：考虑如何用 VE，从最左边的变量消除，再从最右边的变量消除，就可以计算出 X_j 的后验分布。］

(b) 计算所有变量的概率，可以通过不重新计算已经计算出的其他变量的值，在时间上与变量的数量呈线性关系。请给出一种算法。

(c) 假设已经计算出每个状态 $S_1, \cdots, S_k$ 的概率分布，然后得到时刻 $k+1$ 的观测结果。每个变量的后验概率如何在时刻 k 上以线性时间复杂度更新？［提示：你可能需要存储的不仅仅是每个 S_i 的分布。］

8.18 以下哪种算法存在浮点下溢（实数太小，无法用双精度浮点数表示）：拒绝采样、重要性采样、粒子滤波？解释一下原因。怎样才能避免浮点下溢？

8.19 (a) 例 8.35 中的帮助系统的朴素贝叶斯分类器的独立性假设是什么？

(b) 这些独立性假设是否合理？请说明原因，或为什么不合理。

(c) 假设我们有一个类似图 8.26 的主题模型网络，但所有的主题都是所有单词的父辈。这个模型的独立性是什么？

(d) 请举出一个例子，在这个模型中，主题不是独立的。

8.20 假设你接到一个工作，老板对一个机器人的定位工作很感兴趣，这个机器人正带着摄像机在工厂里转悠。老板听说过变量消去、拒绝采样和粒子滤波，想知道哪种方法最适合这个任务。你必须给老板写一份报告（用恰当的语言），说明哪种技术最适合。对于不是最合适的两种技术，说明你为什么拒绝采用它们。对于最适合的那一项，解释一下该技术需要哪些信息以使用它以进行定位。

(a) VE（即用于 HMM 的精确推理）

(b) 拒绝采样

(c) 粒子滤波

8.21 例 8.46 的粒子滤波效果如何？试着构造一个吉布斯采样比粒子滤波效果好得多的例子。［提示：考虑经过一系列的变量分配后的不可能的观测结果。］

不确定性规划

> 规划就像是建筑外面的脚手架。当你在修建建筑的外墙时，脚手架是至关重要的。但是一旦外墙修好了并且你开始修建内部，脚手架就消失了。这就是我对规划的看法。它必须是经过深思熟虑的并且可靠的，从而使得工作可以顺利开展起来，但是当你已经开始辛勤工作时，它不可能完全决定工作的进程。把想法变现很难按照规划进行。
>
> ——Twyla Tharp[2003]

在上面的引言里，Tharp 谈论的是舞蹈，但是当不确定性存在时，这个道理也适用于智能体。智能体不能只规划固定的步骤序列，规划的结果应该要更复杂一些。规划应该考虑到现实世界的智能体不知道它采取动作时会发生什么。应该规划智能体以对环境做出反应。

智能体在任何时候应该做什么取决于它将来会做什么。当智能体不能准确地预测其动作的影响时，它将来会做什么取决于它现在做什么，以及它在动作之前会观察到什么。

因为不确定性，智能体通常不能保证完成目标，甚至连做到尽可能实现目标都很难。例如，某智能体的目标是最小化在车祸中受伤的概率，那么它不会乘车或者走在人行道上，甚至不会执行走到建筑物的首层之类的增加车祸受伤概率的事情，虽然这些事件增加受伤的概率有限。一个不能保证完成任务的智能体可能会在多个方面失败，这些多种多样的失败可能非常糟糕。

这一章是关于智能体如何同时考虑制定规划，做出反应，观察结果，以及判定成功和失败。

智能体的决策取决于 3 件事：

- 智能体的能力。智能体必须从可用选项中做出选择。
- 智能体的信念和观察。智能体可能会根据外界真实情况来调整其行为，但是它仅能用传感器获得外界信息。当智能体必须决定要做什么时，它只能根据它的记忆和观察。感知世界可以更新智能体的信念。信念和观察是智能体在任何时候都能获得的关于世界的唯一信息。
- 智能体的偏好。当智能体必须用不确定性来推理时，它不仅要考虑到最有可能发生的事情，还要考虑到其他可能发生的情况。一些可能的结果可能比其他的后果更糟糕。在不确定的情况下进行推理时，第 6 章中关于"目标"的简单概念是不适用的，因为智能体的设计者必须指定不同结果之间的权衡。例如，如果一个动作在大多数情况下都产生了好的结果，但是有时候会带来灾难性的结果，它就必须和另一项动作进行比较，后者在大多数情况下产生的好的结果较少，灾难性的结果也少，大多数时间都只产生效用一般的结果。决策理论规定了如何权衡结果的可取性以及这些结果的可能性。

9.1   偏好和效用

智能体的选择取决于它的偏好。在这一部分，我们会阐述偏好的一部分直观性质以及这些性质产生的部分结果。我们给出的性质是**理性公理**，通过理性公理，我们可以评价这些偏好的好坏。你应该考虑每一个公理是否对一个**理性的智能体**是合理的；如果你认为它们都是合理的，你就应该接受它们的结果。如果你不接受这些结果，你就应该考虑哪些公理该被放弃。

9.1.1   理性公理

智能体基于它们的动作的**结果**来挑选自己的动作。结果取决于智能体的偏好。如果一个智能体对每一个结果都没有明显的偏好，那么智能体选择做什么并不重要。起初，我们考虑结果而不考虑相关动作。假设只有有限数量的结果。

我们定义了一个关于结果的偏好关系。假设 o_1、o_2 都是结果。如果对 o_1 的偏好程度至少与对 o_2 的一样，那么我们说，相对于 o_2，**更弱偏好** o_1，记作 $o_1 \sqsupseteq o_2$。

定义 $o_1 \sim o_2$ 表示 $o_1 \sqsupseteq o_2$ 且 $o_2 \sqsupseteq o_1$。也就是说，$o_1 \sim o_2$ 意味着结果 o_1 和 o_2 是同等偏好的。在这种情况下，我们说智能体对于 o_1、o_2 是**无偏好的**。

定义 $o_1 \succ o_2$ 来表示 $o_1 \sqsupseteq o_2$ 且 $o_2 \not\sqsupseteq o_1$。也就是说，智能体相较于结果 o_2，更弱偏好结果 o_1，但是相对于结果 o_1，并不弱偏好 o_2，并且对于两者并不是**无偏好的**。这种情况下，我们称 o_1 是**严格偏好于** o_2 的。

通常，一个智能体并不知道它动作的结果。我们把结果的有限分布叫作**抽奖**（lottery），记作

$$[p_1 : o_1, \ p_2 : o_2, \ \cdots, \ p_k : o_k]$$

其中每一个 o_i 都是一个结果，p_i 是一个非负实数，使得

$$\sum_i p_i = 1$$

抽奖指定了结果 o_i 的出现概率是 p_i。在后文叙述中，假设结果可能包含抽奖。这包括：这些抽奖的结果也可以是抽奖的情况，可以递归一直传递下去(称作抽奖上的抽奖)。

公理 9.1(完备性)   智能体在所有结果对之间都有偏好：

$$o_1 \sqsupseteq o_2 \quad \text{或} \quad o_2 \sqsupseteq o_1$$

这条公理的基本原理是，智能体必须行动；如果可用的动作会产生结果 o_1 和 o_2，那么智能体的行动一定显式或者隐式地倾向于一个结果胜过另一个结果。

公理 9.2(可传递性)   偏好必须是可传递的：

$$\text{如果 } o_1 \sqsupseteq o_2 \text{ 且 } o_2 \sqsupseteq o_3，\text{则 } o_1 \sqsupseteq o_3$$

为了证明这条公理的合理性，首先假设它是错的，在这种情况下，$o_1 \sqsupseteq o_2$ 并且 $o_2 \sqsupseteq o_3$ 并且 $o_3 \succ o_1$。由于 o_3 是严格偏好于 o_1 的，智能体从 o_1 得到 o_3 应该要付出一定数额的资金。假设智能体得到了结果 o_3，而 o_2 至少是同样好的结果，所以智能体可能很快就得到 o_2。o_1 至少是和 o_2 一样好的结果，所以智能体会像得到 o_2 那样很快得到 o_1。一旦智能体得到了 o_1，它就又会准备花费资金得到 o_3。在经历了一个偏好的循环，并且付出了资金以后，智能体回到了一开始的结果。这个循环包括支付资金来通过一个循环，这

个循环被称为**资金泵**，只要通过的循环次数足够多，智能体必须支付的金额没有上限。而花钱循环这一系列结果是不合理的；所以，合理的智能体应该具有可传递性的偏好。

根据可传递性和完备性公理，$\succ$和$\sqsubseteq$的混用也满足可传递性，因此如果在满足可传递性公理的前提下，一个或两个偏好是严格的，则它们推出的结论也是严格满足可传递性的。也就是说，如果有$o_1 \succ o_2$和$o_2 \sqsubseteq o_3$，那么$o_1 \succ o_3$。同样，如果有$o_1 \sqsubseteq o_2$和$o_2 \succ o_3$，那么$o_1 \succ o_3$。见练习 9.1。

公理 9.3(单调性) 智能体偏好于大概率获得好结果的选择。也就是说，如果$o_1 \succ o_2$且$p > q$，那么

$$[p: o_1, (1-p): o_2] \succ [q: o_1, (1-q): o_2]$$

注意，在这条公理中，结果之间的$\succ$表示了智能体的偏好，而p和q之间的$>$表示数字间的类似比较。

下面一条公理解释了抽奖之上的抽奖只取决于结果和概率。

公理 9.4(可分解性)("赌博没有乐趣") 智能体对于在相同结果上具有同等概率的抽奖没有偏好，即使它们之中有的是抽奖之上的抽奖，比如：

$$[p: o_1, (1-p): [q: o_2, (1-q): o_3]]$$
$$\sim [p: o_1, (1-p)*q: o_2, (1-p)*(1-q): o_3].$$

同样，对于任意结果o_1和o_2，有$o_1 \sim [1: o_1, 0: o_2]$。

这条公理规定，只有结果及其概率才是抽奖的定义。如果一个智能体对赌博有偏好，那将是结果空间的一部分。

这 4 条公理暗示了结果和抽奖之间的偏好的某些结构。假设$o_1 \succ o_2$且$o_2 \succ o_3$。智能体会选择以下两者中的哪一个：

- o_2。
- 抽奖$[p: o_1, (1-p): o_3]$。

对于不同的p值，$p \in [0, 1]$。当$p = 1$时，智能体偏好抽奖(因为，通过可分解性，抽奖等价于o_1且$o_1 \succ o_2$)。当$p = 0$时，智能体偏好o_2(因为抽奖等价于o_3且$o_2 \succ o_3$)。在大多数情况下，随着p的变化，智能体的偏好在偏好o_2和偏好抽奖之间变化。图 9.1 显示了随着P的变化，偏好必须如何翻转。X轴是p的值，Y轴是o_2或抽奖的偏好的结果。下面的命题规范了这种表述。

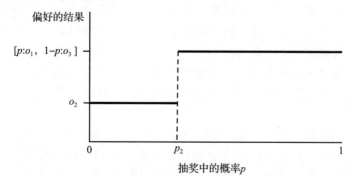

图 9.1 o_2和抽奖之间的偏好，作为关于p的一个函数

命题 9.1 如果智能体的偏好是完备的、可传递的并且满足单调性的公理，并且如果$o_1 \succ o_2$，$o_2 \succ o_3$，存在一个数$p_2 (0 \leqslant p_2 \leqslant 1)$，满足

- 对于所有 $p<p_2$，智能体偏好于 o_2，而不是抽奖（即 $o_2 \succ [p：o_1，(1-p)：o_3]$）。
- 对于所有 $p>p_2$，智能体偏好于抽奖（即 $[p：o_1，(1-p)：o_3] \succ o_2$）。

证明　通过单调性和可传递性，如果 $o_2 \succ [p：o_1，(1-p)：o_3]$ 对于任意 p 成立，那么对于所有 $p'<p$，$o_2 \succ [p'：o_1，(1-p')：o_3]$。同样，如果对于任意 p 有 $[p：o_1，(1-p)：o_3] \succ o_2$，那么对于所有 $p'>p$，$[p'：o_1，(1-p')：o_3] \succ o_2$。根据完备性公理，对于 p 的每一个值，结果是 $o_2 \succ [p：o_1，(1-p)：o_3]$，$o_2 \sim [p：o_1，(1-p)：o_3]$，或者是 $[p：o_1，(1-p)：o_3] \succ o_2$。如果有 p 使得 $o_2 \sim [p：o1，(1-p)：o_3]$，那么这个理论就能成立。否则，对于 o_2 或者关于参数 p 的抽奖，暗示了所有值大于 p 或者小于 p 的偏好。通过重复划分我们不知道偏好的区域，我们将会无限接近于 p_2 的标准值。　　　□

上述命题并没有说明智能体在点 p_2 的偏好是什么。接下来的公理表明智能体在这一点上是无偏好的。

公理 9.5(连续性)　假设 $o_1 \succ o_2$，$o_2 \succ o_3$，那么存在 $p_2 \in [0,1]$，使得 $o_2 \sim [p_2：o_1，(1-p_2)：o_3]$。

下一条公理说明了用一个并不更糟糕的结果去替换抽奖里的结果不会使得抽奖变糟糕。

公理 9.6(可替代性)　如果 $o_1 \succeq o_2$，当其他条件一样时，那么这个智能体若偏好包含 o_1 的抽奖而不是包含 o_2 的抽奖。也就是说，对于任意数字 p 和结果 o_3：

$$[p：o_1，(1-p)：o_3] \succeq [p：o_2，(1-p)：o_3]$$

由此可以直接推论出，智能体可以在没有偏好的结果之间相互替代，而且并不改变偏好。

命题 9.2　如果一个智能体遵循可替代公理并且 $o_1 \sim o_2$，那么智能体对于只有 o_1 和 o_2 不同的抽奖没有偏好。也就是说，对于任意数字 p 和结果 o_3，以下无偏好关系成立：

$$[p：o_1，(1-p)：o_3] \sim [p：o_2，(1-p)：o_3]$$

这个命题成立，因为 $o_1 \sim o_2$ 等价于 $o_1 \succeq o_2$ 和 $o_2 \succeq o_1$，并且我们可以对两者都用可替代性。

如果一个智能体遵从完备性、可传递性、单调性、可分解性、连续性以及可替代性公理，它就可以被定义成是**理性的**。

这个技术上的理性定义是否与你直观上的理性定义相匹配，取决于你自己的判断。在本书的其余部分中，我们将展示此定义的更多结果。

尽管偏好看起来很复杂，下面的理论展示了一个结果对于理性智能体的价值可以用实数来衡量。这些价值测量可以与概率相结合，这样就可以使用期望来比较具有不确定性的偏好。这令人惊讶，原因有二：

- 偏好看起来好像是多方面的，因此难以用一个数字来建模。例如，尽管人们可能试图用美元来衡量偏好，但并不是所有的事情都可以出售，也不是很容易转换成美元和美分。
- 人们可能不会期望价值可以和概率相结合。对于金钱 \$$(px+(1-p)y)$ 和抽奖 $[p：\$x，(1-p)\$y]$（$x，y$ 之间的任意金额 x 和 y 以及对于所有 $p \in [0,1]$ 都没有偏好的智能体，被称作**预期货币价值(EMV)**智能体。大多数人都不是 EMV 智能体，因为他们有严格的偏好，比如说在一百万美元和 $[0.5：\$0，0.5：\$2\,000\,000]$ 的抽奖之间，有严格的偏好。（想想你是更喜欢一百万美元还是掷硬币，如果硬币头像面着地，你什么也得不到；如果硬币字面着地，你将得到两百

万。)金钱不能简单地与概率结合在一起，所以价值能够用数字衡量令人惊讶。

命题 9.3　如果一个智能体是理性的，那么对于每一个结果 o_i，都有一个实数值 $u(o_i)$，被称为 o_i 的效用，使得

- $o_i \succ o_j$，当且仅当 $u(o_i) > u(o_j)$。
- 效用与概率呈线性关系：

$$u([p_1 : o_1, \ p_2 : o_2, \ \cdots, \ p_k : o_k]) = p_1 u(o_1) + p_2 u(o_2) + \cdots + p_k u(o_k)$$

证明　如果一个智能体没有严格偏好(即智能体对于所有结果都是无偏好的)，那么对于所有结果 o，定义 $u(o) = 0$。

否则，选择最优结果 o_{best} 和最坏结果 o_{worst}，我们规定，对于任何结果 o，它的效用为 p，使得

$$o \sim [p : o_{\text{best}}, \ (1-p) : o_{\text{worst}}]$$

这个命题的第一部分遵从了可替代性和单调性。

为了证明第二部分，任何抽奖都可以简化为 o_{best} 和 o_{worst} 之间的单个抽奖，方法是将每个 o_i 替换成 o_{best} 和 o_{worst} 之间的等价抽奖，并使用可分解性将其表示为 $[p : o_{\text{best}}, \ (1-p) : o_{\text{worst}}]$，其中 p 等于 $p_1 u(o_1) + p_2 u(o_2) + \cdots + p_k u(o_k)$。证明的细节留作练习。　　□

在此证明中，效用都在 $[0, 1]$ 范围内，但任何线性缩放都会给出相同的结果。有时 $[0, 100]$ 是一个很好的尺度来区分效用和概率，有时用负数表示效用在结果有成本时有用。一般来说，程序应该接受用户直观的任何范围。

即使结果具有货币价值，货币和效用之间通常也不存在线性关系。人们在钱的问题上总是规避风险的。他们宁愿手上有 n 美元，也不愿意要一个期望为 n 美元的彩票(收益可能多于 n 美元也可能少于 n 美元)。

例 9.1　图 9.2 展示了关于三个智能体的可能的金钱-效用关系。最上面的智能体是规避风险的，它的效用函数是一个凹函数。具有直线图的智能体是风险中性的。最下面的智能体是寻求风险的，它的效用函数是一个凸函数。

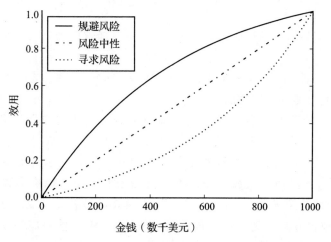

图 9.2　对于具有不同风险状况的智能体的金钱-效用关系

规避风险的智能体宁愿有 30 万美元，也不愿有 50% 的机会一无所获或者得 100 万美元，但是智能体会选择 50% 得到 100 万美元或者 275 000 美元的赌博。他们也会选择

73％以上概率得到 100 万的赌博而不是直接得手 50 万美元。

对于规避风险的智能体，$u(\$ 999\,000) \approx 0.9997$。因此，给定这个效用函数，规避风险的智能体会愿意付出 1000 美元来消除这 0.03％的失去所有钱的概率。这就是保险公司存在的原因。通过付钱给保险公司，比如说支付 600 美元，规避风险的智能体可以将价值 99.9 万美元的抽奖换成价值 100 万美元的抽奖，保险公司评价预计支付 300 美元左右，以此预计能赚 300 美元。保险公司可以通过为足够的房子投保来获得其预期价值。这对双方都有好处。

理性并不对效用函数的样子提出任何条件。

例 9.2 图 9.3 展示了一个可能的金钱-效用关系，这个关系适用于克里斯，他想买一个价值 30 美元的玩具，但也想一个价值 20 美元的玩具，并且希望最好两者都能买到。除此之外，钱对于克里斯来说并不重要。克里斯打算冒险。比如，如果克里斯有 29 美元，他会很高兴在一个公平的赌博上为了另一个智能体的一美元下注九美元，比如说掷硬币。这是合理的，因为九美元对

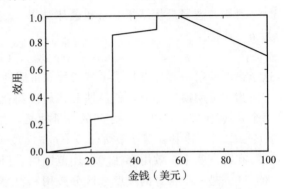

图 9.3 来自例 9.2 的可能的金钱-效用关系

于克里斯没有什么大用处，但是这赢得的一美元将使得克里斯能够购买 30 美元的玩具。克里斯不想要多于 60 美元的钱，因为克里斯会担心钱会丢失或被盗，也会让克里斯面临来自兄弟姐妹的敲诈。

9.1.2 因子化效用

智能体的效用是结果或者状态的函数。用特征或者变量来表示效用，会使得表达更简洁紧凑，更易于推理和更自然地获取。

假设每一个结果可以用特征 X_1，…，X_n 表示。**加法效用**是可以分解一系列特征项的和的效用：

$$u(X_1,\ \cdots,\ X_n)=f_1(X_1)+\cdots+f_n(X_n)$$

这种分解假设了特征是**加法独立的**。

当这可以做到的时候，它大大简化了**偏好获取**——从用户那里获取偏好的问题。这种分解并不是唯一的，因为在一个项上加一个常数，然后从另一个项上减去它会得到相同的效用。可加效用的**标准形式**具有唯一的分解。标准形式更容易获得，因为每个数字都可以不考虑其他数字而获得。为了使加法效用成为标准形式，对于每个特征 X_i，定义一个局部效用函数 $u_i(X_i)$，其值为 0 时表示最差结果 X_i 的值，为 1 时表示最佳结果 X_i 的值，并且定义一个非负实数权重 w_i。权重总和应为 1。作为变量的函数，效用如下：

$$u(X_1,\ \cdots,\ X_n)=w_1 * u_1(X_1)+\cdots+w_n * u_n(X_n)$$

要获得这样一个效用函数，需要获取每个局部效用函数并评估它们的权重。每个特征（如果相关）必须对于智能体有最佳值和最差值。评估局部函数和权重的步骤如下：只

考虑 X_1，然后可以对其他特征进行类似的处理。对于特征 X_1，有值 x_1 和 x_1'，以及表示 X_2，$\cdots$，X_n 的固定值 x_2，$\cdots$，x_n：

$$u(x_1, x_2, \cdots, x_n) - u(x_1', x_2, \cdots, x_n) = w_1 * (u_1(x_1) - u_1(x_1'))　\quad (9.1)$$

当 x_1 是最佳结果并且 x_1' 是最差结果时（因为这样使得 $u_1(x_1) - u_1(x_1') = 1$），可以得到权重 w_1。可以利用式(9.1)计算 X_1 域中其他值的 u_1 值，使得 x_1 成为最坏的结果（因为这样使得 $u_1(x_1') = 0$）。

预期效用面对的挑战

预期效用理论受到了许多挑战。1953 年提出的**阿拉斯悖论**[Allais and Hagen, 1979]就是一个典型的例子，这个悖论如下所示。

在以下两个备选方案中，你更喜欢哪一个？

A：$1m$，一百万美元

B：抽奖[0.10：$2.5m$, 0.89：$1m$, 0.01：0]

同样地，在下列两种选择中，你更喜欢哪一种？

C：抽奖[0.11：$1m$, 0.89：0]

D：抽奖[0.10：$2.5m$, 0.9：0]

事实证明，许多人比起 B 更喜欢 A，比起 C 更喜欢 D。这种选择不符合理性公理，要了解原因，两种选择可以放在同一个表单中：

A，C：抽奖[0.11：$1m$, 0.89：X]

B，D：抽奖[0.10：$2.5m$, 0.01：0, 0.89：X]

在 A 和 B 中，X 是一百万美元。在 C 和 D 中，X 是零美元。仅仅集中在备选方案中不同的部分似乎很直观，但人们似乎更倾向于确定性。

Tversky 和 Kahneman[1974]在一系列人类实验中，展示了人们如何系统地偏离效用理论。其中一个偏差是问题呈现的**框架效应**。请考虑以下几点。

● 一种疾病预期将导致 600 人死亡。有人提出了两个备选方案：

方案 A：200 人将会获救。

方案 B：有 1/3 的概率 600 都获救，另外 2/3 的概率，没有人获救。

你选择哪一个方案？

● 一种疾病预期将导致 600 人死亡。有人提出了两种备选方案：

方案 C：400 人会死。

方案 D：1/3 的概率没有人会死，2/3 的概率 600 人全死。

你选择哪一个方案？

Tversky 和 Kahneman 表明，72% 的人在他们的实验中选择了 A 而不是 B，22% 的人选择了 C 而不是 D。然而，这些都是完全相同的选择，只是用不同的方式描述。

前景理论（由 Kahneman 和 Tversky 提出）是一种替代预期效用的方法，它更适合人类的行为。

假设加法独立需要做一个很强的独立性假设。特别是在式(9.1)中，对于表示 X_2，$\cdots$，X_n 的所有值 x_2，$\cdots$，x_n，效用的差异必须相同。

加法独立通常不是一个好假设。考虑二元特征 X 和 Y，它们的值域分别为 $\{x_0, x_1\}$ 和 $\{y_0, y_1\}$。

- 如果同时拥有 X 和 Y 两个值，比单独拥有两个值的总和要好，则这两个值是**互补**的。更正式地说，对于值 x_1 和 y_1，如果当智能体拥有 y_1 值时求 x_1 值，好于不拥有 y_1 值时求 x_1 值，那么值 x_1 和 y_1 就是互补的：

$$u(x_1, y_1) - u(x_0, y_1) > u(x_1, y_0) - u(x_0, y_0)$$

- 如果同时拥有两个值的价值不如只拥有其中一个值，那么这两个值就互为**替代值**。更正式地说，对于值 x_1 和 y_1，如果当智能体拥有 y_1 时求 x_1 值，不如没有 y_1 时求 x_1 值，则 x_1 和 y_1 是互为替代值：

$$u(x_1, y_0) - u(x_0, y_0) > u(x_1, y_1) - u(x_0, y_1)$$

例 9.3　对于旅游领域的采购智能体来说，预订某一天的飞机和同一天的酒店是一种互补：两者缺一不可，否则会产生不好的结果。因此，

$$u(\text{plane}, \text{hotel}) - u(\neg\text{plane}, \text{hotel}) > u(\text{plane}, \neg\text{hotel}) - u(\neg\text{plane}, \neg\text{hotel})$$

其中，右侧将较小，甚至可能为负。

假设度假的人在同一天只享受一次郊游，而不是两次，那么两次不同的郊游可以互相替代。然而，如果两次郊游的目的地彼此接近并且需要较长的往返时间，它们可能是互补的（如果游客能够郊游两次，那么往返时间就是值得的）。

加法效用假设不存在替代值或者互补值。当存在交互作用时，我们需要一个更复杂的模型，例如一个**广义的可加独立模型**，它将效用表示为多项的和，其中每个项可以是多个变量上的一个因子。广义可加独立模型的推导比可加模型的推导要复杂得多，因为变量可以出现在许多因子中。

9.1.3　前景理论

效用理论是理性智能体的**标准理论**，它是由一组公理证明的。**前景理论**是一种试图描述人类如何做出决定的**描述性理论**。描述性理论可以通过观察人类行为和进行控制心理学实验来评价。

前景理论对于结果没有偏好，而是考虑了偏好的背景。人类感知的不是绝对的价值，而是情境中的价值，这一观点在心理学中是很成熟的。考虑图 9.4 所示的 Müller-Lyer 错觉。水平线的长度相等，但在其他线的衬托下，它们似乎不同。再举一个例子，如果你一只手放在冷水里，另一只手放在热水里，然后把两只手都放在温水里，温水对每只手的感觉都会大不相同。人们的偏好也取决于环境。前景理论是建立在这样一种观察基础之上的：人们对结果没有偏好；重要的是选择与当前情况有多大的不同。

由前景理论预测的金钱与价值之间的关系如图 9.5 所示。这张图 x 轴上的不是绝对财富，而是与当前财富的区别。x 轴的起点对应于人的财富的当前

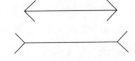

图 9.4　人类对长度的感知取决于背景

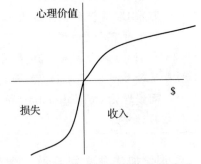

图 9.5　前景理论的金钱-价值关系

状态。这个位置叫作**参考点**。前景理论预测：
- 对于收入，人们是风险规避的。这可以由当前财富曲线是凹的看出。
- 对于损失，人们是风险寻求的。这可以由当前财富曲线是凸的看出。
- 损失大约是收益的两倍。损失的斜率比收益的斜率大。

这种关系不仅适用于钱，也使用于任何有价值的东西。前景理论对人类将如何行动的预测不同于效用理论，就像 Kahneman[2011] 的例子展示的那样。

例 9.4　假设 Anthony 和 Betty 的情况如下：
- Anthony 的现有财富是一百万美元。
- Betty 的现有财富是四百万美元。

他们都可以在赌博和确定的事情之间做出选择：
- 赌博：同等概率得到一百万或四百万美元。
- 确定的事情：得到两百万美元。

效用理论预测，假设他们有相同的效用曲线，Anthony 和 Betty 会做出相同的选择，因为结果是相同的。效用理论没有考虑到当前的财富。前景理论对 Anthony 和 Betty 做出了不同的预测。Anthony 正在获利，因此会规避风险，因此可能会选择确定的事情。Betty 正在赔钱，所以她会冒险去赌博。Anthony 会为这 200 万美元感到高兴，不想冒着不高兴的风险。Betty 会对这 200 万美元感到不高兴。如果她赌一把，就有机会感到高兴。

例 9.5　双胞胎 Andy 和 Bobbie 有相同的爱好和起点工作。现在有两个一样的工作，除了如下不同：
- 工作 A 提供 10 000 美元的加薪。
- 工作 B 每个月给一天额外假期。

他们对结果都不感兴趣就扔硬币决定工作。Andy 选择了工作 A，Bobbie 选择了工作 B。

现在，公司表示他们两个交换工作可以得到 500 美元的奖励。

效用理论预测他们俩会交换工作。因为他们对工作区别无感，并且交换可以得到 500 美元的奖励。

前景理论预测他们不会交换工作。鉴于他们已经走上了工作岗位，现在有了不同的参照系。Andy 担心失去 10 000 美元，Bobbie 害怕失去 12 天假期。比起损失假期或者薪水，500 美金的奖励简直微不足道。所以他们都更倾向于留职。

经验证据支持这样的假设，即前景理论在预测人类决策方面优于效用理论。然而，仅仅因为它更符合人类的选择并不意味着它是人工智能体的最佳选择。但是，一个必须与人类互动的人工智能体应该考虑到人类是如何推理的。在本章的其余部分中，我们假设以效用理论作为人工智能体的决策和规划基础。

9.2　一次性决策

智能体的基本决策理论依赖于以下假设：
- 智能体知道它们在执行什么操作。
- 每个行动的效果可以描述为结果的概率分布。

● 智能体的偏好用结果的效用表示。

命题 9.3 的一个结果是，如果智能体只执行一个动作，理性智能体应该选择具有最高预期效用的动作。

例 9.6   让我们来谈谈送货机器人的问题，机器人动作的结果存在不确定性。特别是，考虑从图 3.1 中的 o109 位置送货到 mail 位置的问题，在送货途中机器人有可能偏离路线并从楼梯上摔下来。假设机器人可以得到不会改变事故概率但会降低事故严重程度的垫子，但是垫子增加了额外的重量。机器人还可以绕很远的路，这样可以减少事故发生的可能性，但会使行程慢得多。

因此，机器人必须决定是否要携带垫子，走哪条路（长路还是短路）。不受机器人直接控制的是是否发生事故，尽管这种可能性可以通过长时间的绕行来降低。对于智能体的每一个选择组合以及是否发生事故，都会有一个结果（可能严重损坏，也可能在没有携带垫子的情况下快速到达这两者之间变化）。

在一次性决策中，**决策变量**被用来对智能体的选择进行建模。决策变量类似于随机变量，但它没有相关的概率分布。相反，智能体可以为决策变量选择一个值。**可能世界**指定随机变量和决策变量的值。每个可能的世界都有相关的效用。对于决策变量的每个值组合，在随机变量上都有一个概率分布。也就是说，对于每个决策变量的值的每次赋值，满足该赋值的世界的度量总和为 1。

图 9.6 展示了一棵决策树，它描述了智能体可用的不同选择以及这些选择的结果。要读取决策树，请从根节点（在该图左侧）开始。对于以正方形表示的决策节点，智能体可以选择要采取的分支。对于每一个用圆圈表示的随机节点，智能体不能选择将采用哪一个分支，而是在该节点的分支上有一个概率分布。每一片叶子都对应一个世界，如果沿着这片叶子的路径走下去，得到的就是结果。

谁的价值？

任何计算机程序或人的行为或给出的建议，都是在用某种价值体系来判断什么是重要的，什么是不重要的。

爱丽丝接着说："请告诉我，我应该从哪条路走？"

"这很大程度上取决于你想去哪里，"猫说。

"我不怎么在意去哪……"爱丽丝说。

"那么你走哪条路也就无所谓了，"猫说。

Lewis Carroll（1832—1898）

《爱丽丝梦游仙境》（1865）

当然，我们都希望计算机在**我们的**价值体系中进行工作，但它们不能按照每个人的价值体系行事。当你建立程序在实验室工作时，这通常不是问题。程序根据程序设计者（也是程序的用户）的目标和价值行事。当一个系统有多个用户时，你必须知道谁的价值体系被合并到一个程序中。如果公司向医生出售医疗诊断程序，程序给出的建议是否反映了社会、公司、医生或患者的价值观（他们可能都有非常不同的价值体系）？它决定了医生还是病人的价值观？

　　对于无人驾驶汽车来说，这些行为是反映车主的效用还是社会的效用？考虑一下，是伤到 n 个横穿马路的人，还是因为了为避开行人而急转弯而伤到 m 个家人，该如何选择？不同的 n 和 m 值，不同的生命值，不同的受伤或死亡概率，生命的价值如何权衡？最想保护家人的司机会对行人有不同的取舍。对于这种情况，我们用**推车问题**进行了研究，在这个问题中，人们明确地说出了自己的道德意见，并给出了自己的道德意见。

　　如果你想建立一个向某人提供建议的系统，你应该找出什么是真的，以及他们的价值观是什么。例如，在医疗诊断系统中，适当的程序不仅取决于患者的症状，而且还取决于他们的优先级。他们是否准备忍受一些痛苦，以便更加了解他们的症状？他们愿意忍受许多不适而活得更久吗？他们准备冒什么风险？如果一个程序或人告诉你该做什么，如果它不问你想做什么，你就要始终怀疑它！作为做事情或提供建议的程序的创造者，你应该知道哪些价值体系被纳入了操作或建议中。如果人们受到影响，他们的偏好应该被考虑进去，或者至少他们应该知道谁的偏好被用作决策的基础。

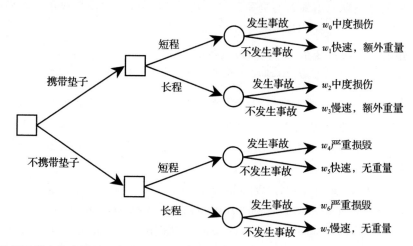

图 9.6　送货机器人的决策树。正方形代表了机器人可以做的决策。圆形代表了机器人在做决策之前无法观测的随机变量

　　例 9.7　在例 9.6 中，有两个决策变量，一个对应于机器人是否携带垫子的决策，一个对应于路线的选择。还有一个随机变量（是否发生事故）。八个可能世界对应于图 9.6 中决策树的八条可能的路径。

　　智能体应该做什么取决于快速到达的重要性、垫子重量的影响有多大、将损失从严重降到中等的价值几何，以及发生事故的可能性。

　　命题 9.3 的证明规定了如何衡量结果的可取性。假设我们决定使用 $[0, 100]$ 范围内的效用。首先，选择最佳结果，即 w_5，并将其效用设为 100。最糟糕的结果是 w_6，因此将其赋值为 0。对于其他世界，考虑 w_6 和 w_5 之间的抽奖。例如，w_0 的效用可能为 35，这意味着智能体在 w_0 和 $[0.35 : w_5, 0.65 : w_6]$ 之间不存在差异，这比 w_2 稍好，w_2 的效用可能为 30。w_1 的效用可能为 95，因为它只比 w_5 稍差。

　　例 9.8　在医学诊断中，决策变量应用于各种治疗和测试。效用可能取决于测试和治疗的成本，以及患者是否好转、生病或死亡，以及他们是否有短期或慢性疼痛。患者的结局取决于患者接受的治疗、患者的生理学和疾病的细节，这些细节可能无法确定。

同样的方法也适用于飞机等人造物品的诊断；工程师测试部件并修复它们。在飞机上，你可能希望效用函数是最小化事故（最大化安全）的，但是纳入这样的决策的效用通常是为了使公司利润最大化，而事故仅仅是考虑到的成本。

在一次性决策中，智能体同时为每个决策变量选择一个值。这可以通过将所有决策变量视为单个组合决策变量 D 来建模。该决策变量的值域是各个决策变量值域的交叉乘积。

每个世界 ω 指定了一个决策变量 D 的值和每个随机变量的值。每个世界都有一个效用，这个效用由变量 u 给出。

单一决策是对决策变量赋值。单一决策 $D=d_i$ 的预期效用是 $E(u|D=d_i)$，**预期效用价值**取决于决策的价值。根据概率加权的世界的平均效用如下：

$$\mathcal{E}(u|D=d_i) = \sum_{\omega:\, D(\omega)=d_i} u(\omega) * P(\omega)$$

其中，$D(\omega)$ 是变量 D 在世界 ω 的值，$u(\omega)$ 是 ω 中效用的值，$P(\omega)$ 是世界 ω 的概率。

最优单决策是预期效用最大的决策。也就是说，$D=d_{\max}$ 是最佳决策，如果

$$\mathcal{E}(u|D=d_{\max}) = \max_{d_i \in \text{domain}(D)} \mathcal{E}(u|D=d_i)$$

其中，domain(D)是决策变量 D 的值域。因此，

$$d_{\max} = \arg\max_{d_i \in \text{domain}(D)} \mathcal{E}(u|D=d_i)$$

例9.9   例 9.6 中的送货机器人问题是一个单一决策问题，其中机器人必须决定变量 Wear_pads 的值和变量 Which_way 的值。这里的单一决策是复杂决策变量 Wear_pads 和 Which_way。对每个决策变量赋值都有一个期望值。例如，Wearpads＝true ∧ Which_way＝short 的预期效用将有下列公式给出：

$$\mathcal{E}(u|\text{wear\_pads} \wedge \text{Which\_way}=\text{short})$$
$$= P(\text{accident}|\text{wear\_pads} \wedge \text{Which\_way}=\text{short}) * u(w_0)$$
$$+ (1-P(\text{accident}|\text{wear\_pads} \wedge \text{Which\_way}=\text{short})) * u(w_1)$$

其中 $u(w_i)$ 是效用在世界 w_i 的值，世界 w_0 和 w_1 展示在图 9.6 中，wear_pads 表示 Wear_pads＝true。

9.2.1 单阶段决策网络

决策树是一种基于状态的表示，从根到叶的每条路径都对应于一种状态。然而，通常更自然、更有效的方法是直接用以变量表示的特征来表示和推理。

单阶段决策网络是具有三种节点的信念网络的扩展：

- **决策节点**，绘制成矩形，表示决策变量。智能体为每个决策变量选择一个值。当存在多个决策变量时，我们假设决策节点有一个总排序，总排序中决策节点 D 之前的决策节点是 D 的父节点。
- **机会节点**，绘制成椭圆形，表示随机变量。这些节点与信念网络中的节点相同。每个机会节点都有一个关联域和一个给定父节点的变量的条件概率。在信念网络中，机会节点的父节点表示条件依赖：给定父节点，变量独立于其非子节点。在决策网络中，机会节点和决策节点都可以是机会节点的父节点。

- **效用节点**，绘制成菱形，表示效用。效用节点的父节点是效用依赖的变量。机会节点和决策节点都可以是效用节点的父节点。

每个机会变量和每个决策变量都有一个值域。效用节点没有域。机会节点表示随机变量，决策节点表示决策变量，但不存在效用变量。

与决策网络相关联的是每个机会节点的条件概率，每个机会节点给定其父节点(如在信念网络中)和效用(作为效用节点父节点的函数)。在网络规范中，没有与决策节点相关联的函数(尽管算法将构造一个函数)。

例 9.10　图 9.7 给出了例 9.6 的决策网络表示。有两个决策要做：走哪条路和是否携带垫子。机器人是否出了事故只取决于它们走哪条路。效用依赖于所有三个变量。

这个网络需要两个因子：一个是表示条件概率的因子 $P(\text{Accident} \mid \text{Which\_way})$；另一个是表示效用的诸如 Which_way、Accident 和 Wear_pads 的函数。这些因子的表如图 9.7 所示。

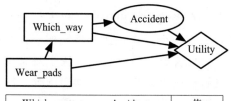

Wear_pads	Which_way	Accident	效用
true	short	true	35
true	short	false	95
true	long	true	30
true	long	false	75
false	short	true	3
false	short	false	100
false	long	true	0
false	long	false	80

Which_way	Accident	值
short	true	0.2
short	false	0.8
long	true	0.01
long	false	0.99

图 9.7　送货机器人的单阶段决策网络

单阶段决策网络的**策略**是为每个决策变量分配一个值。每个策略都有一个预期效用。**最优策略**是预期效用最大的策略。也就是说，这是一种没有其他策略具有更高预期效用的策略。决策网络的**价值**是网络最优策略的预期效用。

图 9.8 显示了如何使用**变量消去**在单阶段决策网络中找到最优策略。在剪除不相关的节点并求出所有随机变量后，将得到一个单独的因子表示每个决策变量组合的预期效用。这个因子不一定是所有决策变量的因子；但是，那些未包含的决策变量与决策无关。

```
1：procedure VE_SSDN(DN)
2：  Inputs
3：     DN：一个单阶段的决策网络
4：  Output
5：     一个最优策略和该策略的预期效用
6：  剪掉所有不是效用节点的祖先的节点
7：  对所有机会节点求和
8：  在这个阶段，存在一个单因子 F，它从效用派生而来
9：  令 v 是 F 中的最大值
10： 令 d 是一个给出最大值的赋值
11： return d，v
```

图 9.8　用于单阶段决策网络的变量消除

例 9.11   考虑在图 9.7 的决策网络上运行 VE_SSDN。因为没有节点能够被修剪，所以它总结出唯一的随机变量 Accident。为此，它将两个因子相乘，因为它们都包含 Accident，并求出 Accident，给出以下因子：

Wear_pads	Which_way	值
true	short	$0.2 * 35 + 0.8 * 95 = 83$
true	long	$0.01 * 30 + 0.99 * 75 = 74.55$
false	short	$0.2 * 3 + 0.8 * 100 = 80.6$
false	long	$0.01 * 0 + 0.99 * 80 = 79.2$

因此，具有最大价值的策略（最优策略）是走捷径携带垫子，预期效用为 83。

9.3   序贯决策

一般来说，智能体不会在没有观察世界的情况下在黑暗中做出决定，也不会只做一个决定。一个更典型的场景是，智能体进行观察，决定一个操作，执行该操作，在结果世界中进行观察，然后根据观察做出另一个决定，依此类推。后续行动取决于观察到的内容，而观察到的内容则取决于先前的行动。在这种情况下，执行一个动作的唯一原因通常是为将来的动作提供信息。为获取信息而采取的行动称为**信息搜寻行动**。只有在部分可见的环境中才需要这样的动作。形式主义不需要将寻求信息的行为与其他行为区分开来。通常情况下，行动既会产生信息成果，也会对世界产生影响。

一个**序贯决策问题**模型如下：

- 在每个阶段，智能体有哪些可行的行为。
- 当智能体要进行活动时，它会获得或者将获得什么信息。
- 行动的效果。
- 这些效果的可取性。

例 9.12   考虑一个简单的诊断案例，医生首先选择一些检查，然后根据检查结果治疗患者。医生可能决定做一项检查的原因是为了在下一阶段进行治疗时获得一些信息（检查结果）。检查结果将是决定治疗时可用的信息，而不是决定检查时可用的信息。检查通常是个好主意，即使检查本身可能会伤害患者。

可用的措施是可能的检查和可能的治疗。当做出检查决定时，可用的信息将是患者表现出的症状。当做出治疗决定时，可用的信息将是患者的症状、进行了哪些检查以及检查结果。检查的效果是检查结果，这取决于执行了什么检查以及患者的问题。治疗的效果是治疗的一些功能和病人的问题。该效用可包括，例如，检查和治疗的费用、短期内对患者的疼痛和不便以及长远的后遗症。

9.3.1   决策网络

决策网络（也称为**影响图**）是有限序贯决策问题的图形表示。决策网络将信念网络扩展到包括决策变量和效用。决策网络扩展了单阶段决策网络，允许序贯决策，并且允许机会节点和决策节点都是决策节点的父节点。

特别地，**决策网络**是一个由机会节点（绘制为椭圆形）、决策节点（绘制为矩形）和效

用节点(绘制为菱形)构成的有向无环图(DAG)。弧的含义是:

- 进入决策节点的弧,表示决策时可用的信息。
- 进入机会节点的弧,表示概率依赖性。
- 进入效用节点的弧,表示效用所依赖的内容。

例 9.13 图 9.9 显示了一个简单的决策网络,用于决定智能体外出时是否应该带雨伞。智能体的效用取决于天气和是否带雨伞。智能体不能观察天气,只能观察天气预报。预报很可能取决于天气。

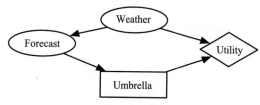

图 9.9 是否带伞的决策网络

作为此网络的一部分,设计者必须为每个随机变量指定值域,为每个决策变量指定值域。假设随机变量 Weather 有{norain, rain},随机变量 Forecast 有{sunny, rainy, cloudy},决策变量 Umbrella 有{take_it, leave_it}。没有与效用节点关联的域。设计者还必须指定给定其父项的随机变量的概率。假设 P(Weather)定义如下,

$$P(\text{Weather} = \text{rain}) = 0.3$$

P(Forecast | Weather)可由下表得出:

Weather	Forecast	概率
norain	sunny	0.7
norain	cloudy	0.2
norain	rainy	0.1
rain	sunny	0.15
rain	cloudy	0.25
rain	rainy	0.6

假设效用函数 u(Weather, Umbrella)如下:

Weather	Umbrella	效用
norain	take_it	20
norain	leave_it	100
rain	take_it	70
rain	leave_it	0

对 Umbrella 决策变量,没有指定表。作为预测的一个函数,规划器的任务是确定要选择的 Umbrella 值。

例 9.14 图 9.10 显示了表示例 9.12 的理想诊断场景的决策网络。症状取决于疾病。什么样的检查是根据症状来决定的。检查结果取决于疾病和所进行的检查。治疗决定是基于症状、进行的检查和检查结果的。结果取决于疾病和治疗。效用取决于检查的成本和结果。

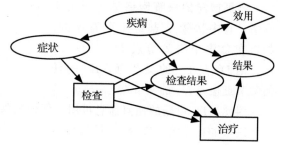

图 9.10 理想诊断场景的决策网络

结果不取决于检查，而只取决于疾病和治疗，所以检查大概没有副作用。治疗不会直接影响效用；治疗的任何成本都可以纳入结果。效用需要依赖于检查，除非所有检查的成本相同。

决定检查和治疗的诊断助理永远不会真正发现患者患有什么疾病，除非检查结果是确定的，但通常不是确定的。

例 9.15　图 9.11 给出了一个决策网络，它是图 8.3 信念网络的扩展。智能体可以收到有人离开建筑物的报告，必须决定是否打电话给消防部门。在打电话之前，智能体可以检查是否有烟雾，但这要付出一定的代价。效用取决于它是否呼叫、是否发生火灾以及检查烟雾的相关费用。

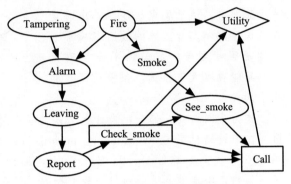

图 9.11　火警决策问题的决策网络

在这个序贯决策问题中，有两个决策要做。首先，智能体必须决定是否检查烟雾。当它做出这一决策时，可以得到的信息是是否有人离开大楼的报告。其次，智能体必须决定是否打电话给消防局。当做出这个决策时，智能体会知道是否有报告，是否检查有烟雾，是否能看到烟雾。假设所有变量都是二值的。

决策网络所需的信息包括信念网络的条件概率以及如下内容：

- $P(\text{See\_smoke} \mid \text{Smoke, Check\_smoke})$；如何看到烟雾，取决于智能体是否寻找烟雾和是否有烟雾。假设智能体有一个完美的烟雾传感器。只有当它寻找烟雾并且有烟雾时，它才会看到烟雾。见练习 9.9。
- $u(\text{Check\_smoke, Fire, Call})$；效用取决于智能体是否检查烟雾，是否发生火灾，以及是否呼叫消防部门。图 9.12 提供了这个效用信息。此效用函数表示的成本结构有：呼叫成本为 200，检查成本为 20，但发生火灾时不呼叫的成本为 5000。效用是成本的负数。

不可遗忘的智能体是指其决策完全按时间顺序排列的智能体，该智能体记住其先前的决策以及先前决策可用的任何信息。

不可遗忘的决策网络是一个决策网络，其中决策节点是完全有序的，如果在总序中决策节点 D_i 在 D_j 之前，则 D_i 是 D_j 的父节点，D_i 的任何父节点也是 D_j 的父节点。

Check_smoke	Fire	Call	Utility
yes	true	yes	−220
yes	true	no	−5020
yes	false	yes	−220
yes	false	no	−20
no	true	yes	−200
no	true	no	−5000
no	false	yes	−200
no	false	no	0

图 9.12　火警决策网络的效用

因此，D_i 可用的任何信息可用于任何后续决策，而为决策 D_i 选择的操作是可用于后续决策的信息的一部分。不可遗忘条件足以确保后续定义是有意义的，并且后续算法是有效的。

9.3.2 策略

策略规定了智能体在所有突发情况下应做的事情。策略由每个决策变量的决策函数组成。决策变量的**决策函数**是一个函数，该函数为决策变量指定一个值，用于将每个值分配给其父变量。因此，策略为每个决策变量指定智能体将对每个可能的观察结果执行的操作。

例 9.16 在例 9.13 中，部分策略是：

- 总是带伞。
- 只有当预报是雨天时带伞。
- 只有当预报时晴天时带伞。

共有 8 种不同的策略，因为有三种可能的预报结果并且每种预报结果有两种选择。

例 9.17 在例 9.15 中，策略为 Check_smoke 和 Call 指定了决策函数。部分策略如下：

- 永远不检查烟雾，并且只在有报告时报警。
- 总是检查烟雾，只有检测到烟雾才报警。
- 当有报告时检测烟雾，只有有报告并且检测到烟雾时才报警。
- 没有报告时检查烟雾，没有检测到烟雾时报警。
- 总是检查烟雾但永不报警。

Check_smoke 有 4 个决策函数，Call 有 2^8 个决策函数，对于 Call 的父节点的八个取值中的每一个，智能体都可以选择是否调用。因此，有 $4*2^8=1024$ 种不同策略。

策略的预期效用

智能体对于它遵循的每一个策略都有一个预期效用。一个理性智能体采取最大化其预期效用的策略。

可能世界为每个随机变量和每个决策变量指定一个值。如果对于每个决策变量 D，$D(\omega)$ 的值由给定可能世界中 D 的父节点的值的策略指定，则一个可能世界 ω **满足**策略 π。

一个可能世界对应于一个完整的历史，并指定所有随机变量和决策变量的值，包括所有观察到的变量。如果 ω 是历史的一个可能展开，则可能世界 ω 满足策略 π，前提是智能体遵循策略 π。

策略 π 的**预期效用**为

$$\mathcal{E}(u \mid \pi) = \sum_{\omega \text{满足} \pi} u(\omega) * P(\omega)$$

其中 $P(\omega)$ 表示世界 ω 的概率，是给定父节点 ω 值的机会节点值的概率的乘积，$u(\omega)$ 是世界 ω 中效用 u 的值。

例 9.18 考虑例 9.13，假设 π_1 是"在天气多云的情况下带伞，否则伞就留在家里"的策略。满足这一策略的世界是：

Weather	Forecast	Umbrella
norain	sunny	leave_it
norain	cloudy	take_it
norain	rainy	leave_it
rain	sunny	leave_it
rain	cloudy	take_it
rain	rainy	leave_it

注意，决策变量的值是由策略选择的。这只取决于天气预报。

此策略的预期效用是通过对满足此策略的世界的效用进行平均来获得的：

$$\mathcal{E}(u \mid \pi_1) = P(\text{norain}) * P(\text{sunny} \mid \text{norain}) * u(\text{norain}, \text{leaveit})$$
$$+ P(\text{norain}) * P(\text{cloudy} \mid \text{norain}) * u(\text{norain}, \text{take\_it})$$
$$+ P(\text{norain}) * P(\text{rainy} \mid \text{norain}) * u(\text{norain}, \text{leave\_it})$$
$$+ P(\text{rain}) * P(\text{sunny} \mid \text{rain}) * u(\text{rain}, \text{leave\_it})$$
$$+ P(\text{rain}) * P(\text{cloudy} \mid \text{rain}) * u(\text{rain}, \text{take\_it})$$
$$+ P(\text{rain}) * P(\text{rainy} \mid \text{rain}) * u(\text{rain}, \text{leave\_it})$$

其中 norain 表示 Weather＝norain，sunny 表示 Forecast＝sunny，其他值依此类推。

最优策略是一个策略 π^*，对于所有策略的 π，使得 $\mathcal{E}(u \mid \pi^*) \geqslant \mathcal{E}(u \mid \pi)$。也就是说，最优策略是在所有策略上预期效用最大的策略。

假设一个二元决策节点有 n 个二元父节点。对于父节点有 2^n 个不同的值分配，因此，对于这个决策节点有 2^{2^n} 个不同的可能决策函数。策略数是每个决策变量的决策函数数的乘积。即使是很小的样例也可能有大量的策略。一个通过简单地列举来寻找最优策略的算法将非常低效。

9.3.3   决策网络的变量消去

幸运的是，智能体不必枚举所有策略；可以应用变量消去（VE）以找到最优策略。这个想法首先考虑最后的决策，为它的父母的每一个值找到一个最优的决策，并且找出这些最大值的一个因子。这样，就形成了一个新的决策网络，少了一个决策，可以递归求解。

图 9.13 显示了如何对决策网络使用**变量消去**。本质上，它计算了一个最优决策的预期效用。它通过按照某种消去顺序求和来消去不是决策节点的父节点的随机变量。随机变量被剔除的顺序并不影响结果的正确性，因此可以选择使用它来提高效率。

```
1：procedure VE_DN(DN)：
2：  Inputs
3：    DN：一个决策网络
4：  Output
5：    最优策略及其预期效用
6：  Local
7：    DFs：决策函数集合，初始时为空
8：    Fs：因子集合
9：  移除所有不是效用节点的祖先的变量
10：  为每一个条件概率创建一个 Fs 中的因子
11：  为每一个效用创建一个 Fs 中的因子
12：  while 尚有决策节点 do
13：    将每一个不是决策节点父节点的随机变量相加
14：    令 D 是剩下的最后一个决策
15：      ▷ D 只在一个因子 F(D, V_1, …, V_k) 中，其中 V_1, …, V_k 是 D 的父变量
16：    将 max_D F 与 Fs 相加
17：    将 arg max_D F 与 DFs 相加
18：  将所有剩余的随机变量相加
19：  返回 DFs 和剩余因子的乘积
```

图 9.13   决策网络的变量消去

在一个不可遗忘的决策网络中，在剔除了所有决策节点的非父辈随机变量后，在因子 F 中必须有一个决策变量 D，其中除 D 以外的所有变量都是 D 的父节点。这个决策 D 是决策排序中的最后一个决策。

为了消去该决策节点，VE_DN 选择产生最大效用的决策值。这种最大化在剩余变量上创建了新的因子，并且消除了决策变量的决策函数。通过最大化创建的决策函数是最优策略中的决策函数之一。

例 9.19 在例 9.13 中，有三个初始因子，表示为 $P(\text{Weather})$、$P(\text{Forecast}\mid \text{Weather})$ 和 $u(\text{Weather},\text{Umbrella})$。首先，它通过将三个因子相乘并求出 Weather，给出一个关于 Forecast 和 Umbrella 的因子来消去 Weather，

Forecast	Umbrella	值
sunny	take_it	12.95
sunny	leave_it	49.0
cloudy	take_it	8.05
cloudy	leave_it	14.0
rainy	take_it	14.0
rainy	leave_it	7.0

为了使 Umbrella 的值最大化，对于 Forecast 的每一个值，VE_DN 都会选择最大化该因子的 Umbrella 的值。例如，当预报为 sunny 时，智能体应将伞留在家中的值设为 49.0。

VE_DN 为 Umbrella 构造了一个最优决策函数，通过选择一个 Umbrella 的值，使 Forecast 的每个值都能得到最大值：

Forecast	Umbrella
sunny	leave_it
cloudy	leave_it
rainy	take_it

VE_DN 还创建了一个新的因子，包含每个 Forecast 值的最大值：

Forecast	值
sunny	49.0
cloudy	14.0
rainy	14.0

VE_DN 根据这个因子求和得出 Forecast，值为 77.0。这是最优策略的期望值。

例 9.20 考虑例 9.15。在求出任何变量的总和之前，它有以下因子：

意义	因子
$P(\text{Tampering})$	$f_0(\text{Tampering})$
$P(\text{Fire})$	$f_1(\text{Fire})$
$P(\text{Alarm}\mid \text{Tampering},\text{Fire})$	$f_2(\text{Tampering},\text{Fire},\text{Alarm})$
$P(\text{Smoke}\mid \text{Fire})$	$f_3(\text{Fire},\text{Smoke})$
$P(\text{Leaving}\mid \text{Alarm})$	$f_4(\text{Alarm},\text{Leaving})$
$P(\text{Report}\mid \text{Leaving})$	$f_5(\text{Leaving},\text{Report})$
$P(\text{See smoke}\mid \text{Check\_smoke},\text{Smoke})$	$f_6(\text{Smoke},\text{See\_smoke},\text{Check\_smoke})$
$u(\text{Fire},\text{Check\_smoke},\text{Call})$	$f_7(\text{Fire},\text{Check\_smoke},\text{Call})$

只要选择适当的动作，预期效用就是概率和效用的乘积。

VE_DN 求和得出不是决策节点的父节点的随机变量。因此，它将 Tampering、Fire、Alarm、Smoke 和 Leaving 相加。消去这些因子后，有一个单一因子，其中一部分（小数点后两位）是：

Report	See_smoke	Check_smoke	Call	值
true	true	yes	yes	−1.33
true	true	yes	no	−29.30
true	true	no	yes	0
true	true	no	no	0
true	false	yes	yes	−4.86
true	false	yes	no	−3.68
...	...	...	...	...

从这个因子中，通过为 Call 选择一个值，即最大化 Report、See_smoke 和 Check_smoke 的每一个赋值的值，就可以为 Call 创建一个最优决策函数。

考虑当 Report＝true，See_smoke＝true 并且 Check_smoke＝yes 的情况。−1.33 比 −29.3 大，所以在这种情况下，最优动作是 Call＝true，其值为 −1.33。对于 Report、See_smoke 和 Check_smoke 的其他值，最大值也是这个。

Call 的一个最优决策函数如下：

Report	See_smoke	Check_smoke	Call
true	true	yes	yes
true	true	no	yes
true	false	yes	no
...	...	...	...

当 Report＝true，See_smoke＝true，Check_smoke＝no 时，Call 的值可以是任意的。在这种情况下，智能体计划做什么并不重要，因为这种情况永远不会出现。算法不需要将此视为特殊情况。

最大化 Call 的因子包含 Report、See_smoke 和 Check_smoke 的每个组合的最大值：

Report	See_smoke	Check_smoke	值
true	true	yes	−1.33
true	true	no	0
true	false	yes	−3.68
...	...	...	...

求和 See_smoke 得到下列因子：

Report	Check_smoke	值
true	yes	−5.01
true	no	−5.65
false	yes	−23.77
false	no	−17.58

对于 Report 的每个值，最大化 Check_smoke 得到了决策函数：

Report	Check_smoke
true	yes
false	no

以及因子

Report	值
true	−5.01
false	−17.58

求和 Report 得到了预期效用，其值为−22.60(考虑到舍入误差)。

因此，得到的策略可以视为规则：

> check_smoke←report.
>
> call←see_smoke.
>
> call←report∧¬check_smoke∧¬see_smoke.

这些规则中的最后一个永远不会使用，因为遵循最优策略的智能体会在有报告时检查是否有烟雾。它仍保留在策略中，因为 VE_DN 在优化 Call 时，尚未确定 Check_smoke 的最优策略。

还要注意，在这种情况下，即使检查烟雾有直接的负面激励，但检查烟雾是值得的，因为获得的信息是有价值的。

下面的示例演示了当 VE 算法优化决策时，包含决策变量的因子如何包含其父辈的子集。

例 9.21　考虑例 9.13，但从 Weather 到 Umbrella 有一个额外的弧线。也就是说，智能体可以同时观察天气和天气预报。在这种情况下，没有求和的随机变量，包含决策节点及其父节点子集的因子是原始效用因子。它可以最大化 Umbrella 的值，并给出决策函数和因子：

Weather	Umbrella
norain	leave_it
rain	take_it

Weather	值
norain	100
rain	70

注意，预测与决策无关。知道预测结果不会给智能体任何有用的信息。求和 Forecast 得到了一个因子，其中所有的值都是 1。

求和 Weather，其中 $P(\text{Weather}=\text{norain})=0.7$，得到预期效用为 $0.7*100+0.3*70=91$。

9.4　信息和控制的价值

例 9.22　在例 9.20 中，动作 Check_smoke 提供有关火灾的信息。检查烟雾花费 20 个单位代价，且不提供任何直接回报；但是，在最优策略中，当有报告时，检查烟雾是值得的，因为智能体可以根据获得的信息来调整其进一步的操作。因此，尽管烟雾只提供了关于是否存在火灾的不完全信息，但有关烟雾的信息对智能体是有价值的。

从这个例子中得到的一个重要结论是，一个寻求信息的操作（比如 Check_smoke）可以与任何其他动作（比如 Call）一视同仁。一个最优策略通常包括其唯一目的是寻找信息的操作，只要这个操作的后续操作可以对操作的某些效果产生条件。大多数行动不仅提供信息，而且对世界也有更直接的影响。

信息对智能体是有价值的，因为它能够帮助智能体更好地进行决策。

如果 X 是一个随机变量，D 是一个决策变量，那么 X 对于决策 D 的**信息的价值**就是在对 D 进行决策时通过知道 X 的值可以获得多少额外效用。这取决于每个决策所控制的内容和观察到的其他内容，即决策网络中可用的信息。

对于不可遗忘决策网络 N 中的决策 D，X 的信息的价值是：

- 决策网络 N 的价值，在 N 中添加从 X 到 D 的弧以及从 X 到 D 后的决策的弧线，以确保决策网络仍然是一个不遗忘的决策网络。
- 减去决策网络 N 的值，其中 D 中不会有 X 的信息，也不会增加不可遗忘弧。

这只在 X 不是 D 的后继时有意义，否则这会导致循环。（当添加从 X 到 D 的弧导致循环时，必须执行更复杂的操作。）

例 9.23　在例 9.13 中，考虑得到更好的预测值的价值。从 Weather 到 Umbrella 的弧形网络的值是 91，如在例 9.21 中所计算的，而在例 9.13 中计算出的原始网络的值是 77，为决定是否带伞而获得关于天气的完美信息的价值是两者之间的差值。因此，从 Weather 到 Umbrella 的决策的信息价值是 $91-77=14$。

信息的价值有一些有趣的性质：

- 信息的价值不会是负数。最糟糕的情况是智能体可以忽略这些信息。
- 如果最优决策是做相同的事情，无论观察到 X 的哪个值，信息 X 的值为零。如果信息 X 的值为零，则存在不依赖于 X 的值的最优策略（即，无论观察到 X 的哪个值，都可以选择相同的操作）。

信息的价值是智能体愿意为决策 D 的信息 X 支付的数额（就效用损失而言）的一个界限。在决定 D 时，关于 X 值的**不完全信息**的价值是一个上限。不完全信息是从 X 的噪声传感器获得的信息，对于 X 的传感器来说，不值得为使用 X 的信息的最早决策付出比 X 的信息价值更多的代价。

例 9.24　在例 9.20 的火灾报警问题中，智能体可能有兴趣知道是否值得尝试检测干预。要确定干预传感器的价值，就要考虑有关干预的信息的价值。

以下是网络某些变体的值（最优策略的预期效用，精确到小数点后一位）。令 N_0 为原始网络。

- 网络 N_0 的值为 -22.6。
- 令 N_1 与 N_0 相同，但从 Tampering 到 Call 添加一条弧。N_1 的值为 -21.3。
- 令 N_2 与 N_1 相同，只是它也有一条从 Tampering 到 Check_smoke 的弧。N_2 的值为 -20.9。
- 令 N_3 与 N_2 相同，但没有从 Report 到 Check_smoke 的弧。N_3 与 N_2 具有相同的值。

前两个决策网络的最优策略值的差值（即 1.3）是网络 N_0 中决策 Call 的 Tampering 信息的价值。网络 N_0 中决策 Check_smoke 的 Tampering 信息的价值为 1.7。因此，安装干预传感器最多可增加 1.7 的预期效用。

在上下文 N_3 中，对于 Check_smoke，有关 Tampering 的信息的值为 0。在双弧网络的最优策略中，Check_smoke 的最优决策函数忽略了 Alarm 信息；当 Alarm 是 Call 的父节点时，智能体在决定是否调用最优策略时从不检查烟雾。

控制值指定了控制一个变量的价值是多少。在最简单的形式中，它是一个决策网络的值的变化，其中一个随机变量被一个决策变量替换，并添加弧使其成为一个不可遗忘的网络。如果这样做，效用的变化是非负的；结果网络总是具有与原始网络相等或更高的期望效用。

例 9.25 在图 9.11 的火灾报警决策网络中，你可能对控制干预（Tampering）的价值感兴趣。例如，这可以用来估计添加安全保护以防止干预（Tampering）的价值。为了计算这个，将图 9.11 的决策网络的值与当 Tampering 是一个决策节点且是另外两个决策节点的父节点的决策网络进行比较。

要确定控制值，将 Tampering 节点转换为决策节点，并使其成为其他两个决策的父节点。结果网络的值为 -20.7。这可以与例 9.24 中的 N_3 的值（其具有相同的弧，并且在 Tampering 是决策节点还是随机节点方面不同）进行比较，N_3 的值为 -20.9。注意，控制比信息更有价值。

前面的描述假设被控制的随机变量的父节点成为决策变量的父节点。在这种情况下，控制值决不是负的。然而，如果决策节点的父节点不包含该随机变量的所有父节点，则可能控制低于信息价值。一般来说，在控制变量时，必须明确哪些信息是可用的。

例 9.26 考虑控制图 9.11 中的变量 Smoke。如果 Fire 是决策变量 Smoke 的父节点，那么它必须是 Call 的父节点，才能使其成为一个不可遗忘的网络。在 Check_smoke 之前产生 Smoke 的结果网络的预期效用为 -2.0。在这种情况下，控制 Smoke 的价值在于观察 Fire。由此产生的最优决策是，如果发生火灾，则报警；否则不报警。

假设智能体是在不观察 Fire 的情况下控制 Smoke。也就是说，智能体可以决定制造烟雾或避免烟雾，而 Fire 不是任何决策节点的父节点。这种情况可以通过使 Smoke 成为一个没有父节点的决策变量来建模。在这种情况下，预期效用为 -23.20，这比初始决策网络更糟糕，因为盲目控制 Smoke 会让智能体失去作为 Fire 传感器的能力。

9.5 决策过程

前几节的决策网络适用于有限阶段的部分可观察域。在本节中，我们考虑未定视野和无限视野问题。

通常，智能体必须对正在进行的流程进行推理，否则它不知道需要执行多少操作。当过程可能永远进行时，这些称为**无限视野**问题；当智能体最终停止时，这些称为**未定视野**问题，但它不知道何时停止。

对于正在进行的过程，在最后只考虑最终效用可能没有意义，因为智能体可能永远不会停止。相反，智能体可以获得一系列**奖励**。除了可能获得的任何奖或处罚外，这些奖励还包括行动成本。负的奖励叫作**惩罚**。未定视野问题可以用停止状态来建模。**停止状态**或**吸收状态**是指所有动作都没有效果的状态；也就是说，当智能体处于该状态时，所有动作立即返回该状态，并获得零奖励。目标的实现可以通过对进入这种停止状态的奖励来建模。

马尔可夫决策过程可以看作一个由奖励和动作构成的马尔可夫链，或者是一个关于时间的决策网络。在每个阶段，智能体决定执行哪个操作；奖励和结果状态取决于前一个状态和执行的操作。

我们只考虑**平稳模型**，其中状态转换和奖励不依赖于时间。

一个**马尔可夫决策**(MDP)包括：

- S，世界的状态集。
- A，动作集合。
- $P: S \times S \times A \rightarrow [0, 1]$，它指定了**动态性**。记作 $P(s'|s, a)$，表示智能体处于状态 s 并执行动作 a 时，智能体转换为状态 s' 的概率。因此，

$$\forall s \in S \, \forall a \in A \sum_{s' \in S} P(s'|s, a) = 1$$

- $R: S \times A \times S \rightarrow \Re$，其中 $R(s, a, s')$，表示**奖励函数**，它给出了执行动作 a 并从状态 s 转换到 s' 时的预期即时奖励。有时使用 $R(s, a)$ 非常方便，它表示在状态 s 下执行动作 a 时的期望值，即 $R(s, a) = \sum_{s'} R(s, a, s') * P(s'|s, a)$。

马尔可夫决策过程的一部分可以用决策网络来描述，如图 9.14 所示。

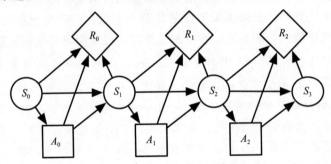

图 9.14   表示 MDP 一部分的决策网络

例 9.27   假设 Sam 想在周末做出一个明智的决定，决定是参加聚会还是在家休息一下。Sam 喜欢聚会，但担心生病。这样一个问题可以被模拟成一个 MDP，它有两个状态(healthy 和 sick)以及两个动作(relax 和 party)。因此

$$S = \{\text{healthy, sick}\}$$
$$A = \{\text{relax, party}\}$$

根据经验，Sam 估计动态性 $P(s'|s, a)$ 的方法如下，

S	A	$s'=$healthy 的概率
healthy	relax	0.95
healthy	party	0.7
sick	relax	0.5
sick	party	0.1

所以，如果 Sam 是健康的并参加了聚会，他有 30% 的概率生病。如果 Sam 健康并且在家休息了，Sam 将更有可能保持健康。如果 Sam 病了并且在家休息了，则有 50% 的

概率会好起来。如果 Sam 生病了还去参加聚会，那么健康的概率只有 10%。

Sam 估计的（直接）奖励是：

S	A	奖励
healthy	relax	7
healthy	party	10
sick	relax	0
sick	party	2

因此，Sam 总是喜欢聚会而不是在家休息。然而，当健康的时候，Sam 总体感觉好多了，并且聚会比在家休息更容易让人生病。

问题是要确定 Sam 每个周末应该做什么。

例 9.28　网格世界是机器人位置在现实世界中的理想化。通常，机器人都在某个位置，可以移动到邻近的位置，收集奖励和惩罚。假设这些动作是随机的，因此在给定动作和状态的情况下，结果状态是概率分布的。

图 9.15 显示了一个 10×10 的网格世界，机器人可以在其中选择四个动作之一：向上、向下、向左或向右。如果智能体执行其中一个操作，则它有 70% 概率沿所需方向前进一步，有 10% 概率沿其他三个方向前进一步。如果它撞到外墙（即计算出的位置在网格之外），将被罚 1 分（即奖励 -1分），并且智能体实际上不会移动。有四种奖励状态（除了墙）：一个值 +10（位置（9，8）；横 9 竖 8），一个值 +3（位置（8，3）），一个值 -5（位置（4，5）），一个值 -10（位置（4，8））。在这些状态中的每一个状态下，智能体在该状态执行一项行动后获得奖励，而不是在进入该状态时得到奖励。当智能体

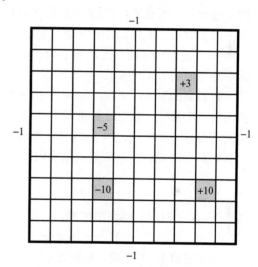

图 9.15　例 9.28 的网格世界

到达有正向奖励的状态时（要么 +3，要么 +10），无论它执行什么操作，在下一步，它会被随机地扔到网格世界的四个角落之一。

注意，在这个例子中，奖励是初始状态和最终状态的函数。当且仅当智能体保持相同状态时，智能体撞到了墙，因此获得了 -1 的奖励。仅仅知道初始状态和动作，或者仅仅知道最终状态和动作，并不能为智能体提供足够的信息来推断奖励。

与决策网络一样，设计人员还必须考虑智能体在决定要做什么时可以使用哪些信息。有两种常见的变体：

- 在**完全可观察的马尔可夫决策过程**（MDP）中，智能体在决定做什么时可以观察当前状态。
- **部分可观察的马尔可夫决策过程**（POMDP）是 MDP 和隐马尔可夫模型的结合。每次，智能体都会根据状态进行一些（模棱两可且可能有噪声的）观察。智能体只有在做出决定时才能查阅奖励、观察和先前行动的历史记录。它不能直接观察当前状态。

奖励

为了决定该做什么，智能体会比较不同的奖励顺序。最常见的方法是将一系列奖励转换成一个称为**价值、累积奖励**或**反馈**的数字。为了做到这一点，智能体将直接奖励与未来的其他激励结合起来。假设智能体收到了一系列奖励：

$$r_1, r_2, r_3, r_4, \cdots$$

有三个常见的奖励标准可用于将奖励合并为价值 V。

总奖励 $V = \sum\limits_{i=1}^{\infty} r_i$。在这种情况下，价值是所有奖励的总和。当你可以保证总和是有限的时，这是可行的；但是如果总和是无限的，就不能比较哪一个奖励序列更可取。例如，一个 1 美元的奖励序列与一个 100 美元的奖励序列具有相同的总和（两者都是无限的）。当存在停止状态并且智能体始终具有最终进入停止状态的非零概率时，总奖励是有限的。

平均奖励 $V = \lim\limits_{n\to\infty}(r_1 + \cdots + r_n)/n$。在这种情况下，智能体的价值是其奖励在每个时间段的平均值。只要奖励是有限的，这个价值也是有限的。然而，当总奖励有限时，平均奖励为零，因此平均奖励不会允许智能体选择平均奖励为零的动作。在这个标准下，唯一重要的是智能体的停止状态。任何有限的坏动作序列都不会影响极限。例如，获得 1 000 000 美元后奖励 1 美元的平均奖励与获得 0 美元后奖励 1 美元的平均奖励相同（两者的平均奖励均为 1 美元）。

折扣奖励 $V = r_1 + \gamma r_2 + \gamma^2 r_3 + \cdots + \gamma^{i-1} r_i + \cdots$，其中 γ 是**折扣因子**，是 $0 \leqslant \gamma < 1$ 范围内的一个数字。在这个标准下，未来的奖励价值低于当前的奖励。如果 γ 为 1，折扣奖励将与总奖励相同。当 $\gamma = 0$ 时，智能体忽略所有未来的奖励。如果 $0 \leqslant \gamma < 1$，则保证当奖励是有限的时，总价值也是有限的。折扣奖励可以改写为

$$V = \sum_{i=1}^{\infty} \gamma^{i-1} r_i = r_1 + \gamma r_2 + \gamma^2 r_3 + \cdots + \gamma^{i-1} r_i + \cdots = r_1 + \gamma(r_2 + \gamma(r_3 + \cdots))$$

假设 V_k 是由时间 k 累积的奖励：

$$V_k = r_k + \gamma(r_{k+1} + \gamma(r_{k+2} + \cdots)) = r_k + \gamma V_{k+1}$$

为了理解 V_k 的性质，假设 $S = 1 + \gamma + \gamma^2 + \gamma^3 + \cdots$，并且 $S = 1 + \gamma S$。对 S 的求解得到 $S = 1/(1-\gamma)$。因此，折扣奖励使得未来的价值最多为 $1/(1-\gamma)$ 倍的最大奖励，或至少为 $1/(1-\gamma)$ 倍的最小奖励。因此，从现在起的时间的累积奖励与直接奖励相比，只有有限的价值。这与平均奖励不同，在平均奖励的情形中直接激励是由时间的累积激励所决定的。

在经济学中，γ 与利率有关：现在得到 1 美元等于一年内得到 $(1+i)$ 美元，其中 i 是利率。你也可以把折扣率看作智能体生存的概率，γ 可以看作智能体继续工作的概率。

本章的其余部分考虑折扣奖励。折扣后的奖励称为**价值**。

9.5.1 策略

在一个完全可观察的马尔可夫决策过程中，智能体在决定执行哪一个动作之前，先观察其当前状态。目前，假设马尔可夫决策过程是完全可观测的。**策略**指定了智能体应执行的操作，作为智能体所处状态的函数。**平稳策略**是一个函数 $\pi: S \to A$。在非平稳策略中，动作是状态和时间的函数；我们假设策略是平稳的。

给定一个奖励标准，策略对每个状态都有一个期望值。设 $V^\pi(s)$ 为 s 状态下执行策略 π 的期望值。这表示了智能体期望在该状态下执行策略能够得到多少价值。如果没有

策略 π' 并且没有状态 s 可以使得 $V^{\pi'}(s) > V^{\pi}(s)$，则策略 π 是最优策略。也就是说，这是一项在每个状态都比任何其他策略具有更大或相等期望值的策略。

例 9.29　对于例 9.27，有两个状态和两个操作，共有 $2^2 = 4$ 个策略：

- 总是在家休息。
- 总是参加聚会。
- 健康就在家休息，生病就聚会。
- 健康就聚会，生病就在家休息。

这些策略的总奖励是无限的，因为智能体永远不会停止，也永远不会持续获得 0 的奖励。如何确定平均奖励，则留作练习（见练习 9.14）。下一节将讨论如何计算折扣奖励。

例 9.30　例 9.28 的 MDP 中有 100 个状态和 4 个操作，因此有 $4^{100} \approx 10^{60}$ 个平稳策略。每个策略为每个状态指定一个操作。

对于无限视野问题，平稳 MDP 总是有一个最优的平稳策略。然而，对于有限阶段问题，非平稳策略可能比所有平稳策略更好。例如，如果智能体必须在时间 n 停止，对于某个状态的最后一个决定，智能体将在不考虑未来行动的情况下采取行动以获得最大的直接奖励，但是对于先前的决定，智能体可能会决定立即获得较低的奖励以在以后获得较大的奖励。

1. 策略的价值

考虑在给定折扣系数 γ 的情况下，如何使用策略的折扣奖励计算期望值。该值是根据两个相互关联的函数定义的：

- $V^{\pi}(s)$ 是 s 状态下遵循策略 π 的期望值。
- $Q^{\pi}(s, a)$ 是从执行动作 a 的 s 状态开始，然后遵循策略 π 得到的期望值。这叫作策略 π 的 Q 值。

Q^{π} 和 V^{π} 是递归定义的。如果智能体处于状态 s，执行动作 a，并且到达状态 s'，则它将获得 $R(s, a, s')$ 的直接奖励加上折扣的未来奖励 $\gamma V^{\pi}(s')$。当智能体正在规划时，它不知道实际的结果状态，因此它使用期望值。期望值可通过在可能的结果状态上取平均值得到：

$$Q^{\pi}(s, a) = \sum_{s'} P(s'|s, a)(R(s, a, s') + \gamma V^{\pi}(s'))$$
$$= R(s, a) + \gamma \sum_{s'} P(s'|s, a) V\pi(s') \qquad (9.2)$$

其中，$R(s, a) = \sum_{s'} P(s'|s, a) R(s, a, s')$。

$V^{\pi}(s)$ 是通过做策略 π 指定的动作，然后执行策略 π 得到的：

$$V^{\pi}(s) = Q^{\pi}(s, \pi(s))$$

2. 最优策略的价值

设 s 为状态，a 为动作，$Q^*(s, a)$ 为在状态 s 下执行 a 然后遵循最优策略所得到的期望值。令 $V^*(s)$ 是从状态 s 开始遵循最优策略的期望值。

Q^* 的定义类似于 Q^{π}：

$$Q^*(s, a) = \sum_{s'} P(s'|s, a)(R(s, a, s') + \gamma V^*(s'))$$
$$= R(s, a) + \gamma \sum_{s'} P(s'|s, a) \gamma V^*(s')$$

$V^*(s)$ 是通过在每一个状态下采取最有价值的行动获得的：

$$V^*(s) = \max_a Q^*(s, a)$$

最优策略 π^* 是为每个状态提供最优价值的策略之一：

$$\pi^*(s) = \arg \max_a Q^*(s, a)$$

其中 $\arg \max_a Q^*(s, a)$ 是状态 s 的函数，它的值是使得 $Q^*(s, a)$ 有最大值的动作 a。

9.5.2　价值迭代

价值迭代是一种计算 MDP 最优策略及其价值的方法。

价值迭代从"终点"开始，然后不断回溯，提炼出 Q^* 或 V^* 的估计值。实际上没并有终点，所以价值迭代使用任意终点。

令 V_k 为一个具有 k 阶段要走的价值函数，Q_k 为一个具有 k 阶段要走的 Q 函数。它们可以被递归地定义。价值迭代从任意函数 V_0 开始。对于随后的阶段，它使用以下方程来从 k 阶段要走的函数得到 $k+1$ 阶段要走的函数：

$$Q_{k+1}(s, a) = R(s, a) + \gamma * \sum_{s'} P(s'|s, a) * V_k(s')$$

$$V_k(s) = \max_a Q_k(s, a)$$

价值迭代可以保存 $V[S]$ 数组或 $Q[S, A]$ 数组。保存数组 V 会减少存储空间，但确定最优操作更加困难，并且需要再进行一次迭代来确定哪个操作的值最大。

图 9.16 显示了存储数组 V 时的价值迭代算法。无论初始值函数 V_0 是什么，此过程都会收敛。近似 V^* 的初始价值函数收敛速度比与 V^* 不相似的函数的收敛速度快。许多用于 MDP 的抽象技术的基础都是使用一些启发式方法来逼近 V^*，并将其用作价值迭代的初始种子。

```
1： procedure Value_iteration(S, A, P, R)
2：   Inputs
3：      S 是所有状态的集合
4：      A 是所有动作的集合
5：      P 是指定 P(s'|s, a) 的状态转换函数
6：      R 是一个奖励函数 R(s, a)
7：   Output
8：      近似最优策略 π[S]
9：      价值函数 V[S]
10：  Local
11：     实数组 V_k[S] 是一个价值函数序列
12：     动作数组 π[S]
13：  给 V_0[S] 任意分配一个值
14：  k := 0
15：  repeat
16：     k := k+1
17：     for each 状态 do
18：        V_k[s] = max_a R(s, a) + γ * ∑_s P(s'|s, a) * V_{k-1}[s']
19：     until 终止
20：     for each 状态 do
21：        π[s] = arg max_a R(s, a) + γ * ∑_{s'} P(s'|s, a) * V_k[s']
22：  return π, V_k
```

图 9.16　MDP 的价值迭代并记录 V

例 9.31　考虑例 9.27 的两态 MDP，折扣率 $\gamma=0.8$。我们把价值函数写成 [healthy_value, sick_value]，Q 函数写成 [[healthy_relax, healthyparty], [sickrelax, sick_party]]。假设最初的价值函数是 [0, 0]。下一个 Q 值是 [[7, 10], [0, 2]]，所以下一个价值函数是 [10, 2]（由 Sam 在聚会获得）。下一个 Q 值是

状态	动作	值
healthy	relax	$7+0.8*(0.95*10+0.05*2)=14.68$
healthy	party	$10+0.8*(0.7*10+0.3*2)=16.08$
sick	relax	$0+0.8*(0.5*10+0.5*2)=4.8$
sick	party	$2+0.8*(0.1*10+0.9*2)=4.24$

所以下一个价值函数是 [16.08, 4.8]。经过 1000 次迭代后，价值函数为 [35.71, 23.81]。所以 Q 函数是 [[35.10, 35.71], [23.81, 22.0]]。因此，最优策略是健康时去聚会，生病时在家休息。

例 9.32　考虑例 9.28 的 +10 奖励周围的九个正方形。折扣率为 $\gamma=0.9$。对于所有状态 s，假设算法以 $V_0[s]=0$ 开始。

这九个单元格的 V_1、V_2 和 V_3 值（小数点后一位）是

0	0	−0.1
0	10	−0.1
0	0	−0.1

V_1

0	6.3	−0.1
6.3	9.8	6.2
0	6.3	−0.1

V_2

4.5	6.2	4.4
6.2	9.7	6.6
4.5	6.1	4.4

V_3

在价值迭代的第一步之后（在 V_1 中），节点立即获得直接预期奖励。此图中的中心节点是 +10 奖励状态。右节点的值为 −0.1，此时最佳操作为向上、向左和向下；每个节点都有 10% 的概率撞墙并立即获得 −1 的预期奖励。

V_2 是价值迭代第二步后的值。考虑位于 +10 奖励状态左侧的节点。它的最佳值是向右移动；在接下来的状态下，它有 70% 概率获得 +10 的奖励，因此现在它值 9（0.9 折扣乘以 10）。其他可能的结果状态的预期奖励是 0。因此，该状态的值为 $0.7*9=6.3$。

在价值迭代的第二步之后，考虑位于 +10 奖励状态右侧的节点。在这种状态下，智能体的最佳操作是向左移动。这个状态的值是：

概率	奖励	未来值	
0.7 * (	0	+0.9 * 10)	智能体向左
+0.1 * (	0	+0.9 * −0.1)	智能体向上
+0.1 * (	−1	+0.9 * −0.1)	智能体向右
+0.1 * (	0	+0.9 * −0.1)	智能体向下

它的评估值为 6.173，在上面的 V_2 中近似为 6.2。

+10 奖励状态在 V_2 中的值小于 10，因为智能体移动到了其中一个角落，而这些角落在这个阶段看起来很糟糕。

在下一步的数值迭代后，如图中右侧所示，+10 奖励的效果又进了一步。具体来说，图中的边角处得到的数值表示奖励在 3 个步骤中得到的激励。

本书的网站上有一个小程序，显示了这个示例所描述的价值迭代的过程细节。

图 9.16 中的价值迭代算法在每个阶段都有一个数组，但它实际上只需要存储当前和以前的数组。它可以根据一个数组的价值更新另一个数组。

该算法的一个常见改进是**异步价值迭代**。异步价值迭代不是遍历状态以创建新的价值函数，而是按任意顺序一次更新一个状态，并将值存储在单个数组中。异步价值迭代可以存储 $Q[s，a]$ 数组或 $V[s]$ 数组。图 9.17 显示了存储 Q 数组时的异步价值迭代。它的收敛速度比普通价值迭代快，是一些强化学习算法的基础。如果智能体必须保证某个特定的误差，迭代终点可能很难确定，除非它仔细考虑如何选择操作和状态。通常，这个过程作为一个随时算法（见 1.5.4 节）无限期地运行，当收到请求时，它总是准备好给出一个状态下最佳操作的最佳估计。

```
 1: procedure Asynchronous value_iteration(S，A，P，R)
 2:    Inputs
 3:       S 是所有状态的集合
 4:       A 是所有动作的集合
 5:       P 是指定 P(s'|s，a)的状态转换函数
 6: R 是一个奖励函数 R(s，a)
 7:    Output
 8:       近似最优策略 π[s]
 9:       价值函数 Q[S，A]
10:    Local
11:       实数组 Q[S，A]
12:       动作数组 π[S]
13:    给 Q[S，A]任意分配一个值
14:    repeat
15:       选择一个状态 s
16:       选择一个动作 a
17:          Q[s，a] = R(s，a) + γ * Σ_s P(s'|s，a) * max_a Q[s'，a']
18:    until 终止
19:    for each 状态 s do
20:       π[s] = arg max_a Q[s，a]
21:    returnπ，Q
```

图 9.17   MDP 的异步价值迭代

异步价值迭代也可以通过仅存储 $V[s]$ 数组来实现。在这种情况下，算法选择状态 s 并执行如下更新：

$$V[s] := R(s，a) + γ * \max_a \sum_{s'} P(s'|s，a) * V[s']$$

尽管此变体存储的信息较少，但提取策略更为困难。它需要一个额外的备份来确定哪个操作 a 的结果是最大值。这可以用下面的方法实现：

$$π[s] := R(s，a) + γ * \arg \max_a \sum_{s'} P(s'|s，a) * V[s']$$

例 9.33   在例 9.32 中，+10 奖励状态的左上一步和右上一步的状态仅在三次价值迭代后更新其值，其中每次迭代涉及对所有状态的扫描。

在异步价值迭代中，可以先选择 +10 奖励状态。接下来，可以选择其左侧的节点，其值为 0.7 * 0.9 * 10 = 6.3。接下来，可以选择该节点上方的节点，其值将变为 0.7 *

$0.9 * 6.3 = 3.969$。注意，它的值反映了在考虑 3 个状态（而不是 300 个状态）之后它接近 +10 奖励，在普通价值迭代中也是如此。

9.5.3 策略迭代

策略迭代从一个策略开始并迭代地改进它。它从一个任意的策略 π_0 开始（π_0 近似于工作最好的最优策略），并从 $i = 0$ 开始执行以下步骤。

- 策略评估：确定 $V^{\pi_i}(S)$。V^π 的定义是一组 $|S|$ 个线性方程，$|S|$ 未知，且该未知数是 $V^{\pi_i}(S)$ 的值。每个状态都有一个方程。这些方程可以用线性方程解法（如高斯消去法）求解，也可以迭代求解。
- 策略改进：选择 $\pi_{i+1}(s) = \arg\max_a Q^{\pi_i}(s, a)$，其中 Q 值可以使用式（9.2）从 V 中获得。为了检测算法收敛的情况，如果某个状态的新动作提高了期望值，则只需改变策略；也就是说，如果 $\pi_i(s)$ 是最大化 $Q^{\pi_i}(s, a)$ 的动作之一，则它应该将 $\pi_{i+1}(s)$ 设为 $\pi_i(s)$。
- 如果策略没有变化并且 $\pi_{i+1} = \pi_i$，就停止迭代，否则增加 i 并重复。

算法如图 9.18 所示。请注意，它只保留最新的策略，并在发生更改时通知。这种算法总是在少量的迭代后就结束。但麻烦的是，求解一组线性方程组通常很费时。

```
1:  procedure Policy_iteration(S, A, P, R)
2:    Inputs
3:      S 是所有状态的集合
4:      A 是所有动作的集合
5:      P 是指定 P(s′|s, a) 的状态转换函数
6:      R 是一个奖励函数 R(s, a)
7:    Output
8:      最优策略 π
9:    Local
10:      动作数组 π[S]
11:      布尔变量 noChange
12:      实数组 V[S]
13:    任意设置 π
14:    repeat
15:      noChange := true
16:      求解 V[s] = R(s, a) + γ * Σ_{s′∈S} P(s′|s, π[s]) * V[s′]
17:      for each s ∈ S do
18:        QBest := V[s]
19:        for each a ∈ A do
20:          Qsa := R(s, a) + γ * Σ_{s′∈S} P(s′|s, π[s]) * V[s′]
21:          if Qsa > QBest then
22:            π[s] := a
23:            QBest := Qsa
24:            noChange := false
25:    until noChange
26:    return π
```

图 9.18 MDP 的策略迭代

策略迭代的一种变体称为**修改策略迭代**。修改策略迭代发现智能体在改进策略时并不需要评价这个策略；只需要使用式(9.2)执行一些备份步骤，就可以对策略进行改进。

策略迭代对于太大而不能直接表示为 MDP 的系统非常有用。假设一个控制器有一些可以改变的参数。在某些情况下，参数 a 的累积折扣奖励的导数的估算值对应于 $Q(a, s)$ 的导数，这可以用来改进参数。这种迭代改进的控制器可以获得局部最大值，而不是全局最大值。基于状态的 MDP 的策略迭代不会导致非最佳局部极大值，因为它可以在不影响其他状态的情况下改善状态的动作，而更新参数可以同时影响许多状态。

9.5.4 动态决策网络

马尔可夫决策过程是一种基于状态的表示。正如在经典规划中(见第 6 章)，根据特征进行推理可以实现更直接的表示和更有效的算法一样，在不确定性下的规划也可以利用根据特征进行推理。这是**决策理论规划**的基础。

动态决策网络(DDN)可以用多种不同的方式来表示：

MDP 的分解表示法，其中状态用特征描述。
- 允许不确定或无限期问题的重复结构的决策网络的扩展。
- 包括行动和奖励的动态信念网络的扩展。
- 行动的基于特征的表示法或规划的 CSP 表示法的扩展，考虑奖励和行动效果的不确定性。

动态决策网络包括：
- 状态特征的集合。
- 可能动作的集合。
- 对于每一个特征 F(分别为时刻 0 和时刻 1 的特征)，具有机会节点 F_0 和 F_1 以及决策节点 A_0 的两阶段决策网络，这样，
  - A_0 的值域是所有的动作。
  - A_0 的父节点是时刻 0 的特征的集合(这些弧通常不显式显示)。
  - 时刻 0 的特征的父节点不包括 A_0 或时刻 1 的特征，但可以包括其他时刻 0 的特征，只要生成的网络是无环的。
  - 如果图是无环的，时刻 1 特征的父级可以包含 A_0 和其他时刻 0 或时刻 1 特征。
  - 对于每个特征 F，$P(F_0 \mid \text{parents}(F_0))$ 和 $P(F_1 \mid \text{parents}(F_1))$ 存在概率分布。
  - 奖励函数取决于动作的任何子集以及时刻 0 或时刻 1 的特征。

在动态信念网络中，动态决策网络可以通过复制每个后续时间的特征和动作而**展开**为决策网络。在时间范围 n 内，对于每个时刻 $i(0 \leqslant i \leqslant n)$，每个特征 F 都有一个变量 F_i。在时间范围 n 内，对于每个时刻 $i(0 \leqslant i < n)$，都有一个变量 A_i。时间范围 n 可以是无限的，这允许我们对不停止的过程建模。

因此，如果在时间范围 n 内存在 k 个特征，则在展开的网络中存在 $k * (n+1)$ 个机会节点(每一个机会节点代表一个随机变量)和 k 个决策节点。

A_i 的父代是随机变量 F_i(以便智能体可以观察状态)。每个 F_{i+1} 以相同的方式依赖于动作 A_i 和时刻 i 和时刻 $i+1$ 的特征，即每个 F_{i+1} 的条件概率都相同，因为 F_1 依赖于动作 A_0 以及时刻 0 和时刻 1 的特征。F_0 是已知的，两阶段决策网络直接建模了 F_0。

例 9.34 例 6.1 建模了一个机器人，它可以在一个有四个位置的简单环境中传送咖啡和邮件。假设将例 6.1 的简单版本转换为动态决策网络。我们使用与该示例中相同的特征。

特征 RLoc 模拟机器人的位置。变量 $RLoc_1$ 的父节点是 $Rloc_0$ 和 A。

机器人送咖啡时，特征 RHC 为真。RHC_1 的父节点是 RHC_0、A_0 和 $RLoc_0$；机器人是否送咖啡取决于它以前是否送过咖啡、它执行了什么动作以及它的位置。概率可以编码这样的可能性：机器人不能在它弄洒咖啡或者有人在其他状态下给它咖啡的情况下，成功地拿起或运送咖啡(这样的情况是存在的)。

当 Sam 想喝咖啡时，特征 SWC 为真。SWC1的父节点包括 SWC_0、RHC_0、A_0 和 $RLoc_0$。你不会期望 RHC_1 和 SWC_1 是独立的，因为它们都取决于咖啡是否成功交付。这可以通过让一方(RHC_1)成为另一方(SWC_1)的父节点来模拟。

图 9.19 所示的两阶段信念网络表示了时刻 1 的状态变量如何依赖于动作和其他状态变量。该图还显示了激励作为行动的一个函数，这些行为包括 Sam 是否不再想要咖啡，以及是否有邮件等待。

图 9.20 显示了视界为 3 的展开的决策网络。

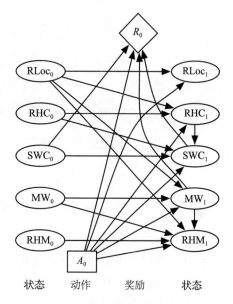

图 9.19 两阶段动态决策网络

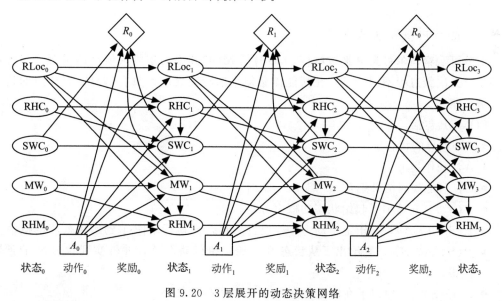

图 9.20 3 层展开的动态决策网络

例 9.35 为 RHC_1 和 SWC_1 之间的依赖性进行建模的另一种方法是引入一个新变量 CSD_1，该变量表示咖啡是否在时刻 1 成功交付。此变量是 RHC_1 和 SWC_1 的父节点。Sam 是否想要咖啡，取决于 Sam 之前是否想要咖啡以及咖啡是否成功送达。机器人是否送达咖啡取决于通过建模得到的动作和位置。类似地，MW_1 和 RHM_1 之间的依赖关系可以通过引入一个变量 MPU_1 来建模，该变量表示是否成功地接收了邮件。结果的 DDN 展开到范围为 2，但忽略了奖励，如图 9.21 所示。

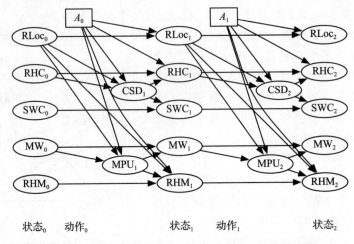

图 9.21   忽略奖励节点的 2 层中间变量动态决策网络

如果奖励只在最后出现，则可以直接应用决策网络的变量消去，如图 9.13 所示。决策网络的变量消去相当于价值迭代。注意，在完全可观测决策网络中，变量消去不需要不可遗忘条件。一旦智能体知道了状态，之前的所有决定都是无关紧要的。如果在每个时间步骤中都累积奖励，则必须对算法进行扩充，以允许添加（和减去）奖励。见练习 9.18。

9.5.5   部分可观察决策过程

部分可观察马尔可夫决策过程（POMDP）是 MDP 和隐马尔可夫模型的组合。与可观察马尔可夫决策过程不同的是，在智能体必须采取行动之前，只有部分或有噪声的状态可以被观察到。

POMDP 包括：

- S，世界的状态集。
- A，动作集。
- O，可能观测结果集合。
- $P(S_0)$，它给出了起始状态的概率分布。
- $P(S'|S, A)$，它指定了动力——通过从状态 S 执行动作 A 到达状态 S' 的概率。
- $P(S, A, S')$，它给出了从状态 S 开始，执行动作 A，并转换到状态 S' 的预期回报。
- $P(O|S)$，它给出了在给定状态 S 下观察到 O 的概率。

POMDP 的有限部分可以使用决策图来描述，如图 9.22 所示。

有三种主要方法可以解决计算 POMDP 的最优策略的问题：

- 使用决策网络的变量消去法求解相关的动态决策网络（见图 9.13），扩展到包括折扣奖励的网络）。创建的策略是智能体历史记录的函数。这种方法的问题是，历史

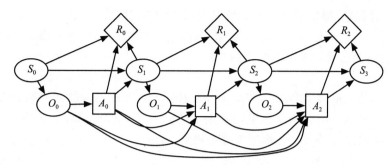

图 9.22 POMDP 的动态决策网络

是无限的，并且策略的大小在历史的长度上是指数级的。只有当历史是短的或被故意缩短时，这才有效。

- 使策略成为信念状态的函数，即状态上的概率分布。保持信念状态是一个过滤问题（见 8.5.2 节）。这种方法的问题是，对于 n 个状态，信念状态集是 $(n-1)$ 维实空间。然而，由于一系列动作的价值只取决于状态，所以期望值是状态价值的线性函数。由于规划可以是以观察为条件的，并且我们只考虑信念状态的最优行为，因此对于任何有限的前瞻，最优策略是分段线性和凸的。

- 在控制器空间中搜索最优控制器（见 2.2 节）。因此，智能体根据其信念状态和观察结果搜索要记住的内容和要做的事情。请注意，前两个建议是这种方法的实例：智能体记住其所有历史或智能体拥有一个信念状态，该信念状态是可能状态的概率分布。一般来说，智能体可能只要求记住其历史的某些部分，但那些不被要求记住的特征也有一定概率被记住。因为记忆的内容是没有限制的，所以搜索空间是巨大的。

9.6 回顾

- 效用是一种偏好与概率相结合的度量。
- 从特征上看，决策网络可以表示一个有限阶段的部分可观察的序列决策问题。
- 一个 MDP 可以用状态来表示一个无限阶段或不定阶段的顺序决策问题。
- 一个完全可观察的 MDP 可以通过价值迭代或策略迭代来求解。
- 动态决策网络允许使用特征来表示 MDP。

9.7 参考文献和进一步阅读

如本文所述，效用理论由 Neumann 和 Morgenstern[1953]详尽阐述，并由 Savage[1972]进一步发展。Keeney 和 Raiffa[1976]讨论了效用理论，重点讨论了多属性（基于特征的）效用函数。有关效用和偏好的图形模型的工作，请参见 Bacchus 和 Grove[1995]以及 Boutilier 等[2004 年]的工作。Walsh[2007]和 Rossi 等[2011]的工作概述了人工智能中偏好的使用。

Kahneman[2011]讨论了人们在不确定性下如何做出决策的心理学，由此启发了前景理论。Wakker[2010]提供了效用和前景理论的教科书式概述。

决策网络或影响图是由 Howard 和 Matheson[1984]发明的。Shachter 和 Peot[1992]提出了一种使用动态规划求解影响图的方法。Matheson[1990]的工作讨论了信息和控制的价值。

MDP 由 Bellman[1957]发明，Puterman[1994]和 Bertsekas[1995]对此进行了讨论。Mausam 和 Kolobov[2012]的工作概述了人工智能中的 MDP。Boutilier 等[1999]总结了将 MDP 应用到特征上的方法，即决策理论规划。

9.8 练习

9.1 证明⪰的传递性蕴涵≻的传递性（即使前提中只有一处涉及⪰，其他涉及≻）。你的证明依赖其他公理吗？

9.2 考虑以下两个备选方案：

 i. 除了你现在拥有的，你还得到了 1000 美元。现在要求你选择以下选项之一：50％的概率赢得 1000 美元，或者直接得到 500 美元。

 ii. 除了你现在拥有的，你还得到了 2000 美元。现在要求你选择以下选项之一：50％的概率输 1000 美元，或者只输 500 美元。

解释效用理论和前景理论对这些选择的预测有何不同。

9.3 在现实生活中，在面对邀请时，我们必须做的一个决定是是否接受邀请，即使我们不确定我们是否可以或想去参加一个活动。图 9.23 给出了此类问题的决策网络。假设所有的决策和随机变量都是布尔型的（即，具有域{true, false}）。你可以接受邀请，但到时候，你还是得决定是否去。你可能会在接受邀请和决定去之间感到纠结。即使你决定去，如果你没有接受邀请，你也可能就去不了。如果你生病了，你就有个好借口不去。你的效用取决于你是否接受邀请，你是否有一个好的借口，以及你是否真的去了。

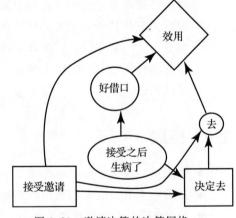

图 9.23 邀请决策的决策网络

（a）给出一个表示可能效用函数的表。假设唯一最好的结果是，你接受了邀请，你没有一个好的借口，但你确实去了。唯一最糟糕的结果是，你接受了邀请，你没有一个好的借口，你也没有去。你的表格应该使得其他效用值是合理的。

（b）假设你在接受邀请前先观察自己是否生病。请注意，这与接受邀请后生病的情况不同。请把观察结果添加到网络中，以便可以对这种情况进行建模。你不能更改效用函数，但新的观察结果必须具有正的信息价值。产生的网络也必须是不可遗忘的。

（c）假设在你决定是否接受初始邀请之后，在你决定去之前，你可以知道你是否能得到更好的邀请（参加与原始活动冲突的活动，因此你不能同时参加这两个活动）。假设你更喜欢后来的邀请，而不是原来邀请你参加的活动。（困难在于决定接受第一个邀请还是等到你得到一个更好的邀请，而你可能得不到。）不幸的是，拥有另一个邀请并不能提供一个好的借口。在网络上，添加节点"更好的邀请"和所有与之相关的弧来模拟这种情况。[不必包括（b）部分中的节点和弧。]

(d) 如果你在 (c) 部分的"更好的邀请"和"接受邀请"之间有一条弧，请解释原因（即，世界必须是什么样的才能使这条弧合适）。如果你没有这样一条弧，它还能走哪条路去符合前面的描述；解释世界上必须发生什么才能使这条弧合适。

(e) 如果在"更好的邀请"和"接受邀请"之间没有弧（无论你是否画出了这样的弧），世界上必须有什么情况才能使这种缺乏弧的做法合适？

9.4　学生必须决定为每门课要付出多少努力。本题的目的是研究如何使用决策网络来帮助他们做出这样的决策。

假设学生首先决定期中要付出多少努力。他们可以多学习、少学习，或者根本不学习。他们是否通过期中考试取决于他们学习的刻苦程度和课程的难度。一个粗略的估计是，如果他们努力学习，或者课程简单他们也学习了一点，他们就能通过考试。拿到期中成绩后，他们必须决定期末考试要付出多少努力。期末考试的结果取决于他们学习的程度和课程的难度。他们的期末成绩（A、B、C 或 F）取决于他们通过了哪些考试；一般来说，如果他们两次考试都通过了，他们会得到 A；如果他们只通过了期末考试，他们会得到 B；如果他们只通过了期中考试，他们会得到 C；如果他们两次考试都不及格，他们会得到 F。当然，在这些一般估计中有大量的噪声干扰。

假设他们的效用取决于他们的主观总努力和最终成绩。假设他们的主观总努力（很多或一些）取决于他们为期中考试和期末考试所做的努力。

(a) 根据前面的描述为学生的决定绘制一个决策网络。

(b) 每个变量的值域是什么？

(c) 给出适当的条件概率表。

(d) 什么是最好的结果（给出 100 的效用）和什么是最差的结果（给出 0 的效用）？

(e) 为懒惰的学生给出一个适当的效用函数，他只想通过考试（即不想得到 F）。这里的总努力是衡量他是做了很多努力还是只做了一点努力。说明最好的结果和最坏的结果。填写图 9.24 的表格副本，100 表示最佳结果，0 表示最差结果。

(f) 鉴于前一部分的效用函数，请给出一个例子的缺失项的值，以反映你上面给出的效用函数。

比较结果 _____

和抽奖 [p: _____ , $1-p$ _____]

当 $p=$ _____ 时结果比抽奖更好

当 $p=$ _____ 时抽奖比结果更好

(g) 请为一个不介意努力学习并且真的想获得 A 的学生给出一个适当的效用函数，并且这个学生会对 B 或更低的成绩感到非常失望。说明最好的结果和最坏的结果。填写图 9.24 的表格副本，100 表示最佳结果，0 表示最差结果。

分数	总成就	效用
A	Lot	
A	Little	
B	Lot	
B	Little	
C	Lot	
C	Little	
F	Lot	
F	Little	

图 9.24　学习决策的效用函数

9.5　有些学生选择考试作弊，老师想确保作弊会得不偿失。一个理性的模型规定是否作弊的决定取决于成本和收益。在这里，我们将建立这样一个模型。

考虑图 9.25 中的决策网络。这个图表模拟了学生在两个不同的时间是否作弊的决定。如果学生作弊，他们可能会被发现作弊，但他们也可能得到更高的分数。惩罚（要么休学，要么记录在成绩单上作弊，要么没有）取决于他们被抓住了一次或是两次。他们是否被抓取决于他们是否被监视和是否作弊。效用取决于他们的最终成绩和惩罚。

请使用 http://artint.info/code/aispace/cheat decision.xml，为 http://www.aispace.org/bayes/ 上的 AISpace 信念网络工具提供概率（在 "File" 菜单点击 "Load from URL" 就行）。

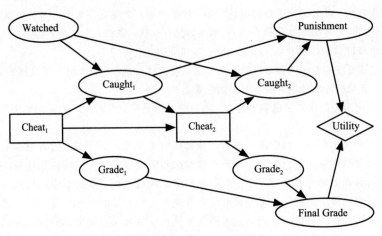

图 9.25 作弊与否的决策

(a) 什么是最优策略？请用自己的语言描述最优策略。(你的描述不应使用人工智能或决策理论的任何术语。)最优策略的价值是什么？

(b) 当被监视的可能性增大时，最优策略会发生什么改变？[在创建模式修改"Watched"的概率。]尝试多个值。解释发生了什么和为什么。

(c) 当作弊奖励减少时，什么是最优策略？请尝试使用不同的参数。

(d) 修改模型，以便一旦发现学生作弊，他们将受到更仔细的监视。[提示：在第一次考试时是否被监视需要与在第二次考试时是否被监视是不同的变量。]请展示结果模型(结构和任何新参数)，并为参数的各种设置给出策略和预期效用。

(e) 关于作弊对未来成绩的影响，目前的模型意味着什么？修改模型，让作弊影响后续的成绩。解释新模型是如何做到这一点的。

(f) 如何改变这一模式，使之更加实用(但仍然简单)？[例如：概率是否合理？效用合理吗？结构合理吗？]

(g) 假设大学决定建立一个荣誉制度，这样教师就不会主动检查作弊行为，但如果发现作弊行为，则会对初犯行为进行严厉惩罚。这该怎么建模呢？为此指定一个模型，并说明什么决策是最优的(对于一些不同的参数设置)。

(h) 是否应鼓励学生和教师将作弊问题视为游戏中的理性决定？用一小段话解释为什么或者为什么不。

9.6 假设在一个决策网络中，决策变量 Run 有父变量 Look 和 See。假设你使用 VE 来找到一个最优策略，在消去所有其他变量后，只剩下一个因子：

Look	See	Run	Value
true	true	yes	23
true	true	no	8
true	false	yes	37
true	false	no	56
false	true	yes	28
false	true	no	12
false	false	yes	18
false	false	no	22

(a) 消除 Run 后的结果因子是什么？[提示：你不能求和 Run，因为它是一个决策变量。]

(b) Run 的最优决策函数是什么？

(c) 在 See 是 Run 的父辈的决策网络中，关于 Look 的信息价值是多少？也就是说，如果智能体有关于 See 的信息，那么关于 Look 的信息值多少钱？

9.7 假设在决策网络中，从随机变量"contaminated specimen"和"positive test"到决策变量"discard sample"存在弧。请你对决策网络进行求解，找到存在的一个唯一的最优策略：

contaminated specimen	positive test	discard sample
true	true	yes
true	false	no
false	true	yes
false	false	no

在这种情况下，你对信息的价值有什么看法？

9.8 例 9.15 的决策网络对概率的回答有多敏感？用不同的条件概率测试程序，看看这对产生的答案有什么影响。讨论最优策略和最优策略期望值的灵敏度。

9.9 在例 9.15 中，假设火灾传感器有噪声，因为它有 20% 的假阳性率，

$$P(\text{see\_smoke} \mid \text{report} \wedge \neg \text{smoke}) = 0.2$$

且有 15% 的假阴性率，

$$P(\text{see\_smoke} \mid \text{report} \wedge \text{smoke}) = 0.85$$

是否仍值得检查烟雾？

9.10 考虑练习 8.12 的信念网络。当观察到警报时，决定是否关闭反应堆。关闭反应堆的成本 c_s 与此相关（与堆芯是否过热无关），而不关闭过热的堆芯则会产生远高于 c_s 的成本 c_m。
(a) 绘制一个决策网络，为原始系统（即只有一个传感器）建模该决策问题。
(b) 为所有必须定义的新因子制作表格（你应在表格中适当使用参数 c_s 和 c_m）。假设效用等于成本的负数。
(c) 说明变量消去法如何被用来寻找最优决策。对于每个被消去的变量，哪些变量应该被排除？怎么消去的（通过求和或最大化）？哪些因子被去掉？什么因子被创造？这个因子是哪个变量的因子？你不需要给出相关的表格。

9.11 考虑以下决策网络：

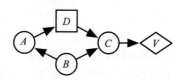

(a) 最初的因子是什么？（给出每个因子范围内的变量，并指定每个因子的所有相关含义。）
(b) 给出在优化决策函数和计算某个合法消去顺序的预期值时创建了哪些因子。在每一步，解释哪一个变量被消去？它是否被加和或最大化？哪些因子被组合？哪些因子被创建（给出它们所依赖的变量）？
(c) 如果动作 A 在决策 D 上的信息值为零，那么最优策略是什么样的？（给出关于任何最优策略的最具体说明。）

9.12 异步价值迭代和标准价值迭代的主要区别是什么？为什么异步价值迭代通常比标准价值迭代效果更好？

9.13 解释为什么我们经常在 MDP 中使用未来奖励的折扣。如果折扣率是 0.6 而不是 0.9，智能体会有什么不同的行为？

9.14 考虑例 9.29 的 MDP。
(a) 当折扣系数在 0 到 1 之间变化时，最优策略如何变化？给出一个折扣的例子，通过改变这个折扣，可以得到不同的策略。

(b) 怎样改变 MDP 或折扣才能使得最优策略是"在健康时放松，在生病时参加聚会"？给出一个 MDP，该 MDP 在尽可能少地改变概率、奖励或折扣的情况下能够获得最优策略。

(c) 例 9.31 中计算出的最优策略是"在健康时参加聚会，在生病时放松"。遵循此策略的智能体将得到的状态分布是什么？提示：该策略产生一个马尔可夫链，它具有平稳分布。这项策略的平均奖励是多少？提示：平均奖励可以通过计算即时奖励相对于平稳分布的期望值来获得。

9.15 考虑这样一个游戏世界：

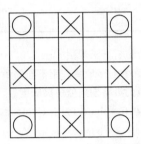

机器人可以位于网格上的 25 个位置中的任何一个。在角落的一个圆圈上可能有一个宝藏。当机器人到达宝藏所在的角落时，它会获得 10 分的奖励，同时宝藏就会消失。当没有宝藏时，每一个单位时间内，宝藏出现的概率 $P_1 = 0.2$，并且在每个角落出现的概率相等。机器人知道它的位置和宝藏的位置。

网格上有标有×的怪物。在每一个单位时间内，每一个怪物随机独立地检查机器人是否在它的正方形上。如果怪物检查时机器人在标有×的正方形上，它将获得 -10 的惩罚（即，它将失去 10 分）。在中心点，怪物在单位时间内检查机器人的概率为 $p_2 = 0.4$；在其他四个标有×的位置，怪物检查机器人的概率为 $p_3 = 0.2$。

假设进入一个状态时奖励是即时的；也就是说，如果机器人进入一个有怪物的状态，它在进入该状态时获得（负）奖励，如果机器人进入一个有宝藏的状态，它在进入该状态时获得奖励，即使宝藏是与机器人同时到达这个位置。

机器人对应八个相邻的方块有八个不同的动作。对角线移动是有噪声的；机器人朝所选方向移动的概率为 $p_4 = 0.6$，到达最接近指定方向相邻的四个正方形中的概率相等（见左图）。垂直和水平移动也有噪声；机器人沿请求的方向移动的概率为 $p_5 = 0.8$，到达对角线方向的正方形的概率相等（见右图）。例如，向左上移动和向上移动的操作具有以下结果：

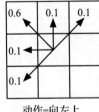

动作=向左上   动作=向上

如果该动作导致撞墙，机器人将获得 -2（即失去 2 分）的奖励，并且不会移动。折扣系数 $p_6 = 0.9$

(a) 有多少个状态？（或者有多少种不受惩罚的状态？）它们代表什么？

(b) 最优策略是什么？

(c) 假设游戏设计者想要设计游戏的不同实例，这些实例对于游戏玩家来说没有明显的最优策略。给参数 p_1 到 p_6 分配三个不同的最优策略。如果没有那么多不同的最优策略，给出尽可能多的最优策略，并解释为什么没有更多的最优策略。

9.16 考虑一个 5×5 的网格游戏，类似于上一题的游戏。智能体可以位于 25 个位置中的任意一个，在某个角落有宝藏或者没有宝藏。

假设"向上"动作与上一题具有相同的行动方式。也就是说，智能体有 0.8 的概率向上移动，有 0.1 的概率向左上移动，有 0.1 的概率向右上移动。

如果没有宝藏，宝藏出现的概率为 0.2。当它出现时，它随机出现在网格的一个角落，每个角落出现宝藏的概率相等。宝藏将留在原地，直到智能体到达宝藏所在的正方形上。当这种情况发生时，智能体将立即获得 +10 的奖励，宝藏将在下一个状态转换中消失。智能体和宝藏同时移动，这样，如果智能体在宝藏出现的同时到达一个正方形，它就会得到奖励。

假设我们正在进行异步价值迭代，并在下面的网格中为每个状态设置值。正方形中的数字表示该状态的值，空正方形的值为零。这些价值是如何得到的与这个问题无关。

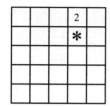 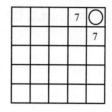

左侧网格显示没有宝藏的状态的值，右侧网格显示在右上角有宝藏的状态的值。其他三个角落也有宝藏的状态，但是假设这些状态的当前值都为零。

考虑异步价值迭代的下一步。对于图中标有 ∗ 的状态 s_{13} 和"向上"的动作 a_2，在下一次价值迭代时，给 $Q[s_{13}, a_2]$ 分配了什么值？你必须展示你的解题步骤，但不必做任何计算（即，只用给出表达式就行）。解释你表达式中的每一项。

9.17 在决策网络中，假设有多个效用节点，它们的值必须加和。这让我们可以表示一个广义的可加效用函数。如何修改图 9.13 中所示的决策网络的 VE 算法以包含此类效用？

9.18 如何修改图 9.13 所示的决策网络的变量消去算法以包括附加折扣奖励？也就是说，可以有多个效用（奖励）节点，这些节点可以添加或减少。假设要消去的变量是在最近的时间点消去的。

Artificial Intelligence：Foundations of Computational Agents，Second Edition

不确定性学习

学而不思则罔，思而不学则殆。

——孔子（公元前 551—479），《论语》

本章是关于有监督学习、无监督学习、学习信念网络和贝叶斯学习的概率模型，将学习看作概率推理。

10.1　概率学习

选择模型的一个基本方法是选择使指定数据最有可能的模型。给定一个数据集 Es，选择一个模型 m 能够最大化给定数据的模型的概率 $P(m \mid Es)$。能够最大化 $P(m \mid Es)$ 的模型称为**最大后验概率模型**，或者 MAP 模型。

给定样例 Es，模型 m 的概率是通过使用贝叶斯规则（见 8.1 节）得到的：

$$P(m \mid Es) = \frac{P(Es \mid m) * P(m)}{P(Es)} \tag{10.1}$$

似然值 $P(Es \mid m)$ 是该模型产生该数据集的概率。当模型很好地拟合数据时，它是高的；当模型预测不同的数据时，它是低的。**先验概率** $P(m)$ 编码**学习偏差**，并指定哪些模型更可能是先验的。模型的先验概率 $P(m)$ 用于将学习偏向更简单的模型。通常，越简单的模型具有较高的先验概率。使用先验是正则化的一种形式（见 7.4.2 节）。分母 $P(Es)$ 被称为**分区函数**，是一个标准化的常数，以保证概率总和为 1。

由于式（10.1）的分母与模型无关，在选择最可能的模型时可以忽略它。因此，MAP 模型是可最大化如下式子的模型：

$$P(Es \mid m) * P(m) \tag{10.2}$$

另一种选择是选择**最大似然模型**——最大化 $P(Es \mid m)$ 的模型。选择最大似然模型的问题是，如果模型的空间足够丰富，则存在一个模型，该模型确定将产生这个特定的数据集，具有 $P(Es \mid m) = 1$。这种模式非常不可能是一个先验模型。但是，我们不想排除这样一个模型，因为它可能是真正的模型，而且当有足够的数据时，它可能是最好的模型。选择最大似然模型等价于选择一致先验假设下的最大后验模型。奥卡姆剃刀建议，我们应该更喜欢简单的假设，而不是复杂的假设。

10.1.1　学习概率

上述模型概率公式可用于学习概率，如下例所示。

例 10.1　考虑到预测下一次掷图钉的问题，我们将结果（尾部和头部）定义如下：

尾部　　头部

假设多次抛出图钉并观察 Es，即 n_0 个尾部样例和 n_1 个头部样例的特定序列。假设每次抛掷是独立的，头部发生的概率为 p，似然值为：

$$P(\mathrm{Es}\,|\,p)=p^{n_1} * (1-p)^{n_0}$$

当如下对数似然值取最大值时，

$$\log P(\mathrm{Es}\,|\,p)=n_1 * \log p+n_0 * \log(1-p)$$

$P(\mathrm{Es}\,|\,p)$ 为最大，即当 $p=\dfrac{n_1}{n_0+n_1}$ 时，它将达到最大。

请注意，如果 $n_0=0$ 或者 $n_1=0$，则预测可能发生的事件的概率为零。

训练数据上的最大似然估计不一定是测试集上的最佳预测。

解决零概率问题和考虑先验知识的一种简单方法是使用实值**伪计数**（见 7.4.1 节）或累加训练数据的**先验计数**。

假设存在一个智能体，必须在域 $\{y_1, \cdots, y_k\}$ 中预测一个 Y 的值，并且没有输入。智能体从每个 y_i 的伪计数 c_i 开始。这些计数是在智能体看到任何数据之前选择的。假设智能体观察到一些训练样例，其中 n_i 是 $Y=y_i$ 的数据点数。Y 的概率是用下式表示：

$$P(Y=y_i)=\frac{c_i + n_i}{\sum\limits_{i'} c_{i'} + n_{i'}}$$

当 n_i 均为 0 时，在任何数据出现之前，它也可用于估计概率。

如果没有先验知识，拉普拉斯[1812]建议设置 $c_i=1$ 是合理的。这种先验计数为 1 的方法称为**拉普拉斯平滑**。拉普拉斯平滑可以根据概率的平均值进行调整（见 10.4 节）。

例 10.2　在例 10.1 中，一个可能的先验模型是，头部以概率 p 出现，

$$P(p)=p^{c_1} * (1-p)^{c_0}$$

在这种情况下，由 n_0 个尾部和 n_1 个头部的特定序列组成的实例 Es 的模型概率为：

$$P(p\,|\,\mathrm{Es})\propto p^{c_1+n_1} * (1-p)^{c_0+n_0}$$

在这种情况下，p 的 MAP 估计，头部的概率是：

$$p=\frac{c_1+n_1}{c_0+n_0+c_1+n_1}$$

这个先验的原因之一是 0 或 1 可能不被当作是一个合理的头部概率估计值（不管有多少数据）。它还反映了没有数据时要使用的先验知识，并且可以与数据集成。此外，该先验与后验具有相同的形式；两者都是以计数来描述的（与后验具有相同形式的先验称为**共轭先验**）。

要确定适当的伪计数，可以考虑这样一个问题："如果一个智能体观察到了一个 y_i 为真的样例，而不是没有看到一个 y_i 为真的样例，那么它应该多大程度上相信 y_i 为真？"如果没有 y_i 为真的样例，智能体认为 y_i 为真是不可能的，那么 c_i 应该是 0。否则，在回答该问题时选择的比率应等于比率 $(1+c_i):c_i$。如果伪计数为 1，则一次观察到的值可能是未观察到的值的两倍。如果伪计数为 10，则一次观察到的值可能是一次未观察到的值的 10%。如果伪计数为 0.1，则一次观察到的值可能是一次未观察到的值的

11 倍。如果没有理由在 Y 域中选择一个值而不是另一个值，那么 c_i 的所有值都应该相等。

通常情况下，我们没有任何没有先验知识的数据。对于一个领域，通常有大量的知识，无论是在符号的意义上，还是在类似例子的经验中，都可以用来改进预测。

来自专家的概率

伪计数的使用也为我们提供了一种将**专家意见**和数据结合起来的方法。通常，一个智能体没有好的数据，但是可以访问多个专家，这些专家具有不同的专业知识水平，并且给出不同的概率。

从专家那里获得概率有很多问题：

- 专家不愿给出无法计算的精确概率值。
- 表示概率估计的不确定性。
- 组合多个专家的数字。
- 将专家意见与实际数据相结合。

专家并没有给出期望的专业的概率，而是提供了计数。专家给出形如 $\langle n, m \rangle$ 的一对数字，而不是给出 A 的概率的实数，$\langle n, m \rangle$ 被解释为专家观察在 m 次实验中 A 出现了 n 次。从本质上说，专家不仅提供了一个概率，而且还提供了一个基于他们的意见的数据集大小的估计值。注意，你不一定要相信专家的样本量，因为人们往往对自己的能力过于自信。

不同专家的计数可以通过添加组件来组合在一起，从而给出系统的伪计数。比率反映了概率，而绝对值则反映了不同的置信水平。考虑用不同的方法来表示概率 2/3。对 $\langle 2, 3 \rangle$ 反映出极低的置信度，很快就会被数据或其他专家的估计所主导。对 $\langle 20, 30 \rangle$ 反映了更多的置信度——几个例子不会改变多少，但几十个例子会。即使是数百个例子，也不会对 $\langle 2000, 3000 \rangle$ 的先前计数产生什么影响。然而由于有数百万个数据点，即使这些先前的计数也不会对结果的概率估计产生什么影响。

10.1.2　概率分类器

贝叶斯分类器是一种用于有监督学习的概率模型。贝叶斯分类器基于这样一种思想：**类**的任务是预测该类成员的特征值。样例按类分组，因为它们对于某些类具有公共值。这样的类通常被称为**自然种类**。学习智能体学习特征如何依赖于类，并使用该模型预测新样例的分类。

最简单的例子是**朴素贝叶斯分类器**，它基于独立性假设，即输入特征在给定分类的情况下是条件独立的。朴素贝叶斯分类器的独立性内嵌到信念网络中，其中特征为节点、目标特征(分类)没有父特征、目标特征是每个输入特征的唯一父特征。该信念网络需要目标特征的概率分布 $P(Y)$，或者类 Y 及对于每一个输入特征 X_i 的 $P(X_i|Y)$。对于每个样例，通过调整输入特征的观察值并查询分类来计算预测。多个目标变量可以分别建模和学习。

例 10.3　假设一个智能体希望根据图 7.1 中的数据预测用户动作。对于本例，用户动作是分类。本例中的朴素贝叶斯分类器对应于图 10.1 中的信念网络。输入特征形成了分类的子级变量。

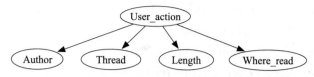

图 10.1　与朴素贝叶斯分类器对应的信念网络

给定一个输入为 $X_1=v_1$，$\cdots$，$X_k=v_k$ 的例子，贝叶斯规则(见 8.1.3 节)用于计算样例分类的后验概率分布 Y：

$$P(Y|X_1=v_1,\cdots,X_k=v_k)=\frac{P(X_1=v_1,\cdots,X_k=v_k|Y)*P(Y)}{P(X_1=v_1,\cdots,X_k=v_k)}$$

$$=\frac{P(X_1=v_1|Y)*\cdots*P(X_k=v_k|Y)*P(Y)}{\sum_Y P(X_1=v_1|Y)*\cdots*P(X_k=v_k|Y)*P(Y)}$$

$$=\frac{P(Y)*\prod_{i=1}^{k}P(X_i=v_i|Y)P(Y)}{\sum_Y P(Y)*\prod_{i=1}^{k}P(X_i=v_i|Y)P(Y)}$$

其中分母是确保概率和为 1 的归一化常数。

与许多其他的有监督学习模型不同，朴素贝叶斯分类器能够在并非所有特征都被观察到的情况下处理**缺失的数据**，智能体接受那些可观察的特征。朴素贝叶斯是优化的(它不做独立性假设)，如果只观察到一个 X_i，并且随着观察到更多的 X_i，精度 Y 取决于 X_i 对给定的 Y 的独立程度。

如果每个 X_i 都被观察到，这个模型与**逻辑回归模型**(见 8.4.2 节)相同，因为概率与乘积成正比，所以对数与和成正比。朴素贝叶斯模型提供了一种直接评估权重的方法，并允许缺失数据。然而，它假设，对于给定的 Y，X_i 是独立的，这可能不成立。一个线性回归模型训练(例如，利用梯度下降(见 7.3.2 节))可以考虑依赖性，但不适用于有缺失数据的情况。

学习一个贝叶斯分类器

为了学习分类器，可以从数据中学习 $P(Y)$ 和每个输入特征的 $P(X_i|Y)$ 的分布，如 10.1.1 节所描述的。每个条件概率分布 $P(X_i|Y)$ 可被视为 Y 的每个值的单独学习问题。

最简单的情况是使用最大似然估计(训练数据中的经验比例作为概率)，其中 $P(X_i=x_i|Y=y)$ 是 $X_i=x_i \wedge Y=y$ 情况的数量除以 $Y=y$ 情况的数量。

例 10.4　假设一个智能体希望根据图 7.1 中的给定数据来预测用户动作。对于本例，用户动作是分类。本例中的朴素贝叶斯分类器对应于图 10.1 中的信念网络。训练样例用于确定信念网络所需的概率。

假设智能体使用经验频率作为本例的概率。从这些数据中可以得到的概率是：

$P(\text{User\_action}=\text{reads})=9/18=0.5$

$P(\text{Author}=\text{known}|\text{User\_action}=\text{reads})=2/3$

$P(\text{Author}=\text{known}|\text{User\_action}=\text{skips})=2/3$

$P(\text{Thread}=\text{new}|\text{User\_action}=\text{reads})=7/9$

$P(\text{Thread}=\text{new} \mid \text{User\_action}=\text{skips})=1/3$

$P(\text{Length}=\text{long} \mid \text{User\_action}=\text{reads})=0$

$P(\text{Length}=\text{long} \mid \text{User\_action}=\text{skips})=7/9$

$P(\text{Where\_read}=\text{home} \mid \text{User\_action}=\text{reads})=4/9$

$P(\text{Where\_read}=\text{home} \mid \text{User\_action}=\text{skips})=4/9$

基于这些概率,特征 Author 和 Where_read 没有预测能力,因为知道两者都不会改变用户阅读文章的概率。此例的其余部分忽略这些特征。

为分类一种新的情况(Author = unkown, Thread = followup, Length = short, Where_read = at_home):

$$P(\text{User\_action}=\text{reads} \mid \text{Thread}=\text{followup} \wedge \text{Length}=\text{short})$$
$$=P(\text{followup} \mid \text{reads}) * P(\text{short} \mid \text{reads}) * P(\text{reads}) * c$$
$$=2/9 * 1 * 1/2 * c$$
$$=1/9 * c$$

$$P(\text{User\_action}=\text{skips} \mid \text{Thread}=\text{followup} \wedge \text{Length}=\text{short})$$
$$=P(\text{followup} \mid \text{skips}) * P(\text{short} \mid \text{skips}) * P(\text{skips}) * c$$
$$=2/3 * 2/9 * 1/2 * c$$
$$=2/27 * c$$

其中 c 是一个归一化常数。这些概率的总和为 1,所以 c 是 27/5,因此,

$$P(\text{User\_action}=\text{reads} \mid \text{Thread}=\text{followup} \wedge \text{Length}=\text{short})=0.6$$

此预测在智能体跳过的样例 e_{11} 上不起作用,即使样例 e_{11} 是 followup 且 short。朴素贝叶斯分类器将数据归纳为几个参数。它预测文章将被阅读,因为短文章将被阅读相对于续篇将被跳过而言,是一个更强的指标。

不管其他特征的值是多少,文章长度较长的新的情况下,User_action=reads 的后验概率为零。这是因为 $P(\text{Length}=\text{long} \mid \text{User\_action}=\text{reads})=0$。

零概率的使用有一些你可能不想要的行为。首先,一些特征变得可预测:只知道一个特征值就可以排除一个类别。有限的数据集可能不足以支持这样的结论。其次,如果使用零概率,则可能无法进行某些观测组合,并且分类器将具有除以零的错误。见练习 10.1。这不一定是使用贝叶斯分类器的问题,而是使用经验频率作为概率的问题。使用经验频率的替代方法是合并**伪计数**。学习器的设计者应该仔细选择伪计数,如下例所示。

例 10.5 考虑如何学习例 8.35 中**帮助系统**的概率,其中帮助智能体根据用户查询中的单词推断用户感兴趣的帮助页面。帮助智能体必须了解每个帮助页面被需要的先验概率和每个单词被特定帮助页面所需要的概率。必须学习这些概率,因为系统设计者事先不知道用户将在查询中使用哪些词。智能体可以从用户在寻求帮助时实际使用的单词中学习。但是,为了有用,系统还应该在产生数据之前开始工作。

学习器必须学习 $P(H)$。对于每个 h_i,它可以从一个伪计数开始。先验更高的页面应该具有更高的伪计数。如果设计人员没有关于哪个页面更可能出现的先验信念,则智能体可以对每个页面使用相同的伪计数。要想知道使用什么计数器,设计师应该考虑智能体在观察到页面一次之后,会在多大程度上相信该页面是正确的;参见 7.4.1 节。如果设计师可以从另一个帮助系统访问数据,则可以估计此伪计数。给定伪计数和一些数

据，$P(h_i)$ 是通过将与 h_i 相关的计数值(经验计数加上伪计数)除以所有页面的计数之和来计算的。

同样，学习器需要在给定的帮助页面 h_i 中使用单词 w_j 的概率 $P(w_j|h_i)$。因为你可能希望系统在收到任何数据之前就开始工作，所以应该仔细设计这些概率的先验值，同时考虑语言中单词的频率和帮助页面本身中的单词。

假设以下正计数为观测计数加上适当的伪计数：

- c_i 是 h_i 是正确帮助页面的次数。
- $s = \sum_i c_i$ 是总计数。
- u_{ij} 是 h_i 是正确帮助页面并且查询中使用了单词 w_j 的次数。

根据这些统计，智能体可以估计所需的概率：

$$P(h_i) = c_i/s$$
$$P(w_j|h_i) = u_{ij}/c_i$$

当用户声明找到了正确的帮助页面时，该页的计数和查询中的单词将更新。因此，如果用户指示 h_i 是正确的页面，则计数 s 和 c_i 将递增，对于查询中使用的每个单词 w_j，u_{ij} 将递增。

此模型不使用有关错误页的信息。如果用户声称页面不正确，则不使用此信息。

给定一组单词 Q，用户作为查询发出，系统可以推断每个帮助页面的概率：

$$P(h_i|Q) \propto P(h_i) * \prod_{w_j \in Q} P(w_j|h_i) * \prod_{w_j \notin Q}(1-P(w_j|h_i)) = \frac{c_i}{s} * \prod_{w_j \in Q}\frac{u_{ij}}{c_i} * \prod_{w_j \notin Q}\frac{c_i-u_{ij}}{c_i}$$

系统可以以给定查询的最大概率显示帮助页面。请注意，使用不在查询中的单词与使用查询中的单词同样重要。例如，如果帮助页面是关于打印的，则单词"打印"很可能被使用。"打印"不在查询中这一事实有力地证明了这不是适当的帮助页面。

上面的计算成本非常昂贵。它需要为所有可能的单词提供一个乘积，而不仅仅是查询中使用的那些单词。这是存在问题的，因为可能有很多可能的词，并且用户希望快速响应。可以重写上述等式，使一个乘积覆盖所有单词，并重新调整查询中的单词：

$$P(h_i|Q) \propto \frac{c_i}{s} * \prod_{w_j \in Q}\frac{u_{ij}}{c_i} * \prod_{w_j \in Q}\frac{c_i}{c_i-u_{ij}} * \prod_{w_j \in Q}\frac{c_i-u_{ij}}{c_i} * \prod_{w_j \notin Q}\frac{c_i-u_{ij}}{c_i}$$

$$= \frac{c_i}{s} * \prod_{w_j \in Q}\frac{u_{ij}}{c_i-u_{ij}} * \prod_{w_j}\frac{c_i-u_{ij}}{c_i}$$

$$= \Psi_i * \prod_{w_j \in Q}\frac{u_{ij}}{c_i-u_{ij}}$$

其中，$\Psi_i = \frac{c_i}{s} * \prod_{w_j}\frac{c_i-u_{ij}}{c_i}$ 不依赖于 Q，因此可以离线计算。分数 $u_{ij}/(c_i-u_{ij})$ 对应于单词 w_j 出现在 h_i 页的概率。给定查询的在线计算，只依赖于查询中的单词，这将比使用所有单词进行合理查询快得多。

建立这样一个帮助系统的最大挑战不在于学习，而在于获取有用的数据。特别是，用户可能不知道他们是否找到了他们正在寻找的页面。因此，用户可能不知道何时停止并提供系统能从中学习的反馈。有些用户可能永远不会对页面感到满意。事实上，他们可能并不满意某个页面，但这些信息永远不会反馈给学习器。或者，一些用户可能表示已经找到了他们要查找的页面，即使可能还有其他更合适的页面。在后一种情况下，正确的页面可能会以它的计数太低而结束，因此永远不会被发现。（见练习 10.2。）

虽然有些情况下朴素贝叶斯分类器不能产生好的结果，但它非常简单，易于实现，而且通常工作得非常好。这是一个尝试解决新问题的好方法。

一般来说，朴素贝叶斯分类器在独立性假设是适当的情况下工作良好，即当类是其他特征的良好预测器，并且其他特征在给定类的情况下是独立的。这可能适用于**自然种类**，它们已经进化，因为它们有助于区分人类想要区分的对象。自然种类通常与名词联系在一起，例如狗的种类或椅子的种类。

朴素贝叶斯分类器可以扩展为允许一些输入特征成为分类的父特征，并允许一些特征成为子特征。给定父类的分类概率，可以表示为决策树、压缩线性函数或神经网络。该分类的子类不必是独立的。子节点的一种表示形式是**树形增广朴素贝叶斯**（TAN）网络，在该网络中，允许子节点拥有除分类之外的另一个父节点（只要得到的图是无环的）。这允许使用一个简单的模型来解释子对象之间的相互依赖关系。另一种方法是将结构放入类变量中。**隐树模型**将类变量分解为多个隐变量，这些隐变量在树结构中连接在一起。每个观察到的变量都是其中一个隐变量的子变量。隐变量允许建立观测变量之间的依赖关系模型。

10.1.3　决策树的 MAP 学习

前面的例子不需要模型结构的先验知识，因为所有的模型都同样复杂。然而，对于学习决策树（见 7.3 节），你需要一个偏好，通常是支持较小的决策树。先验概率提供了这种偏好。

如果没有输入特征值相同但目标特征值不同的样例，则始终存在多个完美适合数据的决策树。如果训练样例没有覆盖对输入变量的每个赋值，那么多棵树将完美拟合数据。此外，对于每个未观察到的值赋值，都有与训练集完美匹配的决策树，并对未观察到的样例进行相反的预测。

如果存在噪声的可能性，那么没有一棵完美符合训练集的树可能是最佳模型。我们不仅要比较完美适合数据的模型，而且还要比较那些不一定完美适合数据的模型。MAP 学习提供了一种比较这些模型的方法。

假设有多个决策树精确地匹配数据。如果 m 表示其中一棵决策树，$P(\mathrm{Es} \mid m) = 1$。对一棵决策树的偏好取决于决策树的先验概率；先验概率编码学习偏差（见 7.1 节）。对简单决策树的偏好（相比于复杂决策树）反映了简单决策树具有更高的先验概率这一事实。

贝叶斯规则给出了一种权衡简单性和处理噪声能力的方法。决策树通过叶子上的概率来处理噪声数据。当存在噪声时，较大的决策树更适合于训练数据，因为该树可以对训练数据中的随机正则性（噪声）进行建模。在决策树学习中，似然性倾向于较大的决策树，树越复杂，对数据的拟合能力越好。先验分布通常有利于较小的决策树。当决策树上存在先验分布时，贝叶斯规则指定如何权衡模型的复杂性和准确性。给定数据模型的后验概率与似然和先验的乘积成正比。

例 10.6　考虑图 7.1 中的数据，学习器需要预测用户的行为。

一种可能的决策树是图 7.6 左侧给出的。将此决策树称为 d_2。数据的可能性为

$P(\mathrm{Es}\,|\,d_2)=1$。也就是说，d_2 精确地拟合了数据。

另一种可能的决策树是没有内部节点的决策树，并且单个预测为"读取"的叶子的概率为 1/2。给定数据，这是最有可能没有内部节点的树。调用此决策树 d_0。这个模型给出的数据的似然值是

$$P(\mathrm{Es}\,|\,d_0)=\left(\frac{1}{2}\right)^9*\left(\frac{1}{2}\right)^9\approx0.000\,001\,49$$

另一种可能的决策树是图 7.6 右侧的一棵，按 Length 拆分，叶子上的概率由 $P(\mathrm{reads}\,|\,\mathrm{Length}=\mathrm{long})=0$ 和 $P(\mathrm{reads}\,|\,\mathrm{Length}=\mathrm{short})=9/11$ 给出。注意，9/11 是在 Length=short 的训练集中 reads 的经验频率。调用此决策树 d_{1a}。给定此模型的数据的似然值为

$$P(\mathrm{Es}\,|\,d_{1a})=1^7*\left(\frac{9}{11}\right)^9*\left(\frac{2}{11}\right)^2\approx0.0543$$

另一种可能的决策树是只在 Thread 上分裂的树，其叶子上的概率由 $P(\mathrm{reads}\,|\,\mathrm{Thread}=\mathrm{new})=7/10$（在 thread=new 的 10 个样例中，有 7 个样例的 User_action=reads）和 $P(\mathrm{reads}\,|\,\mathrm{Thread}=\mathrm{follow\_up})=2/8$ 给出。调用此决策树 d_{1t}。给定 d_{1t} 数据的似然值为

$$P(\mathrm{Es}\,|\,d_{1t})=\left(\frac{7}{10}\right)^7*\left(\frac{3}{10}\right)^3*\left(\frac{6}{8}\right)^6*\left(\frac{2}{8}\right)^2\approx0.000\,025$$

这些只是四种可能的决策树。哪一种最好取决于树上的先验知识。数据的似然值乘以决策树的先验概率来确定决策树的后验概率。

10.1.4 描述长度

式(10.2)的对数(底数为 2)的负数是

$$(-\log_2 P(\mathrm{Es}\,|\,m))+(-\log_2 P(m))$$

这可以用**信息论**来解释。第一项是描述给定模型 m 的数据所需的位数，第二项是描述模型所需的位数。最小化此和的模型是**最小描述长度**（MDL）模型。MDL 原则是选择一个模型，该模型将描述模型和给定模型的数据所需的位数最小化。

考虑 MDL 原则的一种方法是，旨在尽可能简洁地传递数据。这种模型缩短了通信时间。要传递数据，首先传递模型，然后根据模型传递数据。使用模型传递数据所需的位数是传递模型所需的位数加上根据模型传递数据所需的位数。

当对数函数单调递增时，MAP 模型与 MDL 模型相同。选择具有最高后验概率的模型与选择具有最小描述长度的模型是一样的。

描述长度为我们提供了一种在概率和模型复杂度之间建立公共单位的方法。它们都可以用位来描述。

例 10.7 在例 10.6 中，未指定决策树中先验的定义。描述长度的概念为给决策树分配先验知识提供了基础；考虑描述决策树需要多少位(见练习 10.7)。必须小心定义代码，因为每棵代码都应该描述一棵唯一的决策树，并且每棵决策树都应该由一个唯一的代码描述。

定义代码很困难。近似模型的描述长度通常是有用的。一种近似描述长度的方法是考虑只表示模型的概率参数。设 $|m|$ 为模型的概率参数的个数。假设 $|\mathrm{Es}|$ 是训练样例的

数量。模型最多需要区分$|Es|+1$种不同的概率。区分这些概率需要$\log_2(|Es|+1)$位。因此，找到MDL模型的问题可以通过最小化：

$$-\log_2 P(Es|m)+|m|*\log_2(|Es|)$$

这个值是**贝叶斯信息准则**（BIC）的得分。

对于在叶上有概率的决策树，$|m|$是叶的数目。对于线性函数或神经网络，它是数值参数的数目。

10.2　无监督学习

到目前为止，本章考虑了有监督学习，即在训练数据中观察到目标特征。在**无监督学习**中，训练样例中没有给出目标特征。其目的是构造数据的自然分类。

无监督学习的一种通用方法是**聚类**，它将样例划分为**簇**或**类**。每个类都为类中的样例预测特征值。每个簇对预测都有一个预测误差。最好的聚类是将误差最小化的聚类。

例10.8　诊断助理可能希望将治疗分组，以预测治疗的理想效果和不良效果。护理人员可能不想给病人用药，因为相似的药物可能对相似的病人产生灾难性的影响。

智能辅导系统可能希望对学生的学习行为进行聚类，以便针对班级的一个成员的工作策略可以用于同班的其他成员。

在**硬聚类**中，每个样例都被确定地放在一个类中。然后使用该类预测样例的特征值。硬聚类的替代方法是**软聚类**，在软聚类中，每个样例在其类上都有一个概率分布。样例特征值的预测是样例所在类的预测的加权平均值，由样例所在类的概率加权。10.2.2节描述了软聚类。

10.2.1　k-均值

k-均值（k-means）算法被用于进行硬聚类。给定训练样例和训练类的数量k作为输入。该算法假设定义样例的每个特征的域是序数（因此值的差异是有意义的）。

该算法构造了k个类，为每个类的每个特征预测一个值，并将样例分配给类。

假设Es是所有训练样例的集合，输入特征是$X_1, \cdots, X_n$。设$X_j(e)$为样例e的输入特征X_j的值。我们假设这些是观察到的。我们将一个类与每个整数$c\in\{1, \cdots, k\}$关联。

k-均值算法构造如下：

- 有一个函数class：$Es\rightarrow\{1, \cdots, k\}$，它将每个样例映射到一个类。如果$class(e)=c$，我们说$e$在类$c$中。
- 对于每个特征X_j，有一个从类到X_j域的函数$\hat{X}_j$，其中$\hat{X}_j(c)$为类c的每个成员预测特征X_j的值。

样例e的特征x_j的值被预测为$\hat{X}_j(class(e))$。

误差平方和为：

$$\sum_{e\in Es}\sum_{j=1}^{n}(\hat{X}_j(class(e))-X_j(e))^2$$

其目的是找到使误差平方和最小的函数class和$\hat{X}_j$。

如命题7.1所示，为了最小化误差平方和，类的预测应为类中样例的预测的平均值。

当只有几个样例时，可以搜索样例到类的赋值，以最小化误差。不幸的是，对于较多个样例，将样例划分为 k 个类的划分方法太多，无法进行穷举搜索。

　　k-均值算法迭代地改进了误差平方和。最初，它随机地将样例分配给类。然后执行以下两个步骤。

- 对于每个类 c 和特征 X_j，为类 c 中每个样例 e 的 $X_j(e)$ 的平均值赋予 $\hat{X}_j(c)$：

$$\hat{X}_j(c) \leftarrow \frac{\sum\limits_{e:\text{class}(e)=c} X_j(e)}{|\{e : \text{class}(e)=c\}|}$$

其中分母是类 c 中的样例个数。

- 将每个样例重新分配给一个类。将每个样例 e 分配给一个最小化如下式子的类 c：

$$\sum_{j=1}^{n}(\hat{X}_j(c)-X_j(e))^2$$

重复这两个步骤，直到第二个步骤没有改变任何样例的赋值。

　　实现 k-均值的算法如图 10.2 所示。它构造足够的统计量来计算每个特征的每个类的平均值，即 cc$[c]$ 是类 c 中的样例数量，fs$[j, c]$ 是类 c 中样例的 $X_j(e)$ 值之和，然后这些值在函数 predn(j, c) 和函数 class(e) 中使用。函数 predn(j, c) 是 $\hat{X}_j(c)$ 的最新估计值，函数 class(e) 是样例 e 所属的类。它使用 fs 和 cc 的当前值来确定下一个值(在 fs_new 和 cc_new 中)。

```
1： procedure k-means(Xs, Es, k)
2：  Inputs
3：    Xs：特征集合, X={X₁, …, Xₙ}
4：    Es：训练样例的集合
5：    k：类的数量
6：  Output
7：    class：从样例到类的函数
8：    predn：从特征和类到该特征的值的函数
9：  Local
10：    integer cc[c], cc_new[c]        ◁用于类 c 的旧类和新类数量
11：    real fs[j, c], fs_new[j, c]        ◁用于类 c 的特征 Xⱼ 的和
12：    Boolean stable
13：    基于数据的随机初始化 fs 和 cc
14：  define predn(j, c)=fs[j, c]/cc[c]        ◁X̂ⱼ(c)的估值
15：  define class(e)=arg minc ∑ⱼ₌₁ⁿ predn(j, c)－Xⱼ(e)²
16：  repeat
17：    fs_new 和 cc_new 全被初始化为 0
18：    for each 样例 e ∈ Es do
19：      c :=class(e)
20：      cc new[c]+＝1
21：      for each 特征 Xⱼ∈ Xs do
22：        fs_new[j, c]+＝Xⱼ(e)
23：    stable :=(fs_new＝fs)and(cc_new＝cc)
24：    fs :=fs new
25：    cc :=cc new
26：  until stable
27：  return class, predn
```

图 10.2　用于无监督学习的 k-means

随机初始化可以是随机地将每个样例分配给一个类，随机地选择 k 个点作为类的代表，或者分配一些（但不是全部）样例来构造初始充分统计量。如果数据集很大，后两种方法可能更有用，因为它们避免了整个数据集的初始化过程。

如果 k-均值的迭代没有改变赋值，则样例到类的赋值是**稳定的**。稳定性要求类定义中的 arg min 在多个类最小的情况下为每个样例提供一致的值。当在一次迭代中将每个样例分配给与上一次迭代相同的类时，该算法已达到稳定分配。发生这种情况时，fs 和 class_count 不会更改，因此布尔变量 stable 变为 true。

该算法最终会收敛到一个稳定的局部极小值。这很容易看出，因为误差平方和不断减少，只有有限的重新分配数量。这种算法通常在几次迭代中收敛。

例 10.9 假设一个智能体观察到了下列 $\langle X，Y \rangle$ 对：

$$\langle 0.7，5.1 \rangle，\langle 1.5，6.1 \rangle，\langle 2.1，4.5 \rangle，\langle 2.4，5.5 \rangle，$$
$$\langle 3.1，4.4 \rangle，\langle 3.5，5.1 \rangle，\langle 4.5，1.5 \rangle，$$
$$\langle 5.2，0.7 \rangle，\langle 5.3，1.8 \rangle，\langle 6.2，1.7 \rangle，\langle 6.7，2.5 \rangle，$$
$$\langle 8.5，9.2 \rangle，\langle 9.1，9.7 \rangle，\langle 9.5，8.5 \rangle$$

这些数据点如图 10.3a 所示。智能体希望将数据点分为两个类（$k=2$）。

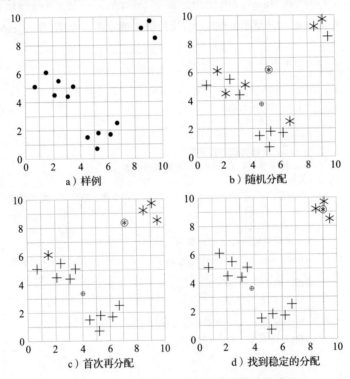

a）样例   b）随机分配

c）首次再分配   d）找到稳定的分配

图 10.3   例 10.9 中 $k=2$ 的 k-均值算法的踪迹

在图 10.3b 中，点被随机分配到类中；一个类被描绘为＋，另一个被描绘为＊。用＋标识的点的平均值为 $\langle 4.6，3.65 \rangle$，用 ⊕ 表示。用＊标记的点的平均值为 $\langle 5.2，6.15 \rangle$，用 ⊛ 表示。

在图 10.3c 用中，根据两种方法中的较接近者重新分配点。在这次重新分配之后，用十标记的点的平均值为⟨3.96，3.27⟩。用 * 标记的点的平均值为⟨7.15，8.34⟩。

在图 10.3d 中，这些点被重新分配到最接近的平均值。这个赋值是稳定的，因为没有进一步的重新赋值会改变样例的赋值。

对点的不同初始赋值可以给出不同的聚类。此数据集中出现的一个聚类是，较低的点(Y 值小于 3 的点)位于一个类中，而其他点位于另一个类中。

使用三个类(k=3)运行算法通常会将数据分为右上、左中和下三个类。但是，还有其他可能达到的稳定赋值，例如，在两个不同的类中有前三个点，在另一个类中有其他点。类甚至可能不包含样例。

就误差平方和而言，一些稳定赋值可能比其他稳定赋值更好。为了找到最佳的赋值，通常需要尝试多种启动配置，使用**随机重启**(见 4.7 节)，并选择误差平方和最小的稳定赋值。请注意，稳定赋值的标签的任何置换也是稳定赋值，因此存在不变的多个局部极小值。

k-均值算法的一个问题是它对每个维度的相对范围敏感。例如，如果一个特征是 height，一个特征是 age，还有一个是二值特征，则需要缩放不同的值，以便进行比较。它们之间的缩放方式会影响分类。

为了找到适当数量的类(k 值)，智能体可以搜索类的数量。注意，只要涉及 k 个以上的不同值，$k+1$ 类总是会导致比 k 类更低的误差。当从 $k-1$ 类到 k 类的误差大幅度减少时，自然的类的数量将是 k，但对于较大的值，误差只有逐渐减小。虽然从 k 类构造 $k+1$ 类是可能的，但诸如将最优划分为三个类可能与将最优划分为两个类有很大不同。

10.2.2　用于软聚类的期望最大化

隐藏变量或**潜在变量**是在数据集中未观察到的概率变量。贝叶斯分类器可以使类成为一个隐藏变量，从而成为**无监督学习**的基础。

期望最大化或 **EM 算法**可以用来学习隐藏变量的概率模型。结合朴素贝叶斯分类器(见 10.1.2 节)，它做软聚类，类似于 k-均值算法，但其中的样例可能以一定概率属于各类。

在 k-均值算法中，训练样例和类的数量 k 作为输入。

给定数据，构造一个朴素贝叶斯模型，其中数据中的每个特征都有一个变量，类有一个隐藏变量。类变量是其他特征的唯一父级。如图 10.4 所示。类变量具有值域{1，2，…，k}，其中 k 是类的数目。该模型所需的概率是类 C 的概率和给定类 C 的每个特征的概率。EM 算法的目的是学习最适合数据的概率。

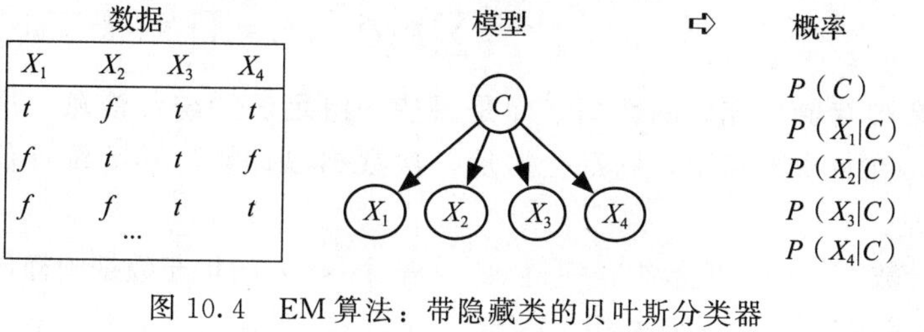

图 10.4　EM 算法：带隐藏类的贝叶斯分类器

EM 算法在概念上用一个类特征 C 和一个计数列来扩充数据。每个原始样例被映射

到 k 个扩展样例，每个类一个。这些样例的计数被赋值且总和为 1。例如，对于四个特征和三个类，我们可以：

X_1	X_2	X_3	X_4
⋮	⋮	⋮	⋮
t	f	t	t
⋮	⋮	⋮	⋮

→

X_1	X_2	X_3	X_4	C	计数
⋮	⋮	⋮	⋮	⋮	⋮
t	f	t	t	1	0.4
t	f	t	t	2	0.1
t	f	t	t	3	0.5
⋮	⋮	⋮	⋮	⋮	⋮

EM 算法重复以下两个步骤。

- **E 步骤**：根据概率分布更新增加的计数。对于原始数据中的每个样例 $\langle X_1 = v_1, \cdots, X_n = v_n \rangle$，在扩展数据中关联的计数为 $\langle X_1 = v_1, \cdots, X_n = v_n, C = c \rangle$，将更新为

$$P(C = c \mid X_1 = v_1, \cdots, X_n = v_n)$$

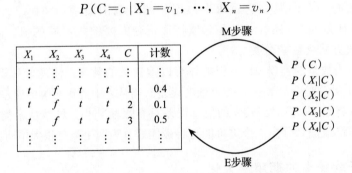

图 10.5 用于无监督学习的 EM 算法

注意，这一步涉及概率推理。这是一个**期望**步骤，因为它计算期望值。

- **M 步骤**：根据增加的数据推断模型的概率。因为扩展数据的值与所有变量相关，所以这与从朴素贝叶斯分类器中的数据学习概率是同一个问题。这是一个**最大化**步骤，因为它计算最大似然估计或最大后验概率（MAP）的概率估计。

EM 算法从随机概率或随机计数开始。EM 将收敛到数据的似然的局部极大值。

该算法返回一个概率模型，用于对现有的或新的样例进行分类。一个例子是用下式分类：

$$P(C = c \mid X_1 = v_1, \cdots, X_n = v_n) = \frac{P(C = c) * \prod_{i=1}^{n} P(X_i = v_i \mid C = c)}{\sum_{c'} P(C = c') * \prod_{i=1}^{n} P(X_i = v_i \mid C = c')}$$

该算法不需要存储扩充后的数据，而是保持一组**足够的统计信息**，这些信息足以计算所需的概率。在每次迭代中，它都会遍历一次数据以计算足够的统计信息。此算法的充分统计信息是：

- cc，类计数，一个 k 值数组，使得 cc[c] 是 class＝c 的扩充数据中样例计数的总和。
- fc，特征计数，一个三维数组，使得 fc[i, v, c] 是当 $X_i(t)$＝val 和 class(t)＝c 时的扩充样例 t 的计数之和，其中 i 从 1 到 n 取值，v 取值为 X_i 域中的每个值，c 为每个类的值。

上一次迭代的充分统计量用于推断下一次迭代的新充分统计信息。注意，cc 可以从 fc 计算，但是直接维护 cc 更容易。

模型所需的概率可由 cc 和 fc 计算：

$$P(C=c)=\frac{\mathrm{cc}[c]}{|\mathrm{Es}|}$$

其中 |Es| 是原始数据集中的样例数（与扩充数据集中的计数之和相同）。

$$P(X_i=v\mid C=c)=\frac{\mathrm{fc}[i,\,v,\,c]}{\mathrm{cc}[c]}$$

图 10.6 给出了计算充分统计量的算法，从中导出的概率如上所述。在第 17 行中，计算 $P(C=c\mid X_1=v_1,\cdots,X_n=v_n)$ 依赖于 cc 和 fc 中的计数。这个算法忽略了如何初始化计数。一种方法是 $P(C\mid X_1=v_1,\cdots,X_n=v_n)$ 返回第一次迭代的随机分布，因此计数来自数据。或者，可以在看到任何数据之前随机分配计数。见练习 10.6。

```
 1: procedure EM(Xs, Es, k)
 2:    Inputs
 3:       Xs：特征集合，Xs={X₁, …, Xₙ}
 4:       Es：训练样例的集合
 5:       k：类的数量
 6:    Output
 7:       在 X 上的概率模型的充分统计量
 8:    Local
 9:       real cc[c], cc_new[c]                    ◁旧类和新类的计数
10:       real fc[i, v, c], fc_new[i, v, c]        ◁旧特征和新特征的计数
11:       real dc                                  ◁对于当前的样例和类的类概率
12:       Boolean stable
13:    repeat
14:       cc_new[c] 和 fc_new[i, v, c] 初始化为全 0
15:       for each 样例⟨v₁, …, vₙ⟩∈ Es do
16:          for each c∈[1, k] do
17:             dc := P(C=c | X₁=v₁, …, Xₙ=vₙ)
18:             cc_new[c] := cc_new[c]+dc
19:             for each i∈[1, n] do
20:                fc_new[i, vi, c] := fc_new[i, vᵢ, c]+dc
21:       stable := (cc≈cc_new) and (fc≈fc_new)
22:       cc := cc_new
23:       fc := fc_new
24:    until stable
25:    return cc, fc
```

图 10.6　用于无监督学习的 EM

当 cc 和 fc 在迭代过程中变化不大时，算法最终会收敛。可以调整在第 21 行中的近似相等的阈值以平衡学习时间和准确性。另一种方法是在固定的迭代次数下运行算法。

注意与 k-均值算法的相似性。E 步骤（概率）将样例分配给类，M 步骤确定类预测的内容。

例 10.10　考虑图 10.5。当在数据集中遇到样例⟨x_1，$\neg x_2$，x_3，x_4⟩时，算法计算：

$$P(C=c \mid x_1 \wedge \neg x_2 \wedge x_3 \wedge x_4)$$
$$\propto P(X_1=1 \mid C=c) * P(X_2=0 \mid C=c) * P(X_3=1 \mid C=c)$$
$$* P(X_4=1 \mid C=c) * P(C=c)$$
$$= \frac{\mathrm{fc}[1,\,1,\,c]}{\mathrm{cc}[c]} * \frac{\mathrm{fc}[2,\,0,\,c]}{\mathrm{cc}[c]} * \frac{\mathrm{fc}[3,\,1,\,c]}{\mathrm{cc}[c]} * \frac{\mathrm{fc}[4,\,1,\,c]}{\mathrm{cc}[c]} * \frac{\mathrm{cc}[c]}{|\mathrm{Es}|}$$
$$\propto \frac{\mathrm{fc}[1,\,1,\,c] * \mathrm{fc}[2,\,0,\,c] * \mathrm{fc}[3,\,1,\,c] * \mathrm{fc}[4,\,1,\,c]}{\mathrm{cc}[c]^3}$$

对于每个类 c，规范化结果。假设类 1 计算的值为 0.4，类 2 为 0.1，类 3 为 0.5（如图 10.5 中的扩展数据所示）。然后，cc_new[1] 增加 0.4，cc_new[2] 增加 0.1，等等。值 fc_new[1, 1, 1]、fc_new[2, 0, 1] 等各增加 0.4。下一个 fc_new[1, 1, 2]、fc_new[2, 0, 2] 分别递增 0.1，以此类推。

注意，只要 $k>1$，EM 实质上总是具有多个局部最大值。特别地，对局部最大值的类标签的任何置换也将是局部最大值。为了找到全局最大值，可以尝试多个重新启动，并返回具有最低对数似然的模型。

10.3   学习信念网络

信念网络（见 8.3 节）给出了一组随机变量上的概率分布。我们不能总是期望一个专家能够提供一个精确的模型；我们常常希望从数据中学习一个网络。

从数据中学习一个信念网络有很多变体，这取决于已知的先验信息的数量和数据集的完整程度。在最简单的情况下，给出结构，在每个样例中观察所有变量，并且只学习给定其父变量的条件概率。在另一极端情况下，智能体可能不知道结构或者甚至存在哪些变量，并且可能存在缺失的数据，这些数据不能被假定为随机丢失。

10.3.1   学习概率

最简单的情况是当一个学习智能体被赋予模型的结构并且所有的变量都被观察到时。智能体必须学习每个变量 X_i 的条件概率 $P(X_i \mid \mathrm{parents}(X_i))$。学习条件概率是有监督学习的一个例子，其中，$X_i$ 是目标特征，X_i 的父特征是输入特征。

对于父层较少的情况，可以使用训练样例和先验知识（例如伪计数）分别学习每个条件概率。

例 10.11   图 10.7 显示了一个典型的例子。我们得到了模型和数据，我们必须推断出概率。

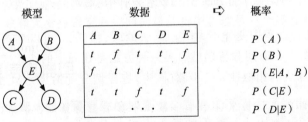

图 10.7   从模型和数据中学习概率

例如，$P(E\,|\,AB)$ 的一个元素是：

$$P(E=t\,|\,A=t \wedge B=f)=\frac{n_1+c_1}{n_0+n_1+c_0+c_1}$$

其中，n_1 是当 $E=t \wedge A=t \wedge B=f$ 时样例的数量，c_1 是观测任何数据之前提供的相应伪计数且 $c_1 \geqslant 0$。同样，n_0 是当 $E=t \wedge A=t \wedge B=f$ 时样例的数量，$c_0 \geqslant 0$ 是相应的伪计数。

如果一个变量有许多父变量，那么使用计数和伪计数可能会导致过拟合。当父变量的某些组合只有很少样例时，过拟合最为严重。在这种情况下，可以使用第 7 章的有监督学习技术。**决策树**可用于任意离散变量。**逻辑回归**和**神经网络**可以表示给定父变量的二元变量的条件概率。对于非二元的离散变量，可使用指示符变量。

10.3.2　隐藏变量

下一个最简单的例子是给出了模型，但并不是所有的变量都被观察到。**隐藏变量**或**潜在变量**是信念网络中的一个变量，其值对于任何一个样例都没有被观察到。也就是说，数据中没有与该变量对应的列。

例 10.12　图 10.8 显示了一个典型案例。假设所有变量都是二值的。模型包含一个隐藏变量 E，该变量在模型中，但不在数据集中。其目的是学习包含隐藏变量 E 的模型参数，共有 10 个参数需要学习。

图 10.8　利用缺失数据推导出概率

注意，如果 E 不是模型的一部分，算法就必须学习 $P(A)$、$P(B)$、$P(C\,|\,AB)$、$P(D\,|\,ABC)$，它有 14 个参数。矛盾的是，引入隐藏变量的原因是使模型更简单，因此不太容易过拟合。

具有隐藏变量的学习信念网络的**期望最大化**或 EM 算法，本质上与用于聚类的 EM 算法相同。如图 10.9 所示，E 步骤涉及每个样例的概率推断，给定该样例的观测变量，以推断隐藏变量的概率分布。从增广数据推断模型概率的 M 步骤，与前一节讨论的完全可观测情况相同，但在增广数据中，计数不一定是整数。

A	B	C	D	E	计数
⋮	⋮	⋮	⋮	⋮	⋮
t	f	t	t	t	0.71
t	f	t	t	f	0.29
f	f	t	t	f	4.2
⋮	⋮	⋮	⋮	⋮	⋮
f	t	t	t	f	2.3

M步骤
$P(A)$
$P(B)$
$P(E\,|\,A,B)$
$P(C\,|\,E)$
$P(D\,|\,E)$
E步骤

图 10.9　带隐藏变量的信念网络的 EM 算法

10.3.3 缺失值

数据可能不完整，除了有未观察到的变量以外。数据集可能只是缺少某些元组的某些变量的值。当变量的某些值丢失时，必须非常小心地使用数据集，因为丢失的数据可能与感兴趣的现象相关。

例 10.13 假设有一种(声称的)对疾病的治疗，但实际上并不影响疾病或其症状。它只会让病人病情加重。如果病人被随机分配到治疗组，病情最重的人就会退出研究，因为他们病得太重而无法参与。接受治疗的病人退出的速度比不接受治疗的病人快。因此，如果忽略缺失数据的患者看起来治疗有效；在接受治疗并留在研究中的患者中，患病人数更少！

当数据丢失的原因与正在建模的任何变量都不相关时，**数据随机丢失**。随机丢失的数据可以忽略或使用 EM 填充。但是，"随机丢失"是一个很强的假设。一般来说，智能体应该构建一个数据丢失原因的模型，或者最好是，它应该走出世界，找出数据丢失的原因。

10.3.4 结构学习

假设一个学习智能体有完整的数据并且没有隐藏变量，但是没有给出信念网络的结构。这是信念网络**结构学习**的设置。

结构学习有两种主要方法：

- 第一种是根据条件独立性使用信念网络的定义。给定变量的总排序，将变量 X 的父项定义为总排序中 X 的前趋的子集，使其他前趋独立于 X。直接使用该定义有两个主要挑战：第一是确定最佳的总排序；二是找到衡量独立性的方法。当数据有限时，很难确定条件独立性。

- 第二种方法是对网络进行评分，例如使用 MAP 模型，该模型考虑到数据和模型的复杂性。给定这样一个度量，就可以寻找使这种误差最小化的结构。

本节介绍第二种方法，通常称为**搜索和评分方法**。

假设数据是一组样例 Es，其中每个样例对每个变量都有一个值。搜索和评分方法的目的是选择一个模型 m，使得如下式子最大化：

$$P(m \mid \text{Es}) \propto P(\text{Es} \mid m) * P(m)$$

似然值 $P(\text{Es} \mid m)$ 是每个样例的概率的乘积。利用乘积分解，给出模型的每个样例的乘积是模型中给定父变量的概率的乘积。因此，

$$P(\text{Es} \mid m) * P(m) = \left(\prod_{e \in \text{Es}} P(e \mid m) \right) * P(m)$$

$$= \left(\prod_{e \in \text{Es}} \prod_{X_i} P_m^e(X_i \mid \text{par}(X_i, m)) \right) * P(m)$$

其中，$\text{Par}(X_i, m)$ 表示模型 m 中 X_i 的父特性，$P_m^e(\cdot)$ 表示模型 m 中指定的样例 e 的概率。

当其对数最大化时，$P(\text{Es} \mid m)$ 将最大化。取对数时，乘积变成和：

$$\log P(\text{Es} \mid m) + \log P(m) = \left(\sum_{e \in \text{Es}} \sum_{X_i} \log P_m^e(X_i \mid \text{par}(X_i, m)) \right) + \log P(m)$$

为了使这种方法可行，假设模型的先验概率分解为每个变量的分量。也就是说，我

们假设模型的概率分解为每个变量的局部模型的概率的乘积。设 $m(X_i)$ 为变量 X_i 的局部模型。

因此，我们想要最大化

$$\left(\sum_{e \in Es} \sum_{X_i} \log P_m^e(X_i \mid \mathrm{par}(X_i, m))\right) + \sum_{X_i} \log P(m(X_i))$$

$$= \sum_{X_i} \left(\sum_{e \in Es} \log P_m^e(X_i \mid \mathrm{par}(X_i, m))\right) + \sum_{X_i} \log P(m(X_i))$$

$$= \sum_{X_i} \left(\sum_{e \in Es} \log P_m^e(X_i \mid \mathrm{par}(X_i, m)) + \log P(m(X_i))\right)$$

每个变量都可以单独优化，除了要求信念网络是无环的。然而，如果你有一个变量的总排序，就有一个独立的有监督学习问题来预测每个变量在给定前趋的总排序中的概率。为了近似对数 $P(m(X_i))$，BIC 分数（见 10.1.4 节）是合适的。为了找到变量的良好总排序，学习智能体可以使用搜索技术（如局部搜索（见 4.7 节）或分支定界搜索（见 3.8.1节））搜索总排序。

10.3.5 信念网络学习的一般情况

一般情况是结构未知、隐藏变量和缺失值；我们甚至可能不知道哪些变量应该是模型的一部分。出现了两个主要问题。首先是前面讨论过的缺失值问题。第二个问题是计算问题；虽然可能有一个定义良好的搜索空间，但是尝试变量排序和隐藏变量的所有组合是非常大的。如果只考虑简化模型的隐藏变量（似乎合理），搜索空间是有限的，但却是巨大的。

我们可以选择最好的模型（例如，具有最高后验概率的模型）或对所有模型进行平均。对所有模型进行平均可以给出更好的预测，但是很难向需要理解或证明模型的人解释。

10.4 贝叶斯学习

另一种方法，不是选择最有可能的模型或描述与训练数据一致的所有模型的集合，而是计算给定训练样例的每个模型的后验概率。

贝叶斯学习的思想是根据一个新的样例的输入特征和所有训练样例，计算其目标特征的后验概率分布。

假设一个新的案例，有输入 $X = x$（我们简单地写为 x）和目标特征 Y。目的是计算 $P(Y \mid x \wedge Es)$，其中 Es 是一组训练样例。这是给定具体输入和样例的目标变量的概率分布。模型的作用是作为样例的假定生成器。如果我们让 M 是一组不相交的覆盖模型，那么通过案例推理（见 8.1.2 节）和链式规则给出

$$P(Y \mid x \wedge Es) = \sum_{m \in M} P(Y \wedge m \mid x \wedge Es)$$

$$= \sum_{m \in M} P(Y \mid m \wedge x \wedge Es) * P(m \mid x \wedge Es)$$

$$= \sum_{m \in M} P(Y \mid m \wedge x) * P(m \mid Es)$$

前两个等式来自条件概率的定义（见 8.1.3 节）。最后一个等式依赖于两个假设：模型包含了特定预测所需的所有样例信息 $P(Y \mid m \wedge x \wedge Es) = P(Y \mid m \wedge x)$，并且模型不随

新样例 $P(m|x \wedge \text{Es}) = P(m|\text{Es})$ 的输入而变化。贝叶斯学习不是选择最佳模型，而是依赖于**模型平均**，对所有模型的预测进行平均，其中每个模型根据其后验概率进行加权，给出训练样例。

$P(m|\text{Es})$ 可用如下的贝叶斯规则计算：

$$P(m|\text{Es}) = \frac{P(\text{Es}|m) * P(m)}{P(\text{Es})}$$

因此，每个模型的权重取决于它预测数据的能力（似然值）和它的先验概率。分母 $P(\text{Es})$ 是一个归一化常数，以确保模型的后验概率和为 1。$P(\text{Es})$ 被称为**分区函数**。当有许多模型时，计算 $P(\text{Es})$ 可能非常困难。

样例的数据集 $\{e_1, \cdots, e_k\}$ 是**独立的且同分布的**（independent and identically distributed，i.i.d.），对于给定模型 m，如果样例 e_i 和 $e_j (i \neq j)$ 是独立的。如果训练样例集 Es 是 $\{e_1, \cdots, e_k\}$，假设样例是 i.i.d.，则意味着：

$$P(\text{Es}|m) = \prod_{i=1}^{k} P(e_i|m)$$

i.i.d. 假设可以表示为一个信念网络，如图 10.10 所示，其中每个 e_i 对于给定模型 m 都是独立的。如果 m 变成一个离散变量，则可以使用前一章的任何推理方法在此网络中进行推理。在这种网络中，标准的推理技术是对每个观察到的 e_i 设置条件，并查询模型变量或未观察到的 e_i 变量。

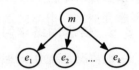

图 10.10　i.i.d. 假设作为信念网络

除了参数值不同的模型外，模型集还可以包括结构上不同的模型。贝叶斯学习的技术之一是使模型的参数显式，并确定参数的分布。

例 10.14　考虑一个简单的学习任务，学习一个没有输入特征的布尔随机变量 y。（这是 7.2.3 节所述的情况）。每个样例指定 $Y = \text{true}$ 或 $Y = \text{false}$。目的是通过一组训练样例来学习 y 的概率分布。

有一个参数 ϕ，决定了所有模型的集合。假设 ϕ 表示 $Y = \text{true}$ 的概率。我们把 ϕ 当作区间 $[0, 1]$ 上的实值随机变量。因此，通过定义 ϕ，$P(Y = \text{true}|\phi) = \phi$ 且 $P(Y = \text{false}|\phi) = 1 - \phi$。

首先，假设一个智能体没有关于布尔变量 Y 的概率的先验信息，并且除了训练样例之外没有其他知识。这种忽略可以通过将变量 ϕ 的先验概率分布作为区间 $[0, 1]$ 上的均匀分布来建模。这是图 10.11 中标记为 $n_0 = 0$，$n_1 = 0$ 的概率密度函数。

通过一些样例，我们可以更新 ϕ 的概率分布。假设通过运行一些独立实验获得的样例是一个特定的结果序列，由 y 为 false 的 n_0 个案例和 y 为 true 的 n_1 个案例组成。

给出的训练样例的后验分布可由贝叶斯规则导出。样例 Es 是导致 n_1 次 $y = \text{true}$ 和 n_0 次 $y = \text{false}$ 的观察结果的特定序列。贝叶斯规则给了我们

$$P(\phi|\text{Es}) = \frac{P(\text{Es}|\phi) * P(\phi)}{P(\text{Es})}$$

分母是一个归一化常数，以确保曲线下的面积为 1。

假设样例是 i.i.d.，

$$P(\text{Es}|\phi) = \phi^{n_1} * (1 - \phi)^{n_0}$$

因为有 n_0 种情况，其中 $Y = \text{false}$，每种情况的概率为 $1 - \phi$；有 n_1 种情况，其中

$Y=$true，每种情况的概率为 ϕ。

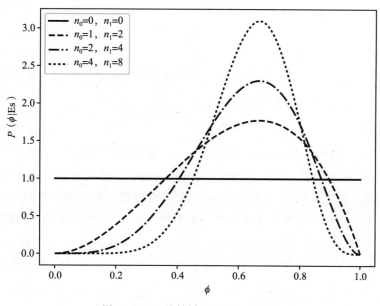

图 10.11　不同样例上的 Beta 分布

注意，Es 是观察到的特定序列。如果观察结果是 $Y=$false 总共出现 n_0 次，$Y=$true 总共出现 n_1 次，我们会得到一个不同的答案，因为我们必须考虑所有可能给出这个计数的序列。后者称为**二项分布**。

一个可能的先验概率 $P(\phi)$ 是区间$[0,1]$上的均匀分布。如果事先没有关于概率的信息，这是合理的。

图 10.11 给出了基于不同样本大小的变量 ϕ 的一些后验分布，并给出了一致的先验。案例为（$n_0=1$，$n_1=2$）、（$n_0=2$，$n_1=4$）和（$n_0=4$，$n_1=8$）。每一个峰值都在同一个地方，即在 2/3 处。更多的训练样例使曲线更尖。

此样例的分布称为 Beto(β)分布；它由两个计数 α_0 和 α_1 以及概率 p 参数化。传统上，β 分布的 α_i 参数比计数多一个；因此，$\alpha_i=n_i+1$。β 分布是：

$$\text{Beta}^{\alpha_0,\alpha_1}(p)=\frac{1}{Z}p^{\alpha_1-1}*(1-p)^{\alpha_0-1}$$

其中 Z 是一个归一化常数，确保所有值的积分为 1。因此，$[0,1]$上的均匀分布是 β 分布 $\text{Beta}^{1,1}$。

相反，假设 Y 是一个具有 k 个不同值的离散变量。覆盖这种情况的 β 分布的推广称为**狄利克雷分布**。具有两类参数的狄利克雷分布（计数 α_1，$\cdots$，α_k 和概率参数 p_1，$\cdots$，p_k）是

$$\text{Dirichlet}^{\alpha_1,\,\cdots,\,\alpha_k}(p_1,\,\cdots,\,p_k)=\frac{1}{Z}\prod_{j=1}^{k}p_j^{\alpha_j-1}$$

其中，p_i 是第 i 个结果的概率（因此 $0\leqslant p_i\leqslant 1$），$\alpha_i$ 是非负实数，Z 是确保所有概率值的积分为 1 的归一化常数。我们可以认为 α_i 比第 i 个结果的计数还要多 1，即 $\alpha_i=n_i+1$。狄利克雷分布类似于图 10.11 沿每个维度的分布（即，每个 p_j 在 0 和 1 之间变化）。

在许多情况下，由于模型可能很复杂（例如，如果它们是决策树或者甚至是信念网

络），因此很难对所有由其后验分布加权的模型进行平均。对于狄利克雷分布，结果 i 的期望值（整个 p_i 的平均值）为

$$\frac{\alpha_i}{\sum_j \alpha_j}$$

α_i 参数比 β 分布和狄利克雷分布的定义中的计数多一个的原因是为了简化这个公式。只有当 α_j 均为非负且并非全部为零时，才能很好地定义该分数。

例 10.15 以例 10.14 为例，该例根据由 n_0 个 Y 为假的样例和 n_1 个 Y 为真的样例组成的观察序列，来确定 ϕ 的值。考虑后验分布，如图 10.11 所示。有趣的是，虽然 ϕ 的最可能后验值是 $\frac{n_1}{n_0+n_1}$，但是这个分布的期望值是 $\frac{n_1+1}{n_0+n_1+2}$。

因此，$n_0=1$，$n_1=2$ 曲线的期望值是 $\frac{3}{5}$；对于 $n_0=2$，$n_1=4$ 的情况，期望值是 $\frac{5}{8}$；对于 $n_0=4$，$n_1=8$ 的情况，期望值是 $\frac{9}{14}$。随着学习器获得更多的训练样例，这个值接近 $\frac{n}{m}$。

这个估计比 $\frac{n}{m}$ 好有很多原因。首先，它告诉我们，如果学习智能体没有样例，该怎么做：使用 1/2 的均匀先验。这是 $n=0$，$m=0$ 情况的期望值。其次，考虑 $n=0$ 和 $m=3$ 的情况。智能体不应该使用 $P(y)=0$，因为这说明 Y 是不可能的，而且它肯定没有证据证明这一点！具有一致先验的曲线的期望值为 $\frac{1}{5}$。

智能体不必从统一的先验开始；它可以从任何先验分布开始。如果智能体以狄利克雷分布的先验开始，它的后验将是狄利克雷分布。在先验分布的 α_i 参数中加入观测计数，可以得到后验分布。

因此，β 分布和狄利克雷分布为使用**伪计数**估计概率提供了理由。伪计数代表先验知识。平坦先验给出 1 的伪计数。因此，**拉普拉斯平滑**可以从最初的无知中做出预测。

除了用 ϕ 的后验分布导出期望值外，我们还可以用它来回答其他问题，例如：后验概率 ϕ 在 $[a, b]$ 范围内的概率是多少？也就是说，求出 $P((\phi \geqslant a \wedge \phi \leqslant b) | e)$。这是 250 多年前托马斯·贝耶斯牧师解决的问题[Bayes，1763]。他给出的解决方案（虽然用了更麻烦的符号）是

$$\frac{\int_a^b p^n * (1-p)^{m-n}}{\int_0^1 p^n * (1-p)^{m-n}}$$

这类知识用于调查中，当可能报告一项调查是正确的，误差不超过 5%，20 次中有 19 次是正确的。它也是由近似正确（PAC）学习（见 7.8.2 节）使用的相同类型的信息，它保证至少 $1-\delta$ 的情况下，最多导致 ε 误差。如果智能体选择范围 $[a, b]$ 的中点（即 $\frac{a+b}{2}$）作为其假设，则仅当假设在 $[a, b]$ 中时，其误差将小于或等于 $\frac{b-a}{2}$。值 $1-\delta$ 对应于 $P(\phi \geqslant a \wedge \phi \leqslant b | e)$。如果 $\varepsilon = \frac{b-a}{2}$ 且 $\delta = 1 - P(\phi \geqslant a \wedge \phi \leqslant b | e)$，则在 $1-\delta$ 的情况下，

选择中点最多会导致 ε 误差。PAC 学习给出了最坏情况下的结果，而贝叶斯学习给出了期望值。通常，贝叶斯估计更准确，但 PAC 结果保证了误差的边界。对于**样本复杂度**（见 7.8.2 节），即为了获得某些给定精度所需的样本数量，贝叶斯学习通常比 PAC 学习要少得多——与 PAC 保证相应精度所需的样例数相比，贝叶斯学习需要更少的样例来期望达到所需精度。

10.5 回顾

你应该从本章中学到的要点是：

- 贝叶斯规则提供了一种将先验知识纳入学习的方法，以及一种权衡匹配数据和模型复杂性的方法。
- EM 和 k-均值是学习具有隐藏变量（包括隐藏分类的情况）的模型参数的迭代方法。
- 信念网络的概率和结构可以从完整的数据中学习。概率可以从计数中得出。通过搜索给定数据的最佳模型，可以学习结构。
- 样例中缺失的值通常不是随机缺失的。它们缺失的原因往往很重要。
- 贝叶斯学习通过对所有基于数据的模型求平均值来代替基于最佳模型进行预测。

10.6 参考文献和进一步阅读

Duda 等［2001］和 Langley 等［1992 年］讨论了贝叶斯分类器。Friedman 和 Goldszmidt[1996a]讨论了如何将朴素贝叶斯分类器推广到允许更恰当的独立性假设。TAN 网络由 Friedman 等[1997 年]描述。Zhang[2004]描述了潜在树模型。

EM 是由 Dempster 等[1977 年]提出。Cheeseman 等[1988 年]讨论了无监督学习。

Loredo[1990]、Jaynes[2003]、[Mackay，2003]以及 Howson 和 Urbach[2006]对贝叶斯学习进行了概述。另请参见有关贝叶斯统计的书籍，如 Gelman 等[2004]以及 Bernardo 和 Smith[1994]。决策树的贝叶斯学习在 Buntine[1992]中有描述。Grünwald[2007]讨论了 MDL 原理。Ghahramani[2015]回顾了贝叶斯概率在人工智能中的应用。

有关学习信念网络的概述，请参见 Heckerman[1999]、Darwiche[2009]以及 Koller 和 Friedman[2009]。使用决策树的结构学习基于 Friedman 和 Goldszmidt[1996b]。贝叶斯信息准则是由 Schwarz[1978]提出的。请注意，我们的定义（见 10.1.4 节）略有不同；Schwarz 的定义是由一个更复杂的贝叶斯参数证明的。Marlin 等[2011]以及 Mohan 和 Pearl[2014]讨论了缺失数据的建模。

10.7 练习

10.1 尝试构建一个人工样例，在使用经验频率作为概率时，朴素贝叶斯分类器可以在测试用例中给出除以零的错误。指定网络和（非空）训练样例。[提示：你可以使用两个特性（比如 A 和 B）以及一个二值分类（比如 C，它具有域$\{0，1\}$）。构造一个数据集，其中经验概率给出 $P(a\,|\,C=0)=0$ 和 $P(b\,|\,C=1)=0$。]什么观察结果与模型不一致？

10.2 考虑根据例 10.5 设计帮助系统。讨论你的实现如何处理以下问题，如果不能处理，则说明这是否是一个主要问题。

(a) 最初的 u_{ij} 计数应该是多少？在哪里可以获得这些信息？

(b) 如果最有可能的页面不是正确的页面怎么办？

(c) 如果用户找不到正确的页面怎么办？

(d) 如果用户错误地认为他们有正确的页面怎么办？

(e) 有些页面永远找不到吗？

(f) 对于独立于帮助页面的常用词，它应该做些什么？

(g) 什么是影响词义的词语，例如"not"？

(h) 它应该如何处理从未见过的词语？

(i) 如何合并新的帮助页面？

10.3 假设你根据例 10.5 设计了一个帮助系统，并且帮助页面所涉及的许多底层系统都已更改。你现在非常不确定将请求哪些帮助页面，但是你可能有一个很好的模型，是关于在帮助页面中使用了哪些单词的。如何更改帮助系统以将此考虑在内？〔提示：你可能需要不同的 $P(h_i)$ 和 $P(w_j|h_i)$ 计数。〕

10.4 考虑图 10.3 中的无监督数据。

(a) 当 $k=2$ 时，k-均值算法能找到多少不同的样例到类的稳定赋值？〔提示：试着用不同的起点在数据上运行算法，但也要考虑到什么样的样例到类的赋值是稳定的。〕不要将标签的排列计算为不同的赋值。

(b) 当 $k=3$ 时，估计有多少不同的稳定分配。

(c) 当 $k=4$ 时，估计有多少不同的稳定分配。

(d) 为什么有人会建议在这个例子中 3 是类的自然数量？给出"自然"类数量的定义，并使用此数据来证明该定义的合理性。

10.5 假设 k-均值算法针对 k 值的递增序列运行，并且它针对每个 k 运行多次，以找到具有全局最小误差的赋值。是否有可能存在许多 k 值，其中误差停滞存在较大的改进（例如，当 $k=3$、$k=4$、$k=5$ 的误差大约相同时，但 $k=6$ 的误差要低得多）？如果是的话，举个例子。如果没有，解释原因。

10.6 为了初始化图 10.6 中的 EM 算法，考虑两个备选方案：

(a) 允许 P 第一次通过循环返回随机分布。

(b) 将 cc 和 fc 初始化为随机值。

通过在一些数据集上运行该算法，确定在训练数据的日志丢失（见 7.2.1 节）方面，这些备选方案中哪一个（如果有的话）更好？训练数据的日志丢失是通过数据集的循环次数的函数。如果 cc 和 fc 与语义不一致（对是否相等计数），是否会有问题？

10.7 如例 10.7 所述，定义描述决策树的代码。确保每个代码对应于一棵决策树（对于每个足够长的位序列，序列的初始段将描述一棵唯一的决策树），并且每棵决策树都有一个代码。如何将此代码转换为树上的先验分布？特别是，引入新拆分的可能性必须增加多少才能抵消先前拆分概率的降低（假设代码中较小的树比较大的树更容易描述）？

多智能体系统

想象一个代表你从事电子商务的个人软件智能体。假设这个智能体的任务是加班跟踪各个在线场所销售的商品，并代表你以有吸引力的价格购买其中的一些商品。为了取得成功，你的智能体将需要收录你对产品的偏好、你的预算，以及你对其操作环境的总体了解。此外，智能体需要包含你对其他类似智能体的认识，这些智能体将与之交互（例如，可能在拍卖中与之竞争的智能体，或代表商店所有者的智能体），包括他们自己的偏好和认识。这些智能体的集合将形成一个多智能体系统。

——Yoav Shoham 和 Kevin Leyton-Brown[2008]

当其他具有自己目标和偏好的智能体也在推理该做什么的时候，智能体应该做什么呢？一个聪明的智能体不应忽视其他智能体或将其视为环境中的噪声。本章讨论了确定一个智能体在包含其他具有自己价值的智能体的环境中应该做什么的问题。

11.1　多智能体框架

本章考虑了包含多个智能体的环境，并做出了如下假设：

- 智能体可以自主行动，每个智能体都有自己关于世界和其他智能体的信息。
- 结果取决于所有智能体的行为。
- 每一个智能体都有自己的效用，这取决于结果。智能体的行为将为自己实现最大化的效用。

一个**机制**指定了每个智能体可用的动作以及智能体的动作将导致如何的结果。当智能体根据其目标或效用决定做什么时，它会采取**策略性**的行动。

有时我们将**自然**视为一种智能体。自然被定义为一种特殊的智能体，没有偏好，也没有策略动作。它只是随机动作。就图 1.3 中显示的智能体体系结构而言，自然和其他智能体构成了智能体的环境。没有策略动作的智能体被视为自然的一部分。策略智能体不应将其他策略智能体视为自然的一部分，而应与其他策略智能体进行协调、合作，甚至谈判。

多智能体系统研究存在两个极端：

- 完全合作，智能体共享相同的效用函数。
- 完全竞争，当一个智能体只能在另一个智能体失败时获胜时；在**零和博弈**中，对于每个结果，智能体的效用总和为零。

大多数交互都发生在这两个极端之间，其中智能体的效用在某些方面是协同的，在某些方面是竞争的，而其他方面则是独立的。例如，两家商店相邻的商业智能体可能都有一个共同的目标，即街道区域的清洁和邀请目标；它们可能会争夺客户，但对其他智能体商店的细节可能没有偏好。有时它们的行为互不干扰，有时确实如此。通常情况下，如果智能体通过合作和谈判协调它们的行动，它们的境况会更好。

在 Neumann 和 Morgenstern[1953]的开创性工作之后，多智能体交互的研究大多使用博弈论术语。许多智能体之间的交互问题都可以从博弈论的角度来研究。即使是非常小的博弈也会突出一些深层次的问题。然而，对博弈论的研究意味着关于一般的多智能体交互，而不仅仅是人工博弈。

多智能体系统在人工智能中无处不在。从跳棋、国际象棋、五子棋和围棋等室内游戏，到机器人足球、互动电脑游戏，再到复杂经济系统中的智能体程序，游戏是人工智能不可或缺的一部分。游戏也是人工智能最早的应用之一。第一个操作跳棋程序的历史可以追溯到 1952 年。Samuel[1959]的一个程序在 1961 年击败了康涅狄格州的跳棋冠军。1997 年，Deep Blue[Campbell et al.，2002]击败了国际象棋世界冠军；2016 年，AlphaGo[Silver et al.，2016]击败了世界顶级围棋选手之一。尽管规模很大，但这些游戏在概念上很简单，因为智能体可以完美地观察世界的状态(它们是完全可观察的)。但在大多数现实世界的互动中，世界的状态只是部分可观察的。现在，人们对部分可观察的游戏非常感兴趣，比如扑克，扑克的环境是可预测的(就像纸牌的比例是已知的，即使特定的牌是未知的)，以及机器人足球，机器人足球的环境是不可预测的。但所有这些游戏都比人们在日常生活中进行的多智能体交互要简单得多，更不用说在市场或互联网上进行货物交换所需的策略了，在这些市场或互联网上，规则定义得不那么清晰，效用则要复杂得多。

11.2   博弈的表示

一个机制表示每个智能体可用的动作以及其联合动作的(分布)结果。在经济学和人工智能中已经提出了游戏中的机制和一般的多智能体交互的许多表示。在 AI 中，这些表示通常允许设计师对游戏的各个方面进行建模，以获得计算收益。

我们提出三种表示方式；其中两种是经济学的经典表征。第一种抽象了智能体策略的所有结构。第二种对博弈的顺序结构进行了建模，为棋盘游戏的表示奠定了基础。第三种表示方式不再使用基于状态的表示法，而是允许根据特征对博弈进行表示。

11.2.1   博弈的标准形式

博弈最基本的表现形式是**标准式博弈**，也称为**策略式博弈**。一个标准式博弈包括：
- 一个智能体的有限集 I，通常用整数表示 $I = \{1, \cdots, n\}$
- 对于每个智能体 $i \in I$ 的一组动作 A_i。一个**动作概要**是一个元组 $\langle a_1, \cdots, a_n \rangle$，其中指定智能体 $i \in I$ 执行的动作 a_i，其中 $a_i \in A_i$。
- 对于每个智能体 $i \in I$ 的效用函数 u_i，给定动作概要，在此情况下会返回智能体 i 的预期效用。

所有智能体的联合动作(一个动作概要)会产生一个**结果**。每个智能体对每个结果都有效用。每个智能体都试图最大化自己的效用。智能体的效用意味着包含智能体感兴趣的一切，包括公平、利他主义和社会福利。

例 11.1 石头剪刀布游戏是孩子们经常玩的游戏，甚至还有世界锦标赛。假设有两个智能体(玩家)Alice 和 Bob。每个智能体都有三个动作：

$$A_{\text{Alice}} = A_{\text{Bob}} = \{\text{rock, paper, scissors}\}$$

对于 Alice 的动作和 Bob 的动作的每个组合，都有 Alice 的效用和 Bob 的效用。这通常会在表格中绘制，如图 11.1 所示。这称为**支付矩阵**(payoff matrix)。Alice 选择了一行，Bob 同时选择了一列。这给出了一对数字：第一个数字是行玩家(Alice)的收益，第二个数字是列玩家(Bob)的收益。请注意，每个效用都取决于两个玩家的行为。动作概要的一个例子是〈scissors$_{\text{Alice}}$, rock$_{\text{Bob}}$〉，Alice 选择剪刀，Bob 选择石头。在这个动作概要中，Alice 接收 −1 的效用，Bob 接收 1 的效用。这个游戏是一个零和博弈，因为一个人只有在另一个人失败时获胜。

		Bob		
		rock	paper	scissors
Alice	rock	0, 0	−1, 1	1, −1
	paper	1, −1	0, 0	−1, 1
	scissors	−1, 1	1, −1	0, 0

图 11.1 石头剪刀布游戏的标准形式

博弈的这种表示可能看起来非常有限，因为它只根据每个智能体同时选择的单个动作为每个智能体提供一次性的收益。但是，定义中对每个动作的解释非常笼统。

通常，一个"动作"不仅仅是一个简单的选择，而是一种**策略**：规定智能体在各种突发事件下将采取的行动。基本上，标准形式是给定智能体可能策略的效用规范。这就是为什么它被称为博弈的策略形式。

更一般地，标准式博弈定义中的"动作"可以是智能体的**控制器**(见 2.2.1 节)。因此，每个智能体会选择一个控制器，并且该效用给出环境中的每个智能体运行控制器的预期结果。虽然以下示例仅用于简单动作，但一般情况下每个智能体都有大量可能的动作(可能的控制器)。

11.2.2 博弈的扩展形式

虽然博弈的标准形式将控制器表示为单个单元，但通常博弈通过时间展开会更为自然。博弈的扩展形式是对单智能体**决策树**(见 9.2 节)的扩展。

我们首先给出一个定义，假设博弈是完全可观察的(在博弈论中称为完美信息)。

扩展形式的完美信息博弈(或博弈树)是一种有限树，其中节点是状态，弧对应于智能体的动作。具体来说：

- 每个内部节点都标有智能体(或自然)。智能体据此控制节点。
- 标有智能体 i 的节点的每条弧对应于智能体 i 的动作。
- 标有自然的每个内部节点都有一个关于其子节点的概率分布。
- 叶子代表最终结果，并为每个智能体标记了一个效用。

博弈的扩展形式指定了博弈的特定展开。叶子的每个路径(称为 run)指定了一种特定的方式，博弈得以继续，具体取决于智能体和自然的选择。

　　智能体 i 的**策略**是从智能体 i 控制的节点到动作的函数。也就是说，策略为智能体 i 控制的每个节点选择一个子节点。**策略概要**（strategy profile）包含每个智能体的策略。

例 11.2　考虑一个共享游戏，其中有两个智能体 Andy 和 Barb，并且有两个唯一的物品将它们区分开。Andy 首先选择如何划分：Andy 保留两件物品，它们分享并且每个人都获得一件物品，或者它将这两件物品交给 Barb。然后，Barb 要么拒绝分配，两人什么也得不到；要么接受分配，它们都得到分配的物品。

　　共享游戏的扩展式如图 11.2 所示。Andy 有 3 个策略。Barb 有 $2^3 = 8$ 个策略；还有一个用于为其控制的节点分配组合。因此，有 24 个策略概要。

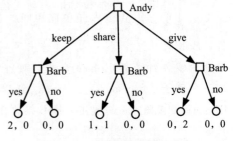

图 11.2　共享游戏的扩展形式

　　给定策略概要，每个节点都有每个智能体的效用。节点中的智能体效用是从下到上递归定义的：

- 叶节点上每个智能体的效用会作为叶节点的一部分给出。
- 由该智能体控制的节点的智能体效用是由智能体策略选择的子节点智能体效用。
- 由另一个智能体 i 控制的节点的智能体 j 的效用是由智能体 i 的策略来选择的子节点的智能体 j 的效用。
- 对于受自然界控制的节点，智能体 i 的效用是其子节点上智能体 i 的效用的期望值。也就是说，$u_i(n) = \sum_c P(c) u_i(c)$，其中总和是节点 n 的所有子节点 c，而 $P(c)$ 是自然界将选择子节点 c 的概率。

例 11.3　共享游戏中，假设我们有以下策略概要：Andy 选择 keep 以及 Barb 为得到的每个节点选择 no、yes、yes。在此策略概要中，最左侧内部节点上 Andy 的效用为 0，中心内部节点上 Andy 的效用为 1，最右侧内部节点上 Andy 的效用为 0。根节点中 Andy 的效用是 0。

　　之前的博弈的扩展形式的定义假定智能体可以观察世界的状态（即，在每个阶段它们知道它们所处的节点）。这意味着博弈的状态必须是完全可观察的。在**部分可观察的博弈**或**不完美信息博弈**中，当需要决定做什么时，智能体不一定知道世界的状态。这包括**同时进行的动作博弈**，其中不止一个智能体需要同时决定做什么。在这种情况下，智能体不知道它们在博弈树中的哪个节点。为了模拟这些游戏，一个游戏的扩展形式被扩展到包含信息集。**信息集**是一组节点，全部由同一智能体控制，并且都具有相同的可用动作集。其思想是智能体无法区分信息集中的元素。智能体仅知道博弈状态位于信息集中的一个节点上，但不知道是哪个节点。在策略中，智能体为每个信息集选择一个动作；在信息集中的每个节点执行相同的动作。因此，在扩展形式中，策略指定了从信息集到动作的函数。

例 11.4　图 11.3 给出了例 11.1 的石头剪刀布游戏的扩展形式。信息集的元素是圆角矩形。在策略中，Bob 必须以相同的方式对待信息集中的每个节点。当 Bob 选择动作时，他不知道 Alice 选择了哪个动作。

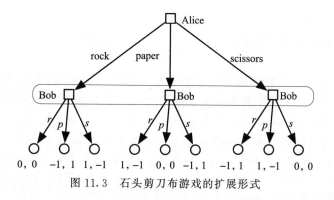

图 11.3 石头剪刀布游戏的扩展形式

11.2.3 多智能体决策网络

博弈的扩展形式是基于状态的博弈表示。用特征来描述状态通常会更简洁。**多智能体决策网络**是多智能体决策问题的因子表示。它类似于决策网络(见 9.3.1 节),除了每个决策节点都带有一个可以为节点选择值的智能体。每个智能体都有一个效用节点,用于指定该智能体的效用。决策节点的父节点指定智能体在必须执行动作时可用的信息。

例 11.5 图 11.4 给出了火灾报警样例的多智能体决策网络。在这个场景中,有两个智能体,即智能体 1 和智能体 2。每个智能体都有自己的噪声传感器,以检测是否发生火灾。但是,如果它们都打电话,它们的电话可能会相互干扰,这两个电话都不会起作用。智能体 1 可以为决策变量 $Call_1$ 选择一个值,并且只观察变量 $Alarm_1$ 的值。智能体 2 可以为决策变量 $Call_2$ 选择一个值,并且只观察变量 $Alarm_2$ 的值。呼叫是否有效取决于 $Call_1$ 和 $Call_2$ 的值。消防部门是否来取决于呼叫是否有效。智能体 1 的效用取决于是否存在火灾、消防部门是否来,以及是否呼叫——智能体 2 也是一样。

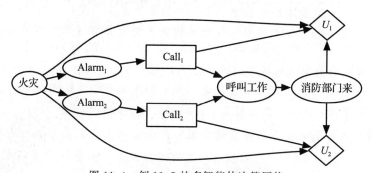

图 11.4 例 11.5 的多智能体决策网络

多智能体决策网络可以转化为标准形式的博弈;然而,策略的数量可能会很大。如果一个决策变量具有 d 个状态和 n 个二元双亲,那么双亲就有 2^n 个赋值,即 d^{2^n} 个策略。这只是针对单个决策节点;更复杂的网络在转换成标准形式时甚至会更大。因此,除了最小的多智能体决策网络之外,依赖于枚举策略的算法是不切实际的。

在多智能体设置中,其他表示会利用其他结构。例如,智能体的效用可能取决于执行某些动作的其他智能体的数量,而不取决于其身份。智能体的效用可能取决于其他一些智能体的效用,而不是直接依赖于所有其他智能体的动作。智能体的效用可能仅取决于相邻位置的智能体所做的事情,而不取决于这些智能体的身份或其他智能体的身份。

11.3   完美信息计算策略

完美信息(perfect information)相当于多个智能体完全可观察的信息。在完美信息博弈中，智能体按顺序行事，当智能体必须采取动作时，它会在决定做什么之前观察世界状态。每个智能体都可以最大化其自身效用。

完美信息博弈可以表示为博弈的扩展形式，其中信息集都包含单个节点。它们也可以表示为一个多智能体决策网络，其中决策节点是完全有序的，对于每个决策节点，该决策节点的父节点包括前面的决策节点及其所有的父节点(因此它们是不可遗忘决策网络(见 9.3.1 节)的多智能体对等体)。

完美信息博弈的解决方式类似于完全可观察的单智能体系统。可以使用动态规划或使用前向搜索求解，即从最后的决策到第一个决策。与单智能体情况的不同之处在于，多智能体算法为每个智能体维持一个效用，并且对于每次移动，它选择一个最大化移动智能体的效用的动作。动态规划变体称为**向后归纳**(backward induction)，从博弈的结束开始，计算和缓存每个智能体的每个节点的值和规划。它本质上遵循每个智能体的节点效用的定义，其中控制节点的智能体可以选择最大化其效用的动作。

例 11.6   请考虑图 11.2 的共享博弈。对于标记为 Barb 的每个节点，它可以选择最大化其效用的值。因此，它将为它控制的右边的两个节点选择"yes"，并为它控制的最左边的节点任意选择一个值。假设它为这个节点选择"no"；然后 Andy 选择它的一个动作：keep 效用为 0，share 效用为 1，give 效用为 0，所以它选择分享。

如果两个智能体竞争，所以一个智能体的正奖励对于另一个智能体来说就是负奖励，我们有一个双智能体**零和博弈**。这种博弈的价值可以用一个数字来表示，一个智能体试图最大化，另一个智能体试图最小化。对于两个智能体零和博弈，只有一个值会导致**极小极大策略**。对于每个节点，如果它由试图最大化的智能体控制，那么它是一个 MAX 节点；如果它由试图最小化的智能体控制，那么它是 MIN 节点。

可以使用向后归纳来找到最优的极小极大策略。从下往上，向后归纳使在 MAX 节点处最大化并在 MIN 节点处最小化。但是，向后归纳需要遍历整棵博弈树。可以通过显示树中永远不会成为最佳博弈的一部分，进而修剪搜索树的一部分。

例 11.7   考虑在图 11.5 的博弈树中搜索。在该图中，正方形 MAX 节点由最大化智能体控制，并且圆形 MIN 节点由最小化智能体控制。

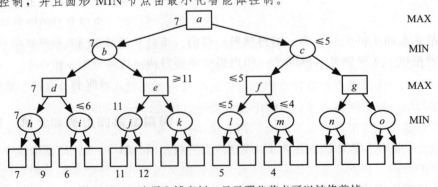

图 11.5   一个零和博弈树，显示哪些节点可以被修剪掉

假设叶节点的值是给定的，或者是根据博弈定义计算出来的，底部的数字会显示其中的一些值。正如我们在此处所示，其他值无关紧要。假设我们要对这棵树做一个先左深度优先遍历。节点 h 的值是 7，因为它是 7 和 9 的最小值。所以只要考虑到 i 的最左边的子节点为 6，我们就知道 i 的值小于等于 6。因此，在节点 d 处，最大化智能体向左移动。我们不需要计算 i 的另一个子节点，同样地，j 的值是 11，所以 e 的值至少是 11，所以节点 b 处的最小化智能体会向左移动。

l 的值小于或等于 5，m 的值小于或等于 4；因此，f 的值小于或等于 5，因此 c 的值将小于或等于 5。因此，在 a 处，最大化智能体将选择向左移动。

请注意，此参数不依赖于未编号的叶子的值。而且，它不依赖于未预见的子树的大小。

前面的例子分析了可以修剪的内容。**Alpha-beta（α-β）**修剪的极小极大值是一个深度优先**搜索**算法，通过参数 α 和 β 的信息向下修剪。在深度优先搜索中，节点有一个值，该值是从（一些）它的后代节点中获得的。

参数 α 用于修剪 MIN 节点。最初，它是当前节点的所有 MAX 祖先的最大当前值。不必进一步探索当前值小于或等于其 α 值的任何 MIN 节点。该截止值用于修剪前一样例中节点 l、m 和 c 的其他后代。双 β 参数用于修剪 MAX 节点。

具有 α-β 修剪的极小极大算法如图 11.6 所示。最初，它被称为

$$\text{MinimaxAlphaBeta}(R，-\infty，\infty)$$

```
1：procedure Minimax alpha beta(n，α，β)
2：  Inputs
3：    n：博弈树中的一个节点
4：    α，β：实数
5：  Output
6：    节点 n 的一对值，给出这个值的路径
7：  best := None
8：  if n 是叶节点 then
9：    return evaluate(n)，None
10： else if n 是 MAX 节点 then
11：   for each n 的子节点 c do
12：     score，path := MinimaxAlphaBeta(c，α，β)
13：     if score ≥ β then
14：       return score，None
15：     else if score > α then
16：       α := score
17：       best := c：path
18：   return α，best
19： else
20：   for each n 的子节点 c do
21：     score，path := MinimaxAlphaBeta(c，α，β)
22：     if score ≤ α then
23：       return score，None
24：     else if score < β then
25：       β := score
26：       best := c：path
27：   return β，best
```

图 11.6 具有 α-β 修剪的极小极大算法

其中 R 是根节点。它返回节点 n 的一对值以及最适合此路径中的每个智能体的选择路

径。（注意，该路径不包括 n。）第 13 行执行 β 修剪；在这个阶段，算法知道当前路径永远不会被选中，因此返回当前分数。类似地，行 22 执行 α 修剪。第 17 行和第 26 行将 c 连接到路径，因为它已找到智能体的最佳路径。在该算法中，有时为非叶节点返回路径"None"；这仅在算法确定不使用此路径时才会发生。

例 11.8 考虑了在图 11.5 的树上运行 MinimaxAlphaBeta。我们将显示递归调用（以及返回的值，但不显示路径。）

最初，它调用

MinimaxAlphaBeta(a，$-\infty$，∞)

然后依次调用

MinimaxAlphaBeta(b，$-\infty$，∞)

MinimaxAlphaBeta(d，$-\infty$，∞)

MinimaxAlphaBeta(h，$-\infty$，∞)

最后一次调用查找它的两个子节点的最小值并返回 7。接下来的过程调用

MinimaxAlphaBeta(i，7，∞)

然后得到 i 的第一个子节点的值，其值为 6。因为 $\alpha \geqslant \beta$，它返回 6。d 的调用则会返回 7，并调用

MinimaxAlphaBeta(e，$-\infty$，7)

节点 e 的第一个子节点返回 11，因为 $\alpha \geqslant \beta$，它返回的 11。然后 b 返回 7，再对 a 的调用

MinimaxAlphaBeta(c，7，∞)

然后依次调用

MinimaxAlphaBeta(f，7，∞)

最终返回 5，因此对 c 的调用返回 5，整个过程返回 7。

通过跟踪值，最大化智能体知道在 a 处向左移动，然后最小化智能体将在 b 处向左移动，依此类推。

此算法提供的剪枝量取决于每个节点的子节点的顺序。如果首先选择 MAX 节点的最高值子节点并且首先返回 MIN 节点的最低值子节点，则是最有效的。在真实博弈的实现中，许多工作都是为了确保这种顺序。

即使使用 α-β 修剪，大多数真实博弈也因太大而无法进行极小极大搜索。对于这些博弈，不是仅停留在叶节点，而是可以在任何节点停止。算法停止的节点返回的值是此节点的值的估计值。用来估计值的函数是**评估函数**。要找到好的评估函数需要做很多工作。在计算评估函数所需的计算量与可在任何给定时间内探索的搜索空间大小之间存在折中。复杂评估函数和大型搜索空间之间的最佳折中，这是一个经验问题。

11.4 不完美信息推理

在**不完美信息博弈**或**部分可观察的博弈**中，智能体不完全了解世界的状态或者智能体同时行动。

多智能体情况下，部分可观察性比完全可观察的多智能体案例或部分可观察的单智

能体案例更复杂。以下简单的示例显示了即使在两个智能体的情况下也会出现的一些重要问题，每个智能体都会有一些选择。

例 11.9 考虑足球罚球的情况，如图 11.7 所示。如果踢球者向右踢，守门员向右跳，那么进球的概率为 0.9，对于其他动作组合也是如此，如图所示。

		守门员	
		向左	向右
踢球者	向左	0.6	0.2
	向右	0.3	0.9

进球概率

图 11.7　足球罚球。踢球者可以向左或向右踢。守门员可以向左或向右跳

踢球者应该怎么做，假设他想最大化进球的概率，而守门员想最小化进球的概率？踢球者可能认为向右踢更好，因为他向右踢的数字对要高于向左踢的数字对。守门员可能会想，如果踢球者向右踢，那么他应该向左跳。但是，如果踢球者认为守门员会往左跳，他就应该往左踢。但是，守门员应该向右跳。然后踢球员应该向右踢……

每个智能体都可能面临着关于其他智能体将做什么的推理的无限回归。在推理的每个阶段，智能体都会改变它们的决定。可以想象在某种深度上切断它；然而，这些动作纯粹是任意深度的函数。更糟糕的是，如果守门员知道踢球者推理的深度限制，他可以利用这些知识来确定踢球者会做什么并适当地选择他的动作。

另一种方法是让智能体随机选择动作。想象一下，踢球者和守门员各自秘密投掷硬币来决定做什么。考虑硬币是否应该有偏差。假设踢球者决定以概率 p_k 向右踢，并且守门员决定以概率 p_g 跳到他的右边。那么目标的概率就是

$$P(\text{goal}) = 0.9 p_k p_g + 0.3 p_k (1 - p_g) + 0.2 (1 - p_k) p_g + 0.6 (1 - p_k)(1 - p_g)$$

数字（0.9、0.3 等）来自图 11.7。

图 11.8 显示了目标的概率作为 p_k 函数。不同的线对应不同的 p_g 值。

$p_k = 0.4$ 的值有一些特殊之处。在这个值下，进球的概率是 0.48，独立于 p_g 的值，也就是说，无论守门员做什么，踢球者都希望得到一个概率为 0.48 的进球。

如果踢球者偏离 $p_k = 0.4$，他可以做得更好，但是也可以更糟，这取决于守门员的作用。

p_g 的情况是相似的，所有行都在 $p_g = 0.3$ 处相交。同样，当 $p_g = 0.3$ 时，目标的概率是 0.48。

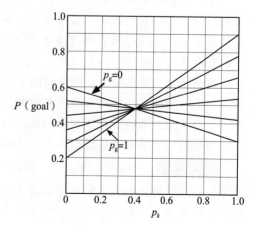

图 11.8　目标概率，作为行动概率的函数

$p_k = 0.4$ 和 $p_g = 0.3$ 的策略是特殊的，因为任何一个智能体都不能通过单方面偏离

策略来做得更好。但是，这并不意味着它们不能做得更好；如果其中一个智能体偏离了这种平衡，那么另一个智能体也可以通过偏离平衡而做得更好。然而，这种均衡对于智能体来说是安全的，因为即使其他智能体知道这个智能体的策略，其他智能体也不能强迫这个智能体得到更糟糕的结果。使用此策略意味着智能体不必担心另一智能体的双重猜测。在这个博弈中，每个智能体将获得它所能保证得到的最佳回报。

因此，现在让我们扩展策略的定义，以包括随机策略。

考虑博弈的标准形式，其中每个智能体同时选择一个动作。每个智能体在不知道其他智能体选择的内容的情况下选择动作。

智能体的**策略**是针对此智能体的动作概率分布。在**纯策略**中，其中一个概率为1，其余概率为0。因此，遵循纯策略的智能体的行为是确定的。相比纯策略，另一种选择是**随机策略**，其中概率都不是1，因此不止一个动作将具有非零的概率。策略中概率为非零的动作集称为策略的**支持集**。

一个**策略概要**是每个智能体的策略的一个赋值。如果 σ 是一个策略概要，让 σ_i 表示 σ 中智能体 i 的策略，让 σ_{-i} 表示其他智能体的策略。那么 σ 就是 $\sigma_i\sigma_{-i}$。如果策略概要由纯策略组成，则通常将其称为**动作概要**，因为每个智能体正在执行特定的动作。

策略概要 σ 具有每个智能体的预期效用。让 utility(σ, i) 表示智能体 i 的策略概要 σ 的预期效用。随机策略概要的效用可以通过在给定动作概率的情况下对构成概要的基本动作的效用进行平均来计算。

智能体 i 对其他智能体的策略 σ_{-i} 的**最佳响应**是对该智能体具有最大效用的策略。也就是说，σ_i 是对 σ_{-i} 的最佳响应，如果对于所有其他策略智能体 i 的 σ_i'，utility$(\sigma_i\sigma_{-i}, i)\geqslant$utility$(\sigma_i'\sigma_{-i}, i)$。

如果对每个智能体 i 来说，策略 σ_i 是对 σ_{-i} 的最佳响应，那么策略概要就是**纳什均衡**，即没有任何智能体可以通过单方面偏离该配置组合而做得更好。

Nash[1950]证明了博弈论的一个伟大结果，即每个有限博弈至少有一个纳什均衡。

例 11.10 在例 11.9 中，有一个唯一的纳什均衡，其中 $p_k=0.4$，$p_g=0.3$。它的性质是，如果踢球者进球的概率 $p_k=0.4$，那么守门员做什么都没有关系；守门员将得到相同的回报，因此 $p_g=0.3$ 是最佳对策（与其他策略一样）。同样，如果守门员控球得分的概率 $p_g=0.3$，那么踢球者的动作就无关紧要了；因此，每一种策略（包括 $p_k=0.4$）都是最佳响应。

智能体会考虑在两个动作之间随机选择的唯一原因，是这些动作是否具有相同的预期效用。这两种动作的所有概率混合都具有相同的效用。为混合概率选择一个特定值的原因是为了防止其他智能体利用偏差。

博弈可以有多个纳什均衡。考虑下面的两个智能体，两个动作博弈。

例 11.11 假设有一个资源，是两个智能体可能想争夺的。每个智能体都可以选择扮演鹰或鸽子的角色。假设资源值为 R 个单位，其中 $R>0$。如果双方都像鸽子一样行事，它们就会共享资源。如果一个智能体充当鹰，另一个充当鸽子，鹰智能体得到资源，鸽子智能体什么也得不到。如果它们都像鹰一样行动，资源就会被破坏，两者的回报都是 $-D$，其中 $D>0$。

这个可以用以下支付矩阵描述：

		智能体 2	
		鸽子	鹰
智能体 1	鸽子	$R/2, R/2$	$0, R$
	鹰	$R, 0$	$-D, -D$

在此矩阵中，智能体 1 选择行，智能体 2 选择列，单元格中的收益是由智能体 1 的收益和智能体 2 的收益组成的一对。每个智能体都最大限度地扩大自己的奖励。

在这个博弈中，有三种纳什均衡：

- 在一种平衡中，智能体 1 充当鹰，智能体 2 充当鸽子。智能体 1 不想偏离，因为它们必须共享资源。智能体 2 也不会偏离，因为之后这里会毁灭。
- 在第二种平衡中，智能体 1 充当鸽子，智能体 2 充当鹰。
- 在第三种均衡中，双方的行为都是随机的。在这种平衡中，会有一些毁灭的机会。其中，像鹰一样行动的能力随着资源价值 R 的增加而增加，随着毁灭价值 D 的增加而下降。见练习 11.2。

在这个例子中，你可以想象每个智能体做一些姿势来试图表明它将做什么，以试图强迫一个对它有利的平衡。

如下面的示例所示，具有多个纳什平衡并不是来自对手。

例 11.12　假设有两个人想在一起。智能体 1 更喜欢他们都去看足球比赛，智能体 2 则更喜欢他们都去购物。如果他们不在一起，他们都会不开心。假设他们必须同时选择做什么活动。可以用以下支付矩阵描述：

		智能体 2	
		足球	购物
智能体 1	足球	2, 1	0, 0
	购物	0, 0	1, 2

在此矩阵中，智能体 1 选择行，智能体 2 选择列。

在这个博弈中，有三种纳什均衡。一种均衡是他们都去购物，一种是他们都去看足球比赛，另一种是随机策略。

这是一个**协调**问题。知道均衡集合实际上并不能告诉任何一个智能体该做什么，因为一个智能体应该做什么取决于另一个智能体将做什么。在这个例子中，你可以想象双方对话，从而来决定他们会选择哪种均衡。

即使存在唯一的纳什均衡，这种纳什均衡也不能保证每个智能体的最大收益。下面的例子是众所周知的"囚徒困境"的一个变体。

例 11.13　假设你与一个你再也不会遇到的陌生人一起参加一个游戏，你们两个都可以选择：

- 自己拿 100 美元。
- 将 1000 美元给对方。

这个场景可以用下面的支付矩阵描述：

		玩家 2	
		索取	给予
玩家 1	索取	100, 100	1100, 0
	给予	0, 1100	1000, 1000

无论其他智能体做什么，如果他索取而不是给予，那么每个智能体都会过得更好。然而，如果双方都给予，而不是双方都索取，那么两人的处境都会更好。

因此，有一个独特的纳什均衡，其中两个智能体都是索取。这一策略概要将导致每个玩家获得 100 美元。然而两个玩家都选择给予的策略概要中结果每个玩家都获得 1000 美元。然而，在这个策略概要中，每个智能体都因偏离而得到奖励。

关于囚徒困境，有大量的研究，因为贪婪似乎不那么理性，每个智能体都试图做最好的自己，导致每个人都更糟。优先进行给予的一种情况是游戏进行了多次。这就是**连环囚徒困境**。连环囚徒困境的一种策略是"针锋相对"：每个参与者先给予，然后在每个步骤中再执行另一个智能体的先前动作。只要双方都不知道最后的动作，这种策略就是纳什均衡。请参阅练习 11.7。

具有多重纳什均衡不只是部分可观察的。一个完美信息博弈有可能有多个均衡，甚至有无限多的均衡也是可能的，如下所示。

例 11.14   请考虑例 11.2 的共享博弈。在这个博弈中，有无限多的纳什均衡。有一组均衡是，Andy 分享，Barb 在中间节点选择分享说 yes，并且可以在其他选择之间随机选择，只要左侧选择中说"yes"的可能性小于或等于 0.5。在这些纳什均衡中，它们都为 1。还有另一组纳什均衡，Andy 保持不变，Barb 在它的选择中随机选择，所以在左分支中说"yes"的可能性大于或等于 0.5。在这些均衡中，Barb 概率为 0，Andy 根据 Barb 的概率在范围[1, 2]内取值。还有第三组纳什均衡，其中 Barb 有 0.5 的概率在最左边的节点选择 yes，在中间节点选择 yes，Andy 则以任意概率在 keep 和 share 之间随机选择。

假设对共享博弈进行了一些修改，Andy 给 Barb 一个小贿赂，让他说 yes。也就是通过将(2, 0)的收益更改为(1.9, 0.1)来表示这个贿赂。Andy 可能会想，"如果在得到 0.1 和 0 之间选择，Barb 会选择得到 0.1，那么我会 keep。"但是 Barb 会想，"我应该对 0.1 说 no，这样 Andy 会选择 share，我得到 1。"在这个例子中（甚至忽略了最右边的分支），存在多个纯纳什均衡，其中 Andy 会选择 keep，而 Barb 在最左边的分支说 yes。在这个均衡中，Andy 得到 1.9 而 Barb 得到 0.1。还有另一种纳什均衡，Barb 在最左边的选择节点说"no"，在中间的分支说"yes"，Andy 选择"share"。在这个平衡中，它们都是 1。这似乎是 Barb 的首选。然而，Andy 可能认为，Barb 做了一个空洞**威胁**。如果 Barb 真的决定 keep，为了最大化其效用，Andy 不会说 no。

向后归纳法在前面的例子中只在修改后的共享博弈中找到了的一个均衡。它计算了一个**完美子博弈均衡**，其中假定智能体在它们选择的每个节点上为它们选择效用最大的动作。它假定智能体不会进行威胁，因为威胁不符合它们的利益。在前面示例修改后的共享博弈中，假设 Barb 对小贿赂说"yes"。然而，在对付真正的对手时，我们必须意识到他们可能会跟得上。我们可能认为这是不合理的。确实，对于智能体来说，（表现为）不理性可能会更好！

11.4.1 计算纳什均衡

为了计算一个标准形式的博弈的纳什均衡，有三个步骤：

1) 消除控制策略。

2) 确定**支持集**，即具有非零概率的动作集。

3) 确定支持集中动作的概率。

事实证明，其中第二个步骤是最困难的。

1. 消除控制策略

智能体 A 的策略 s_1 **控制** A 的策略 s_2，如果对于其他智能体的每一个动作，智能体 A 的 s_1 效用都高于智能体 A 的 s_2 效用。这将在下面形式化。任何由另一种策略主导的纯策略都可以排除在考虑之外。控制策略可以是随机策略。可以重复地移除主导策略。

例 11.15 考虑下面的支付矩阵，其中第一个智能体选择行，第二个智能体选择列。在每个单元格中都有一对收益：智能体 1 和智能体 2 的收益。智能体 1 有动作 $\{a_1, b_1, c_1\}$，智能体 2 有动作 $\{a_1, b_1, c_1\}$。（在查看答案之前，尝试找出每个智能体应该做什么。）

		智能体 2		
		d_2	e_2	f_2
智能体 1	a_1	3，5	5，1	1，2
	b_1	1，1	2，9	6，4
	c_1	2，6	4，7	0，8

可以删除动作 c_1，因为它被动作 a_1 控制：如果动作 a_1 可用，智能体 1 将永远不会执行动作 c_1。请注意，不管另一个智能体怎么做，智能体 1 执行 a_1 的收益都大于 c_1。

一旦动作 c_1 被删除，动作 f_2 就可以删除，因为它在智能体 2 中由随机策略 $0.5 * d_2 + 0.5 * e_2$ 控制。

一旦 c_1 和 f_2 被删除，b_1 就被 a_1 控制，所以智能体 1 将执行动作 a_1。考虑到智能体 1 将执行 a_1，智能体 2 将执行 d_2。因此，这个博弈中，智能体 1 的收益是 3 而智能体 2 的收益为 5。

智能体 i 的策略 s_1 **严格控制**策略 s_2，如果对其他智能体的所有动作概要 σ_{-i}，utility$(s_1\sigma_{-i}, i)>$utility$(s_2\sigma_{-i}, i)$，在这种情况下，s_2 是严格由 s_1 控制的。如果 s_2 是一个纯策略，且严格受 s_1 策略控制，那么 s_2 永远不可能处于任何纳什均衡的支持集中。即使 s_1 是一个随机策略，这也成立。无论严格控制策略的删除顺序如何，重复删除严格控制策略都会得到相同的结果。

还有较弱的控制概念，即前面公式中的大于符号被大于或等于的符号所取代。如果使用较弱的控制概念，总有一个在非控制策略支持下的纳什均衡。然而，一些纳什均衡可能会丢失。此外，哪一种均衡会丢失取决于被控制策略被移除的顺序。

2. 计算随机策略

给定其他智能体的策略，如果所有动作对智能体都具有相同的效用，则智能体只会在动作之间随机分配。这一思想引出了一组约束，可以通过求解这些约束来计算纳什均衡。如果这些约束可以用 $(0, 1)$ 范围内的数字来求解，并且每个智能体计算的混合策略都不受另一个智能体策略的支配，那么这个策略概要就是一个纳什均衡。

回想一下，支持集是一组纯策略，每个策略在纳什均衡中都有非零概率。

一旦消除了控制策略，智能体就可以搜索支持集，以确定支持集是否构成纳什均衡。注意，如果智能体有 n 个动作可用，则有 $2^n - 1$ 个非空子集，我们必须搜索不同智能体的支持集组合。这是不可行的，除非只有少数几个非支配的动作或具有小支持集的纳什均衡。为了找到简单的均衡（根据支持集中的动作数量），智能体可以从较小的支持集中搜索到更大的集合。

假设智能体 i 在纳什均衡中在动作 a_i^1，…，$a_i^{k_i}$ 之间随机化。设 p_i^j 为智能体 i 做动作 a_i^j 的概率。让 σ_{-i} 为其他智能体的策略，这是一个概率的函数。事实上，以下是一个纳什均衡给出的约束条件：对于所有 $p_i^j > 0$，$\sum_{j=1}^{k_i} p_i^j = 1$，且 j，j'

$$\text{utility}(a_i^j \sigma_{-i}, i) = \text{utility}(a_i^{j'} \sigma_{-i}, i)$$

我们还要求执行 a_i^j 的效用不小于执行支持集之外的动作的效用。因此，对于所有 $a' \notin \{a_i^1, \cdots, a_i^{k_i}\}$，

$$\text{utility}(a_i^j \sigma_{-i}, i) \geqslant \text{utility}(a' \sigma_{-i}, i)$$

例 11.16   在例 11.9 中，假设守门员以 p_g 的概率向右跳，踢球者以 p_k 的概率向右踢，如果守门员向右跳，进球的概率是

$$0.9 p_k + 0.2(1 - p_k)$$

如果守门员向左跳，进球的概率是

$$0.3 p_k + 0.6(1 - p_k)$$

守门员唯一会随机化的情况是，如果这些情况相等，也就是说，如果

$$0.9 p_k + 0.2(1 - p_k) = 0.3 p_k + 0.6(1 - p_k)$$

求解 p_k 得 $p_k = 0.4$。

同样，对于踢球者的随机化，无论踢球者向左踢还是向右踢，进球的概率必须是相同的：

$$0.2 p_g + 0.6(1 - p_g) = 0.9 p_g + 0.3(1 - p_g)$$

求解 p_g 得 $p_g = 0.3$。

因此，唯一的纳什均衡是 $p_k = 0.4$ 且 $p_g = 0.3$。

11.5　群体决策

通常情况下，一群人必须就该群体将做什么做出决定。投票似乎是一种很好的方式，用以决定一个群体想要什么，当有一个明确的最优先的选择时，那么就是它。然而，如下面的例子所示，如果没有明确的优先选择，投票就会出现重大问题。

例 11.17   考虑一个采购智能体，它必须根据一群人的偏好来决定他们的度假目的地。假设有三个人（Alice、Bob 和 Cory），三个目的地（X、Y 和 Z）。假设智能体具有以下首选项，其中 $\succ$ 表示严格的偏好：

- Alice：$X \succ Y \succ Z$
- Bob：$Y \succ Z \succ X$
- Cory：$Z \succ X \succ Y$

鉴于这些偏好，在两两投票中，$X \succ Y$，因为三分之二的人更喜欢 X 而不是 Y。在

投票 $Y \succ Z$ 和 $Z \succ Y$ 中也是相似的。因此，通过投票获得的偏好不是传递性的。这个例子就是**孔多塞悖论**(Condorcet paradox)。事实上，在这种情况下，目前还不清楚一个群体的结果应该是什么，因为在结果之间是对称的。

社会偏好函数给出了一个群体的偏好关系。我们希望社会偏好函数依赖于群体中个体的偏好。似乎孔多塞悖论是成对投票所特有的问题；然而，Arrow[1963]的以下结果表明，这种悖论存在于任何社会偏好函数中。

命题 11.1(Arrow 不可能性定理)　如果有三种或三种以上的结果，则下列属性不能同时适用于任何社会偏好函数：

- 社会偏好函数是完备的和可传递的(见 9.1.1 节)。
- 每一个完备的和可传递的个人偏好都是可允许的。
- 如果每个人都喜欢结果 o_1 而不是 o_2，那么这个群体就更喜欢 o_1 而不是 o_2。
- 结果 o_1 和 o_2 之间的群体偏好仅取决于个人对 o_1 和 o_2 的偏好，而不取决于个人对其他结果的偏好。
- 任何个体都无权单方面决定结果(非独裁)。

当建立具有个人偏好并给出社会偏好的智能体时，应该意识到我们无法拥有所有这些直观且理想的属性。与其给一个有不良性质的群体偏好，不如向个体指出他们的偏好是如何无法调和的。

11.6　机制设计

先前关于智能体选择其动作的讨论假定每个智能体都可以在预定义的博弈中行动。**机制设计**的问题是设计一个具有各种智能体都可以玩的游戏。

一种机制指定每个智能体可使用的动作以及每个动作概要的结果。我们假设智能体的效用大于结果。机制有两个常见的属性：

- 机制应该易于智能体使用。有了智能体的效用，智能体就可以轻松确定要做什么。**主导策略**是对智能体来说，不管其他智能体做什么，都是最好的策略。如果一个智能体有一个主导策略，那么它就可以在不需要前面几节所描述的复杂策略推理的情况下采取最佳措施。如果一个机制对每个智能体都有一个主导策略，并且在主导策略中，智能体的最佳策略是声明自己的真实偏好，那么这个机制就是主导策略的**真实性**。在主导策略真实性的机制中，智能体只需宣布其真实的偏好；智能体不可能为了自己的利益而试图操纵该机制，从而做得更好。
- 机制应该给所有的智能体带来最好的结果。例如，如果选择的结果是各智能体的效用之和最大化，则该机制具有**经济高效性**。

例 11.18　假设你要设计一个会议调度程序，其中用户输入可用的时间，调度器就为会议选择一个时间。一种机制是让用户指定何时有空，以及让调度器选择空闲人员最多的时间。第二种机制是让用户为不同的时间指定其效用，调度程序选择使效用总数最大化的时间。这两种机制都不是真正的主导策略真实性。

对于第一种机制，用户可以声明自己在某个时间段内没空，以强行确定自己喜欢的时间。不清楚的是，在某一特定时间有空是否有明确的定义；在某个阶段，用户必须决定是否更容易重新安排他们在某个特定时间本来要做的事情，而不是说他们此时没空。不同的人对于可以更改哪些活动可能有不同的阈值。

对于第二种机制，假设有三个人（Alice、Bob 和 Cory），他们必须决定是在星期一、星期二还是星期三开会。假设他们对会议时间有以下效用：

	星期一	星期二	星期三
Alice	0	8	10
Bob	3	4	0
Cory	11	7	6

经济高效的结果是在星期二开会。但是，如果 Alice 将她对星期二的评估更改为 2，则该机制将选择星期三。因此，Alice 有动机歪曲自己的价值标准。老实说，这不符合 Alice 的利益。

请注意，如果有一种机制具有主导策略，那么就有一种机制具有主导策略真实性。这就是所谓的**显示原理**（revelation principle）。为了实现一个主导策略真实性的机制，原则上，我们可以编写一个程序，从一个智能体那里接受它的实际偏好，并向原始机制提供该智能体的最优输入。则这个程序最适合该智能体。

事实证明，要设计出一种合理的、符合主导策略真实性的机制基本上是不可能的。Gibbard[1973] 和 Satterthwaite[1975] 证明，只要有三种或以上可能选择的结果，具有主导策略的唯一机制就是有一个**独裁者**：有一个智能体的偏好决定结果。这就是众所周知的 Gibbard-Satterthwaite 定理。

获得主导策略真实性机制的一种方法是引入资金。假设有资金可以添加到效用上，这样，对于任何两种结果 o_1 和 o_2，每个智能体都有一些（可能为负的）数量 d，以使智能体在结果 o_1 和 o_2+d 之间中立。通过允许给智能体资金以接受一个它们原本不希望的结果或为它们想要的结果付费，我们可以确保智能体不会因撒谎而获利。

在 **VCG 机制**（Vickrey-Clarke-Groves 机制）中，智能体为每个结果声明其价值。选择使声明值总和最大化的结果。智能体根据它们的参与对结果的影响程度来付费。如果智能体 i 没有参与，那么它支付给其他智能体的就是所选择结果的值的总和减去其他智能体的值的总和。假设智能体只关心它们的效用，而不关心其他智能体的效用或其他智能体的收益，那么 VCG 机制是经济高效的，并且具有主导策略真实性。

例 11.19 考虑例 11.18 中的值。假设给定的值可以解释为与美元等价；例如，Alice 可以选择在星期一开会或者选择在星期二开会并支付 8.00 美元（她准备为将会议从星期一移至星期二而支付 7.99 美元，但不愿意支付 8.01 美元）。根据这些声明的值，选择星期二作为会议日。如果 Alice 没有参加，则将选择星期一，而其他智能体的净亏损为 3，因此 Alice 必须支付 3.00 美元。那么她的净值是 5；星期二的效用 8 减去付款 3。下表中给出了声明、付款和净值：

	星期一	星期二	星期三	付款	净值
Alice	0	8	10	3	5
Bob	3	4	0	1	3
Cory	11	7	6	0	7
总计	14	19	16		

请考虑一下，如果 Alice 将星期二的评估值更改为 2，会发生什么情况。在这种情况下，星期三将是所选的日期，但 Alice 将不得不支付 8.00 美元，净值为 2，因此情况会更糟。Alice 不能通过向机制撒谎而获得优势。考虑付款的一种方法是，Alice 需要贿赂该机制以配合她最喜欢的选择。

出售一件物品或一套物品的一种常见机制是**拍卖**。常见的一种拍卖方式是递增式拍卖，即拍卖单件物品时，有一个物品的当前出价，当达到前一个出价时，该物品的出价按预定的增量增加。以当前价格购买该物品的报价称为出价。只有一个人可以为一个特定的价格出价。该物品归出价最高的人所有，该人支付出价的金额。

考虑一种用于出售单个物品的 VCG 机制。假设有很多人都在竞标他们对一件物品的估价。使收益最大化的结果是将商品提供给出价最高的人。如果他们没有参与投标，则该项目将被拍卖到第二高的投标人。因此，根据 VCG 机制，最高出价者应获得该项目并支付第二高出价的价值。这就是所谓的**第二价拍卖**。第二次价格竞标等同于进行升价竞标（最高竞标增量），在竞标中，人们指定他们愿意支付多少作为智能体竞标，并且有智能体将智能体竞标转换成实际竞标。二级竞标很简单，因为智能体不必做复杂的战略推理。确定获胜者和适当的付款也很容易。

11.7　回顾

本章涉及了多个智能体所引起的一些问题。以下是要记住的要点：

- 多智能体系统由多个智能体组成，这些智能体自主行动，并在结果方面具有自己的效用。结果取决于所有智能体的行动。智能体可以竞争、合作、协调、沟通和谈判。
- 博弈的策略形式或标准形式指定了给每个智能体控制器的预期结果。
- 博弈的扩展形式通过博弈树来模拟智能体的行动和信息。
- 多智能体决策网络对概率依赖性和信息可用性进行建模。
- 可以通过备份博弈树中的值或使用带有 $\alpha\text{-}\beta$ 修剪的极大极小搜索博弈树来求解完美信息博弈。
- 在部分可观察的域中，有时随机行动是最佳选择。
- 纳什均衡是每个智能体的策略概要，因此没有任何智能体可以通过单方面偏离策略概要来增加其效用。
- 通过采用支付的方式，可以设计出一种主导策略真实性且经济高效的机制。

11.8　参考文献和进一步阅读

有关多智能体系统的概述，请参见 Shoham 和 Leyton-Brown[2008]、Vlassis[2007]、Stone 和 Veloso[2000]、Wooldridge[2002]以及 Weiss[1999]。Nisan 等[2007]概述算法博弈论的研究前沿。

多智能体决策网络基于 Koller 和 Milch[2003]的 MAID。Genesereth 和 Thielscher[2014]描述了使用逻辑表示的**一般博弈**。

Hart 和 Edwards[1961]首次发表了带有 $\alpha\text{-}\beta$ 修剪的极大极小策略。Knuth 和 Moore

[1975]以及 Pearl[1984]分析了 α-β 修剪和其他用于搜索博弈树的方法。Ballard[1983]讨论了如何将极大极小策略与机会节点结合。Campbell 等[2002]描述了 1997 年 5 月击败国际象棋冠军 Garry Kasparov 的 The Deep Blue 象棋计算机。Silver 等[2016]描述了 AlphaGo，该程序在 2016 年击败了排名最高的围棋选手。

机制设计由 Shoham 和 Leyton-Brown[2008]、Nisan[2007]以及诸如 Mas-Colell 等[1995]微观经济学教科书描述。Ordeshook[1986]描述了群体决策和博弈论。

11.9 练习

11.1 考虑井字棋博弈（也称为画圈打叉游戏），该博弈由两名玩家玩，"X"玩家和"O"玩家交替将其符号放在 3×3 的空格中。玩家的目标是通过在行、列或对角线上放置三个相同的符号来获胜；当玩家获胜或棋盘被填满时，博弈结束。在下面显示的博弈中，玩家 O 刚刚进入第三轮。现在轮到 X 玩家迈出第四步了。比赛智能体需要明智地决定 X 接下来应选择的可用的 3 个动作中的哪个：X1、X2 或者 X3。我们开始了搜索树，对于 X 的三个可能的动作，我们用三个分支来进行搜索：

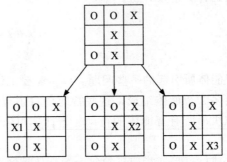

绘制博弈树的其余部分。假设 X 赢时树的值是 $+1$，-1 代表 O 赢，0 代表平局。显示这些值是如何备份的，以便为每个节点提供一个值。X 应该怎么做？它会赢、输还是平？用 α-β 修剪能修剪树吗？

11.2 对于例 11.11 的鹰鸽博弈，其中 $D > 0$ 且 $R > 0$，每个智能体都试图最大化其效用。随机策略是否存在纳什均衡？概率是多少？每个智能体的期望收益是多少？（这些应该表示为 R 和 D 的函数。）

11.3 下列哪一种标准形式的博弈具有纯策略构成的纳什均衡？对于有纯策略纳什均衡的选项，指出纯策略纳什均衡。对于不含纯策略纳什均衡的选项，解释一下你是如何知道不存在纯策略纳什均衡的。

（a）

		玩家 2	
		a2	b2
玩家 1	a1	10, 10	110, 0
	b1	0, 110	100, 100

（b）

		玩家 2	
		a2	b2
玩家 1	a1	10, 10	11, 20
	b1	0, 11	20, 1

(c)

		玩家 2	
		a2	b2
玩家 1	a1	10, 20	5, 10
	b1	7, 11	20, 12

11.4　在例 11.12 中，随机策略下的纳什均衡是什么？均衡中每个智能体的期望值是多少？

11.5　考虑下面的标准形式博弈，行玩家可以选择动作 A、B 或 C，列玩家可以选择动作 D、E 或 F：

	D	E	F
A	40, 40	120, 10	60, 30
B	30, 60	110, 60	90, 90
C	30, 110	100, 100	70, 120

其中，每对值给出了行玩家的结果值和列玩家的结果值。

(a) 在消除主导策略时，哪些策略（如果有的话）可以淘汰？解释什么被淘汰了，什么不能被淘汰。

(b) 为该博弈指定一种纳什均衡。（对于随机化的策略，给出随机化的动作；你不需要给出概率。）解释为什么它是纳什均衡的。

(c) 是否有多种纳什均衡？如果有，再给出一种。如果没有，解释为什么没有其他的纳什均衡。

(d) 如果智能体能够相互协调，它们是否能够得到比纳什均衡更好的结果？解释为什么能或为什么不能。

11.6　在下面的游戏中回答与前一个练习相同的问题：

i.

	D	E	F
A	2, 11	10, 10	3, 12
B	5, 7	12, 1	6, 5
C	6, 5	13, 2	4, 6

ii.

	D	E	F
A	80, 130	20, 10	130, 80
B	130, 80	30, 20	80, 130
C	20, 10	100, 100	30, 20

11.7　考虑连续囚犯困境。

(a) 假设智能体进行了一定次数的游戏（例如三次）。如果有两次或更多，给出两次均衡；否则给出唯一的均衡，并解释为什么只有一次。提示：先考虑最后一次。

(b) 假设折现系数为 γ，这意味着在每个阶段都有停止的可能性 γ。所有 γ 值的针锋相对都为纳什均衡吗？如果是这样，请证明。如果不是，则对于哪个 γ 值是纳什均衡的？

Artificial Intelligence：Foundations of Computational Agents，Second Edition

学习行动

由于在实际动作中，常常不允许拖延，因此可以非常肯定的是，当我们无法确定什么是真的时，我们应该根据最可能发生的情况采取动作。

——Descartes[1637]，Part III

12.1 强化学习问题

强化学习(RL)智能体在环境中执行动作，观察环境的状态并获得奖励。根据感知和奖励信息，智能体必须决定做什么。本章主要考虑完全可观察的单智能体强化学习。12.10.2 节描述了多智能体强化学习的一种简单形式。

强化学习智能体的特征如下：

- 学习智能体将获得可能的状态和它可以执行的动作集。
- 每次，智能体观察环境的状态和收到奖励。我们假设环境是完全可观察的。
- 每次，在观察状态和收到奖励之后，智能体都会执行一项动作。
- 智能体的目标是在折扣因子为 γ 时，最大化其折扣奖励。

强化学习可以形式化为**马尔可夫决策**过程，在马尔可夫决策过程中，最初智能体只知道可能的状态集和可能的动作集。动力 $P(s'|a, s)$ 和奖励函数 $R(s, a)$，对于智能体都是未知的。如同在 MDP 中一样，在每次操作之后，智能体都会观察它所处的状态并获得奖励。

例 12.1 考虑图 12.1 所示的值域。有六种状态，标记为 s_0, …, s_5。智能体可以随时观察它处于什么状态。智能体有四个动作：upR、upC、left、right。这是智能体在开始前所知道的一切。它不知道状态是如何配置的，动作是做什么，或者奖励是如何获得的。

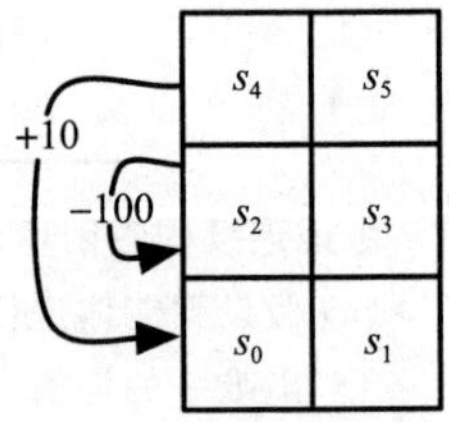

图 12.1 一个小小的强化学习问题的环境

图 12.1 显示了六种状态的配置。假设动作的内容如下：

- right。智能体在状态 s_0、s_2、s_4 下向右移动，奖励为 0，在其他状态下保持不变，奖励为 -1。

- left。智能体在状态 s_1、s_3、s_5 下向左移动，奖励为 0。在状态 s_0 下，它保持在状态 s_0，并且有 -1 的奖励。在状态 s_2 下，它的奖励为 -100，并保持在状态 s_2 下。在状态 s_4 下，它获得 10 的奖励并移动到状态 s_0。

- upC(表示"小心上移")。除 s_4 和 s_5 状态外该智能体将向上移，在 s_4 和 s_5 状态下，该智能体将碰撞并保持静止。如果智能体碰撞了，它将获得 -2 的奖励，否则获得 -1 的奖励。

- upR(表示"冒险上移")。upR 有 0.8 的概率表现得和 upC 一样,但在碰撞状态下奖励为-1,否则获得 0 的激励。它有 0.1 的概率像 left 动作一样,它还有 0.1 的概率表现得和 right 动作一样。

折扣奖励(见 9.5 节)的折扣系数 $\gamma = 0.9$。这可以解释为在任何一步离开游戏的概率为 0.1,也可以解释为智能体倾向于即时奖励而不是未来奖励。

智能体应尽可能频繁地在 s_4 左转(执行 left 动作),以获得$+10$ 的奖励。智能体要从 s_0 出发到达 s_4,它可以通过 s_2 处的危险悬崖,但那里有从悬崖上摔下来并获得巨大负奖励的风险,或者绕得更远更安全。最初,它并不知道这一点,但这是它需要学习的。

例 12.2 图 12.2 显示了一个更复杂的游戏。智能体可能位于具有 25 格的网格中的任意一格。奖品可能在某个角落,也可能没有奖品。当智能体到达包含奖品的网格时,它得到$+10$ 的奖励,奖品消失。当网格上没有奖品时,每走一步,奖品都有可能出现在网格的任何一个角落(标记为 $P_1 \sim P_4$)。怪物可以随时出现在标记为 M 的位置之一。如果怪物出现在智能体所在的网格上,智能体将损坏。如果智能体已经损坏,它将获得-10 的奖励。通过访问标有 R 的修理站,智能体可以得到修理(从而不再损坏)。

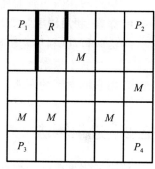

图 12.2 一个网格游戏的环境

在本例中,状态由四个部分组成:X、Y、D、P,其中 X 是智能体的 X 坐标;Y 是智能体的 Y 坐标;D 是布尔值,当智能体损坏时为真;P 是奖品的位置(如果没有奖品,$P=0$;如果在 P_i 位置有奖品,$P=i$)。因为怪物是瞬时的(知道怪物是否出现并不能提供任何关于未来的信息),所以没有必要把它们作为状态的一部分。因此,有 $5 \times 5 \times 2 \times 5 = 250$ 个状态。环境是完全可观察的,因此智能体知道它处于什么状态。智能体不知道状态的含义;它不知道组成状态的四个部分,智能体一开始也不知道是否被损坏或奖品是什么。

智能体有四个动作:up、down、left 和 right。它们将智能体移动一步——通常是朝名称指示的方向移动一步,但有时会朝其他方向移动一步。如果智能体撞到外墙或内墙(R 位置附近的粗线),它将保持不动,并获得-1 的奖励。

智能体对这里所说的一切一无所知。它只知道有 250 个状态和 4 个动作,以及每次智能体都处于哪个状态和每次智能体都收到了什么奖励。

这个游戏很简单,但是很难为它编写一个好的控制器。在本书的网站上有一些简单的实现,你可以使用和修改它们。请你试着为这个游戏编写一个控制器;编写一个每 1000 步累积大约 500 个奖励的控制器是可能的。这个游戏也很难学习,因为直到智能体最终知道被损坏是负面奖励并且访问 R 使它修复之前,访问 R 看起来是无用的。它一定是在收集奖品时偶然发现的。没有奖励的状态不会持续很长时间。此外,智能体必须在不被告知损坏概念的情况下学习这一点;它最初只知道有 250 个状态和 4 个动作。

强化学习很难,原因有很多:

- **信用分配问题**或**责备归因问题**是确定哪些行为应该奖励或惩罚的问题。动作可能发生在收到奖励之前很长一段时间。此外,不仅执行一个单一的动作,在适当情况下执行了某些动作的组合，也可能要对奖励负责。例如，你可以通过在智能体赢或输的时候给予它奖励来教它玩游戏；它必须决定胜出所需的动作，这些动作通常在游戏结束之前很久就发生了。再举个例子，当你回家发现一堆乱七八糟的东西时，你可以试着通过责备狗来训练狗。狗必须从它所做的所有行为中确定哪些行为是会被训斥的。

- 即使世界的动力没有改变，智能体的行动效果取决于智能体将来会做什么。对于智能体来说，最初看起来是坏事的事情，由于智能体在未来所做的事情，最终可能会成为一个最佳行为。这在规划问题中是常见的，但在强化学习环境中是难以预测的，因为智能体事先不知道其行为的效果。

- **探索-利用困境**。如果一个智能体已经制定了一个好的行动方案，它应该继续遵循这些行动(利用它所确定的)还是应该探索寻找更好的行动？如果早点探索的话，一个从未探索过的智能体可能会表现得更好。一个总是探索的智能体永远不会使用它所学到的东西。12.5 节进一步讨论了这一困境。

12.2　进化算法

解决强化算法的一种方法是将其视为一个优化问题(见 4.9 节)，目的是选择一个最大化预期收益的策略。这可以通过在策略空间中进行**策略搜索**来完成。策略是一个控制器(见 2.2 节)，可以在环境中的智能体中运行它并根据运行的结果来评估它。

策略搜索通常是一个在策略空间搜索的随机局部算法(见 4.7.2 节)。我们可以通过让一个策略在环境中多次运行来对它进行评价。

从初始策略开始，策略可以在环境中重复评价并不断改进。这个过程被称为**进化算法**，因为作为一个整体，智能体是根据它适应环境的能力来评估的。进化算法通常与遗传算法(见 4.8 节)结合使用，这使得智能体的表现更接近于生物学中的基因突变。

进化算法存在着很多问题。首先是状态空间的规模。如果有 n 个状态和 m 个动作，那么就有 m^n 个策略。比如，对于例 12.1 中描述的游戏来说，这个游戏具有 $4^6 = 4096$ 个不同的策略。对于例 12.2 中的游戏，该游戏有 250 个状态，所以有 $4^{250} \approx 10^{150}$ 个策略。这只是一个小游戏，却拥有比宇宙中粒子的数量还多的策略。

其次，进化算法在经验的使用上非常浪费。如果智能体处于例 12.1 中的状态 s_2 并且向左移动，你期望它能够学习到在 s_2 向左转是不好的。但是进化算法在智能体结束操作之后才会对策略进行整体评价。随机局部算法会在状态 s_2 中尝试随机执行其他操作，因此最终可能会确定该操作不好，但是不能直接获得这个结果。遗传算法稍好一点，因为使智能体处于状态 s_2 的策略将消失，但这也不是能够直接获得的。

第三，进化算法的性能可能对策略的表示形式非常敏感。遗传算法的表示应该是交叉保留策略的大部分内容。通常需要针对特定领域调整表示形式。

在本章其余部分中研究的另一种方法是在每次动作后进行学习。对策略的组成部分进行学习，而不是整个策略。通过了解每个状态的作用，学习可以在状态数量上具有线性或多项式的时间和空间复杂度，而不是在状态数量上具有指数级复杂度。

12.3　时间差分

要了解强化学习的工作原理，请考虑如何求得顺序到达智能体的值的平均值。

假设有一系列的数值 v_1，v_2，v_3，…，目标是根据给定的先前值预测下一个值。一种方法是对 v_i 的期望值进行近似。例如，给定一系列学生的成绩，请你预测下一个成绩。合理的预测值可能是学生的平均成绩。这可以通过维护**运行平均值**（见 7.4.1 节）来实现，如下所示。

设 A_k 为基于前 k 个数据点 v_1，…，v_k 的期望值的估计值。一个合理的估计值是样本平均值：

$$A_k = \frac{v_1 + \cdots + v_k}{k}$$

因此，

$$k * A_k = v_1 + \cdots + v_{k-1} + v_k = (k-1)A_{k-1} + v_k$$

除以 k 得到

$$A_k = \left(1 - \frac{1}{k}\right) * A_{k-1} + \frac{v_k}{k}$$

令 $\alpha_k = \frac{1}{k}$；那么

$$A_k = (1 - \alpha_k) * A_{k-1} + \alpha_k * v_k = A_{k-1} + \alpha_k * (v_k - A_{k-1}) \qquad (12.1)$$

差值 $v_k - A_{k-1}$ 称为**时间差分误差**或 **TD 误差**；它指定新值 v_k 与旧预测值 A_{k-1} 有多大差异。用 α_k 乘以 TD 误差将旧估算值 A_{k-1} 更新为新估算值 A_k。对时间差分公式的定性解释是，如果新值高于旧预测，则增大预测值；如果新值小于旧预测值，则减小预测值。变化与新值和旧预测之间的差异成比例。注意，该公式对于第一个值（$k=1$）仍然有效，在这种情况下，$A_1 = v_1$。

该分析假设所有值的权重均相等。但是，假设你正在估计杂货店中某些物品的预期价格。价格在短期内会涨跌，但往往会缓慢上涨；新价格比旧价格对当前价格的估算更为有用，因此在预测新价格时应将其权重变大。

在强化学习中，这些值是对动作效果的估计。因为智能体正在学习，所以较新的值比较早的值更准确，因此应该对它们赋予更多权重。对后面的示例加权的一种方法是使用式（12.1），但是 α 是不依赖于 k 的常数（$0 < \alpha \leqslant 1$）。不幸的是，当序列中的值存在可变性时，这不能收敛到平均值，但是当产生值的基础过程发生变化时，它可以跟踪变化。

你可以更慢地减小 α 值并可能同时获得两种方法的好处：对最近的观测值进行加权，并且仍然收敛于平均值。收敛是可以保证的，如果

$$\sum_{k=1}^{\infty} \alpha_k = \infty \text{ 且 } \sum_{k=1}^{\infty} \alpha_k^2 < \infty$$

第一个条件是确保对随机波动和初始条件求平均，而第二个条件则保证收敛。

赋予较新的经验更多权重并且也收敛于平均值的一种方法是，对于某些 $r > 0$，设置 $\alpha_k = (r+1)/(r+k)$。对于第一个经验 $\alpha_1 = 1$，因此它忽略先前的 A_0。如果 $r = 9$，经过 11 次经验，$\alpha_{11} = 0.5$，因此它加权该经验等于其所有先前经验。参数 r 应该设置为适合

该域的值。

请注意，当生成值的基础过程不断变化时，保证收敛到平均值与适应变化以做出更好的预测不兼容。

在本章的其余部分，不带下标的 α 假定为常数。使用下标的 α 是一些案例中用于估算特定值的函数。

12.4　Q-学习

在 Q-学习和相关强化学习算法中，智能体会试着从它与环境交互的历史中学习最优策略。智能体的**历史**是一系列的状态-动作-奖励：

$$\langle s_0,\ a_0,\ r_1,\ s_1,\ a_1,\ r_2,\ s_2,\ a_2,\ r_3,\ s_3,\ a_3,\ r_4,\ s_4\cdots\rangle$$

这表示智能体处于状态 s_0 并执行了动作 a_0，这导致智能体收到了奖励 r_1 并且变成了状态 s_1，然后它执行动作 a_1 收到奖励 r_2，并且状态变为 s_2；然后它执行动作 a_2，收到奖励 r_3，状态变为 r_3，以此类推。

我们把交互的历史看作一系列的经验，其中**经验**是一个元组

$$\langle s,\ a,\ r,\ s'\rangle$$

这表示智能体处在状态 s，执行了动作 a，收到了奖励 r，然后变为了状态 s'。智能体可以从这些经验中学习自己要做些什么。在决策理论规划中，我们的目标是让智能体获得最大值，而这个最大值往往是折扣奖励。

回想一下，$Q^*(s,a)$ 是在状态 s 下执行动作 a，然后遵循最优策略所获得的期望值（累积折扣奖励）。

Q-学习使用时间差分来估计 $Q^*(s,a)$ 的值。在 Q-学习中，智能体有一个 $Q[S,A]$ 表，其中 S 是状态集，A 是动作集。$Q[s,a]$ 是目前对 $Q^*(s,a)$ 的估计。

经验 $\langle s,\ a,\ r,\ s'\rangle$ 为 $Q(s,a)$ 的值提供了一个数据点。这个数据点是智能体通过接收 $r+\gamma V(s')$ 的未来值得到的，其中 $V(s')=\max_{a'} Q(s',a')$；这等于实际的当前奖励加上未来折扣奖励的估计值。这个新的数据点称为**返回点**。智能体可以使用时间差分方程（式(12.1)）来更新它对于 $Q(s,a)$ 的估计：

$$Q[s,a]:=Q[s,a]+\alpha*(r+\gamma \max_{a'} Q[s',a']-Q[s,a])$$

或者，等价地，

$$Q[s,a]:=(1-\alpha)*Q[s,a]+\alpha*(r+\gamma \max_{a'} Q[s',a'])$$

图 12.3 显示了一个 Q-学习控制器，其中智能体同时执行动作和学习。第 15 行的 $do(a)$ 指定的动作 a 是控制器发送给主体的**命令**（见 2.2 节）。奖励和结果状态是控制器从主体接收到的**感知**。

只要智能体探索得足够多，并且不限制它在任何状态下尝试动作的次数（即，它不总是在状态中执行相同的动作子集），Q-学习器学习的就是（近似）最优 Q 函数。

例 12.3　考虑例 9.27 中的两状态 MDP。智能体知道有两种状态{healthy, sick}和两种动作{relax, party}。它不知道模型，但它可以从 s、a、r、s' 的经验中学习。当折扣率 $\gamma=0.8$，$\alpha=0.3$，Q 最初为 0 时，以下是可能的路径（到几个有效数字，状态和动作用缩写）：

s	a	r	s'	Update $=(1-\alpha)*Q[s,a]+\alpha(r+\gamma\max\limits_{a'}Q[s',a'])$
he	re	7	he	$Q[\text{he, re}]=0.7*0+0.3*(7+0.8*0)=2.1$
he	re	7	he	$Q[\text{he, re}]=0.7*2.1+0.3*(7+0.8*2.1)=4.07$
he	pa	10	he	$Q[\text{he, pa}]=0.7*0+0.3*(10+0.8*4.07)=3.98$
he	pa	10	si	$Q[\text{he, pa}]=0.7*3.98+0.3*(10+0.8*0)=5.79$
si	pa	2	si	$Q[\text{si, pa}]=0.7*0+0.3*(2+0.8*0)=0.06$
si	re	0	si	$Q[\text{si, re}]=0.7*0+0.3*(0+0.8*0.06)=0.014$
si	re	0	he	$Q[\text{si, re}]=0.7*0.014+0.3*(0+0.8*5.79)=1.40$

α 固定时，Q 值将近似但不收敛于在例 9.31 中价值迭代获得的值。α 越小，它越接近实际 Q 值，但收敛越慢。

图 12.3 的控制器让 α 固定。如果 α_k 适当减小，它将收敛到实际 Q 值。要实现这一点，需要为每个状态-动作对单独设置一个 α_k，可以使用数组 visits$[S,A]$ 来实现，该数组计算在状态 S 下执行动作 A 的次数。在图 12.3 的第 17 行之前，可以递增 visits$[s,a]$，α 设置为 $10/(9+\text{visits}[s,a])$；参见练习 12.5。

```
1: controller Q-learning(S，A，γ，α)
2:   Inputs
3:     S：状态集合
4:     A：动作集合
5:     γ：折扣
6:     α：步长
7:   Local
8:     实数组 Q[S，A]
9:     状态 s，s'
10:    动作 a
11:   任意地初始化 Q[S，A]
12:   观察当前状态 s
13:   repeat
14:     选择一个动作 a
15:     do(a)
16:     观察奖励 r 和状态 s'
17:     Q[s，a]:=Q[s，a]+α*(r+γ*max Q[s'，a']−Q[s，a])
                                    a'
18:     s:=s'
19:   until 终止
```

图 12.3 Q-学习的控制器

12.5 探索和利用

Q-学习控制器没有指定智能体实际应该做什么。智能体学习可用于确定最佳动作的 Q 函数。有两件事对智能体有用：

- 通过执行一个使 $Q[s,a]$ 最大化的动作 a，**利用**它为当前状态 s 找到的知识。
- **探索**以便更好地估计最佳 Q 函数；智能体有时应该从当前认为最好的动作中选择不同的动作。

有许多优秀的方法可以权衡探索和利用。

- ε-**贪心探索策略**(其中 $0 \leqslant \varepsilon \leqslant 1$ 是**探索概率**),是对于总的时间,在 $1-\varepsilon$ 的时间里选择贪心动作(可最大化 $Q[s, a]$ 的动作)(利用),在 ε 的时间内随机选择一个动作(探索)。贪心探索策略有可能随着时间而改变 ε。直觉上,在智能体的早期活动中,它应该被鼓励更随机地初始探索,并且随着时间的推移,它应该选择更贪心的动作(减少 ε)。

- ε-**贪心策略**的一个问题是,它平等地对待除了最佳动作以外的其他动作。如果有一些看似好的动作和其他看起来不那么好的动作,那么在好的动作中进行选择可能更为明智:花更多的精力去确定哪一个看似好的动作是最好的,而花更少的精力去探索那些看起来更差的动作。一种方法是基于 $Q[s, a]$ 的值按概率选择动作 a。这被称为**软最大化**(soft-max)动作选择。常用的方法是使用 Gibbs 或 Boltzmann **分布**,其中 s 状态下选择动作 a 的概率与 $e^{Q[s, a]/\tau}$ 成正比。因此在状态 s 下,智能体以如下概率选择动作 a:

$$\frac{e^{Q[s, a]/\tau}}{\sum_a e^{Q[s, a]/\tau}}$$

其中,$\tau > 0$ 是规定如何随机选择值的**温度**。当 τ 较高时,动作的选择几乎相等。随着温度的降低,更可能选择高值的动作,在 $\tau \to 0$ 的极限时,总是选择最佳动作。

- 另一种选择是**面对不确定性时的乐观态度**:将 Q 函数初始化为鼓励探索的值。如果 Q 值被初始化为高值,未探索的区域将看起来很好,因此贪心搜索将倾向于探索。这确实鼓励了探索;然而,智能体可能会产生错觉,认为一些状态-动作对在很长一段时间内都是好的,然而并没有真正的证据证明它们是好的。一个状态只有当它的所有动作看起来都很糟糕时才会变得糟糕;但是当所有这些动作都导致状态看起来很好时,智能体需要很长时间才能获得实际值的真实视图。在这种情况下,对 Q 值的旧估计值可能是对实际 Q 值的相当差的估计,并且这些估计可能在很长一段时间内保持为差的估计。为了获得快速收敛,初始值应该尽可能接近最终值;试图高估它们会使收敛速度变慢。在有噪声的环境中,乐观面对不确定性且没有其他的探索机制的话,这可能意味着一个好的动作永远不会得到更多的探索,因为这个动作被随机分配了一个无法恢复的低 Q 值。

比较探索策略与 α 更新的不同方式之间的相互作用是有趣的,见练习 12.3。

12.6 评估强化学习算法

我们可以根据算法找到的策略的好坏或执行算法和学习时获得的奖励来评估强化学习算法。哪个更重要取决于如何部署智能体。如果在部署智能体之前有足够的时间安全学习,那么最终策略可能是最重要的。如果智能体在部署过程中必须学习,它可能永远不会到达不再需要探索的阶段,并且智能体需要最大化它在学习时获得的奖励。

显示强化学习算法性能的一种方法是将累积奖励(到目前为止收到的所有奖励的总和)绘制为步骤数的函数。如果一个算法的图像始终高于另一个算法,则该算法占优势。

例 12.4 图 12.4 比较了例 12.2 的游戏中 Q-学习器的四次运行。

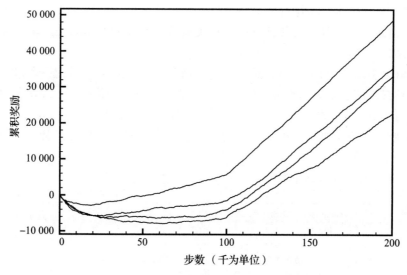

图 12.4　累积奖励作为步数的函数

根据 α 是否固定、Q 函数的初始值和动作选择的随机性，这些曲线图适用于不同的运行。它们都在前 10 万步中使用了 80%（即 $\varepsilon=0.2$）的贪心利用，在后 10 万步中使用了 100%（即 $\varepsilon=0.0$）。最上面的曲线高于其他所有的曲线。

在不同的运行中，每个算法可能有很大的变化，因此要实际比较这些算法的话，同一个算法必须运行多次。

图 12.4 有三个重要的统计数据：

- 渐近斜率显示了算法稳定后策略的好坏。
- 曲线的最小值表示在性能开始改善之前必须牺牲多少奖励。
- 小于 0 的部分显示了算法收回学习成本所需的时间。

最后两个统计数据适用于存在正负奖励并且正负奖励可以抵消的情况。对于其他情况，应将累积奖励与适用于领域的合理行为进行比较；请参见练习 12.2。

我们也可以绘制平均奖励(每个时间步的累积奖励)的图。这更清楚地显示了学习最终获得的策略的价值，以及算法是否已经停止学习(当图是平稳的时侯，学习停止)，但图在早期常常有很大的变化。

累积奖励图需要注意的一点是它测量了总奖励，但是算法在每一步都优化了折扣奖励。一般来说，你应该使用最适合域的最优性标准来优化并评估你的算法。

12.7　同策学习

Q-学习是一个异策(off-policy)学习器。**异策学习器**学习最优策略的价值，这种学习不依赖于智能体的动作，只需要智能体有足够的探索性。异策学习器可以学习最优策略，即使它是随机的。然而，正在学习的智能体应该尝试通过选择最佳动作来利用它所学到的知识，但它不能仅仅只利用这些知识，因为这样它就无法充分探索以找到最佳动作。异策学习器不会了解所遵循策略的价值，因为它所遵循的策略包括探索步骤。

在有些情况下，忽视智能体的实际行为是危险的：这样会产生大量的负面奖励。另一种方法是学习智能体实际执行的策略的值，它包括智能体的探索步骤，以便可以迭代地改进它。因此，学习器可以考虑与探索相关的成本。**同策(on-policy)学习器**了解智能体执行的策略的价值，包括其探索步骤。

SARSA(之所以称为 SARSA，是因为它使用状态-动作-奖励-状态-动作经验来更新 Q 值)是一种同策的强化学习算法，用于估计所遵循的策略的值。在 SARSA 中的经验是 $\langle s, a, r, s', a' \rangle$ 的形式，这意味着智能体处于状态 s，执行了动作 a，获得了奖励 r，并最终在 s' 状态下决定执行动作 a'。这为更新 $Q(s, a)$ 提供了新的经验。这种经验提供的新值是 $r + \gamma Q(s', a')$。

图 12.5 给出了 SARSA 算法。

```
1: controller SARSA(S, A, γ, α)
2:   Inputs
3:     S：状态集合
4:     A：动作集合
5:     γ：折扣
6:     α：步长
7:   Local
8:     实数组 Q[S, A]
9:     状态 s, s'
10:    动作 a, a'
11:  任意地初始化 Q[S, A]
12:  观察当前状态 s
13:  使用基于 Q 的策略选择动作 a
14:  repeat
15:    do(a)
16:    观察奖励 r 和状态 s'
17:    使用基于 Q 的策略选择一个动作 a'
18:    Q[s, a] := Q[s, a] + α * (r + γ * Q[s', a'] - Q[s, a])
19:    s := s'
20:    a := a'
21:  until 终止
```

图 12.5 SARSA：基于策略的强化学习

SARSA 计算的 Q 值取决于当前的探索策略，例如，该策略可能对随机步骤贪心。在探索可能会招致巨大的惩罚的情况下，SARSA 可以找到与 Q-学习不同的策略。例如，当机器人接近楼梯顶部时，即使这是一个最佳策略，它对探索步骤来说也可能是危险的。SARSA 将发现这一点，并采取一项策略使机器人远离楼梯。SARSA 将在考虑到策略中固有的探索的同时找到一个最优的策略。

例 12.5 在例 12.1 中，最佳策略是从图 12.1 中的状态 s_0 向上移动。但是，如果智能体正在探索，则此操作可能不好，因为从状态 s_2 进行探索非常危险。

如果智能体正在执行包括探索的策略，"当在状态 s 时，80% 的时间选择最大化 $Q[s, a]$ 的动作 a，并且 20% 的时间随机选择一个动作，"从 s_0 向上移动不是最优的。同策学习器将尝试优化智能体所遵循的策略，而不是选择不包括探索的最优策略。

SARSA 中最优策略的 Q 值小于 Q-学习中的 Q 值。对于例 12.1 的问题，对于一些状态-动作对，Q-学习和 SARSA(括号中为探索率)的值为：

算法	$Q[s_0,\ \mathrm{right}]$	$Q[s_0,\ \mathrm{up}]$	$Q[s_2,\ \mathrm{upC}]$	$Q[s_2,\ \mathrm{up}]$	$Q[s_4,\ \mathrm{left}]$
Q-学习	19.48	23.28	26.86	16.9	30.95
SARSA(20%)	9.27	7.9	14.8	4.43	18.09
SARSA(10%)	13.04	13.95	18.9	8.93	22.47

使用 20% 探索率的 SARSA 的最优策略是在 s_0 状态向右移动,而使用 10% 探索率的 SARSA 的最优策略是在 s_0 状态向上移动。探索率为 20% 时,这是最优策略,因为探索是危险的。探索率为 10% 时,进入 s_2 状态就不那么危险了。因此,如果探索率降低,最优策略就会改变。然而,随着探索的减少,找到一个最优策略需要更长的时间。Q-学习收敛得到的值不依赖于探索率。

SARSA 在部署正在探索世界的智能体时非常有用。如果你想进行离线学习,然后在不探索的智能体中使用该策略,Q-学习可能更合适。

12.8 基于模型的强化学习

在强化学习的许多应用中,每个动作的执行之间都有大量的计算时间。例如,一个物理机器人在每次动作之间可能有许多秒的间隔。Q-学习只对每个动作执行一次备份,不能充分利用可用的计算时间。

在每次动作后进行一次 Q 值更新的另一种方法是使用经验来学习模型。智能体可以显式地学习 $P(s'|s,a)$ 和 $R(s,a)$。对于智能体在环境中执行的每个动作,智能体可以进行多步异步价值迭代以更好地估计 Q 函数。

图 12.6 显示了一个基于模型的强化学习器。与其他强化学习程序一样,它跟踪 $Q[S,A]$,但它也用到了一个动力学模型,这里用 T 表示这个动力学模型,其中 $T[s,a,s']]$ 是智能体在状态 S 下完成 a 并最终在状态 s' 下结束的次数的计数。这个智能体也用到了 $C[s,a]$,它是在状态 s 下执行动作 a 的次数的计数。注意 $C[s,a]=\sum_{s'}T[s,a,s']$,所以我们可以通过不存储 C,而是在需要时计算它来节省空间,但是这会增加运行时间。$R[s,a]$ 数组存储了在状态 s 下执行动作 a 时获得的平均奖励。

在每个动作之后,智能体观察奖励 r 和结果状态 s,然后更新转移计数矩阵 T 和 C 以及平均奖励 R,然后使用从 T 中导出的更新概率模型和更新的奖励模型执行多步异步价值迭代。该算法主要有三个未定义部分:

- 应更新哪些 Q 值?该算法至少应该更新 $Q[s,a]$,因为智能体已经收到了关于转移概率和奖励的很多数据。根据这些数据可以做随机更新或确定哪个 Q 值变化最大。可能使其值变化最大的元素是 $Q[s_1,a_1]$,其以变化最大的 Q 值结束的概率最高(即 $Q[s_2,a_2]$ 变化最大)。这可以通过 Q 值的优先级队列来实现。为了确保这些值不出现除以零的错误,智能体应该只选择 $C[s_1,a_1]\neq0$ 的状态-动作对 (s_1,a_1),或者包括转换的伪计数。
- 动作之间应执行多少个异步价值迭代步骤?智能体可以一直执行 Q-更新,直到它必须采取动作或获得新信息为止。图 12.6 假设智能体直到观察结果到达之前都一直在行动和执行 Q-更新。当观察结果到达时,智能体会尽快行动。也可能有其他的变体,比如做固定数量的更新,这样在游戏中是合适的,因为智能体可以在游戏的任何时候采取动作。智能体也可以在观察和操作的同时进行更新。

- $Q[S, A]$ 的初始值应该是多少？在更新 Q 时，智能体需要知道从未试验过的转换的价值。如果智能体在不确定性面前使用乐观的探索策略，它可以使用 Rmax（最大的可能奖励），作为 R 的初始值来鼓励探索。然而，在价值迭代（见 9.5.2 节）中，如果算法将 Q 初始化为尽可能接近最终 Q 值的值，则收敛速度更快。

```
1:  controller Model based reinforcement learner(S, A, γ)
2:  Inputs
3:      S：状态集合
4:      A：动作集合
5:      γ：折扣
6:  Local
7:      实数组 Q[S, A]
8:      实数组 R[S, A]
9:      整数组 T[S, A, S]
10:     整数组 C[S, A]
11:     任意地初始化 Q[S, A]
12:     任意地初始化 R[S, A]
13:     将 T[S, A] 初始化为 0
14:     将 C[S, A] 初始化为 0
15:     观察当前状态 s
16:     选择一个动作 a
17:     do(a)
18:     repeat
19:         观察奖励 r 和状态 s'
20:         T[s, a, s'] := T[s, a, s'] + 1
21:         C[s, a] := C[s, a] + 1
```

$$22: \quad R[s, a] := R[s, a] + \frac{r - R[s, a]}{C[s, a]}$$

```
23:         s := s'
24:         选择一个动作 a
25:         do(a)
26:         repeat
27:             选择状态 s₁ 和动作 a₁，使得 C[s₁, a₁] ≠ 0
```

$$28: \quad Q[s_1, a_1] := R[s_1, a_1] + \gamma * \sum_{s_2} \frac{T[s_1, a_1, s_2]}{C[s_1, a_1]} * \max_{a_2} Q[s_2, a_2]$$

```
29:         until 一个观察到达
30:     until 终止
```

图 12.6 基于模型的强化学习器

该算法假设奖励依赖于初始状态和行为。如果在一个状态下存在单独的动作代价和奖励，并且智能体可以单独观察代价和奖励，则奖励函数可以分解为 $C[A]$ 和 $R[S]$，从而提高学习效率。

我们很难直接比较基于模型和无模型的强化学习器。基于模型的学习器在经验方面通常效率更高；要学好，所需的经验要少得多。然而，无模型方法使用较少的内存，并且通常使用较少的计算时间。如果应用场景中经验是廉价的，比如在电脑游戏中，评价性能则需要与经验是昂贵的场景（比如机器人）使用不同的比较。

12.9 使用特征的强化学习

通常情况下，有太多的状态需要明确的解释。除了用状态来明确推理之外，另一种选择是用特征来推理。在这一节中，我们考虑使用近似 Q 函数的强化学习，这个 Q 函数使用了状态和动作的线性组合。我们还有不少更复杂的选择，如使用决策树或神经网络，但线性函数通常够用了。

基于特征的学习器比目前所考虑的强化学习方法需要更多的专业领域信息。以前的强化学习器只需提供状态和可能的动作，而基于特征的学习器则需要额外的专业领域知识。这种方法需要仔细选择特征；设计者应该找到足以表示 Q 函数的特征。这通常是**特征工程**中的一个难题。

12.9.1 线性函数近似的 SARSA

线性函数近似的 SARSA(即 SARSA_LFA)利用特征的线性函数来逼近 Q 函数。这个算法使用了同策 SARSA，因为智能体的经验来自智能体实际执行的策略的采样奖励，而不是最优策略的采样奖励。

SARSA_LFA 同时使用了状态和动作的特征。假设 F_1，$\cdots$，F_n 是状态和动作的数值特征。因此，$F_i(s, a)$ 为状态 s 和动作 a 的第 i 个特征提供值。这些特征可以是二值的，具有值域 $\{0, 1\}$ 或其他数值特征。这些特征将用于表示线性 Q 函数：

$$Q_{\overline{w}}(s, a) = w_0 + w_1 F_1(s, a) + \cdots + w_n F_n(s, a)$$

对于需要被学习的权值元组，$\overline{w} = \langle w_0, w_1, \cdots, w_n \rangle$。假设存在一个额外特征 $F_0(s, a)$，它的值为 1，所以 w_0 不是一个特例。

例 12.6 考虑例 12.2 的网格游戏。通过了解域，而不仅仅是将其视为一个黑盒，可以计算出一些有用的特征：

- 如果执行动作 a 很可能将智能体从 s 状态带到怪物可能出现的位置，那么 $F_1(s, a)$ 的值为 1，否则值为 0。
- 如果执行动作 a 最有可能将智能体碰到墙壁，则 $F_2(s, a)$ 的值为 1，否则为 0。
- 如果执行动作 a 最有可能将智能体带向奖品，则 $F_3(s, a)$ 的值为 1。
- 如果在状态 s 下，智能体被损坏，并且执行动作 a 会将其带向维修站，则 $F_4(s, a)$ 的值为 1。
- 如果智能体被损坏，并且执行动作 a 很有可能把智能体带到怪物可能出现的位置，则 $F_5(s, a)$ 的值为 1，否则值为 0。也就是说它与 $F_1(s, a)$ 一样，但只适用于被损坏的智能体。
- 如果智能体在状态 s 下被损坏，则 $F_6(s, a)$ 的值为 1，否则为 0。
- 如果智能体在状态 s 下没有损坏，则 $F_7(s, a)$ 的值为 1，否则为 0。
- 如果智能体已损坏，并且在方向 a 前方有奖品，则 $F_8(s, a)$ 的值为 1。
- 如果智能体没有损坏，并且在方向 a 前方有奖品，则 $F_9(s, a)$ 的值为 1。
- 如果执行在状态 s 下的位置 P_0 处有奖品，则 $F_{10}(s, a)$ 具有状态 s 下的 x 值。也就是说，x 值表示在位置 P_0 处有奖品时智能体与左侧墙壁的距离。

- 如果在状态 s 下的位置 P_0 有奖品，则 $F_{11}(s, a)$ 的值为 $4-x$。其中，x 表示在位置 P_0 处有奖品时智能体与右侧墙壁的距离。
- $F_{12}(s, a)$ 到 $F_{29}(s, a)$ 类似于将不同的奖品位置和距离的组合用到 F_{10} 和 F_{11} 上。对于奖品位于位置 P_0 的情况，y 距离可以视为到墙的距离。

一个样例线性函数为

$$Q(s, a) = 2.0 - 1.0 * F_1(s, a) - 0.4 * F_2(s, a) - 1.3 * F_3(s, a)$$
$$- 0.5 * F_4(s, a) - 1.2 * F_5(s, a) - 1.6 * F_6(s, a) + 3.5 * F_7(s, a)$$
$$+ 0.6 * F_8(s, a) + 0.6 * F_9(s, a) - 0.0 * F_{10}(s, a) + 1.0 * F_{11}(s, a) + \cdots$$

这些是图 12.7 中 SARSA_LFA 算法一次运行过后的学习值（精确到小数点后一位）。

```
1:  controller SARSA_LFA(F̄, γ, η)
2:    Inputs
3:      F̄ = ⟨F₁, …, Fₙ⟩：特征集合。定义 F₀(s, a)=1
4:      γ ∈ [0, 1]：折扣因子
5:      η > 0：用于梯度下降的步长
6:    Local
7:      权重 w̄ = ⟨w₀, …, wₙ⟩，任意地初始化
8:      观察当前状态 s
9:      选择动作 a
10:   repeat
11:     do(a)
12:     观察奖励 r 和状态 s'
13:     选择动作 a'（使用基于 Q_w̄ 的策略）
14:     δ := r + γ * Q_w̄(s', a') − Q_w̄(s, a)
15:     for i = 0 to n do
16:        wᵢ := wᵢ + η * δ * Fᵢ(s, a)
17:     s := s'
18:     a := a'
19:   until 终止
```

图 12.7 带线性函数近似的 SARSA

SARSA 中经验的形式为 $\langle s, a, r, s', a' \rangle$（智能体在状态 s 下，执行了动作 a，并收到奖励 r，然后变为状态 s'，并决定做动作 a'），它提供了用于更新 $Q(s, a)$ 的新估计值 $r + \gamma Q(s', a')$。经验可以用作**线性回归**（见 7.3.2 节）的数据点。令 $\delta = r + \gamma Q(s', a') - Q(s, a)$。使用式（7.3），其中权重 W 使用如下公式进行更新：

$$w_i := w_i + \eta * \delta * F_i(s, a)$$

这个更新可以用图 12.7 中的算法整合到 SARSA 中。

尽管这个程序实现起来很简单，但是**特征工程**（即选择要包含的特征）是非常重要的。线性函数不仅必须传递要执行的最佳操作，还必须传递有关哪些未来状态有用的信息。

例 12.7 在 AIspace 网站上，有一个针对例 12.2 的游戏算法的开源实现。这个实现具有例 12.6 的特征。请你尝试单步执行各个步骤的算法，并尝试了解每个步骤如何更新每个参数。现在请你运行它的几个步骤。使用 12.6 节中的评估方法考虑它的性能。请你试着理解所学参数的值。

这个算法有多种变体存在：

- 这种算法往往过于追求适配当前的经验，而忘记了适配以前的经验，因此当它回到最近没有访问过的状态空间的一部分时，它将不得不重新学习。其中一个改进是通过基于随机的先前经验进行一些权重更新来记住旧的经验(s，a，r，s元组)并执行一些**动作回放**步骤。更新权重需要使用下一个动作a'，该动作a'应根据当前策略进行选择，而不是根据经验发生时正在生效的策略进行选择。如果智能体存储容量成为一个问题，一些旧的经验可以被丢弃。
- 我们可以使用不同的函数近似，比如以线性函数为叶节点的决策树。
- 一个常见的变体是对每个动作都有一个单独的函数。这等价于决策树近似的Q函数，该决策树拆分动作，并具有线性函数。该决策树也可以在其他特征上进行拆分。
- 线性函数逼近也可以与其他方法结合，如Q-学习或基于模型的方法。
- 在**深度强化学习**中，使用深度学习器(见 7.5 节)代替线性函数逼近。这意味着这些特征不需要选择，但是要可以学习。深度学习需要大量的数据和许多次迭代来学习，并且要对所提供的体系结构敏感。深度强化学习还需要一种处理过拟合的方法，如正则化(见 7.4.2 节)。

12.10　多智能体强化学习

12.10.1　完美信息游戏

对于一个**完美信息游戏**(见 11.2.2 节)，智能体在行动之前轮流观察世界的状态，并且每个智能体都采取最大化它自己效用的行动，上述强化学习算法可以工作而不用改变。智能体可以假设其他智能体是环境的一部分。无论对手是在执行它的最优策略还是在学习，这都是有效的。其原因是存在唯一的纳什均衡，即博弈树中当前节点的智能体的值。这种策略是对其他智能体最好的回应。

如果对手没有执行其最优策略或收敛到最优策略，则学习智能体可以收敛到非最优策略。一个对手通过糟糕的表现训练一个学习智能体执行一个非最优策略，然后对手为了利用智能体的次优策略而改变到另一个策略是有可能的。然而，学习智能体可以从(现在)更好的对手那里学习。

我们可以使用强化学习来模拟游戏中的两个玩家，并让他们彼此学习。对于有两个玩家的零和完美信息游戏，如在极小极大算法中，游戏可以由一个值来表征，一个智能体试图最小化这个值，另一个尝试最大化这个值。在这种情况下，一个智能体将学习$Q(s, a)$(在状态s下执行动作a来估计该值)。两者的算法基本相同，但是需要知道是哪个玩家的回合，并且Q值的最大化或最小化取决于哪个玩家的回合。

12.10.2　学会协作

对于含有不完美信息的多个智能体(它们可能同时进行博弈)，可能存在多个纳什均衡，并且没有确定的最优策略。由于存在多重均衡，在许多情况下，智能体不清楚实际应该做什么，即使它知道游戏的所有结果和智能体的效用。然而，大多数真实的策略遭遇都要困难得多，因为智能体不知道其他智能体的结果或效用。

对于只有随机策略组成的纳什均衡的博弈，例如足球赛的点球大战(见图 11.7)，智能体学习任何确定性策略都不是一个好主意，因为任何确定性策略都可以被其他智能体利用。对于其他具有多个纳什均衡的博弈，如11.4节中探讨的博弈，智能体可能需要多个博弈来协调双方都不想偏离的策略。

强化学习可以通过显式地表示**随机策略**来扩展到这种情况，随机策略是指定动作的概率分布的策略。随机策略自动允许探索，因为任何具有非零概率的动作都将被反复尝试。

本节提供了一个迭代改进智能体策略的简单算法。多个智能体反复玩同样的游戏。每个智能体都执行一个随机策略；智能体根据收到的回报更新其动作的概率。为了简单起见，智能体只有一个状态；只有其他智能体的随机策略在随时间不断变化。

图12.8中的**策略爬山**控制器根据经验不断更新其最佳动作的概率。它的输入是动作集、改变 Q 估计的步长 α 和改变策略随机性的步长 δ。n 是动作的数量(集合 A 的元素数量)。

```
1:  controller Policy hill climbing(A, α, δ)
2:    Inputs
3:      A：动作集合
4:      α：用于动作估计的步长
5:      δ：用于概率改变的步长
6:    Local
7:      n：A 的元素的数量
8:      P[A]：A 上的一个概率分布
9:      Q[A]：执行 A 的价值估计
10:     a_best：当前最好的动作
11:   n := |A|
12:   给 P[A]随机赋值，使得 P[a]>0 且 ∑_{a∈A} P[a]=1
13:   对于每一个 a∈A，任意地给 Q[a]赋值
14:   repeat
15:     基于 P select 动作 a
16:     do(a)
17:     observe payoff
18:     Q[a] := Q[a]+α * (payoff−Q[a])
19:     a_best := arg max(Q)
20:     P_rest := 0
21:     for each a′∈A do
22:       if a′≠a_best then
23:         P[a′] := P[a′]−δ
24:         if P[a′]<0 then
25:           P[a′] := 0
26:         P_rest := P_rest+P[a′]
27:     P[a_best] := 1−P_rest
28:   until 终止
```

图 12.8 学会协作

随机策略是动作的概率分布。该算法在 P 数组中保持其当前的随机策略，并估计 Q 数组中每个动作的回报。智能体根据其当前策略执行动作并观察动作的回报。然后，它更新对该动作的价值的估计，并通过增加其最佳动作的概率来修改其当前策略。

算法随机初始化 P，使其成为概率分布；Q 的初始化是随机的。

在每个阶段，智能体根据当前的分布 P 选择一个动作 a，智能体执行动作 a 并观察它收到的回报。然后使用时间差分方程（式（12.1））更新其 Q 的估计值。

然后，智能体根据 Q 值计算 a_best，即当前的最佳动作。（假设如果存在多个最佳动作，则随机选择一个为 a_best。）智能体将其他动作的概率降低 δ，且确保概率永远不会变为负。a_best 的概率是为了确保所有的概率总和为 1。注意，如果其他动作的概率都不是负的（并且需要调整回 0），则 a_best 的概率增加 $(n-1)*\delta$。

这个算法需要在探索和利用之间取舍。一种方法是使用贪心的探索策略（见 12.5 节），下面的示例使用的探索概率为 0.05。另一种选择是确保任何动作的概率永远不会低于某个阈值。

这个学习控制器的开源实现可以从本书的网站上获得。

例 12.8　图 12.9 显示了例 11.12 足球-购物游戏的学习算法图。此图绘制了八次运行学习算法时，智能体 1 选择购物并且智能体 2 选择购物的概率。每条线代表算法的一次运行。每次运行都在右上角或左下角结束，在那里智能体已经学会了协作。在这些运行中，策略是随机初始化的，$\alpha=0.1$，$\delta=0.01$。

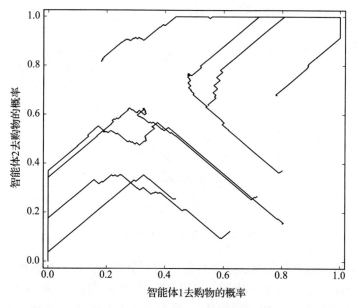

图 12.9　对于足球-购物游戏协作例子的学习。智能体无论从哪里开始，最终都会在右上角或左下角结束

如果其他智能体正在执行一个固定策略（即使它是随机策略），则该算法收敛到对该策略的最佳响应（只要 α 和 δ 足够小，并且只要智能体偶尔随机尝试所有操作）。

下面的讨论假设所有智能体都在使用此学习控制器。

如果纯策略中存在一个唯一的纳什均衡，并且所有的智能体都使用该算法，那么它们将收敛到该均衡。主导策略的概率将设为零。在例 11.15 中，算法将找到纳什均衡。类似地，对于例 11.13 中的囚徒困境，算法将收敛到两个智能体都采取的唯一均衡。因此，该算法不会学习**合作**，其中合作的智能体都将在囚徒困境中让步以最大限度地提高它们的回报。

如果存在多个纯均衡，该算法将收敛到其中一个。因此，智能体学会了**协作**。例如，在例 11.12 的足球-购物游戏中，算法将收敛到两个都去购物或两个都去踢足球的平衡点之一，如图 12.9 所示。算法收敛到哪一个取决于初始策略。

如果只有一个随机均衡，如例 11.9 的点球大战，则该算法倾向于围绕均衡循环。

例 12.9 图 12.10 显示了使用学习算法（例 11.9）的两个玩家的图。此图描绘了在学习算法的一次运行中守门员向右跳跃和踢球者向右踢的概率。在此运行中，$\alpha = 0.1$，$\delta = 0.001$。学习算法在平衡点周围循环，却实际上从未达到平衡点。在平衡状态下（图中用 * 标记），踢球者以 0.4 的概率向右踢，守门员以 0.3 的概率向右跳（见例 11.16）。

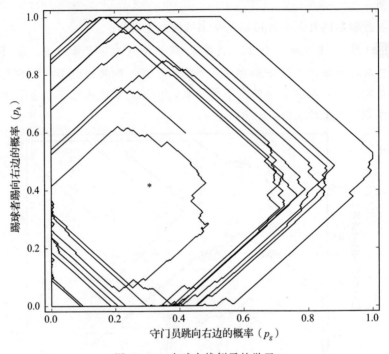

图 12.10   点球大战例子的学习

考虑一个只有随机纳什均衡的两个智能体的竞争博弈。如果智能体 A 在执行智能体 B 的策略，智能体 B 在执行纳什均衡，则智能体 A 的支持集合中的动作并不重要；这些动作都对 A 具有相同的值，因此智能体 A 将倾向于偏离均衡。注意，当 A 偏离均衡策略时，智能体 B 的最佳响应是决定性的。当智能体 B 使用此算法时，最终会注意到 A 偏离了平衡点，然后智能体 B 更改了其策略。智能体 B 也会偏离均衡。然后智能体 A 可以尝试利用此偏离。当两个智能体都使用这个控制器时，每个智能体的偏差都会被利用，并且它们倾向于循环。

在这个算法中没有任何东西可以使智能体保持随机均衡。一种使智能体不偏离平衡点太远的方法是采用一种**赢或快速学习**（WoLF）策略：当智能体获胜时，它采取小步长（δ 很小），当智能体失败时，它采取更大的步长（δ 增加）。在它赢时，它倾向于坚持同样的策略，在它输了后，它试图迅速转向更好的策略。为了定义赢家，一个简单的策略是让智能体看看自己的表现是否比目前为止获得的平均回报要好。

注意，没有完美的学习策略。如果对方的智能体知道智能体 A 正在使用的确切策略

（无论是否学习），并且能够预测智能体 A 将做什么，那么它可以利用这些知识。

12.11　回顾

以下是你应该从本章中学到的要点：

- 马尔可夫决策过程是强化学习的适当形式。一种常见的方法是学习在一个状态下执行每个动作的估计值，就像 $Q(S，A)$ 函数所表示的那样。
- 在强化学习中，智能体应权衡利用其知识和探索以提高其知识。
- 异策学习（如 Q-学习）学习最优策略的价值。同策学习（例如 SARSA）学习智能体实际执行的策略的价值（包括探索步骤）。
- 基于模型的强化学习将动态模型和奖励模型的学习与给定模型的决策理论规划分离开来。

12.12　参考文献和进一步阅读

对于强化学习的介绍，参见 Szepesvári[2010]、Sutton and Barto[1998]以及 Kaelbling 等[1996]。Bertsekas 和 Tsitsiklis[1996]研究了函数近似以及它与强化学习的关系。Powell[2014]描述了强化学习在能源系统中的多种应用。

Mnih 等[2015]描述了如何将强化学习与神经网络结合来解决经典的 Atari 电脑游戏。Silver 等[2016]展示了如何将强化学习用于围棋。

游戏的学习和 WoLF 策略是基于 Bowling 和 Velose[2002]的 PHC。Busoniu 等[2008]综述了多智能体强化学习。

12.13　练习

12.1　解释 Q-学习如何与 2.2.1 节中的智能体架构相适应。假设 Q-学习智能体具有折扣因子 γ，步长为 α，并且正在执行贪心探索策略。

　　(a) Q-学习智能体的信念状态成员有哪些？

　　(b) 什么是感知？

　　(c) Q-学习智能体的命令函数是什么？

　　(d) Q-学习智能体的信念-状态转换函数是什么？

12.2　对于图 12.4 所示的总奖励随时间变化的曲线图，当正负奖励可以抵消时，最小值和零点才是有意义的。当正负奖励不能抵消时，应如何替换这些统计数据。[提示：想想只有正面奖励或只有负面奖励的案例。]

12.3　比较例 12.2 中游戏的不同参数设置。特别是比较以下情况：

　　i. α 变化，Q 值初始化为 0.0。

　　ii. α 变化，Q 值初始化为 5.0。

　　iii. α 固定为 0.1，Q 值初始化为 0.0。

　　iv. α 固定为 0.1，Q 值初始化为 5.0。

　　v. 其他参数设置。

对于每一个参数设置，进行多次运行和比较：

(a) 最小值的分布。

(b) 零交。

(c) 包含探索的策略的渐近斜率。

(d) 不包含探索的策略的渐近斜率。要测试这一点，在算法进行探索之后，将探索参数设置为 100%，并运行其他步骤。

你推荐哪种设置？为什么？

12.4 对于以下强化学习算法：

 i. 固定 α 和 80% 利用率的 Q-学习。

 ii. $\alpha_k = 1/k$，利用率为 80% 的 Q-学习。

 iii. $\alpha_k = 1/k$，利用率为 100% 的 Q-学习。

 iv. $\alpha_k = 1/k$，利用率为 80% 的 SARSA。

 v. $\alpha_k = 1/k$，利用率为 100% 的 SARSA。

 vi. 基于特征的软最大动作选择的 SARSA。

 vii. 50% 利用率的基于模型的强化学习。

(a) 给定足够的时间，哪种强化学习算法能找到最优策略？

(b) 哪些算法会真正遵循最优策略？

12.5 考虑四种不同的方法，从 Q-学习中的 k 导出 α_k 的值(注意，对于 α_k 不同的 Q-学习，每个状态–动作对必须有不同的计数 k)。

 i. 令 $\alpha_k = 1/k$。

 ii. 令 $\alpha_k = 10/(9+k)$。

 iii. 令 $\alpha_k = 0.1$。

 iv. 对于最初的 10 000 步，$\alpha_k = 0.1$；接下来的 10 000 步，$\alpha_k = 0.001$；再接下来的 10 000 步，$\alpha_k = 0.0001$，依此类推。

(a) 理论上哪一个方法会收敛到真正的 Q 值？

(b) 在实践中(即，在合理的步数内)，哪个方法收敛到真正的 Q 值？请尝试多个域。

(c) 如果环境变化缓慢，哪些方法能够适应？

12.6 基于模型的强化学习器允许在面对不确定性时表现出不同形式的乐观。该算法可以从每个状态向"涅槃"状态过渡开始，"涅槃"状态具有非常高的 Q 值(但在实践中永远不会达到，因此概率将缩小到零)。

(a) 这是否与将所有 Q 值初始化为高值不同？这个方法更好、更坏还是一样？

(b) 涅槃状态的 Q 值需要多高才能最有效地工作？请你给出一个值并解释它为什么是好的，并对它进行测试。

(c) 这个方法能用于其他强化学习算法吗？请解释怎么用或者为什么不能用。

12.7 考虑例 12.6 中网格游戏的特征，这些特征包括与当前宝藏的 x 距离和与当前宝藏的 y 距离。克里斯认为这些特征没有用，因为它们不依赖于动作。这些特征有用吗？解释它们为什么有用或者为什么没有用。这些特征在实践中起作用了吗？

12.8 在线性函数逼近的 SARSA 中，用线性回归将 $r + \gamma Q_{\overline{w}}(s', a') - Q_{\overline{w}}(s, a)$，最小化，会得到与图 12.7 不同的算法。解释你得到了什么。为什么在本题中描述的算法可能是更好的(或不是)？

12.9 在例 12.6 中，一些特征是完全相关的(例如，F_6 和 F_7)。具有这样的相关特征会影响函数的表示吗？它是否有助于或损害学习的速度？请举出一些例子来说明。

12.10 考虑策略改进算法。在平衡状态下，最优动作的值应该相等。请提出、实现并评估一个算法，当最优动作的值接近时，这个算法使得策略不会发生很大变化。[提示：考虑所有动作的概率与它们离最优动作的距离成比例变化，并在距离定义中使用温度参数。]

Artificial Intelligence：Foundations of Computational Agents，Second Edition

基于个体和关系的推理、学习与行动

Artificial Intelligence：Foundations of Computational Agents，Second Edition

个体与关系

> 这是一个有着真实结构的真实的世界。思维程序已经在与这个世界的巨大互动中得到了训练，因此包含了反映世界的结构并知道如何利用这个世界的代码。这种代码包含了世界中真实对象的表示，并表示真实对象的交互作用。这些代码大多是模块化的……有处理不同种类的对象的模块，也有泛化多种对象的模块……这些模块的交互方式可以反映现实世界，并对世界的变化做出准确的预测……
>
> 你利用世界的结构来做决定和行动。你在什么地方划定了分类的界限，你认为什么构成了单一的对象或单一的对象类别，是由你的思维程序决定的，而你的思维程序则进行了分类。这种分类不是随机的，而是反映了对世界的一种紧凑的描述，特别是对利用世界结构有用的描述。
>
> ——Eric B. Baum[2004]

本章是关于如何表示个体(事物、对象)以及它们之间的关系的。正如 Baum 在上面的引文中提出的那样，现实世界包含对象，我们希望表示这些对象。这样的表示可以比单纯的特征表示紧凑得多。本章考虑逻辑表示，并给出了将这种表示用于数据库的自然语言接口的详细例子。后面的章节讨论本体和符号的意义、实现基于知识的系统、关系规划、关系学习和概率关系模型。

13.1 利用关系结构

人工智能最主要的经验之一是通过成功的智能体来利用世界结构。之前的章节展示了如何使用特征来表示状态。使用特征表示域比直接使用状态表示域更简洁，算法可以使用这种简洁性。然而，通常可以利用更多的结构来表示和推理。特别地，本章根据个体和关系来考虑推理：

- **个体**是世界上的事物，无论是具体的个体(如人和建筑物)，还是想象的个体(如独角兽和可以可靠地通过图灵测试的程序)，或者是过程(如读一本书或去度假)，或者是抽象的概念(如金钱、课程和时间)。这些也被称为**实体**、**物体**或**事物**。
- **关系**指定了这些个体的真假。这是为了尽可能笼统并包括**性质**(即单个个体的真或假)、**命题**(即独立于任何个体的真或假)，以及多个个体之间的关系。

例 13.1 在例 5.7 的电气域表示中，命题 up_s_2、up_s_3 和 ok_s_2 没有内部结构。不存在概念指出命题 up_s_2 和 up_s_3 是关于同一个关系的，但有不同的个体的，或者说 up_s_2 和 ok_s_2 是关于同一个开关的概念。不存在个体和关系的概念。

另一种方法是显式表示单个开关(s_1、s_2、s_3)以及属性或关系(up 和 ok)使用这种表示方式，"开关 s_2 是 up"被表示为 up(s_2)。知道 up 和 s_1 代表什么以后，我们就不需要单独定义 up(s_1)了。一个二元关系(如 connected_to)可以用来联系两个个体(如 connected_to(w_1, s_1))。

与单纯使用特征相比,从个体和关系上建模有很多优势:

- 往往是自然的表示。特征往往是个体的性质,而在转化为特征的过程中就失去了这种内部结构。
- 智能体可能需要对一个域进行建模,但不知道有哪些个体,也不知道会有多少个体,因此,也就不知道特征是什么。在与环境交互时,智能体在发现特定环境中存在哪些个体的时候,就可以构造出特征。
- 智能体可以在不关心特定个体的情况下进行一些推理。例如,它可能能够推导出一些东西对所有的个体都适用,而不知道这些个体是什么。或者,智能体可能能够推导出某些个体的存在,且能推导出其具有某些性质,而不关心其他个体。可能有一些查询是智能体可以回答的,而不需要区分个体。
- 个人的存在可能取决于行动,也可能是不确定的。例如,在生产环境的规划中,"是否存在一个工作部件"可能取决于许多其他的子部件是否正常地工作和组合在一起;其中有些可能取决于智能体的行动,有些可能不在智能体的控制之下。因此,智能体可能不得不在不知道有哪些特征或将有哪些特征的情况下采取行动。
- 通常情况下,智能体要推理的个体有无限多,因此有无限多的特征。例如,如果这些个体是句子,那么智能体可能只需要推理非常有限的一组句子(例如,可能是一个人说的话,或者可能是理智地生成的句子),尽管可能由于无限多的句子而导致有无限多的特征。

13.2 符号和语义

使用逻辑的基本思想(见第 5 章)是,当知识库设计者有一个他们想要表征的特定世界时,可以选择这个世界作为**意图解释**,选择与该解释相关的符号的含义,并将该世界中的真谛作为子句写出来。当系统计算出一个知识库的逻辑结果时,知道符号含义的用户可以根据意图解释来解释这个答案。因为意图解释是一个模型,而蕴涵在所有的模型中都是真,所以蕴涵在意图解释中一定是真。本章对命题确定的语言进行了扩展,使之可以对个体和关系进行推理。原子命题现在有了关系和个体的内部结构。

例 13.2 图 13.1 用个体和关系来说明语义学的一般思想。设计知识库的人赋予这些符号意义。这个人知道符号 kim、r123 和 in 在域中指的是什么,并用表示语言向计算机提供句子的知识库。这些句子对这个人来说是有意义的。他可以用这些符号和他赋予这些符号的特殊意义进行查询。计算机接收这些句子和查询后会计算出答案。计算机并不知道这些符号的含义。但是,提供信息的人可以用与符号相关的意义来解释答案,并对这个世界进行解释。

脑海中的符号与这些符号所表示的个体和关系之间的映射被称为**概念化**。在本章中,我们假设概念化是在使用者的脑海中,或者以注释的形式写成的非正式的概念。使概念明确化是形式本体的作用(见 14.3 节)。

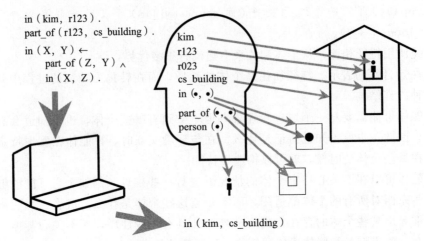

图 13.1   语义的作用。符号的意义在用户的脑海中。计算机接收符号并输出符号。用户可以根据对符
号所赋予的意义来解释输出

什么是正确的答案是独立于如何计算而被定义的。知识库的正确性是由语义来定义的，而不是由证明查询的特定算法来定义的。只要推理算法忠于语义，就可以对其效率进行优化。这种意义与计算的分离，让智能体在保持正确性的同时优化了性能。

13.3   Datalog：一种关系规则语言

本节扩展了命题确定子句语言（见 5.3 节）的语法。谓词符号的语法是基于正常的数学符号，但遵循 Prolog 的变量惯例。

与传统编程语言的关系

本章提出的逻辑语义学概念应该与传统编程语言（如 Fortran、C++、Lisp、Java 或 Python 等）的程序化语义学进行对比。这些语言的语义学规定了语言构造的含义，即计算机将根据程序进行计算。这与证明理论比较接近。逻辑语义学提供了一种方法来指定符号与世界的关系，还提供了一种独立于程序计算方式的方法来指定程序的结果。

语义学和推理理论的定义与数理**逻辑**中的塔尔斯克（Tarskian）语义学和证明的概念相对应。逻辑学使我们能够独立于知识的使用方式而对知识进行定义。知识库的设计者或使用者如果知道知识的含义，就可以验证知识的正确性。人们可以对语言中的句子的真实性进行辩论。同样的语义也可以用来建立一个实现的正确性。逻辑程序设计的进步之一就是表明逻辑可以被赋予程序化的语义，希望能给我们提供两个世界中最好的东西。

个体的概念类似于**面向对象语言**（如 Smalltalk、C++ 或 Java 等）中的对象定义。主要的区别在于，面向对象语言中的对象是计算对象，而不是真实的物理对象。在面向对象语言中，"人"对象是人的表示，而不是实际的人。然而，在人工智能中考虑的表示和推理系统中，"Chris"这个名字可以表示实际的人。

　　在面向对象语言中，对象之间会互相发送消息。在逻辑视图中，我们不仅希望与对象进行交互，还希望对对象进行推理。我们可能希望能够预测一个对象会做什么，而不需要让对象去做。我们可能想从观察到的行为中预测内部状态，比如说在诊断任务中。我们甚至希望对那些可能刻意隐瞒信息、可能不想让我们知道他们在做什么的人的行为进行推理和预测。例如，考虑一个"人"对象：虽然可以和这个人有一些互动，但往往有很多你不知道的信息。因为你不可能一直向他们询问这些信息（他们可能不知道或者不愿意告诉你），所以你需要一些关于这个人的信息的外在表现。而与一把椅子或一种疾病的互动就更难了，但我们可能还是要对它们进行推理。

　　程序设计语言经常对设计好的对象做一些不适合真实对象的假设。例如，在 Java 中，对象必须适合单一的类层次结构，而现实世界中的个体可能有许多角色，并存在于许多类中；正是这些类之间的复杂交互作用规定了行为。

Datalog 的**语法**如下，其中词是指一串字母、数字或下划线（"_"）。

- 逻辑**变量**是以大写字母或以 "_" 开头的词。例如，X、Room、B4、Raths 和 The _big_guy 都是变量。
- **常数**是指以小写字母开头的词，或者是数字常数或字符串。
- **谓词符号**是以小写字母开头的词。常量和谓词符号可以根据知识库中的上下文来区分。

  例如 kim、r123、f、grandfather、borogroves，根据上下文的不同，它们可以是常数，也可以是谓词符号。725 是常数。
- **词汇**要么是一个变量，要么是一个常数。

  例如，X、kim、cs422、mome 或 Raths 就是词汇。
- **原子符号**或者简称**原子**，其形式为 p 或 $p(t_1, \cdots, t_n)$，其中 p 是一个谓词符号，每个 t_i 是一个词汇。每个 t_i 被称为谓词的一个参数。

  例如，teaches(sue, cs422)、in(kim, r123)、father(bill, Y)、happy(C)、outgrabe(mome, Raths) 和 sunny 都是原子。在原子 outgrabe(mome, Raths) 中，从上下文来看，符号 outgrabe 是谓词符号，mome 是常数。

　　确定子句、**规则**、**查询**和**知识库**的概念与命题确定子句的概念相同，但有了原子的扩展定义。这里重复一下这些定义。

- 确定子句的形式是

$$h \leftarrow a_1 \wedge \cdots \wedge a_m$$

  其中 h 是一个原子，是子句的**头**，每个 a_i 是一个原子。可以理解为 "h if a_1 and$\cdots$and a_m"。

  如果 $m > 0$，则该子句称为**规则**。$a_1 \wedge \cdots \wedge a_m$ 是该子句的主体。

  如果 $m = 0$，则箭头可以省略，该子句称为**原子子句**或**事实**。一个原子子句有一个**空的主体**。
- **知识库**就是一组确定子句。
- **查询**的形式如下：

$$\text{ask } a_1 \wedge \cdots \wedge a_m$$

- **表达式**可以是一个词汇、一个原子、一个确定子句，也可以是一个查询。

在我们的例子中将遵循 Prolog 的惯例，即系统会忽略注释，从"%"延伸到行尾。

例 13.3　以下是一个知识库：

grandfather(sam，X)←father(sam，Y)∧parent(Y，X)

in(kim，R)←teaches(kim，cs422)∧in(cs422，R)

slithy(toves)←mimsy∧borogroves∧outgrabe(mome，Raths)

从上下文来看，sam、kim、cs422、toves、mome 是常数，grandfather、father、parent、in、teaches、slithy、mimsy、borogroves、outgrabe 是谓词符号，X、Y、R 和 Raths 是变量。

关于 Kim 和 Sam 的前两个子句可能有一些直观的意义，尽管我们没有明确提供关于确定子句语言的句子的意义的任何形式化的规范。然而，无论这些助记名的暗示意义如何，就计算机而言，前两个子句的意义不比第三个子句多。意义只能通过语义学来提供。

如果一个表达式不包含任何变量，那么它就是**基础的**（ground）。例如，teaches(chris，cs322)是基础的，但 teaches(Prof，Course)不是基础的。

下一节将定义语义。我们首先考虑基础表达式，然后将语义扩展到包括变量。

13.3.1　基础 Datalog 的语义

给出 Datalog 的语义，首先要给出基础（无变量）情况下的语义。

解释是指一个三元组 $I = \langle D, \phi, \pi \rangle$。

- D 是一个非空集，称为**域**。D 的元素称为**个体**。
- ϕ 是一个映射，为 D 的每个元素分配一个常数。
- π 是一个映射，它给每个 n 元谓词符号分配一个函数，从域 D^n 到{true，false}。

ϕ 是一个从名字到世界上的个体的函数。常数 c 被视为**表示个体** $\phi(c)$。这里 c 是一个符号，但 $\phi(c)$ 可以是任何事物：一个真实的物理个体（如人或病毒）一个抽象的概念（如课程、爱情、数字 2）或一个符号。

$\pi(p)$ 指定了由 n 元谓词符号 p 表示的关系对于每个 n 元组的个体来说是真还是假。如果谓词符号 p 没有参数，那么 $\pi(p)$ 就是 true 或 false。因此，对于没有参数的谓词符号来说，这个语义简化为命题确定子句的语义（见 5.1 节）。

例 13.4　考虑由桌子上的三个个体组成的世界：

之所以这样画，是因为它们是世界上的事物，而不是符号。✂是一把剪刀，☎是一部电话，✎是一支铅笔。

假设我们语言中的常数是 phone、pencil 和 telephone。我们有 noisy 和 left_of 这两个谓词符号。假设 noisy 是一个一元谓词（需要一个参数），而 left_of 是一个二元谓词（需要两个参数）。

代表上述个体的一个解释示例是：

- $D = \{$✂，☎，✎$\}$

- $\phi(\text{phone}) = ☎$，$\phi(\text{pencil}) = ✎$，$\phi(\text{telephone}) = ☎$
- $\pi(\text{noisy})$：

⟨✂⟩	false	⟨☎⟩	true	⟨✎⟩	false

$\pi(\text{left\_of})$：

⟨✂, ✂⟩	false	⟨✂, ☎⟩	true	⟨✂, ✎⟩	true
⟨☎, ✂⟩	false	⟨☎, ☎⟩	false	⟨☎, ✎⟩	true
⟨✎, ✂⟩	false	⟨✎, ☎⟩	false	⟨✎, ✎⟩	false

Noisy 是一元的，它取单个个体，每个个体都有一个真值。

left_of 是一个二元谓词，它取一对个体，当这对个体中的第一个元素在第二个元素的左边时为真。因此，举例来说，$\pi(\text{left\_of})⟨✂, ☎⟩ = \text{true}$，因为剪刀在电话的左边；$\pi(\text{left\_of})⟨✎, ✎⟩ = \text{false}$，因为铅笔不在自己的左边。

注意 D 是世界上的事物的集合。关系是指世界上的个体之间的关系，而不是名称之间的关系。由于 ϕ 指明 phone 和 telephone 指的是同一个个体，所以在这个解释中，关于它们的说法完全相同。

例 13.5　考虑对图 13.1 的解释。

D 是包含四个元素的集合，分别是：人 Kim、房间 123、房间 023 和 CS 大楼。这不是四个符号的集合，而是包含了实际的人、实际的房间、实际的建筑的集合。写下这个集合是很难的，所幸的是，你不需要真正这么做。为了记住这个意义，并把这个意义传达给另一个人，知识库的设计者通常会用符号 D、ϕ、π 指代实际的个体或对个体的描述（如图 13.1 所示），然后用自然语言描述这个意义。

常数分别是 kim、r123、r023 和 cs_building。图 13.1 中每个常数到世界中的个体的灰色弧线定义了映射 ϕ。

谓词符号是 person、in 和 part_of。其中的含义是指由谓词符号发出的弧线在图中传达的意思。

因此，名为 Kim 的人在 r123 房间，也是在 CS 大楼里，这些都是 in 关系的唯一的真实的实例。同理，r123 房间和 r023 房间都是 CS 大楼的一部分，在这个解释中，没有其他 part_of 关系是真实的。

每个基础词汇表示一个解释中的个体。常数 c 表示 I 中的个体 $\phi(c)$。

一个基础原子在解释中不是真就是假。如果 $\pi(p)(⟨t'_1, \cdots, t'_n⟩) = \text{true}$，原子 $p(t_1, \cdots, t_n)$ 在 I 中为真，其中 t'_i 是由词汇 t_i 表示的个体；否则，原子 $p(t_1, \cdots, t_n)$，在 I 中为假。

例 13.6　在例 13.5 的解释中，原子 in(kim, r123) 为真，因为 kim 所表示的人确实在 r123 所表示的房间里。同样，person(kim) 为真，part_of(r123, cs_building) 也为真。在这个解释中，原子 in(cs_building, r123) 和 person(r123) 是假的。

逻辑连接词、模型和蕴涵与命题演算中的意义相同：

- 如果一个基础子句的头部是假的且其主体是真的（或空的），那么这个基础子句在解释中是假的；否则，这个基础子句在解释中是真的。
- 知识库 KB 的**模型**是一个解释，其中 KB 中的所有子句都是真的。
- 如果 KB 是一个知识库，而 g 是一个命题，如果 g 在 KB 的每一个模型中都是真的，则 g 是 KB 的蕴涵，记为 KB$\models g$。因此 KB$\not\models g$ 的意思是 g 不是 KB 的蕴涵，即 KB 中存在一个模型，其中 g 是假的。

13.3.2　解释变量

当一个变量出现在子句中时，只有当子句对该变量的所有可能值为真时，该子句在解释中才是真的。

为了正式定义变量的语义，**变量赋值** ρ 是一个从变量集到域 D 的函数。因此，变量赋值将域中的一个元素赋给每个变量。给定解释 $\langle D，\phi，\pi\rangle$ 和变量赋值 ρ，每个项表示域中的一个个体。若项为常量，则个体由 ϕ 给定。若项是变量，则个体由 ρ 给出。给定一个解释和变量赋值，每个原子要么为真，要么为假，使用与前面相同的定义。因此，给定一个解释和变量赋值，每个子句要么为真，要么为假。

如果一个子句对所有的变量赋值都为真，则该子句在解释中为真。在该子句的范围内，称变量是**普遍量化**的。因此，一个子句在解释中是假的，意味着存在一个变量赋值下的子句是假的。

例 13.7　在例 13.5 的解释中，子句 part_of$(X，Y)\leftarrow$in$(X，Y)$ 是假的，因为在变量赋值下，X 表示 Kim，Y 表示房间 123，子句的主体为真，子句的头部为假。

子句 in$(X，Y)\leftarrow$part_of$(Z，Y)\wedge$in$(X，Z)$ 为真，因为在所有的变量赋值中，该子句的主体为真，头部也为真。

蕴涵的定义与 5.1.2 节中的命题确定子句的定义相同：如果 g 在 KB 的每一个模型中都为真，那么基础主体 g 就是 KB 的**蕴涵**，写成 KB$\models g$。

例 13.8　假设知识库 KB 是：

in(kim，r123)
part_of(r123，cs building)
in$(X，Y)\leftarrow$
　　　part_of$(Z，Y)\wedge$
　　　in$(X，Z)$

例 13.5 中定义的解释是 KB 的模型，因为在该解释中，每一个子句都是真的。

KB$\models$in(kim，r123)，因为这在知识库中是明文规定的。如果 KB 的每一个子句在解释中都为真，那么 in(kim，r123)在该解释中一定为真。

KB$\not\models$in(kim，r023)。例 13.5 中定义的解释是 KB 的模型，其中 in(kim，r023)是假的。

KB$\not\models$part_of(r023，cs_building)。虽然在例 13.5 的解释中，part_of(r023，cs_building)为真，但在 KB 的另一个模型中，part_of(r023，cs_building)为假。特别是对于与例 13.5 的解释相类似的解释，但其中 π(part_of)$(\langle\phi$(r023)，ϕ(cs_building)$\rangle)=$false 是 KB 的模型，part_of(r023，cs_building)为假。

KB$\models$in(kim，cs_building)。如果 KB 中的子句在解释 I 中为真，则一定是 in(kim，cs_building)在 I 中为真，否则，在解释 I 中，存在 KB 中的第三子句的实例为假——与 I 是 KB 的模型相矛盾。

下面的例子显示了语义学如何处理出现在子句的主体中而不在子句的头部中的变量。

例 13.9　在例 13.8 中，定义 in 的子句中的变量 Y 在子句的层次上被普遍量化，因此该子句对所有的变量赋值都为真。考虑 X 的特定值 c_1 和 Y 的特定值 c_2。子句

$$in(c_1, c_2) \leftarrow$$
$$part\_of(Z, c_2) \wedge$$
$$in(c_1, Z)$$

对 Z 的所有变量赋值都是真的。如果 Z 存在一个变量赋值 c_3，使得 $part\_of(Z, c_2) \wedge in(c_1, Z)$ 在解释中为真，那么 $in(c_1, c_2)$ 在该解释中一定为真。因此，可以将例 13.8 的最后一个子句理解为"对于所有 X 和所有 Y，如果存在一个 Z 使得 $part\_of(Z, Y) \wedge in(X, Z)$ 为真，则 $in(X, Y)$ 为真。"

确定子句语言使通用的量化语言变得隐含。有时，将量化的内容明确化是很有用的。在逻辑学中，有两种量化器的使用：

- $\forall X\, p(X)$，即 "for all X, $p(X)$"，意思是 $p(X)$ 对于 X 的每一个变量赋值都为真。X 被视为一种**普遍性的量化**。
- $\exists X\, p(X)$，即 "there exists an X such that $p(X)$"，意思是 $p(X)$ 对于 X 的某些变量赋值为真。X 被视为**存在性的量化**。

子句 $P(X) \leftarrow Q(X, Y)$ 意味着

$$\forall X \forall Y (P(X) \leftarrow Q(X, Y))$$

这相当于

$$\forall X (P(X) \leftarrow \exists Y\, Q(X, Y))$$

因此，只在主体中出现的自由变量在主体的范围内存在量化。

谈论一个子句在没有意义的情况下为真，这似乎有些奇特，就像下面的例子一样。

例 13.10　考虑子句

$$in(cs422, love) \leftarrow$$
$$part\_of(cs422, sky) \wedge$$
$$in(sky, love)$$

其中 cs422 表示一门课程，love 表示抽象的概念，sky 表示天空。在这里，根据真伪表，对于 $\leftarrow$，该句子在意图解释中是空穴来风，不言而喻，因为该句子的右侧在意图解释中是假的。

只要头部是无意义的，主体也是无意义的，这个规则永远不能用来证明任何无意义的东西。在检查一个子句的真伪时，你必须只关注该子句的主体是真的那些情况。惯例是，只要子句的主体是假的，该子句就一定是真的，即使从严格意义上说，它也是假的，这使得语义更加简单，不会产生任何问题。

人类对语义学的看法

语义学形式上的描述并没有告诉我们为什么语义学是有趣的，也没有告诉我们为什么语义学可以作为构建智能系统的基础。在命题逻辑程序（见 5.1 节）中使用语义学的方法论可以扩展到 Datalog。

步骤 1：选择要表示的任务领域或世界。这可以是现实世界的某个方面，例如，某大学的课程和学生的结构或某一特定时间点的实验室环境，也可以是一些想象中的世界，例如爱丽丝梦游仙境的世界，或者是一个开关坏了的电气环境的状态，或者是一个抽象

的世界，例如金钱、数字和集合的世界。在这个世界中，域 D 是你希望能够参考和推理的所有个体或事物的集合。同时，选择要表示哪些关系。

步骤 2：将语言中的常量与世界上你想命名的个体联系起来。对于你想用名字来指代的 D 中的每一个元素，在语言中分配一个常量。例如，你可以选择名称"kim"来表示某位教授，名称"cs322"表示某门入门级人工智能课程，名称"two"表示数字 1 之后的下一个数字，名称"red"表示红灯的颜色。这些名字中的每一个都代表世界上相应的个体。

步骤 3：对于每个你可能想要表示的关系，在语言中关联一个谓词符号。每一个 n 元谓词符号表示从 D^n 到{true，false}的函数，它指定了关系为真的 D^n 的子集。例如，两个参数(一个老师和一个课程)的谓词符号"teaches"可能对应于二元关系，当第一个参数所表示的个人讲授第二个参数所表示的课程时，这个二元关系为真。这些关系不一定是二元关系。它们可以有任意数量的参数(零或更多)。例如，"is_red"可以是有一个参数的谓词。这些符号与其意义的关联构成了一种**意图解释**。

步骤 4：写出意图解释中的真句子。这通常被称为**域的公理化**，其中给定的子句就是域的**公理**。如果用符号 kim 表示的人实际教授了符号 cs322 表示的课程，就可以断言该子句 teaches(kim，cs322)在意图解释中为真。

步骤 5：提出关于意图解释的疑问。系统给出的答案是，你可以用分配给符号的意义来解释。

按照这种方法，知识库设计者在第四步之前，实际上并不告诉计算机任何事情。前三步是在设计者的头脑中进行的。当然，设计者应该把这些表征记录下来，让其他人能够理解他们的知识库，让他们记住每一个符号的表征，这样他们就可以检查子句的真实性。

这个世界本身并不规定个体是什么。

例 13.11　在域的一个概念化中，pink 可以是具有一个参数的一元谓词符号，当该参数所表示的个体是粉红色时，它为真。在另一个概念化中，pink 可能是一个个体，它可能是颜色粉红色，并且可以作为二元谓词 color 的第二个参数，表示由第一个参数所表示的个体具有第二个参数所表示的颜色。另外，有人可能希望在描述世界的细节层面上不区分红色(red)的各种深浅，所以 pink 不会被包含在内。还有人可能会更详细地描述这个世界，并认为 pink 太笼统了，所以就用 coral 和 salmon 这两个词。

当域中的个体是实实在在的有形之物时，通常很难在不以实物为指向的情况下进行指代。当个体是抽象的个体时(例如大学的课程或爱的概念)，几乎不可能写出表征。然而，这并不妨碍系统对这类概念进行表示和推理。

例 13.12　例 5.7 用命题来表示图 5.2 的电气环境。使用个体和关系可以使表示方式更加直观，因为关于开关工作原理的一般知识与具体房屋的知识可以清楚地分开。

为了表示这个域，第一步是确定域中存在哪些个体。在下面的内容中，假设每个开关、每个灯和每个电源插座都是一个个体。两个开关之间以及开关与电灯之间的每一根导线也是一个个体。有人可能会声称，事实上，有成对的电线是由连接器连接在一起的，电的流动必须遵守 Kirchhoff 定律。还有人可能会认为，即使是这样的抽象程度也是不合适的，因为我们应该对电子的流动进行建模。然而，适当的抽象水平是对当前任务有用的抽象水平。住在房子里的居民可能不知道每根导线的连接位置，甚至不知道电压。因此，我们假设电力的流动模型，即电力从房屋外部通过电线流向电灯。这种模型适合确定电灯是否应该点亮的任务，但对于其他任务可能不适合。

接下来，给我们要参考的每个个体起名字。这在图 5.2 中给出。例如，个体 w_0 是灯 l_1 和开关 s_2 之间的导线。

接下来，选择要表示哪些关系。假设下列谓词及其相关的解释：

- light(L) 为真，如果由 L 表示的个体是灯。
- lit(L) 为真，如果灯 L 被点亮并发出光。
- live(W) 为真，如果有电流进入 W；也就是说，W 是活跃的。
- up(S) 为真，如果开关 S 向上打开。
- down(S) 为真，如果开关 S 向下关闭。
- ok(E) 为真，如果 E 不是故障的；E 可以是断路器，也可以是灯。
- connected_to(X，Y) 为真，如果元件 X 与 Y 相连，使得电流将从 Y 流向 X。

在这个阶段，计算机还没有被告知任何事情。它不知道这些谓词是什么，更不知道它们的含义。它不知道有哪些个体存在，也不知道它们的名字。

在了解到具体房屋的一切之前，可以告诉系统一般的规则，如，

$$lit(L) \leftarrow light(L) \wedge live(L) \wedge ok(L)$$

递归规则可说明什么是活跃的，以及从什么联系到什么：

$$live(X) \leftarrow connected\_to(X，Y) \wedge live(Y)$$

$$live(outside)$$

对于特殊的房屋和构件的配置及其联系，可以将以下事实告知计算机：

$$light(l_1)$$

$$light(l_2)$$

$$down(s_1)$$

$$up(s_2)$$

$$ok(cb_1)$$

$$connected\_to(w_0，w_1) \leftarrow up(s_2)$$

$$connected\_to(w_0，w_2) \leftarrow down(s_2)$$

$$connected\_to(w_1，w_3) \leftarrow up(s_1)$$

$$connected\_to(w_3，outside) \leftarrow ok(cb_1)$$

需要将这些规则和原子子句告知计算机。它不知道这些符号的含义，不过，它现在可以回答关于这栋特殊的房子的查询了。

13.3.3 带变量的查询

查询用来询问某些语句是否是知识库的蕴涵。使用命题查询（见 5.3.1 节），用户可以提出是或否的查询。带变量的查询允许用户询问使查询为真的个体。

查询的**实例**通过替换查询中的变量的词汇来获得。变量在查询中的每一次出现都必须用相同的词汇来替换。给定一个带有自由变量的查询，**答案**要么是知识库的蕴涵的查询实例，要么是"no"，即没有逻辑上遵循知识库的查询实例。查询的实例是通过提供查询中的变量的值来指定的。确定查询的哪些实例遵循知识库就被称为**答案提取**。

答案为 "no" 并不意味着该查询在意图解释中是错误的，它只是意味着没有一个查询的实例是蕴涵。

例 13.13 考虑图 13.2 中的子句。写出这些子句的人大概了解一些与符号相关的意义，因为它们在某些世界中是真实的，也许是想象中的世界。计算机对房间或方向一无所知。它只知道自己被赋予的子句，并且可以计算出这些子句的蕴涵。

```
% imm_west(W，E)为真，如果房间 W 紧邻房间 E 的西边。
       imm_west(r101，r103)
       imm_west(r103，r105)
       imm_west(r105，r107)
       imm_west(r107，r109)
       imm_west(r109，r111)
       imm_west(r131，r129)
       imm_west(r129，r127)
       imm_west(r127，r125)
%imm_east(E，W)为真，如果房间 E 紧邻房间 W 的东边。
       imm_east(E，W)←
           imm_west(W，E)
%next_door(R1，R2)为真，如果房间 R1 在房间 R2 的隔壁。
       next_door(E，W)←
           imm_east(E，W)
       next_door(W，E)←
           imm_west(W，E)
%two_doors east(E，W)为真，如果房间 E 在房间 W 东面的两个门外。
       two_doors_east(E，W)←
           imm_east(E，W)∧
           imm_east(M，W)
%west(W，E)为真，如果房间 W 在房间 E 的西边。
       west(W，E)←
           imm_west(W，E)
       west(W，E)←
           imm_west(W，M)∧
           west(M，E)
```

图 13.2　关于房间的知识库

用户可以提出以下查询：

$$\text{ask imm\_west(r105，r107)}$$

答案是 "yes"。用户可以提出这样的查询：

$$\text{ask imm\_east(r107，r105)}$$

答案同样是 yes。用户可以提出这样的查询：

$$\text{ask imm\_west(r205，r207)}$$

答案是 no。这说明它不是蕴涵，但并不是说它是假的。数据库中没有足够的信息来确定 r205 是否紧邻 r207 以西。

查询

$$\text{ask next\_door(R，r105)}$$

有两个答案。一个答案为 $R = r107$，说明 next_door(r107，r105)是子句的蕴涵。另一个答案为 $R = r103$。查询

$$\text{ask west}(R, \text{r105})$$

有两个答案：一个为 $R=\text{r103}$，另一个为 $R=\text{r101}$。查询

$$\text{ask west}(\text{r105}, R)$$

有三个答案：一个为 $R=\text{r107}$，另一个为 $R=\text{r109}$，还有一个为 $R=\text{r111}$。查询

$$\text{ask next door}(X, Y)$$

有 16 个答案，包括：

$$X=\text{r103}, Y=\text{r101}$$
$$X=\text{r105}, Y=\text{r103}$$
$$X=\text{r101}, Y=\text{r103}$$
$$\cdots$$

13.4　证明与替换

5.3.2 节中的自下而上和自上而下的命题证明程序都可以扩展到 Datalog。为变量扩展的证明程序必须考虑到一个事实，即子句中的自由变量意味着子句的所有实例都为真。证明可能必须在一个简单证明中使用同一个子句的不同实例。

13.4.1　实例和替换

子句的**实例**通过统一替换子句中的变量的词汇来获得。一个特定变量的所有出现次数都被同一个词条所取代。

对每个变量赋值的具体指代被称为替换。**替换**是一个形为 $\{V_1/t_1, \cdots, V_n/t_n\}$ 的集合，其中每个 V_i 是一个独立的变量，每个 t_i 是一个词汇。元素 V_i/t_i 是变量 V_i 的**绑定**。如果在任何 t_j 中没有出现 V_i，则替换为**标准形式**。

例 13.14　例如，$\{X/Y, Z/a\}$ 是标准形式的替换，将 X 绑定到 Y，将 Z 绑定 a。替换 $\{X/Y, Z/X\}$ 不是标准形式的，因为变量 X 既出现在绑定的左边，也出现在绑定的右边。

将替换 $\sigma=\{V_1/t_1, \cdots, V_n/t_n\}$ 应用到表达式 e，写成 $e\sigma$，这是一个表达式，除了 e 中的每一次出现的 V_i 都被相应的 t_i 替换外，其余的表达式都与原始表达式 e 相同。表达式 $e\sigma$ 这被称为 e 的一个**实例**，如果 $e\sigma$ 中不包含任何变量，则称为 e 的一个**基础实例**。

例 13.15　替代的一些应用如下：

$$p(a, X)\{X/c\}=p(a, c)$$
$$p(Y, c)\{Y/a\}=p(a, c)$$
$$p(a, X)\{Y/a, Z/X\}=p(a, X)$$
$$p(X, X, Y, Y, Z)\{X/Z, Y/t\}=p(Z, Z, t, t, Z)$$

替换可适用于子句、原子和词汇。例如，对子句

$$p(X, Y)\leftarrow q(a, Z, X, Y, Z)$$

应用替换 $\{X/Y, Z/a\}$ 的结果是：

$$p(Y, Y)\leftarrow q(a, a, Y, Y, a)$$

如果 $e_1\sigma$ 与 $e_2\sigma$ 相同，则替换 σ 是表达式 e_1 和 e_2 的**合一算子**（unifier）。也就是说，

两个表达式的合一算子是一个替换，对每个表达式使用该替换时，所得结果是相同的表达式。

例 13.16 $\{X/a，Y/b\}$ 是 $t(a，Y，c)$ 和 $t(X，b，c)$ 的一个合一算子，如下所示：

$$t(a，Y，c)\{X/a，Y/b\}=t(X，b，c)\{X/a，Y/b\}=t(a，b，c)$$

表达式有很多合一算子。

例 13.17 原子 $p(X，Y)$ 和 $p(Z，Z)$ 有很多合一算子，包括：

$$\{X/b，Y/b，Z/b\}，\{X/c，Y/c，Z/c\}，\{X/Z，Y/Z\}，\{Y/X，Z/X\}$$

后两个合一算子比前两个更笼统，因为前两个都有 X 与 Z 相同且 Y 与 Z 相同，但对这些值是什么做出了更多的承诺。

替换 σ 是表达式 e_1 和 e_2 的**最广合一算子**（MGU），如果以下条件成立：

- σ 是两个表达式的合一算子。
- 如果替换 σ' 也是 e_1 和 e_2 的一个合一算子。
- 那么，对于所有表达式 e，$e\sigma'$ 必须是 $e\sigma$ 的一个实例。

表达式 e_1 是 e_2 的**重命名**，如果它们只在变量的名称上有区别的话。在这种情况下，它们都是彼此的实例。

如果两个表达式有一个合一算子，那么它们至少有一个 MGU。将 MGU 应用到这些表达式上所产生的表达式都是彼此的重命名。也就是说，如果 σ 和 σ' 都是表达式 e_1 和 e_2 的最广合一算子，那么 $e_1\sigma$ 是 $e_1\sigma'$ 的一个重命名。

例 13.18 $\{X/Z，Y/Z\}$ 和 $\{Z/X，Y/X\}$ 都是 $p(X，Y)$ 和 $p(Z，Z)$ 的 MGU。应用的结果是，

$$p(X，Y)\{X/Z，Y/Z\}=p(Z，Z)$$
$$p(X，Y)\{Z/X，Y/X\}=p(X，X)$$

它们彼此是对方的重命名。

13.4.2　带变量的自下而上的程序

命题自下而上的证明程序（见 5.3.2 节）可以通过使用子句的基础实例扩展到 Datalog。一个子句的**基础实例**是通过统一地用常量替换子句中的变量来获得的。所需的常量是在知识库中或查询中出现的常量。如果知识库或查询中没有常量，则必须"发明"一个常量。

例 13.19 假设知识库是：

$q(a)$

$q(b)$

$r(a)$

$s(W)\leftarrow r(W)$

$p(X，Y)\leftarrow q(X)\wedge s(Y)$

所有基础实例的集合是：

$q(a)$

$q(b)$

$r(a)$

$$s(a) \leftarrow r(a)$$
$$s(b) \leftarrow r(b)$$
$$p(a, a) \leftarrow q(a) \wedge s(a)$$
$$p(a, b) \leftarrow q(a) \wedge s(b)$$
$$p(b, a) \leftarrow q(b) \wedge s(a)$$
$$p(b, b) \leftarrow q(b) \wedge s(b)$$

可以将 5.3.2 节中的命题自下而上的证明过程应用于推导出 $q(a)$、$q(b)$、$r(a)$、$s(a)$、$s(a)$、$p(a, a)$ 和 $p(b, a)$ 的基础，作为蕴涵的基础实例。

例 13.20　假设知识库是

$$p(X, Y)$$
$$g \leftarrow p(W, W)$$

查询 "ask g" 的自下而上的证明过程必须发明一个新的常数符号，比如说 c，那么所有基础实例的集合就是

$$p(c, c)$$
$$g \leftarrow p(c, c)$$

命题自下而上的证明程序将推导出 $p(c, c)$ 和 g。

如果查询为 "ask $p(b, d)$"，则基础实例集将改变，以反映常数 b 和 d。

应用于知识库基础的自下而上的证明程序是健全的，因为每个规则的每个实例在每个模型中都为真。这个程序与无变量的情况本质上是一样的，但它使用的是子句的基础实例集，因为子句中的变量是普遍量化的，所以所有的实例都为真。

这个自下而上的过程最终会使 Datalog 停止，因为只有有限个基础原子，每次通过循环都会有一个基础原子加入结果集中。

这个过程对于基础原子也是完备的。也就是说，如果一个基础原子是知识库的结果，它就会被派生出来。为了证明这一点，就像在命题的情况下一样，我们构造一个特定的通用模型。回想一下，模型指定了域、常量表示什么以及什么是真。**Herbrand 解释**中的域是象征性的，由语言的所有常量组成。如果知识库或查询中没有常量，则发明一个常量。在 Herbrand 解释中，每个常量都表示了自己。因此，在一个解释的定义（见 13.3.1 节）中，D 和 ϕ 对于给定的程序来说是固定的，需要指定的就是 π，它定义了谓词符号。

考虑一下 Herbrand 解释，在这里，真原子是由自下而上的程序最终得出的关系的基础实例。很容易看出，这个 Herbrand 解释是给定规则的一个模型。正如在无变量的情况下（见 5.3.2 节），它是一个**最小的模型**，因为它的真原子是所有模型中最少的。如果对于基础原子 g，KB $\models g$，那么在最小模型中，g 是真原子，因此最终被导出。

例 13.21　考虑图 13.2 的子句。自下而上的证明程序可以立即推导出作为事实的 imm_west 的每个实例。然后，该算法可以将 imm_east 原子添加到结果集中。

imm_east(r103, r101)
imm_east(r105, r103)
imm_east(r107, r105)
imm_east(r109, r107)

imm_east(r111，r109)

imm_east(r129，r131)

imm_east(r127，r129)

imm_east(r125，r127)

接下来，可以将 next_door 关系加入结果集中，包括

next_door(r101，r103)

next_door(r103，r101)

可以将"two_door_east"关系加入结果集中，包括

two_door east(r105，r101)

two_door east(r107，r103)

最后，后面的 west 关系可以再加上一系列的结果。

13.4.3 合一化

合一化的问题如下：给定两个原子或词汇，确定它们是否合一，如果合一，则返回它们的合一算子。合一化算法找到两个原子的**最广合一算子**，如果不合一，则返回 $\perp$。

合一化算法如图 13.3 所示。E 是一组蕴涵合一的等价语句，而 S 是一个替换的正确形式的等价集合。在这个算法中，如果 α/β 在替换 S 中，那么根据构造，α 是一个变量，除了在 S 或 E 中之外，不在其他地方出现。在第 20 行中，α 和 β 必须具有相同的谓词和相同的参数数量，否则合一化会失败。

```
1: procedure Unify(t₁，t₂)
2:   Inputs
3:     t₁，t₂：原子或词汇
4:   Output
5:     如果存在，则输出 t₁ 和 t₂ 的最广合一算子，否则返回 ⊥
6:   Local
7:     E：等价语句的集合
8:     S：替换
9:   E←{t₁=t₂}
10:  S={}
11:  while E≠{} do
12:    从 E 中选择和移除 α=β
13:    if β 与 α 不同 then
14:      if α 是变量 then
15:        将 E 和 S 中的所有 α 都替换为 β
16:        S←{α/β}∪S
17:      else if β 是变量 then
18:        将 E 和 S 中的所有 β 都替换为 α
19:        S←{β/α}∪S
20:      else if α 是 p(α₁，…，αₙ)且 β 是 p(β₁，…，βₙ)then
21:        E←E∪{α₁=β₁，…，αₙ=βₙ}
22:      else
23:        return ⊥
24:  return S
```

图 13.3 Datalog 的合一化算法

例 13.22　　假设你想把 $p(X, Y, Y)$ 与 $p(a, Z, b)$ 合一化起来。初始化时，E 是 $\{p(X, Y, Y) = p(a, Z, b)\}$。第一次通过 while 循环，$E$ 变成了 $\{X=a, Y=Z, Y=b\}$。

假设下一步选择 $X=a$，那么 S 变成 $\{X/a\}$，且 E 变成 $\{Y=Z, Y=b\}$。假设 $Y=Z$ 被选中，在 S 和 E 中，那么 Y 被 Z 替换。S 变成 $\{X/a, Y/Z\}$，E 变成 $\{Z=b\}$。最后选择 $Z=b$，Z 被 b 取代，S 变成 $\{X/a, Y/b, Z/b\}$，E 变成空。替换 $\{X/a, Y/b, Z/b\}$ 作为 MGU 返回。

考虑将 $p(a, Y, Y)$ 与 $p(Z, Z, b)$ 合一化起来。E 开始时为 $\{p(a, Y, Y) = p(Z, Z, b)\}$。在下一步，$E$ 变成 $\{a=Z, Y=Z, Y=b\}$。然后，Z 在 E 中被 a 取代，E 变成 $\{Y=a, Y=b\}$。然后在 E 中用 a 代替 Y，E 变成 $\{a=b\}$，然后返回 $\perp$，表示没有合一算子。

13.4.4　带变量的确定性解析

自上而下的证明过程可以通过允许在推导中使用规则的实例来扩展到处理变量。

一般回答子句的形式为

$$\text{yes}(t_1, \cdots, t_k) \leftarrow a_1 \wedge a_2 \wedge \cdots \wedge a_m$$

其中，$t_1, \cdots, t_k$ 是词汇，$a_1, \cdots, a_m$ 是原子。使用 "yes" 可以实现**答案提取**：确定查询变量的哪些实例是知识库的蕴涵。

初期，查询 q 的一般回答子句为

$$\text{yes}(V_1, \cdots, V_k) \leftarrow q$$

其中 $V_1, \cdots, V_k$ 是出现在 q 中的变量，这意味着如果对应的查询实例为真，则 $\text{yes}(V_1, \cdots, V_k)$ 的实例为真。

证明程序保持了当前的一般回答子句。

在每个阶段，算法都会在一般回答子句的主体中选择一个原子。然后，它在知识库中选择一个子句，其头部与原子合一化。

一般回答子句的 **SLD 解析**是

$$\text{yes}(t_1, \cdots, t_k) \leftarrow a_1 \wedge a_2 \wedge \cdots \wedge a_m$$

在 a_1 上，用所选子句

$$a \leftarrow b_1 \wedge \cdots \wedge b_p$$

其中，a_1 和 a 有最广合一算子 σ，是如下回答子句：

$$(\text{yes}(t_1, \cdots, t_k) \leftarrow b_1 \wedge \cdots \wedge b_p \wedge a_2 \wedge \cdots \wedge a_m)\sigma$$

其中，所选子句的主体已经取代了回答子句中的 a_1，而 MGU σ 适用于整个回答子句。

一个 **SLD 派生**是一个广义回答子句 $\gamma_0, \gamma_1, \cdots, \gamma_n$ 的序列，使得

- γ_0 是与原始查询对应的回答子句。如果查询是 q，带自由变量 $V_1, \cdots, V_k$，则初始化的广义回答子句 γ_0 是

$$\text{yes}(V_1, \cdots, V_k) \leftarrow q$$

- 通过在 γ_{i-1} 的主体中选择一个原子 a_1；在知识库中选择一个子句 $a \leftarrow b_1 \wedge \cdots \wedge b_p$ 的副本，其头部 a 与 a_i 合一；用主体 $b_1 \wedge \cdots \wedge b_p$ 代替 a_1；并将合一算子应用到整个回答子句中，就可以得到 γ_i。

这与命题自上而下的证明程序的主要区别在于，对于带变量的子句，证明程序必须

从知识库中提取子句的副本。这种复制是用新的名字重命名子句中的变量。这既是为了消除变量之间的名称冲突，也因为一个证明可能使用不同的子句实例。

- γ_n 是一个回答。也就是说，它的形式是 $yes(t_1, \cdots, t_k) \leftarrow$。

当出现这种情况时，算法会返回的回答为

$$V_1 = t_1, \cdots, V_k = t_k$$

请注意回答是如何提取的；yes 的参数记录了初始查询中导致证明成功的变量的实例。

图 13.4 给出了一个非确定性的算法，通过搜索 SLD 的派生来回答查询。这是不确定性（见 3.5.1），即通过对那些未失败的项做出适当的选择，就可以找到所有的派生函数。如果所有的选择都失败了，那么算法就失败了，也就没有派生函数了。第 13 行中的"choose"是用搜索来实现的。回想一下，如果有一个合一算子，则 Unify(a_i, a) 返回 a_i 和 a 的 MGU，如果它们不合一，则返回 $\bot$。Unify 的算法如图 13.3 所示。

```
1: non-deterministic procedure Prove_datalog_TD(KB, q)
2:     Inputs
3:         KB：确定子句的集合
4:         查询 q：要证明的原子集合，带有变量 V_1, ⋯, V_k
5:     Output
6:         如果 KB ⊨ qθ，则替代 θ，否则失败
7:     Local
8:         G 是一个一般的回答子句
9:     设置 G 为一般的回答子句 yes(V_1, ⋯, V_k) ← q
10:    while G 不是一个回答 do
11:        假设 G 是 yes(t_1, ⋯, t_k) ← a_1 ∧ a_2 ∧ ⋯ ∧ a_m
12:        select G 的主体中的原子 a_1
13:        choose KB 中的子句 a ← b_1 ∧ ⋯ ∧ b_p
14:        将 a ← b_1 ∧ ⋯ ∧ b_p 中的所有变量重命名为新名称
15:        令 σ 为 Unify(a_1, a)。如果 Unify 返回 ⊥ 则失败
16:        G := (yes(t_1, ⋯, t_k) ← b_1 ∧ ⋯ ∧ b_p ∧ a_2 ∧ ⋯ ∧ a_m)σ
17:    return{V_1 = t_1, ⋯, V_k = t_k}，其中 G 是 yes(t_1, ⋯, t_k) ←
```

图 13.4   Datalog 的自上而下的确定子句证明程序

例 13.23 考虑图 13.2 中的数据库和如下查询：

$$ask\ two\_doors\_east(R, r107)$$

图 13.5 显示的是回答 $R = r111$ 的成功派生。

```
yes(R) ← two_doors_east(R, r107)
    取决于 two_doors_east(E_1, W_1) ←
            imm_east(E_1, M_1) ∧ imm_east(M_1, W_1)
    替代{E_1/R, W_1/r107}
yes(R) ← imm_east(R, M_1) ∧ imm_east(M_1, r107)
    选择最左边的连词
    取决于 imm_east(E_2, W_2) ← imm_west(W_2, E_2)
    替代{E_2/R, W_2/M_1}
```

图 13.5   对于查询 two_doors_east(R, r107)的派生

$yes(R) \leftarrow imm\_west(M_1, R) \wedge imm\_east(M_1, r107)$

　　选择最左边的连词

　　取决于 $imm\_west(r109, r111)$

　　替代$\{M_1/r109, R/r111\}$

$yes(r111) \leftarrow imm\_east(r109, r107)$

　　取决于 $imm\_east(E_3, W_3) \leftarrow imm\_west(W_3, E_3)$

　　替代$\{E_3/r109, W_3/r107\}$

$yes(r111) \leftarrow imm\_west(r107, r109)$

　　取决于 $imm\_west(r107, r109)$

　　替代$\{\}$

$yes(r111) \leftarrow$

图 13.5 （续）

请注意，这一派生使用了两条规则的实例。

$$imm\_east(E, W) \leftarrow imm\_west(W, E)$$

一个实例最终用 r111 代替了 E，一个实例用 r109 代替了 E。

当选择了原子 $imm\_west(M_1, R)$ 时，用于解析的子句的其他选择会导致部分派生无法完成。

13.5 函数符号

Datalog 需要为系统推理的每个个体使用一个常数来命名。通常情况下，按其组成部分来识别一个个体，比要求为每个个体单独设置一个常数更简单。

例 13.24　在许多域中，你希望能够把时刻作为一个单独个体来引用。你可能想说某些课程是在上午 11 点 30 分开课，你不希望每个可能的时刻都有一个单独的常数，尽管这是有可能的。最好是用下面的词汇来定义时间，比如说，离午夜 12 点经过的小时数和离小时开始经过的分钟数。同样，你可能想用特定日期的事实来推理。你不能为每个日期给出一个常数，因为有无数个可能的日期。用年、月和日来定义一个日期比较容易。

使用一个常数来命名每个个体，意味着知识库只能代表有限数量的个体，而且在知识库建立时，个体的数量是固定的。然而，你可能希望对一个潜在的无限个体集进行推理。

例 13.25　假设你想建立一个系统，通过查询一个在线数据库来获取问题并回答这些问题。在这种情况下，每个句子都是一个独立的个体。你不希望给每个句子都起个名字，因为句子太多，不能全部命名。最好的办法可能是先命名单词，然后根据句子中的单词顺序来指定一个句子。这种方法可能更实用，因为要命名的单词比句子少得多，而且每个单词都有自己的自然名称。你也可以根据单词中的字母或单词的构成部分来指定单词。

例 13.26　你可能想对学生名单进行推理。例如，你可能需要推导出一个班级学生的平均分。一个学生列表是一个有属性的个体，比如说它的长度和第七个元素。虽然可以给每个名单命名，但这样做是非常不方便的。如果能有办法用列表的元素来描述列表，就会好很多。

函数符号允许你间接地描述个体。不是用一个常数来描述一个个体，而是用其他个体来描述一个个体。

语法上，**函数符号**是一个以小写字母开头的词。我们扩展了词汇的定义（见 13.3 节），使词汇要么是一个变量，要么是一个常数，要么是 $f(t_1, \cdots, t_n)$ 的形式，其中 f 是一个函数符号，每个 t_i 是一个词汇。除了扩展了词汇的定义外，语言其他不变。

词汇只出现在谓词符号中。你不能写出蕴涵词汇的子句。但是，你可以写包含使用函数符号的原子的子句。

Datalog 的语义必须扩展，以反映新的语法。ϕ 的定义被扩展了，这样，ϕ 也给每个 n 元函数符号指定了一个从 D^n 到 D 的函数。一个常数可以看作一个 0 元函数符号（即没有参数的常数）。因此，ϕ 指定了每个基础词汇表示哪个个体。

例 13.27　假设你想定义日期，例如 1969 年 7 月 20 日，这是人类第一次登上月球的日期。你可以使用函数 ce（公历纪元）符号，使 ce(Y，M，D)表示年 Y、月 M 和日 D 的日期。例如，ce(1969，jul，20)可以表示 1969 年 7 月 20 日。同样，可以定义符号 bce 来表示公历纪元之前的日期。

使用函数符号的唯一方法就是写子句，用函数符号定义关系。没有定义 ce 函数的概念；日期在计算机中的作用不比对人的作用大。

要使用函数符号，可以在函数符号的参数上写出子句，将其量化到函数符号的参数上。例如，图 13.6 定义了关系 before(D_1，D_2)，以天为单位，如果日期 D_1 在日期 D_2 之前，则该关系为真。

```
%before(D₁，D₂)为真，如果日期 D₁ 在 D₂ 之前
    before(ce(Y₁，M₁，D₁)，ce(Y₂，M₂，D₂))←
        Y₁<Y₂
    before(ce(Y，M₁，D₁)，ce(Y，M₂，D₂))←
        month(M₁，N₁)∧
        month(M₂，N₂)∧
        N₁<N₂
    before(ce(Y，M，D₁)，ce(Y，M，D₂))←
        D₁<D₂
%month(M，N)为真，如果 M 是一年中的第 N 个月
    month(jan，1)
    month(feb，2)
    month(mar，3)
    month(apr，4)
    month(may，5)
    month(jun，6)
    month(jul，7)
    month(aug，8)
    month(sep，9)
    month(oct，10)
    month(nov，11)
    month(dec，12)
```

图 13.6　公历纪元的日期 "before" 关系的公理化

这假设谓词 "<" 代表整数之间的关系 "小于"。这可以用子句来表示，但通常是预

设的，就像在 Prolog 中一样。月份用常量表示，由月份的前三个字母组成。

由带函数符号的子句组成的知识库可以计算出任何可计算的函数。因此，一个知识库可以被解释为一个程序，称为**逻辑程序**。逻辑程序是图灵完备的；它们可以计算出数字计算机上任何可计算的函数。

这种语言的扩展影响很大。只用一个函数符号和一个常数，语言就包含了无限多的基础词汇和无限多的基础原子。无限多的基础词汇可以用来描述无限多的个体。

函数符号被用来构建数据结构，如下例所示。

例 13.28　树是一种有用的数据结构。你可以使用树来为自然语言处理系统建立一个句子的句法表示。

你可以决定一个标签树形如 node(N，LT，RT)或形如 leaf(L)的表示。因此，node 是一个函数，从一个名称、左边的树、右边的树到树的函数。函数符号 leaf 表示从叶子节点的标签到树的函数。

如果标签 L 是树 T 中的叶子的标签，那么 at_leaf(L，T)处的关系为真。

at_leaf(L，leaf(L))

at_leaf(L，node(N，LT，RT))←

　　　at_leaf(L，LT)

at_leaf(L，node(N，LT，RT))←

　　　at_leaf(L，RT)

这是一个结构化递归程序的例子。该规则涵盖了代表树的每个结构的所有情况。

关系 in_tree(L，T)，如果标签 L 是树 T 的内部节点的标签，则该关系为真，可以定义为：

in_tree(L，node(L，LT，RT))

in_tree(L，node(N，LT，RT))←

　　　in_tree(L，LT)

in_tree(L，node(N，LT，RT))←

　　　in_tree(L，RT)

例 13.29　**列表**是一个元素的有序序列。你可以使用函数符号和常数来推理列表，而不需要在语言中预先定义列表的概念。列表要么是空的列表，要么是一个元素后面跟随一个列表。

你可以发明一个常数来表示空列表。假设你用常数 nil 来表示空列表。你可以选择一个函数符号，比如说 cons(Hd，Tl)，其意图解释为它表示一个包含第一个元素 Hd 和该列表的其余部分 Tl 的列表。那么包含元素 a、b、c 的列表将被表示为：

cons(a，cons(b，cons(c，nil)))

要使用列表，必须写出对列表有作用的谓词。例如，关系 append(X，Y，Z)，当 X、Y 和 Z 是列表时为真，这样 Z 包含 X 的元素，跟随在 Z 的元素后面，可以递归定义为，

append(nil，L，L)

append(cons(Hd，X)，Y，cons(Hd，Z))←

　　　append(X，Y，Z)

关于 cons 和 nil，没有什么特别的地方，我们完全可以用 foo 和 bar。

一阶和二阶逻辑

一阶谓词演算是将命题演算(见5.1节)扩展到具有函数符号和逻辑变量的原子的逻辑。所有的逻辑变量都必须有"对于所有的(∀)"和"存在(∃)"(见13.3.2节)的显式量化。一阶谓词演算的语义就像本章介绍的逻辑程序的语义一样,但有更丰富的运算符。

逻辑程序语言构成了一阶谓词演算的一个实用性子集,因为一阶谓词演算对许多任务都很有用,所以它被发展起来了。一阶谓词演算可以看成一种在逻辑程序中增加了析取和显式量化的语言。

一阶逻辑是一阶的,因为它允许对域中的个体进行量化。一阶逻辑既不允许将谓词作为变量,也不允许对谓词进行量化。

二阶逻辑允许在一阶关系和谓词上进行量化,其参数是一阶关系。这些都是二阶关系。例如,如下二阶逻辑公式

$$\forall R \ symmetric(R) \leftrightarrow (\forall X \forall Y \ R(X, Y) \rightarrow R(Y, X))$$

定义了二阶关系 symmetric,如果它的参数是一个对称关系,则为真。

二阶逻辑对于许多应用来说似乎是必要的,因为传递闭包是不可能一阶定义的。例如,假设你想让 before 成为 next 的传递闭包,其中 $next(X, s(X))$ 为真。想想看 next 意思是"下一毫秒",而 before 表示"之前"。自然的一阶定义是这样的定义:

$$\forall X \forall Y \ before(X, Y) \leftrightarrow (Y = s(X) \vee before(s(X), Y)) \tag{13.1}$$

这种表达方式并没有准确地把握住定义,因为,比如

$$\forall X \forall Y \ before(X, Y) \rightarrow \exists W \ Y = s(W)$$

从逻辑上讲,式(13.1)并不符合逻辑,因为式(13.1)有非标准模型,Y 表示无穷大。为了捕捉传递闭包,需要一个公式,说明 before 是满足定义的最小谓词。这可以用二阶逻辑来说明。

一阶逻辑是**半可决定性的**,也就是存在一个健全而完备的证明程序,在这个证明程序中,每一个真语句都可以被证明,但它可能不会停止。二阶逻辑是不可判定的,在图灵机上无法实现健全而完备的证明程序。

13.5.1 带函数符号的证明程序

带变量的证明程序可以推广到带函数符号的情况。主要的区别在于,词汇的类别被扩大到包括函数符号。

函数符号的使用涉及无限多的词汇。这意味着,在对子句进行正向推理时,我们必须保证子句的选择标准是公平的(见3.5.1节)。

例 13.30 为了了解为什么公平性很重要,请考虑以下子句:

$num(0)$

$num(s(N)) \leftarrow num(N)$

$a \leftarrow b$

b

一个不公平的策略可以最初选择其中的第一个子句来进行正向推理,然后在随后的每一次选择中,选择第二个子句。第二个子句总是可以用来推导出一个新的结果。这种

策略永远不会选择后两个分句中的任何一个，因此永远不会派生出 a 或 b。

这种永远忽略某些子句的问题被称为**饥饿**。公平选择标准是这样一个选择标准，即任何可以被选择的子句最终都会被选择。自下而上的证明程序可以产生无限多的结果，如果选择是公平的，每一个结果最终都会产生，因此证明程序是完备的。

自上而下的证明过程与 Datalog 相同（见图 13.4）。合一化变得更加复杂，因为它必须递归降到词汇的结构中。合一化算法有一个变化：一个变量 X 不会与出现 X 的词汇 t 进行合一，而且该词汇不是 X 本身。对这个条件的检查被称为**出现检查**。如果不使用**出现检查**，并且允许变量与出现在其中的词汇合一，那么证明程序就会变得不健全，如下例所示。

例 13.31　考虑只有一个子句的知识库：

$$\mathrm{lt}(X,\ s(X))$$

假设意图解释是整数的域，其中 lt 表示"小于"，$s(X)$ 表示 X 之后的整数。查询 ask $\mathrm{lt}(Y,\ Y)$ 应该是失败的，因为它在意图解释中是假的；没有一个数字比它自己小。然而，如果 X 和 $s(X)$ 可以合一，那么这个查询就会成功。在这种情况下，证明程序将是不健全的，因为在公理的模型中，可以推导出一个假的东西。

图 13.3 的合一化算法需要做一个改变，即找到两个带函数符号的词汇的最广合一算子。如果算法选择了一个等式 $\alpha = \beta$，其中 α 是一个变量，而 β 是一个不是 α 但包含 α 的词汇项（或反之），则算法应该返回 $\bot$。这一步就是**出现检查**。出现检查有时会被省略（例如，在 Prolog 中），因为去掉它会使证明过程更有效率，即使去掉它也会使证明过程不健全。

下面的例子是用函数符号来说明 SLD 解析的细节。

例 13.32　考虑以下子句：

$\mathrm{append}(c(A,\ X),\ Y,\ c(A,\ Z)) \leftarrow$
　$\mathrm{append}(X,\ Y,\ Z)$
$\mathrm{append}(\mathrm{nil},\ Z,\ Z)$

暂时不要理会这可能意味着什么。就像计算机一样，把它当作一个符号操作的问题。考虑一下下面的查询：

　ask $\mathrm{append}(F,\ c(L,\ \mathrm{nil}),\ c(l,\ c(i,\ c(s,\ c(t,\ \mathrm{nil})))))$

下面是一个推导：

$\mathrm{yes}(F,\ L) \leftarrow \mathrm{append}(F,\ c(L,\ \mathrm{nil}),\ c(l,\ c(i,\ c(s,\ c(t,\ \mathrm{nil})))))$
　取决于 $\mathrm{append}(c(A_1,\ X_1),\ Y_1,\ c(A_1,\ Z_1)) \leftarrow \mathrm{append}(X_1,\ Y_1,\ Z_1)$
　替代 $\{F/c(l,\ X_1),\ Y_1/c(L,\ \mathrm{nil}),\ A_1/l,\ Z_1/c(i,\ c(s,\ c(t,\ \mathrm{nil})))\}$
$\mathrm{yes}(c(l,\ X_1),\ L) \leftarrow \mathrm{append}(X_1,\ c(L,\ \mathrm{nil}),\ c(i,\ c(s,\ c(t,\ \mathrm{nil}))))$
　取决于 $\mathrm{append}(c(A_2,\ X_2),\ Y_2,\ c(A_2,\ Z_2)) \leftarrow \mathrm{append}(X_2,\ Y_2,\ Z_2)$
　替代 $\{X_1/c(i,\ X_2),\ Y_2/c(L,\ \mathrm{nil}),\ A_2/i,\ Z_2/c(s,\ c(t,\ \mathrm{nil}))\}$
$\mathrm{yes}(c(l,\ c(i,\ X_2)),\ L) \leftarrow \mathrm{append}(X_2,\ c(L,\ \mathrm{nil}),\ c(s,\ c(t,\ \mathrm{nil})))$
　取决于 $\mathrm{append}(c(A_3,\ X_3),\ Y_3,\ c(A_3,\ Z_3)) \leftarrow \mathrm{append}(X_3,\ Y_3,\ Z_3)$
　替代 $\{X_2/c(s,\ X_3),\ Y_3/c(L,\ \mathrm{nil}),\ A_3/s,\ Z_3/c(t,\ \mathrm{nil})\}$
$\mathrm{yes}(c(l,\ c(i,\ c(s,\ X_3))),\ L) \leftarrow \mathrm{append}(X_3,\ c(L,\ \mathrm{nil}),\ c(t,\ \mathrm{nil}))$
在这个阶段，这两个子句都适用。选择第一个子句，就可以得到
　取决于 $\mathrm{append}(c(A_4,\ X_4),\ Y_4,\ c(A_4,\ Z_4)) \leftarrow \mathrm{append}(X_4,\ Y_4,\ Z_4)$

替代$\{X_3/c(t，X_4)，Y_4/c(L，nil)，A_4/t，Z_4/nil\}$

yes$(c(l，c(i，c(s，X_3)))，L)\leftarrow$append$(X_4，c(L，nil)，nil)$

这时，在一般回答子句的主体中，没有头与原子合一的子句。该证明失败了。

选择第二个子句而不是第一个子句，就可以得到

取决于 append$(nil，Z_5，Z_5)$

替代$\{Z_5/c(t，nil)，X_3/nil，L/t\}$

yes$(c(l，c(i，c(s，nil)))，t)\leftarrow$

至此，证明成功，答案为 $F=c(l，c(i，c(s，nil)))$，$L=t$。

在本章的其余部分，我们使用 Prolog 的"语法糖"符号来表示列表。空的列表 nil 写成$[]$。在例 13.29 中的 cons$(E，R)$是第一个元素 E 和其余的列表 R，现在写成$[E|R]$。还有一个其他的符号简化：$[X|[Y]]$写成$[X，Y]$，其中 Y 可以是一个值的序列。例如，$[a|[]]$写成$[a]$，$[b|[a|[]]]$写成$[b，a]$。词汇$[a|[b|C]]$写成$[a，b|C]$。

例 13.33 使用列表符号，上一例中的 append 可以写为：

append$([A|X]，Y，[A|Z])\leftarrow$

append$(X，Y，Z)$.

append$([]，Z，Z)$.

如下查询

ask append$(F，[L]，[l，i，s，t])$

有答案：$F=[l，i，s]$，$L=t$。证明过程与前一示例完全相同。就证明过程而言，没有什么变化，只是有一个重命名的函数符号和常数。

13.6 自然语言中的应用

自然语言处理是一个有趣而又困难的领域，在这个领域里发展和评估表示和推理理论。人工智能的所有问题都是在这个领域中产生的；解决"自然语言问题"和解决"人工智能问题"一样困难，因为任何领域都可以用自然语言表达。**计算语言学**领域有着丰富的技术和知识。在本书中，我们只做一个概述。

研究自然语言处理至少有三个原因：

- 用户希望用自己的词汇进行交流，许多人更喜欢自然语言而不是一些人工语言或图形用户界面。这对于临时的用户和那些既没有时间也没有意愿学习新的交互技能的用户(例如经理人和孩子)来说尤其重要。
- 在自然语言中记录了大量的信息储存，可以用计算机获取。信息以书籍、新闻、商业和政府报告以及科学论文的形式不断产生，其中许多信息可以在网上找到。一个需要大量信息的系统必须能够处理自然语言来检索计算机上的许多信息。
- 在自然语言处理中，人工智能的很多问题都是以一种非常明确的形式出现在自然语言处理中的，因此，人工智能是一个很好的领域，在这个领域中，可以进行一般理论的实验。

自然语言处理的发展为知识库和自然语言翻译提供了自然语言接口的可能性。

自然语言至少有三个主要方面：

- **句法**(syntax)。句法描述了语言的形式。它通常是由语法规定的。自然语言比逻辑学和计算机程序中使用的正式语言要复杂得多。
- **语义学**(semantics)。语义学提供了语言中的话语或句子的意义。虽然有一般的语义理论，但当我们为特定的应用构建自然语言理解系统时，我们尽量使用最简单的表示方式。例如，在接下来的文中，知识库中的单词和概念之间有一个固定的映射，这对很多领域来说是不合适的，但却简化了开发。
- **语用学**(pragmatics)。语用学组件解释了话语与世界的关系。为了理解语言，智能体应该考虑的不仅仅是句子，它必须考虑到句子的上下文、世界的状态、说话者和听者的目标、约定俗成等。

为了理解这几个方面的区别，可以考虑以下这些句子，它们可能会出现在一篇人工智能课本的开头⊖。

- 这本书是关于人工智能的(This book is about artificial intelligence)。
- 绿色的青蛙酣然入睡(The green frogs sleep soundly)。
- 无色的绿色想法愤怒地睡觉(Colorless green ideas sleep furiously)。
- 狂热的睡眠想法绿色无色(Furiously sleep ideas green colorless)。

第一句在人工智能(AI)书的开头会很合适；它在句法上、语义上和语用上都很好。第二句在句法上和语义上都很好，但在 AI 书的开头会显得很奇怪，因为它并不适合这个语境。最后两句是语言学家 Noam Chomsky[1957]的作品。第三句在句法上是很好的，但在语义上是无意义的。第四句在句法上是错误的；它在句法上、语义上或语用上都没有任何意义。

在下一节中，我们将展示如何编写一个自然语言查询回答系统，该系统适用于非常狭窄的领域，在这些领域中，风格化的自然语言已经足够了，而且几乎不存在任何歧义。在另一个极端，则是浅层次的但很宽泛的系统，如例 8.35 和例 10.5 中介绍的帮助系统。开发既深又广的有用系统是很难的。

13.6.1　在无上下文的语法中使用确定子句

本节介绍了如何使用确定子句来表示自然语言的语法和语义的各个方面。

语言是由其合法句子来定义的。句子是符号的序列。在这里，我们假设一个**句子**被表示为一个原子列表，其中语言中的每个**词**都有一个原子。比较复杂的模型往往用单词的部分来表示单词，比如去掉 "ing" "er" 等结尾。

合法的句子是由语法规定的。

我们对自然语言的第一种近似法是无上下文的语法。**无上下文的语法**是一组**重写规则**，非终止符号转化为终止符号和非终止符号的序列。该语言的一个句子就是由这种重写规则产生的**终止符号**序列。例如，如下语法规则

sentence ↦ noun_phrase, verb_phrase

意思是非终结性符号 sentence 可以是一个名词短语(noun_phrase)后面跟随一个动词短语(verb_phrase)。符号 "↦" 的意思是 "可以改写为"。

对于自然语言来说，终止符号一般是指该语言的单词。如果将自然语言的句子表示

⊖ 第三句和第四句是 1957 年乔姆斯基在 *Syntactic Structures* 中提出的，用以说明语法正确未必能够保证语义也是正确的。——译者注

为词表，那么下面的确定子句的意思是，如果是名词短语后接动词短语，那么这个词表就是一个句子：

sentence(S)←noun_phrase(N) ∧ verb_phrase(V) ∧ append(N，V，S)

要说"计算机"这个词是个名词，你可以写成

noun([computer])

有一种使用确定子句的无上下文语法规则的另一种更简单的表示方式，即不需要显式附加的确定子句，即著名的**确定子句语法**(DCG)。每个非终止符号 s 成为一个有两个参数的谓词 $s(L_1，L_2)$，当列表 L_2 是列表 L_1 的结尾时该谓词为 true，这样，L_2 之前的 L_1 中的所有词都构成了 s 类的单词的序列。列表 L_1 和 L_2 一起构成了一个词的**差值列表**，这些词构成了非终止符号所给的类，因为正是这些差值，构成了语法类别。

例 13.34 在这种表示法下，如果列表 L_2 是列表 L_1 的结尾，那么 L_2 之前的 L_1 中的所有单词都构成名词短语，那么 noun_phrase($L_1，L_2$) 为真。L_2 是句子的其余部分。你可以把 L_2 看成代表 L_1 位置之后的列表的一个位置。差值列表代表这些位置之间的单词。

原子符号

noun_phrase([the，student，passed，the，course，with，a，computer]，
        [passed，the，course，with，a，computer])

在意图解释中为 true，因为 "the student" 构成名词短语。

语法规则

sentence ↦ noun_phrase，verb_phrase

表示如果在 L_0 和 L_1 之间存在一个名词短语，L_1 和 L_2 之间存在一个动词短语，则在某 L_0 和 L_2 之间存在一个句子：

这个语法规则可以指定为子句：

sentence(L_0，L_2)←
    noun_phrase(L_0，L_1) ∧
    verb_phrase(L_1，L_2)

一般而言，该规则

$$h ↦ b_1，b_2，\cdots，b_n$$

说 h 是由 b_1 后跟随 b_2，…，后跟随 b_n 而组成，写成如下确定子句：

$h(L_0，L_n)$←
    $b_1(L_0，L_1)$ ∧
    $b_2(L_1，L_2)$ ∧
    ⋮
    $b_n(L_n-1，L_n)$

使用如下解释

其中 L_i 为新变量。

要说非终端 h 被映射到终端符号 t_1，$\cdots$，t_n，可以这样写：

$$h([t_1, \cdots, t_n|T], T)$$

使用如下解释

$$\overbrace{t_1, \cdots, t_n\ T}^{h}$$

因此，如果 $L_1=[t_1, \cdots, t_n|L_2]$，$h(L_1, L_2)$ 为 true。

例 13.35　规则指定，非终止 h 可以改写为非终止 a 后面是非终止 b 后面是终止符号 c 和 d，非终止符号 e 后面是终止符号 f 和非终止符号 g，可以写成

$$h \mapsto a, b, [c, d], e, [f], g$$

并可表示为

$h(L_0, L_6)\leftarrow$
　　$a(L_0, L_1)\wedge$
　　$b(L_1, [c, d|L_3])\wedge$
　　$e(L_3, [f|L_5])\wedge$
　　$g(L_5, L_6).$

注意，翻译 $L_2=[c, d|L_3]$ 和 $L_4=[f|L_5]$ 是手工完成的。

图 13.7 给出了一个简单的英语语法公理化。图 13.8 给出了一个简单的单词及其语篇的词典，可以用这个语法来使用。

```
%句子是一个名词短语后跟一个动词短语。
    sentence(L₀, L₂)←
        noun_phrase(L₀, L₁)∧
        verb_phrase(L₁, L₂)
%名词短语是一个限定词后面跟一个形容词，再跟一个名词，再接一个介词短语。
    noun_phrase(L₀, L₄)←
        det(L₀, L₁)∧
        adjectives(L₁, L₂)∧
        noun(L₂, L₃)∧
        pp(L₃, L₄)
%形容词短语由一串形容词(可能是空的)组成。
    adjectives(L, L)
    adjectives(L₀, L₂)←
        adj(L₀, L₁)∧
        adjectives(L₁, L₂)
%可选介词短语是指在名词短语之后为空或跟一个介词短语。
    pp(L, L)
    pp(L₀, L₂)←
        preposition(L₀, L₁)∧
        noun_phrase(L₁, L₂)
%动词短语是由动词后跟名词短语和介词短语组成的。
    verb phrase(L₀, L₃)←
        verb(L₀, L₁)∧
        noun_phrase(L₁, L₂)∧
        pp(L₂, L₃)
```

图 13.7　限定的英语子集的无上下文的语法

例 13.36   考虑 "The student passed the course with a computer." 这句话。这表现为一个原子列表，每个单词对应一个原子。

对于图 13.7 的语法和图 13.8 的字典，如下查询

ask noun_phrase([the, student, passed, the, course, with, a, computer], R)

将会返回

$R =$[passed, the, course, with, a, computer]

对于如下查询

ask sentence([the, student, passed, the, course, with, a, computer], [])

计算机首先证明 noun_phrase，它有一个唯一的回答，如上图所示。然后，它试图证明 verb_phrase。

```
det(L, L)
det([a | T], T)
det([the | T], T)
noun([student | T], T)
noun([course | T], T)
noun([computer | T], T)
adj([practical | T], T)
verb([passed | T], T)
preposition([with | T], T)
```

图 13.8   一个简单的字典

这个句子有两个不同的解析，一个使用子句实例

verb_phrase([passed, the, course, with, a, computer], [])←
    verb([passed, the, course, with, a, computer],
            [the, course, with, a, computer]) ∧
    noun_phrase([the, course, with, a, computer], []) ∧
    pp([], [])

而另一个使用实例

verb_phrase([passed, the, course, with, a, computer], [])←
    verb([passed, the, course, with, a, computer],
            [the, course, with, a, computer]) ∧
    noun_phrase([the, course, with, a, computer], [with, a, computer]) ∧
    pp([with, a, computer], []).

其中，在第一种情况下，介词短语修饰名词短语（即，the course is with a computer）；在第二种情况下，介词短语修饰动词短语（即，the course was passed with a computer）。

13.6.2   增强语法

无上下文的语法不能充分表达自然语言（如英语）的语法的复杂性。可以在这种语法中加入两种机制，使其更具表现力：
- 非终止符号的额外参数。
- 对规则的任意约束。

额外的参数使我们能够做几件事：构造一棵解析树，表示一个句子的语义结构，增量地建立一个查询，该查询表示向数据库中提出的一个问题，并积累关于短语约定的信息（如数量、时态、性别和人）。

13.6.3   用于非终止的构建结构

你可以给谓词添加一个额外的参数来表示解析树，形成一个规则，例如，

$$\text{sentence}(L_0, L_2, s(\text{NP}, \text{VP})) \leftarrow$$
$$\text{noun\_phrase}(L_0, L_1, \text{NP}) \wedge$$
$$\text{verb\_phrase}(L_1, L_2, \text{VP})$$

这意味着一个句子的解析树的形式为 $s(\text{NP}, \text{VP})$，其中 NP 是名词短语的解析树，VP 是动词短语的解析树。

如果你想从语法分析中得到一些结果，而不仅仅是知道这个句子在语法上是否有效，这一点很重要。解析树的概念是一种简单化的形式，因为它并不能充分代表一个句子的意义或深层结构。例如，你真的能认识到 "Sam taught the AI course" 和 "the AI course was taught by Sam" 有相同的意义，只是在主动语气或被动语气上有区别。

13.6.4　罐装的文本输出

语法的定义中没有任何要求英语输入和解析树作为输出的内容。对语法规则的查询，只要绑定句子的意义和设置代表该句子的自由变量，就可以产生一个与意义相匹配的句子。

语法规则的一个用途是提供逻辑词汇的罐装文本输出；输出的是与逻辑词汇相匹配的英文句子。这对于制作原子、规则和问题的英文版本很有用，用户可能不知道符号的意图解释，甚至不知道正式语言的语法，他也可以更容易理解。

> **例 13.37**　图 13.9 显示了一个关于日程表信息的语法。该查询如下：

ask trans(scheduled($w21$, cs422, clock(15, 30), above(csci333)), T, [])

```
%trans(Term, L₀, L₁)为真，如果 Term 转换成的单词包含在 L₀ 与 L₁ 的差异列表中。
    trans(scheduled(S, C, L, R), L₁, L₈)←
        trans(session(S), L₁, [of│L₃]) ∧
        trans(course(C), L₃, [is, scheduled, at│L₅]) ∧
        trans(time(L), L₅, [in│L₇]) ∧
        trans(room(R), L₇, L₈)
    trans(session(w21), [the, winter, 2021, session│T], T)
    trans(course(cs422), [the, advanced, artificial, intelligence, course│T], T)
    trans(time(clock(0, M)), [12,:, M, am│T], T)
    trans(time(clock(H, M)), [H,:, M, am│T], T)←
        H>0 ∧ H<12
    trans(time(clock(12, M)), [12,:, M, pm│T], T)
    trans(time(clock(H, M)), [H₁,:, M, pm│T], T)←
        H>12 ∧
        H₁ is H−12
    trans(room(above(R)), [the, room, above│L₁], L₂)←
        trans(room(R), L₁, L₂)
    trans(room(csci333), [the, computer, science, department, office│T], T)
```

图 13.9　输出罐装英语的语法

产生答案 $T =$ [the, winter, 2021, session, of, the, advanced, artificial, intelligence, course, is, scheduled, at, 3,:, 30, pm, in, the, room, above, the, the, computer, science，department，office]。这个列表可以改写成对用户的一句话。

这段代码使用了 Prolog 中缀谓词 "is"，其中，当表达式 E 评价为数 V 和二元关系 ＞和＜时，"V is E" 为真。

这种语法很可能对理解自然语言没有帮助，因为它需要非常风格化的英语形式；用户必须使用词汇的准确翻译才能得到合法的解析。

13.6.5 强制执行限制因素

自然语言施加了一些约束，比如说不允许 "A students eat." 这样的句子。句子中的词语必须满足一定的约定俗成的标准。"A students eat." 未能满足数字一致的标准，即名词和动词是单数还是复数的标准。

在语法中，可以通过将非谓词中的非终止语用数字进行参数化，并确保不同的话语部分的数字一致，从而实现数字的一致。你只需要在相关的非终止语中增加一个额外的参数就可以了。

例 13.38　图 13.10 的语法不允许 "a students" "the student eat" 或 "the students eats"，因为都有数字上的分歧，但它允许 "a green student eats" "the students" 或 "the student"，因为 "the" 可以是单数，也可以是复数。

```
%句子是一个名词短语后跟随一个动词短语。
    sentence(L_0，L_2，Num，s(NP，VP))←
        noun_phrase(L_0，L_1，Num，NP) ∧
        verb_phrase(L_1，L_2，Num，VP)
%名词短语是空的，或限定词后跟形容词，然后跟名词，再跟可选介词短语。
    noun_phrase(L，L，Num，nonp)
    noun_phrase(L_0，L_4，Num，np(Det，Mods，Noun，PP))←
        det(L_0，L_1，Num，Det) ∧
        adjectives(L_1，L_2，Mods) ∧
        noun(L_2，L_3，Num，Noun) ∧
        pp(L_3，L_4，PP)
%动词短语是一个动词，后面跟随名词短语，后面是可选介词短语。
    verb_phrase(L_0，L_3，Num，vp(V，NP，PP))←
        verb(L_0，L_1，Num，V) ∧
        noun_phrase(L_1，L_2，N2，NP) ∧
        pp(L_2，L_3，PP)
%可选介词短语要么是空的，要么是一个介词后面跟随名词短语。这里只给出空的情况。
    pp(L，L，nopp)
%形容词短语是形容词的序列。此处只给出了空例。
    adjectives(L，L，[])
%字典。
    det([a | L]，L，singular，indefinite)
    det([the | L]，L，Num，definite)
    noun([student | L]，L，singular，student)
    noun([students | L]，L，plural，student)
    verb([eats | L]，L，singular，eat)
    verb([eat | L]，L，plural，eat)
```

图 13.10　强制数字一致的语法并建立解析树

要解析 "the student eats " 这个句子，你可以发布查询

ask sentence([the，student，eats]，[]，Num，T)

而答案是

Num＝singular，

$T = s$(np(definite，[]，student，nopp)，vp(eat，nonp，nopp))

要解析 "the students eat" 这句话，你可以发出查询

ask sentence([the，students，eat]，[]，Num，T)

而答案是

Num＝plural，

$T = s$(np(definite，[]，student，nopp)，vp(eat，nonp，nopp))

要解析 "a student eats" 这个句子，你可以发出查询

ask sentence([a，student，eats]，[]，Num，T)

并且返回的答案是

Num＝singular

$T = s$(np(indefinite，[]，student，nopp)，vp(eat，nonp，nopp))

注意，回答的唯一区别在于主语是否为单数，限定词是否为确定。

13.6.6　构建数据库的自然语言接口

你可以增强前面的语法来实现一个简单的数据库自然语言接口。其想法是，你不把子词组转化为解析树，而是直接把它们转化为知识库上的查询。要做到这一点，请做以下简化假设，这些假设不一定是真的，但形成了一个有用的基本近似：

- **名词**和**形容词**的对应性。
- **动词**和**介词**对应着两个个体间的一个二元关系，即**主语**和**宾语**之间的二元关系。

在这种情况下，一个名词短语就变成了一个具有一组属性定义的个体。为了回答一个问题，系统可以找到一个具有这些属性的个体。一个名词短语后面跟着一个动词短语，描述了受动词制约的两个个体。

例 13.39　在 "a tall student passed a math course" 这个句子中，词汇 "a tall student" 是动词 "pass" 的主语，"a math course" 是该动词的宾语。对于作为主语的个体 S，tall(S)和 student(S)为真。对于作为宾语的个体 O，course(O)和 dept(O，math)为真。动词指定为 passed(S，O)。因此，"Who is a tall student that passed a math course?" 这个问题可以转换为如下查询：

ask tall(S)∧student(S)∧passed(S，O)∧course(O)∧dept(O，math)

"a tall student enrolled in cs312 that passed a math course" 这句话可以翻译成

ask tall(X)∧student(X)∧enrolled in(X，cs312)∧passed(X，O)

　　∧course(O)∧dept(O，math)

图 13.11 显示了一个简单的语法，它可以同时解析一个英语问题并回答它。这就忽略了英语中的大部分语法，如介词和动词或限定词和形容词之间的区别，即使问题不符合语法，也会对其意义进行猜测。形容词、名词和名词短语指代个体。谓词的附加参数是满足形容词和名词的个体。这里的 mp 是修饰短语，可以是介词短语，也可以是关系

从句。reln 既可以是动词，也可以是介词，是两个个体之间的关系，即主语和宾语的关系，所以这些都是 reln 谓词的额外参数。

%名词短语是一个限定词，后面跟随形容词短语，然后跟随名词，再接可选修饰短语。
　　noun_phrase(L_1, L_4, Ind)←
　　　　adjectives(L_1, L_2, Ind) ∧
　　　　noun(L_2, L_3, Ind) ∧
　　　　mp(L_3, L_4, Ind)
%形容词短语由一串形容词组成。
　　adjectives(L_0, L_2, Ind)←
　　　　adj(L_0, L_1, Ind) ∧
　　　　adjectives(L_1, L_2, Ind)
　　adjectives(L, L, Ind)
%可选修饰短语/关系从句，要么是一个关系（动词或介词），后面跟随一个名词短语，要么为空。
　　mp(L_0, L_2, Subject)←
　　　　reln(L_0, L_1, Subject, Object) ∧
　　　　noun phrase(L_1, L_2, Object)
　　mp(L, L, Ind)
%adj(L_0, L_1, Ind)为真，如果 L_0 与 L_1 的差异是一个 Ind 为真的形容词。
　　adj([computer, science | L], L, Ind)←dept(Ind, comp_sci)
　　adj([tall | L], L, Ind)←tall(Ind)
　　adj([a | L], L, Ind)　　　　　　　　　　　　　%将 a 视为形容词
%noun(L_0, L_1, Ind)为真，如果 L_0 与 L_1 的差异是一个 Ind 为真的名词。
　　noun([course | L], L, Ind)←course(Ind)
　　noun([student | L], L, Ind)←student(Ind)
%以下用于合适的名词：
　　noun([Ind | L], L, Ind)←course(Ind)
　　noun([Ind | L], L, Ind)←student(Ind)
% reln(L_0, L_1, Sub, Obj)为真，如果 L_0 与 L_1 的差异是一个在个体 Sub 和 Obj 上的关系。
　　reln([enrolled, in | L], L, Subject, Object)←enrolled_in(Subject, Object)
　　reln([passed | L], L, Subject, Object)←passed(Subject, Object)

图 13.11　直接回答一个问题的语法

例 13.40　假设 question(Q, A)表示 A 是对问题 Q 的答案，这里的问题是一个单词列表。下面提供了一些可以从图 13.11 的子句中提出问题的方法，即使考虑到那里使用的词汇非常有限。

下面这个子句可以让它回答问题，如 "Is a tall student enrolled in a computer science course?" 并返回 student：

question([is | L_0], Ind)←
　　noun_phrase(L_0, L_1, Ind) ∧
　　mp(L_1, [], Ind)

用下面的规则来回答问题，如 "Who is enrolled in a computer science course?" 或 "Who is enrolled in cs312"（假设 course(cs312)为真）：

question([who, is | L_0], Ind)←
　　mp(L_0, [], Ind)

下面的规则是用来回答问题的，如 "Who is a tall student?"：

question($[who, is | L]$, Ind)←

noun _ phrase(L, $[]$, Ind)

下面的规则允许它回答问题，如 "Who is tall?"：

question($[who, is | L]$, Ind)←

adjectives(L, $[]$, Ind)

下面的规则可以用来回答问题，比如 "Which tall student passed a computer science course?" 甚至是 "Which tall student enrolled in a math course passed a computer science course?"：

question($[which | L_0]$, Ind)←

noun _ phrase(L_0, L_1, Ind) ∧

mp(L_1, $[]$, Ind)

下面的规则允许它回答名词短语和修饰短语之间有 "is" 的问题，如 "Which tall student is enrolled in a computer science course?" 或 "Which student enrolled in a math course is enrolled in a computer science course?"：

question($[which | L_0]$, Ind)←

noun _ phrase(L_0, $[is | L_1]$, Ind) ∧

mp(L_1, $[]$, Ind)

前面的语法直接找到了自然语言问题的答案。这种回答问题的方式的一个问题是，很难把程序无法解析语言的情况和没有答案的情况分开；在这两种情况下，答案都是"不"。这样一来，这样的程序就很难进行调试。另一种方法是在解析时不直接查询知识库，而是在向知识库查询之前，建立一个自然语言的**逻辑形式**——一个逻辑命题，传达出话语的含义。语义形式可以用于其他任务，如告诉系统知识，解析自然语言，甚至将其翻译成不同的语言等。

可以通过允许名词短语返回一个个体和名词短语对该个体施加的约束列表来构造查询。适当的语法规则在图 13.12 中指定，并与图 13.13 的字典一起使用。

```
%名词短语是一个限定词，后面跟随的是形容词短语，然后跟随的是名词，后接的是介词短语。
    noun_phrase(L_0, L_4, Ind, C_0, C_4)←
        det(L_0, L_1, Ind, C_0, C_1) ∧
        adjectives(L_1, L_2, Ind, C_1, C_2) ∧
        noun(L_2, L_3, Ind, C_2, C_3) ∧
        pp(L_3, L_4, Ind, C_3, C_4)
%形容词短语由一串形容词组成。
    adjectives(L, L, Ind, C, C)
    adjectives(L_0, L_2, Ind, C_0, C_2)←
        adj(L_0, L_1, Ind, C_0, C_1) ∧
        adjectives(L_1, L_2, Ind, C_1, C_2)
%可选介词短语要么为空，要么是介词，后面跟随名词短语。
    pp(L, L, Ind, C, C)
    pp(L_0, L_2, Sub, C_0, C_2)←
        preposition(L_0, L_1, Sub, Obj, C_0, C_1) ∧
        nounnoun_phrase(L_1, L_2, Obj, C_1, C_2)
```

图 13.12 构建一个查询的语法

$$
\begin{aligned}
&\det(L, L, O, C, C)\\
&\det([a \mid T], T, O, C, C)\\
&\det([\text{the} \mid T], T, O, C, C)\\
&\text{noun}([\text{course} \mid T], T, O, C, [\text{course}(O) \mid C])\\
&\text{noun}([\text{student} \mid T], T, O, C, [\text{student}(O) \mid C])\\
&\text{noun}([\text{john} \mid T], T, \text{john}, C, C)\\
&\text{noun}([\text{cs312} \mid T], T, 312, C, C)\\
&\text{adj}([\text{computer, science} \mid T], T, O, C, [\text{dept}(O, \text{comp science}) \mid C])\\
&\text{adj}([\text{tall} \mid T], T, O, C, [\text{tall}(O) \mid C])\\
&\text{preposition}([\text{enrolled, in} \mid T], T, O_1, O_2, C, [\text{enrolled}(O_1, O_2) \mid C])
\end{aligned}
$$

图 13.13   构建一个查询的字典

在这个语法中，

noun_phrase(L_0, L_1, O, C_0, C_1)

表示列表 L_1 是列表 L_0 的结尾，L_1 之前的在 L_0 中的单词形成一个名词短语。这个名词短语指的是个体 O，C_0 是 C_1 的结尾，C_1 中的句式（而不在 C_0 中）是名词短语对个体 O 的约束。

在程序上，L_0 是待解析的单词列表，L_1 是名词短语后的剩余单词列表。C_0 是进入名词短语的条件列表，而 C_1 是附加名词短语的额外条件的 C_0。

例 13.41 查询

ask noun_phrase$([a, \text{computer}, \text{science}, \text{course}], [], \text{Ind}, [], C)$

将返回

$C = [\text{course}(\text{Ind}), \text{dept}(\text{Ind}, \text{comp\_science})]$

查询

ask noun_phrase$([a, \text{tall}, \text{student}, \text{enrolled}, \text{in}, a, \text{computer},$
    $\text{science}, \text{course}], [], P, [], C)$

将返回

$C = [\text{course}(X), \text{dept}(X, \text{comp\_science}), \text{enrolled}(P, X), \text{student}(P),$
    $\text{tall}(P)]$

如果在使用这些关系和常量的数据库中查询列表 C 的元素，就可以准确地找到计算机科学课程的身材高大的学生。

13.6.7   限制

到目前为止，我们假设了一种非常简单的自然语言形式。我们的目的是展示用简单的工具可以轻松完成的事情而不是对自然语言的全面研究。对数据库有用的前端可以用所展示的工具来构建，例如，对领域进行充分的约束，并在必要时询问用户，在多个相互竞争的解释中，哪种解释是预期的。

这个关于自然语言处理的讨论假设自然语言是构成性的；整体的意义可以从部分的意义中得出。一般来说，构成性是一个错误的假设。你通常必须了解上下文和世界上的情况，才能辨别出话语的意思。有很多类型的歧义存在，只有了解了语境才能解决。

例如，在不了解上下文和情境的情况下，不可能总能确定描述的正确对象。描写并不总是指一个唯一确定的个体。

例 13.42　考虑以下段落：

The student took many courses. Two computer science courses and one mathematics course were particularly difficult. The mathematics course...

指称对象根据语境来定义，而不仅仅是描述"The mathematics course"。数学课程可以有很多，但我们从上下文中可以知道，这句话指的是学生所学的特别难的课程。

在数据库应用中，如果允许使用"the"或"it"，或者允许使用不止一个意思的词，就会出现很多引用的问题。在自然语言中，语境是用来消除引用的歧义的。考虑一下：

数学系的主任是谁？她的秘书又是谁？

从前面的句子中可以看出，"她"指的是谁，只要读者明白，系主任是指有性别的人，而"系"不是。

这些例子和 Winograd 模式说明了**语用学**(包括语境和背景知识)对理解自然语言的重要性。

13.7　相等性

有时，用一个以上的词汇来称呼一个个体是有用的。例如，词汇 4 * 4、2^4、273 - 257 和 16 可能表示同一个数字。有时，你想让每个名字指的是不同的个体。例如，你可能希望大学里的不同课程有不同的名称。有时你不知道两个名字是否代表同一个个体——例如，早上 8 点的送餐员和下午 1 点的送餐员是否相同。

本节考虑的是相等性的作用，它使我们能够表示两个词汇是否表示世界上的同一个个体。注意，在本章前面介绍的确定子句语言中，无论词汇是否表示同一个个体，所有的答案都是有效的。

相等性是一个特殊的谓词符号，具有标准的域无关的意图解释。

如果 t_1 和 t_2 表示 I 中的同一个个体，则词汇 t_1 **等于**词汇 t_2（写成 $t_1 = t_2$）在解释 I 中为真。

相等性不等于相似性。如果 a 和 b 是常数且 $a = b$，则不是说有两个事物的名称相似甚至相同。相反，它意味着有一个东西有两个名字。

例 13.43　考虑图 13.14 中的两把椅子的世界。在这个世界中，尽管两把椅子可能在各方面都是相同的，但 chair1＝chair2 并不是真的；如果不表示椅子的确切位置，就无法区分它们。对于 chairOnRight＝chair2 的情况，不是说右边的椅子与 chair2 相似，它就是 chair2。

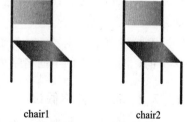

chair1　　　　chair2

图 13.14　两把椅子

13.7.1　允许相等性断言

如果不允许在句首中出现相等性，那么在所有的解释中，唯一能与一个词汇相等的就是它本身。

能够断言或推断出两个词汇表示同一个个体，如 chairOnRight＝chair2，这经常是有用的。为了允许这样做，表示和推理系统必须能够从知识库中推导出接下来会发生什么，该知识库在子句头中包含相等的子句。有两种方法可以做到这一点。第一种是像任何其他谓词一样，将相等性公理化。另一种是为相等性建立特殊用途的推理机制。

1. 相等性的公理化

相等性可以被如下公理化。前三个公理指出，相等性是自反的、对称的和可传递的：

$$X = X$$
$$X = Y \leftarrow Y = X$$
$$X = Z \leftarrow X = Y \land Y = Z$$

其他公理依赖于语言中的函数和关系符号集；因此，它们构成了所谓的**公理模式**。

第一种模式规定，用一个等价项代替项不影响函数的值。公理模式是，对于每一个 n 元函数符号 f，有一个规则：

$$f(X_1, \cdots, X_n) = f(Y_1, \cdots, Y_n) \leftarrow X_1 = Y_1 \land \cdots \land X_n = Y_n$$

同样，对于每个 n 元谓词符号 p，有一个规则，其形式为

$$p(X_1, \cdots, X_n) \leftarrow p(Y_1, \cdots, Y_n) \land X_1 = Y_1 \land \cdots \land X_n = Y_n$$

例 13.44 二元函数 $cons(X, Y)$ 要求如下公理：

$$cons(X_1, X_2) = cons(Y_1, Y_2) \leftarrow X_1 = Y_1 \land X_2 = Y_2$$

三元关系 $prop(I, P, V)$ 要求如下公理：

$$prop(I_1, P_1, V_1) \leftarrow prop(I_2, P_2, V_2) \land I_1 = I_2 \land P_1 = P_2 \land V_1 = V_2$$

将这些公理显式化，作为知识库的一部分，结果发现效率很低。此外，使用自上而下的深度优先解释器，这些公理的使用并不能保证停止。例如，除非注意到相同的子目标，否则对称公理就会导致无限循环。

2. 特殊用途的相等性推理

调解（paramodulation）是一种增强证明程序以实现相等性的方法。一般的想法是，如果 $t_1 = t_2$，那么 t_1 的任何出现都可以被 t_2 取代。因此，可以把相等性关系看作一个**重写规则**，用相等的事物代替对应物。如果可以为每个个体选择一个**规范表示**，即该个体的其他表示法可以映射到该表示法中，那么这种方法效果最好。

一个典型的例子是数字的表示方法。有许多表示相同数的词汇（例如，4＊4、13＋3、273－257、24、42、16），但通常我们将数字的数位序列（以十进制为单位）视为数的规范表示。

高校发明了学生号，是为了给每个学生提供一个规范表示。同名的不同学生是可以区分的，同一个人的不同名字可以映射到这个人的学号上。

13.7.2　唯一名称假设

与其像不可知论那样认为每个名词的相等性，期望用户公理化哪些名词表示相同的个体，哪些名词表示不同的个体，不如约定俗成地用不同的基础词汇表示不同的个体，这样通常更容易。

例 13.45 考虑一个学生数据库的例子，其中一个学生必须有两门课程作为理科选修课。假设一个学生通过了 math302 和 psyc303；那么只有当你知道 math302≠psyc303

时，你才知道学生是否通过了两门课程。也就是说，math302 和 psyc303 这两个常数表示不同的课程。因此，你必须知道哪些课程号表示不同的课程。对于 n 个个体，与其写出 $n*(n-1)/2$ 个不等式公理，不如约定每个课程号表示不同的课程，从而避免使用不等式公理。

根据唯一名称假设(UNA)，不同的基础词汇表示不同的个体。也就是说，对于每一对不同的基础词汇 t_1 和 t_2，它假定 $t_1 \neq t_2$，这里的"$\neq$"意思是"不等于"。

唯一名称假设并不源于确定子句语言的语义(见 13.3 节)。就该语义学而言，不同的基础词汇 t_1 和 t_2 可以表示同一个个体，也可以表示不同的个体。

在唯一名称假设下，不相等($\neq$)可以在子句的主体中出现。如果你想在子句的主体中使用相等性，可以通过添加子句 $X=X$ 来定义相等性。

唯一名称假设可以用以下不等式的公理模式来公理化，它由相等性的公理模式和其他公理模式组成：

- 对于任何不同的常量 c 和 c'，$c \neq c'$。
- 对于任何不同的函数符号 f 和 g，$f(X_1, \cdots, X_n) \neq g(Y_1, \cdots, Y_m)$。
- 对于任何函数符号 f，$f(X_1, \cdots, X_n) \neq f(Y_1, \cdots, Y_n) \leftarrow X_i \neq Y_i$。对于 n 元函数符号 f，这个方案有 n 个实例(每个 i 对应一例，$1 \leq i \leq n$)。
- 对于任何的函数符号 f 和常量 c，$f(X_1, \cdots, X_n) \neq c$。

在这个公理化下，当且仅当基础词汇统一时，基础词汇才是相等的。而对于非基础词汇则不然。例如，$a \neq X$ 有一些实例是真的(例如，当 X 有值 b 时)，有一个实例是假的(即当 X 有值 a 时)。

唯一名称假设对数据库应用非常有用，比如，你不希望在数据库应用中必须说明 kim$\neq$sam、kim$\neq$chris 和 chris$\neq$sam。

有时候，唯一名字假设是不恰当的，比如，$2+2 \neq 4$ 是错误的，clark_kent$\neq$superman 的情况可能不是这样。

唯一名称假设的自上而下证明过程

纳入了唯一名称假设的自上而下的证明程序不应该把不等式仅仅作为另一个谓词来对待，这主要是因为对于任何给定的个体来说，存在着太多不同的个体。

如果有一个子目标 $t_1 \neq t_2$，对于词汇 t_1 和 t_2 有三种情况：

1) t_1 和 t_2 不统一。在这种情况下，$t_1 \neq t_2$ 成立。例如，不等式 $f(X, a, g(X)) \neq f(t(X), X, b)$ 成立，因为这两个词没有统一。

2) t_1 和 t_2 完全相同，包括在相同的位置上有相同的变量。在这种情况下，$t_1 \neq t_2$ 不成立。例如，$f(X, a, g(X)) \neq f(X, a, g(X))$ 不成立。

请注意，对于任何一对基础词汇，前两种情况中的一种必须出现。

3) 否则，有 $t_1 \neq t_2$ 成立的实例，也有 $t_1 \neq t_2$ 不成立的实例。

例如，考虑子目标 $f(W, a, g(Z)) \neq f(t(X), X, Y)$。$f(W, a, g(Z))$ 和 $f(t(X), X, Y)$ 的 MGU 是 $\{X/a, W/t(a), Y/g(Z)\}$。有些不等式的实例，如与统一器一致的基础实例，应该不成立。任何与该统一器不一致的实例都应该成立。与其他目标不同的是，你不希望枚举每一个成立的实例，因为那将意味着统一了 X 与 a 不同的每一个函数和常数，以及枚举了 Y(而且 Y 与 $g(Z)$ 不同)和 Z 的每一对值。

自上而下的证明程序可以扩展到纳入唯一名称假设。第一种类型的不等式可以成功，第二种类型的不等式可以失败。第三种类型的不等式可以**延迟**，等待后续目标统一变量，使前两种情况中的一种发生。在图 13.4 的证明过程中，为了延迟一个目标，当选择 ac 的主体中的一个原子时，算法应该选择其中一个不被延迟的原子。如果没有其他原子可选择，且前两种情况都不适用，则查询应该成功。总有一种不等式成立的实例，即每个变量得到的常数都不一样，而这些常数没有在其他地方出现。当出现这种情况时，用户在解释答案中的自由变量时要小心翼翼。答案并不是说对每个自由变量的每个实例都是真的，而是说对某些实例是真的。

例 13.46 考虑规定一个学生是否至少通过两门课程的规则：

passed_two_courses(S) ←
　　$C_1 \neq C_2 \wedge$
　　passed(S，C_1) $\wedge$
　　passed(S，C_2)
　　passed(S，C) ←
　　　　grade(S，C，M) $\wedge$
　　　　$M \geqslant 50$
　　grade(sam，engl101，87)
　　grade(sam，phys101，89)

对于如下查询

　　ask passed two courses(sam)

子目标 $C_1 \neq C_2$ 无法确定，所以必须延迟。相反，自上而下的证明过程可以选择 passed (sam，C_1)，将 engl101 绑定到 C_1。然后，它可以调用 passed(sam，C_2)，反过来，它又可以调用 grade(sam，C_2，M)，它可以成功地进行替换 $\{C_2/\text{engl101}，M/87\}$。在这个阶段，延迟不等式的变量已经被约束到足以决定不等式应该不成立。

可以为 grade(sam，C_2，M) 选择另一个子句，返回替换 $\{C_2/\text{phys101}，M/89\}$。延迟不等式中的变量被约束得足够多，可以检验不等式，这时，不等式成立。然后可以继续证明 89 > 50，并且目标成功。

从这个例子中可能产生的一个问题是："为什么不干脆把不等式作为最后的调用，因为这样就不需要延迟？"有两个原因。首先，延迟可能更有效率。在这个例子中，可以先检验延迟不等式，然后再检验是否 87 > 50。虽然这种特殊的不等式检验可能很快，但在很多情况下，通过尽快注意到被违反的不等式可以避免大量的计算。其次，如果一个子证明在被约束之前返回其中一个值，那么证明过程仍然应该记住这个不等式约束，这样将来任何违反该约束的合一算子都会失败。

13.8　完备知识假设

如 5.6 节所讨论的，完备知识假设是指任何不从知识库出发的陈述都是假的。它还允许以否定作为失败来证明。

为了将完备知识假设扩展到具有变量和函数符号的逻辑程序，我们需要一个相等性公理，并且域封闭，以及更复杂的完备性概念。再次，这就定义了一种**否定作为失败**的形式。

例 13.47 假设 student 关系的定义是

student(mary)

student(john)

student(ying)

完备知识假设指出，只有这三个人是学生：

$$student(X) \leftrightarrow X = mary \lor X = john \lor X = ying$$

也就是说，如果 X 是 mary、john 或 ying，那么 X 是学生，如果 X 是一个学生，那么 X 一定是这三个人中的一个。具体来说，kim 不是学生。

为了得出 ¬student(kim) 的结论，需要证明：kim ≠ mary ∧ kim ≠ john ∧ kim ≠ ying。要推导出不等式，需要唯一名称假设（见 13.7.2 节）。

完备知识假设包括了唯一名称假设。因此，我们在本节的其余部分中假设了等式和不等式的公理（见 13.7.1 节）。

子句的**克拉克范式**为：

$$p(t_1, \cdots, t_k) \leftarrow B$$

它是一个子句

$$p(V_1, \cdots, V_k) \leftarrow \exists W_1 \cdots \exists W m \; V_1 = t_1 \land \cdots \land V_k = t_k \land B$$

其中，$V_1, \cdots, V_k$ 是 k 个变量，且这些变量没有出现在原始子句中，$W_1, \cdots, W_m$ 是原始子句中的变量。"∃"表示"存在"（见 13.3 节）。当子句是原子子句（见 5.3 节）时，B 为真。

假设所有的 p 的子句都被放入克拉克范式中，用同一组引入的变量，就可以得到

$$p(V_1, \cdots, V_k) \leftarrow B_1$$
$$\vdots$$
$$p(V_1, \cdots, V_k) \leftarrow B_n$$

它等价于如下式子：

$$p(V_1, \cdots, V_k) \leftarrow B_1 \lor \cdots \lor B_n$$

这种蕴涵在逻辑上等同于原始子句的集合。对谓词 p 的**克拉克完备性**与下式是等价的。

$$\forall V_1 \cdots \forall V_k \; p(V_1, \cdots, V_k) \leftrightarrow B_1 \lor \cdots \lor B_n$$

其中主体中的**否定作为失败**（～）被标准逻辑否定（¬）取代，完备性指出，如果当且仅当至少有一个主体 B_i 为真，则 $p(V_1, \cdots, V_k)$ 为真。

一个知识库的克拉克完备性，是由每一个谓词符号的完备性，以及等式和不等式的公理组成。

例 13.48 对于以下子句

student(mary)

student(john)

student(ying)

其克拉克范式为

$$student(V) \leftarrow V = mary$$

$$student(V) \leftarrow V = john$$

$$student(V) \leftarrow V = ying$$

它与下式等价：

student(V)←V＝mary∨V＝john∨V＝ying

student 谓词的完备性是

∀V student(V)↔V＝mary∨V＝john∨V＝ying

例 13.49 考虑以下递归定义：

passed_each([ ]，St，MinPass)

passed_each([$C|R$]，St，MinPass)←

　　passed(St，C，MinPass)∧

　　passed_each(R，St，MinPass)

在克拉克范式中，这可以写成如下形式：

passed_each(L，S，M)←L＝[ ]

passed_each(L，S，M)←

　　∃C∃R L＝[$C|R$]∧

　　passed(S，C，M)∧

　　passed_each(R，S，M)

这里，我们删除了变量的指定重命名的等式，并对变量进行了适当的重命名。因此，passed_each 的 Clark 的完备性是

∀L ∀S ∀M passed_each(L，S，M)↔L＝[ ]∨

　　∃C ∃R(L＝[$C|R$]∧

　　passed(S，C，M)∧

　　passed_each(R，S，M))

在完备知识假设下，只用确定子句不能定义的关系，现在可以定义了。

例 13.50 假设给你一个 course(C) 的数据库，如果 C 是一门课程且 enrolled(S，C)，则该数据库为真，意味着学生 S 选修了 C 课程，如果没有完备知识假设，如果没有学生选修 C 课程，就不能定义 empty_course(C) 为真，这是因为知识库中总有一个模型，在这个模型中，每门课程都有人选修。

用否定作为失败，empty_course(C) 的定义可以是

empty_course(C)←course(C)∧～has_enrollment(C)

has_enrollment(C)←enrolled(S，C)

这种情况的完备性是

∀C empty_course(C)↔course(C)∧¬has_enrollment(C)

∀C has_enrollment(C)↔∃S enrolled(S，C)

在这里，我们提供一个警告。当你在否定作为失败中加入自由变量时，你应该非常小心。它们通常不是你所想的那样。我们在前面的例子中引入了谓词 has_enrollment，以避免在否定作为失败中加入自由变量。考虑一下，如果你没有这样做，会发生什么事情。

例 13.51 人们可能会倾向于用以下方式定义 empty_course：

empty_course(C)←course(C)∧～enrolled(S，C)

它具有完备性：

$$\forall C\ \text{empty\_course}(C)\leftrightarrow\exists S\ \text{course}(C)\wedge\neg\text{enrolled}(S，C)$$

这是不正确的。给定如下子句

course(cs422)

course(cs486)

enrolled(mary，cs422)

enrolled(sally，cs486)

如下子句

empty_course(cs422)←course(cs422)∧~enrolled(sally，cs422)

是前一句的一个实例，对前一句来说，主体为真，头部是假的，因为 cs422 不是空课程。这与前述子句的真实性相矛盾。

请注意，完成例 13.50 中的定义相当于

$$\forall C\ \text{empty\_course}(C)\leftrightarrow\text{course}(C)\wedge\neg\ \exists S\ \text{enrolled}(S，C)$$

存在性是在否定的范围内，所以这相当于

$$\forall C\ \text{empty\_course}(C)\leftrightarrow\text{course}(C)\wedge\forall S\ \neg\text{enrolled}(S，C)$$

13.8.1 完备知识假设证明程序

对于变量和函数的否定作为失败的自上而下的证明程序，与命题的否定作为失败的自上而下的证明程序很像（见 5.6.2 节）。与唯一名称假设一样，当被否定的目标中存在自由变量时，就会出现一个问题。

例 13.52 考虑以下子句

$p(X)\leftarrow\sim q(X)\wedge r(X)$

$q(a)$

$q(b)$

$r(d)$

根据语义学，查询 ask $p(X)$ 只有一个答案，即 $X=d$。由于 $r(d)$ 遵循，因此，在知识库中，$\sim q(d)$ 遵循，$p(d)$ 在逻辑上遵循该知识库。

当自上而下的证明程序遇到 $\sim q(X)$ 时，不应该试图证明 $q(X)$（$q(X)$ 成立，用替换 $\{X/a\}$）。因此，在 $X=d$ 的情况下它本来应该成立，这将使目标 $p(X)$ 不成立。因此，证明过程将是不完备的。注意，如果知识库中包含 $s(X)\leftarrow\sim q(X)$，那么 $q(X)$ 的不成立将意味着 $s(X)$ 成立。因此，以否定作为失败，不完备性导致不健全性。

与唯一名称假设一样（见 13.7.2 节），一个完善的证明程序应该将被否定的子目标延迟到自由变量被约束为止。

当有调用否定作为失败的自由变量时，我们需要一个更复杂的自上而下的过程：

- 包含自由变量的否定作为失败目标，必须延迟，直到变量成为约束。
- 如果变量永远不会成为约束，那么目标就会**飘忽不定**。在这种情况下，你无法对目标下结论。从下面的例子中可以看出，对于目标飘忽不定的情况，你应该做一些更复杂的事情。

例 13.53 考虑一下这些子句

$$p(X)\leftarrow\sim q(X)$$
$$q(X)\leftarrow\sim r(X)$$
$$r(a)$$

以及如下查询

$$\text{ask } p(X)$$

知识库的完备性是

$$p(X)\leftrightarrow\neg q(X)$$
$$q(X)\leftrightarrow\neg r(X)$$
$$r(X)\leftrightarrow X=a$$

用 $X=a$ 替换 r，就可以得到 $q(X)\leftrightarrow\neg X=a$，所以 $p(X)\leftrightarrow X=a$。因此，有一个答案，即 $X=a$，但延迟目标无助于找到答案。一个证明程序应该分析目标未能推导出这个答案的情况。然而，这样的证明程序超出了本书的范围。

13.9 回顾

以下是本章的主要内容：
- 在以个体和关系为特征的域中，表示个体的常量和表示关系的谓词符号可以通过推理来确定域中的什么是真。
- Datalog 是一种逻辑语言，它有常量、普遍量化的变量、关系和规则。
- 替换是用来制造原子和规则的实例。统一化使原子完全相同，以便在证明中使用。
- 函数符号用来表示可能无限的个体集合，用其他个体来描述。函数符号可以用来建立数据结构。
- 可以用确定子句来表示自然语言语法。
- 词汇之间的相等性意味着这些词汇表示相同的个体。
- 克拉克的完备性可以用来定义完备知识假设下的否定作为失败的语义。

13.10 参考文献和进一步阅读

Kowalski[2014]、Sterling 和 Shapiro[1994]以及 Garcia-Molina 等[2009]对 Datalog 和逻辑程序进行了描述。Kowalski[1988]以及 Colmerauer 和 Roussel[1996]对逻辑程序设计的历史进行了描述。

关于否定作为失败的工作以及唯一名称假设是基于 Clark[1978]的工作。关于一般的逻辑程序设计，特别是否定作为失败的形式化处理，请参见 Lloyd[1987]的书。Apt 和 Bol[1994]提供了处理否定作为失败的不同技术的调查。

Jurafsky 和 Martin[2008]以及 Manning 和 Schütze[1999]提供了计算语言学的完美介绍。Pereira 和 Shieber[2002]以及 Dahl[1994]介绍使用确定子句来描述自然语言。Lally 等[2012]讨论了自然语言和逻辑编程如何在 IBM Watson 系统中使用，该系统在 Jeopardy 中打败人类世界冠军！

13.11　练习

13.1　考虑一个有两个个体(✂和☎)、两个谓词符号(p 和 q)和三个常量(a、b 和 c)的域。知识库 KB 的定义是：

$p(X) \leftarrow q(X)$

$q(a)$

(a) 给出一个 KB 模型的解释。

(b) 给出一个不是 KB 模型的解释。

(c) 有多少种解释？给出一个简短的理由来说明你的答案。

(d) 有多少种解释是 KB 的模型？给出一个简短的理由来说明你的答案。

13.2　考虑一个包含常量符号(a、b 和 c)、谓词符号(p 和 q)、没有函数符号的语言。我们从这个语言中建立了以下知识库：

$\text{KB}_1 = \{p(a)\}$

$\text{KB}_2 = \{p(X) \leftarrow q(X)\}$

$\text{KB}_3 = \{p(X) \leftarrow q(X),$

　　$p(a),$

　　$q(b)\}$

现在考虑一下对这种形式的语言可能的解释$\langle I = D，\pi，\phi \rangle$，其中，$D = \{$✂，☎，✈，✎$\}$。

(a) 对于我们的简单语言，有多少种具有四个领域要素的解释？请简要说明你的答案。[提示：考虑常量符号存在多少种可能的赋值 ϕ，并考虑谓词 p 和 q 可以有多少种扩展，以确定有多少种赋值 π 的存在。]不要试图列举所有可能的解释。

(b) 在上述解释中，有几种是 KB_1 的模型？请简要说明你的回答理由。

(c) 在上述解释中，有几种是 KB_2 的模型？请简要说明你的回答理由。

(d) 在上述解释中，有几种是 KB_3 的模型？请简要说明你的回答理由。

13.3　考虑以下知识库：

$r(a)$

$r(e)$

$p(c)$

$q(b)$

$s(a, b)$

$s(d, b)$

$s(e, d)$

$p(X) \leftarrow q(X) \wedge r(X)$

$q(X) \leftarrow s(X, Y) \wedge q(Y)$

显示从这个知识库中推导出的基础原子结果集。假设使用自下而上的证明程序，并且在每次迭代时，按照所示顺序选择第一个适用的子句。此外，如果有一个以上的常量替换适用于一个给定子句，则按"字母顺序"选择适用的常量替换；例如，如果 X/a 和 X/b 在某个迭代中都适用于一个子句，则先推导出 $q(a)$。按什么顺序推导出结果？

13.4　在例 13.23 中，算法意外地选择了 im_west(r109，r111)作为要解决的子句。如果选择了另一个子句，会发生什么情况？显示出现的解析顺序，并给出不同的回答，或者给出一个不能与知识库中的任何一个子句解析的一般回答子句。

13.5　在例 13.23 中，我们总是选择了最左边的连接来分解。在这个例子中，是否有一个选择规则(在查询中选择要分解的连接)会导致只有一个选择？请给出一个一般的规则，至少对这个例子来说，它可以导致更少的失败分支。请举出一个例子，说明你的规则在哪些地方不起作用。

13.6 以类似于例 13.23 的方式，展示下列查询的推导：

(a) ask two doors_east(r107，R)

(b) ask next_door(R，r107)

(c) ask west(R，r107)

(d) ask west(r107，R)

给出每个查询的所有答案。

13.7 考虑以下知识库：

has_access(X，library)←student(X)

has_access(X，library)←faculty(X)

has_access(X，library)←has_access(Y，library)∧parent(Y，X)

has_access(X，office)←has_keys(X)

faculty(diane)

faculty(ming)

student(william)

student(mary)

parent(diane，karen)

parent(diane，robyn)

parent(susan，sarah)

parent(sarah，ariel)

parent(karen，mary)

parent(karen，todd)

(a) 提供查询 has_access(todd，library)的 SLD 派生。

(b) 查询 has_access(mary，library)有两个 SLD 派生。请给出这两个推导。

(c) 是否存在 has_access(ariel，library)的 SLD 派生？解释一下为什么存在或者为什么不存在。

(d) 解释为什么查询 has_access(X，office)的答案集是空的原因。

(e) 假设在知识库中加入以下子句：has_keys(X)←faculty(X)。查询 has_access(X，office)的答案是什么？

13.8 下列替换的应用结果是什么？

(a) $f(A，X，Y，X，Y)\{A/X，Z/b，Y/c\}$

(b) yes(F，L)←append(F，$c(L$，nil)，$c(l$，$c(i$，$c(s$，$c(t$，nil)))))

$\{F/c(l，X_1)，Y_1/c(L，$ nil$)，A_1/l，Z_1/c(i，c(s，c(t，$ nil$)))\}$

(c) append($c(A_1，X_1)$，Y_1，$c(A_1，Z_1)$)←append(X_1，Y_1，Z_1)

$\{F/c(l，X_1)，Y_1/c(L，$ nil$)，A_1/l，Z_1/c(i，c(s，c(t，$ nil$)))\}$

13.9 给出下列各对表达式的最广合一算子：

(a) $p(f(X)，g(g(b)))$和$p(Z，g(Y))$

(b) $g(f(X)，r(X)，t)$和$g(W，r(Q)，Q)$

(c) bar(val(X，bb)，Z)和bar(P，P)

13.10 对于下列每一对原子，要么给出一个最广合一算子，要么解释为什么不存在一个合一算子：

(a) $p(X，Y，a，b，W)$

$p(E，c，F，G，F)$

(b) $p(X，Y，Y)$

$p(E，E，F)$

(c) $p(Y, a, b, Y)$

　　$p(c, F, G, F)$

(d) $\text{ap}(F0, c(b, c(B0, L0)), c(a, c(b, c(b, c(a, \text{emp})))))$

　　$\text{ap}(c(H1, T1), L1, c(H1, R1))$

13.11　列出下列知识库的所有基础原子的蕴涵:

$q(Y) \leftarrow s(Y, Z) \wedge r(Z)$

$p(X) \leftarrow q(f(X))$

$s(f(a), b)$

$s(f(b), b)$

$s(c, b)$

$r(b)$

13.12　考虑以下逻辑程序:

$f(\text{empty}, X, X)$

$f(\text{cons}(X, Y), W, Z) \leftarrow$

　　　　$f(Y, W, \text{cons}(X, Z))$

给出每个自上而下的推导, 对于如下查询, 显示该查询的替换(如例13.32):

ask $f(\text{cons}(a, \text{cons}(b, \text{cons}(c, \text{empty}))), L, \text{empty})$

答案都有哪些?

13.13　考虑以下逻辑程序:

$\text{rd}(\text{cons}(H, \text{cons}(H, T)), T)$

$\text{rd}(\text{cons}(H, T), \text{cons}(H, R)) \leftarrow$

　　$\text{rd}(T, R)$

给出一个自上而下的推导法, 对于如下查询, 显示查询的所有替代:

ask $\text{rd}(\text{cons}(a, \text{cons}(\text{cons}(a, X), \text{cons}(B, \text{cons}(c, Z)))), W)$

这个推导法对应的答案是什么? 是否有第二个答案? 如果有, 请说明推导出来的答案; 如果没有, 请说明原因。

13.14　考虑以下逻辑程序:

$\text{ap}(\text{emp}, L, L)$

$\text{ap}(c(H, T), L, c(H, R)) \leftarrow$

　　$\text{ap}(T, L, R)$

$\text{adj}(A, B, L) \leftarrow$

　　　　$\text{ap}(F, c(A, c(B, E)), L)$

(a) 对如下查询的一个答案, 给出自上而下的推导法(包括所有的替换项):

　　ask $\text{adj}(b, Y, c(a, c(b, c(b, c(a, \text{emp})))))$

(b) 是否还有其他答案? 如果有, 请解释在前一个答案的推导中, 在哪里可以有不同的选择, 并继续推导, 显示另一个答案。如果没有其他答案, 请解释为什么没有。

[你要像电脑一样做这个练习, 不知道这些符号是什么意思。如果你想给这个程序赋予一个意义, 你可以把 ap 读成 append, c 读成 cons, emp 读成 empty, adj 读成 adjacent。]

13.15　本题的目的是让大家练习编写简单的逻辑程序。

(a) 写一个关系 remove(E, L, R), 如果 R 是从列表 L 中删除 E 的一个实例所产生的列表, 则该关系为真。如果 E 不是 L 的成员, 那么这个关系是假的。

(b) 给出下列查询的所有答案:

　　ask remove$(a, [b, a, d, a], R)$

　　ask remove$(E, [b, a, d, a], R)$

ask remove(E, L, $[b, a, d]$)

ask remove($p(X)$, $[a, p(a), p(p(a)), p(p(p(a)))]$, R)

(c) 写出一个关系 subsequence(L_1, L_2)，如果列表 L_1 以相同的次序包含 L_2 中元素的子集，则该关系为真。

(d) 下列每项查询有多少个不同的证明：

ask subsequence($[a, d]$, $[b, a, d, a]$)

ask subsequence($[b, a]$, $[b, a, d, a]$)

ask subsequence($[X, Y]$, $[b, a, d, a]$)

ask subsequence(S, $[b, a, d, a]$)

解释一下为什么会有那么多。

13.16　在本题中，对于定制视频演示文稿设计，请你写出一个确定子句知识库。

假设视频使用以下关系进行了注解：

segment(SegId, Duration, Covers)

其中 SegId 是段的标识符。在实际应用中，这将是提取视频段的足够信息。Duration 是视频段的运行时间（单位：秒）。Covers 是视频段所涵盖的主题列表。

视频注解的一个例子是数据库：

segment(seg0, 10, [welcome])

segment(seg1, 30, [skiing, views])

segment(seg2, 50, [welcome, artificial intelligence, robots])

segment(seg3, 40, [graphics, dragons])

segment(seg4, 50, [skiing, robots])

一个演示文稿是一个段的序列。用一个分段标识符列表来表示一个演示文稿。

(a) 将如下谓词公理化：

presentation(MustCover, Maxtime, Segments)

如果 Segments 是一个总运行时间小于或等于 Maxtime 秒的演示文稿，则 Segments 为 true，这样，列表 MustCover 中的所有主题都被演示文稿中的一个段所覆盖。这个谓词的目的是设计在一定时间内覆盖一定数量的主题的演示文稿。

例如，如下查询

ask presentation([welcome, skiing, robots], 90, Segs)

应至少返回以下两个答案（也许是以其他顺序的片段）：

presentation([welcome, skiing, robots], 90, [seg0, seg4])

presentation([welcome, skiing, robots], 90, [seg2, seg1])

给出所有使用的符号的意图解释，并证明你已经在 AILog 或 Prolog 中测试了你的公理化（包括找到所有的答案）。简要解释一下为什么每个答案都是一个答案。

(b) 假设你有一个很好的用户界面和实际查看演示文稿的方法，请列出前面的程序没有做的三件事，但在这样的演示系统中你可能会想要。（这部分没有正确的答案。你必须要有创意才能得到满分。）

13.17　根据图 13.13 构建一个知识库和词典，以回答如图 1.2 所示的地理问题。对于每一个查询，要么说明如何回答，要么解释为什么根据本章所提供的工具难以回答。

本体论与知识库系统

在计算理论的发展历程中，最严重的问题既是本体论问题，也是语义问题。这并不是说语义问题消失了，它们仍然和以往一样具有挑战性。只是，这些问题被更高难度的本体论问题所连接起来，就像以往那样还在中心舞台上。

——Smith[1996]

如何表示关于一个世界的知识，使其易于获取、调试、维护、交流、共享和推理？本章将探讨如何在智能体中指定符号的意义，如何利用这些意义来进行基于知识的调试和解释，最后探讨智能体如何表示自己的推理，以及如何利用这些意义来构建基于知识的系统。正如 Smith 在上面的引用中指出的，本体的问题是构建智能计算体的核心。

14.1 知识共享

拥有一个合适的表示只是构建知识型智能体的一部分。我们还应该确保知识可以从人和数据中获取。任何非琐碎领域的知识都是来自不同的来源和多个时间点，多个来源需要在句法层面和语义层面上**相互作用**，共同发挥作用。

回想一下，**本体**是对信息系统中的符号的含义的规范。这里的信息系统可以是一个知识库、一个传感器(如温度计)或其他一些信息源。符号的含义有时只是在知识库设计者的脑海中，在用户手册中，或者在知识库的注释中。意义的规范越来越多地以机器翻译的形式出现。这种形式上的意义规范对于**语义互操作性**是很重要的——不同的知识库能够在语义层面上共同工作，从而使符号的意义得到尊重。

例 14.1 当一个网站声称它在 "chips" 上有优惠的价格时，采购智能体必须知道这些是薯片(potato chips)、电脑芯片(computer chips)、木屑(wood chips)还是赌场筹码(poker chips)。一个本体将指定网站所使用的词汇的含义。遵循本体的网站可以不使用 "chip" 这个符号，而是使用由某个特定组织发布的本体定义的符号 "WoodChipMixed"。通过使用这个符号并声明它来自哪个本体，就应该毫不含糊地说明 "chip" 一词的具体用途。网页的正式表示应该使用的 "WoodChipMixed"。如果另一个信息源使用了 "ChipOfWood" 符号，一些第三方可以声明该信息源中使用的 "ChipOfWood" 一词对应于 "WoodChipMixed" 的类型，从而使信息源可以合并。

规范不需要精确地定义词汇，只需要对词汇进行足够的定义，以便能够统一使用。明确规定温度计以摄氏度为单位测量温度，对于许多应用来说就足够了，不需要定义什么是温度或温度计的准确性。

在讨论本体如何被指定之前，我们首先讨论如何利用上一章的逻辑(用变量、术语和关系)来建立灵活的表示方式。这些灵活的表示方式允许知识的模块化添加，包括在关系中添加参数。

给定一个符号意义的规范,智能体可以利用该意义在知识层面上进行知识获取、解释和调试。

14.2　灵活的表示

本章的第一部分考虑了一种使用逻辑工具建立灵活表示的方法。这些灵活的表示方式是现代本体论的基础。

14.2.1　选择个体和关系

给定一种逻辑表示语言(比如上一章中讨论的逻辑表示语言)以及一个要推理的世界,设计知识库的人就必须选择要表示哪些个体和关系。看起来,他们似乎可以只指代世界上存在的个体和关系。然而,世界并不决定有哪些个体,世界如何划分个体是由建模的人发明的。建模者将世界划分成若干事物,这样,智能体就可以指代世界中对当前任务有意义的部分。

例 14.2　看起来,"红色"(red)似乎是一个合理的性质,可以赋予世界上的事物。你这样做可能是因为你想告诉送货机器人去拿红色的包裹。在这个世界上,有的物体表面会吸收一些频率的光,也会反射其他频率的光。有些用户可能已经决定,对于某些应用,某些特定的反射率性质集合应该被称为红色。有一些域的建模者可能会决定光谱的另一种映射,并使用粉红色(pink)、猩红(scarlet)、红宝石(ruby)和深红色(crimson)等词汇,还有一些建模者可能会将光谱划分成一些区域,这些区域并不对应于任何语言中的单词,但这些区域是最能区分不同类别的个体的区域。

正如建模者选择要代表哪些个体一样,他们也要选择使用哪些关系。然而,有一些指导原则对选择关系和个体是有用的。这些原则将通过一系列的例子来证明。

例 14.3　假设你决定"红色"是一个合适的划分个体的分类类别。你可以把 red 这个名字当作一个一元关系,"包裹 a 是红色的"写成:

red(a)

如果用这种方式来表示颜色信息,那么你就可以很容易问什么是红色:

ask red(X)

返回的 X 是红色的个体。

有了这个表示,就很难再问"包裹 a 是什么颜色的?"在确定子句的语法中,你不能问:

ask $X(a)$

因为,在基于一阶逻辑的语言中,谓词名称不能是变量。在二阶或高阶逻辑中,这将返回 a 的任何性质,而不仅仅是它的颜色。

有备选的表示方式,可以询问包裹 a 的颜色。世界上没有任何东西可以强迫你把 red 作为谓词。你可以很容易地说颜色也是个体,你可以用常数 red 来表示红色。既然 red 是一个常数,你可以使用谓词 color,其中 color(Ind,Val)表示物理个体 Ind 有颜色 Val。"包裹 a 是红色的"现在可以写成:

color(a，red)

你所做的是重新构想世界：世界现在是由你可以命名的颜色个体以及包裹组成。现在，物理个体和颜色之间有了一个新的二元关系 color。在这个新的表征下，你可以问："红色是什么颜色?"使用如下的查询：

ask color(X，red)

询问："块 a 是什么颜色的?"使用如下查询：

ask color(a，C)

把一个抽象的概念变成一个对象，就是把它**具体化**。在前面的例子中，我们把红色具体化了。

例 14.4　在上一个例子中，颜色的新的表示方式似乎没有什么缺点。以前可以做的事情，现在都可以做了。写 color(X，red)并没有比 red(X)难多少，但现在可以问事物的颜色了。那么问题来了，你是否可以对每一个关系都这样做？最后会得到什么结果？

你可以对 color 谓词进行类似于例 14.3 中 red 谓词的分析。以 color 为谓词的表示方式不允许问："包裹 a 的哪个性质有 red 值?"这个问题的适当的答案是"color"。进行类似于例 14.3 的变换，可以将 color 等性质视为个体，可以发明一个关系 prop，将"个体 a 有 red 的 color"写成：

prop(a，color，red)

这种表示方式可以实现本例和前面的例子中的所有查询。你不需要再这样做，因为你可以用关系 prop 来写所有的关系。

个体-性质-值表示法用单一关系 prop 表示，其中 prop(Ind，Prop，Val)表示个体 Ind 对性质 Prop 有值 Val，这也被称为**三元组表示法**，因为所有的关系都被表示为**三元组**。

三元组的第一个要素是**主语**，第二个是**动词**，第三个是**宾语**。有时候，我们会把三元组写成简单的三单词句子：

subject verb object

意思是如下原子：

prop(subject，verb，object)

或用函数符号表示为

verb(subject，object)

三元组的动词是一个**性质**(property)。性质 p 的**域**是指以 p 为动词时，可以作为三元组的主语出现的个体的集合。性质 p 的**范围**是指以 p 为动词时，可以作为三元组的宾语出现的值的集合。

属性(attribute)是一个性质-值对。例如，一个包裹的属性可能是它的颜色是红色的。

有一些谓词对于三元组表示法来说似乎太简单了。

例 14.5　为了转化 parcel(a)(它表示 a 是一个包裹)，似乎没有合适的性质或值。有两种方法可以将其转化为三元组表示法。

第一种是将概念 parcel 具体化，说 a 是一个包裹(parcel)。

prop(a，type，parcel)

这里 type 是一个特殊的性质，它将个体与类联系在一起。常数 parcel 表示一个类是所有的、真实的或潜在的、属于包裹的事物的集合。这个三元组指定了个体 a 在类 parcel 中，或者更简单地表示为三元组"a is_a parcel"。type 通常写成 is_a。

第二种是将 parcel 作为性质，将"a is a parcel"写为

prop(a，parcel，true)

在这个表示法中，parcel 是一个布尔属性，若事物是包裹，则 parcel 的值为真。

一个**布尔属性**是一个性质，它的范围是{true，false}，其中 true 和 false 是语言中的常数符号。

另一方面，有些谓词对于三元组表示法来说似乎太复杂了。

例 14.6 假设要表示如下的关系：

scheduled(C，S，T，R)

即表示课程 C 的 S 部分在 R 房间从时间 T 开始，例如，"课程 cs422 的第 2 节预定于 10：30 在 cc208 房间开始"写成

scheduled(cs422，2，1030，cc208)

要在三元组中进行表示，可以发明一个新的个体，即 booking。这样，scheduled 关系就被具体化为一个 booking 的个体。

一个 booking 有许多性质，即课程、章节、开始时间和房间。要表示"课程 cs422 的第 2 节是在 10：30 在 cc208 房间"，你给 booking 的课程起个名字（比如常数 b123）并写成：

prop(b123，course，cs422)

prop(b123，section，2)

prop(b123，start_time，1030)

prop(b123，room，cc208)

这种新的表示方式有很多优点。最重要的是，它是模块化的；哪些值与哪些性质搭配，可以很容易看到。很容易添加新的性质，如讲师或持续时间。使用新的表示方式，很容易添加"Fran 正在讲授课程 cs422 的第 2 节课，时间是 10：30，地点是 cc208 教室"，或者时长是 50 分钟：

prop(b123，instructor，fran)

prop(b123，duration，50)

以 scheduled 为谓词的情况下，添加讲师或持续时间是非常困难的，因为它需要在每个谓词的实例中添加额外的参数。

14.2.2　图形化表示

你可以用一个有向图来解释 prop 关系，其中关系如下：

prop(Ind，Prop，Val)

以 Ind 和 Val 为节点，在它们之间用 Prop 标记的弧线表示。这样的图被称为**语义网络**或**知识图谱**。有一个使用 prop 关系将知识图谱直接映射成知识库的形式，如下例所示。

例 14.7 图 14.1 显示了一个用于送货机器人的语义网络，显示了该机器人可能拥有的关于某大学系的特定计算机的知识种类。该网络中的一些知识是

prop(comp_2347，owned_by，fran)

prop(comp_2347，managed_by，sam)

prop(comp_2347，model，lemon_laptop_10000)

prop(comp_2347，brand，lemon_computer)

prop(comp_2347，has_logo，lemon_icon)

prop(comp_2347，color，green)

prop(comp_2347，color，yellow)

prop(comp_2347，weight，light)

prop(fran，has_office，r107)

prop(r107，in_building，comp_sci)

网络还显示了知识的结构化。例如，我们很容易看到，编号 2347 的计算机是由某人（Fran）所拥有的，他的办公室（r107）就在 comp_sci 大楼里。图中明显的直接索引可以被人类和机器使用。

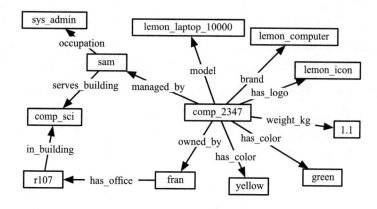

图 14.1 一个语义网络

这种图形化的标记方式有很多优点：

- 人类很容易看到其中的关系，而不需要学习特定逻辑的语法。图形化的记事法有助于知识库的建立者组织知识。
- 你可以忽略那些只有无意义名称的节点的标签——例如，例 14.6 中的 b123，或者图 14.1 中的 comp_2347。如果一定要映射到逻辑形式，可以直接将这些节点留出，并编一个任意的名字。

14.2.3 类

通常情况下，你对一个领域的了解要比数据库中的事实要多；你知道一般的规则，可以从中推导出其他事实。哪些事实是明确给出的，哪些是派生的，这是设计和建立知识库时要做出的选择。

原语知识是用事实明确规定的知识，**派生知识**是可以从其他知识中推断出来的知识。派生知识通常是用规则来具体说明的。

规则的使用使得知识的表述更加紧凑。派生关系允许从对域的观察中得出结论，这一点很重要，因为你并不是直接观察到一个域的一切。关于一个领域的许多已知的东西都是从观察和更多的一般知识中推断出来的。

使用派生知识的标准方法是将个体放入类中，然后赋予类以一般性质，使个体继承类的性质。将个体归入类中，可以更简洁地表示，因为类的成员可以共享它们共同的属性（见 14.3 节）。这也是在概率分类器中讨论过的问题（见 10.1.2 节）。

类是指那些实际的和潜在的个体的集合，这些个体将是该类的成员。这通常是一个**意向集**，由一个**特征函数**定义，该函数对该集的成员为真，对其他个体为假。意向集的另一个选择是**扩展集**，它是通过列出其元素来定义的。

比如说，类 chair 是指所有会成为椅子的东西的集合。我们不希望定义是椅子的东西的集合，因为还没有组装好的椅子也属于椅子类。我们不希望两个类仅仅因为有相同的成员，就把它们等同起来。比如说，绿色独角兽的类和恰好 124 米高的椅子类是不同的类，尽管它们可能含有相同的元素——它们都是空的，而 124 米高的椅子并不是绿色独角兽。

类的定义允许任何可以被描述的集合都是一个类。例如，由数字 17、伦敦塔和加拿大总理的左脚组成的集合可能是一个类，但它的作用不大。**自然种类**是一个类，使用该类描述个体比不使用该类描述个体更简洁。例如，"哺乳动物"是一种自然种类，因为描述哺乳动物的共同属性，使得使用"哺乳动物"的知识库比不使用"哺乳动物"而重复描述每个个体的属性的知识库更简洁。

类 S 是 C 的子类，意味着 S 是 C 的子集，也就是说，S 的每一个个体都属于类型 C。

例 14.8 例 14.7 明确规定了电脑 comp_2347 的标志是柠檬标志。但是，你可能知道所有的 Lemon 牌电脑都有这个标志。另一种表示方式是将该标志与 Lemon 牌电脑关联起来，并导出 comp_2347 的标志。这种表示方式的好处是，如果你找到另一个 Lemon 牌的电脑，可以推断出它的标志。同样，每台 Lemon 10000 笔记本电脑的重量可能是 1.1kg。

一个扩展的例子如图 14.2 所示，其中灰底的矩形是类，而来自类的箭头不是类的性质，而是类的成员的性质。Lemon 10000 笔记本电脑的类会比 1.1kg 重得多。

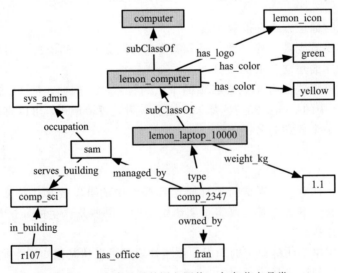

图 14.2 允许继承的语义网络。灰色节点是类

类型和子类之间的关系可以写成确定子句：

prop$(X$，type，$C)\leftarrow$

prop(S，subClassOf，C)∧

prop(X，type，S)

你可以把 type 和 subClassOf 作为允许**性质继承**的特殊性质来对待。当一个性质的值在类级指定了，并由类的成员继承时，就会发生性质继承。如果类 c 的所有成员都有性质 p 的值 v，这在 Datalog 中可以写成：

prop(Ind，p，v)←

prop(Ind，type，c)

和前文提到的关系类型和子类的规则一起，可以用于性质继承。

例 14.9　全部 Lemon 牌电脑以柠檬图标为标志，颜色为黄色和绿色（见图 14.2 中的 logo 和 color 箭头）。所有 Lemon 10000 笔记本电脑的重量是 1.1kg。Lemon 10000 笔记本电脑是 Lemon 牌电脑的一个子类。电脑 comp_2347 是 Lemon 10000 笔记本电脑的一个子类。这些知识可以用下面的 Datalog 程序来表示：

prop(X，has_logo，lemon_icon)←

prop(X，type，lemon_computer)

prop(X，has_color，green)←

prop(X，type，lemon_computer)

prop(X，has_color，yellow)←

prop(X，type，lemon_computer)

prop(X，weight_kg，1.1)←

prop(X，type，lemon_laptop_10000)

prop(lemon_laptop_10000，subClassOf，lemon_computer)

prop(comp_2347，type，lemon_laptop_10000)

从这个 Datalog 程序以及上面涉及 subClassOf 的子句，可以推导出 comp_2347 的 logo、颜色和重量。通过结构化的表示方式，要加入一个新的 Lemon 10000 笔记本电脑，只需要声明它是 Lemon 10000 笔记本电脑，颜色、logo 和重量就可以通过继承派生。

一些一般的准则对于决定什么应该是原语的，什么应该是派生的，是有用的：

- 在将一个属性与个体关联时，选择该个体所在的最一般的类 C，其中 C 的所有成员都具有该属性，并将该属性与 C 类关联起来，可以用继承的方法推导出该个体和 C 类的所有其他成员的属性。这种表示方法倾向于使知识库更简洁，这意味着更容易纳入新的个体，因为 C 的成员会自动继承属性。
- 不要把类的或有属性与类联系起来。或有属性（contingent attribute）是指当环境发生变化时，其值会发生变化的属性。例如，在当前的计算机环境中，可能所有的计算机都是用纸箱装着的。但是，把这句话作为计算机类的一个属性，可能并不是一个好主意，因为随着其他计算机的购买，这个属性也不会被期望为真。
- 向因果方向公理化。如果在使因的原语性或效果的原语性之间存在选择，那么就选使因的原语性。这样，当域发生变化时，信息就更容易稳定。见例 5.36。

14.3　本体论和知识共享

构建大型知识型系统是复杂的：

- 知识往往来自多个来源，必须进行整合。而且，这些来源的世界划分不一定相同。知识往往来自不同的领域，这些领域有自己独特的术语，根据自己的需要来划分世界。
- 系统会随着时间的推移而变化，很难预料到未来所有应该做出的区分。
- 参与设计知识库的人必须选择表示什么样的个体和关系。世界不是划分成个体，那是智能体为理解世界而做的事情。不同的人参与到知识库系统中，对世界的这种划分应该达成一致。
- 往往很难记住自己的符号标记是什么意思，更别说发现别人的符号标记是什么意思了。这有两个方面：
  - 给出计算机中使用的符号，确定其含义。
  - 给出一个人脑海中的概念，决定使用什么符号。这有三个方面：
    - 确定概念是否已被定义。
    - 如果已经定义了它，发现它用了什么符号来表示。
    - 如果还没有定义的，找到相关概念来定义它。

为了共享和交流知识，必须要能够形成一个共同的词汇，并为该词汇形成一个约定俗成的意义。

概念化是计算机中使用的符号、词汇以及世界中的个体和关系之间的映射。它提供了一个特定的世界抽象，并为这个抽象提供了符号。小型知识库的概念化可以在设计者的头脑中，也可以在文档中用自然语言指定。这种对概念化的非正式规定并不适用于必须共享概念化的大系统。

在哲学中，**本体论**是对存在的事物的研究。在人工智能中，**本体**是对信息系统中的符号意义的规范。也就是说，它是一种概念化的规范。它是对假定存在的个体和关系的规范，以及对它们使用了哪些术语。通常情况下，它规定了哪些类型的个体将被建模，规定了哪些性质将被使用，并给出了一些限制该词汇使用的公理。

知识库和面向对象编程中的类

在知识库系统中使用的"个体"和"类"与**面向对象编程（OOP）语言**（如Smalltalk、Python或Java）中使用的"对象"和"类"非常相似。这应该不会太令人惊讶，因为它们之间有着相互关联的历史。但是它们也有一些重要的区别，这些区别往往会使直接的类比更容易让人感到困惑而不是有帮助：

- OOP中的对象是计算对象，它们是数据结构和相关的程序。Java中的"person"对象不是一个人。然而，知识库（KB）中的个体是（典型的）现实世界中的事物。知识库中的"person"个体可以是一个真实的人。一个"chair"个体可以是一把真正的椅子，你可以实际坐在上面；如果你撞到它，它会伤害你。你可以向Java中的"chair"对象发送消息，并从它那里得到答案，而现实世界中的椅子往往会忽略你对它说的话。知识库通常不是用来与椅子交互的，而是用来对椅子进行推理的。一把真正的椅子会停留在原地，除非被物理智能体移动。

- 在知识库(KB)中，对象的表示只是抽象的一个(或几个)层次的近似。真实的物体往往比所表示的东西要复杂得多。你通常不会表示椅子的织物中的单个纤维。在一个 OOP 系统中，只有被表示的对象的性质。系统可以知道一个 Java 对象的一切，但不知道一个真实的个体的一切。
- Java 的类结构是为了表示设计好的对象。系统分析员或程序员可以得到一个设计对象。例如，在 Java 中，对象只是一个最底层类的成员，不存在多重继承。真正的对象就没有这么好的表现，同一个人可以是足球教练，也可以是数学家，还可以是母亲。
- 计算机程序不能对其数据结构不确定，它必须选择特定的数据结构来使用。但是，你可以对世界上的事物类型不确定。
- 知识库中的表示实际上并不做任何事情。在 OOP 系统中，对象做的是计算工作。在知识库中，它们只是表示，也就是说，它们只是指世界中的对象。
- 虽然面向对象的建模语言(如 UML)可以用来表示知识库，但可能不是最好的选择。一个好的 OO 建模工具有助于建立好的设计的设施。然而，被建模的世界可能根本就没有好的设计。试图将一个好的设计范式强加到一个混乱的世界上，可能不会有什么效果。

例 14.10 一个可能出现在地图上的个体的本体可以指定"ApartmentBuilding"这个符号代表公寓楼。这个本体不会对公寓楼进行定义，但它可以很好地描述它，让其他人能够理解这个定义。其他人可能会把这样的建筑称为"Condos""Flats"或"Apartment Complex"，但我们希望其他人能够在本体中找到合适的符号(见图 14.3)。也就是说，给定一个概念，人们希望能够找到这个符号，而给定一个符号，人们希望能够确定它的含义。

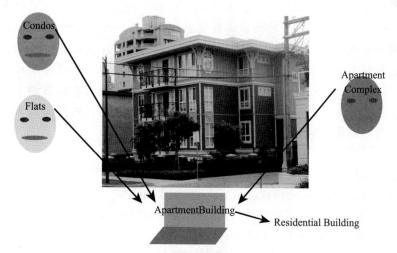

图 14.3 从概念化到符号的映射

一个本体可以给出一个公理来限制某些符号的使用。例如，它可以规定：公寓楼是建筑物，而建筑物是人类建造的人工制品。它可能会对建筑物的大小给出一些限制，比如鞋柜不能是建筑物，或者城市不能是建筑物。它可能会规定一栋建筑不能同时位于两个地理上分散的地点（所以如果你把建筑的某些部分拆掉，搬到不同的地方，就不再是一栋建筑了）。因为公寓楼是建筑物，这些限制也适用于公寓楼。

语义网

语义网是一种允许机器解释的知识在万维网上传播的方式。网站将不再只是提供给人类阅读的 HTML 页面，而是提供可供计算机使用的信息。

在最基本的层面上，**XML**（可扩展标记语言）提供了一种可以被机器阅读的语法，但也可以被人类阅读。它是一种基于文本的语言，其中的项目是以分层的方式进行标记的。XML 的语法可能相当复杂，但在最简单的层面上，标记的范围要么是〈tag···/〉形式，要么是〈tag···〉···〈/tag〉形式。

URI（统一资源标识符）用于唯一地识别资源。**资源**是任何可以被唯一标识的东西，包括个体、类和性质。URI 通常使用的是网页地址的语法。

RDF（资源描述框架）是一种建立在 XML 基础上的语言，适用于个体-性质-值三要素。

RDF-S（RDF Schema）可以让你用其他资源定义资源或性质（例如，使用 subClassOf 和 subPropertyOf）。RDF-S 还可以让你限制性质的域和范围，并提供容器：集合、序列和替代物。

RDF 允许用自己的语言对句子进行重构。这意味着它可以表示任意的逻辑公式，所以一般情况下是不可判定的。不可判定性并不一定是坏事，它只是意味着你不能对计算可能需要的时间进行约束。几乎所有编程语言中带函数符号的逻辑程序和程序都是不可判定的。

OWL（Web 本体论语言）是万维网的一种本体论语言。它定义了一些具有固定解释的类和性质，可以用来描述类、性质和个体。它除了限制域和性质范围以及其他对性质的限制（例如，跨度、基数）之外，还内置了个体、类和性质的相等性机制。

已经有一些成果涉及构建大型通用的本体，比如 Cyc（www.cyc.com），但语义网的想法是让社区在本体上聚合。任何人都可以建立一个本体。想要开发知识库的人可以使用现有的本体，也可以开发自己的本体，通常是在现有的本体基础上建立。由于具有语义互操作性符合他们的利益，因此，公司和个人应该倾向于汇聚其领域的标准本体，或者从他们的本体到他人的本体开发映射。

本体论通常是独立于特定的应用而编写的，通常涉及一个社区就符号的含义达成一致。一个本体由以下几个部分组成：

- 知识库可能要表示的事物类别（包括类和性质）的词汇表。
- 类别的组织，例如使用 subClassOf 或 subPropertyOf，或使用亚里士多德定义。
- 一组公理，限制了一些符号的定义，以更好地反映出它们的预定意义——例如，某些性质是可传递的，或者域和范围是有限制的，或者限制一个性质对每个个体可以取的值的数量。有时关系的定义是用更原始的关系来定义的，但最终，这些关系都被根植于**原语关系**中，而这些关系实际上并没有被定义。

一个本体不指定设计时不知道的个体。例如，建筑物的本体一般不会包括实际的建筑物。一个本体将指定那些固定的、应该被共享的个体，如星期几、颜色等。

亚里士多德的定义

作为现代本体论的基础，对对象进行分类由来已久。亚里士多德（公元前 350 年）就提出了类 C 的定义，即从以下几个方面对类 C 进行定义：

- **属**：C 的一个超类，属的复数为属。
- **属差**：使 C 类成员与 C 超类中其他成员不同的属性。

他预见到了定义中出现的许多问题：

> 如果说属与属之间是不同的，是并列的，那么它们的属差本身就是种类上的不同点。以"动物"属和"知识"属为例。"有脚""两足""有翅""水生"都是"动物"的属差，而"知识"种类并不是以相同的属差来区分的。一个知识的种类与另一个知识的种类在"两足"上没有区别。（亚里士多德，公元前 350 年。）

注意，这里的"并列"是指两者都不从属于对方。

按照现代本体论的风格，我们会说"动物"是一个类，"知识"是一个类。而"两足"的性质有域"动物"。如果一个东西是知识的实例，那么它就没有"两足"性质的值。

建立一个基于**亚里士多德定义**的本体论：

- 对于你可能要定义的每个类，确定一个相关的超类，然后选择那些区别于其他子类的属性。每个属性都给出了一个性质和一个值。
- 对于每一个性质，定义它有意义的最通用的类，并将性质的域定义为这个类。让这个范围成为另一个有意义的类（也许需要定义这个范围类，通过枚举它的值或使用亚里士多德定义来定义它）。

这个问题会变得相当复杂。比如，要给"豪华家具"下个定义，超类可以是"家具"，其显著特点是成本高、手感好。家具的软度和石头的软度是不一样的。你可能也要区分一下质地的柔软度（两者都可以认为是软的）。

类的层次结构是一个无环有向图（DAG），形成一个晶格。一般来说，这种方法并不能给出类的树状层次结构。对象可以存在于许多类中，每个类没有一个最特定的超类。但是，检查一个类是否是另一个类的子类，检查一个类的意义，确定一个人脑海中的概念对应的类，还是很直接的。

在极少数情况下，自然界的类结构形成了严格的树状结构，最著名的是**林纳生物分类法**。这之所以是树状结构，是因为进化的缘故。试图在其他领域中强行形成树状结构的尝试就没有那么成功。

例 14.11　考虑一个旨在寻找住宿的交易智能体。用户可以使用这样一个智能体来描述他们想要什么住宿。交易智能体可以搜索多个知识库来寻找合适的住宿，或者在一些合适的住宿可用时通知用户。需要一个本体来为用户指定符号的意义，并允许知识库

之间的互操作。它提供了语义胶粘剂，将用户的需求与知识库绑定在一起。

在这种情况下，房屋和公寓楼可能都是住宅楼。虽然建议在公寓楼里租房或租栋公寓楼，可能是明智的，但向没有实际说明想租整栋楼的人建议租栋公寓楼可能是不理智的。"居住单元"可以被定义为一些人一起生活的房间的集合，一个居住单元可能就是租赁公司提供的出租房源。在某个阶段，设计者可能需要决定房屋中的出租房是否是一个居住单元，甚至单独出租的合租房的一部分是否是一个居住单元。通常情况下，边界情况（最初可能无法预料到的情况）并没有被明确划分出来，但随着本体的发展，这些情况会变得更加清晰。

本体不会包含对实际房屋或公寓的描述，因为在本体定义时，设计者不知道本体将描述哪些房屋。本体的变化将比实际可用的住房变化要慢得多。

本体的主要目的是记录符号的含义——符号（在计算机中）和概念（在人的头脑中）之间的映射。给定了一个符号，人就能够使用本体来确定它的含义。当某人有一个概念要表示时，本体就被用于寻找合适的符号，或者确定这个概念在本体中不存在。通过使用公理来实现的次要目的是允许推理或在某些值的组合不一致时做出决策。构建本体的主要挑战是对概念的组织，使人类能够在计算机中把概念映射成符号，让计算机从陈述的事实中推断出有用的新知识。

14.3.1　统一资源标识符

统一资源标识符（URI）是个体或性质的唯一标识符，也就是所谓的资源。在语义网络语言中，URI 的形式通常是＜url♯name＞，其中 url 是网页地址的形式。通常被缩写为 abbr：name，其中 abbr 是局部声明为完整 URI 的缩写。

一个 URI 之所以有意义，是因为人们在使用它的这个意义。

例 14.12　朋友的朋友（foaf）项目是一个简单的本体，用于发布个人信息。

URI(http://xmlns.com/foaf/0.1/♯name)是一个性质，它将一个人和一个字符串表示的人的名字联系在一起。如果有人打算使用这个特定的性质，使用这个 URI 将使同样采用这个本体（或映射到这个本体）的其他人也能知道是指哪个性质。只要每个使用URI(http://xmlns.com/foaf/0.1/♯name)的人都是指同一个属性，那么 URL http://xmlns.com/foaf/0.1/是什么并不重要。在写这篇文章的时候，那个 URL 只是重定向到一个网页。然而，"朋友的朋友"项目使用该名称空间是出于某种意思。这之所以能起作用，只是因为人们都是这样使用它。

14.3.2　描述逻辑

现代本体论语言（如 OWL）是基于描述逻辑的。**描述逻辑**是用来描述类、性质和个体的。描述逻辑背后的主要思想之一是分离：

- **术语知识库**（或 TBox）描述的术语；它定义了符号的含义。
- **断言知识库**（或 ABox），指定了在某个时间点上什么为真。

通常情况下，术语知识库在系统设计的时候就已经定义好了，并定义了本体，它只是随着词汇的含义变化而变化，这种变化应该是比较少的。而断言知识库通常包含的知识是特定情况下的知识，只有在运行时才知道。

　　典型的做法是用三元组来定义断言知识库，用 OWL 这样的语言来定义术语知识库。网络本体语言（OWL）用以下几个方面描述域的情况：

- **个体**是指世界上被描述的事物（如某一栋特定的房子或某一特定的预订可能是个体）。
- **类**是个体的集合。一个类是所有真实的或潜在的事物的集合，这些事物都会被归入该类。例如，"房子"类可能是所有被归类为房子的事物的集合，而不仅仅是那些存在于感兴趣领域中的房子。
- **性质**是用来描述个体的。**数据类型性质**的值是原始数据类型，如整数或字符串等。例如，"streetName" 可能是一个介于街道和字符串之间的数据类型性质。一个**对象性质**的值是其他个体的值。例如，"nextTo" 可能是两个房子之间的性质，而 "onStreet" 可能是房子和街道之间的性质。

　　OWL 有几个变体，这些变体对类和性质有不同的限制以及实现效率。例如，在 OWL-DL 中，类不能是个体，也不能是性质，性质也不是个体。而在 OWL-Full 中，个体、性质、类的类别不一定是不连续的。OWL-DL 有三个概要文件，它们是针对特定应用的，不允许使用它们不需要的构造，这样会使推理速度变慢。OWL 2 EL 是为大型生物健康本体设计的，允许丰富的结构描述。OWL 2 QL 是为数据库查询语言的前端设计的。OWL 2 RL 是为规则重要的情况下设计的语言。

　　OWL 没有唯一名称假设，两个名称不一定代表不同的个体或不同的类别。它不做完备知识假设，也不假设所有相关事实都已陈述。

　　图 14.4 给出了一些原语类和一些类构造函数，使用集合的符号来定义类中的个体集。图 14.5 给出了 OWL 的原语谓词，前缀 "owl:" 表明来自 OWL。

C_k 为类，P_k 为属性，I_k 为个体，n 为整数。$\#S$ 是集合 S 中的元素数量。	
类	**类包含**
owl: Thing	所有个体
owl: Nothing	没有个体（空集）
owl: ObjectIntersectionOf$(C_1, \cdots, C_k)$	$C_1 \cap \cdots \cap C_k$ 中的个体
owl: ObjectUnionOf$(C_1, \cdots, C_k)$	$C_1 \cup \cdots \cup C_k$ 中的个体
owl: ObjectComplementOf(C)	不在 C 中的个体
owl: ObjectOneOf$(I_1, \cdots, I_k)$	$I_1, \cdots, I_k$
owl: ObjectHasValue(P, I)	在属性 P 上带有值 I 的个体，即 $\{x: x\,P\,I\}$
owl: ObjectAllValuesFrom(P, C)	在属性 P 上所有值都在类 C 中的个体；即 $\{x: x\,P\,y \to y \in C\}$
owl: ObjectSomeValuesFrom(P, C)	在属性 P 上存在某些值在类 C 中的个体；即 $\{x: \exists y \in C$ 使得 $x\,P\,y\}$
owl: ObjectMinCardinality(n, P, C)	通过属性 P，至少与 n 个类 C 的个体关联的个体 x，即 $\{x: \#\{y: xPy \text{ and } y \in C\} \geqslant n\}$
owl: ObjectMaxCardinality(n, P, C)	通过属性 P，至多与 n 个类 C 的个体关联的个体 x，即 $\{x: \#\{y: xPy \text{ and } y \in C\} \leqslant n\}$
owl: ObjectHasSelf(P)	individuals x 使得 xPx

图 14.4　一些 OWL 内建类和类的构造器

语句	含义
OWL 有以下固定解释的谓词，其中 C_k 为类，P_k 为属性，I_k 为个体；x 和 y 为普遍量化的变量。	
rdf：type(I, C)	$I \in C$
owl：ClassAssertion(C, I)	$I \in C$
rdfs：subClassOf(C_1, C_2)	$C_1 \subseteq C_2$
owl：SubClassOf(C_1, C_2)	$C_1 \subseteq C_2$
rdfs：domain(P, C)	如果 xPy，则 $x \in C$
owl：ObjectPropertyDomain(P, C)	如果 xPy，则 $x \in C$
rdfs：range(P, C)	如果 xPy，则 $y \in C$
owl：ObjectPropertyRange(P, C)	如果 xPy，则 $y \in C$
owl：EquivalentClasses(C_1, C_2, $\cdots$, C_k)	对于所有 i, j, $C_i \equiv C_j$
owl：DisjointClasses(C_1, C_2, $\cdots$, C_k)	对于所有 $i \neq j$, $C_i \cap C_j = \{\}$
rdfs：subPropertyOf(P_1, P_2)	xP_1y 蕴涵 xP_2y
owl：EquivalentObjectProperties(P_1, P_2)	xP_1y 当且仅当 xP_2y
owl：DisjointObjectProperties(P_1, P_2)	xP_1y 蕴涵非 xP_2y
owl：InverseObjectProperties(P_1, P_2)	xP_1y 当且仅当 yP_2x
owl：SameIndividual(I_1, $\cdots$, I_n)	$\forall j \, \forall k \, I_j = I_k$
owl：DifferentIndividuals(I_1, $\cdots$, I_n)	$\forall j \, \forall k \, j \neq k$ 蕴涵 $I_j \neq I_k$
owl：FunctionalObjectProperty(P)	如果 xPy_1 且 xPy_2，则 $y_1 = y_2$
owl：InverseFunctionalObjectProperty(P)	如果 x_1Py 且 x_2Py，则 $x_1 = x_2$
owl：TransitiveObjectProperty(P)	如果 xPy，且 yPz，则 xPz
owl：SymmetricObjectProperty	如果 xPy，则 yPx
owl：AsymmetricObjectProperty(P)	xPy 蕴涵非 yPx
owl：ReflectiveObjectProperty(P)	xPx，对于所有 x
owl：IrreflectiveObjectProperty(P)	对于所有 x，非 xPx

图 14.5　某些 RDF、RDF-S 和 OWL 的内置谓词

在这些图中，xPy 是一个三段式（triple）。注意，这是为了定义谓词的含义，而不是任何语法。谓词可以使用不同的语法，如 XML、Turtle（一种简单的三段式语言）或函数式标注。这里我们使用 OWL **函数式语法**，其中构造函数的参数写在括号里，用空格隔开。

例 14.13　作为 OWL 函数语法中的类构造函数的例子：

ObjectHasValue(lc：has_logo lc：lemon_icon)

是对象的类，个体 lc：lemon_icon 为性质 lc：has_logo 的值。

ObjectSomeValuesFrom(lc：has_color lc：green)

是所有具有一些绿色的对象的类。也就是对象中的一些颜色是绿色的对象。这里的 lc：green 被假定为更具体的颜色的类，如宝石绿或森林绿。

MinCardinality(2：owns：building)

是指所有拥有两栋或以上建筑物的个体的类别。也就是说，如下集合：

$\{x : \exists i_1 \exists i_2 \, building(i_1) \wedge building(i_2) \wedge x : owns \, i_1 \wedge x : owns \, i_2 \wedge i_1 \neq i_2\}$

类构造函数必须在语句中使用，比如说某个个体是这个类的成员，或者说某个类等同于其他类。

OWL 没有确定子集。要说一个集合 S 中的所有元素对谓词 p 来说都有值 v，我们就说 S 是对谓词 p 有值 v 的所有事物的子集。

例 14.14　图 14.6 显示了图 14.2 的(部分)表示。

```
Prefix(lc：=<http：//artint. info/ontologies/lemon_computers. owl#>)
Ontology(<http：//artint. info/ontologies/lemon_computers. owl>

Declaration(Class(lc：computer))
Declaration(Class(lc：logo))
ClassAssertion(lc：logo lc：lemon_icon)
Declaration(ObjectProperty(lc：has_logo))
ObjectPropertyDomain(lc：has_logo lc：computer)
ObjectPropertyRange(lc：has_logo lc：logo)

Declaration(Class(lc：lemon_computer))
SubClassOf(lc：lemon_computer lc：computer)
SubClassOf(lc：lemon_computer
          ObjectHasValue(lc：has_logo lc：lemon_icon))

Declaration(Class(lc：color))
Declaration(Class(lc：green))
Declaration(Class(lc：yellow))
SubClassOf(lc：green lc：color)
SubClassOf(lc：yellow lc：color)
Declaration(Class(lc：material_entity))
SubClassOf(lc：computer lc：material_entity)
ObjectPropertyDomain(lc：has_color lc：material_entity)
ObjectPropertyRange(lc：has_color lc：color)
SubClassOf(lc：lemon_computer
          ObjectSomeValuesFrom(lc：has_color lc：green))
SubClassOf(lc：lemon_computer
          ObjectSomeValuesFrom(lc：has_color lc：yellow))
)
```

图 14.6　例 14.14 的 OWL 函数式语法表示方式

第一行将"lc："定义为缩写。因此，"lc：computer"是如下 URI 的缩写。

〈http：//artint. info/ontologies/lemon computers. owl#computer〉

第二行定义了这是哪个本体(括号在最后一行结束)。

lc：computer 和 lc：logo 都是类，lc：lemon_icon 是类 lc：logo 的成员，lc：has_logo 是一个性质，具有域 lc：computer 和范围 lc：logo。

要说明所有的 Lemon 牌电脑都有一个柠檬图标作为标识，就要说明 Lemon 牌电脑的集合是属性 has_logo 有值 lemon_icon 的所有事物的集合的子集。在本体中规定 lc：lemon_computer 是 lc：computer 的一个子类，也是性质 lc：has_logo 有值 lc：lemon_icon 的个体集合的一个子类。也就是说，所有的 Lemon 牌电脑都有一个柠檬图标作为标识。

绿色和黄色是颜色的子类。性质 has_color 适用于材料实体，也就是物理对象。Lemon 牌电脑的颜色有的为黄色，有的为绿色。

有些 OWL 和 RDF 或 RDFS 语句的含义是一样的。例如，rdf：type(I，C)的含义与 owl：ClassAssertion(C，I)的含义相同，对于对象性质，rdfs：domain 的含义与 owl：ObjectPropertyDomain 相同。有些本体使用这两个定义，因为本体经过长时间的开发，贡献者采用了不同的约定，当且仅当 xPy。

在 OWL 中有一个性质构造函数 owl：ObjectInverseOf(P)，它是 P 的逆性质；也就是说，它是 P^{-1} 这样的性质使得 $yP^{-1}x$。注意，它只适用于对象性质；数据类型性质没有逆，因为数据类型不能成为三段式的主语。

图中的类和语句列表并不完整。在适当的情况下，数据类型性质也有相应的数据类型类。例如，owl：DataSomeValuesFrom 和 owl：EquivalentDataProperties 与相应的对象符号有相同的定义，但都是针对数据类型性质的。OWL 中还有其他的构造来定义性质、注释、标注、版本化以及导入其他本体等。

例 14.15 考虑一下亚里士多德对公寓楼的定义。我们可以说，住宅楼有多个单元，这些单元是出租的。（这与公寓楼不同，公寓楼的单元是单独出售的，或者是只有一个单元的房子。）假设我们有一个类 ResidentialBuilding，它是 Building 的一个子类。

下面定义了函数对象性质 numberOfUnits，域为 ResidentialBuilding，范围为{one，two，moreThanTwo}。

```
Declaration(ObjectProperty(:numberOfunits))
FunctionalObjectProperty(:numberOfunits)
ObjectPropertyDomain(:numberOfunits :ResidentialBuilding)
ObjectPropertyRange(:numberOfunits
                    ObjectOneOf(:two :one :moreThanTwo))
```

函数对象性质 ownership 具有域 ResidentialBuilding 和范围{rental，ownerOccupied，coop}，可以用类似的方式定义。

一栋公寓楼是指一个 ResidentialBuilding，其中 numberOfUnits 性质具有值 More-ThanTwo，ownership 性质具有值 rental 的事物类。为了在 OWL 中指定这一点，我们定义 numberOfUnits 性质有值 moreThanTwo 的事物类，ownership 性质有值 rental 的事物类，并说明 ApartmentBuilding 相当于这些类的交集。在 OWL 函数语法中，这就是

```
Declaration(Class(:ApartmentBuilding))
EquivalentClasses(:ApartmentBuilding
    ObjectIntersectionOf(
        :ResidentialBuilding
        ObjectHasValue(:numberOfunits :moreThanTwo)
        ObjectHasValue(:ownership :rental)))
```

这个定义可以用来回答公寓楼的产权归属、单元数量等问题。公寓楼继承了住宅楼的所有属性。

前面的例子并没有真正定义 ownership。系统不知道 ownership 到底是什么意思。希望用户能够知道它的含义。每个想采用本体的人都应该确保他们对一个性质和类的使用与本体的其他用户一致。

领域本体是关于某一感兴趣的特定领域的本体。现有的大多数本体都是在一个狭窄的领域中，人们为特定的应用而编写的本体。在编写领域本体的过程中，已经形成了一些准则，以实现知识共享：

- 如果可能的话，使用现有的本体。这意味着你的知识库将能够与其他使用相同本体的人进行交互。
- 如果现有的本体与你的需求不完全匹配，请导入本体并在本体中添加内容。不要从头开始，因为使用过现有的本体的人也很难使用你的本体，而其他想选择本体

的人则不得不选择其中的一个或另一个。如果你的本体包含并改进了另一个本体，那么其他想采用本体的人也会选择你的，因为他们的应用将能够与任何一个本体的采用者进行交互。

- 确保你的本体与相邻的本体整合在一起。例如，关于度假村的本体必须与关于食物、海滩、娱乐活动等的本体进行交互，尽量确保它对同样的事情使用相同的术语。
- 尽量融入更高层次的本体(见下文)。这将使别人更容易将自己的知识与你的知识结合起来。
- 如果你必须设计一个新的本体，请广泛征求其他潜在用户的意见。这将使其最有用，也最有可能被采用。
- 遵循命名惯例。例如，用其成员的单数名称来称呼一个类。例如，把一个类叫做"Resort"，而不是"Resorts"。抵制住诱惑，不要把它称为"ResortConcept"(以为它只是度假村的概念，而不是度假村；见下文)。在命名类和性质时，要考虑到它们将如何使用。说"r_1 是属于类型 Resort 的"比"r_1 是属于类型 Resorts 的"听起来更好，这比"r_1 是属于类型 ResortConcept 的"更好。
- 作为最后一个选项，指定本体之间的匹配。有时，当本体独立开发时，本体之间有时必须进行匹配。如果可以避免匹配，那是最好的；因为使用本体，会使使用本体的知识变得更加复杂，因为有多种方法可以说同样的事情。

使用 OWL 函数式语法编写的 OWL 比使用 XML 时更容易阅读。然而，OWL 比大多数人想要指定或读取的格式更低级——它被设计成一个机器可读的规范。有很多编辑器支持编辑 OWL 的表示方式，其中一个例子是 Protégé(http://protege.stanford.edu/)。一个本体论编辑器应该支持以下内容：

- 它应该为人们提供一种方法，使人们能够在最有意义的抽象水平上输入本体。
- 考虑到用户想要使用的概念，本体论编辑器应该便于寻找该概念的术语或确定没有相应的术语。
- 对于一个人来说，要确定一个词的含义，应该是很直接的。
- 应该尽可能容易地检查本体是否正确(即符合用户对术语的预期解释)。
- 应该创建一个别人可以使用的本体。这意味着，它应该尽可能地使用标准化的语言。

类和概念

在定义一个本体的时候，给类的**概念**起个名字是很有诱惑力的，因为符号代表概念：从内部表示到符号所代表的对象或关系的映射。

例如，把独角兽这个类称为"unicornConcept"可能很有诱惑力，因为没有独角兽，只有独角兽的概念。但是，独角兽和独角兽的概念是完全不同的，一个是动物，一个是知识的子类。独角兽有四条腿，头上长出一个角；而独角兽的概念是没有腿，也没有角。如果独角兽出现在大学关于本体的讲座中，你会非常惊讶，但如果出现独角兽的概念，你应该不会感到惊讶。虽然没有独角兽的实例，但是独角兽的概念出现的实例很多。如果你指的是独角兽，就应该用"独角兽"这个词。如果你指的是独角兽的概念，应该用"独角兽的概念"。你不应该说独角兽的概念有四条腿，因为知识的实例没有腿，动物、家具和一些机器人都有腿。

> 再举个例子，考虑一下地壳板块，它是地壳的一部分。地壳板块有几百万年的历史，而地壳板块的概念出现还不到一百年。有人脑子里可以有"地壳板块的概念"，但不可能有"地壳板块"。应该清楚，地壳板块和地壳板块的概念是截然不同的东西，具有截然不同的性质。不能把"地壳板块的概念"说成是"地壳板块"，反之亦然。
>
> 　　将对象称为概念是构建本体的常见错误。虽然你可以自由地使用你想要的任何名称来称呼事物，但只有当其他人采用你的本体时，才会对知识共享有用。如果这个概念对他们来说没有意义，他们就不会采纳。

14.3.3　顶层本体

例 14.15 为公寓楼定义了一个领域本体供编写知识库的人使用，这个知识库指的是可以出现在地图上的事物。每一个领域本体都隐含或显式地假设了一个更高层次的本体，而这个本体可以与之相适应。公寓建筑本体假定建筑物是被定义的。

一个**顶层本体**在非常抽象的层面上提供了对一切事物的定义。

顶层本体的目标是提供一个有用的分类，作为其他本体的基础。明确说明领域本体如何融入更上层本体，有望促进这些本体的整合。本体的整合是必要的，这样可以让应用程序引用多个知识库，每个知识库可能使用不同的本体。这里我们提出了一个基于 BFO（即**基本形式本体**）的顶层本体。图 14.7 提供了一棵决策树，可用于将任何事物归类为若干高级类别。

在最上面是**实体**（entity）。OWL 把层次结构最上面的东西叫作**事物**（thing）。本质上，一切事物都是实体。

实体分为**连续体**（continuant）和**发生体**（occurrent）这两个不相干的类别。连续体是指存在于时间的某一瞬间，并在持续时间内继续存在的事物。例如，一个人、一根手指、一个国家、一个微笑、一朵花的味道和一封电子邮件。当一个连续体在任何时候都存在时，它的部分也是如此。连续体在持续时间

```
1:   if 实体在时间内持续存在 then
2:       它是连续体
3:       if 其存在性不依赖于其他实体 then
4:           它是独立的连续体
5:           if 有物质部分 then
6:               它是物质实体
7:               if 它是统一的整体 then
8:                   它是一个物体
9:               else
10:                  它是非物质实体
11:          else
12:              它是依赖的连续体
13:              if 它是一个性质 then
14:                  if 它是所有物体都有的性质 then
15:                      它是品质
16:                  else if 它是可以实现的 then
17:                      它是任务
18:                  else if 它是物体可能发生的事情 then
19:                      它是倾向
20:                      if 它是物体的目的 then
21:                          它是功能
22:  else
23:      它是发生体
24:      if 它取决于连续体 then
25:          if 它随着时间的推移而发生 then
26:              它是过程
27:          else
28:              它是一个过程的边界
29:  else if 它涉及空间和时间 then
30:      它是一个空间-时间区域
31:  else
32:      它是时间区域
```

图 14.7　在顶层本体中对实体进行分类

内维持着其同一性。而**发生体**则是短暂性的部分，例如，一个生命、婴儿期、微笑、一朵花的开放和发送电子邮件。思考这种区别的一种方法是考虑实体的部分：手指是人的一部分，但不是生命的一部分；婴儿期是生命的一部分，但不是人的一部分。连续体参与到发生体中。时间持续中的过程和在时间的某一瞬间发生的事件都是发生体。

连续体可以是一个**独立的连续体**，也可以是一个**依赖的连续体**。独立的连续体是指可以独立存在的实体，也可以是另一个实体的一部分。例如，一个人、一张脸、一支笔、一朵花、一个国家、一种氛围，都是独立的连续体。依赖的连续体只因另一实体而存在，而不是该实体的一部分。比如，一个人的微笑、笑的能力，或者你嘴里的东西，或者一个人与一部手机的所有权关系，都只能依附于另一个或多个物体而存在。需要注意的是，作为另一个对象的一部分的东西是一个独立的连续体，例如，心脏虽然不能没有身体而存在，但它可以脱离身体却仍然存在。这与微笑不同，你不能把微笑从猫身上分离出来。

一个独立的连续体是一个**物质实体**或**非物质实体**。物质实体有一定的物质部分。物质实体在空间中具有局部性，可以在空间中运动。物质实体的例子有一个人、一支足球队、珠穆朗玛峰和卡特里娜飓风。非物质实体是抽象的。非物质实体的例子是，你上周一发送的第一封电子邮件、一个计划和一个实验协议。请注意，你需要一个电子邮件的**物理载体**来接收它（例如，作为你的智能手机上的文本或语音合成器的语音），但电子邮件不是那个物理载体；不同的物理载体仍然可以是相同的电子邮件。

如果物质实体是一个统一的整体，那么它就是一个**物体**。一个物体即使得到或失去了某些部分，也会保持其同一性（例如，一个人如果失去了一些头发、一种信念，甚至一条腿，仍然是同一个人）。一个人、一把椅子、一块蛋糕或一台电脑都是物体。一个人的左腿（如果人的左腿还连着人的话）、一支足球队或赤道都不是物体。如果让机器人去找三个物体，就不能指望它带来一把椅子，并称椅背、座椅和左前腿是三个物体。

依赖的连续体依赖于其他物体。如果依赖的连续体是一个**性质**，那么它就是一种类型。以下是性质的子类型：

- **品质**（quality）是指所有特定类型的物体在其存在的所有时间内都具有的东西——例如，一袋糖的质量、一只手的形状、一只杯子的易碎性、一道风景的美丽、一盏灯的明亮、海洋的味道。虽然这些都可以改变，但一袋糖总是有质量，一只手总是有形状。
- **任务**（role）指定了一个目标，这个目标对对象的设计并不是必不可少的，但却可以实现。任务的例子包括当法官的任务、送咖啡的任务以及支持电脑显示器的桌子的任务。
- **倾向**（disposition）是指物体可能发生的事情，比如，杯子掉在地上会摔碎，蔬菜不冷藏会腐烂，干燥的火柴会划燃。
- **功能**（function）是指物体的一种配置，是物体的目的。例如，杯子的功能可能是盛咖啡，心脏的功能是泵血。

另一个主要的实体类别是**发生体**。发生体是指下列任何一个实体：

- **时间区域**是一个时间上的区域。一个时间区域要么是相连的（如果两个点在这个区域内，那么中间的每一个点也在该区域），要么是分散的。连通的时间区域是间隔的，也可以是瞬时的（时间点）。2026 年 3 月 1 日（星期日）是一个时区间隔；美国东部时间当日下午 3 点 31 分是一个时刻。北京时间周二的 3 点到 4 点是一个分散的时间区域。
- **空间-时间区域**是多维时空的一个区域。空间-时间区域是分散的，或者是相连的。空间-时间区域的一些例子有：人类所占据的空间、1812 年加拿大和美国的边界、癌症肿瘤的发展所占据的区域等。

- **过程**是随着时间的推移而发生的，有瞬时性的部分，并依赖于一个连续体。例如，Joe 的一生有婴儿期、童年、少年期、青春期、成年期等部分，涉及一个连续体（即 Joe）一个假期、写一封邮件、机器人打扫实验室都是一个过程。
- **过程的边界**是一个过程的瞬时性边界，比如机器人开始清理实验室，或者说机器人的诞生等。

设计顶层本体是很难的，可能不会让所有人都满意，似乎总是会有一些有问题的情况。特别是，边界情况往往无法很好地指定。然而，使用标准的顶层本体应该有助于将本体连接在一起。

14.4　实现知识库系统

对于一个智能体来说，在所谓的**反射**(reflection)推理中，能够表示和推理是有用的。明确地对自己的表示和推论进行推理，使智能体能够根据自己的特殊情况修改这些表示和推理。

本节考虑了反射的一种用途，即实现轻量级工具，用于构建具有特定应用所需功能的新语言。通过使新的语言和工具易于实现，可以为每个应用提供最佳的语言。语言和工具可以随着应用的发展而发展。

一种语言的**元解释器**是用同一语言编写的语言的解释器。这样的解释器是有用的，因为修改后可以快速开发出具有实用功能的新语言的原型。一旦证明了该语言的实用性，就可以为该语言开发一个编译器来提高效率。

当一种语言在另一种语言中实现时，被实现的语言称为**基础语言**，有时也可以称为**目标语言**，而实现所使用的语言称为**元语言**。基础语言中的表达式被称为**基级**，而元语言中的表达式则是**元级**。我们首先为第 13 章中介绍的确定子句语言定义一个元解释器。然后，我们展示了如何修改或扩展基础语言，以及通过修改元解释器可以提供解释和调试等工具。

14.4.1　基础语言和元语言

我们需要一个可以被解释器操纵的基级表达式的表示方式，以产生答案。最初，基础语言也将是确定子句语言。回想一下，确定子句语言是由词汇、原子、主体和子句组成的。

元语言是指基础语言中的这些句法元素，元级符号表示基级词汇、原子和子句。基级词汇将表示被建模的域中的对象，而基级谓词将表示域中的关系。

在编写逻辑编程元解释器时，可以选择如何表示变量。在**非基础表示法**中，基级词汇在元语言中被表示为同一词汇，所以，特别地，基级变量被表示为元级变量。这与基础表示法不同，在**基础表示法**中，基础语言变量在元语言中被表示为常量。非基础表示意味着可以用元级的合一算子来合一化基级词汇。基础表示法允许实现更复杂的合一算子。

例 14.16　在非基础表示法中，基级术语 $foo(X, f(b), X)$ 将被表示为元级术语 $foo(X, f(b), X)$。在基础表示法中，基级术语 $foo(X, f(b), X)$ 可以表示为 $foo(x, f(b), x)$，同时声明 x 是基级变量。

我们将为确定子句开发一种非基础表示法。元语言必须能够表示所有的基级构造。

基级的变量、常量和函数符号被表示为相应的元级变量、常量和函数符号。因此，基级中的所有术语都可用元级中的同一术语表示。基级的谓词符号 p 用相应的元级函数符号 p 表示，因此，基级的原子 $p(t_1, \cdots, t_k)$ 被表示为元级的术语 $p(t_1, \cdots, t_k)$。

基级主体也可以用元级术语表示。如果 e_1 和 e_2 是表示基级原子或基级主体的元级术语，那么让元级术语 $\mathrm{oand}(e_1, e_2)$ 表示 e_1 和 e_2 的基级合取。因此，oand 是表示基级合取的元级函数符号。

基级确定子句被表示为元级原子。基级规则 "$h \leftarrow b$" 表示为元级原子 $\mathrm{clause}(h, b')$，其中 b' 是主体 b 的表示，基级事实 a 表示为元级原子 $\mathrm{clause}(a, \mathrm{true})$，其中元级常数 true 表示基级空主体。

例 14.17 例 13.12 中的基级子句

connected_to(l_1, w_0)

connected_to(w_0, w_1)←up(s_2)

lit(L)←light(L) $\land$ ok(L) $\land$ live(L)

可以表示为元级事实

clause(connected_to(l_1, w_0), true)

clause(connected_to(w_0, w_1), up(s_2))

clause(lit(L), oand(light(L), oand(ok(L), live(L))))

为了使基级更易读，我们使用函数符号 "$\&$" 而不是 oand。我们不写 oand(e_1, e_2)，而是写成 $e_1 \& e_2$。连词符号 "$\&$" 是元级语言中的 infix 函数符号，表示基础语言中原子之间的运算符。这只是 "oand" 表示的语法变体。这样使用 infix 运算符，使基级公式的阅读更加方便。

我们不写 clause(h, b)，而是写成 $h \Leftarrow b$，其中 $\Leftarrow$ 是一个 infix 的元级谓词符号。因此，基级子句 "$h \leftarrow a_1 \land \cdots \land a_n$" 被表示为元级原子：

$$h \Leftarrow a_1 \& \cdots \& a_n$$

如果对应的基级子句是基级知识库的一部分，那么这个元级原子为真。在元级中，这个原子可以像其他原子一样使用。

图 14.8 总结了基础语言在元级中的表示方式。

Syntactic construct		Meta-level representation of the syntactic construct	
variable	X	variable	X
constant	c	constant	c
function symbol	f	function symbol	f
predicate symbol	p	function symbol	p
"and" operator	$\land$	function symbol	$\&$
"if" operator	$\leftarrow$	predicate symbol	$\Leftarrow$
clause	$h \leftarrow a_1 \land \cdots \land a_n$	atom	$h \Leftarrow a_1 \& \cdots \& a_n$
clause	$h.$	atom	$h \Leftarrow \mathrm{true}$

图 14.8 基础语言的非基础表示

例 14.18 使用 infix 符号，将例 14.17 中的基级子句表示为元级事实

connected_to(l_1, w_0)$\Leftarrow$true

connected_to(w_0, $w1$)$\Leftarrow$up(s_2)

lit(L)$\Leftarrow$light(L) $\&$ ok(L) $\&$ live(L)

这种标记法对人类来说比例 14.17 中的元级事实更容易读懂，但对计算机来说，本质上是一样的。

元级函数符号"&"和元级谓词符号"⇐"不是元级的预定义符号，你可以使用任何其他符号。为了增加可读性，它们采用 infix 符号。

14.4.2　一个普通的元解释器

本节介绍一个非常简单的确定子句语言的**元解释器**，它是使用确定子句语言写的。接下来的章节将对这个元解释器进行扩充，提供额外的语言结构和知识工程工具。在学习后面介绍的更复杂的元解释器之前，首先要了解这个简单的案例。

图 14.9 定义了一个确定子句语言的元解释器。这是对关系 prove 的公理化，当基级主体 G 是基级子句的蕴涵时，prove(G)为真。

%如果基级主体 G 是使用谓词符号"⇐"定义的基级子句的蕴涵，则 prove(G)为真。
prove(true)
prove((A & B)) ⇐
 prove(A) ∧
 prove(B)
prove(H) ⇐
 (H⇐B) ∧
 prove(B)

图 14.9　普通的确定子句元解释器

与公理化任何其他关系一样，我们写出的子句在意图解释中都是真的，确保它们涵盖了所有的情况，并通过递归进行一些简化。这个元解释器本质上涵盖了子句主体或查询中允许的每一种情况，它规定了如何解决每一种情况。主体可以是空的，也可以是连词，或者是原子。空的基级主体 true 可以简单地证明。要证明基级连接 A&B，请证明 A 和证明 B。要证明原子 H，找一个以 H 为头部的基级子句，证明该子句的主体。

例 14.19　考虑改编自例 13.12 的图 14.10。这可以从元级看成一个由原子组成的知识库，所有的原子都有相同的谓词符号⇐。它也可以被看成由多个规则组成的基级知识库，而普通的元解释器则把它看成一个原子的集合。

基级目标 live(w_5)对元解释器进行以下查询：
 ask prove(live(w_5))
prove 的第三个子句是唯一匹配这个查询的子句。然后，它寻找一个形式为 live(w_5)⇐B 的子句，并发现

---

lit(L) ⇐
 light(L) &
 ok(L) &
 live(L)
live(W) ⇐
 connected_to(W, W_1) &
 live(W_1)
live(outside) ⇐ true
light(l_1) ⇐ true
light(l_2) ⇐ true
down(s_1) ⇐ true
up(s_2) ⇐ true
up(s_3) ⇐ true
connected_to(l_1, w_0) ⇐ true
connected_to(w_0, w_1) ⇐ up(s_2) & ok(s_2)
connected_to(w_0, w_2) ⇐ down(s_2) & ok(s_2)
connected_to(w_1, w_3) ⇐ up(s_1) & ok(s_1)
connected_to(w_2, w_3) ⇐ down(s_1) & ok(s_1)
connected_to(l_2, w_4) ⇐ true
connected_to(w_4, w_3) ⇐ up(s_3) & ok(s_3)
connected_to(p_1, w_3) ⇐ true
connected_to(w_3, w_5) ⇐ ok(cb_1)
connected_to(p_2, w_6) ⇐ true
connected_to(w_6, w_5) ⇐ ok(cb_2)
connected_to(w_5, outside) ⇐ true
ok(X) ⇐ true

图 14.10　室内布线的知识库

$live(W) \Leftarrow connected\_to(W, W_1) \& live(W_1)$

W 与 w_5 统一，B 与 $connected\_to(w_5, W_1) \& live(W_1)$ 统一。然后，它试图证明

$prove((connected\_to(w_5, W_1) \& live(W_1)))$

prove 的第二个子句是适用的。然后，它试图证明

$prove(connected\_to(w_5, W_1))$

用第三个子句来证明，它找了一个带头的子句，用如下来统一：

$connected\_to(w_5, W_1) \Leftarrow B$

并找到 $connected\_to(w_5, outside) \Leftarrow true$，将 W_1 绑定到 outside。然后，它尝试证明 prove(true)，用第一个子句证明成功。

连接的后半部分 $prove(live(W_1))$ 且 $W_1 = outside$，约简为 prove(true)，然后马上就能解决。

14.4.3　拓展基础语言

可以通过修改元解释器来改变基础语言。可证明的结果集可以通过在元解释器中添加子句来扩大。可证明的结果集可以通过在元解释器子句中添加条件来约简。

在所有实际的系统中，并不是每一个谓词都是由子句定义的。例如，在目前能够快速进行算术运算的机器上进行公理化是不切实际的，与其对这样的谓词进行公理化，不如直接调用底层系统。假设谓词 $call(G)$ 直接对 G 进行评价，写出 $call(p(X))$，就等于写出 $p(X)$。之所以需要谓词 call，是因为确定子句语言不允许将自由变量作为原子。

内置程序可以通过定义元级关系 $build\_in(X)$ 来进行基级评价，如果要直接评价 X 的所有实例，则该关系为真；X 是一个元级变量，必须表示基级原子。不要认为 "build_in" 是作为一个内置关系提供的，它可以像其他关系一样被公理化。

基础语言可以扩展到允许在子句的主体中出现析取，当 A 在 I 中为真，或 B 在 I 中为真（或两者都为真）时，**析取** $A \lor B$ 在解释 I 中为真。允许在基级子句的主体中出现析取，并不要求在元级语言中出现析取。

图 14.11 显示了一个元解释器，它允许直接对内置过程进行评价，并允许在规则的主体中进行析取。这需要一个内置断言的数据库，并假定 $call(G)$ 是元级中证明 G 的一种方法。

```
% 如果基级主体 G 是基级知识库的蕴涵，则 prove(G) 为真。
prove(true)
prove((A & B)) ←
    prove(A) ∧
    prove(B)
prove((A ∨ B)) ←
    prove(A)
prove((A ∨ B)) ←
    prove(B)
prove(H) ←
    built in(H) ∧
    call(H)
prove(H) ←
    (H ⇐ B) ∧
    prove(B)
```

图 14.11　使用内置调用和析取的元解释器

例 14.20 图 14.11 的元解释器现在可以解释的基级规则的一个例子是

can_see⇐eyes_open&(lit(l_1)∨lit(l_2))

它表明，如果 eyes_open 为真，并且 lit(l_1)或 lit(l_2)为真（或两者都为真），那么 can_see 就是真的。

给定这样的解释器，元级和基级是不同的语言。基级允许在主体中提供析取，元级不需要析取，以为基础语言提供析取。元级需要一种解释 call(G)的方法，而基级无法处理。但是，通过添加下面的元级子句，可以使基级解释命令 call(G)：

prove(call(G))←
    prove(G)

14.4.4 深度受限搜索

上一节展示了额外的元级子句如何扩展基础语言。本节将展示在元级子句中添加额外的条件，限制那些可以证明的内容。

一个有用的元解释器是一个实现深度受限搜索的元解释器。这可以用来寻找短证明，也可以作为迭代深化搜索器的一部分（见 3.5.3 节），该搜索器进行反复的深度受限、深度优先的深度搜索，在每个阶段增加受限大小。

图 14.12 给出了关系 bprove(G，D)的公理化，如果 G 可以用深度小于或等于非负整数 D 的证明树来证明，则该关系为真。本图中使用了 Prolog 的 infix 谓词符号 "is"，如果 V 是表达式 E 的数值，则 "V is E" 为真。在这个表达式中，"−"指的是 infix 减法函数符号。因此，如果 D_1 比数字 D 少 1，则 "D_1 is $D-1$" 为真。

```
%如果 G 可以用深度小于或等于数 D 的证明树来证明，则 bprove(G，D)为真。
 bprove(true，D)
 bprove((A&B)，D)←
     bprove(A，D)∧
     bprove(B，D)
 bprove(H，D)←
     D≥0∧
     D₁ is D−1∧
     (H⇐B)∧
     bprove(B，D₁)
```

图 14.12　深度受限搜索的元解释器

关于这个元解释器，一方面，如果 D 被限定到查询中的一个数，则这个元解释器永远不会进入无限循环，它将错过深度大于 D 的证明。因此，当 D 被设置为固定的数字时，这个元解释器是不完整的。然而，如果 D 的值设置得足够大，那么可以为 prove 元解释器找到的每一个证明，都可以在这个元解释器中找到。迭代深化搜索器背后的想法是通过反复进行深度受限搜索并每次增加深度受限值的大小来利用这一事实。有时，深度受限元解释器可以找到 prove 元解释器不能证明的证明。当 prove 元解释器在探索所有证明之前进入无限循环时，就会出现这种情况。

这不是构建有界元解释器的唯一方法。还可以使用另一种衡量证明树大小的方法。例如，你可以用证明树的节点数来代替证明树的最大深度。你也可以通过改变第二条规则来使连接产生代价。(见练习 14.8。)

14.4.5 建立证明树的元解释器

为了实现 5.4.3 节中的 how 问题，解释器可以为派生答案建立一棵证明树。图 14.13 给出了一个元解释器，它实现了内置的谓词，并构建了一个证明树的表示方式。这棵证明树可以被遍历来实现 how 问题。在这个算法中，证明树要么是 true、built_in，形式为 if(G，T)，其中 G 是原子，T 是证明树，要么形式为(L&R)，其中 L 和 R 是证明树。

```
%如果基级主体 G 是基级知识库的蕴涵，并且 T 是相应证明的证明树的表示，则 hprove(G，T)为真
hprove(true，true)
hprove((A&B)，(L&R))←
    hprove(A，L)∧
  hprove(B，R)
hprove(H，if(H，built in))←
    built in(H)∧
    call(H)
hprove(H，if(H，T))←
    (H⇐B)∧
    hprove(B，T)
```

图 14.13　构建证明树的元解释器

例 14.21　考虑布线域的基级子句和基级查询 ask lit(L)。有一个答案，即 $L=l_2$。元级查询 ask hprove(lit(L)，T)返回答案 $L=l_2$ 和如下的树：

$$T=if(lit(l_2),$$
$$if(light(l_2)，true)\&$$
$$if(ok(l_2)，true)\&$$
$$if(live(l_2),$$
$$if(connected\_to(l_2，w_4)，true)\&$$
$$if(live(w_4),$$
$$if(connected\_to(w_4，w_3),$$
$$if(up(s_3)，true))\&$$
$$if(live(w_3),$$
$$if(connected\_to(w_3，w_5),$$
$$if(ok(cb_1)，true))\&$$
$$if(live(w_5),$$
$$if(connected\_to(w_5，outside)，true)\&$$
$$if(live(outside)，true))))))$$

虽然这棵树在格式正确的情况下可以理解，但仍需要熟练的用户才能理解。5.4.3 节中的"how"问题会遍历这棵树，用户只需要看到子句而不是这棵树，见练习 14.13。

14.4.6　延迟目标

元解释器最有用的能力之一就是延迟目标。一些目标不是被证明，而是可以收集在

一个列表中。在证明的最后，系统推导出一个蕴涵，即如果延迟目标都是真的，那么计算出的答案就会是真的。

收集应该延迟的目标的原因如下：

- 实现基于一致性诊断中使用的矛盾证明（见 5.5.3 节），或实现归纳法（见 5.7 节），假设被延迟了。
- 延迟带变量的子目标，希望后续的调用能使变量落地。
- 创建新的规则，省略中间步骤，例如，如果延迟的目标是向用户询问或从数据库中查询，那么就需要创建新的规则。

图 14.14 给出了一个提供延迟的元解释器。基级原子 G 可以使用元级事实 delay(G) 来使一个基级原子 G 成为可延迟的。可延迟的原子可以被收集成一个列表，而不需要被证明。

%如果 D_0 是 D_1 的尾部并且 G 逻辑上遵循 D_1 中可延迟的原子的连词，则 dprove(G，D_0，D_1)为真。
dprove(true，D，D)
dprove(($A\&B$)，D_1，D_3)←
    dprove(A，D_1，D_2)∧
    dprove(B，D_2，D_3)
dprove(G，D，[$G\,|\,D$])←
    delay(G)
dprove(H，D_1，D_2)←
    ($H\Leftarrow B$)∧
    dprove(B，D_1，D_2)

图 14.14   收集延迟目标的元解释器

如果能证明 dprove(G，[ ]，D)，就知道蕴涵 $G\Leftarrow D$ 是子句的蕴涵，而 delay(d)对于所有 $d \in D$ 来说都为真。这种从知识库中派生出一个新子句的思想是**部分评价**的实例。它是**基于解释的学习**的基础，它把派生的子句看作可以替代原子句的学习子句。

例 14.22   作为基于一致性诊断的延迟的一个例子，考虑图 14.10 的基级知识库，但没有 ok 的规则。相反，假设 ok(G)是可延迟的。这被表示为元级事实 delay(ok(G))。
查询
    ask dprove(live(p_1)，[ ]，D)
有一个答案，即 D=[ok(cb_1)]。如果 ok(cb_1)为真，那么 live(p_1)将为真。
查询
    ask dprove((lit(l_2)&live(p_1))，[ ]，D)
有一个答案，即 D=[ok(cb_1)，ok(cb_1)，ok(s_3)]。如果 cb_1 和 s_3 是 ok，那么 l_2 将会是 lit，且 p_1 将会是 live。

注意，ok(cb_1)作为这个列表的元素出现了两次，dprove 不会检查列表中的多个可延迟实例。不那么朴素的 dprove 版本不会添加重复的可延迟项。见练习 14.9。

14.5   回顾

以下是本章的主要内容：

- 个体-性质-值三元组形成了一种灵活、通用的关系表示方式。
- 本体允许语义上的互操作性和知识共享。
- OWL 本体是由个体、类和性质构建的。一个类是一组真实的和潜在的个体。
- 一个元解释器可以用来构建一个基于知识的系统的轻量级实现，可以根据表示语言的要求进行定制。

14.6 参考文献和进一步阅读

Sowa[2000]以及 Brachman 和 Levesque[2004]对知识表示问题进行了概述。Davis[1990]对常识推理中的大量知识表示问题进行了通俗易懂的介绍。Brachman 和 Levesque[1985]介绍了许多经典的知识表示论文。关于语义网络的概述，参见 Woods[2007]。

关于本体论的哲学和计算方面的概述，见 Smith[2003]以及 Sowa[2011]。关于语义网的概述，见 Antoniou 和 van Harmelen[2008]、Berners-Lee 等[2001]以及 Hendler 等[2002]。Janowicz 等[2015]解释了语义学在大数据中的作用。本体学峰会（http://ontologforum.org/index.php/OntologySummit）每年发表一份公报，很好地总结了使用本体学的许多问题。

本章中对 OWL 的描述基于 OWL-2；参见 W3C OWL 工作组[2012]、Hitzler 等[2012]以及 Motik 等[2012]。Krotzsch[2012]描述了 OWL 2 概要。

DBpedia[Auer et al.，2007]以及 YAGO[Suchanek et al.，2007；Hoffart et al.，2013；Mahdisoltani et al.，2015]、Wikidata[Vrandečić 和 Krötzsch，2014]（http://www.wikidata.org/）和 Knowledge Vault[Gabrilovich et al.，2014]都是使用三元组和本体来表示数百万实体的事实的大型知识库。

顶层本体基于 BFO（即基本形式本体）参见 Grenon 和 Smith[2004]、Smith[2015]、Arp 等[2015]和 Sowa[2000]的本体论中的描述。其他顶层本体包括 DOLCE[Gangemi et al.，2003]、Cyc[Panton et al.，2006]以及 SUMO[Niles and Pease，2001；Pease，2011]。更为轻量级和广泛使用的本体是 http://schema.org。

SNOMED 临床术语（SNOMED CT）[IHTSDO，2016]是一个大型的医学本体，在临床实践中使用。你可以在 http://browser.ihtsdotools.org/上搜索它。

Bowen[1985]和 Kowalski[2014]讨论了逻辑的元解释器。见 Abramson 和 Rogers[1989]的文集。

14.7 练习

14.1 有许多可能的亲属关系，你可能想到诸如 mother、father、great-aunt、second-cousin-twice-removed 和 natural-paternal-uncle。其中有些可以用其他的亲属关系来定义，比如

brother(X，Y)←father(X，Z)∧natural_paternal_uncle(Y，Z)

sister(X，Y)←parent(Z，X)∧parent(Z，Y)∧

female(X)∧different(X，Y)

根据不同的原始关系，给出亲属关系的两种截然不同的表征。

考虑使用关系 children(Mother，Father，List_of_children)来表示原始的亲属关系。

这个表示方式与你上面设计的两个相比，可能有什么优点或缺点？

14.2 某旅游网站有一个数据库，它代表酒店的信息和使用如下关系的用户反馈信息：

hotel(Id，Name，City，Province，Country，Address)

reported_clean(Hotel，RoomNumber，Cleanliness，day(Year，Month，Day))

说明下列事实如何用三段式标记法，用有意义的词汇来表示：

```
hotel(h345,"The Beach Hotel",victoria,bc,
      canada,"300 Beach St").
reported_clean(h345,127,clean,day(2013,01,25)).
```

将酒店名称和地址用字符串表示是否合理？请解释一下。

14.3 Sam 提出，任何 n 元关系 $P(X_1，X_2，X_3，\cdots，X_n)$ 都可以被重新表达为 $n-1$ 元关系，即，

$P_1(X_1，X_2)$

$P_2(X_2，X_3)$

$P_3(X_3，X_4)$

$\vdots$

$P_{n-1}(X_{n-1}，X_n)$

向 Sam 解释一下为什么这样做可能不是一个好主意。如果 Sam 尝试这样做，会产生什么问题？用一个例子来说明这个问题的出现。

14.4 为经常出现在你的办公桌上的物体写出一个本体，这些可能对机器人来说是有用的，而机器人的目的是为了整理你的办公桌。想一想

(a) 机器人可以感知到的类别

(b) 机器人应该区分哪些类别以完成任务。

14.5 假设"海滩度假村"是一个靠近海滩的度假村，度假村的客人可以使用该海滩。海滩必须靠近大海，允许游泳。度假村必须有睡觉的地方和吃饭的地方。用 OWL 写出海滩度假村的定义。

14.6 一家豪华酒店要有多个房间，每一个房间都很舒适，而且能看到风景。酒店还必须有一个以上的餐厅，餐厅内必须有供素食者和肉食者就餐的菜单项目。

(a) 根据以上描述，在 OWL 中定义豪华酒店。在规格不明确的情况下做出合理的假设。

(b) 提出你所期望的豪华酒店的其他三个性质。对每个性质，给出自然语言的定义和 OWL 规范。

14.7 对于下面的内容，解释一下如何按 14.3.3 节的顶层本体分类，分别进行分类：

(a) 你的皮肤

(b) 本章第一句结尾处的句号

(c) 孩子在假期前的兴奋

(d) 假期回家的旅程

(e) 计算机程序

(f) 暑假

(g) 电话铃声

(h) 桌子上的灰尘

(i) 清洁办公室的任务

(j) 诊断为流感的人

(k) 法国

在此经验的基础上，提出修改顶层本体的建议和理由。想一想，类别不是排他性的，或者其他的区分似乎是根本性的。

14.8 考虑两种方法来修改图 14.12 的深度受限元解释器：

(a) 限定值是证明中出现的基级原子的实例数。为什么这可能比使用树的深度更好或更差？

(b) 允许不同的基级原子在边界上产生不同的成本。例如，有些原子的成本为零，而有些原子的成本很高。请举出一个例子，说明这可能是有用的。在原子成本上有哪些条件可以保证当给出一个正向约束时，证明过程不会进入无限循环？

14.9 图 14.14 的程序允许重复延迟目标。写一个 dprove 的版本，用最简单的形式返回最小的延迟目标集。

14.10 编写一个元解释器，可以询问多个信息源。假设每个源都有一个统一资源标识符（URI）来标识。假设你有以下谓词：

● can_answer(Q，URI)为真，如果 URI 给出的来源可以回答与 Q 统一的问题。

● reliability(URI，R)为真，如果 R 是衡量 URI 可靠性的一些数值。你可以假设 R 在[-100，100]的范围内，在这个范围内，数字越高意味着它越可靠。

● askSite(URI，Q，Answer)为真，当你向源 URI 一个问题 Q 时，它给出的答案是{yes，no，unknown}之一。请注意，虽然 can_answer 和 reliability 可以是简单的数据库，但 askSite 是一个复杂的程序，它可以访问网络或向人类提问。

编写一个可以利用多个信息源的元解释器，并返回一个答案的可靠性，其中答案的可靠性是所使用的信息源的可靠性的最小值。当没有使用外部信息源时，你必须有一定的约定（例如，可靠性为200）。你只能向一个信息源提出一个你已经记录的、它能回答的问题。

14.11 编写一个元解释器，允许向用户提出"是或否"问题，并确保它不会问已经知道答案的问题。

14.12 将上一个问题中的 ask-the-user 元解释器扩展到允许询问实例的问题。系统可以问用户问题，比如"对于哪一个 X，$P(X)$为真?"，用户可以给出一个实例，或者告诉系统没有实例了。一个有用的特征是能够解释一个谓词是函数的声明，并做出相应的响应。例如，问一个人的身高，可能比问很多关于身高的"是或否"问题要好。

14.13 写一个程序，接收元解释器生成的树，该元解释器建立如图 14.13 所示的证明树，并让人用 how 问题的方式来遍历该树。

14.14 编写一个元解释器，它既可以提出 how 问题，也可以提出 why 问题。特别是，它应该允许用户对一个已经被证明的目标提出"how"问题，然后接着一个"why"问题。解释一下这样的程序是如何起作用的。

14.15 写一个确定子句的元解释器，它可以进行迭代深化搜索。确保它对每一个证明只返回一个答案，并确保系统在深度优先搜索器说"不"的时候就说"不"。这应该基于深度受限元解释器和迭代深化搜索算法。

14.16 构建一个迭代深化归纳推理系统，以找到最小一致的假设集来蕴涵一个目标。这可以基于图 14.12 的深度受限元解释器以及图 14.14 的延迟元解释器来收集假设。深度受限应根据证明中使用的假设变量的数量来确定。假设这些可假设物都是基础的。

这项工作应分两部分进行：

(a) 使用迭代深化法，找到蕴涵着某些 g 的假设项的最小集合。当 g 为假时，该程序找到最小冲突。

(b) 在(a)的基础上，通过交错寻找冲突和寻找蕴涵 g 的最小可假设集合，找到 g 的最小解释。

14.17 在本题中，你将为参数化逻辑程序编写一个元解释器。这些逻辑程序可以在算术表达式中使用常量，常量的值作为元解释器的输入的一部分。

假设一个环境是一个由 val(Parm，Val)形式的词汇列表，其中 Val 是与参数 Parm 相关的值。假设每个参数在环境中只出现一次。一个示例环境是[val(a，7)，val(b，5)]。

在 AILog 中，你可以使用<=作为基级蕴涵的含义，而 & 作为基级连词。AILog 中，<=被定义为 infix 运算符，而 number 是一个内置的谓词。

(a) 写一个谓词 lookup(Parm，Val，Env)，如果参数 Parm 在环境 Env 中的值为 Val，则该参数为真。

(b) 写一个谓词 eval(Exp，Val，Env)，如果参数化的算术表达式 Exp 对环境 Env 中的数字 Val 进行评价，则该表达式为真。一个表达式是：

- 形如 $(E_1 + E_2)$、$(E_1 * E_2)$、(E_1 / E_2)、$(E_1 - E_2)$，其中 E_1 和 E_2 是参数化的算术表达式。
- 一个数字。
- 一个参数。

假设操作符有其通常的含义，数字对自身进行评价，参数对环境中的值进行评价。你可以使用 AILog 谓词 is，使用 infix，将 N 认为是 E，如果（未参数化）表达式 E 评价为数 N，则为真；如果 E 是一个数，则 number(E) 为真。

(c) 写一个谓词 pprove(G，Env)，如果目标 G 是基级 KB 的蕴涵，其中参数在环境 Env 中解释为真。一个与 AILog 交互的例子是：

```
ailog: tell f(X,Y) <= Y is 2*a+b*X.
ailog: ask pprove(f(3,Z),[val(a,7),val(b,5)]).
Answer: pprove(f(3,29),[val(a,7),val(b,5)]).
  [ok,more,how,help]: ok.
ailog: ask pprove(f(3,Z),[val(a,5),val(b,7)]).
Answer: pprove(f(3,31),[val(a,5),val(b,7)]).
  [ok,more,how,help]: ok.
ailog: tell dsp(X,Y) <= Z is X*X*a & Y is Z*Z*b.
ailog: ask pprove(dsp(3,Z),[val(a,7),val(b,5)]).
Answer: pprove(dsp(3,19845),[val(a,7),val(b,5)]).
  [ok,more,how,help]: ok.
ailog: ask pprove(dsp(3,Z),[val(a,5),val(b,7)]).
Answer: pprove(dsp(3,14175),[val(a,5),val(b,7)]).
  [ok,more,how,help]: ok.
```

关系规划、学习与概率推理

现在所需要的是尽可能地发展数理逻辑，使关系的重要性得到充分的发挥，然后在这个安全的基础上建立起一个新的哲学逻辑，希望能借用其数学基础的某些精确性和确定性。如果这一点能够成功地实现，我们完全有理由希望不久的将来，在纯哲学领域将像过去的数学原理一样，成为一个伟大的时代。伟大的胜利激发了巨大的希望；而纯粹的思想可能会在我们这一代人中取得这样的成果，使我们的时代在这方面与希腊最伟大的时代平起平坐。

——Bertrand Russell[1917]

表示维度（见 1.5.2 节）的顶层是以个体和关系为基础的推理。在关系方面进行推理，可以在智能体遇到特定的个体之前建立紧凑的表示。当智能体发现一个个体时，它可以对该个体进行推理。本章概述了在计划、学习和概率推理中，基于特征的表示如何扩展到处理个体和关系。在这些领域中，关系表示都得益于能够在知道个体之前，从而，在知道特征之前就能建立起来。正如 Russell 在上面的引文中所指出的那样，关系推理相对于命题式和基于特征的表示而言具有巨大的优势。

15.1 个体和关系的规划

送货机器人在知道哪些包裹存在以及哪些人可能需要送货之前，需要一个世界模型。它可能需要在知道自己所处的环境之前进行编程。辅导系统需要针对多个学生和多个问题，在它知道学生和所有的问题之前需要进行编程。采购智能体在设计和构建的时候不会知道它能预订的所有酒店和房间，也不会知道所有的人以及他们的目标和喜好。在所有这些情况下，智能体的目标和其环境都是用个体和关系来描述的。当智能体的知识库建立起来后，在智能体知道它应该推理的对象之前，它需要一个独立于个体的表示。因此，它必须超越基于特征的表示。当个体成为已知的个体时，智能体可能会通过用已知的个体代替逻辑变量落实表示，且只使用特征表示。通常情况下，用非基础的表示进行推理是有用的。

用关系表示法，时间可以被**具体化**（见 14.2.1 节），也可以使之成为一个个体。时间可以用时间中的单个时间点或时间间隔来表示。本节介绍了两种关系表示法，它们在时间的表示方式上有所不同。

15.1.1 情境演算

情境演算用达到这些状态所需的动作来表示状态。情境演算可以被看作是基于特征的动作表示法的关系版本（见 6.1.3 节）。

这里我们只考虑一个单一的智能体、一个完全可观察的环境以及确定性的行为。

情境演算是用情境来定义的。情境是指：

- init，初始的情境。
- $do(A，S)$，在情境 S 的情况下采取动作 A 所导致的情境，如果有可能的话。

例 15.1   考虑图 3.1 的域。假设在初始情境 init 中，机器人 Rob 位于位置 o109，在收发室有一把钥匙 k_1，在仓库有一个包裹。假设 move(Ag，L_0，L_1) 是智能体 Ag 的行动，从位置 L_0 移动到位置 L_1 的动作。

do(move(rob，o109，o103)，init)

是 Rob 从情境 init 中的位置 o109 移动到位置 o103 所产生的情境。在这种情境下，Rob 在 o103 的位置，钥匙 k_1 仍在收发室(mail)，包裹在仓库(storage)。

如下情境：

do(move(rob，o103，mail)，
    do(move(rob，o109，o103)，
        init))

是其中一个，机器人已经从 o109 的位置移动到 o103 的位置，然后到 mail 的位置，目前处于 mail 的位置。假设 Rob 随后执行动作 pickup(rob，k_1)，也就是拿起钥匙 k_1。由此得到的情况是

do(pickup(rob，k_1)，
    do(move(rob，o103，mail)，
        do(move(rob，o109，o103)，
            init)))

在这种情境下，Rob 在收发室位置，携带钥匙 k_1。

情境可能与状态相关联。情境与状态之间主要有两个区别：

- 如果多个动作序列导致同一状态，则多个情境可以指同一状态。也就是说，情境之间的相等性与状态之间的相等性并不相同。
- 不是所有的状态都有相应的情境。如果执行一连串的动作可以从初始状态到达该状态，则该状态是**可达的**。不能到达的状态没有相应的情境。

有些 $do(A，S)$ 词汇不对应于任何状态。有时，智能体必须对这种(潜在的)情境进行推理，而不知道 A 在状态 S 中是否可能，或 S 是否可能。

例 15.2   词汇 do(unlock(rob，door1)，init) 根本就不表示状态，因为当 Rob 不在门口，没有钥匙时，Rob 不可能解锁。如下情境：

init

do(move(rob，o103，o109)，do(move(rob，o103，o109)，init))

do(move(rob，o103，ts)，do(move(rob，o103，ts)，init))

都代表了相同的状态，机器人处于 o103 的位置，其他的一切在初始状态下都是真的。在最后两种情境下，机器人离开了 o103，又回到了 o103。这是假设机器人所使用的资源没有被建模；如果资源被建模了，那么最后两种情境可能代表与 init 不同的状态，因为电池电量可能较低。

静态关系是指真值不取决于情境的关系，也就是说，其真值在时间上是不变的。**动态**

关系是指真值取决于情境的关系。为了表示情境中的真值，表示动态关系的谓词符号有一个情境参数，这样真值就可以取决于情境。带有情境参数的谓词符号称为**通式**(fluent)。

例 15.3 当对象 O 在情境 S 中的位置 L 时，关系 at(O，L，S) 为真。因此，关系 at 是一个通式。原子

at(rob，o109，init)

为真，如果机器人 rob 在初始情境下处于位置 o109。原子

at(rob，o103，do(move(rob，o109，o103)，init))

为真，如果机器人 rob 在从初始情境的位置 o109 移动到位置 o103，在形成的结果情境下，机器人 rob 处于位置 o103。原子

at(k_1，mail，do(move(rob，o109，o103)，init))

为真，如果 rob 在初始情境下从 o109 位置移动到 o103 位置，在形成的结果情境下，k_1 处于位置 mail。

一个动态关系是通过指定其为真的情境来公理化的。这是在情境结构方面进行的归纳，具体如下：

- 以 init 为情境参数的公理，用于指定初始情境中的真值。
- 通过指定在形式为 do(A，S) 的情境中什么时候为真，在情境 S 中什么时候为真，来定义一个**原语关系**。也就是说，原语关系的定义是通过在前一情境中何时为真来定义的。
- **派生关系**是用情境参数中带变量的子句来定义的。一个派生关系在情境中的真假取决于在同一情境中还有什么是真的。
- **静态关系**的定义是不参照情境的。

例 15.4 假设送货机器人 Rob 在图 3.1 所示的域中。Rob 在位置 o109，包裹在储藏室(storage)，钥匙在收发室(mail)。下面的公理描述了这种初始情境：

at(rob，o109，init)

at(parcel，storage，init)

at(k1，mail，init)

关系 adjacent 是一种动态的派生关系，定义如下：

adjacent(o109，o103，S)

adjacent(o103，o109，S)

adjacent(o109，storage，S)

adjacent(storage，o109，S)

adjacent(o109，o111，S)

adjacent(o111，o109，S)

adjacent(o103，mail，S)

adjacent(mail，o103，S)

adjacent(lab_2，o109，S)

adjacent(P_1，P_2，S)←

between(Door，P_1，P_2)∧

unlocked(Door，S)

注意自由变量 S，这些子句对所有情境都是真的。情境项 S 不能省略，因为哪些房间相邻取决于哪些门没有锁，这一点可以根据不同的情境而变化。

关系 between 是静态的，不需要情境变量：

between(door1，o103，lab2)

我们还对一个物体是否被携带进行建模。如果一个物体没有被携带，我们说这个物体是在它的位置上。一个被携带的物体会随着携带它的物体一起移动。如果一个物体在某个位置上，或者被在该位置上的物体携带，那么这个物体就是在某个位置上。因此，at(Object，Location，Situation)是一个派生关系：

at(Ob，P，S)←

　　sitting_at(Ob，P，S)

at(Ob，P，S)←

　　carrying(Ob1，Ob，S)∧

　　at(Ob1，P，S)

注意，这个定义允许 Rob 背着书包，而该书包装着一本书。

行动的**先决条件**（见 6.1 节）规定了何时可以执行该行动。当动作 A 在情境 S 下是可能时，关系 poss(A，S)为真，这是典型的派生关系。

例 15.5　自主智能体可以放下它所携带的物体：

poss(putdown(Ag，Obj)，S)←

　　autonomous(Ag)∧

　　carrying(Ag，Obj，S)

对于 move 动作，自主智能体可以从当前位置移动到相邻位置：

poss(move(Ag，P_1，P_2)，S)←

　　autonomous(Ag)∧

　　adjacent(P_1，P_2，S)∧

　　sitting at(Ag，P_1，S)

unlock 动作的前提条件比较复杂。智能体必须在门的正确一侧，并携带相应的钥匙：

poss(unlock(Ag，Door)，S)←

　　autonomous(Ag)∧

　　between(Door，P_1，P_2)∧

　　at(Ag，P_1，S)∧

　　opens(Key，Door)∧

　　carrying(Ag，Key，S)

关系 between 是不对称的，有些门只能用钥匙从一侧打开。

在每个情境中，什么是真，是根据前一个情境和情境之间发生的行动递归定义的。如同基于特征的动作表示，**因果规则**规定了一个关系何时成为真，而**框架规则**规定了一个关系何时保持真。

例 15.6　可以通过指定不同的动作如何影响其为真来定义解锁的原语关系。在解锁动作导致的情境下，只要解锁动作是可能的，门就会被解锁。这可以用因果法则来表示：

unlocked(Door，do(unlock(Ag，Door)，S))←
    poss(unlock(Ag，Door)，S)

假设使门被锁住的唯一的动作是锁门。因此，如果 unlocked 之前是真的，如果一个动作不是为了锁门，并且这个动作是可能的，那么 unlocked 在该动作之后的情境下就是真的：

unlocked(Door，do(A，S))←
    unlocked(Door，S) $\wedge$
    $A \neq$ lock(Door) $\wedge$
    poss(A，S)

这是一个框架规则。

例 15.7 carrying 谓词可定义如下。

智能体在拿起（picking）物品后，正在搬运（carrying）物品：

carrying(Ag，Obj，do(pickup(Ag，Obj)，S))←
    poss(pickup(Ag，Obj)，S)

唯一能撤销 carrying 谓词的动作是 putdown 动作。因此，如果在一个动作之前 carrying 为真，则在该动作之后 carrying 为真，而且这个动作不是为了放下物品。这在框架法则中得到了体现：

carrying(Ag，Obj，do(A，S))←
    carrying(Ag，Obj，S) $\wedge$
    poss(A，S) $\wedge$
    $A \neq$ putdown(Ag，Obj)

例 15.8 当物品 Obj 移动到 Pos 而导致的情境 S_1 中，只要以下动作是可能的，那么 sitting_at(Obj，Pos，S_1)就为真：

sitting_at(Obj，Pos，do(move(Obj，Pos_0，Pos)，S))←
    poss(move(Obj，Pos_0，Pos)，S)

另一个使 sitting_at 为真的动作是 putdown 动作。一件物品位于智能体将它放下时所在的位置上：

sitting_at(Obj，Pos，do(putdown(Ag，Obj)，S))←
    poss(putdown(Ag，Obj)，S) $\wedge$
    at(Ag，Pos，S)

在（非初始）情况下，sitting_at 是真的唯一的其他时刻是在之前的情境下 sitting_at 是真的，而且它没有被一个动作撤销。唯一能撤销 sitting_at 的动作是 move 动作或 pickup 动作。这可以用下面的框架公理来指定：

sitting_at(Obj，Pos，do(A，S))←
    poss(A，S) $\wedge$
    sitting_at(Obj，Pos，S) $\wedge$
    $\forall Pos_1\ A \neq$ move(Obj，Pos，Pos_1) $\wedge$
    $\forall$ Ag $A \neq$ pickup(Ag，Obj)

注意，主体中的量化不是规则的标准量化。可以用标准的方式表示为：

sitting_at(Obj, Pos, do(A，S))←

poss(A，S)∧

sitting at(Obj, Pos, S)∧

～move_action(A，Obj, Pos)∧

～pickup_action(A，Obj)

move_action(move(Obj, Pos, Pos$_1$), Obj, Pos)

pickup_action(pickup(Ag, Obj), Obj)

其中～是否定作为失败(见 13.8 节)。这些子句的设计是为了在否定的范围内不存在自由变量。

例 15.9　情境演算可以表示比状态描述中命题的简单加减所表示的更复杂的动作。

考虑一下 drop_everything 的动作，在这个动作中，智能体将其携带的一切东西都放下。在情境演算中，可以在"sitting_at"的定义中加入以下公理，说智能体原来携带的一切东西现在都落在了地上:

sitting_at(Obj, Pos, do(drop_everything(Ag)，S))←

poss(drop_everything(Ag)，S)∧

at(Ag, Pos, S)∧

carrying(Ag, Obj, S)

一个用于 carrying 的框架公理指定了一个智能体在 drop_everything 动作后不携带物品。

carrying(Ag, Obj, do(A，S))←

poss(A，S)∧

carrying(Ag, Obj, S)∧

A≠drop_everything(Ag)∧

A≠putdown(Ag, Obj)

因此，drop_everything 动作会影响到一个不受限制的对象。

情境演算法是通过求出目标为真的情境来进行**规划**。答案提取(见 13.3.3 节)用于寻找目标为真的情境，这个情境可以被解释为智能体要执行的一系列行动。

例 15.10　假设机器人的目标是拥有钥匙 k_1。下面的查询请求这样一种情境，在其中这个目标为真:

ask carrying(rob, k_1, S)

这个查询的答案如下:

S＝do(pickup(rob, k_1),

do(move(rob, o103, mail),

do(move(rob, o109, o103),

init)))

前面的答案可以理解为 Rob 拿到钥匙的方式: 它从 o109 移动到 o103，然后再移动到 mail，在那里拿起钥匙。

将包裹(最初是在休息室(lng)里送到 o111 的目标，可以用如下查询来询问:

ask at(parcel, o111, S)

这个问题的答案如下：

$S = \text{do}(\text{move}(\text{rob}, \text{o109}, \text{o111}),$

$\text{do}(\text{move}(\text{rob}, \text{lng}, \text{o109}),$

$\text{do}(\text{pickup}(\text{rob}, \text{parcel}),$

$\text{do}(\text{move}(\text{rob}, \text{o109}, \text{lng}), \text{init}))))$

所以，Rob 应该去休息室，拿起包裹，回到 o109，再去 o111。

在情境演算定义上，使用自上而下的证明程序(见 13.4.4 节)是非常低效的，因为框架公理几乎总是适用的。一个完整的证明程序(如迭代深化)会搜索动作的所有置换，即使它们与目标无关。使用答案提取法，并不否定高效规划器的必要性，比如第 6 章中的规划器。

15.1.2　事件演算

用于推理行动和变化的第二种关系表示法(即**事件演算**)模拟了关系的真值如何因特定时间发生的事件而变化。时间可以被建模为连续或离散。

事件被建模为在特定时间发生的事件。在时刻 T 时发生的事件 E 被写成 event(E, T)。

事件让一些关系为真，有些关系不再为真：

- initiates(E, R, T)为真，如果事件 E 使原语关系 R 在时刻 T 时为真。
- terminates(E, R, T)为真，如果事件 E 使原语关系 R 在时刻 T 时不再为真。

时刻 T 是 initiates 和 terminates 的参数，因为一个事件的效果可能取决于当时其他为真的情况。例如，试图解锁一扇门的效果取决于机器人的位置和是否携带了相应的钥匙。

关系在任何时候都为真或假。在情境演算中，关系是具体化的，其中 holds(R, T)表示关系 R 在时刻 T 时为真，这类似于在情境演算中把 T 作为 R 的最后一个参数。

使用元谓词 holds 允许对所有关系都为真的一般规则。

派生关系的定义基于原语关系和同一时刻的其他派生关系。

如果在时刻 T 之前发生了一个使 R 为真的事件，并且没有任何干预事件使 R 不再为真，则原语关系 R 在时刻 T 时保持不变。这可以用以下方式说明：

holds(R, T)←

event(E, T_0)∧

$T_0 < T$ ∧

initiates(E, R, T_0)∧

～clipped(R, T_0, T)

clipped(R, T_0, T)←

event(E_1, T_1)∧

terminates(E_1, R, T_1)∧

$T_0 < T_1$ ∧

$T_1 < T$

原子 clipped(R, T_0, T)表示在时刻 T_0 和 T 之间有一个事件，使 R 不再为真；如果时刻 T_0 在时刻 T_1 之前，$T_0 < T_1$ 为真。在这里，～是否定作为失败，所以这些子句意味着它们的完备性。

动作是以其启动和终止的属性来表示的。就像在情境演算中一样，动作的先决条件是用 poss 关系指定的。

例 15.11 动作 pickup 启动了一个 carrying 关系，只要 pickup 的先决条件为真，它就终止了一个 sitting_at 关系：

initiates(pickup(Ag, Obj), carrying(Ag, Obj), T)←
    poss(pickup(Ag, Obj), T)
terminates(pickup(Ag, Obj), sitting_at(Obj, Pos), T)←
    poss(pickup(Ag, Obj), T)
poss(pickup(Ag, Obj), T)←
    autonomous(Ag) ∧
    Ag≠Obj ∧
    holds(at(Ag, Pos), T) ∧
    holds(sitting at(Obj, Pos), T)

这意味着，如果在先决条件不成立的情况下尝试 pickup，就不会发生任何事情。也可以写出子句来指定在不同的情况下会发生什么，比如当尝试 pickup 一个被其他东西持有的对象时。

给出特定的动作发生，并做出完备知识假设，即规定了所有介入的事件，就可以用自上而下的以否定作为失败的证明程序来证明什么是真的。

事件演算与情境演算的不同之处在于，事件演算是基于时间的表示，而不是基于状态的表示；事件演算中的 T 参数是时间，而不是状态或情境。这意味着一个智能体可以对离散或连续的时间进行推理。多个智能体在时间上执行行动，可以通过指定智能体的各种行动发生的时间来建模。情境演算要求将不同智能体的行为交织在一起。事件演算也适用于事件有持续时间的情况。鉴于事件发生的时间，效果可以取决于持续时间。在情境演算中，规划是通过构造一个情境的存在证明来完成的。在事件演算中，计划是通过**溯因法**（见 5.7 节）来完成的，通过溯因法来假设事件的发生使目标成真。

15.2 关系学习

根据观察到的关系，对一个关系进行预测的任务属于**关系学习**的范畴。这可能包括对个体中哪些关系是真的，对哪些词汇表示同一个体进行预测，以及对具有特定属性的个体的存在和与其他个体的关系进行预测。

本节考虑的是学习关系的两种情况。第一种是用其他关系来学习一个关系。第二种是在没有定义其他关系的情况下也可以用来学习一个关系事件。

15.2.1 结构化学习：归纳逻辑编程

根据其他关系的真伪，预测任务主要是在逻辑编程的框架下进行的，所以一般称为**归纳逻辑编程**。

例 15.12 假设交易智能体有一个数据集，利用个体-性质-值**三元组**（见 14.2.1 节）表示一个人喜欢的度假村，如图 15.1 所示。

智能体想了解 Joe 喜欢什么。重要的不是 likes 性质的值，它只是一个无意义的名字，而是名字所表示的个体的性质。基于特征的表示(除了学习到 Joe 喜欢 resort_14，而不是 resort_35 之外)无法对这个数据集做任何事情。

智能体应该学习的理论是诸如 Joe 喜欢沙滩附近的度假村。这个理论可以用一个逻辑程序来表示：

prop(joe, likes, R)←

　　prop(R, type, resort) ∧

　　prop(R, near, B) ∧

　　prop(B, type, beach) ∧

　　prop(B, covered in, S) ∧

　　prop(S, type, sand)

个体	性质	值
joe	likes	resort_14
joe	dislikes	resort_35
…	…	…
resort_14	type	resort
resort_14	near	beach_18
beach_18	type	beach
beach_18	covered_in	ws
ws	type	sand
ws	color	white
…	…	…

图 15.1　假期偏好的数据

逻辑程序提供了能够表示关于个体和关系的确定性理论的能力。这个规则可以适用于 Joe 还没有去过的度假村和海滩。

归纳逻辑编程学习器的输入包括以下内容：

- A 是一组原子，智能体正学习其定义。
- E^+ 是 A 的元素的基础实例集，被称为正实例，它们被观察为真。
- E^- 是 A 的元素的基础实例集，称为负实例，它们被观察到为假。
- B 是背景知识，是一组定义关系的子句，可以在学习的逻辑程序中使用。
- H 是一个可能的假设空间。H 通常被隐含地表示为可以产生可能的假设的操作集。每个假设都是一个逻辑程序。

例 15.13　在例 15.12 中，假设智能体想了解 Joe 喜欢什么。在这种情况下，输入是：

- A = {prop(joe, likes, R)}。
- E^+ = {prop(joe, likes, resort_14), …}。下面的例子假设有很多这样的 Joe 喜欢的东西。
- E^- = {prop(joe, likes, resort_35), …}。这些都是以正例的形式写的；据观察，这些都是假的。
- B = {prop(resort_14, type, resort), prop(resort_14, near, beach_18), …}。这个集合包含了世界上所有的背景事实，关于那些不是 A 的实例的世界。智能体不学习这些背景事实。
- H 是一组定义 prop(joe, likes, R)的逻辑程序。各个子句的头部统一为 prop(joe, likes, R)。H 太大，无法枚举。

除 H 外，其他的都在问题的表述中明确给出了。

目的是找到一个最简单的假设 h∈H，使得，

$$B \wedge h \models E^+$$
$$B \wedge h \not\models E^-$$

也就是说，假设蕴涵的是正面证据，并不蕴涵负面证据。它必须与负面证据为假是一致的。

目的是找到版本空间的元素(见 7.8.1 节),其中版本空间的元素是逻辑程序。这与溯因法的定义类似(见 5.7 节),溯因法中的知识库对应于背景知识。归纳逻辑程序设计的假设空间就是逻辑程序的集合。第二个条件对应的是一致性。

假设有一个单一的目标 $A = \{t(X_1, \cdots, X_n)\}$。假设空间由对这个关系的可能定义组成,使用逻辑程序定义这个关系。在归纳逻辑程序设计中,主要有两种策略:

- 第一种策略是先从最简单的假设开始,把最简单的假设做得更复杂,使之拟合数据。因为逻辑程序只陈述正向事实,所以最简单的假设是空程序,它规定 $t(X_1, \cdots, X_n)$ 总是假的。这是最具体的假设(见 7.8.1 节),但除非 E^+ 是空的,否则是不正确的。第二个最简单的假设是最一般的假设,简单地说,就是 $t(X_1, \cdots, X_n)$ 总为真。这个假设蕴涵了正例,但也蕴涵了负例(如果有的话)。一种策略涉及从**一般到具体的搜索**。它试图通过从最一般的假设到更复杂的假设空间进行搜索,发现拟合数据的最简单假设,总是蕴涵着正例,直到找到一个不蕴涵负例的假设。
- 第二种策略是先从拟合数据的假设入手,在拟合数据的同时,使之更简单化。拟合数据的假设就是一组正例。这种策略涉及**具体到一般的搜索**:先从非常具体的假设开始,其中只有正例是真的,然后对子句进行泛化,避开负例。

在这里,我们在一般到具体的确定子句的搜索上进行扩展。最初的假设包含一个确定子句:

$$\{t(X_1, \cdots, X_n) \leftarrow\}$$

具体化算子(specialization operator)取一组子句 G,并返回一组使 G 具体化的子句 S。使之具体化,意味着 $S \models G$。

以下是三种原语的具体化运算符:

- 依据条件 c,在 G 中拆分一个子句。在 G 中,子句 $a \leftarrow b$ 被两个子句替换:$a \leftarrow b \wedge c$ 和 $a \leftarrow b \wedge \neg c$
- 将 G 中出现在 a 或 b 的变量 X 上的子句 $a \leftarrow b$ 拆分,子句 $a \leftarrow b$ 被如下子句取代:

$$a \leftarrow b \wedge X = t_1$$
$$\cdots$$
$$a \leftarrow b \wedge X = t_k$$

其中,t_i 是词汇。

- 删去在证明正例时不需要的子句。

最后的操作改变了子句集的预测,那些不再被子句蕴涵的情况是假的。

这些原语具体化算子一起使用,构成了 H 的算子。H 的算子是设计成的原语具体化算子的组合,这样可以用**贪婪前瞻方法**来评价进度。也就是说,算子被定义,这样一个步骤就足以评价进度。

在进行前两个原语具体化操作时,应谨慎地进行,以确保找到最简单的假设。智能体只有当它们取得进展时,才应该进行拆分操作。拆分操作只有在与子句删除相结合时才有用。例如,在子句的主体中加入一个原子,就相当于在这个原子上进行拆分,然后删除包含该原子的否定子句。一个更高层次的具体化算子,可能是对子句中出现的某些变量 X 的原子 prop(X, type, T)进行拆分,对 T 的值进行拆分,然后删除所产生的子句中不需要蕴涵正例的子句。这个算子在确定哪些类型是有用的方面取得了进展。

图 15.2 显示了一个逻辑程序自上而下归纳的非确定性算法。它维护一个单一的假设，并对其进行迭代改进，直到找到一个与数据相匹配的假设，或者直到找不到这样的假设为止。第 15 行的 choose 可以通过搜索来实现。

```
 1: non-deterministic procedure Inductive_logic_program_TD(t, B, E⁺, E⁻, Rs)
 2:   Inputs
 3:     t：定义待学习的原子
 4:     B：背景知识是一个逻辑程序
 5:     E⁺：正例
 6:     E⁻：负例
 7:     Rs：具体化算子的集合
 8:   Output
 9:     区分正例 E⁺ 和负例 E⁻ 或者在未发现程序时返回⊥的逻辑程序
10:   Local
11:     H 是子句集
12:   H←{t(X₁, …, Xₙ)←}
13:   while 存在 e ∈ E⁻ 使得 B⋃H ⊨ e do
14:     if 存在 r∈Rs 使得 B⋃r(H) ⊨ E⁺ then
15:       choose r∈Rs 使得 B⋃r(H) ⊨ E⁺
16:       H←r(H)
17:     else
18:       return ⊥
19:   return H
```

图 15.2 逻辑程序的自上而下的归纳

在每一个时间步骤中，它选择一个算子来应用，并限制每个假设都包含正例。这个算法阐述了两个重要的细节：

- 应该考虑哪个算子。
- 选择哪个算子。

算子应该在一个水平上，这样才能根据哪一个在向好的假设迈进，对这些算子进行评价。类似于决策树学习(见 7.3.1 节)的方式，算法可以进行近似最优选择。也就是说，它选择在误差最小化方面进步最大的算子。一个假设的误差可以是该假设所蕴涵的负例数量。

例 15.14 考虑例 15.12，在该题中，智能体必须了解 Joe 的好恶。

第一个假设是，Joe 喜欢一切：

{prop(joe, likes, R)←}

这与否定的证据不一致。

它可以在条件上分割子句，也可以在变量上分割。具体化要想取得进展(证明较少的负例，同时暗示所有的正例)唯一的方法是，所创建的规则在主题中包含变量 R。

- 它可以考虑在性质 type 上拆分，将 type 值拆分，只保留那些需要证明正例的例子。这样就会产生下面的子句(假设正例只包括度假村)。

{prop(joe, likes, R)←prop(R, type, resort)}

如果正例包括 Joe 喜欢的度假村以外的东西，可以有其他子句。如果反例包括非度假村，这种拆分将有助于减少错误。

- 它可以考虑在其他性质上拆分，这些性质可用于正例证明，如 near，结果是

$$\langle prop(joe，likes，R) \leftarrow prop(R，near，B) \rangle$$

如果所有的正例都在某物附近。如果一些反例不在附近，那么这种特殊化可能有助于减少误差。

● 它可以考虑对变量 R 进行拆分，考虑到 R 的不同常数，这样就不能进行泛化。

然后，它可以选择其中最有进展的拆分。在下一步，它可以增加另一个拆分、R 的其他性质或者 B 的性质。

15.2.2　学习隐藏属性：协作过滤

考虑一个问题，即给定一个关系的一些元组，预测其他元组是否为真。这里我们提供了一种算法，即使没有定义其他关系，也能做到这一点。

在**推荐系统**中，用户会得到他们可能喜欢的、也可能不知道的物品的个性化推荐。推荐系统的一种技术是通过所谓的**协作过滤**，从相似用户或相似物品的评分中预测用户对某一物品的评分。

推荐系统的任务之一是 top$-n$ 任务，其中 n 是一个正整数，比如说10，就是向用户展示 n 个他们没有评价过的项目，并根据用户对其中一个项目的喜欢程度来判断推荐。选择项目的一种方法是估计出用户对每个项目的评分，并将预测评分最高的 n 个项目呈现给用户。另一种方法是考虑到推荐的多样性；推荐非常不同的项目可能比推荐相似的项目更好。

例 15.15　MovieLens(https://movielens.org/)是一个电影推荐系统，从用户那里获取电影评分。评分从1星到5星，其中5星是比较好的。这样一个问题的数据集的形式如图15.3所示，其中每个用户被赋予一个唯一的编号，每个项目(电影)被赋予一个唯一的编号，时间戳是 UNIX 标准的秒，自 1970-01-01 UTC 以来的秒数。这些数据可以用于推荐系统中，对用户可能喜欢的其他电影进行预测。

考虑一下预测用户对某一项目的评分问题。这个预测可以用来给出**个性化的推荐**：在用户没有评分的项目上，推荐给用户预测出的评分最高的项目。当每个用户提供的评分不同时，对每个用户的推荐可能是不同的。在上面的例子中，推荐的项目是电影，但也可以是消费品、餐厅、节假日或其他项目。

用户	项目	评分	时间戳
196	242	3	881250949
186	302	3	891717742
22	377	1	878887116
244	51	2	880606923
253	465	5	891628467
...	...	...	...

图 15.3　MovieLens 数据集的部分

我们开发了一种算法，它不考虑项目的属性，也不考虑用户的属性。它只是根据其他人喜欢的东西来推荐项目。如果它能考虑到项目的属性和用户的属性，它有可能做得更好。

假设 Es 是三元组 $\langle u，i，r \rangle$ 的一个数据集，其中 $\langle u，i，r \rangle$ 表示用户 u 给项 i 的评分为 r(这里我们忽略时间戳)。让 $\hat{r}(u，i)$ 为用户 u 对项 i 的预测评分。目的是优化如下的误差平方和：

$$\sum_{\langle u，i，r \rangle \in Es} (\hat{r}(u，i)-r)^2$$

它对大误差的惩罚要比对小误差的惩罚多得多。与大多数机器学习一样，我们希望针对测试样例进行优化(见7.1节)，而不是针对训练样例进行优化。

这里我们给出一个比较复杂的预测序列。

进行单一预测。在最简单的情况下，我们可以预测所有用户和项目的评分都是一样的：$\hat{r}(u, i) = \mu$，其中 μ 为平均评分。回想一下，如果我们对每一个用户的预测都是一样的，那么预测的平均数会使误差平方和最小。

添加用户和项目的偏好。有些用户的平均评分可能比其他用户高，而有些电影的评分可能比其他电影高。我们可以通过以下方法考虑到这一点：

$$\hat{r}(u, i) = \mu + ib[i] + ub[u]$$

其中，项 i 有一个项偏好参数 $ib[i]$，用户 u 有一个用户偏好参数 $ub[u]$。参数 $ib[i]$ 和 $ub[u]$ 的选择是为了使误差平方和最小化。如果有 n 个用户和 m 个项目，则有 $n+m$ 个参数需要调整（假设 μ 是固定的）。寻找最佳参数是一个优化问题，可以用梯度下降法来完成，就像线性学习器一样。

人们可能会认为，$ib[i]$ 应该与项 i 的平均评分直接相关，而 $ub[u]$ 应该与用户 u 的平均评分直接相关。但是，即使用户 u 的所有评分都高于平均值 μ，也有可能 $ub[u] < 0$。如果用户 u 只对非常受欢迎的电影进行了评分，并且评分比其他人低，就会出现这种情况。

对 $ib[i]$ 和 $ub[u]$ 参数进行优化，可以帮助获得更好的评分估计，但对个性化推荐没有帮助，因为对每个用户的电影排序仍然是一样的。

增加一个隐藏属性。我们可以假设，用户和电影有一个底层属性，可以做出更准确的预测。例如，我们可以有用户的年龄，以及电影的适龄性。我们可以发明一个隐藏属性，并将其调整为拟合该数据，而不是使用观察到的属性。

隐藏属性有一个值 $ip[i]$（对于项 i）和一个值 $up[u]$（对于用户 u）。它们的乘积用于预测该用户对该项的评级：

$$\hat{r}(u, i) = \mu + ib[i] + ub[u] + ip[i] * up[u]$$

如果 $ip[i]$ 和 $up[u]$ 都是正数或都是负数，则该属性将增加预测值。如果 $ip[i]$ 或 $up[u]$ 中其中一个是负数，另一个是正数，则该属性将降低预测值。

网飞公司(Netflix)的奖项

在协作过滤方面有相当多的研究，**Netflix 奖**将奖励 100 万美元给能够提高 Netflix 专有系统的预测准确率的团队，即用 10% 的误差平方和来衡量。每个评分都会给出一个用户、一部电影、从 1 到 5 星的评分，以及评分的日期和时间。该数据集由 480 189 名匿名用户对 17 770 部电影的约 1 亿次评分组成，这些数据是在 7 年内收集的。该奖项由一个团队在 2009 年获得，该团队对数百个预测器的集合进行了平均，其中有些预测器相当复杂。经过 3 年的研究，获奖团队以 20 分钟的时间击败了另一个团队，获得了该奖项。他们的解决方案都有基本相同的误差，误差刚好低于获胜的门槛。有意思的是，这两个方案的平均数比任何一个单独的方案都要好。

这里介绍的算法是给出了最基本的算法，得到了最大的改进。

由于隐私问题，Netflix 的数据集已经无法使用了。虽然只是通过一个数字来识别用户，但如果结合其他信息，有足够的信息，有可能识别出部分用户的身份。

例 15.16 图 15.4 显示的是评分作为单一属性的函数的图形。这是针对 MovieLens 数据集的一个子集，我们选择了 20 部评分最高的电影，然后选择了 20 个对这些电影评分最高的用户。然后对它进行了 1000 次梯度下降迭代训练，用单一属性进行训练。

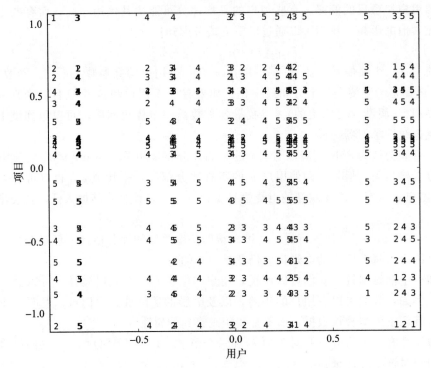

图 15.4 用户的电影评分，作为单一属性的函数

在 x 轴上是用户，按属性上的值 up[u] 排序。在 y 轴上是电影，按其属性上的值 ip[i] 顺序排列。然后基于用户和电影对每一个评分进行绘制，这样，在 (x, y) 的位置 (up[u]，ip[i]) 上绘制 r，以描述三元组 $\langle u, i, r\rangle$。这样，每一列垂直的数字对应一个用户，每一行水平的数字对应一部电影。如果两个用户在属性上有非常相似的值，则列是重叠的。如果电影在属性上有非常相似的值，那么行就会重叠。属性值接近于 0 的用户和电影不受此属性的影响，因为预测使用的是属性值的乘积。

我们会想到的是，一般来说，高评分值在右上角和左下角，因为这些都是乘积为正的评分，而低评分值在左上角和右下角，因为它们的乘积是负的。需要注意的是，高和低是相对于用户和电影的偏好而言的，一部电影的高分和另一部电影的高分可能是不同的。

增加 k 个隐藏属性。可能不止一个属性让用户喜欢电影，可能有很多这样的属性。这里我们介绍 k 个这样的属性。对于每一个项目 i 和属性 $p \in \{1, \cdots, k\}$，都有一个值 ip[i, p]，对于每一个用户 u 和属性 $p \in \{1, \cdots, k\}$，都有一个值 up[u, p]。属性的贡献度是累加的。这样就得到了预测结果：

$$\hat{r}(u, i) = \mu + ib[i] + ub[u] + \sum_p ip[i, p] * up[u, p]$$

这种方法通常被称为**矩阵分解**方法，因为求和对应于矩阵乘法。

正则化。为了避免过拟合，可以添加一个**正则化项**（见 7.4.2 节），以防止参数增长

过大和给定数据过度拟合。这里，每个参数的 L_2 正则化被添加到优化中。目标是选择参数，以执行

$$\text{minimize} \left(\sum_{\langle u,\ i,\ r \rangle \in \text{Es}} (\hat{r}(u,\ i) - r)^2 \right) \tag{15.1}$$

$$+ \lambda \left(\sum_i (ib[i]^2 + \sum_p ip[i,\ p]^2) + \sum_u (ub[u]^2 + \sum_p up[u,\ p]^2) \right)$$

其中，λ 是一个正则化参数，可以通过交叉验证来调整。

我们可以用随机梯度下降法（见 7.3.2 节）对 ib、ub、ip、up 参数进行优化。该算法如图 15.5 所示。注意，$ip[i,\ p]$、$up[u,\ p]$ 需要随机初始化（而且不能取相同的值），以迫使每个属性不同。

```
 1: procedure Collaborative filter learner(Es, η, λ)
 2:    Inputs
 3:       Es：⟨user, item, rating⟩三元组集合
 4:       η：梯度下降的步长
 5:       λ：正则化参数
 6:    Output
 7:       预测⟨user, item⟩对的评分的函数
 8:    μ := 平均评分
 9:    对 ip[i, p]和 up[u, p]随机赋值
10:    对 ib[i]和 ub[u]任意赋值
11:    define r̂(u, i)=μ+ib[i]+ub[u]+ ∑ ip[i, p] * up[u, p]
                                       p
12:    repeat
13:                                          ▷根据训练数据更新参数
14:       for each u, i, r ∈ Es do
15:          error := r̂(u, i)−r
16:          ib[i] := ib[i]−η * error
17:          ub[u] := ub[u]−η * error
18:          for each 性质 p do
19:             ip[i, p] := ip[i, p]−η * error * up[u, p]
20:             up[u, p] := up[u, p]−η * error * ip[i, p]
21:                                          ▷正则化参数
22:          for each 项目 i do
23:             ib[i] := ib[i]−η * λ * ib[i]
24:             for each 性质 p do
25:                ip[i, p] := ip[i, p]−η * λ * ip[i, p]
26:          for each 用户 u do
27:             ub[u] := ub[u]−η * λ * ub[u]
28:             for each 性质 p do
29:                up[u, p] := up[u, p]−η * λ * up[u, p]
30:    until 终止
31:    return r̂
```

图 15.5　协作过滤的梯度下降

可以通过其对未来评级的预测能力来评价这个算法。我们可以用一定时间内的数据对它进行训练，然后在未来的数据上进行测试。该算法可以通过各种方式进行改进，包括：

- 考虑到观察到的项目和用户的属性。这对于**冷启动问题**很重要，即如何对新项目或新用户进行推荐，这一点很重要。
- 考虑到时间戳，因为用户的喜好可能会发生变化，项目也可能会出现过时的情况。

15.3 统计关系型人工智能

统计关系型人工智能是在个体的属性、个体之间的关系、个体的身份甚至是个体的存在的不确定性的情况下，进行表示、推理和学习。

15.3.1 关系概率模型

第 8 章的信念网络概率模型是以特征来定义的。许多域最好用个体和关系来建模。智能体往往必须在知道域中有哪些个体之前建立模型，因此，在知道有哪些随机变量存在之前，就必须建立模型。在学习概率的时候，概率往往不依赖于个体。虽然可以学习到关于个体的知识，但智能体也必须学习到一般的知识，当它发现一个新的个体时，它可以应用这些知识。

例 15.17 考虑一下预测学生在未学过的课程中的成绩如何的问题。图 15.6 显示了一些虚构的数据，旨在说明可以做什么。学生 s_3 和 s_4 的平均分相同，在相同的课程上有相同的平均分。然而，我们或许可以把他们区分开来，因为我们对他们所学的课程有所了解。

这是一个与第 7 章考虑的案例不同的问题，因为属性 Student 和 Course 的值是个体，我们要根据个体的属性进行预测。那一章中的方法没有一个能对这样的数据起作用。

Student	Course	Grade
s_1	c_1	a
s_2	c_1	c
s_1	c_2	b
s_2	$c3$	b
s_3	c_2	b
$s4$	c_3	b
s_3	c_4	?
s_4	c_4	?

图 15.6　预测哪个学生在课程 c_4 中会做得更好

例 15.18 考虑一个智能辅导系统诊断学生的算术错误的问题。辅导系统应通过观察学生在一些例题上的表现，尝试着判断学生是否理解了作业，如果不理解，则要找出学生的错误，以便采取适当的补救措施。

考虑诊断如下形式的两位数加法的情况：

$$\begin{array}{ccc} & x_1 & x_0 \\ + & y_1 & y_0 \\ \hline z_2 & z_1 & z_0 \end{array}$$

给予学生 x 和 y 的值，并提供 z 的值。

学生的答案取决于问题（x 和 y），以及是否知道基本的加法，是否知道如何进位。本例的信念网络如图 15.7 所示。由变量 C_i 给出的到第 i 位数的进位值，取决于 X_i、Y_i 和 C_{i-1}（前一位的进位值（除初始情况外）），以及学生是否知道如何进位。由变量 Z_i 给出第 i 位数的 z 值，取决于 X_i、Y_i、C_i，以及学生是否懂得基本的加法。

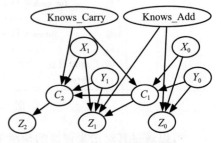

图 15.7　两数位加法的信念网络

通过观察问题中的 x 和 y 的值以及学生给出的 z 的值，可以推断出学生知道加法并知道如何进行进位的后验概率。信念网络模型的一个特点是，它允许学生出现随机错误；即使学生知道如何进行两位数运算，但偶尔也会出现错误的答案。

这种表示法的问题是缺乏灵活性。而灵活的表示方式可以实现多位数、多问题、多学生、多次数的加法。多位数需要对位数的网络进行复制。多次数的表示方式可以模拟学生的知识和答案随时间的变化，即使问题不随时间的变化而变化。

如果将条件概率存储为表，这些表的大小将是巨大的。例如，如果 X_i、Y_i 和 Z_i 变量的域大小分别为 11（数字 0 到 9 或空白），而 C_i 和 Knows_Add 变量是二值的，那么，表的表示方式为

$$P(Z_1 | X_1, Y_1, C_1, \text{Knows\_Add})$$

将有一个大于 4000 的大小。条件概率中的结构比表格表示的要多得多。表格表示法并不是条件概率的唯一表示法（见 8.4.2 节）。我们在下面提出了一种逻辑程序的概率扩展，它既可以实现关系概率模型，也可以实现条件概率的紧凑描述。

关系概率模型（RPM）或**概率关系模型**是指在关系上指定概率，独立于实际个体的模型。不同的个体共享概率参数。

一个**参数化的随机变量**的形式为 $R(t_1, \cdots, t_n)$，其中每个 t_i 是一个项（逻辑变量或常数）。因此，它对应于一个原子符号或一个词汇（见 13.3 节）。参数化的随机变量被说成是由出现在它里面的逻辑变量参数化的随机变量。参数化随机变量的基础实例是通过用常数代替参数化随机变量中的逻辑变量来获得的。参数化随机变量的基础实例对应于随机变量。随机变量的域是 R 的范围。一个布尔参数化随机变量 R 对应于一个谓词符号。

我们使用 Datalog 的惯例，逻辑变量以大写字母开头，常量以小写字母开头。随机变量和函数以大写字母开头，相应的命题以小写字母开头（例如，$\text{Diff}(c_1) = \text{true}$ 写成 $\text{diff}(c_1)$，$\text{Diff}(c_1) = \text{false}$ 写成 $\neg\text{diff}(c_1)$）。

例 15.19 对于上述多位数算术问题的关系概率模型，对于每个数字 D 和每个问题 P 都有一个独立的 x 变量，由参数化的随机变量 $X(D, P)$ 表示。因此，例如，$X(1, \text{prob17})$ 可能是一个随机变量，代表问题 17 的第一个数的 x 值。同样，还有一个参数化的随机变量 $Y(D, P)$，它代表每个数字 D 和问题 P 的随机变量。

对于每个学生 S 和时间 T 都有一个变量，代表学生 S 在时间 T 时是否知道正确的加法。参数化的随机变量 $\text{Knows\_add}(S, T)$ 代表学生 S 在时间 T 时是否知道加法，如果 Fred 在 3 月 23 日知道加法，则随机变量 $\text{Knows\_add}(\text{fred}, \text{mar23})$ 为真。同样，有一个参数化的随机变量 $\text{Knows\_carry}(S, T)$。

对于每个数字、问题、学生和时间，都有不同的 z 值和不同的进位。这些值由参数化的随机变量 $Z(D, P, S, T)$ 和 $\text{Carry}(D, P, S, T)$ 表示。因此，$Z(1, \text{prob17}, \text{fred}, \text{mar23})$ 是一个随机变量，代表 Fred 在 3 月 23 日给出的问题 17 的数字 1 的答案。函数 Z 的范围是 $\{0, \cdots, 9, \text{blank}\}$，所以这个集合是 $Z(D, P, S, T)$ 的基础实例的随机变量的域。

一个**平板模型**由以下几个部分组成：

- 一个有向图，其中节点为参数化的随机变量。
- 每个逻辑变量的个体群体。
- 给定其父母的情况下，每一个节点的条件概率。

我们在共享一个逻辑变量的参数化随机变量周围画一个矩形——平板。每个逻辑变量都有一个平板。平板模型意味着它的基础——信念网络，其中节点都是参数化随机变量的所有基础实例（每个逻辑变量都被其群体中的个体所取代）。也就是说，每个平板中的变量对每个个体都是复制的。基础信念网络的条件概率与平板模型的对应实例相同。这个记号是多余的，因为平板和参数中都指定了逻辑变量。有时会省略其中的一个；当可以从平板中推断出参数时，往往会省略掉参数。

例 15.20   图 15.8 给出了一个预测学生成绩的平板模型。其中，有一个平板 C 代表课程，一个平板 S 代表学生。参数化的随机变量为

- $Int(S)$，代表学生 S 是否聪明。
- $Diff(C)$，代表课程 C 是否有难度。
- $Grade(S, C)$，代表学生 S 在课程 C 的成绩。

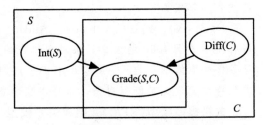

图 15.8   用于预测学生分数的平板模型

需要指定 $P(Int(S))$、$P(Diff(C))$ 和 $P(Grade(S, C) | Int(S), Diff|(C))$ 的概率分布。如果 I 和 D 是布尔型（范围为 true 和 false），Gr 的取值范围为 $\{a, b, c\}$，那么有 10 个参数来定义概率分布。假设 $P(Int(S)) = 0.5$，$P(Diff(C))$ 和 $P(Gr(S, C) | Int(S), Diff(C))$ 由下表定义：

$Int(S)$	$Diff(C)$	$Grade(S, C)$		
		a	b	c
true	true	0.5	0.4	0.1
true	false	0.9	0.09	0.01
false	true	0.01	0.1	0.9
false	false	0.1	0.4	0.5

定义 $P(Grade(S, C) | Int(S), Diff(C))$ 需要 8 个参数，因为它有 4 种情况，每个情况需要指定两个数字；第三个数字可以通过推理来保证概率之和为 1。

图 15.9 显示了 3 个学生 sam、chris 和 kim 以及 2 个课程 c_1 和 c_2 的基础情况。如果有 n 个学生和 m 个课程，那么，在这个基础情况中就会有 n 个 $Int(S)$ 的实例、m 个 $Diff(C)$ 的实例以及 $n * m$ 个 $Grade(S, C)$ 的实例。因此，在这个基础情况下会有 $n + m + n * m$ 个随机变量。

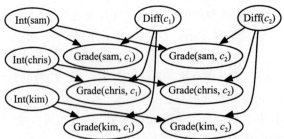

图 15.9   3 个学生以及 2 个课程的基础情况

考虑对图 15.6 中给出的数据进行条件化，并查询最后两行对应的变量。有 4 个课程和 4 个学生，因此，在基础情况下将有 24 个变量。所有没有被观察到或查询到的 Grade (S, C) 的实例都可以被修剪，或者一开始就不曾构造过，从而形成图 15.10 的信念网络。从这个网络中，以 obs 为条件，得到图 15.6 中观察到的等级，并利用上面的概率，可以得出以下的事后概率：

	a	b	c
$P(\text{Grade}(s_3, c_4) \mid \text{obs})$	0.491	0.245	0.264
$P(\text{Grade}(s_4, c_4) \mid \text{obs})$	0.264	0.245	0.491

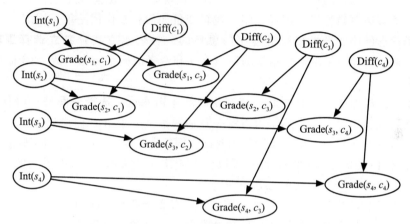

图 15.10 从图 15.6 中的数据中预测出足够的基础情况

因此，该模型预测，学生 s_3 在 c_4 课程中的表现很可能比学生 s_4 更好。

例 15.21 例 15.19 的多位数加法问题的平板模型如图 15.11 所示。矩形对应于平板。对于标有 D、P 的平板，每个数字 D 和问题 P 都存在实例。有一种看法是，实例从页面中出来，就像一摞摞的盘子一样。同理，对于标有 S、T 的平板，每个学生 S 和每个时间 T 都有一个变量的副本，对于平板交点处的变量，每个数字 D、问题 P、学生 S 和时间 T 都有一个随机变量。

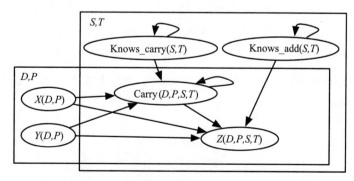

图 15.11 对多数位加法的带平板的信念网络

平板表示代表与信念网络相同的独立性（见 8.3 节）；鉴于其父辈，每个节点都是独立于其非后裔的。这种独立性是由相应的基础信念网络继承的。因此，对于特定值 $d \in \text{dom}(D)$、$p \in \text{dom}(P)$、$s \in \text{dom}(S)$ 和 $t \in \text{dom}(T)$，$Z(d, p, s, t)$ 是一个随机变量，

具有父辈 $X(d, p)$、$Y(d, p)$、Carry(d, p, s, t) 和 Knows_add(s, t)。Carry(D, P, S, T) 参数化的随机变量的平板模型中，有一个循环，因为在同一问题、学生、时间的情况下，一个数位的进位取决于前一数位的进位。同样，学生在某一时间是否知道如何进行进位，也取决于前一时间是否知道如何进行进位。基础网络需要是无环的。

给定每个参数化随机变量的父变量，都有一个条件概率。这个条件概率在其基础实例之间共享。

不幸的是，当依赖关系发生在同一关系的不同实例之间时，平板表示法是不够的。在前面的例子中，Carry(D, P, S, T) 部分依赖于 Carry$(D-1, P, S, T)$，也就是说，依赖来自前一数位的进位（还有一些其他的情况，比如说前几个数位）。为了表示这样的例子，能够像逻辑程序中那样，指定逻辑变量如何相互作用是很有用的。

结合了信念网络、平板和逻辑程序的思想的一种表示方式是**独立选择逻辑**（ICL）。ICL 由一组独立选择、给出选择结果的逻辑程序和选择的概率分布组成。详细说来，ICL 的定义如下。

备选物是一组原子，所有的原子都有相同的逻辑变量。**选择空间**是一组备选物的集合，在这些备选物中没有一个原子可以统一其他原子。一个 ICL 理论包含：
- 一个选择空间 C。让 C 是备选物的基础实例集合。因此，C 是一组基础原子的集合。
- 一个无环（见 5.4 节）逻辑程序（可以包括否定作为失败），其中子句的头部不与选择空间中的一个备选物的元素统一。
- 每个备选物的概率分布。一个备选物的所有实例都有相同的概率。

逻辑程序和选择空间中的原子可以包含常量、变量和函数符号。

一个**选择器函数**从 C' 中的每一个备选方案中选择一个元素，每个选择器函数都有一个**可能的世界**。逻辑程序指定了每个可能的世界中什么是真的。原子 g 在一个可能的世界中为真，如果它是由选择器函数所选择的原子加到逻辑程序中所遵循的，那么它就为真。命题 g 的概率是由可能世界的集合上的度量给出的，在这些可能世界中，备选物的不同基础实例的原子在概率上是独立的。一个备选物的实例共享相同的概率，不同实例的概率相乘。

例 15.22　考虑选择空间 $C=\{\{a_1, a_2\}, \{b_1, b_2, b_3\}\}$，逻辑编程 L：

$c \leftarrow a_1 \land b_1$

$c \leftarrow a_2 \land b_3$

$d \leftarrow c$

$d \leftarrow b_2$

第一个备选方案的分布 $P(a_1)=0.7$，$P(a_2)=0.3$；第二个备选方案的分布 $P(b_1)=0.5$，$P(b_2)=0.4$，$P(b_3)=0.1$。

有 6 个可能的世界：

世界	选择		L 所蕴涵的		概率
w_0	a_1	b_1	c	d	0.35
w_1	a_1	b_2	$\neg c$	d	0.28
w_2	a_1	b_3	$\neg c$	$\neg d$	0.07
w_3	a_2	b_1	$\neg c$	$\neg d$	0.15
w_4	a_2	b_2	$\neg c$	d	0.12
w_5	a_2	b_3	c	d	0.03

因此，在此模型下，$P(c) = 0.35 + 0.03 = 0.38$，$P(d) = 0.35 + 0.28 + 0.12 + 0.03 = 0.78$。

你不需要枚举所有可能的世界来计算概率。可以用溯因法来寻找 g 为真的世界集的描述。备选物中的原子是可假设的，同一备选物中的不同原子被声明为不一致。如果这些解释是成对不一致的，则可以通过将这些解释的概率相加来计算出 g 的概率。如果它们不是成对不一致，则可以使它们成对一致。

一个 ICL 理论可以看成是一个因果模型（见 8.4 节），在这个模型中，因果机制被指定为一个逻辑程序，而对应于备选物的背景变量在它们上面有独立的概率分布。这种只有无条件独立的原子和确定性的逻辑程序的逻辑似乎太弱了，无法表示所需的那种知识。然而，即使没有逻辑变量，独立选择逻辑也可以表示任何可以在信念网络中表示的东西，如下面的例子所示。

例 15.23 考虑在 ICL 中表实例 8.15 的信念网络。同样的技术也适用于任何信念网络。

fire 和 tampering 是没有父变量的，所以可以直接用如下备选物来表示：

{fire, nofire}

{tampering, notampering}

第一种选择的概率分布为 $P(\text{fire}) = 0.01$，$P(\text{nofire}) = 0.99$。类似地，$P(\text{tampering}) = 0.02$，$P(\text{notampering}) = 0.89$。

{smokeWhenFire, nosmokeWhenFire}

{smokeWhenNoFire, nosmokeWhenNoFire}

其中，$P(\text{smokeWhenFire}) = 0.9$ 和 $P(\text{smokeWhenNoFire}) = 0.01$。有烟的时候，可以用两个规则来说明：

smoke←fire ∧ smokeWhenFire

smoke←~fire ∧ smokeWhenNoFire

其中~是否定作为失败，所以这些子句意味着它们的完备性。

为了表示 Alarm 如何依赖 Fire 和 Tampering，有四种选择：

{alarmWhenTamperingFire, noalarmWhenTamperingFire}

{alarmWhenNoTamperingFire, noalarmWhenNoTamperingFire}

{alarmWhenTamperingNoFire, noalarmWhenTamperingNoFire}

{alarmWhenNoTamperingNoFire, noalarmWhenNoTamperingNoFire}

其中，$P(\text{alarmWhenTamperingFire}) = 0.5$，$P(\text{alarmWhenNoTamperingFire}) = 0.99$，同样，使用例 8.15 中的概率来计算其他原子的概率。还有一些规则，根据 tampering 和 fire 的情况，指定了 alarm 为真的时间：

alarm←tampering ∧ fire ∧ alarmWhenTamperingFire

alarm←~tampering ∧ fire ∧ alarmWhenNoTamperingFire

alarm←tampering ∧ ~fire ∧ alarmWhenTamperingNoFire

alarm←~tampering ∧ ~fire ∧ alarmWhenNoTamperingNoFire

其他随机变量用类比的方式来表示，就像对父节点的值分配一样，使用相同数量的替代变量。

条件概率的 ICL 表示法可以视为决策树的规则形式(见 7.3 节),在叶节点处有概率。每个分支都有一个规则和一个备选物。当涉及非二元变量时,非二元备选物是有用的。

独立选择逻辑对于表示标准的信念网络似乎不是很直观,但它可以让复杂的关系型模型变得简单得多,如下面的例子所示。

例 15.24　考虑例 15.19 的多位数加法的参数化版本。这些平板对应于逻辑变量。

$Z(D, P, S, T)$ 的值有三种情况。第一种是学生此时知道了加法,学生没有做错。在这种情况下,他们得到了正确的答案:

$z(D, P, S, T, V) \leftarrow$
　　　　$x(D, P, V_x) \wedge$
　　　　$y(D, P, V_y) \wedge$
　　　　$carry(D, P, S, T, V_c) \wedge$
　　　　$knowsAddition(S, T) \wedge$
　　　　$\sim mistake(D, P, S, T) \wedge$
　　　　V is $(V_x + V_y + V_c)$ div 10

我们使用的惯例是,原子中的最后一个变量对应于值。因此,当参数化随机变量 $Z(D, P, S, T, V)$ 的值为 V 时,原子 $z(D, P, S, T, V)$ 为真,其他原子也是如此。

对于本例中的学生是否碰巧犯了错,有一个备选方案:

$\forall D \forall P \forall S \forall T \{noMistake(D, P, S, T), mistake(D, P, S, T)\}$

其中,$mistake(D, P, S, T)$ 的概率为 0.05,假设学生即使会算术,也有 5% 的情况下会出错。

第二种情况是学生在这时知道加法却犯了错误。在这种情况下,我们假设学生都是等概率地选择每一个数字:

$z(D, P, S, T, V) \leftarrow$
　　　　$knowsAddition(S, T) \wedge$
　　　　$mistake(D, P, S, T) \wedge$
　　　　$selectDig(D, P, S, T, V)$

有一个替代方案,指定学生选择哪个数字:

$\forall D \forall P \forall S \forall T \{selectDig(D, P, S, T, V) | V \in \{0, \cdots, 9\}\}$

假设,对于每个 v,$selectDig(D, P, S, T, v)$ 的概率为 0.1。

最后一种情况是学生不知道加法。在这种情况下,学生随机选择一个数位:

$z(D, P, S, T, V) \leftarrow$
　　　　$\sim knowsAddition(S, T) \wedge$
　　　　$selectDig(D, P, S, T, V)$

这三个规则涵盖了 z 的所有规则;它比尺寸大于 4000 的表格(该表格是表格表示法所需要的)要简单得多,而且它还允许任意数字、问题、学生、时间。不同的位数和问题给出了不同的 $X(D, P)$ 的值,不同的学生和时间对是否知道加法有不同的值。

进位(carry)的规则是相似的。主要的区别在于,规则正文中的进位(carry)取决于前一数位。

学生在任何时候是否知道加法,要看学生在前一个时间是否知道加法。可以推测,学生的知识也取决于发生了什么动作(学生和老师做了什么)。由于 ICL 允许标准逻辑程序(有"噪声"),所以本章开头介绍的建模变化的表示方式中的任何一种都可以使用。

如前几章中使用的 AILog,也实现了 ICL。

关系、身份和存在的不确定性

15.3 节的模型涉及**关系的不确定性**;不确定性是某些个体关于一个关系是否为真。例如,对于 $X \neq Y$ 的 likes(X,Y) 的概率模型,不同的人是否喜欢对方,可能取决于 X 和 Y 的属性以及他们所参与的其他关系。likes(X,X) 的概率模型是关于人们是否喜欢自己。关于谁喜欢谁的模型可能是有用的,例如,对于一个辅导系统来说,可用于决定两个人是否应该一起工作。

给定常数 sam 和 chris,只有当我们知道 sam 和 chris 是不同的人时,我们才能使用其中的第一个模型来表示 likes(sam,chris)。**身份不确定性**问题涉及两个词汇是否表示同一个人的不确定性。这对于医疗系统来说是一个问题,在这个系统中,确定现在与系统交互的人是否与昨天就诊的人是同一个人很重要。如果患者是不交流的人,或者想欺骗系统(比如说为了拿药),这个问题就特别困难。这个问题也被称为**记录联动**,因为这个问题是要确定哪些(医疗)记录是同一个人的。

在上述所有情况下,这些个体都是已知存在的;给 Chris 和 Sam 起名字的前提是他们存在。给出一个描述,确定是否存在符合描述的个体就是**存在不确定性**问题。存在的不确定性是有问题的,因为可能没有符合描述的个体,也可能有多个个体。我们不能给不存在的个体赋予属性,因为不存在的个体就不具有属性。如果我们想给一个存在的个体起一个名字,我们需要关心的是,如果有多个个体存在,我们指的是哪个个体。存在不确定性的一种特殊情况是**数量的不确定性**,即关于存在的个体数量的不确定性。例如,一个采购智能体可能不确定有多少人对一个旅游团感兴趣,这个旅游团是否成团取决于可能感兴趣的人数。

如果涉及复杂的角色,对存在的不确定性进行推理是非常棘手的,问题是要确定是否有个体来填补这些角色。考虑一个购房智能体,它必须为 Sam 和她的儿子 Chris 找一套公寓。Sam 是否想要一套公寓,在一定程度上取决于她的房间的大小和 Chris 房间的颜色。然而,个别公寓并没有标明 Sam 的房间和 Chris 的房间,也不一定有适合他们每个人的房间。给出一个 Sam 想要的公寓模型,如何根据观察结果来确定条件并不明显。

15.4 回顾

以下是本章的主要内容:

- 当一个智能体在它遇到哪些个体之前,需要给定或学习一个模型,就会使用关系表示。
- 前面几章中的许多表示方式都可以用关系式来表示。
- 情境演算使用 init 常数和 do 函数,用智能体的动作来表示时间。

- 事件演算允许连续时间和离散时间，并将事件发生后的事情公理化。
- 归纳逻辑编程可以用来学习关系模型，即使特征值是无意义的名称。
- 协作过滤可以通过发明隐藏的属性来对关系实例进行预测，从其他实例中预测关系实例。
- 平板模型和独立选择逻辑允许在已知个体之前，对概率模型进行指定。

15.5 参考文献和进一步阅读

情境演算是由 McCarthy 和 Hayes[1969]提出的。这里提出的框架公理的形式可以追溯到 Kowalski[2014]、Schubert[1990]以及 Reiter[1991]。Reiter[2001]对情境演算进行了全面的综述；另见 Brachman 和 Levesque[2004]。事件演算是由 Kowalski 和 Sergot[1986]提出的。关于如何解决**框架问题**，（即简明扼要地说明在一个动作过程中哪些东西没有变化的问题），也有很多其他的建议。Shanahan[1997]对表示变化所涉及的问题（特别是框架问题）提供了一个很好的介绍。

关于归纳逻辑程序设计的综述，见 Muggleton 和 De Raedt[1994]、Muggleton[1995]以及 Quinlan 和 Cameron-Jones[1995]。

Netflix 奖以及获奖算法的介绍见 http://www.netflixprize.com/。协作过滤算法是基于 Koren 等[2009]的协作过滤算法。MovieLens 数据集由 Harper 和 Konstan[2015]描述，可从 http://grouplens.org/datasets/movielens/上获得。

统计关系型人工智能是由 De Raedt 等[2016]描述的。平板模型是由 Buntine[1994]提出的，他用平板模型来表征学习。独立选择逻辑由 Poole[1993，1997]提出并在 Problog[De Raedt 等 et al.，2007]中实现。De Raedt 等[2008]以及 Getoor 和 Taskar[2007]提供了关于概率关系模型以及如何学习的论文集。Domingos 和 Lowd[2009]讨论了（非定向）关系模型如何为人工智能提供一个通用的目标表示。

15.6 练习

其中一些练习可以使用 AILog，AILog 是一个简单的逻辑推理系统，它实现了本章讨论的大部分推理。它可以在本书的网站上找到(http://artint.info)。其中一些也可以用 Prolog 或 Problog 来完成。

15.1 在情境演算的例子(也可以在本书的网站上找到)中加入了给对象上色的能力。特别是，增加一个谓词 color(Obj，Col，Sit)，如果对象 Obj 在情境 Sit 中的颜色 Col 为真，则该谓词为真。

包裹开始时是蓝色的。因此，我们有了一个公理：

color(parcel，blue，init)

有一个动作 paint(Obj，Col)来给物体 Obj 涂上颜色 Col，在这个练习中，假设物体只能被涂上红色，并且只有当物体和机器人都在 o109 的位置时，才能被涂上颜色。颜色会在机器人身上累积。没有什么可以消除对象所着颜色，如果你把包裹涂成红色，那么它既是红色又是蓝色的——这当然是不现实的，但它使问题变得更简单。

用情境演算将谓词 color 和动作 paint 公理化。

你可以不使用三个以上的子句(除了定义初始情境中的颜色的子句外)，其中没有一个子句的主体有两个以上的原子符号。你不要求相等性、不相等性或否定作为失败。在 AILog 中测试一下。

你的输出应该看起来像下面这样：

```
ailog: bound 12.
ailog: ask color(parcel,red,S).
Answer:  color(parcel,red, do(paint(parcel,red),
                            do(move(rob,storage,o109),
                              do(pickup(rob,parcel),
                                do(move(rob,o109,storage),
                                  init))))).
```

15.2　在这个练习中，你将添加一个比上一个练习更复杂的绘画动作。

假设对象 paint_can(Color) 表示颜色为 Color 的油漆罐。

添加动作 paint(Obj, Color)，使物体的颜色变为 Color。（与上一题不同的是，对象每次只有一种颜色），只有当对象在 o109 的位置上，并且有一个自主智能体在 o109 的位置上拿着相应颜色的油漆罐，才可以进行绘画。

15.3　AILog 执行深度受限搜索。你会发现前面的问题的处理时间很慢，你需要一个接近于实际的深度约束，使其能在合理的时间内完成。

在这个练习中，估计一个迭代深化搜索需要多长时间才能找到以下查询的解：

ask sitting_at(parcel,lab2,S)

（请勿尝试，因为它运行时间太长。）

(a) 估算出找到一个方案所需的最小约束。［提示：解决这个问题需要多少步数？步数与所需的深度约束有什么关系？］说明你的估计。

(b) 估计搜索树的分支系数。要做到这一点，你应该看一下在 $k+1$ 级时完成搜索的时间和在 k 级时完成搜索的时间。你应该从实验上（通过运行程序）和理论上（通过考虑什么是分支系数）来证明你的答案。你不一定要运行运行时间长的案例来回答这个问题。

(c) 根据你对(a)和(b)部分的答案，以及你在小约束时运行某些程序所需的时间，估算在深度一定时对搜索树进行完全搜索的时间，该深度要小于求解实际所需的深度。说明你的解决方案。

15.4　在这个练习中，你将使用事件演算对机器人送货域进行研究。

(a) 表示事件演算中的移动动作。

(b) 用事件演算表实例 15.10 中的每一个动作序列。

(c) 证明事件演算可以从(b)部分给出的动作序列中推导出适当的目标。

15.5　假设在事件演算中，有两个动作 Open 和 Close，以及一个关系 opened，在时刻 0 时，最初为假。动作 Open 使关系 opened 为真，而动作 Close 使关系 opened 为假。假设动作 Open 发生在时刻 5，动作 Close 发生在时刻 10。

(a) 用事件演算表示。

(b) 在时刻 3 时 opened 是否为真？请展示推导法。

(c) 在时刻 7 时 opened 为真？请展示推导法。

(d) 在时刻 13 时 opened 为真？请展示推导法。

(e) 在时刻 5 时 opened 为真？解释一下。

(f) 在时刻 10 时 opened 为真吗？解释一下。

(g) 提出在时刻 5 和 10 时有不同行为的另一个公理化。

(h) 辨析一下一种公理化比另一种公理化更合理。

15.6　给出一些实际的具体的运算符，可以用于自上而下的归纳逻辑编程。应该对它们进行定义，以便可以近视地评价进展。解释一下在什么情况下，这些运算符会有进展。

15.7　改变图 15.5 中的随机梯度下降算法，使其最小化式(15.1)，但在每个样例之后进行正则化。提示：你需要考虑每个参数在数据集的一次迭代中被更新多少次，并相应地调整正则化参数。

15.8　协作过滤的另一种正则化方法是最小化下列式子：

$$\sum_{(u,\,i,\,r)\in D}\Big((\hat{r}(u,\,i)-r)^2+\lambda(\text{ib}[i]^2+\text{ub}[u]^2+\sum_p(\text{ip}[i,\,p]^2+\text{up}[u,\,p]^2))\Big)$$

  (a) 这与式(15.1)的正则化有何不同？［提示：比较一下评分少的项目或用户与评分多的用户的正则化。］

  (b) 图15.5的代码需要如何修改才能实现这种正则化？

  (c) 在测试数据上，哪种方法效果更好？［提示：每一种方法都需要将 λ 设置为不同的值；对于每一种方法，通过交叉验证选择 λ 的值。］

15.9 对协作过滤的梯度下降法进行简单的修改，可以用来预测 $P(rating > threshold)$，使用{1, 2, 3, 4}中的不同阈值。修改代码，使其学习到这样的概率。［提示：使预测值为线性函数的 sigmoid，就像逻辑回归中的线性函数一样。］对于推荐前 n 部电影的任务，比如说 $n = 10$，目的是让前 n 部电影中，评分为5的电影数量最多，那么这种修改是否更有效？哪种阈值的效果最好？如果根据评分4或5的电影数量来判断前 n 名的电影数量呢？

15.10 假设布尔参数化随机变量 young(Person) 和 cool(Item) 是布尔 buys(Person, Item) 的父变量。假设有3000人，200个项目。

  (a) 用平板标记画出来。

  (b) 在这个模型的基础情况下，有多少个随机变量？

  (c) 需要指定多少个数字来表示这个模型的表格表示。（不包括任何作为其他指定数字的函数的数字。）

  (d) 假设 Person 的种群为{sam, chris}，Item 的种群为{iwatch, mortgage, spinach}，画出基础信念网络。

  (e) 给定一些观察，观察到什么可以让 cool(iwatch) 和 cool(mortgage) 从概率上互相依赖？

15.11 对于例15.24中的加法表示，假设观察到的 Z 值都是数字。改变表示方式，使观察到的值可以是数字、空白或其他(other)。给出适当的概率。

15.12 假设你有一个用于电影预测的关系概率模型，它表示为

$$P(likes(P, M) \mid age(P), genre(M))$$

其中，age(P) 和 genre(M) 是先验独立的。

  (a) 给出下列观察结果，查询 age(Sam) 的基础信念网络的树宽是多少？

人物	电影	喜欢
Sam	Hugo	yes
Chris	Hugo	no
Sam	The Help	no
Sam	Harry Potter 6	yes
Chris	Harry Potter 6	yes
Chris	AI	no
Chris	The Help	no
David	AI	yes
David	The Help	yes

  (b) 对于相同的概率模型，对于 m 部电影、n 个人物和 r 个评分，在只观察到评分的情况下，相应图(修剪掉不相关的变量后)的最坏情况下的树宽是多少？［提示：树宽取决于观察结果的结构；思考如何将观察结果的结构化以使树宽最大化。］

  (c) 对于同样的概率模型，对于 m 部电影、n 个人物和 r 个评分，在只观察到部分评分而不是观察到所有类型的情况下，相应图的最坏情况下的树宽是多少？

15.13 在 ICL 中表示前几章的电气域，以便在 AILog 中运行。这个表示应该包括例8.17的概率依赖关系和例13.12的关系。

Artificial Intelligence：Foundations of Computational Agents，Second Edition

回顾与展望

第 16 章　回顾与展望

第 16 章

Artificial Intelligence：Foundations of Computational Agents，Second Edition

回顾与展望

计算就像现代洞穴中的火，是现代社会发展的关键。到 2056 年，计算革命将被认为像工业革命一样重要的变革。计算的演变和广泛传播以及其分析结果将对社会经济、科学和文化产生很大影响。

——Eric Horvitz[2006]

在这一章，我们退一步，根据智能体的设计空间来给出一个人工智能的全局视图及它的未来。通过将许多表示方案放在智能体设计空间中，这些表示之间的关系变得更加明显。这使得我们认识到当前人工智能研究的前沿所在，并且了解这一领域的演变。我们也将讨论智能计算智能体的发展和应用所带来的一些社会和道德后果。正如 Horvitz 在引言中指出的那样，计算正改变着世界，我们必须意识到它的积极和消极影响。

16.1　复杂性维度的回顾

人工智能研究已经实现了什么？当前的前沿问题是什么？为了得到一个系统的全局描述，我们通过十个维度对 AI 系统的智能体设计空间进行描述。怎样将书中介绍的表示置于这个空间是具有启发性的。

图 16.1 回顾了复杂性的维度，根据每个维度的值对已经提到的表示进行了分类。

1. 智能体模型

层次控制允许分层推理。正如所提到的，它不涉及规划和目标，但它可以与其他技术结合。例如，可以在层次结构的多个级别进行强化学习，甚至来学习层次结构。

正如在第 3 中章所提到的，状态空间搜索允许无限的范围，但在其他维度都给出最简单的值。利用 STRIPS 表示法或基于特征的表示法，回归规划将状态空间搜索扩展到基于特征的推理。约束满足问题（CSP）规划允许修剪基于初始情况和目标的搜索空间，但代价是只能进行有限的规划。

基于效用原则，决策网络表示特征、随机效应、部分可观察性和复杂性偏好。然而，和 CSP 规划一样，决策网络仅能在有限阶段的规划范围内进行推理。

马尔可夫决策过程（MDP）允许具有随机操作和复杂偏好的不确定和无限阶段问题；然而，它们假定状态是可以完全观察的基于状态的表示法。动态决策网络扩展马尔可夫决策过程以便使用基于特征的表示法来表示状态。它们扩展决策网络以允许不确定的视野和无限视野，但是它们不能模拟感知不确定性。部分可观察的马尔可夫决策过程（POMDP）允许部分可观察状态，但是相当难以解决。

博弈的扩展形式延展了状态空间搜索以包括多个智能体。通过使用信息集，它可以处理部分可观察的域。多智能体决策网络扩展决策网络以允许多个智能体。

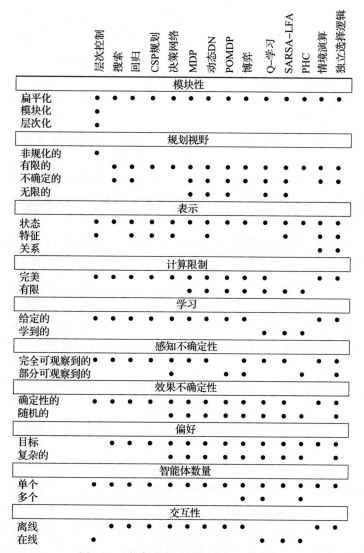

图 16.1　按复杂性维度划分的一些表示

Q-学习扩展了 MDP 以允许学习，但只处理状态。SARSA-LFA 函数（即具有 Q 函数的线性函数近似的 SARSA）借助特征进行强化学习。

策略爬坡算法（PHC）允许多个智能体进行学习，但它只允许单个状态和值为 1 的视野（它做重复单步游戏）；唯一不确定的是其他多智能体的行为。它可以视为一种基于单一状态和多智能体的强化学习算法。

情景演算和事件演算允许个体、关系以及不定期的规划视野表示，但不能表示不确定性。

独立选择逻辑是一种关系表示法，它能表示动作效果的不确定性、感知的不确定性和效用；然而在这个最一般的框架中，与 POMDP 相比，推理更一般、更低效。

2. 维度回顾

图中所列的规划表示方法没有一种能处理分层分解问题。然而，大量与分层规划和层次强化学习有关的工作在本书中并未介绍。

所有的表示方法都能处理有限阶段规划问题，例如，在不同的时间段将特征值作为不同的变量。在智能体持续收集奖励的时候，基于(部分或平均的)奖励的规划系统可以处理无限阶段的规划。目标导向型系统永远进行下去是没有意义的。

所有的表示方法都可以将状态作为一种退化情况。对于许多表示方法来说，基于特征的推理是最主要的设计选择。在图 16.1 中仅仅最后两种表示法允许关系模型，尽管许多算法潜在地有一定关系。

有限理性是许多用于应用的逼近方法的基础；然而，在智能体推理是应该立即做出行动还是多思考一些方面，做出清晰的权衡还是相对少见的。

图 16.1 仅仅显示了三种学习算法，尽管学到适用于其他算法的模型是可能的，例如，学习条件概率或概率模型结构(基于模型的强化学习了解 MDP 的概率)，或者学习关系模型的结构。

在给构建智能体任务增加难度方面是不确定性的。从智能体的历史到动作，这都有许多方法来表示函数。在 POMDPS 背景下，讨论了在感知不确定性和不定无限视野问题下扩展规划的方法。如何处理各种形式的感知是当前人工智能研究中最活跃的领域之一。

可以使用随机动作的模型，也可以处理确定性动作(因为确定性是随机性的一个特殊情况)。其中一些(如 MDP 和强化学习算法)在确定性领域工作得非常好。策略爬坡(PHC)不被列为使用确定性动作的一项算法，因为它将其他智能体模拟为随机的，即使它们最终收敛为确定性策略。

能够处理复杂基数偏好的模型也可以通过对目标实现给予奖励来处理目标(也可能是在每一步没有收到奖励的负奖励，尽管不费时的偏好也可以进行部分处理)。

处理多个智能体比规划单智能体难得多。多智能体是合作的或竞争的，或者更经常地在某些地方处于两者之间，它们在某些方面竞争，在其他方面合作。有时候，不理性(或看起来不是)对智能体是有利的(见例 11.14)。

我们已经将交互视为一个维度，而真正的智能体不得不做出快速在线决策和更长期的决策。智能体需要在多个时间尺度进行推理，离线时一秒钟做出的决策，可以被看作是以天为尺度的在线决策。没有智能体具有无限离线计算的能力，并且没有从不启动的风险。

正如所看的，这本书只是介绍了人工智能设计空间的一小部分。当前的研究前沿早已超出书中所介绍的内容。在人工智能的各个领域有太多活跃的研究方向。已经且继续在规划、学习、感知、自然语言理解、机器人以及其他人工智能子领域有着惊人的进展。许多工作都考虑多个维度并且思考它们之间如何交互。同时考虑所有维度和多个任务(例如，在**强人工智能的标准**下)是一个逐渐增长的新的关注点，但是每一件事情仍是很难的。

将人工智能研究分解为多个子领域并不奇怪。人工智能设计空间太大了，以至于无法同时研究。一旦某个研究者决定处理诸如关系领域的问题并推导对象是否存在，则增加传感器的不确定性是困难的。如果某个研究者开始进行无限视野的规划学习，则增加层次推理是困难的，更不用说无限视野的规划学习、关系和层次的组合学习了。

在设计空间中，一些特殊的关注点在过去几年里已经是前沿研究问题了，如下所示：

- 层次强化学习，智能体同时在多个抽象层次学习。
- 多智能体的强化学习。
- 关系概率学习。
- 自然语言理解，考虑歧义、上下文、语用学以给出合适的答案。

- 机器人车，能通过不确定环境。
- 智能辅导系统，能考虑学生情绪的噪声传感器。
- 用于感知的有监督深度学习，深度学习用于学习低级和高级特征（以及介于两者之间的特征），这些特征共同作用以进行预测。

作为人工智能工作者，我们仍然不知道如何构建一个智能体，它在由个体和关系所组成的部分可观察的域内无限阶段地进行理性行为，其中关系是由多个智能体自主行为所形成的。可以说，人类这么做是通过层次近似推理实现的。虽然我们还不能构建一个具有人类水平的智能体，但似乎我们有了研制这样智能体的构建块。主要挑战是如何处理现实世界的复杂性。然而，至今似乎不存在构建具有人类水平计算智能体的固有障碍。

16.2　社会和道德后果

随着人工智能技术日渐成熟，许多智能器件正在加速开发部署。它们的广泛部署会对人类社会及我们的星球产生深刻的道德、心理、社会、经济和法律影响。在这里，我们只能略述其中的一些问题。从某种意义上说，人工自治智能体简化了下一阶段的技术发展。从这个意义上说，这是对技术开发应用影响的普遍看法，但从另外的角度看，这些新技术产生了深刻的不连续性。

自治智能体自主进行感知、决策和动作。这在我们的技术和技术图景中是一个深刻的质变。这种发展增加了智能体摆脱人类控制进行不可预知行为的可能性。和任何颠覆性的技术一样，可能会存在大量正面和负面的结果——这些结果是难以判断的，并且许多结果我们也是不能简单地来进行预测的。

举个例子，**自动驾驶汽车**正在开发和使用。Thrun[2006]对此持乐观态度。拥有智能汽车和卡车的积极影响是巨大的。在**安全**方面，智能车辆减少了每年发生在路上的伤亡事故，据估计，全世界每年有 120 万人死于交通事故，超过五千万人因此受伤。智能车辆在路口能够进行通信和协商。除了交通事故的减少，道路吞吐量也达到原来的三倍。道路利用率的提高一方面来自更加智能的路口管理，另一方面来自排队效应，因此自动化，相互通信的车辆可以依次通行，因为它们在行驶前就已经相互通信，并且它们的反应速度比人类要快。道路利用率的增加具有潜在的积极副作用。它不仅减少了公路的建设成本及维护费用，而且通过高效地使用道路，既减少了农田用地，又间接地保护了生态。老年人和残疾人可以自己独立地通过道路。人们可以自主地调度车辆进入车库，然后再召回它们。私家车也许不再流行。人们只需订购最适合旅行的车辆。自动化仓库也许比地面停车场车更高效地停放车辆。目前，城市中的许多停车场也许被用来改造成游乐场、建造房屋，甚至是城市农场。私家车和公共交通之间的严格区别可能会消失。

另一方面，实验自动驾驶汽车被许多人认为是机器人坦克、军用货运车和自动作战的前身。虽然从某种意义上讲，机器人战争有明显的好处，但也有很危险的地方。在过去，这些只是在科技小说中存在的噩梦，现在，当机器人战争成为现实时，我们不得不面对这些危险。

对于自动驾驶发展的结果，存在着两种截然不同但并非前后矛盾的乐观和悲观的情景。这表明需要对其使用进行明智的伦理考虑。科幻小说里的事情将很快成为科学事实。

无论是作为一门科学，还是作为工程学科的技术和应用，人工智能现在都是发展成熟的。人工智能在我们星球环境方面做出正面影响的机会还是很多的。**计算可持续性**(computational sustainability)是一门新兴学科，研究如何利用包括 AI 在内的计算技术，提高地球在生态、经济和社会领域的可持续性。人工智能研究人员和开发工程师可能要具有解决全球变暖、贫困、粮食生产、军备控制、健康、教育、人口老龄化和人口统计问题所需的部分技能。他们不得不和相关领域专家合作，并且有能力说服专家，让他们认识到人工智能解决方案不仅仅是新的灵药。举个简单的例子，我们可以提供访问学习人工智能的工具，如 AIspace，以便人们有能力理解和尝试使用人工智能技术来解决自己的问题，而不是依赖不透明的黑盒商业系统。正如**机器人足球世界杯**取得的成功那样，基于人工智能系统的游戏和比赛能非常有效地进行学习、教学和环境研究。

我们已经讨论了智能汽车和智能交通控制所带来的环境影响。**组合拍卖**是智能体对包含离散物品的组合包裹进行投标的拍卖形式。这种形式是很难的，因为首选项通常不是累加的，但物品通常是补充的或是替代的。已经应用在频谱分配(向电视或手机公司分配无线电频率)和物流上的组合拍卖技术，可以进一步应用于提供碳补偿，优化能源供给和需求，缓解气候改变。使用分布式传感器和执行器的智能节能控制器可以促进建筑物内能源的使用。我们可以用定性建模技术对天气状况进行模拟。基于限制系统的思想可用于分析可持续发展系统。**可持续发展系统**是与环境相平衡的，它消耗的资源和它的产出满足短期和长期约束。

许多研究者正在开发服务于残疾人和老人的**辅助技术**。辅助认知是一个应用，可以辅助感知和行为，形式如智能轮椅、老年人伴侣、长期护理设施中的护理助手。然而Sharkey[2008]对老年人和小孩依赖机器人助手作为伴侣提出了危险警告。对于自动驾驶车辆，研究人员必须对于他们产品的使用提出一些切实的问题。

这种对自动智能体的依赖引出了一个问题：我们能相信机器人吗？存在一些现实的理由使我们仍不能依赖机器人做正确的事。基于现在构建智能体的方法，它们不是完全可信赖的。因此，它们能做正确的事情吗？它们愿意做正确的事情吗？什么是正确的事情？就像流行电影和书中所证明的，在我们的集体潜意识中，依然存在这样的恐惧：机器人将最终完全自治，具有自由的意志、智能和意识，它们也许成为像弗兰肯斯坦一样对抗我们的怪兽。

在道德方面也提出了一些问题：在人机接口中，道德是什么？对于人类和机器人，需要道德条款吗？答案应该是显然的。机器人责任和保险问题是已然存在的。且为解决机器人问题将不得不进行立法。许多国家正在建立机器人法律法规。就像所有其他学科的工程师一样，机器人设计师和工程师也需要专业的道德条款，我们将不得不对相关问题进行分类：在设计、制造、部署机器人的时候，在道德方面应如何考虑？当机器人研发得更智能的时候该如何进行决策？当我们和机器人进行交互的时候，我们如何考虑道德问题，将产生什么道德问题？我们应该给机器人哪些权力？我们有人类权利条款，机器人也应该有吗？

为了对这些问题进行分类，让我们将它们分为三个基本的必须回答的问题：

- 在设计、制造、部署机器人的时候，在道德方面应如何考虑？
- 当机器人发展到自治和意志自由的时候，它应该怎样符合道德伦理地进行决策？
- 当我们和机器人交互的时候，将产生什么道德问题？

在考虑这些问题的时候，我们应考虑科幻小说作家艾萨克·阿西莫夫[1950]提出的一些有趣的或许不太成熟的建议，他是最早提出这些问题的思想家之一。他的机器人法则是一个好的开始基础，因为它们看起来是有逻辑的和简洁的。最初的三条逻辑法则如下：

ⅰ）机器人不能伤害人类，或因不作为让人类受到伤害。

ⅱ）机器人应该听从人类的指令，除非这些指令违反第一条法则。

ⅲ）在不违背第一条和第二条法则的前提下，机器人必须保护自己。

阿西莫夫对前面提出的三个问题的回答是这样的：第一，每个机器人都必须遵循这些法则，每个厂家都必须依法确保这一点。第二，机器人必须遵循法律的优先次序。但是他没有对第三个问题做过多解释。阿西莫夫的观点主要源于人类想要机器人做什么与机器人实际做了什么之间的冲突，或是字面意思与合理解释之间的冲突，因为它们没有被编写成任何形式化的语言。阿西莫夫的小说揭示了许多存在于法则和结果之间的隐式矛盾。

关于机器人道德伦理的讨论仍在继续，但是讨论通常假设了我们还未拥有的技术能力。Joy[2000]太担心我们无法控制新技术而带来危险，以至于他呼吁暂停机器人（和人工智能）、纳米技术和基因工程的研究。在这本书中，我们表达了对智能体设计空间的一致的观点，阐述了包括机器人在内的智能体的设计原理。这可以为智能体的社会、道德和法律条款的发展提供一个更富有技术性的框架。

对人工智能**安全**的许多担心也带来了**信任**问题。人们是否相信一个经过大量图像矩阵训练过的深度学习系统能可靠地识别人类面部吗？是否这个图像训练系统有什么隐含偏好？这个偏好在分类识别过程中会体现出来。深度学习网络中的内部权重也许不会供用户检验。即使它们是可检查的，也会是不透明的；它们不会告知我们这个偏好或纠正它的方法。此外，在这个不断学习的系统中，权重也是不断变化的。

引导我们信任智能体的因素是什么？形式可验证性、透明性、解释能力和可靠的性能是其中的一些因素。让系统根据经验由半自主性发展成完全自主性是一种方法。另一种是使用反向强化学习方法来让系统学习用户的价值观，根据这让智能体与人的价值观达成一致。在**反向强化学习**中，智能体学习全球变化及其他智能体观测行为痕迹所形成的奖励函数。关于如何设计建造出安全、可信和透明的智能体的技术发展是当前人工智能研究界迫切追求的事情。

许多问题的解决还需要 AI 界以外的关注。经济和监管问题要求从城市到全球各级管理都要有相应的政策决定。社会和经济公平问题几乎肯定要求对公司活动进行一些监管，这些监管包括对获胜者的状态和市场对聪明智能体及其服务的网络影响。**监管俘获**（即被监管公司对监管机构和法规施加影响）将是一个关键问题。

其他的一些问题在《百年人工智能工程》报告[Stone et al.，2016，p.10]中进行了陈述：

> 当在 AI 领域鼓励创造性成为一个急切而重要的需求的时候，怎样最好地引导 AI 丰富我们的生活和社会又是一个充满激烈和广泛的谈论话题。通过高性能的计算和大量不均匀地分布在社会上的数据，AI 技术也许会扩大已存在的机会的不平等程度。这些技术将提高使用者的能力和效率。应该评估下政策是促进了民主价值观和公平分享 AI 利益，还是将权力和利益集中在了少数幸运者手中。

正如报告所指出的，在过去的十五年间，先进的 AI 相关发展已经对北美产生影响，并且在接下来的十五年会有更多的进展发生。最近的进步主要归功于基于互联网的大数据的增长和分析、感官技术的进步以及最近"深度学习"的应用。在未来几年中，当公众在交通和医疗保健等领域遇到新的 AI 应用时，必须以建立信任和理解并尊重人权和公民权利的方式引入这些应用。在鼓励创新的同时，政策和流程应解决道德、隐私和安全问题，并应努力确保 AI 技术的好处得到广泛和公平的传播。

计算机和机器人可能会变得更加聪明，以至于它们能够以迭代方式自主创造出甚至更强大的计算机和机器人。当计算机不需要靠人就能创造更强大的计算机的时候，这一点被称为**奇点**(singularity)。其中一个担心是，在奇点之后，计算机可能不需要人类，甚至可能会意外或故意地伤害到我们。这些担忧促进了有益 AI 和安全 AI 研究项目的开发。这种奇点并非难以置信，因为已经有制造机器的工厂，制造由机器人进行，雇佣的人很少。如前所述，**组织**可以比其个人成员更聪明。很显然，拥有计算机的公司比任何一台计算机都更聪明，因此，在单个计算机之前，公司可能会出现这种奇点，这种公司没有有效的人工监督。在涉及智能的任务方面，计算机已经取代人类完成，预计这种情况将继续下去。

通过自动化智力任务以及手动任务，AI 也许会触发第四次工业革命[Brynjolfsson and McAfee，2014；Schwab and Forum，2016]，那时它不仅是自动化的手动任务，还包括需要智能甚至创造力的工作。在以前的工业革命中，为了确保大部分人口就业，创造了新的就业机会，而下一次工业革命的结果可能是为了满足人民和环境的需要，为钱而工作的人要少得多。这就提出了一个相关的问题，即如何分享将创造的财富，以及那些不需要工作挣钱的人应该做些什么。一种机制已经被提出，即提供**普遍的基本收入**或**逆所得税**，这时人人都能获得一份收入，这样任何人都可以选择从事无报酬的工作，如抚养孩子或照顾子女，以做更多创造性的工作，变得更有创业精神，得到更多的教育，或者什么都不做。这将使那些有报酬的工作留给那些真正想要这些工作和额外收入的人。基本收入可以增加，因为有偿报酬的工作需要的人越来越少。自动化的累积效应还有可能进一步将财富集中在社会少数精英阶层，有利于资本而不是劳动力。缓解这种不平等可能还需要某种形式的再分配财富税[Piketty，2014]。以前的巨变造成了社会动荡，成为少数民族，甚至战争的替罪羊。必须考虑这些技术带来的全球影响和如何减轻这种不良后果的方法。

机器人也许不是人工智能技术最具影响的技术。考虑到在互联网和其他全球性的计算网络中嵌入的、无处不在的分布式智能就可看出。人类和人工智能的混合将演变成**全球智慧**。全球性网络对发现和传播新知识的影响已经可以和印刷技术的发展相比。正如 Marshall McLuhan[1964]所说的那样，"我们先塑造了工具，然后工具塑造了我们"。虽然他更多地是考虑书籍、广告和电视，但这个概念对于全球性的网络和自治智能体也许更适合。我们建造的智能体和我们决定构造的智能体类型，将改变我们，并同样改变我们所处的社会；我们应该确保它向好的方向发展。Margaret Somerville[2006]是一个伦理学家，他指出随着一个加速的速率，我们将自身的能力变成技术，智人(Homo sapiens)这个物种正在进化为技术智人(Techno sapiens)。许多旧的社会和道德条款被打破；它们在这个新的世界里不再起作用。作为人工智能新技术的创建者，注意并做出行动是我们共同的责任。

16.3 参考文献和进一步阅读

层次规划的讨论参考 Nau[2007]。Dietterich[2000b]讲述了层次强化学习[2000b]。Stone[2007]阐述了多智能体强化学习。Ng 等[2000]介绍了反向强化学习。

Mackworth[2009]介绍了人工智能带来的危险和潜在影响。《百年人工智能工程》(https://ai100.tanford.edu)是关于人工智能的纵向研究。它已经发表了一篇报告,"2030 年的人工智能及生活"[Stone et al.,2016]概述了在人工智能方面取得的进步,预测了在 2030 年人工智能给北美城市生活和政策带来的影响。Sharkey[2008]和 Singer[2009a,b]叙述了机器人战争带来的危险。交通事故的估计来自 Peden 等[2004],交通吞吐量增加的估计来自 Dresner 和 Stone[2008]。

Knoll 等[2008]对 AIspace 做了描述。Visser 和 Burkhard[2007]描绘了机器人世界杯的发展。

Gomes[2009]介绍了计算可持续理念。辅助技术系统的描绘见 Pollack[2005]、Liu等[2006]、Yang 和 Mackworth[2007]。Mihailidis 等[2007]和 Viswanathan 等[2007]对智能轮椅进行了介绍。

Shelley[1818]描述了 Frankenstein 博士和他的怪物。Anderson 和 Leigh Anderson[2007]讨论了机器人伦理道德。Calo[2014]以及 Calo 等[2016]介绍了机器人调度和机器人法律问题。Brynjolfsson 和 McAfee[2011,2014]、Ford[2015]讲述了人工智能和机器人在经济、社会和就业方面的影响。Amodei 等[2016]阐述了人工智能的安全问题。Hillis[2008]以及 Kelly[2008]引用了全球智慧概念。

16.4 练习

16.1 **选举预测**。大公司不喜欢做不可预测的事,因此他们想找到一个比较好的方法来预测接下来选举的结果,这样可以为未来的政府做一些适当的准备。有个公司被要求来做一个具有可行性的工具,用以预测接下来的选举。你可以从政府那里获得之前选举的结果,以及在选举期间选民所在区和投票数据。目标就是来预测如果今天举行选举,在每个区哪个政党会赢。一家竞争公司已经提出通过结合隐马尔可夫模型和关系概率模型来解决问题。

(a) 解释在这个课题中,如何将这个问题与抽象智能体进行匹配。

(b) 阐述竞争公司的解决方案的执行方式,解释为什么它们选择这个技术。

(c) 解决这个问题最大的挑战是什么?你将建议采用哪种方法来解决问题并进行证明。

16.2 寻找一些人工智能应用,并根据维度对这些应用中的先进技术进行分类。应用程序是否自动执行 Kahneman[2011]所说的系统 1 或系统 2(见 2.3 节),还是都没执行?

16.3 有人建议在全球范围内禁止使用致命自主武器系统(LAWS)。探讨和描述当前关于禁止使用 LAWS 的情形,陈述一下你对于支持或反对这一禁令的论据。

16.4 思考一下使用机器人来陪伴老人或婴儿这一现象。调查和简短地描述在这些陪伴中用到的先进技术。陈述三个你支持或反对使用它们的理由。

16.5 人类的权力和动物的权力是得到认可的,表达你支持或反对机器人具有权力的理由。具体说明你支持或反对的机器人的权力。

数学基础与标记

本附录给出了一些基本的数学概念的定义，这些基本的数学概念在人工智能中使用，但传统上是在其他课程中讲授的。它还介绍了本书各部分中使用的一些符号和数据结构。

A.1　离散数学

我们所建立的数学概念包括：

集合(set)。一个**集合**拥有元素(成员)。如果 s 是集合 S 的一个元素，我们写成 $s \in S$，集合中的元素定义了集合，因此，如果两个集合的元素相同，那么两个集合是相等的。

元组(tuple)。一个 n 元组(n-tuple)是 n 个元素的有序分组，写成 $\langle x_1, \cdots, x_n \rangle$。2-tuple 是二元组(pair)，3-tuple 是三元组(triple)。如果两个 n 元组在相应的位置上有相同的成员，那么两个 n 元组是相等的。如果 S 是一个集合，S^n 是 n 元组，$\langle x_1, \cdots, x_n \rangle$ 的集合，其中，x_i 是集合 S 的成员。$S_1 \times S_2 \times \cdots \times S_n$ 是 n 元组，$\langle x_1, \cdots, x_n \rangle$ 的集合，其中 x_i 属于 S_i。

关系(relation)。一个关系是一个 n 元组的集合。该关系中的元组被认为是使该关系为真的赋值。另一个定义是用关系的**特征函数**来定义，即当一个元组在关系中时，该元组的函数取值为真；不在关系中时该函数取值为假。

函数(function)。一个**函数**或**映射** f 将集合 D 映射到集合 R，集合 D 称为函数 f 的**定义域**，集合 R 称为函数 f 的**取值范围**，f 记为 $f: D \to R$，函数是 $D \times R$ 的子集，使得每一个 $d \in D$，存在一个唯一的 $r \in R$ 与之对应，$\langle d, r \rangle \in f$。如果 $\langle d, r \rangle \in f$，我们记为 $f(d) = r$。

虽然这些常识性概念的定义看似晦涩难懂，但你现在可以放心地使用这些常识性概念了，如果你对某些东西不确定，可以查一下定义。

A.2　函数、因子和数组

本书中的许多算法都是操纵函数的表示。我们将函数在集合上的标准定义扩展到包括在变量上的函数。**因子**是函数的表示方式。**数组**是一个函数的显式表示，可以修改它的各个组成部分。

如果 S 是一个集合，我们把 $f(S)$ 写成一个函数，域为 S，因此，如果 $c \in S$，那么 $f(c)$ 就是 f 的范围内的值。$f[S]$ 就像 $f(S)$，但只是更新单独的组件。这个记法是基于 Python、C 和 Java 的记法(但 C 和 Java 只允许 S 是整数集 $\{0, \cdots, n-1\}$，对于大小为 n 的数组而言)。因此，$f[c]$ 是 f 的范围内的一个值，如果 $f[c]$ 被分配了一个新的值，它将返回这个新的值。

这个记法可以扩展到（代数）变量。如果 X 是一个具有域 D 的代数变量，那么 $f(X)$ 是一个函数，给定一个值 $x \in D$，返回一个在 f 范围内的值。这个值通常写作 $f(X = x)$ 或简化为 $f(x)$。同样，$f[x]$ 是一个以 X 为索引的数组，也就是说，它是 X 的一个函数，其分量可以被修改。

这种记法也可以扩展到变量集。$f(X_1, X_2, \cdots, X_n)$ 是一个函数，如果给定 X_1 的值 v_1，X_2 的值 v_2，$\cdots$，X_n 的值 v_n，则返回 f 范围内的值。注意，重要的是变量的名称，而不是位置。这个应用于具体值的因子写成 $f(X_1 = v_1, X_2 = v_2, \cdots, X_n = v_n)$。变量 $X_1, X_2, \cdots, X_n$ 的集合称为 f 的**范围**。数组 $f[X_1, X_2, \cdots, X_n]$ 是一个关于 $X_1, X_2, \cdots, X_n$ 的函数，其中的值是可以更新的。

只分配其中的一些变量就可以得到一个关于其余变量的函数。因此，例如，如果 f 是一个函数，范围为 $X_1, X_2, \cdots, X_n$，那么 $f(X_1 = v_1)$ 是范围为 $X_2, \cdots, X_n$ 的函数，使得

$$(f(X_1 = v_1))(X_2 = v_2, \cdots, X_n = v_n) = f(X_1 = v_1, X_2 = v_2, \cdots, X_n = v_n)$$

因子可以与元素上的任何其他操作级相加、相乘或复合。如果 f_1 和 f_2 是因子，那么 $f_1 + f_2$ 就是一个因数，其作用域是 f_1 和 f_2 的作用域的并集，定义为如下的逐点形式：

$$(f_1 + f_2)(X_1 = v_1, X_2 = v_2, \cdots, X_n = v_n)$$
$$= f_1(X_1 = v_1, X_2 = v_2, \cdots, X_n = v_n) + f_2(X_1 = v_1, X_2 = v_2, \cdots, X_n = v_n)$$

这里我们假设 f_1 和 f_2 忽略不在其范围内的变量。乘法和其他二元运算符的工作原理类似。

例 A.1　假设 $f_1(X, Y) = X + Y$ 和 $f_2(Y, Z) = Y + Z$。那么 $f_1 + f_2$ 是 $X + 2Y + Z$，它是 X、Y 和 Z 的函数。类似地，$f_1 \times f_2 = (X + Y) \times (Y + Z)$。$f_1(X = 2)$ 是 Y 的函数，定义为 $2 + Y$。

假设变量 W 有定义域 $\{0, 1\}$，且 X 有定义域 $\{1, 2\}$，因子 $f_3(W, X)$ 可以使用如下的表格来定义：

W	X	值
0	1	2
0	2	1
1	1	0
1	2	3

$f_3 + f_1$ 是 W、X、Y 的函数，例如，

$$(f_3 + f_1)(W = 1, X = 2, Y = 3) = 3 + 5 = 8$$

类似的，$(f_3 \times f_1)(W = 1, X = 2, Y = 3) = 3 \times 5 = 15$。

书中定义了对因子的其他操作。

A.3　关系和关系代数

关系是人工智能和数据库系统中常见的关系。关系代数定义了关系上的操作，是关系数据库的基础。

作用域 S 是一组变量的集合。作用域 S 上的一个**元组** t 在其作用域中的每个变量上都有一个值。一个变量可以看成在元组上的一个函数；一个函数返回该变量在该元组上的值。我们把 $X(t)$ 写成变量 X 上的元组 t 的值。$X(t)$ 的值必须在 $\mathrm{dom}(X)$ 中。这就像元组的数学概念一样，除了索引是由变量给出的，而不是由整数给出的。

关系是一组元组，所有的作用域相同。一个关系通常被赋予一个名称。元组的作用域通常被称为关系**方案**。一个**关系型数据库**就是一组关系方案。一个关系数据库的方案就是关系名称和关系方案的成对子集。

一个具有作用域 X_1，$\cdots$，X_n 的关系可以看成是作用域 X_1，$\cdots$，X_n 的布尔因子，其中真元素表示为元组。通常情况下，一个关系被写成表。

例 A.2 下面是一个关系 enrolled 的表格描述：

Course	Year	Student	Grade
cs322	2008	fran	77
cs111	2009	billie	88
cs111	2009	jess	78
cs444	2008	fran	83
cs322	2009	jordan	92

标题给出了方案，即{Course，Year，Student，Grade}，其他每一行都是一个元组。第一个元组称为 t_1，定义为 $\mathrm{Course}(t_1)=\mathrm{cs}322$，$\mathrm{Year}(t_1)=2008$，$\mathrm{Student}(t_1)=\mathrm{fran}$，$\mathrm{Grade}(t_1)=77$。

列的顺序和行的顺序并没有显著影响。

如果 r 是一个具有方案 S 的关系，而 c 是 S 中的变量的条件，那么 r 中 c 的**选择**（写成 $\sigma_c(r)$）就是 r 中 c 持有的元组的集合。该选择与 r 有相同的方案。

如果 r 是具有方案 S 的一个关系，并且 $S_0 \subseteq S$，那么 r 对 S_0 的**投影**（写成 $\pi_{S_0}(r)$）就是 r 的元组，其中作用域限于 S_0。

例 A.3 假设 enrolled 是例 A.2 中给出的关系。

关系 $\sigma_{\mathrm{Grade}>79}(\mathrm{enrolled})$ 选取了 enrolled 中那些分数超过 79 的元组。这就是如下的关系：

Course	Year	Student	Grade
cs111	2009	billie	88
cs444	2008	fran	83
cs322	2009	jordan	92

关系 $\pi_{\{\mathrm{Student},\mathrm{Year}\}}(\mathrm{enrolled})$ 指定了学生被录取的年份：

Student	Year
fran	2008
billie	2009
jess	2009
jordan	2009

注意，在投影中，enrolled 的第一个和第四个元组是如何成为同一个元组的；它们在{Student，Year}上表示相同的函数。

如果在同一方案上的两个关系，则其中的**并**（union）、**交**（intersection）和**差**（set difference）被定义为对元组集合的相应操作。

如果 r_1 和 r_2 是两个关系，则 r_1 和 r_2 的自然**连接**（写成 $r_1 \bowtie r_2$）是一个关系，其中：

● 连接的方案是 r_1 的方案和 r_2 的方案的并集。

● 如果限制在 r_1 的作用域内的元组在关系 r_1 中，而限制在 r_2 的作用域内的元组在关系 r_2 中，则该元组在连接中。

例 A.4 考虑关系 assisted：

Course	Year	TA
cs322	2008	yuki
cs111	2009	sam
cs111	2009	chris
cs322	2009	yuki

enrolled 与 assisted 的连接（记为 enrolled $\bowtie$ assisted）是如下的关系：

Course	Year	Student	Grade	TA
cs322	2008	fran	77	yuki
cs111	2009	billie	88	sam
cs111	2009	jess	78	sam
cs111	2009	billie	88	chris
cs111	2009	jess	78	chris
cs322	2009	jordan	92	yuki

请注意，在连接时，cs444 助教（TA）信息丢失，因为没有助教（TA）。

机器学习：贝叶斯和优化方法（英文版·原书第2版）

作者：[希] 西格尔斯·西奥多里蒂斯· ISBN：978-7-111-66837-4 定价：299.00元

本书对所有重要的机器学习方法和新近研究趋势进行了深入探索，通过讲解监督学习的两大支柱——回归和分类，站在全景视角将这些繁杂的方法一一打通，形成了明晰的机器学习知识体系。

新版对内容做了全面更新，使各章内容相对独立。全书聚焦于数学理论背后的物理推理，关注贴近应用层的方法和算法，并辅以大量实例和习题，适合该领域的科研人员和工程师阅读，也适合学习模式识别、统计/自适应信号处理、统计/贝叶斯学习、稀疏建模和深度学习等课程的学生参考。